福建农林大学园林学院资助出版
(College of Landscape Architecture, Fujian Agriculture and Forestry University)

系统与进化植物学
国家重点实验室资助出版
(State Key Laboratory of Systematic and Evolutionary Botany, CAS)

世界观赏野生兰

彩色图鉴

Wild Orchids of Ornamental Importance

兰思仁 (Siren Lan)　唐泽耕司 (Kohji Karasawa)　陈心启 (Singchi Chen)　**Phillip J. Cribb** 著

科学出版社
Science Press

北　京
Bei jing

内 容 简 介

兰科是有花植物中最进化，也是最大的家族之一。不仅种类繁多，而且其中可供观赏的花卉占很大的比例。兰花的进化与昆虫传粉有着密切的关系，其艳丽的花朵招蜂惹蝶也正是大自然的选择。人们今天在花卉市场上所看到的兰花，如大花蕙兰、蝴蝶兰、石斛、卡特兰等系列品种，便是由野生兰杂交培育而成的，它们已成为观赏花卉中的一枝奇葩。然而，人们要想一睹其野生祖先的真容是难度很大的。本书力求收录的正是此类可供观赏兰花品种的野生兰祖先，它们大多产于南美洲、亚洲和非洲的热带地区。

本书由四位中、日、英著名学者撰写，分中英、日英两个版本。收录的种类达1800余种。每种都有简要的植物形态、地理分布、海拔和开花期等的记述，且附有1~2张彩色照片。照片大多为作者亲自拍摄，清晰度也较高，其中还不乏为首次发表的。

本书图文并茂，有很强的科学性和实用性，可供有关的科学研究者、园艺工作者、花卉产业界人士、兰花栽培家和兰花爱好者参考和鉴赏。

世界观赏野生兰彩色图鉴
Wild Orchids of Ornamental Importance

兰 思 仁，唐泽耕司，陈 心 启，Phillip J. Cribb
(Siren Lan) (Kohji Karasawa) (Singchi Chen)

ISBN: 978-7-03-049452-8

策划编辑：赵丽艳　Planning Editor: Liyan Zhao
责任编辑：孙力维　杨　凯　Responsible Editors: Liwei Sun, Kai Yang
责任制作：魏　谨　Responsible Production: Jin Wei
责任印制：肖　兴　Responsible Printing: Xing Xiao
装帧设计：付永杰　Layout Design: Yongjie Fu
封面设计：黄华斌　Cover Design: Huabin Huang

科学出版社 出版　Science Press
北京东黄城根北街 16 号　Donghuangchenggen North Street 16, Beijing
邮政编码：100717　Post Code: 100717
http://www.sciencep.com

关于本书　About the Book

兰科植物是有花植物中最大的科，具有约 800 属，27000 种。其中有许多种类以其媚人花朵而闻名全世界，诸如蝴蝶兰属（*Phalaenopsis*）、兰属（*Cymbidium*）、石斛属（*Dendrobium*）、卡特兰属（*Cattleya*）、文心兰属（*Oncidium*）、兜兰属（*Paphiopedilum*）、独蒜兰属（*Pleione*）等属中的一些种类。本书力求将此类野生种收录在内，希望使之成为兰科植物工作者，特别是兰花育种者和栽培者手中的一部有用和方便的工具书。全书共含 372 属，1833 种，2 亚种和 28 变种。所有入选的种类都有简要的中文（或日文）和英文描述，每种还附有 1~2 张彩色照片。描述和照片被置于相近的地方，而种的排列则是按学名的字母顺序，以便使兰科植物专业研究者和爱好者更容易鉴定他们的植物。

Orchidaceae are the largest family of flowering plants, containing approximately 800 genera and 27000 species, of which not a few are world-famous for their charming flowers, such as some species of *Phalaenopsis*, *Cymbidium*, *Dendrobium*, *Cattleya*, *Oncidium*, *Paphiopedilum*, *Pleione*, etc. In the present book, an attempt is made to include as many these wild species as possible in the hope that it will be a useful and convenient reference book for orchidologists, especially orchid breeders and growers. There are altogether 372 genera, 1833 species, 2 subspecies and 28 varieties included in this book. All the species selected here are briefly described in both Chinese (or Japanese) and English, and each is provided with one or two color photographs. The descriptions and illustrations are placed close to each other, and the species are arranged in alphabetical order according to scientific names, in order to make it easier for orchid professionals and enthusiasts to identify their plants.

致　谢　Acknowledgements

本书的出版蒙福建农林大学园林学院鼎力支持，还得到了国家自然科学基金青年科学基金项目、国家林业局野生植物保护管理项目、福建省种业创新与产业化工程项目，以及系统与进化植物学国家重点实验室的财力支持，对此我们深表谢意。我们还要衷心感谢下列各位朋友惠借彩色照片供本书使用：

The publication of this book is fully supported by the College of Landscape Architecture, Fujian Agriculture and Forestry University, and also financially supported by National Science Foundation of China, The Wild Plants Administration Program of the National Forestry Administration, The Innovation and Industrialization Projects of Seedlings of Fujian Province, and State Key Laboratory of Systematic and Evolutionary Botany. To them we are profoundly grateful. We also heartily thank the following friends for their kindly lending us color photographs used in this book:

Len de Beer (1)*
Alain Brochart (2)
Robert Brugger (1)
Emil Buhler (1)
Peter O' Byrne (20)
Yousheng Chen 陈又生 (4)
Qing Cheng 程庆 (1)
Guy Chiron (1)
James Boughtwood Comber (16)
Ecuagenera (6)
Olaf Gruss (1)
Yingdong Guo 郭迎东 (1)
Guojun Hua 华国军 (1)
Yunfeng Huang 黄云峰 (3)
Zhanfa Huang 黄展发 (1)
Rudolf Jenny (6)
Hong Jiang 蒋宏 (31)
Ning Jin 金宁 (1)
Xiaohua Jin 金效华 (56)
Eberhard Kaes (1)
Andreas Kay (2)
Kurt Keller (3)
Kaiyong Lang 郎楷永 (3)
Jean Levy (1)
Xibeiyang Li 李西贝阳 (2)
Yuqi Li 李毓奇 (8)
Qinwen Lin 林秦文 (1)
Peter Linder (3)
Bing Liu 刘冰 (4)
Jiangfeng Liu 刘江枫 (3)
Jun Liu 刘军 (5)
Zhongjian Liu 刘仲健 (26)
Huiwu Lu 陆辉武 (1)
Sicong Lu 卢思聪 (43)
Carlyle Luer (2)
Yibo Luo 罗毅波 (40)
Qinghu Ma 马庆虎 (1)
Weiliang Ma 马炜梁 (1)
Steve Manning (1)
Martin Mendelin (3)
Gundolf Meyer (3)
Kazuo Mori (4)
Donghui Peng 彭东辉 (7)
Rudolf Peter (1)
Jany Renz (3)
Jurg Rustchmann (1)
K. Saito (2)
Andre Schuiteman (2)
SCO (69)
Karlheinz Senghas (42)
Zhonghui Shi 石忠辉 (1)
Ding Song 宋鼎 (2)
Xiqiang Song 宋希强 (1)
Guangda Tang 唐光大 (1)
Zhanhuo Tsi 吉占和 (52)
Y. Udagawa (1)
Rogier van Vugt (1)
Yuanzhang Wen 温垣章 (11)
K. Philip Wojtas (1)
Jing Wu 吴京 (1)
Zhenrong Xie 谢振荣 (5)
Yanlan Xing 邢艳兰 (1)
Kexue Xu 徐克学 (5)
Yechun Xu 徐晔春 (11)
Deping Ye 叶德平 (4)
Xunlin Yu 喻勋林 (1)
Junwen Zhai 翟俊文 (56)
Wei Zhang 张伟 (2)
Weizhu Zhang 张维柱 (1)
Huaming Zhou 周华明 (2)
Yao Zhou 周繇 (4)

* 提供的照片数，the number of photographs provided.

作者还要诚心感谢福建农林大学的董建文、周戎、彭东辉、翟俊文，深圳兰科植物保护研究中心的郑宇云，系统与进化植物学国家重点实验室的金效华、钟小红和包伯坚，在许多方面给予的友善帮助。最后，我们还要对孙力维，一位高水平编辑的细心和孜孜不倦的勤奋精神表示诚挚的谢意！本书能够如期完成，他们各位的宝贵帮助是至关重要的。

The authors' heartfelt thanks also to Jianwen Dong, Rong Zhou, Donghui Peng and Junwen Zhai of the Fujian Agriculture and Forestry University, Yuyun Zheng of the Orchid Conservation and Research Center of Shenzhen, and Xiaohua Jin, Xiaohong Zhong and Bojian Bao of the State Key Laboratory of Systematic and Evolutionary Botany, for their kind help in many ways. Finally we are deeply grateful to Liwei Sun, a well-trained editor, for her care and patient diligence. For making the completion of this book possible on schedule, their valuable assistance is of great importance.

序　言　Preface

兰科是有花植物中最大的科，具有约 800 属，27000 种。数个世纪以来，兰花作为观赏植物曾经为美化全世界的花园和庭院做出巨大的贡献。自从 20 世纪后期以来，为满足兰花专业研究者和爱好者不断增长的需要，已经出版了不少兰花彩色图谱，其中最为著名的是：Bechtel et al.: *The Manual of Cultivated Orchid Species*（兰花栽培种类手册）（1981; ed.3, 1992），Pridgeon's *The Illustrated Encyclopedia of Orchids*（兰花图谱百科全书）（1992），Botanica's *Orchids*（植物学系列：兰花）（2002），Karasawa's *Species Orchidacearum*（兰科原种图鉴）（2003）和 La Croix's *The New Encyclopedia of Orchids*（兰花新百科全书）（2008）。然而，在那以后又有大量的兰科植物分类学著作问世，大大增进了我们对某些未详知分类群的认识，也导致了名称的大量变动（参阅 Pridgeon et al.'s six-volume *Genera Orchidacearum*, 1999-2014）。此外，还陆续发现和描述了新的植物，特别是从热带和亚热带地区。因此，本书是为应对时下的需要而写成的。书中力求尽可能多地收录有观赏价值的野生种类，同时相应地摈除价值不大和难以栽培的，特别是无绿叶和小花的种类。本书入选的每个种都附有 1~2 张彩色照片和一段简短的中英文（中文版）或日英文（日文版）描述。兰科植物分类群的排列是按学名字母的顺序。我们希望本书能成为兰科植物研究工作者，特别是兰花育种者、栽培者和其他爱好者，在鉴定植物名称或为杂交选择适宜的亲本时的一部有用和方便的工具书。

Orchidaceae are the largest family of flowering plants, with approximately 800 genera and 27000 species. For centuries, orchids have contributed greatly to both gardens and courtyards throughout the world as ornamental plants. Since the late 20th Century, some illustrated orchid books in color have been published to meet the continuously increasing demands of orchid professionals and enthusiasts. Among the most well-known are Bechtel et al.: *The Manual of Cultivated Orchid Species* (1981; ed.3, 1992), Pridgeon's *The Illustrated Encyclopedia of Orchids* (1992), Botanica's *Orchids* (2002), Karasawa's *Species Orchidacearum* (2003), and La Croix's *The New Encyclopedia of Orchids* (2008). After that, however, an extensive literature has appeared dealing with orchid taxonomy, leading to considerably improving our understanding of some puzzling taxa, and bringing out a number of name changes (see Pridgeon et al.'s six-volume *Genera Orchidacearum*, 1999-2014), in addition to describing many new plants. Therefore, the present book is written in response to the need of the times. In this book, an effort has been made to include as many wild ornamental orchids as possible, and correspondingly to dispense with those of little value or being difficult to cultivate such as small-flowered and leafless orchids. Each of the species selected here is illustrated by one or two color photographs and briefly described in either Chinese-English (Chinese version) or Japanese-English (Japanese version). The orchid taxa are arranged alphabetically according to scientific names. We hope this book will be a useful and convenient tool for orchidologists, especially orchid breeders, growers and other enthusiasts, to identify their plants or to select suitable parents for hybridization.

目　录　Contents

0001 ***Acacallis cyanea*** (Photo.: Kohji Karasawa)

0002 ***Acanthephippium lilacinum***
(Photo.: James Boughtwood Comber)

0001 *Acacallis cyanea* Lindl. 美兰

攀援的附生植物，具匍匐根状茎。假鳞茎卵形至近纺锤形，长达 5 cm，稍压扁，顶端具 1~2 叶。叶矩圆形，长 10~20 cm。花序基生，长于叶，具 3~7 花；花直径约 6 cm。花期：晚春至夏季；巴西、哥伦比亚、委内瑞拉；100~500 m。

Climbing, epiphytic plants with a creeping rhizome. Pseudobulbs ovoid to subfusiform, up to 5 cm long, slightly compressed, 1- or 2-leaved at apex. Leaves oblong, 10–20 cm long. Inflorescence basal, longer than leaves, 3- to 7-flowered; flowers ca. 6 cm across. Fl. late spring–summer; Brazil, Colombia, Venezuela; 100–500 m.

0002 *Acanthephippium lilacinum* J. J. Wood & C. L. Chan 淡紫坛花兰

地生植物。假鳞茎圆筒形，长 11~15 cm，近顶端具 2~3 叶。叶椭圆形，长约 50 cm，有长柄。花序侧生，长约 30 cm，可具多达 10 花；花长约 3 cm。花期：秋季至冬季；马来西亚（沙巴）；300~1300 m。

Terrestrial plants. Pseudobulbs cylindric, 11–15 cm long, with 2–3 leaves toward apex. Leaves elliptic, ca. 50 cm long, long-petioled. Inflorescence lateral, ca. 30 cm long, up to 10-flowered; flowers ca. 3 cm long. Fl. autumn-winter; Malaysia (Sabah); 300–1300 m.

0003 *Acanthephippium striatum* Lindl. 锥囊坛花兰

地生植物。假鳞茎狭卵形，长 6~15 cm，常在近顶端具 1 叶。叶矩圆形，长 20~30 cm，叶柄状基部长约 3 cm 并具鞘。花序侧生，直立，长 10~18 cm，具 4~6 花；花长 3~4 cm。花期：4~6 月；中国南部、印度、印度尼西亚、马来西亚、尼泊尔、泰国、越南；400~1500 m。

0003 ***Acanthephippium striatum***
(Photo.: Kohji Karasawa)

Terrestrial plants. Pseudobulbs narrowly ovoid, 6–15 cm long, often 1-leafed toward apex. Leaf oblong, 20–30 cm long; petiole-like base ca. 3 cm long and sheathing. Inflorescence lateral, erect, 10–18 cm long, 4- to 6-flowered; flowers 3–4 cm long. Fl. Apr.–June; S China, India, Indonesia, Malaysia, Nepal, Thailand, Vietnam; 400–1500 m.

0004 ***Acanthephippium sylhetense*** (Photos.: Sicong Lu)

0004 *Acanthephippium sylhetense* Lindl. 坛花兰

地生植物。假鳞茎卵状圆柱形，长 7~15 cm，近顶端具 2~4 叶。叶矩圆形，长 20~40 cm，叶柄状基部长约 2 cm 并具鞘。花序侧生，直立，长 15~20 cm，具 3~5 花；花长 4~4.5 cm。花期：4~7 月；孟加拉国、中国、印度、日本、老挝、马来西亚、缅甸、泰国；500~1300 m。

Terrestrial plants. Pseudobulbs ovoid-cylindric, 7–15 cm long, 2- to 4-leaved toward apex. Leaves oblong, 20–40 cm long; petiole-like base ca. 2 cm long and sheathing. Inflorescence lateral, erect, 15–20 cm long, 3- to 5-flowered; flowers 4–4.5 cm long. Fl. Apr.–July; Bangladesh, China, India, Japan, Laos, Malaysia, Myanmar, Thailand; 500–1300 m.

0005 ***Acineta barkeri***
(Photo.: Kohji Karasawa)

0006 ***Acineta chrysantha***
(Photo.: Kohji Karasawa)

0008 ***Acineta superba*** (Photo.: Kohji Karasawa)

0005 ***Acineta barkeri*** **(Bateman) Lindl. 固唇兰**

附生植物。假鳞茎近圆锥形，有棱，长 10~15 cm，顶端具 3~4 叶。叶卵状披针形，长 40~60 cm。花序基生，下垂，长 30~35 cm，具 10~15 花；花直径 3.5~4 cm，有香气。花期：春季；墨西哥；1000~2000 m。

Epiphytic plants. Pseudobulbs subconical, angled, 10–15 cm long, 3- or 4-leaved at apex. Leaves ovate-lanceolate, 40–60 cm long. Inflorescence basal, pendent, 30–35 cm long, 10- to 15-flowered; flowers 3.5–4 cm across, scented. Fl. spring; Mexico; 1000–2000 m.

0007 ***Acineta hennisiana***
(Photo.: Kohji Karasawa)

0006 ***Acineta chrysantha*** **(C. Morr.) Lindl. & Paxt. 黄花固唇兰**

附生植物。假鳞茎卵形，稍压扁，略有槽，长 8~10 cm，顶端具 3~4 叶。叶倒披针形，长 30~45 cm。花序基生，下垂，长 40~70 cm，密生多花；花直径约 5 cm，有香气。花期：春季；哥斯达黎加、巴拿马；约 1700 m。

Epiphytic plants. Pseudobulbs ovoid, somewhat compressed, slightly sulcate, 8–10 cm long, 3- or 4-leaved at apex. Leaves oblanceolate, 30–45 cm long. Inflorescence basal, pendent, 40–70 cm long, densely many-flowered; flowers ca. 5 cm across, scented. Fl. spring; Costa Rica, Panama; ca. 1700 m.

0007 ***Acineta hennisiana*** **Schltr. 亨氏固唇兰**

附生植物。假鳞茎狭椭圆形，稍压扁，长 10~12 cm，顶端具 2~3 叶。叶长 40~60 cm。花序基生，下垂，长可达 55 cm，具 15~17 花；花直径 3.5~4.5 cm，有香气。花期：夏季；哥伦比亚。

Epiphytic plants. Pseudobulbs narrowly ellipsoid, slightly compressed, 10–12 cm long, 2- or 3-leaved at apex. Leaves 40–60 cm long. Inflorescence basal, pendent, up to 55 cm long, 15- to 17-flowered; flowers 3.5–4.5 cm across, scented. Fl. summer; Colombia.

0008 ***Acineta superba*** **(H. B. K.) Rchb. f. 华丽固唇兰**

附生植物。假鳞茎卵形，长 7~10 cm，顶端具 2~3 叶。叶披针形，长 25~45 cm。花序基生，伸长，下垂，具多花；花直径 6~7 cm，有香气。花期：春季；哥伦比亚、厄瓜多尔、巴拿马、委内瑞拉；800~1950 m。

Epiphytic plants. Pseudobulbs ovoid, 7–10 cm long, 2- or 3-leaved at apex. Leaves lanceolate, 25–45 cm long. Inflorescence basal, elongated, pendent, many-flowered; flowers 6–7 cm across, scented. Fl. spring; Colombia, Ecuador, Panama, Venezuela; 800–1950 m.

0009 ***Acriopsis liliifolia***
(Photo.: Kohji Karasawa)

0010 ***Adenoncos parviflora***
(Photo.: Kohji Karasawa)

0011 ***Aerangis articulata***
(Photo.: Kohji Karasawa)

0009 *Acriopsis liliifolia* (J. Koenig) Seidenf. (*Acriopsis javanica* Reinw. ex Blume) **南洋合萼兰**

附生植物。假鳞茎簇生，卵形，长 3~7 cm，顶端具 2~4 叶。叶线形，长 5~28 cm。花序基生，直立，长 20~60 cm，有分枝，可具多达 200 花；花直径约 1 cm。花期：夏季；广泛分布于东南亚，北至老挝，东南到澳大利亚东北部和所罗门群岛；0~1600 m。

Epiphytic plants. Pseudobulbs clustered, ovoid, 3–7 cm long, 2- to 4-leaved at apex. Leaves linear, 5–28 cm long. Inflorescence basal, erect, 20–60 cm long, branched, up to 200-flowered; flowers ca. 1 cm across. Fl. summer; widespread in Southeast Asia, north to Laos and southeast to NE Australia and the Solomon Islands; 0–1600 m.

0010 *Adenoncos parviflora* Ridl. 腺兰

附生植物。茎长约 15 cm，节间长约 5 mm。叶狭椭圆形，长约 4 cm，厚肉质。花序侧生，短，具 1~2 花；花小，直径 7~9 mm，不完全开放。花期：不详；印度尼西亚（苏门答腊）、马来西亚（马来半岛、沙巴、沙捞越）；300~1000 m。

Epiphytic plants. Stems ca. 15 cm long, with internodes ca. 5 mm long. Leaves narrowly elliptic, ca. 4 cm long, thickly fleshy. Inflorescences lateral, short, 1- or 2-flowered; flowers small, 7–9 mm across, not fully opening. Fl. unkonwn; Indonesia(Sumatra), Malaysia(Malay Peninsula, Sabah, Sarawak); 300–1000 m.

0011 *Aerangis articulata* (Rchb. f.) Schltr. 马岛细距兰

附生植物。茎粗壮，长 7.5~15 cm，具数叶。叶倒卵状矩圆形，长 7~15 cm，先端深 2 裂。花序侧生，下垂，长 20~40 cm，密生多花；花直径 3~5 cm，有香气。花期：春季至初夏；马达加斯加；0~2000 m。

Epiphytic plants. Stems stout, 7.5–15 cm long, several-leaved. Leaves obovate-oblong, 7–15 cm long, deeply bilobed at apex. Inflorescence lateral, pendent, 20–40 cm long, densely many-flowered; flowers 3–5 cm across, scented. Fl. spring–early summer; Madagascar; 0–2000 m.

0012 *Aerangis biloba* (Lindl.) Schltr. 二裂细距兰

附生植物。茎长 3~12（~20）cm，具 4~10 叶。叶倒卵状矩圆形，长 10~18 cm，先端 2 钝裂。花序侧生，下垂，长 20~40 cm，具 7~15 花；花直径 2.5~3.5 cm，有香气。花期：秋季；西非热带地区；0~700 m。

Epiphytic plants. Stems 3–12 (–20) cm long, 4- to 10-leaved. Leaves obovate-oblong, 10–18 cm long, obtusely bilobed at apex. Inflorescence lateral, pendent, 20–40 cm long, 7- to 15-flowered; flowers 2.5–3.5 cm across, scented. Fl. autumn; tropical western Africa; 0–700 m.

0012 ***Aerangis biloba***
(Photo.: Kohji Karasawa)

0013 ***Aerangis brachycarpa***
(Photo.: Kohji Karasawa)

0013 *Aerangis brachycarpa* (A. Rich.) Dur. & Schinz 短果细距兰

附生植物。茎短或长达 20 cm。叶 4~12 枚，二列，倒卵形或倒心形，长达 25 cm，先端 2 圆裂。花序侧生，弯曲或下垂，长 35~40 cm，通常具 8~12 花；花直径 5~5.5 cm，有香气。花期：春季至夏季；安哥拉、埃塞俄比亚、肯尼亚、坦桑尼亚、乌干达、赞比亚；1500~2300 m。

Epiphytic plants. Stems short or to 20 cm long. Leaves 4–12, distichous, obovate or obcordate, to 25 cm long, roundly bilobed at apex. Inflorescence lateral, arching or pendent, 35–40 cm long, often 8- to 12-flowered; flowers 5–5.5 cm across, fragrant. Fl. spring–summer; Angola, Ethiopia, Kenya, Tanzania, Uganda, Zambia; 1500–2300 m.

0014 *Aerangis citrata* (Thou.) Schltr. 桔花细距兰

附生植物。茎通常长不足 10 cm。叶数枚，卵状矩圆形，长 10~15 cm，先端不等的 2 裂。花序侧生，通常下垂，长 10~30 cm，密生多花；花直径 1.5~2 cm，有香气。花期：春季；马达加斯加；0~1500 m。

Epiphytic plants. Stems often less than 10 cm long. Leaves several, ovate-oblong, 10–15 cm long, unequally bilobed at apex. Inflorescence lateral, often pendent, 10–30 cm long, densely many-flowered; flowers 1.5–2 cm across, scented. Fl. spring; Madagascar; 0–1500 m.

0015 *Aerangis confusa* J. Stewart 黑点细距兰

附生植物。茎长 8~10 cm。叶 3~12 枚，倒卵形至倒披针形，长 5~24 cm，暗绿色并具许多黑色细斑点，先端 2 裂。花序侧生，下垂，长达 10 cm 或过之，具 4~10 花；花直径 3~4 cm。花期：夏季至秋季；肯尼亚、坦桑尼亚；1600~2100 m。

Epiphytic plants. Stems 8–10 cm long. Leaves 3–12, obovate-oblanceolate, 5–24 cm long, dark green with numerous black dots, bilobed at apex. Inflorescence lateral, pendent, to 10 cm or more long, 4- to 10-flowered; flowers 3–4 cm across. Fl. summer–autumn; Kenya, Tanzania; 1600–2100 m.

0015 ***Aerangis confusa***
(Photo.: Kohji Karasawa)

0016 *Aerangis ellisii* (B. S. Williams) Schltr. [*Aerangis calligera* (Rchb. f.) Garay] 长距细距兰

附生植物。茎长 30~40 cm，有时分枝。叶多枚，长 16~18 cm，宽 4~5 cm，先端深 2 裂。花序侧生，长 30~40 cm，具 12~18 花；花直径约 3.5 cm。花期：春季；马达加斯加；300~2000 m。

Epiphytic plants. Stems 30–40 cm long, sometimes branched. Leaves many, 16–18 cm long, 4–5 cm wide, deeply bilobed at apex. Inflorescence lateral, 30–40 cm long, 12- to 18-flowered; flowers ca. 3.5 cm across. Fl. spring; Madagascar; 300–2000 m.

0014 ***Aerangis citrata*** (Photo.: Kohji Karasawa)

0016 ***Aerangis ellisii*** (Photo.: Kohji Karasawa)

0017 ***Aerangis fastuosa***
(Photo.: Kohji Karasawa)

0018 ***Aerangis kirkii***
(Photo.: Kohji Karasawa)

0020 ***Aerangis modesta***
(Photo.: Kohji Karasawa)

0017 *Aerangis fastuosa* (Rchb. f.) Schltr. 高贵细距兰

附生植物。茎很短。叶 3~6 枚，倒卵形或矩圆形，长 2~8 cm，先端不等的 2 裂。花序侧生，长达 5 cm 或过之，具 2~6 花；花直径 4~5 cm，有香气。花期：秋季；马达加斯加；100~1500 m。

Epiphytic plants. Stems very short. Leaves 3–6, obovate or oblong, 2–8 cm long, unequally bilobed at apex. Inflorescence lateral, to 5 cm or more long, 2- to 6-flowered; flowers 4–5 cm across, scented. Fl. autumn; Madagascar; 100–1500 m.

0018 *Aerangis kirkii* (Rchb. f.) Schltr. 克氏细距兰

附生植物。茎长 1~5 cm。叶 2~7 枚，狭矩圆状倒披针形，长 10~15 cm，先端呈圆形的或急尖的 2 裂。花序侧生，平展或下垂，长达 17 cm，具 2~6 花；花直径 3~4 cm，有微香。花期：11 月；肯尼亚、莫桑比克、南非、坦桑尼亚；0~450 m。

Epiphytic plants. Stems 1–5 cm long. Leaves 2–7, narrowly oblong-oblanceolate, 10–15 cm long, roundly or acutely bilobed at apex. Inflorescence lateral, spreading or pendent, to 17 cm long, 2- to 6-flowered; flowers 3–4 cm across, slightly fragrant. Fl. Nov.; Kenya, Mozambique, South Africa, Tanzania; 0–450 m.

0019 *Aerangis luteoalba* (Kraenzl.) Schltr. var. ***rhodosticta* (Kraenzl.) J. Stewart 红柱细距兰（变种）**

附生植物。茎短。叶 2~10 枚，线形，长达 15 cm，先端 2 圆裂。花序侧生，通常下垂，长 7~25 cm，具多花；花直径 2~3 cm，具红色蕊柱。花期：通常秋季；喀麦隆、中非、埃塞俄比亚、肯尼亚、坦桑尼亚、乌干达、扎伊尔；1250~2500 m。

Epiphytic plants. Stems short. Leaves 2–10, linear, to 15 cm long, roundly bilobed at apex. Inflorescence lateral, often pendent, 7–25 cm long, many-flowered; flowers 2–3 cm across; column red. Fl. often autumn; Cameroon, Central Africa, Ethiopia, Kenya, Tanzania, Uganda, Zaire; 1250–2500 m.

0019 ***Aerangis luteoalba*** var. ***rhodosticta***
(Photo.: Kohji Karasawa)

0020 *Aerangis modesta* (Hook. f.) Schltr. 高雅细距兰

附生植物。茎长 5~10 cm，密生数叶。叶狭倒卵状矩圆形，长 6~16 cm，先端不等的 2 裂。花序侧生，下垂，长可达 50 cm，具多花；花直径约 2.5 cm，有香气。花期：夏季；马达加斯加；100~1500 m。

Epiphytic plants. Stems 5–10 cm long, densely several-leaved. Leaves narrowly obovate-oblong, 6–16 cm long, unequally bilobed at apex. Inflorescence lateral, pendent, up to 50 cm long, many-flowered; flowers ca. 2.5 cm across, scented. Fl. summer; Madagascar; 100–1500 m.

0021 ***Aerangis mystacidii***
(Photo.: Kohji Karasawa)

0022 ***Aerangis verdickii***
(Photo.: Kohji Karasawa)

0023 ***Aeranthes grandiflora***
(Photo.: Kohji Karasawa)

0021 ***Aerangis mystacidii* (Rchb. f.) Schltr. 东南细距兰**

附生植物。茎短或偶见长达 10 cm。叶 2~8 枚，长 4~15（~25）cm，宽 1~3（~5）cm，先端深 2 裂。花序侧生，通常下垂，长 5~30 cm，具 3~24 花；花直径约 2 cm。花期：秋季；东部与南部非洲的热带地区；0~1800 m。

Epiphytic plants. Stems short or occasionally to 10 cm long. Leaves 2–8, 4–15 (–25) cm long, 1–3 (–5) cm wide, deeply bilobed at apex. Inflorescence lateral, often pendent, 5–30 cm long, 3- to 24-flowered; flowers ca. 2 cm across. Fl. autumn; tropical eastern and southern Africa; 0–1800 m.

0022 ***Aerangis verdickii* (De Wild.) Schltr. 粗根细距兰**

附生植物。茎短，具粗根；根直径达 8~9 mm。叶 2~6 枚，矩圆状舌形，长 5~20 cm，先端呈钝的或急尖的 2 裂。花序侧生，下垂，长 20~40 cm，具 4~16 花；花直径 1.5~2.5 cm。花期：春季；从扎伊尔和安哥拉至东部与南部非洲的热带地区；100~2600 m。

Epiphytic plants. Stems short, with stout roots to 8–9 mm in diam. Leaves 2–6, oblong-ligulate, 5–20 cm long, obtusely or acutely bilobed at apex. Inflorescence lateral, pendent, 20–40 cm long, 4- to 16-flowered; flowers 1.5–2.5 cm across. Fl. spring; Zaire and Angola to tropical eastern and southern Africa; 100–2600 m.

0024 ***Aerides crassifolia***
(Photo.: Kohji Karasawa)

0023 ***Aeranthes grandiflora* Lindl. 气花兰**

附生植物。茎很短。叶 5~7 枚，二列，狭矩圆形，长 15~25 cm，先端不等的 2 裂。花序腋生，下垂，长 10~30 cm，具 1~2 花；花直径 6~7 cm。花期：夏季至冬季；马达加斯加；0~1200 m。

Epiphytic plants. Stems very short. Leaves 5–7, distichous, narrowly oblong, 15–25 cm long, unequally bilobed at apex. Inflorescence axillary, pendent, 10–30 cm long, 1- or 2-flowered; flowers 6–7 cm across. Fl. summer–winter; Madagascar; 0–1200 m.

0024 ***Aerides crassifolia* Parish ex Burb. 厚叶指甲兰**

附生植物。茎伸长，具多叶。叶二列，长达 18 cm，宽约 5 cm。花序侧生，下垂，长 30~60 cm，具多花；花直径 3.5~4 cm，有香气。花期：夏季；老挝、缅甸、泰国、越南；0~1300 m。

Epiphytic plants. Stems elongated, many-leaved. Leaves distichous, to 18 cm long, ca. 5 cm wide. Inflorescences lateral, pendent, 30–60 cm long, many-flowered; flowers 3.5–4 cm across, fragrant. Fl. summer; Laos, Myanmar, Thailand, Vietnam; 0–1300 m.

0025 ***Aerides crispa*** **Lindl. 皱波指甲兰**

附生植物。茎长可达 1.5 m，具数叶或多叶。叶疏离，线状矩圆形，长 10~25 cm。花序侧生，弧曲或近直立，长 15~30（~90）cm，偶有分枝，具多花；花直径约 3 cm，有香气。花期：夏季；印度、斯里兰卡；800~1200 m。

Epiphytic plants. Stems up to 1.5 m long, several- to many-leaved. Leaves well spaced, linear-oblong, 10–25 cm long. Inflorescences lateral, arching or suberect, 15–30 (–90) cm long, occasionally branched, many-flowered; flowers ca. 3 cm across, fragrant. Fl. summer; India, Sri Lanka; 800–1200 m.

0025 ***Aerides crispa*** (Photo.: Kohji Karasawa)

0026 ***Aerides falcata*** **Lindl. 指甲兰**

附生植物。茎伸长，具数叶至多叶。叶二列，带形，长 20~30 cm。花序侧生，下垂，长 30~50 cm，密生多花；花直径 2.5~3 cm，有香气。花期：夏季；柬埔寨、中国（云南）、印度、老挝、缅甸、泰国、越南；0~750 m。

Epiphytic plants. Stems elongated, several- to many-leaved. Leaves distichous, lorate, 20–30 cm long. Inflorescences lateral, pendent, 30–50 cm long, densely many-flowered; flowers 2.5–3 cm across, scented. Fl. summer; Cambodia, China (Yunnan), India, Laos, Myanmar, Thailand, Vietnam; 0–750 m.

0027 ***Aerides houlletiana*** **Rchb. f. 侯氏指甲兰**

附生植物。茎伸长，具数叶至多叶。叶带形，长 20~30 cm。花序侧生，下垂，长约 25 cm，密生多花；花直径约 2 cm。花期：春季至初夏；柬埔寨、老挝、泰国、越南；0~700 m。

Epiphytic plants. Stems elongated, several- to many-leaved. Leaves lorate, 20–30 cm long. Inflorescences lateral, pendent, ca. 25 cm long, densely many-flowered; flowers ca. 2 cm across. Fl. spring–early summer; Cambodia, Laos, Thailand, Vietnam; 0–700 m.

0028 ***Aerides jarckiana*** **Schltr. 吕宋指甲兰**

附生植物。茎长 20~35 cm，具多叶。叶带形，长 12~35 cm。花序侧生，1~2 个，近于下垂，长 40~65 cm，密生多花；花直径约 1.3 cm。花期：夏季；菲律宾（吕宋）。

Epiphytic plants. Stems 20–35 cm long, many-leaved. Leaves lorate, 12–35 cm long. Inflorescences lateral, 1–2, subpendulous, 40–65 cm long, densely many-flowered; flowers ca. 1.3 cm across. Fl. summer; Philippines (Luzon).

0026 ***Aerides falcata***
(Photo.: Kohji Karasawa)

0027 ***Aerides houlletiana***
(Photo.: Kohji Karasawa)

0028 ***Aerides jarckiana***
(Photo.: Kohji Karasawa)

0029 ***Aerides krabiensis***
(Photo.: Kohji Karasawa)

0030 ***Aerides lawrenceae***
(Photo.: Kohji Karasawa)

0032 ***Aerides multiflora***
(Photo.: Kohji Karasawa)

0029 *Aerides krabiensis* Seidenf. 密花指甲兰

附生植物。茎数个聚生在一起，长 8~20 cm，具数叶。叶带形，长 10~14 cm，通常宽 0.5 cm。花序侧生，俯垂，长 15~20 cm，密生 12~15 花；花直径 1.5~2 cm。花期：夏季；马来西亚（马来半岛）、泰国。

Epiphytic plants. Stems several, close together, 8–20 cm long, several-leaved. Leaves lorate, 10–14 cm long, often 0.5 cm wide. Inflorescences lateral, nodding, 15–20 cm long, densely 12- to 15-flowered; flowers 1.5–2 cm across. Fl. summer; Malaysia (Malay Peninsula), Thailand.

0030 *Aerides lawrenceae* Rchb. f. 劳氏指甲兰

附生植物。茎通常长达 1 m 或过之，具多叶。叶线状舌形，长 20~30 cm。花序侧生，下垂，与叶近等长，可具多达 30 花；花直径 4~5 cm，有浓香。花期：秋季；菲律宾（棉兰老）；低海拔地。

Epiphytic plants. Stems often to 1 m or more long, many-leaved. Leaves linear-ligulate, 20–30 cm long. Inflorescences lateral, pendent, nearly as long as leaves, up to 30-flowered; flowers 4–5 cm across, strongly fragrant. Fl. autumn; Philippines (Mindanao); at low altitudes.

0031 *Aerides maculosa* Lindl. 斑唇指甲兰

附生植物。茎长 3~6 cm，具数叶。叶舌形，长 10~25 cm。花序侧生，外弯，常有分枝，长可达 40 cm，具多花；花大小变化较大，通常直径 2.5 cm，稍有香气。花期：夏季；印度；1000~1400 m。

Epiphytic plants. Stems 3–6 cm long, several-leaved. Leaves ligulate, 10–25 cm long. Inflorescences lateral, arching, often branched, up to 40 cm long, many-flowered; flowers variable in size, often 2.5 cm across, slightly scented. Fl. summer; India; 1000–1400 m.

0031 ***Aerides maculosa*** (Photo.: Kohji Karasawa)

0032 *Aerides multiflora* Roxb. 长序指甲兰

附生植物。茎长 10~25 cm，具多叶。叶二列，舌形，长 15~34 cm。花序侧生，外弯或下垂，长 15~34 cm，密生多花；花直径 2~3 cm，有香气。花期：夏季；不丹、柬埔寨、印度、老挝、缅甸、尼泊尔、泰国、越南；0~1100 m。

Epiphytic plants. Stems 10–25 cm long, many-leaved. Leaves distichous, ligulate, 15–34 cm long. Inflorescences lateral, arching or pendent, 15–34 cm long, densely many-flowered; flowers 2–3 cm across, fragrant. Fl. summer; Bhutan, Cambodia, India, Laos, Myanmar, Nepal, Thailand, Vietnam; 0–1100 m.

0033 ***Aerides odorata***
(Photo.: Yechun Xu)

0034 ***Aerides quinquevulnerum***
(Photo.: Kohji Karasawa)

0035 ***Aerides rosea***
(Photo.: Sicong Lu)

0033 *Aerides odorata* Lour. 香花指甲兰

附生植物。茎长 10~45 cm，有分枝，具 8~12 叶。叶矩圆状舌形，长 15~30 cm。花序侧生，下垂，长 15~35 cm，密生 20~30 花；花直径 2.5~3.5 cm，有香气。花期：5 月；广布于东南亚，向北可到中国南部和喜马拉雅地区；200~1200 m。

Epiphytic plants. Stems 10–45 cm long, branched, 8- to 12-leaved. Leaves oblong-ligulate, 15–30 cm long. Inflorescences lateral, pendent, 15–35 cm long, densely 20- to 30-flowered; flowers 2.5–3.5 cm across, fragrant. Fl. May; widespread in Southeast Asia, north to S China and the Himalayas; 200–1200 m.

0034 *Aerides quinquevulnerum* Lindl. 五斑指甲兰

附生植物。茎长 20~40（~100）cm，具多叶。叶舌形，长 20~35 cm。花序侧生，下垂，长 30~45 cm，可具多达 30 花；花直径约 2 cm，芳香。花期：夏季至秋季；新几内亚、菲律宾；300~2000 m。

Epiphytic plants. Stems 20–40 (–100) cm long, many-leaved. Leaves ligulate, 20–35 cm long. Inflorescences lateral, pendent, 30–45 cm long, up to 30-flowered; flowers ca. 2 cm across, fragrant. Fl. summer–autumn; New Guinea, Philippines; 300–2000 m.

0035 *Aerides rosea* Lodd. ex Lindl. & Paxt. 多花指甲兰

附生植物。茎长 5~25 cm，具数叶至多叶。叶舌形，长 15~35 cm。花序通常 1~3 个，侧生，下垂，长 15~40（~60）cm，偶见分枝，密生 20~40 花；花直径 2.5~3.5 cm。花期：7 月；不丹、中国西南部、印度、老挝、缅甸、泰国、越南；300~1600 m。

Epiphytic plants. Stems 5–25 cm long, several- to many-leaved. Leaves ligulate, 15–35 cm long. Inflorescences often 1–3, lateral, pendent, 15–40 (–60) cm long, occasionally branched, densely 20- to 40-flowered; flowers 2.5–3.5 cm across. Fl. July; Bhutan, SW China, India, Laos, Myanmar, Thailand, Vietnam; 300–1600 m.

0036 *Aerides rubescens* (Rolfe) Schltr. 小花指甲兰

附生植物。茎粗壮，长约 25 cm，具多叶。叶舌形，长 12~25 cm。花序侧生，近直立，长 15~17 cm，密生多花；花不完全开放；萼片长约 4 mm。花期：春季；柬埔寨、老挝、越南。

Epiphytic plants. Stems stout, ca. 25 cm long, many-leaved. Leaves ligulate, 12–25 cm long. Inflorescences lateral, suberect, 15–17 cm long, densely many-flowered; flowers not opening widely; sepals ca. 4 mm long. Fl. spring; Cambodia, Laos, Vietnam.

0036 ***Aerides rubescens*** (Photo.: Kohji Karasawa)

0037 ***Aetheorhyncha andreettae*** (Photo.: Ecuagenera)

0037 ***Aetheorhyncha andreettae* (Jenny) Dressler** (*Chondrorhyncha andreettae* Jenny) **安氏气喙兰**

附生植物。茎貌似根状茎，簇生，具数枚叶。叶二列，狭倒披针形，长达 38 cm。花序生于短茎上，直立，短，具 1~2 花；唇瓣长约 2.7 cm。花期：常为冬季；厄瓜多尔、秘鲁；800~1800 m。

Epiphytic plants. Stems rhizome-like, tufted, several-leaved. Leaves distichous, narrowly oblanceolate, to 38 cm long. Inflorescences borne on the short stem, erect, short, 1- or 2-flowered; lip ca. 2.7 cm long. Fl. often winter; Ecuador, Peru; 800–1800 m.

0038 ***Alamania punicea* La Llave & Lex. 阿拉马兰**

附生植物。假鳞茎簇生，卵形，长约 0.8 cm，顶端具 2~3 叶。叶矩圆状椭圆形，长约 2.5 cm。花序生于无叶的假鳞茎顶端，长 2~2.5 cm，具 1 花至数花；萼片与花瓣长 1.2~1.4 cm。花期：春季；墨西哥；1500~2000 m。

Epiphytic plants. Pseudobulbs clustered, ovoid, ca. 0.8 cm long, 2- or 3-leaved at apex. Leaves oblong-elliptic, ca. 2.5 cm long. Inflorescence terminal on leafless pseudobulb, 2–2.5 cm long, 1- to several-flowered; sepals and petals 1.2–1.4 cm long. Fl. spring; Mexico; 1500–2000 m.

0039 ***Amesiella philippinensis* (Ames) Garay 阿梅兰**

附生植物。茎甚短，具数枚叶。叶二列，椭圆状矩圆形，长 2~5.5 cm，肉质。花序腋生，长约 4 cm，具少数花；花直径约 5 cm。花期：冬季至春季；菲律宾；约 800 m。

Epiphytic plants. Stems very short, several-leaved. Leaves distichous, elliptic-oblong, 2–5.5 cm long, fleshy. Inflorescence axillary, ca. 4 cm long, few-flowered; flowers ca. 5 cm across. Fl. winter–spring; Philippines; ca. 800 m.

0040 ***Anacamptis morio* (L.) R. M. Bateman, Pridgeon & M. W. Chase** subsp. ***longicornu* (Poir.) H. Kretzschmar, Eccarius & H. Dietr.** (*Orchis longicornu* Poir.) **长细距红门兰（亚种）**

地生植物，高 10~35 cm，具卵形块茎。叶基生，6~8 枚，矩圆状披针形。花序通常密生多花；花直径 1~1.5 cm；距长约 1.6 cm。花期：2~4 月；南欧与北非地中海沿岸。

Terrestrial plants, 10–35 cm tall, with ovoid tubers. Leaves basal, 6–8, oblong-lanceolate. Inflorescence often densely many-flowered; flowers 1–1.5 cm across; spur ca. 1.6 cm long. Fl. Feb.–Apr.; Mediterranean coasts of S Europe and N Africa.

0040 ***Anacamptis morio*** subsp. ***longicornu*** (Photo.: Kohji Karasawa)

0038 ***Alamania punicea*** (Photo.: Kohji Karasawa)

0039 ***Amesiella philippinensis*** (Photo.: Kohji Karasawa)

0041 ***Anacamptis papilionacea*** **(L.) R. M. Bateman, Pridgeon & M. W. Chase** (*Orchis papilionacea* L.) **蝶花细距红门兰**

地生植物，高 10~40 cm，具卵形块茎。叶基生，6~9 枚，披针形，长 5~8 cm。花序具 5~15 花；唇瓣长 1.5~2.5 cm。花期：3~5 月；南欧、北非和中东的地中海沿岸；0~1800 m。

Terrestrial plants, 10–40 cm tall, with ovoid tubers. Leaves basal, 6–9, lanceolate, 5–8 cm long. Inflorescence 5- to 15-flowered; lip 1.5–2.5 cm long. Fl. Mar.–May; Mediterranean coasts of S Europe, N Africa and the Middle East; 0–1800 m.

0041 ***Anacamptis papilionacea***
(Photo.: Kohji Karasawa)

0042 ***Ancistrochilus rothschildianus*** **O' Brien 钩唇兰**

附生植物。假鳞茎簇生，圆锥形至梨形，直径达 5 cm，顶端具 2 叶。叶披针形至倒披针形，长 10~40 cm。花序基生，直立，长 20 cm 或过之，具 2~5 花；花直径 5~8 cm。花期：夏季至初冬；西非热带地区，向东至乌干达；500~1100 m。

Epiphytic plants. Pseudobulbs clustered, conical to pyriform, to 5 cm in diam., 2-leaved at apex. Leaves lanceolate to oblanceolate, 10–40 cm long. Inflorescence basal, erect, 20 cm or more long, 2- to 5-flowered; flowers 5–8 cm across. Fl. summer–early winter; tropical western Africa, east to Uganda; 500–1100 m.

0043 ***Angraecum compactum***
(Photo.: Kohji Karasawa)

0043 ***Angraecum compactum*** **Schltr.**
马岛武夷兰

附生植物。茎通常短，罕有长达 30 cm。叶 5~14 枚，线状舌形，长 5~10 cm，先端不等的 2 裂。花序腋生，下垂，长约 1 cm，具 1~2 花；花直径 4.5~5.5 cm。花期：夏季；马达加斯加；700~2000 m。

Epiphytic plants. Stems often short, rarely up to 30 cm long. Leaves 5–14, linear-ligulate, 5–10 cm long, unequally bilobed at apex. Inflorescence axillary, pendent, ca. 1 cm long, 1- or 2-flowered; flowers 4.5–5.5 cm across. Fl. summer; Madagascar; 700–2000 m.

0044 ***Angraecum didieri*** **Baill. ex Finet 狄氏武夷兰**

附生植物。茎直立，长 10~20 cm。叶 5~15 枚，宽线形，长 5~9 cm，先端不等的 2 裂。花序腋生，甚短，具 1 花；花直径 4~6 cm。花期：春季；马达加斯加；600~1500 m。

Epiphytic plants. Stems erect, 10–20 cm long. Leaves 5–15, broadly linear, 5–9 cm long, unequally bilobed at apex. Inflorescence axillary, very short, 1-flowered; flower 4–6 cm across. Fl. spring; Madagascar; 600–1500 m.

0042 ***Ancistrochilus rothschildianus*** (Photo.: Kohji Karasawa)

0044 ***Angraecum didieri*** (Photo.: Kohji Karasawa)

0045 ***Angraecum eburneum***
(Photo.: Kohji Karasawa)

0046 ***Angraecum elephantinum***
(Photo.: Kohji Karasawa)

0047 ***Angraecum sesquipedale***
(Photo.: Kohji Karasawa)

0045 *Angraecum eburneum* Bory 白唇武夷兰

附生或地生植物。茎直立，粗壮，长可达 1 m 或过之，有分枝。叶 10~15 枚，坚挺，舌形，长 30 cm 或过之，先端不等的 2 裂。花序近直立或水平伸展，长可达 1 m，具 15~30 花；花长 6~7 cm，有香气。花期：冬季；东非、马达加斯加、马斯卡林群岛；0~750 m。

Epiphytic or terrestrial plants. Stems erect, stout, up to 1 m or more long, branched. Leaves 10–15, rigid, ligulate, 30 cm or more long, unequally bilobed at apex. Inflorescence suberect to horizontal, up to 1 m long, 15- to 30-flowered; flowers 6–7 cm long, fragrant. Fl. winter; E Africa, Madagascar, Mascarene Islands; 0–750 m.

0048 ***Angraecum striatum***
(Photo.: Kohji Karasawa)

0046 *Angraecum elephantinum* Schltr. 曲距武夷兰

附生植物。茎长 10~25 cm，具数枚叶。叶舌形，长 8~12 cm，厚革质，先端 2 裂。花序腋生，短，具 1 花；花直径 5~7 cm。花期：冬季；马达加斯加。

Epiphytic plants. Stems 10–25 cm long, several-leaved. Leaves ligulate, 8–12 cm long, thickly coriaceous, bilobed at apex. Inflorescence axillary, short, 1-flowered; flower 5–7 cm across. Fl. winter; Madagascar.

0047 *Angraecum sesquipedale* Thou. 长距武夷兰

附生植物。茎丛生，通常长达 1 m，具多叶。叶二列，舌形，长 20~40 cm，先端 2 圆裂。花序腋生，短于叶，具 2~6 花；花直径 14~18 cm，距长 30~35 cm。花期：冬季；马达加斯加；0~100 m。

Epiphytic plants. Stems tufted, often to 1 m long, many-leaved. Leaves distichous, ligulate, 20–40 cm long, roundly bilobed at apex. Inflorescence axillary, shorter than leaves, 2- to 6-flowered; flowers 14–18 cm across; spur 30–35 cm long. Fl. winter; Madagascar; 0–100 m.

0048 *Angraecum striatum* Thou. 纹脉武夷兰

附生植物。茎长 3~7 cm。叶数枚，宽线形，排成扇形，长 20~35 cm，明显具 9~11 条脉。花序腋生，长 10~15 cm，密生数花至多花；花直径 3~3.5 cm。花期：夏季；马斯卡林群岛；1000~1500 m。

Epiphytic plants. Stems 3–7 cm long. Leaves several, broadly linear, arranged in a fan, 20–35 cm long, prominently 9- to 11-veined. Inflorescence axillary, 10–15 cm long, densely several- to many-flowered; flowers 3–3.5 cm across. Fl. summer; Mascarene Islands; 1000–1500 m.

0049 ***Anguloa clowesii*** **Lindl. 黄花安古兰**

地生植物。假鳞茎圆锥状梨形，稍压扁，长达 13 cm，上部具数叶。叶摺扇状，倒卵形，长 45~80 cm。花序常 2~3 个，基生，直立，长可达 30 cm，具 1 花；花长 7~8 cm，有香气。花期：春季至初夏；哥伦比亚、委内瑞拉；1800~2500 m。

Terrestrial plants. Pseudobulbs conical-pyriform, slightly compressed, to 13 cm long, several-leaved above. Leaves plicate, obovate, 45–80 cm long. Inflorescences often 2–3, basal, erect, up to 30 cm long, 1-flowered; flower 7–8 cm long, scented. Fl. spring–early summer; Colombia, Venezuela; 1800–2500 m.

0049 *Anguloa clowesii*
(Photo.: Kohji Karasawa)

0050 ***Anguloa uniflora*** **Ruiz & Pav. 单花安古兰**

地生或附生植物。假鳞茎簇生，狭卵状椭圆形，长 10~15 cm，顶端具 1~2 叶。叶摺扇状，倒卵形，长 40~60 cm。花序基生，1~2 个，直立，长 15~25 cm，具 1 花；萼片长 5~6.5 cm。花期：春季；哥伦比亚、秘鲁、委内瑞拉；1400~2500 m。

Terrestrial or epiphytic plants. Pseudobulbs clustered, narrowly ovoid-ellipsoid, 10–15 cm long, 1- or 2-leaved at apex. Leaves plicate, obovate, 40–60 cm long. Inflorescences basal, 1–2, erect, 15–25 cm long, 1-flowered; sepals 5–6.5 cm long. Fl. spring; Colombia, Peru, Venezuela; 1400–2500 m.

0051 ***Anguloa virginalis*** **Linden 圣洁安古兰**

地生植物。假鳞茎簇生，圆锥形或卵形，稍压扁，长 12~15 cm，顶端具 1~4 叶。叶摺扇状，矩圆形，长 45~55 cm。花序基生，1~2 个，长约 20 cm，具 1 花；萼片长 6~6.5 cm。花期：1~2 月；玻利维亚、巴西、秘鲁、委内瑞拉；1800~2200 m。

Terrestrial plants. Pseudobulbs clustered, conical or ovoid, slightly compressed, 12–15 cm long, 1- to 4-leaved at apex. Leaves plicate, oblong, 45–55 cm long. Inflorescences basal, 1–2, ca. 20 cm long, 1-flowered; sepals 6–6.5 cm long. Fl. Jan.–Feb.; Bolivia, Brazil, Peru, Venezuela; 1800–2200 m.

0052 ***Anoectochilus roxburghii*** **(Wall.) Lindl. 金线兰**

地生植物，高 8~30 cm。叶 2~5 枚，茎生，卵形，长 1.3~6 cm，上面暗绿色至黑紫色而有带粉红金黄色的网脉纹，背面浅紫红色。花序具 2~10 花；唇瓣长 1~1.6 cm。花期：8~12 月；孟加拉国、不丹、中国、印度、老挝、尼泊尔、泰国、越南；100~1600 m。

Terrestrial plants, 8–30 cm tall. Leaves 2–5, cauline, ovate, 1.3–6 cm long, dark green to blackish purple with pinkish golden reticulate venation above, pale purplish red below. Inflorescence 2- to 10-flowered; lip 1–1.6 cm long. Fl. Aug.–Dec.; Bangladesh, Bhutan, China, India, Laos, Nepal, Thailand, Vietnam; 100–1600 m.

0050 *Anguloa uniflora*
(Photo.: Kohji Karasawa)

0051 *Anguloa virginalis*
(Photo.: Kohji Karasawa)

0052 *Anoectochilus roxburghii*
(Photos.: Zhanhuo Tsi(left); Junwen Zhai(right))

0053 ***Ansellia africana*** (Photo.: Kohji Karasawa)

0053 *Ansellia africana* Lindl. 安舌兰

附生植物。假鳞茎簇生，似蔗桿，纺锤状圆筒形，长 10~50 cm，具 6~10 枚叶。叶摺扇状，狭披针形，长 15~50 cm。花序生于假鳞茎近顶端处，有分枝，长可达 50~90 cm，具多花；花直径 3~5 cm。花期：春季至夏季；广布于热带非洲，也见于南非；700~2200 m。

Epiphytic plants. Pseudobulbs clustered, cane-like, fusiform-cylindric, 10–50 cm long, 6- to 10-leaved. Leaves plicate, narrowly lanceolate, 15–50 cm long. Inflorescence arising from near apex of pseudobulbs, branched, up to 50–90 cm long, many-flowered; flowers 3–5 cm across. Fl. spring–summer; widespread in tropical Africa and also South Africa; 700–2200 m.

0054 *Anthogonium gracile* Lindl. 筒瓣兰

地生植物。假鳞茎部分埋于土中，直径 1~2 cm。叶 2~3（~5）枚，基生，狭椭圆形，长 7~45 cm，脱落；叶柄与鞘形成长 3~22 cm 的假茎。花葶长 30~55 cm；花序具 4~8 花；花长 1.4~1.7 cm。花期：7~11 月；尼泊尔至斯里兰卡、柬埔寨、越南和中国西南部；1200~2300 m。

Terrestrial plants. Pseudobulbs partly buried in soil, 1–2 cm in diam. Leaves 2–3 (–5), basal, narrowly elliptic, 7–45 cm long, deciduous; petioles and sheaths forming a pseudostem 3–22 cm long. Scape 30–55 cm long; inflorescence 4- to 8-flowered; flowers 1.4–1.7 cm long. Fl. July–Nov.; Nepal to Sri Lanka, Cambodia, Vietnam and SW China; 1200–2300 m.

0055 *Apostasia wallichii* R. Br. var. *nipponica* (Masamune) Masamune 日本拟兰（变种）

亚灌木状草本，高约 6 cm。茎有时分枝。叶数枚，褶扇状，狭椭圆状披针形，长 2~3 cm。花序顶生或同时也有近顶生的，具数花；花直径约 0.8 m。花期：夏季；日本南部（屋久岛）；低海拔地。

Subshrubby herbs, ca. 6 cm tall. Stems sometimes branched. Leaves several, plicate, narrowly elliptic-lanceolate, 2–3 cm long. Inflorescences terminal or also subterminal, several-flowered; flowers ca. 0.8 cm across. Fl. summer; S Japan (Yakushima Island); at low altitude.

0056 *Arachnis flosaeris* (L.) Rchb. f. 麝香蜘蛛兰

附生植物。茎长可达 10 m，具甚多叶，攀爬于树上或岩石上。叶矩圆形，长 10~20 cm。花序侧生，长 60~160 cm，不具或具短分枝，通常生 2~3 花；花直径 7.5~9 cm，有麝香气味。花期：秋季；印度尼西亚、马来西亚、菲律宾、泰国；300~900 m。

Epiphytic plants. Stems up to 10 m long, with numerous leaves, scrambling over trees or rocks. Leaves oblong, 10–20 cm long. Inflorescences lateral, 60–160 cm long, simple or shortly branched, often 2- or 3-flowered; flowers 7.5–9 cm across, musk-scented. Fl. autumn; Indonesia, Malaysia, Philippines, Thailand; 300–900 m.

0054 ***Anthogonium gracile***
(Photos.: Zhanhuo Tsi(left); Xiaohua Jin(right))

0055 ***Apostasia wallichii*** var. ***nipponica*** (Photo.: Kohji Karasawa)

0056 ***Arachnis flosaeris***
(Photo.: Kohji Karasawa)

0057 ***Arachnis hookeriana*** (Photo.: Kohji Karasawa)

0060 ***Arachnorchis discoidea*** (Photo.: Kohji Karasawa)

0058 ***Arachnis labrosa*** (Photos.: Zhanhuo Tsi)

0057 *Arachnis hookeriana* (Rchb. f.) Rchb. f. 香花蜘蛛兰

附生植物。茎较长，具长 2~3 cm 的节间。叶坚挺，狭舌形，长 8~9 cm。花序侧生，直立，不分枝，长约 60 cm，具 6~8 花；花直径约 5.5 cm。花期：夏季至秋季；文莱、印度尼西亚（廖内群岛）、马来西亚（马来半岛、沙巴、沙捞越）、新加坡；0~500 m。

Epiphytic plants. Stems rather long, with internodes 2–3 cm long. Leaves stiff, narrowly ligulate, 8–9 cm long. Inflorescences lateral, erect, unbranched, ca. 60 cm long, 6- to 8-flowered; flowers ca. 5.5 cm across. Fl. summer–autumn; Brunei, Indonesia (Riau Archip.), Malaysia (Malay Peninsula, Sabah, Sarawak), Singapore; 0–500 m.

0058 *Arachnis labrosa* (Lindl. & Paxt.) Rchb. f. 窄瓣蜘蛛兰

附生植物。茎长达 50 cm，坚挺，具多节和多叶。叶二列，带形，长 15~30 cm。花序侧生，上举，长 30~100 cm，偶有分枝，疏生多花；花直径约 3 cm。花期：8~9 月；不丹、中国南部、印度、日本（琉球群岛）、缅甸、越南；250~1200 m。

Epiphytic plants. Stems to 50 cm long, rigid, with many nodes and leaves. Leaves distichous, lorate, 15–30 cm long. Inflorescences lateral, ascending, 30–100 cm long, occasionally branched, laxly many-flowered; flowers ca. 3 cm across. Fl. Aug.–Sep.; Bhutan, S China, India, Japan (Ryukyu Islands), Myanmar, Vietnam; 250–1200 m.

0059 *Arachnis longisepala* (J. J. Wood) Shim & A. Lamb 长萼蜘蛛兰

附生植物。茎较长，有分枝，具多叶。叶线形，长 21~28 cm，先端 2 裂。花序侧生，长约 28 cm，有少数分枝，疏生数花至 10 花；侧萼片与花瓣长 3~3.5 cm。花期：8 月；马来西亚（沙巴）；600~800 m。

Epiphytic plants. Stems rather long, branched, many-leaved. Leaves linear, 21–28 cm long, bilobed at apex. Inflorescences lateral, ca. 28 cm long, with a few branches, laxly several- to 10-flowered; lateral sepals and petals 3–3.5 cm long. Fl. Aug.; Malaysia (Sabah); 600–800 m.

0059 ***Arachnis longisepala***
(Photo.: Peter O' Byrne)

0060 *Arachnorchis discoidea* (Lindl.) D. L. Jones & M. A. Clem. 毛蛛兰

地生植物，被毛，具近球形的块茎。叶 1 枚，基生，宽线状披针形，长 8~18 cm。花葶直立，长 9~45 cm；花序具 1~4 花；花直径 2~3 cm。花期：夏季至秋季；澳大利亚西南部。

Terrestrial plants, hairy, with subglobose tubers. Leaf 1, basal, broadly linear-lanceolate, 8–18 cm long. Scape erect, 9–45 cm long; inflorescence 1- to 4-flowered; flowers 2–3 cm across. Fl. summer–autumn; SW Australia.

0061 ***Arachnorchis ferruginea***
(Photo.: Kohji Karasawa)

0062 ***Arethusa bulbosa***
(Photo.: Carlyle Luer)

0063 ***Arpophyllum alpinum***
(Photo.: Kohji Karasawa)

0061 ***Arachnorchis ferruginea*** **(Nicholls) D. L. Jones & M. A. Clem. 褐花毛蛛兰**

地生植物，被密毛，具近球形的块茎。叶 1 枚，基生，披针形，长 10~15 cm。花葶直立，长 20~60 cm；花序具 1~5 花；花直径 4~5cm。花期：9~10 月；澳大利亚西南部。

Terrestrial plants, densely hairy, with subglobose tubers. Leaf 1, basal, lanceolate, 10–15 cm long. Scape erect, 20–60 cm long; inflorescence 1- to 5-flowered; flowers 4–5 cm across. Fl. Sep.–Oct.; SW Australia.

0062 ***Arethusa bulbosa*** **L. 北美朱兰**

地生植物。块茎近椭圆形，直径 0.5~1.5 cm，位于地下。叶 1 枚，基生，披针形，花后长出，长 4~6 cm；花葶直立，长达 40 cm；花序具单花或极罕 2 花；花直径约 3 cm。花期：5~6 月；加拿大东南部、美国东北部；100~1000 m。

Terrestrial plants. Tubers subellipsoid, 0.5–1.5 cm in diam., subterranean. Leaf 1, basal, lanceolate, emerging after flowering, 4–6 cm long. Scape erect, to 40 cm long; inflorescence 1- or very rarely 2-flowered; flowers ca. 3 cm across. Fl. May–June; SE Canada, northeastern U. S. A.; 100–1000 m.

0063 ***Arpophyllum alpinum*** **Lindl. 高山镰叶兰**

地生植物。茎圆筒形，长 10~35 cm，顶端具 1 叶。叶线形，长 10~30 cm。花序顶生，直立，长 8~20 cm，密生多花；花不倒置，直径约 1 cm。花期：冬季至春季；危地马拉、洪都拉斯、墨西哥、萨瓦尔多；1800~3200 m。

Terrestrial plants. Stems cylindric, 10–35 cm long, 1-leafed at apex. Leaf linear, 10–30 cm long. Inflorescence terminal, erect, 8–20 cm long, densely many-flowered; flowers not resupinate, ca. 1 cm across. Fl. winter–spring; Guatemala, Honduras, Mexico, El Salvador; 1800–3200 m.

0064 ***Arpophyllum giganteum*** **Lindl. 镰叶兰**

附生植物。茎圆筒形，长 20~30 cm，顶端具 1 叶。叶线形，长 30~50 cm。花序顶生，直立，长 30~40 cm，密生多花；花不倒置，直径 0.8~1.8 cm。花期：春季；墨西哥至哥斯达黎加、哥伦比亚和牙买加；1400~1500 m。

Epiphytic plants. Stems cylindric, 20–30 cm long, 1-leafed at apex. Leaf linear, 30–50 cm long. Inflorescence terminal, erect, 30–40 cm long, densely many-flowered; flowers not resupinate, 0.8–1.8 cm across. Fl. spring; Mexico to Costa Rica, Colombia and Jamaica; 1400–1500 m.

0064 ***Arpophyllum giganteum***
(Photo.: Kohji Karasawa)

0065 ***Arundina graminifolia*** **(D. Don) Hochr. 竹叶兰**

地生植物。茎基部簇生，长 40~250 cm。叶甚多，禾叶状，长 8~20 cm。花序顶生，长 15~30 cm，偶见有 1~2 分枝，具 1~2 花或罕有多达 10 花；花直径 5~6 cm。花期：全年不定；广布于亚洲热带地区，但不见于菲律宾；50~2800 m。

Terrestrial plants. Stems tufted at base, 40–250 cm long. Leaves numerous, grass-like, 8–20 cm long. Inflorescence terminal, 15–30 cm long, occasionally 1- or 2-branched, with 1–2 or rarely to 10 flowers; flowers 5–6 cm across. Fl. throughout the year; widely distributed in tropical Asia, excepting the Philippines; 50–2800 m.

0065 ***Arundina graminifolia***
(Photos.: Zhanhuo Tsi(left); Kohji Karasawa(right))

0066 ***Aspasia epidendroides*** **Lindl. 喜兰**

附生植物。假鳞茎狭卵形，压扁，长 5~12 cm，基部有柄，顶端具 2 叶。叶舌形，长 15~30 cm。花序基生，直立，长 10~25 cm，具少数花；花直径 6~7 cm。花期：夏季；从危地马拉至巴拿马和南美北部；可达 700 m。

Epiphytic plants. Pseudobulbs narrowly ovoid, compressed, 5–12 cm long, base stalked, 2-leaved at apex. Leaves ligulate, 15–30 cm long. Inflorescence basal, erect, 10–25 cm long, few-flowered; flowers 6–7 cm across. Fl. summer; Guatemala to Panama and N South America; up to 700 m.

0067 ***Aspasia lunata*** **Lindl. 斑点喜兰**

附生植物。假鳞茎在根状茎上相距 1~2 cm，卵形，压扁，长 5~7 cm，顶端具 2 叶。叶宽线形，长 10~20 cm。花序基生，长 4~6 cm，具 1~2 花；花直径 4~5 cm。花期：春季；巴西。

Epiphytic plants. Pseudobulbs 1–2 cm apart on rhizome, ovoid, compressed, 5–7 cm long, 2-leaved at apex. Leaves broadly linear, 10–20 cm long. Inflorescence basal, 4–6 cm long, 1- or 2-flowered; flowers 4–5 cm across. Fl. spring; Brazil.

0068 ***Aspasia principissa*** **Rchb. f. 条纹喜兰**

附生植物。假鳞茎密集，倒卵形，压扁，长 15~20 cm，基部有柄，顶端具 2 叶。叶线状矩圆形，长 20~25 cm。花序基生，长约 15 cm，具少数花；花直径 5~6 cm，有香气。花期：初夏；哥斯达黎加、巴拿马；0~100 m。

Epiphytic plants. Pseudobulbs close together, obovoid, compressed, 15–20 cm long, base stalked, 2-leaved at apex. Leaves linear-oblong, 20–25 cm long. Inflorescence basal, ca. 15 cm long, few-flowered; flowers 5–6 cm across, scented. Fl. early summer; Costa Rica, Panama; 0–100 m.

0066 ***Aspasia epidendroides***
(Photo.: Kohji Karasawa)

0067 ***Aspasia lunata***
(Photo.: Kohji Karasawa)

0068 ***Aspasia principissa***
(Photo.: Kohji Karasawa)

0069 ***Aspasia variegata***
(Photo.: Kohji Karasawa)

0070 ***Barkeria lindleyana***
(Photo.: Kohji Karasawa)

0071 ***Barkeria palmeri***
(Photo.: Kohji Karasawa)

0069 *Aspasia variegata* Lindl. 斑唇喜兰

附生植物。假鳞茎椭圆形，压扁，长 5~6 cm，顶端具 2 叶。叶宽线形，长 15~20 cm。花序基生，长约 10 cm，具 1~3 花；花直径 5~6 cm，有香气。花期：冬季至春季；巴西、特立尼达、委内瑞拉；约 200 m。

Epiphytic plants. Pseudobulbs ellipsoid, compressed, 5–6 cm long, 2-leaved at apex. Leaves broadly linear, 15–20 cm long. Inflorescence basal, ca. 10 cm long, 1- to 3-flowered; flowers 5–6 cm across, scented. Fl. winter–spring; Brazil, Trinidad, Venezuela; ca. 200 m.

0070 *Barkeria lindleyana* Bateman ex Lindl. 林氏巴克兰

附生植物。茎常丛生，纺锤状圆筒形，长 4~15 cm，包藏于带白色的叶鞘内。叶数枚，互生于茎的上部，线状披针形，长 4~15 cm。花序顶生，长 20~40 cm，具少数至多数花；花直径 3~6 cm。花期：冬季至春季；墨西哥到哥斯达黎加；800~2500 m。

Epiphytic plants. Stems often tufted, fusiform-cylindric, 4–15 cm long, concealed by whitish leaf sheaths. Leaves several, alternate on upper part of stem, linear-lanceolate, 4–15 cm long. Inflorescence terminal, 20–40 cm long, few- to many-flowered; flowers 3–6 cm across. Fl. winter–spring; Mexico to Costa Rica; 800–2500 m.

0072 ***Barkeria scandens***
(Photo.: Kohji Karasawa)

0071 *Barkeria palmeri* (Rolfe) Schltr. 帕氏巴克兰

附生植物。茎纺锤状圆筒形，长 5~15 cm，包藏于带白色的叶鞘内。叶数枚，互生于茎的上部，披针形，长 5~10 cm。花序顶生，长 8~15 cm，密生多花；花直径 2~3 cm。花期：春季；墨西哥至哥斯达黎加；300~1300 m。

Epiphytic plants. Stems fusiform-cylindric, 5–15 cm long, concealed by whitish leaf sheaths. Leaves several, alternate on upper part of stem, lanceolate, 5–10 cm long. Inflorescence terminal, 8–15 cm long, densely many-flowered; flowers 2–3 cm across. Fl. spring; Mexico to Costa Rica; 300–1300 m.

0072 *Barkeria scandens* (La Llave & Lex.) Dressler & Halb. 攀援巴克兰

附生植物。茎纺锤状圆筒形，长 15~30 cm，包藏于叶鞘之中。叶 5~8 枚，互生于茎的上部，狭卵形，长约 10 cm。花序顶生，直立，长约 45 cm，具 5~15 花；花直径 4~5 cm。花期：冬季；墨西哥；1000~2000 m。

Epiphytic plants. Stems fusiform-cylindric, 15–30 cm long, concealed by leaf sheaths. Leaves 5–8, alternate on upper part of stem, narrowly ovate, ca. 10 cm long. Inflorescence terminal, erect, ca. 45 cm long, 5- to 15-flowered; flowers 4–5 cm across. Fl. winter; Mexico; 1000–2000 m.

0073 ***Barkeria shoemakeri*** **Halb. 宣氏巴克兰**

附生植物。茎纺锤状圆筒形，基部纤细，长 4~8 cm，包藏于带白色的叶鞘之中。叶 2~3 枚，生于茎的上部，线状披针形，长 2~5 cm。花序顶生，短，具 1~3 花，花直径 1.5~2 cm。花期：春季；墨西哥；约 600 m。

Epiphytic plants. Stems fusiform-cylindric, slender at base, 4–8 cm long, concealed by whitish leaf sheaths. Leaves 2–3, on upper part of stem, linear-lanceolate, 2–5 cm long. Inflorescence terminal, short, 1- to 3-flowered; flowers 1.5–2 cm across. Fl. spring; Mexico; ca. 600 m.

0073 ***Barkeria shoemakeri***
(Photo.: Kohji Karasawa)

0074 ***Barkeria skinneri*** **(Bateman ex Lindl.) A. Rich. & Gal. 黄褶巴克兰**

附生植物。茎丛生，纺锤状圆筒形，长 5~14 cm，包藏于干膜质的叶鞘之中。叶数枚，互生于茎上部，披针形，长 3~15 cm。花序顶生，直立，长 15~30 cm，具多花；花直径约 3 cm。花期：秋季至冬季；危地马拉、墨西哥；可达 1900 m。

Epiphytic plants. Stems tufted, fusiform-cylindric, 5–14 cm long, concealed by scarious leaf sheaths. Leaves several, alternate on upper part of stem, lanceolate, 3–15 cm long. Inflorescence terminal, erect, 15–30 cm long, many-flowered; flowers ca. 3 cm across. Fl. autumn–winter; Guatemala, Mexico; up to 1900 m.

0074 ***Barkeria skinneri***
(Photo.: Kohji Karasawa)

0075 ***Barkeria uniflora*** **(La Llave & Lex.) Dressler & Halb. 少花巴克兰**

附生植物。茎丛生，纺锤状圆筒形，长 5~15 cm，包藏于带白色的叶鞘之中。叶数枚，互生于茎上部，披针形，长约 5 cm，脱落。花序顶生，长 20~30 cm，具少数花；花直径约 6 cm。花期：冬季至春季；墨西哥；650~1300 m。

Epiphytic plants. Stems tufted, fusiform-cylindric, 5–15 cm long, concealed by whitish leaf sheaths. Leaves several, alternate on upper part of stem, lanceolate, ca. 5 cm long, deciduous. Inflorescence terminal, 20–30 cm long, few-flowered; flowers ca. 6 cm across. Fl. winter–spring; Mexico; 650–1300 m.

0076 ***Batemannia colleyi*** **Lindl. 巴特兰**

附生植物。假鳞茎簇生，卵形或椭圆形，呈压扁的四棱形，长 1.5~6 cm，顶端具 2~3 叶。叶披针形或狭椭圆形，长 15~30 cm。花序基生，外弯，长 6~15 cm，具 2~5 花；侧萼片长 2.1~3.6 cm。花期：秋季至冬季；玻利维亚、巴西、哥伦比亚、圭亚那、委内瑞拉；200~1200 m。

Epiphytic plants. Pseudobulbs clustered, ovoid or ellipsoid, compressed-tetragonal, 1.5–6 cm long, 2- to 3-leaved at apex. Leaves lanceolate or narrowly elliptic, 15–30 cm long. Inflorescence basal, arcuate, 6–15 cm long, 2- to 5-flowered; lateral sepals 2.1–3.6 cm long. Fl. autumn–winter; Bolivia, Brazil, Colombia, Guyana, Venezuela; 200–1200 m.

0075 ***Barkeria uniflora*** (Photo.: Kohji Karasawa)

0076 ***Batamannia colleyi*** (Photo.: Kohji Karasawa)

0077 ***Benzingia palorae*** (Photo.: Karlheinz Senghas)

0077 *Benzingia palorae* (Dodson & Hirtz) Dressler [*Ackermania palorae* (Dodson & Hirtz) Dodson & Escobar] 帕罗本氏兰

附生植物。茎短。叶数枚，二列，矩圆形，长可达 20 cm。花序腋生，下垂，长约 8 cm，具 1 花；花直径 2.5~3.5 cm。花期：夏季至秋季；哥伦比亚、厄瓜多尔；1000~1500 m。

Epiphytic plants. Stems short. Leaves several, distichous, oblong, up to 20 cm long. Inflorescence axillary, pendent, ca. 8 cm long, 1-flowered; flower 2.5–3.5 cm across. Fl. summer–autumn; Colombia, Ecuador; 1000–1500 m.

0078 *Benzingia reichenbachiana* (Schltr.) Dressler [*Chondrorhyncha reichenbachiana* Schltr.] 本氏兰

附生植物。茎貌似根状茎，簇生，短，具数枚叶。叶椭圆状披针形，长 15~30 cm。花序生于短茎上，下垂，较短，具 1 花；唇瓣长 1.8~2.2 cm。花期：全年不定；哥伦比亚、哥斯达黎加、巴拿马；1000~1400 m。

Epiphytic plants. Stems rhizome-like, tufted, short, several-leaved. Leaves elliptic-lanceolate, 15–30 cm long. Inflorescences borne on short stem, pendulous, rather short, 1-flowered; lip 1.8–2.2 cm long. Fl. throughout the year; Colombia, Costa Rica, Panama; 1000–1400 m.

0079 *Bifrenaria harrisoniae* (Hook.) Rchb. f. 哈氏双柄兰

附生植物。假鳞茎簇生，宽卵状梨形，有棱和深槽，长 5~7.5 cm，顶端具 1 叶。叶质地薄，矩圆形，长 20~30 cm。花序基生，直立，长 5~15 cm，具 1~2 花；花直径约 7.5 cm，有香气。花期：春季；巴西；200~700 m。

Epiphytic plants. Pseudobulbs clustered, broadly ovoid-pyriform, angled and deeply sulcate, 5–7.5 cm long, 1-leafed at apex. Leaf thin-textured, oblong, 20–30 cm long. Inflorescence basal, erect, 5–15 cm long, 1- or 2-flowered; flowers ca. 7.5 cm across, fragrant. Fl. spring; Brazil; 200–700 m.

0080 *Bifrenaria racemosa* (Hook.) Lindl. 多花双柄兰

附生植物。假鳞茎卵形，有棱，长 4~5 cm，有近褐色斑，顶端具 1 叶。叶矩圆状披针形，长 8~15 cm。花序基生，俯垂，长 15~30 cm，具 5~15 花；花直径 2.5~3 cm，有微香。花期：秋季；巴西。

Epiphytic plants. Pseudobulbs ovoid, angled, 4–5 cm long, marked with brownish, 1-leafed at apex. Leaf oblong-lanceolate, 8–15 cm long. Inflorescence basal, nodding, 15–30 cm long, 5- to 15-flowered; flowers 2.5–3 cm across, faintly scented. Fl. autumn; Brazil.

0078 ***Benzingia reichenbachiana*** (Photo.: Karlheinz Senghas)

0079 ***Bifrenaria harrisoniae*** (Photo.: Kohji Karasawa)

0080 ***Bifrenaria racemosa*** (Photo.: Kohji Karasawa)

0081 ***Bifrenaria tyrianthina*** **(Lodd.) Rchb. f. 紫唇双柄兰**

附生植物。假鳞茎簇生，卵形，有 4 棱，长 5~8 cm，顶端具 1 叶。叶椭圆形，长 12~28 cm。花序基生，直立，长 10~20 cm，具少数花；花直径 7~8 cm，有香气。花期：春季至初夏；巴西南部；1000~2000 m。

Epiphytic plants. Pseudobulbs clustered, ovoid, 4-angled, 5–8 cm long, 1-leafed at apex. Leaf elliptic, 12–28 cm long. Inflorescence basal, erect, 10–20 cm long, few-flowered; flowers 7–8 cm across, scented. Fl. spring–early summer; S Brazil; 1000–2000 m.

0081 ***Bifrenaria tyrianthina***
(Photo.: Kohji Karasawa)

0082 ***Bletia catenulata***
(Photo.: Kohji Karasawa)

0082 ***Bletia catenulata*** **Ruiz & Pav. 拟白及**

地生植物。假鳞茎卵形至近球形而上下压扁，长达 6 cm，上部具 1 叶或数叶。叶摺扇状，线状椭圆形，长 20~90 cm，脱落。花序侧生，直立，长 60~200 cm，有时具 1 个分枝，疏生多花；花直径约 5 cm。花期：春季至夏季；哥伦比亚至巴西和玻利维亚；200~2500 m。

Terrestrial plants. Pseudobulbs ovoid to depressed-subglobose, to 6 cm long, 1- to several-leaved above. Leaves plicate, linear-elliptic, 20–90 cm long, deciduous. Inflorescence lateral, erect, 60–200 cm long, sometimes with 1 branch, laxly many-flowered; flowers ca. 5 cm across. Fl. spring–summer; Colombia to Brazil and Bolivia; 200–2500 m.

0083 ***Bletia purpurea*** **(Lam.) DC. 紫花拟白及**

地生植物。假鳞茎卵形，长约 4 cm，上部具 3~5 叶。叶摺扇状，线状披针形，长 90~100 cm 或过之，脱落。花序侧生，近直立，长可达 100 cm，通常具数花；花直径约 3.5 cm。花期：春季至初夏；广布于美国（佛罗里达）、中美洲、西印度群岛和南美洲北部；可达 2000 m。

Terrestrial plants. Pseudobulbs ovoid, ca. 4 cm long, 3- to 5-leaved above. Leaves plicate, linear-lanceolate, 90–100 cm or more long, deciduous. Inflorescence lateral, suberect, up to 100 cm long, often several-flowered; flowers ca. 3.5 cm across. Fl. spring–early summer; widely distributed in U.S.A. (Florida), Central America, West Indies and N South America; up to 2000 m.

0084 ***Bletilla formosana*** **(Hayata) Schltr. 小白及**

地生植物，高 15~50（~80）cm。根状茎近球形至卵形，常上下压扁，直径 1~2 cm。茎长 5~15 cm，包藏于筒状鞘之中，具 2~8 叶。叶摺扇状，线状披针形，长 6~40 cm。花序顶生，具 2~6 花；花直径 3~4 cm。花期：4~6 月；中国（台湾至西藏）、日本（琉球群岛）；600~3100 m。

Terrestrial plants, 15–50 (–80) cm tall. Rhizome subglobose to ovoid, often dorsiventrally compressed, 1–2 cm in diam. Stem 5–15 cm long, enclosed by tubular sheaths, 2- to 8-leaved. Leaves plicate, linear-lanceolate, 6–40 cm long. Inflorescence terminal, 2- to 6-flowered; flowers 3–4 cm across. Fl. Apr.–June; China (Taiwan to Xizang), Japan (Ryukyu Islands); 600–3100 m.

0083 ***Bletia purpurea*** (Photo.: Kohji Karasawa)

0084 ***Bletilla formosana*** (Photos.: Zhanhuo Tsi)

0085 ***Bletilla ochracea*** (Photos.: Yuqi Li)

0086 ***Bletilla striata*** (Photos.: Yuqi Li)

0087 ***Bollea coelestis*** (Photo.: Kohji Karasawa)

0085 *Bletilla ochracea* Schltr. 黄花白及

地生植物，高 25~55 cm。根状茎斜卵形，略上下压扁，直径约 2 cm。茎长达 8 cm，包藏于叶鞘之中，通常具 4 叶。叶摺扇状，矩圆状披针形，长 8~35 cm。花序顶生，具 3~8 花；花直径约 4 cm。花期：6~8 月；中国（陕西和甘肃至广西和云南）、越南；300~2400 m。

Terrestrial plants, 25–55 cm tall. Rhizome obliquely ovoid, somewhat dorsiventrally compressed, ca. 2 cm in diam. Stem to 8 cm long, enclosed by leaf sheaths, often 4-leaved. Leaves plicate, oblong-lanceolate, 8–35 cm long. Inflorescence terminal, 3- to 8-flowered; flowers ca. 4 cm across. Fl. June–Aug.; China (Shaanxi and Gansu to Guangxi and Yunnan), Vietnam; 300–2400 m.

0086 *Bletilla striata* (Thunb.) Rchb. f. 白及

地生植物，高 18~70 cm。根状茎近球状卵形或不规则形状，上下压扁，直径 1~3（~5）cm。茎长 3~25 cm，包藏于筒状鞘之中，具 3~6 叶。叶摺扇状，矩圆状披针形，长 8~29 cm。花序顶生，偶有分枝，具 3~10 花；花直径 3~5 cm。花期：4~5 月；中国（陕西和甘肃至浙江和四川）、日本、朝鲜半岛、缅甸；100~3200 m。

Terrestrial plants, 18–70 cm tall. Rhizome subglobose-ovoid or irregular-shaped, dorsiventrally compressed, 1–3 (–5) cm in diam. Stem 3–25 cm long, enclosed by tubular sheaths, 3- to 6-leaved. Leaves plicate, oblong-lanceolate, 8–29 cm long. Inflorescence terminal, occasionally branched, 3- to 10-flowered; flowers 3–5 cm across. Fl. Apr.–May; China (Shaanxi and Gansu to Zhejiang and Sichuan), Japan, Korea, Myanmar; 100–3200 m.

0088 ***Bollea hirtzii*** (Photo.: SCO)

0087 *Bollea coelestis* Rchb. f. 天蓝宝丽兰

附生植物。茎丛生，短。叶 6~10 枚，二列，矩圆状披针形，长 20~30 cm。花序腋生，数个，近直立或俯垂，具 1 花；花直径 7.5~12 cm。花期：夏季；哥伦比亚、厄瓜多尔；可达 1900 m。

Epiphytic plants. Stems tufted, short. Leaves 6–10, distichous, oblong-lanceolate, 20–30 cm long. Inflorescences axillary, several, suberect or nodding, 1-flowered; flower 7.5–12 cm across. Fl. summer; Colombia, Ecuador; up to 1900 m.

0088 *Bollea hirtzii* Waldv. 白瓣宝丽兰

附生植物，具短茎。叶 10~12 枚，二列，线状椭圆形，长 35~45 cm。花序腋生，近直立或外弯，长 15~20 cm，具 1 花；花直径 6~7 cm。花期：春季；厄瓜多尔；1300~1500 m。

Epiphytic plants, with a short stem. Leaves 10–12, distichous, linear-elliptic, 35–45 cm long. Inflorescences axillary, suberect or arcuate, 15–20 cm long, 1-flowered; flower 6–7 cm across. Fl. spring; Ecuador; 1300–1500 m.

0089 ***Bollea lawrenceana***
(Photo.: Kohij Karasawa)

0090 ***Bollea violacea***
(Photo.: Kohji Karasawa)

0091 ***Bonatea speciosa***
(Photo.: Kohji Karasawa)

0089 *Bollea lawrenceana* Rchb. f. 劳氏宝丽兰

附生植物。茎丛生，短。叶 6~10 枚，二列，狭椭圆形，长 30~50 cm。花序 1~2 个，腋生，长 25~30 cm，具 1 花；花直径 6~7 cm。花期：全年不定；哥伦比亚、厄瓜多尔；1200~1500 m。

Epiphytic plants. Stems tufted, short. Leaves 6–10, distichous, narrowly elliptic, 30–50 cm long. Inflorescences 1–2, axillary, 25–30 cm long, 1-flowered; flower 6–7 cm across. Fl. throughout the year; Colombia, Ecuador; 1200–1500 m.

0090 *Bollea violacea* (Lindl.) Rchb. f. 宝丽兰

附生植物，具短茎。叶 6~7 枚，矩圆状披针形，排成扇形，长 25~40 cm，稍肉质。花序腋生，外弯或俯垂，长 6~8 cm，具 1 花；花直径 4.5~7 cm。花期：夏季；巴西、圭亚那、苏里南。

Epiphytic plants, with a short stem. Leaves 6–7, oblong-lanceolate, arranged in a fan, 25–40 cm long, slightly fleshy. Inflorescences axillary, arcuate or nodding, 6–8 cm long, 1-flowered; flower 4.5–7 cm across. Fl. summer; Brazil, Guyana, Surinam.

0091 *Bonatea speciosa* (L. f.) Willd. 波纳兰

地生植物，高可达 100 cm，具块茎。叶多枚，互生于茎上，矩圆状披针形，长 10~13 cm。花序顶生，密生多花；花直径 3~4 cm。花期：春季至夏季；南非、津巴布韦；0~1200 m。

Terrestrial plants, up to 100 cm tall, with tubers. Leaves many, alternate on stem, oblong-lanceolate, 10–13 cm long. Inflorescence terminal, densely many-flowered; flowers 3–4 cm across. Fl. spring–summer; South Africa, Zimbabwe; 0–1200 m.

0092 *Brachionidium galeatum* Luer & Hirtz 盔萼短臂兰

地生植物。茎相距 0.5~1.2 cm，着生于 1 条直立的、长约 20 cm 的根状茎上，顶端具 1 叶，近基部有 3 枚杯状鞘。叶椭圆形，长 1~1.4 cm，具 7 脉。花序长 1.3~2 cm，顶端生 1 花；花直径约 2 cm。花期：5 月；厄瓜多尔；1750~2150 m。

Terrestrial plants. Stems 0.5–1.2 cm apart on an erect rhizome to 20 cm long, with 1 leaf at apex and 3 cup-shaped sheaths toward base. Leaf elliptic, 1–1.4 cm long, 7-veined. Inflorescence 1.3–2 cm long, terminating in a flower ca. 2 cm across. Fl. May; Ecuador; 1750–2150 m.

0092 ***Brachionidium galeatum***
(Photo.: K.Saito)

0093 ***Brachionidium tuberculatum***
(Photo.: SCO)

0094 ***Brachycorythis galeandra***
(Photo.: Kohji Karasawa)

0095 ***Brachycorythis helferi***
(Photo.: Kohji Karasawa)

0093 ***Brachionidium tuberculatum*** **Lindl. 短臂兰**

地生或有时为附生植物。茎疏离地着生于 1 条直立的、分枝的、长达 20 cm 的根状茎上，顶端生 1 叶。叶宽椭圆形，长 0.8~2.7 cm。花序长 1~3 cm，顶端具 1 花；花直径约 2 cm。花期：4~12 月；玻利维亚至委内瑞拉；1900~3300 m。

Terrestrial or sometimes epiphytic plants. Stems well spaced along an erect branched rhizome to 20 cm long, 1-leafed at apex. Leaf broadly elliptic, 0.8–2.7 cm long. Inflorescence 1–3 cm long, terminating in a flower ca. 2 cm across. Fl. Apr.–Dec.; Bolivia to Venezuela; 1900–3300 m.

0094 ***Brachycorythis galeandra*** **(Rchb. f.) Summerh. 短距苞叶兰**

地生植物，高 8~30 cm。块茎矩圆形，长 1.5~2 cm。叶 4~6 枚，茎生，椭圆形或卵形，长 2~4.5 cm。花序顶生，具 3~10 花；苞片与叶等大或略小；唇瓣长 0.7~1.2 cm。花期：5~7 月；中国东南部至西南部、印度、缅甸、泰国、越南；1200~2100 m。

Terrestrial plants, 8–30 cm tall. Tubers oblong, 1.5–2 cm long. Leaves 4–6, cauline, elliptic or ovate, 2–4.5 cm long. Inflorescence terminal, 3- to 10-flowered; bracts as large as leaves or slightly smaller; lip 0.7–1.2 cm long. Fl. May–July; SE to SW China, India, Myanmar, Thailand, Vietnam; 1200–2100 m.

0096 ***Brachycorythis henryi*** (Photos.: Hong Jiang)

0095 ***Brachycorythis helferi*** **(Rchb. f.) Summerh. 黑氏苞叶兰**

地生植物，高 30~60 cm。块茎狭椭圆形。叶 8~9 枚，茎生，狭卵形，长 5~14 cm。花序顶生，具 8~10 花；苞片与叶等大或略小；唇瓣长约 2 cm。花期：夏季；印度、老挝、缅甸、泰国、越南；300~1600 m。

Terrestrial plants, 30–60 cm tall. Tubers narrowly ellipsoid. Leaves 8–9, cauline, narrowly ovate, 5–14 cm long. Inflorescence terminal, 8- to 10-flowered; bracts as large as leaves or slightly smaller; lip ca. 2 cm long. Fl. summer; India, Laos, Myanmar, Thailand, Vietnam; 300–1600 m.

0096 ***Brachycorythis henryi*** **(Schltr.) Summerh. 长叶苞叶兰**

地生植物，高 20~54 cm。块茎矩圆形，长 1.5~2 cm。叶 4~5 枚，茎生，矩圆状椭圆形，长 5~15 cm。花序顶生，具 4~10 朵或更多花；苞片与叶等大或略小；唇瓣长 1.5~2.5 cm。花期：8~9 月；中国（贵州、云南）、缅甸、泰国、越南；500~2300 m。

Terrestrial plants, 20–54 cm tall. Tubers oblong, 1.5–2 cm long. Leaves 4–5, cauline, oblong-elliptic, 5–15 cm long. Inflorescence terminal, with 4–10 or more flowers; bracts as large as leaves or slightly smaller; lip 1.5–2.5 cm long. Fl. Aug.–Sep.; China (Guizhou, Yunnan), Myanmar, Thailand, Vietnam; 500–2300 m.

0097 ***Braemia vittata*** (Photo.: SCO)

0098 ***Brassavola flagellaris*** (Photo.: Kohji Karasawa)

0099 ***Brassavola martiana*** (Photo.: Kohji Karasawa)

0097 *Braemia vittata* (Lindl.) Jenny [*Polycycnis vittata* (Lindl.) Rchb. f.] **柏连兰**

地生或有时为附生植物。假鳞茎密集，卵形至狭卵形，长 5~10 cm，顶端具 1 叶。叶宽披针形，长达 50 cm，具 5~10 脉。花序基生，直立，长 15~40 cm，具多花；花直径 4.5~5.5 cm。花期：春季；巴西、哥伦比亚、圭亚那、秘鲁、委内瑞拉；0~500 m。

Terrestrial or sometimes epiphytic plants. Pseudobulbs close together, ovoid to narrowly ovoid, 5–10 cm long, 1-leafed at apex. Leaf broadly lanceolate, to 50 cm long, 5- to 10-veined. Inflorescence basal, erect, 15–40 cm long, many-flowered; flowers 4.5–5.5 cm across. Fl. spring; Brazil, Colombia, Guyana, Peru, Venezuela; 0–500 m.

0098 *Brassavola flagellaris* Barb.Rodr. 柏拉兰

附生植物。茎圆筒形，长 20~25 cm，具 4~5 节，顶端生 1 叶。叶圆柱形，长 40~50 cm，直径约 4 mm，上面有深槽。花序顶生，长 10~15 cm，具 5~10 花；花直径 6~7 cm，有香气。花期：春季至夏季；巴西东部。

Epiphytic plants. Stems cylindric, 20–25 cm long, 4- or 5-noded, 1-leafed at apex. Leaf terete, 40–50 cm long, ca. 4 mm in diam., deeply channeled above. Inflorescence terminal, 10–15 cm long, 5- to 10-flowered; flowers 6–7 cm across, scented. Fl. spring–summer; E Brazil.

0099 *Brassavola martiana* Lindl. 马氏柏拉兰

附生植物。茎圆筒形，长 4.5~6 cm，顶端具 1 叶。叶圆柱形，长 25~30 cm，上面具 1 条深槽。花序顶生，长 6~9 cm，具 2~5 花；花直径 6~7 cm，有香气。花期：夏季；巴西、圭亚那；0~1000 m。

Epiphytic plants. Stems cylindric, 4.5–6 cm long, 1-leafed at apex. Leaf terete, 25–30 cm long, with a deep channel above. Inflorescence terminal, 6–9 cm long, 2- to 5-flowered; flowers 6–7 cm across, scented. Fl. summer; Brazil, Guyana; 0–1000 m.

0100 *Brassia allenii* L. O. Williams ex C. Schweinf. [*Ada allenii* (L. O. Williams ex C. Schweinf.) N. H. Williams] **阿氏长萼兰**

附生植物，不具假鳞茎。叶 8~14 枚，线状舌形，排列成扇形，长 15~35 cm。花序腋生，直立或外弯，短于叶，具 5~8 花；花直径 5~7 cm。花期：秋季；巴拿马；400~1000 m。

Epiphytic plants, lacking pseudobulbs. Leaves 8–14, linear-ligulate, arranged in a fan, 15–35 cm long. Inflorescence axillary, erect or arching, shorter than leaves, 5- to 8-flowered; flowers 5–7 cm across. Fl. autumn; Panama; 400–1000 m.

0100 ***Brassia allenii*** (Photo.: Kohji Karasawa)

0101 ***Brassia angusta*** (Photo.: Kohji Karasawa)

0104 ***Brassia bidens*** (Photo.: Kohji Karasawa)

0101 *Brassia angusta* Lindl. 狭叶长萼兰

附生植物。假鳞茎狭椭圆形，压扁，长约 10 cm，基部为 6~8 枚鞘所包，顶端具 2 叶。叶狭矩圆形，长 25~35 cm。花序基生，长 25~30 cm，通常具 10 或更多的花；唇瓣长约 2.5 cm。花期：春季；巴西、哥伦比亚、厄瓜多尔、秘鲁、委内瑞拉；100~1200 m。

Epiphytic plants. Pseudobulbs narrowly ellipsoid, compressed, ca. 10 cm long, subtended at base by 6–8 sheaths, 2-leaved at apex. Leaves narrowly oblong, 25–35 cm long. Inflorescence basal, 25–30 cm long, often with 10 or more flowers; lip ca. 2.5 cm long. Fl. spring; Brazil, Columbia, Ecuador, Peru, Venezuela; 100–1200 m.

0102 ***Brassia arcuigera***
(Photo.: Kohji Karasawa)

0102 *Brassia arcuigera* Rchb. f. 栗斑长萼兰

附生植物。假鳞茎卵形，压扁，长 5~18 cm，基部为 2~3 枚鞘所包，顶端具 1 叶。叶线状矩圆形，长 15~55 cm。花序基生，长 30~60 cm，具 4~15 花；侧萼片长可达 24 cm；唇瓣长 4~8 cm。花期：春季至秋季；哥斯达黎加、厄瓜多尔、巴拿马、秘鲁；500~1200 m。

Epiphytic plants. Pseudobulbs ovoid, compressed, 5–18 cm long, subtended at base by 2–3 sheaths, 1-leafed at apex. Leaf linear-oblong, 15–55 cm long. Inflorescence basal, 30–60 cm long, 4- to 15-flowered; lateral sepals up to 24 cm long; lip 4–8 cm long. Fl. spring–autumn; Costa Rica, Ecuador, Panama, Peru; 500–1200 m.

0103 *Brassia aurantiaca* (Lindl.) M. W. Chase (*Ada aurantiaca* Lindl.) 桔红长萼兰

附生植物。假鳞茎密集，椭圆状梨形，压扁，长 7.5~10 cm，包藏于具叶片的鞘之中，顶端具 1~2 叶。叶线状披针形，长 10~30 cm。花序腋生，长 20~40 cm，具 7~12 花；花不完全展开，长 2~3 cm。花期：冬季至春季；哥伦比亚、厄瓜多尔、委内瑞拉；2150~2300 m。

Epiphytic plants. Pseudobulbs close together, ellipsoid-pyriform, compressed, 7.5–10 cm long, hidden by leaf-bearing sheaths, 1- or 2-leaved at apex. Leaves linear-lanceolate, 10–30 cm long. Inflorescence axillary, 20–40 cm long, 7- to 12-flowered; flowers not opening widely, 2–3 cm long. Fl. winter–spring; Colombia, Ecuador, Venezuela; 2150–2300 m.

0103 ***Brassia aurantiaca***
(Photo.: Kohji Karasawa)

0104 *Brassia bidens* Lindl. 二齿长萼兰

附生植物。假鳞茎狭椭圆形，压扁，长 5~15 cm，基部为 1~2 枚鞘所包，顶端具 2 叶。叶矩圆形，长 15~30 cm。花序基生，长 20~30 cm，具 5~15 花；唇瓣长 4~5 cm。花期：夏季至秋季；巴西、圭亚那、秘鲁、委内瑞拉；100~1500 m。

Epiphytic plants. Pseudobulbs narrowly ellipsoid, compressed, 5–15 cm long, subtended at base by 1–2 sheaths, 2-leaved at apex. Leaves oblong, 15–30 cm long. Inflorescence basal, 20–30 cm long, 5- to 15-flowered; lip 4–5 cm long. Fl. summer–autumn; Brazil, Guyana, Peru, Venezuela; 100–1500 m.

0105 ***Brassia caudata*** **(L.) Lindl. 尾尖长萼兰**

附生植物。假鳞茎卵形，压扁，长 6~15 cm，顶端具 2~3 叶。叶矩圆形，长 15~35 cm。花序基生，外弯，长 30~45 cm，具 5~15 花；花有香气；侧萼片长 10~13 cm；唇瓣长约 3 cm。花期：冬季；广布于美洲热带与亚热带地区；0~1200 m。

Epiphytic plants. Pseudobulbs ovoid, compressed, 6–15 cm long, 2- or 3-leaved at apex. Leaves oblong, 15–35 cm long. Inflorescence basal, arching, 30–45 cm long, 5- to 15-flowered; flowers scented; lateral sepals 10–13 cm long; lip ca. 3 cm long. Fl. winter; widely distributed in tropical and subtropical Americas; 0–1200 m.

0105 ***Brassia caudata*** (Photo.: Kohji Karasawa)

0106 ***Brassia escobariana*** **Garay** [*Ada escobariana* (Garay) Dodson] **厄氏长萼兰**

附生植物。假鳞茎椭圆形，长约 3.5 cm，包藏于具叶片的鞘之中，顶端具 1 叶。叶矩圆状舌形，长可达 37 cm。花序腋生，长约 30 cm，具数花至多花；萼片长约 4.5 cm。花期：8~9 月；哥伦比亚；1000~1800 m。

Epiphytic plants. Pseudobulbs ellipsoid, ca. 3.5 cm long, hidden by leaf-bearing sheaths, 1-leafed at apex. Leaves oblong-ligulate, up to 37 cm long. Inflorescence axillary, ca. 30 cm long, several- to many-flowered; sepals ca. 4.5 cm long. Fl. Aug.–Sep.; Colombia; 1000–1800 m.

0107 ***Brassia gireoudiana*** **Rchb. f. 吉氏长萼兰**

附生植物。假鳞茎簇生，狭卵形，压扁，长 7~11 cm，顶端具 2 叶。叶披针形，长 20~35 cm。花序基生，外弯，长约 35 cm，具 7~10 花；花有香气；唇瓣长约 4 cm。花期：春季；哥斯达黎加、巴拿马；1200~1500 m。

Epiphytic plants. Pseudobulbs clustered, narrowly ovoid, compressed, 7–11 cm long, 2-leaved at apex. Leaves lanceolate, 20–35 cm long. Inflorescence basal, arching, ca. 35 cm long, 7- to 10-flowered; flowers scented; lip ca. 4 cm long. Fl. spring; Costa Rica, Panama; 1200–1500 m.

0108 ***Brassia glumacea*** **Lindl.** [*Ada glumacea* (Lindl.) N. H. Williams] **颖苞长萼兰**

附生植物。假鳞茎椭圆状梨形，稍压扁，长可达 6 cm，包藏于具叶片的鞘之中，顶端具 1 叶。叶披针形，长 30~50 cm。花序腋生，通常长于叶，具少数花至 7 花；萼片长 2~2.5 cm。花期：6 月；哥伦比亚、厄瓜多尔、委内瑞拉；1100~1800 m。

Epiphytic plants. Pseudobulbs ellipsoid-pyriform, slightly compressed, up to 6 cm long, hidden by leaf-bearing sheaths, 1-leafed at apex. Leaf lanceolate, 30–50 cm long. Inflorescence axillary, often longer than leaf, few- to 7-flowered; sepals 2–2.5 cm long. Fl. June; Colombia, Ecuador, Venezuela; 1100–1800 m.

0106 ***Brassia escobariana*** (Photo.: Kohji Karasawa)

0107 ***Brassia gireoudiana*** (Photo.: Kohji Karasawa)

0108 ***Brassia glumacea*** (Photo.: SCO)

0109 ***Brassia keiliana*** (Photo.: Kohji Karasawa)

0111 ***Brassia neglecta*** (Photo.: Kohji Karasawa)

0112 ***Brassia ocanensis*** (Photo.: SCO)

0109 ***Brassia keiliana*** **Rchb. f. ex Lindl.** [*Ada keiliana* (Rchb. f. ex Lindl.) N. H. Williams] **凯氏长萼兰**

附生植物。假鳞茎梨形，稍压扁，长 5~8 cm，包藏于具叶片的鞘之中，顶端具 2 叶。叶线状披针形，长 15~25 cm。花序腋生，长 20~30 cm，具少数花至 20 花；萼片长 4~6 cm。花期：春季至秋季；哥伦比亚、委内瑞拉；1300~2300 m。

Epiphytic plants. Pseudobulbs pyriform, slightly compressed, 5–8 cm long, hidden by leaf-bearing sheaths, 2-leaved at apex. Leaves linear-lanceolate, 15–25 cm long. Inflorescence axillary, 20–30 cm long, few- to 20-flowered; sepals 4–6 cm long. Fl. spring–autumn; Colombia, Venezuela; 1300–2300 m.

0110 ***Brassia maculata*** (Photo.: Kohji Karasawa)

0110 ***Brassia maculata*** **R. Br. 长萼兰**

附生植物。假鳞茎卵形至矩圆状椭圆形，压扁，长 6~15 cm，基部有 1~2 枚鞘，顶端具 1 叶。叶披针形，长 13~50 cm。花序基生，外弯，长可达 90 cm，具多花；花有香气；唇瓣长约 4 cm。花期：春季；伯利兹、危地马拉、洪都拉斯、西印度群岛；0~750 m。

Epiphytic plants. Pseudobulbs ovoid to oblong-ellipsoid, compressed, 6–15 cm long, subtended at base by 1–2 sheaths, 1-leafed at apex. Leaf lanceolate, 13–50 cm long. Inflorescence basal, arching, up to 90 cm long, many-flowered; flowers fragrant; lip ca. 4 cm long. Fl. spring; Belize, Guatemala, Honduras, West Indies; 0–750 m.

0111 ***Brassia neglecta*** **Rchb. f. 绿花长萼兰**

附生植物。假鳞茎狭椭圆形，压扁，长 5~12 cm，顶端具 2~3 叶。叶线状矩圆形，长 15~25 cm。花序基生，外弯，长 25~30 cm，具 6~10 花；花有香气；唇瓣长约 4 cm。花期：初夏；委内瑞拉；约 300 m。

Epiphytic plants. Pseudobulbs narrowly ellipsoid, compressed, 5–12 cm long, 2- or 3-leaved at apex. Leaves linear-oblong, 15–25 cm long. Inflorescence basal, arching, 25–30 cm long, 6- to 10-flowered; flowers scented; lip ca. 4 cm long. Fl. early summer; Venezuela; ca. 300 m.

0112 ***Brassia ocanensis*** **Lindl.** [*Ada ocanensis* (Lindl.) N. H. Williams] **欧坎长萼兰**

附生植物。假鳞茎小，包藏于具叶的鞘之中，顶端具 1 叶。叶线形，长达 40 cm。花序腋生，与叶近等长，具多花；萼片长 3.5~4 cm。花期：全年不定；哥伦比亚、厄瓜多尔、秘鲁；2000~2400 m。

Epiphytic plants. Pseudobulbs small, hidden by leaf-bearing sheaths, 1-leafed at apex. Leaf linear, to 40 cm long. Inflorescence axillary, nearly as long as leaf, many-flowered; sepals 3.5–4 cm long. Fl. throughout the year; Colombia, Ecuador, Peru; 2000–2400 m.

0113 ***Brassia verrucosa*** (Photo.: Kohji Karasawa)

0116 ***Broughtonia sanguinea*** (Photo.: Kohji Karasawa)

0113 *Brassia verrucosa* Lindl. 疣唇长萼兰

附生植物。假鳞茎簇生，狭卵形，压扁，长 6~10 cm，基部为数枚多少具叶的鞘所包，顶端具 2 叶。叶矩圆状披针形，长 15~45 cm。花序基生，长 60~75 cm，具多花；花有香气；唇瓣长 2~5 cm。花期：春季至秋季；危地马拉、洪都拉斯、墨西哥、委内瑞拉；可达 1600 m。

Epiphytic plants. Pseudobulbs clustered, narrowly ovoid, compressed, 6–10 cm long, subtended at base by several more or less leaf-bearing sheaths, 2-leaved at apex. Leaves oblong-lanceolate, 15–45 cm long. Inflorescence basal, 60–75 cm long, many-flowered; flowers scented; lip 2–5 cm long. Fl. spring–autumn; Guatemala, Honduras, Mexico, Venezuela; up to 1600 m.

0114 *Bromheadia finlaysoniana* (Lindl.) Miq. 布隆兰

地生植物。茎常长达 100~200 cm，上部具数枚叶。叶二列，线状矩圆形，长 12~15 cm。花序顶生，有时有分枝，通常长 10 cm，同一时间只开 1 或罕有 2 花；花直径 5~6 cm，有微香。花期：春季至秋季；广布于东南亚，向南至新几内亚和澳大利亚东北部，向北到达老挝；0~1500 m。

Terrestrial plants. Stems often 100–200 cm long, several-leaved above. Leaves distichous, linear-oblong, 12–15 cm long. Inflorescence terminal, sometimes branched, commonly to 10 cm long, bearing 1 or rarely 2 flowers at a time; flowers 5–6 cm across, faintly scented. Fl. spring–autumn; widespread in Southeast Asia, south to New Guinea and NE Australia and north to Laos; 0–1500 m.

0114 ***Bromheadia finlaysoniana*** (Photo.: Kohji Karasawa)

0115 ***Broughtonia negrilensis*** (Photo.: Kohji Karasawa)

0115 *Broughtonia negrilensis* Fowlie 斑唇波东兰

附生植物。假鳞茎簇生，椭圆状球形，压扁，长 2~6 cm，顶端具 1~3 叶。叶矩圆状舌形，长 6~20 cm。花序顶生，下垂，有时有分枝，长 30~70 cm，具 6~12 花；花直径 4.5~6 cm。花期：10~3 月；牙买加；0~100 m。

Epiphytic plants. Pseudobulbs clustered, ellipsoid-globose, compressed, 2–6 cm long, 1- to 3-leaved at apex. Leaves oblong-ligulate, 6–20 cm long. Inflorescence terminal, pendulous, sometimes branched, 30–70 cm long, 6- to 12-flowered; flowers 4.5–6 cm across; Fl. Oct.–Mar.; Jamaica; 0–100 m.

0116 *Broughtonia sanguinea* (Sw.) R. Br. 波东兰

附生植物。假鳞茎簇生，球形至近圆筒形，长 2.5~5 cm，顶端具 2 叶。叶矩圆形，长 8~20 cm。花序顶生，长 20~50 cm，偶见分枝，密生 5~12 花；花直径 2~4 cm。花期：秋季至春季；古巴、牙买加；0~800 m。

Epiphytic plants. Pseudobulbs clustered, globose to subcylindric, 2.5–5 cm long, 2-leaved at apex. Leaves oblong, 8–20 cm long. Inflorescence terminal, 20–50 cm long, occasionally branched, densely 5- to 12-flowered; flowers 2–4 cm across. Fl. autumn–spring; Cuba, Jamaica; 0–800 m.

0117 ***Bulbophyllum affine*** (Photo.: Xiaohua Jin)

0119 ***Bulbophyllum andersonii*** (Photo.: Hong Jiang)

0117 *Bulbophyllum affine* Lindl. 赤唇石豆兰

附生植物，具长的根状茎。假鳞茎疏离，近圆筒形，长 3~4 cm，顶端具 1 叶。叶矩圆形，长 6~26 cm。花序基生，长 4~8 cm，具 1 花；花质地厚，直径 2~3 cm。花期：5~7 月；不丹、中国（台湾至云南）、印度东北部、日本（琉球群岛）、老挝、尼泊尔、泰国、越南；100~1300 m。

Epiphytic plants, with a long rhizome. Pseudobulbs well spaced, subcylindric, 3–4 cm long, 1-leafed at apex. Leaf oblong, 6–26 cm long. Inflorescence basal, 4–8 cm long, 1-flowered; flower thick-textured, 2–3 cm across. Fl. May–July; Bhutan, China (Taiwan to Yunnan), NE India, Japan (Ryukyu Islands), Laos, Nepal, Thailand, Vietnam; 100–1300 m.

0118 ***Bulbophyllum agastor*** (Photo.: Phillip J. Cribb)

0118 *Bulbophyllum agastor* Garay, Hamer & Siegrist 红花石豆兰

地生植物，具匍匐根状茎。假鳞茎相距约 1.5 cm，近球形，有皱纹，长约 2.5 cm，顶生 1 叶。叶长达 17 cm，宽 4 cm。花序基生，长 2~3 cm，具 2 花；花肉质；萼片长 2.3~2.5 cm；花瓣长约 2 cm。花期：夏季；新几内亚；1500~1800 m。

Terrestrial plants, with a creeping rhizome. Pseudobulbs ca. 1.5 cm apart, subglobose, rugose, ca. 2.5 cm long, 1-leafed at apex. Leaf to 17 cm long, 4 cm wide. Inflorescence basal, 2–3 cm long, 2-flowered; flowers fleshy; sepals 2.3–2.5 cm long; petals ca. 2 cm long. Fl. summer; New Guinea; 1500–1800 m.

0119 *Bulbophyllum andersonii* (Hook. f.) J. J. Sm. (*Cirrhopetalum andersonii* Hook. f.) 梳帽卷瓣兰

附生植物，具匍匐根状茎。假鳞茎疏离，卵状圆锥形，长 2~5 cm，顶端具 1 叶。叶矩圆形，长 7~21 cm。花序基生，长约 17 cm，伞形，具数花；花长 2.5~4 cm。花期：2~11 月；中国西南部、印度东北部、缅甸、越南；400~2000 m。

Epiphytic plants, with a creeping rhizome. Pseudobulbs well spaced, ovoid-conical, 2–5 cm long, 1-leafed at apex. Leaf oblong, 7–21 cm long. Inflorescence basal, ca. 17 cm long, umbellate, several-flowered; flowers 2.5–4 cm long. Fl. Feb.–Nov.; SW China, NE India, Myanmar, Vietnam; 400–2000 m.

0120 *Bulbophyllum binnendijkii* J. J. Sm. (*Cirrhopetalum leopardinum* Teijsm. & Binn.) 彬氏卷瓣兰

附生植物，具匍匐根状茎。假鳞茎相隔 5~15 cm，狭圆筒状椭圆形，稍扁，长 5~15 cm，顶端具 1 叶。叶卵形，长达 40 cm。花序基生，长约 20 cm，伞形，具 9~12 花；萼片长约 9 cm。花期：夏季；印度尼西亚（爪哇）、马来西亚（沙捞越）；1000~1400 m。

Epiphytic plants, with a creeping rhizome. Pseudobulbs 5–15 cm apart, narrowly cylindric-ellipsoid, slightly compressed, 5–15 cm long, 1-leafed at apex. Leaf ovate, to 40 cm long. Inflorescence basal, ca. 20 cm long, umbellate, 9- to 12- flowered; sepals ca. 9 cm long. Fl. summer; Indonesia (Java), Malaysia (Sarawak); 1000–1400m.

0120 ***Bulbophyllum binnendijkii*** (Photo.: Kohji Karasawa)

0121 ***Bulbophyllum blepharistes***
(Photo.: Phillip J. Cribb)

0122 ***Bulbophyllum dayanum***
(Photo.: Kohji Karasawa)

0124 ***Bulbophyllum graveolens***
(Photo.: Phillip J. Cribb)

0121 *Bulbophyllum blepharistes* Rchb. f. [*Cirrhopetalum blepharistes* (Rchb. f.) Hook. f.] 流苏卷瓣兰

附生植物，具匍匐根状茎。假鳞茎相距约 10 cm，卵形，4 棱，长 2.5~5 ccm，带褐色，顶端具 2 叶。叶近矩圆形，长 7~10 cm，质地厚。花序基生，长 18~28 cm，伞形，密生多花，同一时间有 2~4 花开放；花长约 4.5 cm。花期：夏季；老挝、马来西亚、缅甸、泰国；达 800m。

Epiphytic plants, with a creeping rhizome. Pseudobulbs ca. 10 cm apart, ovoid, 4-angled, 2.5–5 cm long, brownish, 2-leaved at apex. Leaves suboblong, 7–10 cm long, thick-textured. Inflorescence basal, 18–28 cm long, umbellate, densely many-flowered; flowers 2–4 opening at a time, ca. 4.5 cm long. Fl. summer; Laos, Malaysia, Myanmar, Thailand; to 800 m.

0122 *Bulbophyllum dayanum* Rchb. f. 毛缘石豆兰

附生植物，具匍匐根状茎。假鳞茎相距约 8 cm，卵状圆锥形，长约 2.5 cm，顶端具 1 叶。叶椭圆形，长达 20 cm；叶柄长约 2 cm。花序基生，长约 1.5 cm，总状，密生数花至 8 花；花完全开放，直径达 2 cm。花期：春季至夏季；柬埔寨、印度、缅甸、泰国、越南；约 1300 m。

Epiphytic plants, with a creeping rhizome. Pseudobulbs ca. 8 cm apart, ovoid-conical, ca. 2.5 cm long, 1- leafed at apex. Leaf elliptic, to 20 cm long; petiole ca. 2 cm long. Inflorescence basal, ca. 1.5 cm long, racemose, densely several- to 8-flowered; flowers opening widely, to 2 cm across. Fl. spring–summer; Cambodia, India, Myanmar, Thailand, Vietnam; ca. 1300 m.

0123 *Bulbophyllum fascinator* (Rolfe) Rolfe (*Cirrhopetalum fascinator* Rolfe) 迷人卷瓣兰

附生植物，具匍匐根状茎。假鳞茎相距 1~2 cm，卵形，具 4 棱，长 1.5~2.5 cm，顶端具 1 叶。叶狭矩圆形，长 8~12 cm，革质。花序基生，长 5~10 cm，具 1 花；花长 15~20 cm。花期：秋季；老挝，越南。

Epiphytic plants, with a creeping rhizome. Pseudobulbs 1–2 cm apart, ovoid, 4-angled, 1.5–2.5 cm long, 1-leafed at apex. Leaf narrowly oblong, 8–12 cm long, leathery. Inflorescence basal, 5–10 cm long, 1-flowered; flower 15–20 cm long. Fl. autumn; Laos, Vietnam.

0123 ***Bulbophyllum fascinator*** (Photo.: Kohji Karasawa)

0124 *Bulbophyllum graveolens* (F. M. Bailey) J. J. Sm. (*Cirrhopetalum graveolens* F. M. Bailey) 异香卷瓣兰

附生植物，具匍匐根状茎。假鳞茎相距 3~4 cm，狭卵状椭圆形，长 6~10 cm，具纵槽，顶端具 1 叶。叶倒卵状披针形，长 50~65 cm，质地厚，具短柄。花序基生，近直立或弓曲，伞形，长达 23 cm，具 6~9 花；花不完全开放；侧萼片长达 4.7 cm。花期：10~12 月；新几内亚；150~500 m。

Epiphytic plants ,with a creeping rhizome. Pseudobulbs 3–4 cm apart, narrowly ovoid-ellipsoid, 6–10 cm long, longitudinally grooved, 1-leafed at apex. Leaf obovate-lanceolate, 50–65 cm long, thick-textured, shortly petioled. Inflorescence basal, suberect or arching, umbellate, to 23 cm long, 6- to 9-flowered; flowers not opening widely; lateral sepals to 4.7 cm long. Fl. Oct.–Dec.; New Guinea; 150–500 m.

0125 ***Bulbophyllum hashimotoi***
(Photo.: Kohji Karasawa)

0125 *Bulbophyllum hashimotoi* T. Yukawa & K. Karasawa 桥本石豆兰

附生植物。假鳞茎密生，近球形，长达 8 cm，具紫色条纹，顶端具 1 叶。叶带状舌形，下垂，长达 80 cm，绿色而有紫色晕。花序基生，长约 3.5 cm，具 3~5 花；花不完全开放，稍肉质；萼片长 5.5~ 6 cm。花期：全年不定；新几内亚。

Epiphytic plants. Pseudobulbs close together, subglobose, to 8 cm long, purplish-striped, 1-leafed at apex. Leaf lorate-ligulate, pendent, to 80 cm long, green tinged with purplish. Inflorescence basal, ca. 3.5 cm long, 3- to 5-flowered; flowers not widely opening, slightly fleshy; sepals 5.5–6 cm long. Fl. throughout the year; New Guinea.

0126 *Bulbophyllum lobbii* Lindl. 罗比石豆兰

附生植物，具匍匐根状茎。假鳞茎相距 2~6 cm，卵形，长 3~6 cm，顶端具 1 叶。叶宽线形或线状矩圆形，长 12~22 cm，革质。花序生于根状茎节上，长 12~18 cm，具 1 花；花直径 7~10 cm。花期：夏季；印度尼西亚(爪哇、加里曼丹、苏门答腊)、马来西亚（马来半岛）；500~1800 m。

Epiphytic plants, with a creeping rhizome. Pseudobulbs 2–6 cm apart, ovoid, 3-6 cm long, 1-leafed at apex. Leaf broadly linear or linear-oblong, 12–22 cm long, leathery. Inflorescences arising from nodes of rhizome, 12–18 cm long, 1-flowered; flower 7–10 cm across. Fl. summer; Indonesia (Java, Kalimantan, Samatra), Malaysia (Malay Peninsula); 500–1800 m.

0127 *Bulbophyllum longissimum* (Ridl.) Ridl. (*Cirrhopetalum longissimum* Ridl.) 长花卷瓣兰

附生植物。假鳞茎密生，近狭的圆锥形，长 2~3 cm，顶端具 1 叶。叶近矩圆形，长约 15 cm。花序基生，外弯，长达 40 cm，伞形，通常具 5 花；花长达 30 cm。花期：春季；泰国。

Epiphytic plants. Pseudobulbs close together, narrowly subconical, 2–3 cm long, 1-leafed at apex. Leaf suboblong, ca. 15 cm long. Inflorescence basal, arching, to 40 cm long, umbellate, often 5-flowered; flowers to 30 cm long. Fl. spring; Thailand.

0128 *Bulbophyllum macranthum* Lindl. 南洋石豆兰

附生植物，具匍匐根状茎。假鳞茎长 8~9 cm，直径 2.5~3.5 cm，顶端具 1 叶。叶矩圆形，长 17~23 cm，厚肉质，具长 2~2.5 cm 的柄。花序发自根状茎节上，具 1 花；花肉质，不扭转；花梗长 2~2.5 cm；萼片长 2.5~3 cm。花期：夏季至秋季；广布于东南亚，向西北到达中南半岛和印度东北部（阿萨姆），向东南到达新几内亚和所罗门群岛；800~1500 m。

Epiphytic plant, with a creeping rhizome. Pseudobulbs 8–9 cm long, 2.5–3.5 cm in diam., 1-leafed at apex. Leaf oblong, 17–23 cm long, thickly fleshy, with a petiole 2–2.5 cm long. Inflorescences arising from nodes of rhizome, 1-flowered; flower fleshy, non-resupinate; pedicel 2–2.5 cm long; sepals 2.5–3 cm long. Fl. summer–autumn; widespread in Southeast Asia, northwest to Indochina and NE India(Assam) and southeast to New Guinea and the Solomon Islands; 800–1500 m.

0126 ***Bulbophyllum lobbii***
(Photo.: Kohji Karasawa)

0127 ***Bulbophyllum longissimum***
(Photo.: Phillip J. Cribb)

0128 ***Bulbophyllum macranthum***
(Photo.: James Boughtwood Comber)

0129 ***Bulbophyllum medusae***
(Photo.: Kohji Karasawa)

0130 ***Bulbophyllum ornatissimum***
(Photo.: Kohji Karasawa)

0131 ***Bulbophyllum pahudii***
(Photo.: Phillip J. Cribb)

0129 ***Bulbophyllum medusae*** **(Lindl.) Rchb. f.** (*Cirrhopetalum medusae* Lindl.) **白须卷瓣兰**

附生植物，具匍匐根状茎。假鳞茎相距 4~5 cm，卵形，长 3~4 cm，顶端具 1 叶。叶近狭矩圆形，长 10~20 cm，厚革质。花序基生，长 15~20 cm，外弯，伞形，密生多花；花有香气；侧萼片丝状，长 12~15 cm。花期：秋季至冬季；印度尼西亚（加里曼丹、巽他群岛、苏门答腊）、马来西亚、泰国；低海拔地

Epiphytic plants, with a creeping rhizome. Pseudobulbs 4–5 cm apart, ovoid, 3–4 cm long, 1-leafed at apex. Leaf narrowly suboblong, 10–20 cm long, thickly leathery. Inflorescence basal, 15–20 cm long, arching, umbellate, densely many-flowered; flowers scented; lateral sepals filiform, 12–15 cm long. Fl. autumn–winter; Indonesia (Kalimantan, Sunda Islands, Sumatra), Malaysia, Thailand; at low altitudes.

0130 ***Bulbophyllum ornatissimum*** **(Rchb. f.) J. J. Sm.** (*Cirrhopetalum ornatissimum* Rchb. f.) **美饰卷瓣兰**

附生植物，具匍匐根状茎。假鳞茎相距 3~7 cm，卵形至近矩圆状圆锥形，具 3~4 棱，长 2.5~5 cm，顶端具 1 叶。叶近狭矩圆形，长 12~18cm。花序基生，长达 15cm 或过之，伞形，具 4~5 花；侧萼片长 5~10cm。花期：10~11 月；印度（阿萨姆至锡金）。

Epiphytic plants, with a creeping rhizome. Pseudobulbs 3–7 cm apart, ovoid to suboblong-conical, 3- or 4-ribbed, 2.5–5 cm long, 1-leafed at apex. Leaf narrowly suboblong, 12–18 cm long. Inflorescence basal, to 15 cm or more long, umbellate, 4- or 5-flowered; lateral sepals 5–10 cm long. Fl. Oct.– Nov.; India (Assam to Sikkim).

0131 ***Bulbophyllum pahudii*** **(de Vriese) Rchb. f.** (*Cirrhopetalum pahudii* de Vriese) **帕氏卷瓣兰**

附生或地生植物。假鳞茎长约 11 cm，直径 1.2~1.5 cm，顶端具 1 叶。叶长 40~47 cm，宽约 14 cm，具长达 5 cm 的柄。花序基生，长约 15 cm，伞形，通常具 12 花；花直径达 11 cm；蕊柱两侧各具 1 枚大的齿。花期：不详；印度尼西亚（爪哇、加里曼丹、苏门答腊、苏拉威西）、马来西亚（马来半岛）；850~1200 m。

Epiphytic or terrestrial plants. Pseudobulbs ca. 11 cm long, 1.2–1.5 cm in diam., 1-leafed at apex. Leaf 40–47 cm long, ca. 14 cm wide, with a petiole 5 cm long. Inflorescence basal, ca. 15 cm long, umbellate, often 12-flowered; flowers to 11 cm across; colume with a large tooth on each side. Fl. unknown; Indonesia (Java, Kalimantan, Sumatra, Sulawesi), Malaysia (Malaya Peninsula); 850–1200 m.

0132 ***Bulbophyllum patens*** **King ex Hook. f. 斑梗石豆兰**

附生植物，具匍匐根状茎。假鳞茎相距 2~8 cm，卵形，长 1.5~3 cm，顶端具 1 叶。叶椭圆形至线状椭圆形，长 10~15 cm，厚肉质。花序基生，长约 1 cm，具 1 花；花梗与子房长达 3.5 cm；花直径约 3 cm；有香气。花期：夏季。印度尼西亚（苏门答腊）、马来西亚（马来半岛）、泰国；低海拔地。

Epiphytic plants, with a creeping rhizome. Pseudobulbs 2–8 cm apart, ovoid,1.5–3 cm long, 1-leafed at apex. Leaf elliptic to linear-elliptic, 10–15 cm long ,thick-fleshy. Inflorescence basal, ca. 1 cm long, 1-flowered; pedicel and ovary to 3.5 cm long; flower ca. 3 cm across; scented. Fl. summer; Indonesia (Sumatra), Malaysia (Malay Peninsula), Thailand; at low altitudes.

0132 ***Bulbophyllum patens***
(Photo.: Phillip J. Cribb)

0133 ***Bulbophyllum phalaenopsis***
(Photo.: James Boughtwood Comber)

0135 ***Bulbophyllum reticulatum***
(Photo.: Phillip J. Cribb)

0136 ***Bulbophyllum rothschildianum***
(Photo.: Kohji Karasawa)

0133 *Bulbophyllum phalaenopsis* J. J. Sm. 蝴蝶卷瓣兰

附生或石上附生植物，具匍匐根状茎。假鳞茎相邻，卵形，长约 6 cm，直径 4 cm，顶端具 1 叶。叶下垂，矩圆状椭圆形，长可达 75 cm，宽 9 cm，背面紫色。花序基生，长达 7 cm，伞形，具 4~11 花；萼片为长而弯曲的刚毛所覆盖；侧萼片长达 6.5 cm。花期：不详；新几内亚。

Epiphytic or lithophytic plants, with a creeping rhizome. Pseudobulbs approximate, ovoid, ca. 6 cm long, 4 cm in diam.,1-leafed at apex. Leaf pendent, oblong-elliptic, up to 75 cm long, 9 cm wide, purple beneath. Inflorescence basal, to 7 cm long, umbellate, 4- to 11-flowered; sepals covered in long flexuous bristles; lateral sepals to 6.5 cm long. Fl. unknown; New Guinea.

0134 ***Bulbophyllum picturatunm***
(Photo.: Kohji Karasawa)

0134 *Bulbophyllum picturatum* (Lodd.) Rchb. f. (*Cirrhopetalum picturatum* Lodd.) 如画卷瓣兰

附生植物，具粗 5~8 mm 的匍匐根状茎。假鳞茎相距 1~2 cm，卵形，长 3~6 cm，具深槽，顶端具 1 叶。叶宽线形，长 15~25 cm ，厚革质。花序基生，长 17~20 cm，伞形，具 8~10 花；花长 5~6 cm。花期：春季；印度（阿萨姆邦）、缅甸、泰国、越南；900~1000 m。

Epiphytic plants, with a creeping rhizome 5–8 mm thick. Pseudobulbs 1–2 cm apart, ovoid, 3–6 cm long, deeply sulcate, 1-leafed at apex. Leaf broadly linear, 15–25 cm long, thickly leathery. Inflorescence basal, 17–20 cm long, umbellate, 8- to 10-flowered; flowers 5–6 cm long. Fl. spring; India (Assam), Myanmar, Thailand, Vietnam; 900–1000 m.

0135 *Bulbophyllum reticulatum* Bateman ex Hook.f. 网叶石豆兰

附生植物，具匍匐根状茎。假鳞茎相距 2.5~3 cm，卵形，压扁，长 1.5~2.5 cm，多少为鞘所包，顶端具 1 叶。叶卵形，长 7~12 cm，革质，黄绿色而具深绿色网脉。花序生于较老假鳞茎基部，短，通常具 2 花；花不完全开放，长 6~7cm，有香气。花期：秋季至冬季；马来西亚（沙捞越）；100~400 m。

Epiphytic plants, with a creeping rhizome. Pseudobulbs 2.5–3 cm apart, ovoid, compressed, 1.5–2.5 cm long, more or less enclosed by sheaths, 1-leafed at apex. Leaf ovate, 7–12 cm long, leathery, yellowish green with deep green reticulate nerves. Inflorescence arising from base of older pseudobulb, short, often 2-flowered; flowers not fully opening, 6–7 cm long, scented. Fl. autumn–winter; Malaysia (Sarawak); 100–400 m.

0136 *Bulbophyllum rothschildianum* (O' Brien) J. J. Sm. (*Cirrhopetalum rothschildianum* O' Brien) 若氏卷瓣兰

附生植物，具匍匐根状茎。假鳞茎相距 5~6 cm，卵形，4 棱，长 3~4 cm，顶端具 1 叶。叶近狭矩圆形，长 5~10 cm，厚肉质。花序基生，长 10~20 cm，伞形，具数花；花长 10~15 cm。花期：夏季；印度东北部；0~300 m。

Epiphytic plant, with a creeping rhizome. Pseudobulbs 5–6 cm apart, ovoid, 4-angled, 3–4 cm long, 1-leafed at apex. Leaf narrowly suboblong, 5–10 cm long, thickly fleshy. Inflorescence basal, 10–20 cm long, umbellate, several-flowered; flowers 10–15 cm long. Fl. summer; NE India; 0–300 m.

0137 ***Bulbophyllum stormii*** (Photo.: Phillip J. Cribb)

0139 ***Caladenia flava*** (Photo.: Kohji Karasawa)

0140 ***Caladenia latifolia*** (Photo.: Qinghu Ma)

0137 *Bulbophyllum stormii* J. J. Sm. 斯托石豆兰

附生植物，具匍匐根状茎。假鳞茎相距 0.5~1 cm，扁卵形，长约 0.8 cm，顶端具 1 叶。叶椭圆形，长 1.8~5 cm，质地厚。花序基生，外弯，长 6~9 cm，具 1 花；花不完全开放；侧萼片长 2.5~5.5 cm。花期：夏季至秋季；印度尼西亚（苏门答腊）、马来西亚（马来半岛、沙巴）；1300~1900 m。

Epiphytic plants, with a creeping rhizome. Pseudobulbs 0.5–1 cm apart, compressed-ovoid, ca. 0.8 cm long, 1-leafed at apex. Leaf elliptic, 1.8–5 cm long, thick-textured. Inflorescence basal, arching, 6–9 cm long, 1-flowered; flower not fully opening; lateral sepals 2.5–5.5 cm long. Fl. summer–autumn; Indonesia (Sumatra), Malaysia(Malay Peninsula, Sabah);1300–1900m.

0138 *Bulleyia yunnanensis* Schltr. 蜂腰兰

附生植物。假鳞茎狭卵形，长 3.5~7 cm，有皱纹状沟槽，顶端具 2 叶。叶矩圆状披针形，长 16~43 cm。花序顶生，下垂，长 30~66 cm，具 10~15 花；侧萼片长 1.5~1.8 cm。花期：7~8 月；不丹、中国（云南）、印度东北部；700~2700 m。

Epiphytic plants. Pseudobulbs narrowly ovoid, 3.5–7 cm long, rugose-grooved, 2-leaved at apex. Leaves oblong-lanceolate, 16–43 cm long. Inflorescence terminal, pendulous, 30–66 cm long, 10- to 15-flowered; lateral sepals 1.5–1.8 cm long. Fl. July–Aug.; Bhutan, China (Yunnan). NE India; 700–2700 m.

0138 ***Bulleyia yunnanensis*** (Photos.: Bing Liu)

0139 *Caladenia flava* R. Br. 黄花裂缘兰

地生植物，地下具块茎，常形成密丛。叶 1 枚，基生，披针形，长 6~12 cm，具短柔毛。花葶长 10~25 cm；花序具 1~4 花；花直径 4~5 cm。花期：全年不定；澳大利亚西南部。

Terrestrial plants, with subterranean tubers, often forming dense colonies. Leaf solitary, basal, lanceolate, 6–12 cm long, pubescent. Scape 10–25 cm long; inflorescence 1- to 4-flowered; flowers 4–5 cm across. Fl. throughout the year; SW Australia.

0140 *Caladenia latifolia* R. Br. 宽叶裂缘兰

地生植物，地下具块茎，常形成密丛。叶 1 枚，基生，狭椭圆状披针形，长 10~25 cm，被短柔毛。花葶长 20~45 cm；花序具 1~4 花；花直径 2.5~3.5 cm。花期：全年不定；澳大利亚（南部、塔斯曼尼亚）。

Terrestrial plants, with subterranean tubers, often forming dense colonies. Leaf solitary, basal, narrowly elliptic-lanceolate, 10–25 cm long, pubescent. Scape 20–45 cm long; inflorescence 1- to 4-flowered; flowers 2.5–3.5 cm across. Fl. throughout the year; Australia (southern part, Tasmania).

0141 ***Calanthe alismatifolia*** (Photos.: Junwen Zhai)

0144 ***Calanthe argenteostriata*** (Photos.: Sicong Lu)

0141 *Calanthe alismatifolia* Lindl. 泽泻虾脊兰

地生植物，高 20~45 cm。假鳞茎圆筒形，长 1~3 cm。叶 3~6 枚，基生，椭圆形，长 10~23 cm；叶柄长 6~20 cm。花莛 1~2 个；花序密生 3~10 花；唇瓣长 1.5~2 cm；距长约 1 cm。花期：6~7 月；不丹、中国（湖北至台湾和西藏）、印度东北部、日本南部、越南；700~2100 m。

Terrestrial plants, 20–45 cm tall. Pseudobulbs cylindric, 1–3 cm long. Leaves 3–6, basal, elliptic, 10–23 cm long; petiole 6–20 cm long. Scapes 1 or 2; inflorescence densely 3- to 10-flowered; lip 1.5–2 cm long; spur ca. 1 cm long. Fl. June–July; Bhutan, China (Hubei to Taiwan and Xizang), NE India, S Japan, Vietnam; 700–2100 m.

0142 ***Calanthe alpina***
(Photos.: Yibo Luo)

0142 *Calanthe alpina* Hook. f. ex Lindl. 流苏虾脊兰

地生植物，高 25~50 cm。假鳞茎狭圆锥形，直径约 7 mm。叶 3 枚，椭圆形，长 11~26 cm；叶柄具鞘，有时形成长达 7 cm 的假茎。花莛 1 个或罕有 2 个；花序具 3~10 朵或更多花；萼片长 1.5~2 cm；距长 1.5~3.5 cm。花期：6~11 月；不丹、中国（陕西至台湾和西藏）、印度东北部、日本、尼泊尔；1500~4000 m。

Terrestrial plants, 25–50 cm tall. Pseudobulbs narrowly conical, ca. 7 mm in diam. Leaves 3, elliptic, 11–26 cm long; petioles sheathing, sometimes forming a pseudostem to 7 cm long. Scapes 1 or rarely 2; inflorescence with 3–10 or more flowers; sepals 1.5–2 cm long; spur 1.5–3.5 cm long. Fl. June–Nov.; Bhutan, China (Shaanxi to Taiwan and Xizang), NE India, Japan, Nepal; 1500–4000 m.

0143 *Calanthe arcuata* Rolfe 弧距虾脊兰

地生植物，高 18~45 cm。假鳞茎圆锥形，直径约 1 cm。叶 3~4 枚，基生，狭椭圆状披针形，长 15~28 cm；叶柄具鞘，常形成长 2~3 cm 的假茎。花莛 1~2 个；花序具 5~10 花；唇瓣长 1.1~1.8 cm；距长约 5 mm。花期:5~9 月；中国(陕西至台湾和云南)；1400~3100 m。

Terrestrial plants, 18–45 cm tall. Pseudobulbs conical, ca. 1 cm in diam. Leaves 3–4, basal, narrowly elliptic-lanceolate, 15–28 cm long; petioles sheathing, often forming a pseudostem 2–3 cm long. Scapes 1 or 2; inflorescence 5- to 10-flowered; lip 1.1–1.8 cm long; spur ca. 5 mm long. Fl. May–Sep.; China (Shaanxi to Taiwan and Yunnan); 1400–3100 m.

0143 ***Calanthe arcuata***
(Photo.: Yuqi Li)

0144 *Calanthe argenteostriata* C. Z. Tang & S. J. Cheng 银带虾脊兰

地生植物，高达 65 cm。假鳞茎近圆锥形，直径约 1.5 cm。叶 3~7 枚，椭圆形或卵状披针形，长 18~27 cm，上面暗绿色并有 5~6 条银灰色带。花序具 10 朵或更多花；唇瓣长约 1.6 cm；距长 1.5~1.9 cm。花期：4~5 月；中国（广东、广西、贵州、云南）、越南；500~1200 m。

Terrestrial plants, to 65 cm tall. Pseudobulbs subconical, ca. 1.5 cm in diam. Leaves 3–7, elliptic or ovate-lanceolate, 18–27 cm long, deep green and with 5–6 silver-gray bands above. Inflorescence with 10 or more flowers; lip ca. 1.6 cm long; spur 1.5–1.9 cm long. Fl. Apr.–May; China (Guangdong, Guangxi, Guizhou, Yunnan), Vietnam; 500–1200 m.

0145 ***Calanthe arisanensis***
(Photo.: Junwen Zhai)

0146 ***Calanthe aristulifera***
(Photo.: Junwen Zhai)

0147 ***Calanthe biloba***
(Photo.: Kohji Karasawa)

0145 *Calanthe arisanensis* Hayata 台湾虾脊兰

地生植物，高 30~50 cm。假鳞茎近卵形，长 1~1.5 cm。叶 2~3 枚，椭圆状倒披针形，长 30~50 cm；叶柄常形成长 10 cm 以上的假茎。花序疏生 5~10 花；唇瓣长 1.3~2 cm；距长约 1.5 cm。花期：10~3 月；中国（台湾）；1000~2000 m。

Terrestrial plants, 30–50 cm tall. Pseudobulbs subovoid, 1–1.5 cm long. Leaves 2–3, elliptic-oblanceolate, 30–50 cm long; petioles often forming a pseudostem more than 10 cm long. Inflorescence laxly 5- to 10-flowered; lip 1.3–2 cm long; spur ca. 1.5 cm long. Fl. Dec.–Mar.; China (Taiwan); 1000–2000 m.

0146 *Calanthe aristulifera* Rchb. f. 翘距虾脊兰

地生植物，高 28~55 cm。假鳞茎近球形，直径约 1 cm。叶 2~4 枚，基生，在花期未完全长成，椭圆形，长 15~30 cm；叶柄常形成长 13~20 cm 的假茎。花葶 1~2 个；花序具 8~20 花；唇瓣长 0.8~1.6 cm；距长约 2 cm。花期：2~5 月；中国（台湾至广东）、日本；1500~2500 m。

Terrestrial plants, 28–55 cm tall. Pseudobulbs subglobose, ca. 1 cm in diam. Leaves 2–4, basal, not well developed at anthesis, elliptic, 15–30 cm long; petioles usually forming a pseudostem 13–20 cm long. Scapes 1–2; inflorescence 8- to 20-flowered; lip 0.8–1.6 cm long; spur ca. 2 cm long. Fl. Feb.–May; China (Taiwan to Guangdong), Japan; 1500–2500 m.

0147 *Calanthe biloba* Lindl. 二裂虾脊兰

地生植物，高达 60 cm。假鳞茎圆筒形，长 10~25 cm，具节。叶 2~3 枚，长 12~30 cm，宽 7~8 cm。花序具 10 朵或更多花；萼片长约 1.5 cm；距长约 2 mm。花期：秋季；不丹、中国（云南）、印度、缅甸、尼泊尔；1000~2300 m。

Terrestrial plants, to 60 cm tall. Pseudobulbs cylindric, 10–25 cm long, noded. Leaves 2–3, 12–30 cm long, 7–8 cm wide. Inflorescence with 10 or more flowers; sepals ca. 1.5 cm long; spur ca. 2 mm long. Fl. autumn; Bhutan, China (Yunnan), India, Myanmar, Nepal; 1000–2300 m.

0148 *Calanthe cardioglossa* Schltr. 舌唇虾脊兰

地生植物，高 40~50 cm。假鳞茎卵状圆锥形，有棱，长 4~6 cm。叶 2~4 枚，椭圆状披针形，长 20~38 cm，脱落；叶柄长 5~20 cm。花序具 15~20 花；花直径 1.5~2 cm；距长 1.5~2.8 cm。花期：秋季至冬季；老挝、泰国、越南；400~1600 m。

Terrestrial plants, 40–50 cm tall. Pseudobulbs ovoid-conical, angled, 4–6 cm long. Leaves 2–4, elliptic-lanceolate, 20–38 cm long, deciduous; petiole 5–20 cm long. Inflorescence 15- to 20-flowered; flowers 1.5–2 cm across; spur 1.5–2.8 cm long. Fl. autumn–winter; Laos, Thailand, Vietnam; 400–1600 m.

0148 ***Calanthe cardioglossa***
(Photo.: Junwen Zhai)

0149 ***Calanthe ceciliae***
(Photo.: Kohji Karasawa)

0150 ***Calanthe chloroleuca***
(Photo.: Kohji Karasawa)

0151 ***Calanthe clavata***
(Photos.: Junwen Zhai)

0149 *Calanthe ceciliae* Rchb. f. 舍氏虾脊兰

地生植物，高 40~100 cm。假鳞茎簇生，卵形，小。叶 4~5 枚，椭圆状披针形，长 30~45（~85）cm。花序具多花；花直径约 3 cm；距长 2.5~5 cm。花期：1~4 月、8~9 月；印度尼西亚、马来西亚、泰国；0~2000 m。

Terrestrial plants, 40–100 cm tall. Pseudobulbs clustered, ovoid, small. Leaves 4–5, elliptic-lanceolate, 30–45 (–85) cm long. Inflorescence many-flowered; flowers ca. 3 cm across; spur 2.5–5 cm long. Fl. Jan.–Apr., Aug.–Sep.; Indonesia, Malaysia, Thailand; 0–2000 m.

0152 ***Calanthe conspicua***
(Photo.: Kohji Karasawa)

0150 *Calanthe chloroleuca* Lindl. 绿白虾脊兰

地生植物，高可达 60 cm。假鳞茎簇生，卵形，长 2~3 cm。叶 2~3 枚，椭圆状披针形，长 30~50 cm。花序具 5~20 花；苞片脱落；花直径 3~4 cm；距长约 2 cm。花期：春季；不丹至尼泊尔；1800~2500 m。

Terrestrial plants, up to 60 cm long. Pseudobulbs clustered, ovoid, 2–3 cm long. Leaves 2–3, elliptic-lanceolate, 30–50 cm long. Inflorescence 5- to 20-flowered; bracts deciduous; flowers 3–4 cm across; spur ca. 2 cm long. Fl. spring; Bhutan to Nepal; 1800–2500 m.

0151 *Calanthe clavata* Lindl. 棒距虾脊兰

地生植物，高约 40 cm。假鳞茎很小，包藏于鞘中。叶 2~3 枚，狭椭圆形，长 50~65 cm。花葶 1~2 个；花序密生多花；萼片长约 1.2 cm；距长约 9 mm。花期：11~12 月；中国（台湾至西藏）、印度、缅甸、泰国、越南；800~1300 m。

Terrestrial plants, ca. 40 cm tall. Pseudobulbs very small, enclosed in sheaths. Leaves 2–3, narrowly elliptic, 50–65 cm long. Scapes 1–2; inflorescence densely many-flowered; sepals ca. 1.2 cm long; spur ca. 9 mm long. Fl. Nov.–Dec.; China (Taiwan to Xizang), India, Myanmar, Thailand, Vietnam; 800–1300 m.

0152 *Calanthe conspicua* Lindl. 菲律宾虾脊兰

地生植物，高 30~60 cm。假鳞茎簇生，小。叶 2~4 枚，椭圆形，长 30~60 cm。花序具 6~12 花；花直径 4~5 cm；距长约 3 cm。花期：夏季至秋季；菲律宾；300~500 m。

Terrestrial plants, 30–60 cm tall. Pseudobulbs clustered, small. Leaves 2–4, elliptic, 30–60 cm long. Inflorescence 6- to 12-flowered; flowers 4–5 cm across; spur ca. 3 cm long. Fl. summer–autumn; Philippines; 300–500 m.

0153 ***Calanthe cremeoviridis***
(Photo.: Kohji Karasawa)

0155 ***Calanthe densiflora***
(Photo.: Yingdong Guo)

0156 ***Calanthe discolor***
(Photo.: Kohji Karasawa)

0153 *Calanthe cremeoviridis* J. J. Wood 新岛虾脊兰

地生植物,高 60~90 cm。假鳞茎不明显。叶 3~6 枚,狭椭圆形,长 25~50 cm。花序密生多花;花直径 3~4 cm;距长约 1.5 cm。花期:春季;新几内亚;2000~3000 m。

Terrestrial plants, 60–90 cm tall. Pseudobulbs inconspicuous. Leaves 3–6, narrowly elliptic, 25–50 cm long. Inflorescence densely many-flowered; flowers 3–4 cm across; spur ca. 1.5 cm long. Fl. spring; New Guinea; 2000–3000 m.

0154 *Calanthe davidii* Franch. (*Calanthe matsudae* Hayata) 剑叶虾脊兰

地生或石上附生植物,高 32~70 (~120) cm。假鳞茎簇生,包藏于叶鞘内。叶 3~4 枚,剑形,长 30~60 cm。花序密生多花;花直径 1~1.6 cm;距长 5~12 mm。花期:6~7 月;中国(甘肃南部至台湾和西藏)、印度、日本、尼泊尔、越南;500~3300 m。

Terrestrial or lithophytic plants. 32–70 (–120) cm tall. Pseudobulbs clustered, enclosed in leaf sheaths. Leaves 3–4, ensiform, 30–60 cm long. Inflorescence densely many-flowered; flowers 1–1.6 cm across; spur 5–12 mm long. Fl. June–July; China (S Gansu to Taiwan and Xizang), India, Japan, Nepal, Vietnam; 500–3300 m.

0155 *Calanthe densiflora* Lindl. 密花虾脊兰

地生或罕为附生植物,高 50~60 cm,具长的匍匐根状茎。假鳞茎不明显。叶通常 3 枚,披针形或狭椭圆形,长 35~40 cm。花葶 1~2 个,发自根状茎;花序具多花;花直径 1.5~2 cm;距长 1.2~1.6 cm。花期:8~10 月;孟加拉国、不丹、中国、印度、日本、缅甸、泰国、越南;450~3000 m。

Terrestrial or rarely epiphytic plants, 50–60 cm tall, with a long creeping rhizome. Pseudobulbs inconspicuous. Leaves often 3, lanceolate or narrowly elliptic, 35–40 cm long. Scapes 1–2, arising from rhizome; inflorescence many-flowered; flowers 1.5–2 cm across; spur 1.2–1.6 cm long. Fl. Aug.–Oct.; Bangladesh, Bhutan, China, India, Japan, Myanmar, Thailand, Vietnam; 450–3000 m.

0156 *Calanthe discolor* Lindl. 虾脊兰

地生植物,高 40~65 cm。假鳞茎近圆锥形,长约 3 cm。叶 2~4 枚,花后长成,倒卵状矩圆形,长 13~25 cm。花序具 6~10 花;花直径约 2 cm;距长 5~10 mm。花期:4~6 月;中国(安徽至福建和贵州)、日本、朝鲜半岛;800~1500 m。

Terrestrial plants, 40–65 cm tall. Pseudobulbs subconical, ca. 3 cm long. Leaves 2–4, developing after flowering, obovate-oblong, 13–25 cm long. Inflorescence 6- to 10-flowered; flowers ca. 2 cm across; spur 5–10 mm long. Fl. Apr.–June; China (Anhui to Fujian and Guizhou), Japan, Korea; 800–1500 m.

0154 ***Calanthe davidii***
(Photos.: Hong Jiang)

0157 ***Calanthe fargesii***
(Photos.: Zhanhuo Tsi)

0158 ***Calanthe graciliflora***
(Photo.: Yibo Luo)

0159 ***Calanthe hancockii***
(Photo.: Sicong Lu)

0157 *Calanthe fargesii* Finet 天府虾脊兰

地生植物，高 30~45 cm。假鳞茎小。叶 4~5 枚，狭矩圆形，长 30~40 cm；叶柄常形成长 3~4 cm 的假茎。花序疏生多花；唇瓣长 0.8~1.2 cm；距长约 6 mm。花期：7~8 月；中国（重庆、甘肃、贵州、四川）；1300~1700 m。

Terrestrial plants, 30–45 cm tall. Pseudobulbs small. Leaves 4–5, narrowly oblong, 30–40 cm long; petioles often forming a pseudostem 3–4 cm long. Inflorescence laxly many-flowered; lip 0.8–1.2 cm long; spur ca. 6 mm long, Fl. July– Aug.; China (Chongqing, Gansu, Guizhou, Sichuan); 1300–1700 m.

0158 *Calanthe graciliflora* Hayata (*Calanthe hamata* Hand-Mazz.) 钩距虾脊兰

地生植物，高达 70 cm。假鳞茎近卵形，直径约 2 cm。叶 3~4 枚，椭圆形或椭圆状披针形，长 30~33 cm。花序疏生多花；花直径 1.5~2 cm；距长 1~1.8 cm。花期：3~5 月；中国（湖北至台湾和云南）；600~2400 m。

Terrestrial plants, to 70 cm tall. Pseudobulbs subovoid, ca. 2 cm in diam. Leaves 3–4, elliptic or elliptic-lanceolate, 30–33 cm long. Inflorescence laxly many-flowered; flowers 1.5–2 cm across; spur 1–1.8 cm long. Fl. Mar.–May; China (Hubei to Taiwan and Yunnan); 600–2400 m.

0160 ***Calanthe henryi*** (Photos.: Zhanhuo Tsi)

0159 *Calanthe hancockii* Rolfe 叉唇虾脊兰

地生植物，高 32~85 cm。假鳞茎圆锥形，直径约 1.5 cm。叶 3 枚，在花期未长成，椭圆形或椭圆状披针形，长 20~40 cm；叶柄常形成长达 25 cm 的假茎。花序具 7~20 花；花直径 3.5~4 cm；距长 2~3 mm。花期：4~6 月；中国西南部、缅甸；1000~3600 m。

Terrestrial plants, 32–85 cm tall. Pseudobulbs conical, ca 1.5 cm in diam. Leaves 3, not well developed at anthesis, elliptic or elliptic-lanceolate, 20–40 cm long; petioles usually forming a pseudostem to 25 cm long. Inflorescence 7- to 20-flowered; flowers 3.5–4 cm across; spur 2–3 mm long. Fl. Apr.– June; SW China, Myanmar; 1000–3600 m.

0160 *Calanthe henryi* Rolfe 疏花虾脊兰

地生植物，高 35~70 cm。假鳞茎圆锥形，直径约 1 cm。叶 2~3 枚，在花期未长成，长 18~24 cm，宽约 8.5 cm；叶柄常形成长约 6 cm 的假茎。花序具 9~18 花；唇瓣长约 1 cm；距长 1.1~1.5 cm。花期：5 月；中国（湖北、四川）；1600~2100 m。

Terrestrial plants, 35–70 cm tall. Pseudobulbs conical, ca. 1 cm in diam. Leaves 2–3, not well developed at anthesis, 18–24 cm long, ca. 8.5 cm wide; petioles often forming a pseudostem ca. 6 cm long. Inflorescence 9- to 18-flowered; lip ca. 1 cm long; spur 1.1–1.5 cm long. Fl. May; China (Hubei, Sichuan); 1600–2100 m.

0161 ***Calanthe herbacea***
(Photos.: Junwen Zhai)

0162 ***Calanthe hirsuta***
(Photo.: Kohji Karasawa)

0163 ***Calanthe izu-insularis***
(Photo.: Kohji Karasawa)

0161 *Calanthe herbacea* Lindl. 西南虾脊兰

地生植物,高 30~70 cm。假鳞茎近圆筒形,长 1~3 cm。叶 3~4 枚,近椭圆形,长 15~30 cm,具长柄。花序具 10~20 花;花直径 2.5~3.5 cm;距长 2~3 cm。花期:夏季;中国(广西至西藏)、印度(锡金)、越南;1300~2100 m。

Terrestrial plants, 30–70 cm tall. Pseudobulbs subcylindric, 1–3 cm long. Leaves 3–4, subelliptic, 15–30 cm long, long-petioled. Inflorescence 10- to 20-flowered; flowers 2.5–3.5 cm across; spur 2–3 cm long. Fl. summer; China (Guangxi to Xizang), India (Sikkim), Vietnam; 1300–2100 m.

0162 *Calanthe hirsuta* Seidenf. 泰国虾脊兰

地生植物,与舌唇虾脊兰 *Calanthe cardioglossa* 相似,不同之处在于本种假鳞茎稍小,且在顶端下方缢缩,苞片被毛,唇瓣基部不具 3 条脊,以及距长在 3 cm 以上。花期:1~2 月;泰国。

Terrestrial plants, similar to *Calanthe cardioglossa*, differing by its pseudobulbs slightly smaller and with a constriction below the apex, bracts hairy, lip lacking three keels at base, and spur often over 3 cm long. Fl. Jan.–Feb.; Thailand.

0163 *Calanthe izu-insularis* (Satomi) Ohwi & Satomi 伊豆虾脊兰

地生植物,高 30~70 cm。假鳞茎近球形,长 1~3 cm。叶 2~3 枚,倒卵状椭圆形,长 25~45 cm。花序具 5~30 花;花直径 2~4 cm;有香气;距长 1.5~4cm。花期:春季;日本(伊豆诸岛);低海拔地。

Terrestrial plants, 30–70 cm tall. Pseudobulbs subglobose, 1–3 cm long. Leaves 2–3, obovate-elliptic, 25–45 cm long. Inflorescence 5- to 30-flowered; flowers 2–4 cm across; scented; spur 1.5–4 cm long. Fl. spring; Japan (Izu Islands); at low altitudes.

0164 *Calanthe kinabaluensis* Rolfe 沙巴虾脊兰

地生植物,高达 85 cm。假鳞茎卵形,长 1.5~3 cm。叶数枚,椭圆形,长 20~25 cm。花序具数花至多花;花直径约 2 cm;距长 3~5 mm。花期:夏季;马来西亚(沙巴);900~2100 m。

Terrestrial plants, to 85 cm tall. Pseudobulbs ovoid, 1.5–3 cm long. Leaves several, elliptic, 20–25 cm long. Inflorescence several- to many-flowered; flowers ca. 2 cm across; spur 3–5 mm long. Fl. summer; Malaysia (Sabah); 900–2100 m.

0164 ***Calanthe kinabaluensis***
(Photo.: Kohji Karasawa)

0165 ***Calanthe labrosa*** (Photos.: Xiaohua Jin(left); Zhanhuo Tsi(right))

0167 ***Calanthe lechangensis*** (Photo.: Junwen Zhai)

0168 ***Calanthe lyroglossa*** (Photo.: Junwen Zhai)

0165 *Calanthe labrosa* (Rchb. f.) Hook. f. 葫芦茎虾脊兰

地生植物，高约 30 cm。假鳞茎常为卵状圆锥形，长 3~8 cm。叶 2~3 枚，椭圆形，长约 30 cm，在干季脱落。花序具 3~10 花；花直径 2~2.5 cm；距长约 2.5 cm。花期：11~12 月；中国（云南南部）、缅甸、泰国；800~1200 m。

Terrestrial plants, ca. 30 cm tall. Pseudobulbs often ovoid-conical, 3–8 cm long. Leaves 2–3, elliptic, ca. 30 cm long, deciduous in dry season. Inflorescence 3- to 10-flowered; flowers 2–2.5 cm across; spur ca. 2.5 cm long. Fl. Nov.–Dec.; China (S Yunnan), Myanmar, Thailand; 800–1200 m.

0166 ***Calanthe lamellosa*** (Photo.: Yibo Luo)

0166 *Calanthe lamellosa* Rolfe (*Calanthe brevicornu* Lindl.) 肾唇虾脊兰

地生植物，高 30~56 cm。假鳞茎密集，卵形，直径约 2 cm。叶 3~4 枚，长 10~30 cm，宽 7~10 cm；叶柄常形成长 5~8 cm 的粗壮假茎。花序具 5~20 花；花直径 3.5~4 cm；距长约 2 mm。花期：4~7 月；不丹、中国（湖北至西藏）、印度北部、缅甸、尼泊尔；1600~3100 m。

Terrestrial plants, 30–56 cm tall. Pseudobulbs close together, ovoid, ca. 2 cm in diam. Leaves 3–4, 10–30 cm long, 7–10 cm wide; petioles often forming a stout pseudostem 5–8 cm long. Inflorescence 5- to 20-flowered; flowers 3.5–4 cm across; spur ca. 2 mm long. Fl. Apr.–July; Bhutan, China (Hubei to Xizang), N India, Myanmar, Nepal; 1600–3100 m.

0167 *Calanthe lechangensis* Z. H. Tsi & T. Tang 乐昌虾脊兰

地生植物，高达 40 cm。假鳞茎圆锥形，直径约 1 cm。叶 1 枚，在花期未长成，长 20~30 cm，宽 8~11 cm；叶柄常内卷并形成长 9~20 cm 的假茎。花序具 4~5 花；花直径 3~3.5 cm；距长约 1 cm。花期：3~4 月；中国（广东北部）。

Terrestrial plants, to 40 cm tall. Pseudobulbs conical, ca. 1 cm in diam. Leaf solitary, not well developed at anthesis, 20–30 cm long, 8–11 cm wide; petiole usually involute and forming a pseudostem 9–20 cm long. Inflorescence 4- or 5-flowered; flowers 3–3.5 cm across; spur ca. 1 cm long. Fl. Mar.– Apr.; China (N Guangdong).

0168 *Calanthe lyroglossa* Rchb. f. 南方虾脊兰

地生植物，高 30~65 cm。假鳞茎棍棒状圆筒形，长 2~3 cm。叶 3~5 枚，倒披针形，长 30~60 cm。花序具多花；花直径 1~1.5 cm；距长约 5 mm。花期：12~3 月；柬埔寨、中国（海南、台湾）、印度、日本（琉球群岛）、老挝、马来西亚、缅甸、菲律宾、泰国；1000~1800 m。

Terrestrial plants, 30–65 cm tall. Pseudobulbs clavate-cylindric, 2–3 cm long. Leaves 3–5, oblanceolate, 30–60 cm long. Inflorescence many-flowered; flowers 1–1.5 cm across; spur ca. 5 mm long. Fl. Dec.–Mar.; Cambodia, China (Hainan, Taiwan), India, Japan (Ryukyu Islands),Laos, Malaysia, Myanmar, Philippines, Thailand; 1000–1800 m.

0169 ***Calanthe madagascariensis***
(Photo.: Kohji Karasawa)

0170 ***Calanthe mannii***
(Photo.: Xiaohua Jin)

0171 ***Calanthe masuca***
(Photo.: Kohji Karasawa)

0169 *Calanthe madagascariensis* Rolfe ex Hook. f. 马岛虾脊兰

地生植物，通常高 15~20 cm。假鳞茎近圆筒形，长 2~4 cm。叶 3~5 枚，椭圆状卵形，长 8~15（~25）cm。花序通常具 10~15 花；花直径 2~3 cm；距长 2.5~3cm。花期：秋季；马达加斯加；1000~1500 m。

Terrestrial plants, usually 15–20 cm tall. Pseudobulbs subcylindric, 2–4 cm long. Leaves 3–5, elliptic-ovate, 8–15 (–25) cm long. Inflorescence often 10- to 15-flowered; flowers 2–3 cm across; spur 2.5–3 cm long. Fl. autumn; Madagascar; 1000–1500 m.

0170 *Calanthe mannii* Hook. f. 细花虾脊兰

地生植物，高 30~70 cm。假鳞茎圆锥形，直径约 1 cm。叶 2~5 枚，在花期未长成，矩圆形至倒披针形，长 18~50 cm。花序密生多花；花直径约 1 cm；距长 1~3 mm。花期：5 月；不丹、中国（湖北至江西和西藏）、印度、日本（樱岛）、缅甸、尼泊尔、越南；1300~2500 m。

Terrestrial plants, 30–70 cm tall. Pseudobulbs conical, ca. 1 cm in diam. Leaves 2–5, not well developed at anthesis, oblong to oblanceolate, 18–50 cm long. Inflorescence densely many-flowered; flowers ca. 1 cm across; spur 1–3 mm long. Fl. May; Bhutan, China (Hubei to Jiangxi and Xizang), India, Japan (Sakurajima), Myanmar, Nepal, Vietnam; 1300–2500 m.

0171 *Calanthe masuca* (D. Don) Lindl. 长距虾脊兰

地生植物，高 20~40（~80）cm。假鳞茎圆锥形，长 1~2 cm 或不明显。叶 3~6 枚，矩圆形或椭圆形，长 20~40 cm，无毛或背面疏被短柔毛。花序长 40~60 cm，具 4~10 花；唇瓣长 1~1.7 cm；矩圆筒形，稍弯曲，长 2.5~3.5 cm。花期：4~9 月；不丹、中国、印度、印度尼西亚、日本、马来西亚、缅甸、斯里兰卡、泰国、越南；400~2000 m。

Terrestrial plants, 20–40 (–80) cm tall. Pseudobulbs conical, 1–2 cm long or inconspicuous. Leaves 3–6, oblong or elliptic, 20–40 cm long, glabrous or laxly pubescent beneath. Inflorescence 40–60 cm long, 4- to 10-flowered; lip 1–1.7 cm long; spur cylindric, slightly curved, 2.5–3.5 cm long. Fl. Apr.–Sep.; Butan, China, India, Indonesia, Japan, Malaysia, Myanmar, Sri Lanka, Thailand, Vietnam; 400–2000 m.

0172 *Calanthe metoensis* Z. H. Tsi & K. Y. Lang 墨脱虾脊兰

地生植物，高 30~50 cm。假鳞茎圆锥形，直径约 1.5 cm。叶 3 枚，狭椭圆形，长 25~30 cm；叶柄常形成长约 9 cm 的假茎。花序具 2~10 花；花直径 2.5~3 cm；距长约 1.5 cm。花期：4~8 月；中国（西藏、云南）；2200~2300 m。

Terrestrial plants, 30–50 cm tall. Pseudobulbs conical, ca. 1.5 cm in diam. Leaves 3, narrowly elliptic, 25–30 cm long; petioles usually forming a pseudostem ca. 9 cm long. Inflorescence 2- to 10-flowered; flowers 2.5–3 cm across; spur ca. 1.5 cm long. Fl. Apr.–Aug.; China (Xizang, Yunnan); 2200–2300 m.

0172 ***Calanthe metoensis*** (Photos.: Yousheng Chen)

0173 ***Calanthe nipponica***
(Photo.: Kohji Karasawa)

0174 ***Calanthe okinawensis***
(Photo.: Kohji Karasawa)

0175 ***Calanthe plantaginea***
(Photo.: Kohji Karasawa)

0173 *Calanthe nipponica* Makino 戟形虾脊兰

地生植物，高 25~50 cm。假鳞茎卵形，长 0.5~1 cm。叶 3~5 枚，倒披针形至狭椭圆形，长 12~30 cm。花序具 3~15 花；花直径 2.5~3 cm；距长 0.5~1 cm。花期：初夏；中国（西藏）、日本；500~1500（~2600）m。

Terrestrial plants, 25–50 cm tall. Pseudobulbs ovoid, 0.5–1 cm long. Leaves 3–5, oblanceolate to narrowly elliptic, 12–30 cm long. Inflorescence 3- to 15-flowered; flowers 2.5–3 cm across; spur 0.5–1 cm long. Fl. early summer; China (Xizang), Japan; 500–1500 (–2600) m.

0174 *Calanthe okinawensis* Hayata 琉球虾脊兰

地生植物，高 40~70 cm。假鳞茎卵形，长 1.5~2.5 cm。叶 3~7 枚，卵状披针形，长 30~45 cm。花序具多花；花直径 2.5~3 cm；距长约 3 cm。花期：夏季；日本（琉球群岛）。

Terrestrial plants, 40–70 cm tall. Pseudobulbs ovoid, 1.5–2.5 cm long. Leaves 3–7, ovate-lanceolate, 30–45 cm long. Inflorescence many-flowered; flowers 2.5–3 cm across; spur ca. 3 cm long. Fl. summer; Japan (Ryukyu Islands).

0175 *Calanthe plantaginea* Lindl. 车前虾脊兰

地生植物，高 30~65 cm。假鳞茎宽圆锥形，直径 1.5~2 cm。叶 2~4 枚，在花期未长成，椭圆形，长 25~28 cm；叶柄常形成长约 16 cm 的假茎。花序具 12~20 朵或更多花；花直径 2.5~3 cm，有香气；距长 1~1.3 cm。花期:2~5 月；不丹、中国（西藏、云南）、印度、克什米尔、尼泊尔；1600~3100 m。

Terrestrial plants, 30–65 cm tall. Pseudobulbs broadly conical, 1.5–2 cm in diam. Leaves 2–4, not well developed at anthesis, elliptic, 25–28 cm long; petioles usually forming a pseudostem ca. 16 cm long. Inflorescence with 12–20 or more flowers; flowers 2.5–3 cm across, scented; spur 1–1.3 cm long. Fl. Feb.–May; Bhutan, China (Xizang,Yunnan), India, Kashmir, Nepal; 1600–3100 m.

0176 ***Calanthe puberula*** (Photos.: Xiaohua Jin)

0176 *Calanthe puberula* Lindl. 镰萼虾脊兰

地生植物，高 25~60 cm。假鳞茎狭圆筒形，长约 2 cm。叶 4~5 枚，椭圆状矩圆形，长 12~22 cm。花葶 1~2 个；花序具 4~10 花；花直径 1.5~3 cm；唇瓣无距。花期:5~8 月；不丹、中国、印度、日本、尼泊尔、越南；600~3000 m。

Terrestrial plants, 25–60 cm tall. Pseudobulbs narrowly cylindric, ca. 2 cm long. Leaves 4–5, elliptic-oblong, 12–22 cm long, Scapes 1–2; inflorescence 4- to 10-flowered; flowers 1.5–3 cm across; lip spurless. Fl. May~Aug.; Bhutan, China, India, Japan, Nepal, Vietnam; 600–3000 m.

0177 ***Calanthe pulchra***
(Photo.: Kohji Karasawa)

0178 ***Calanthe rosea***
(Photo.: Kohji Karasawa)

0179 ***Calanthe rubens***
(Photo.: Kohji Karasawa)

0177 *Calanthe pulchra* (Blume) Lindl. 美花虾脊兰

地生植物，高达 50 cm。假鳞茎卵形，长 2~3 cm。叶 4~6 枚，椭圆形，长 30~70 cm。花序密生 40~60 花；花不完全开放；萼片长 1.5~2 cm；距长约 8 mm。花期：4 月、9~12 月；印度、印度尼西亚、马来西亚、菲律宾、泰国；100~1700 m。

Terrestrial plants, to 50 cm tall. Pseudobulbs ovoid, 2–3 cm long. Leaves 4–6, elliptic, 30–70 cm long. Inflorescence densely 40- to 60-flowered; flowers not opening widely; sepals 1.5–2 cm long; spur ca. 8 mm long. Fl. Apr., Sep.–Dec.; India, Indonesia, Malaysia, Philippines, Thailand; 100–1700 m.

0178 *Calanthe rosea* (Lindl.) Benth. 玫红虾脊兰

地生植物，高 30~70 cm。假鳞茎近圆锥形，中部狭窄，长 10~15 cm。叶 2~4 枚，矩圆状披针形，长 25~50 cm。花序具 7~20 花；花直径 3~4 cm；距长约 2 cm。花期：冬季；缅甸、菲律宾、泰国；800~1200 m。

Terrestrial plants, 30–70 cm tall. Pseudobulbs subconical, narrowed in the middle, 10–15 cm long. Leaves 2–4, oblong-lanceolate, 20–50 cm long. Inflorescence 7- to 20-flowerd; flowers 3–4 cm across; spur ca. 2 cm long. Fl. winter; Myanmar, Philippines, Thailand; 800–1200 m.

0179 *Calanthe rubens* Ridl. 红唇虾脊兰

地生植物，高达 50 cm。假鳞茎卵形，有棱，长 4~15 cm。叶 2~4 枚，卵状椭圆形，长 30~45 cm。花序具多花；花直径 3~3.5 cm；距长约 1.5 cm。花期：11~3 月；马来西亚(马来半岛)、菲律宾、泰国、越南；0~1800 m。

Terrestrial plants, to 50 cm tall. Pseudobulbs ovoid, angled, 4–15 cm long. Leaves 2–4, ovate-elliptic, 30–45 cm long. Inflorescence many-flowered; flowers 3–3.5 cm across; spur ca. 1.5 cm long. Fl. Nov.–Mar.; Malaysia (Malay Peninsula), Philippines, Thailand, Vietnam; 0–1800 m.

0180 *Calanthe sieboldii* Decne. ex Regel 大黄花虾脊兰

地生植物，高 30~80 cm。假鳞茎卵形，长 1~2 cm。叶 2~3 枚，椭圆形或椭圆状倒卵形，长 20~60 cm；叶柄常形成长 4~14 cm 的假茎。花序具 5~25 花；花直径 4~6 cm；距长 6~8 mm，距内被微柔毛。花期：春季；中国（湖南、台湾）、日本、朝鲜半岛；600~1500 m。

Terrestrial plants, 30–80 cm tall. Pseudobulbs ovoid, 1–2 cm long. Leaves 2–3, elliptic or elliptic-obovate, 20–60 cm long; petioles often forming a pseudostem 4–14 cm long. Inflorescence 5- to 25-flowered; flowers 4–6 cm across; spur 6–8 mm long, puberulent inside. Fl. spring; China (Hunan, Taiwan), Japan, Korea; 600–1500 m.

0180 ***Calanthe sieboldii***
(Photo.: Kohji Karasawa)

0181 ***Calanthe sinica*** (Photos.: Junwen Zhai)

0181 *Calanthe sinica* Z. H. Tsi 中华虾脊兰

地生植物，高 25~35 cm。假鳞茎卵状圆锥形，长 1~2 cm。叶通常 4 枚，椭圆形，长 12~22 cm，两面密被短柔毛。花序具 5~10 花；唇瓣长 8~9 mm；距长 2~2.5 cm。花期：7~8 月；中国（云南东南部）；1000~1100 m。

Terrestrial plants, 25–35 cm tall. Pseudobulbs ovoid-conical, 1–2 cm long. Leaves often 4, elliptic, 12–22 cm long, densely pubescent on both surfaces. Inflorescence 5- to 10-flowered; lip 8–9 mm long; spur 2–2.5 cm long. Fl. July–Aug.; China (SE Yunnan); 1000–1100 m.

0182 *Calanthe speciosa* (Blume) Lindl. (*Calanthe formosana* Rolfe) **二列叶虾脊兰**

地生植物，高 50~70（~120）cm。假鳞茎圆筒状卵形至棍棒状，长 3~4 cm。叶 4~10 枚，通常倒披针形，长 35~90 cm；叶柄长达 20 cm。花序密生多花；花直径 1.5~2 cm；距长 7~9 mm。花期：4 月、7~10 月；中国（海南、香港、台湾）、日本（琉球群岛）；400~1500 m。

Terrestrial plants, 50–70 (–120) cm tall. Pseudobulbs cylindric-ovoid to clavate, 3–4 cm long. Leaves 4–10, often oblanceolate, 35–90 cm long; petiole to 20 cm long. Inflorescence densely many-flowered; flowers 1.5–2 cm across; spur 7–9 mm long. Fl. Apr., July–Oct.; China (Hainan, Hongkong, Taiwan), Japan (Ryukyu Islands); 400–1500 m.

0183 *Calanthe succedanea* Gagnep 落叶虾脊兰

地生植物，高 30~60 cm。假鳞茎近卵状圆锥形，有棱，长 8~13 cm。叶 3~4 枚，狭椭圆形，长 25~40 cm，在旱季脱落。花序具 5~15 花；花直径 1.5~2 cm，距长约 1.8 cm。花期：冬季；柬埔寨、老挝、泰国、越南；200~1000 m。

Terrestrial plants, 30–60 cm tall. Pseudobulbs subovoid-conical, angled, 8–13 cm long. Leaves 3–4, narrowly elliptic, 25–40 cm long, deciduous in dry season. Inflorescence 5- to 15-flowered; flowers 1.5–2 cm across; spur ca. 1.8 cm long. Fl. winter; Cambodia, Laos, Thailand, Vietnam; 200–1000 m.

0184 *Calanthe transiens* J. J. Sm. 白梗虾脊兰

地生植物，高达 60 cm。假鳞茎近卵形，小。叶 3~4 枚，披针形，长 25~40 cm。花序密生多花；唇瓣长约 1.7 cm；距棍棒状，长约 1.5 cm。花期：夏季；印度尼西亚（苏门答腊）、马来西亚（沙巴）；1700~2700 m。

Terrestrial plants, to 60 cm tall. Pseudobulbs subovoid, small. Leaves 3–4, lanceolate, 25–40 cm long. Inflorescence densely many-flowered; lip ca. 1.7 cm long; spur clavate, ca. 1.5 cm long. Fl. summer; Indonesia (Sumatra), Malaysia (Sabah); 1700–2700 m.

0182 ***Calanthe speciosa***
(Photo.: Junwen Zhai)

0183 ***Calanthe succedanea***
(Photo.: Kohji Karasawa)

0184 ***Calanthe transiens***
(Photo.: Kohji Karasawa)

0185 ***Calanthe tricarinata***
(Photos.: Yibo Luo)

0186 ***Calanthe triplicata***
(Photo.: Junwen Zhai)

0188 ***Calanthe vestita***
(Photo.: Phillip J. Cribb)

0185 *Calanthe tricarinata* Lindl. 三棱虾脊兰

地生植物，高 30~70 cm。假鳞茎近球形，直径约 2 cm。叶 3~4 枚，在花期未长成，矩圆状披针形，长 20~40 cm，背面被密毛；叶柄常形成长 4~15 cm 的假茎。花序具少数至多数花；唇瓣长 1~1.6 cm，无距。花期：4~6 月；不丹、中国南部、印度、日本、克什米尔、尼泊尔；300~3500 m。

Terrestrial plants, 30–70 cm tall. Pseudobulbs subglobose, ca. 2 cm in diam. Leaves 3–4, not well developed at anthesis, oblong-lanceolate, 20–40 cm long, densely hairy beneath; petioles often forming a pseudostem 4–15 cm long. Inflorescence few- to many-flowered; lip 1–1.6 cm long, spurless. Fl. Apr.–June; Bhutan, S China, India, Japan, Kashmir, Nepal; 300–3500 m.

0186 *Calanthe triplicata* (Willemet) Ames 三褶虾脊兰

地生植物，高 40~100 cm。假鳞茎卵状圆筒形，长 1~3 cm。叶 3~8 枚，椭圆形，长 20~100 cm。花序密生多花；唇瓣长 1.2~1.8 cm；距长 1.5~2 cm。花期：春季至夏季；广泛分布于亚洲热带地区，向北到达中国南部、日本南部和不丹，向东南到达澳大利亚和太平洋岛屿，马达加斯加也有；0~3000 m。

Terrestrial plants, 40–100 cm tall. Pseudobulbs ovoid-cylindric, 1–3 cm long. Leaves 3–8, elliptic, 20–100 cm long. Inflorsecence densely many-flowered; lip 1.2–1.8 cm long; spur 1.5–2 cm long. Fl. spring–summer; widely distributed in tropical Asia, north to S China, S Japan and Bhutan, and southeast to Australia and the Pacific islands, also in Madagascar; 0–3000 m.

0187 *Calanthe ventilabrum* Rchb. f. 黄铃虾脊兰

地生植物，高约 30 cm。假鳞茎圆筒状圆锥形，长约 5 cm。叶 4~5 枚，狭椭圆形，长 30~50 cm。花序具多花；花俯垂，不完全开放；萼片长约 1.5 cm；距长约 6 mm。花期：1~2 月；新几内亚、布干维尔、所罗门群岛、瓦努阿图、新喀里多尼亚、斐济、萨摩亚群岛；600~1400 m。

Terrestrial plants, ca. 30 cm tall. Pseudobulbs cylindric-conical, ca. 5 cm long. Leaves 4–5, narrowly elliptic, 30–50 cm long. Inflorescence many-flowered; flowers nodding, not fully opening; sepals ca. 1.5 cm long; spur ca. 6 mm long. Fl. Jan.–Feb.; New Guinea, Bougainville, Solomon Islands, Vanuatu, New Caledonia, Fiji, Samoa Islands; 600–1400 m.

0187 ***Calanthe ventilabrum***
(Photo.: Kohji Karasawa)

0188 *Calanthe vestita* Lindl. 毛柄虾脊兰

地生或附生植物，通常高达 60 cm。假鳞茎卵形，有棱，长 7~10 cm。叶 3~4 枚，椭圆状披针形，长 40~80 cm。花序柄有白色毛；花序具 10~20 花；花直径 3~4.5 cm；距长约 2 cm。花期：12~2 月；印度尼西亚、马来西亚、缅甸、菲律宾、泰国、越南；0~1000 m。

Terrestrial or epiphytic plants, usually to 60 cm tall. Pseudobulbs ovoid, angled, 7–10 cm long. Leaves 3–4, elliptic-lanceolate, 40–80 cm long. Peduncle white-hairy; inflorescence 10- to 20-flowered; flowers 3–4.5 cm across; spur ca. 2 cm long. Fl. Dec.–Feb.; Indonesia, Malaysia, Myanmar, Philippines, Thailand, Vietnam; 0–1000 m.

0189 ***Callostylis bambusifolia*** **(Lindl.) S. C. Chen & J. J. Wood** (*Eria bambusifolia* Lindl.) 竹叶美柱兰

附生植物。茎簇生，圆柱形，长 20~90 cm，上部具多枚叶。叶狭披针形，长 10~22 cm，纸质。花序 2~7 个，与叶对生，长 10~22 cm，通常具 7~8 花；花直径 1.5~2 cm。花期：12 月；中国（广西、云南）、印度、缅甸、泰国、越南；900~1200 m。

Epiphytic plants. Stems tufted, terete, 20–90 cm long, many–leaved on upper part. Leaves narrowly lanceolate, 10–22 cm long, papery. Inflorescences 2–7, opposite to leaves, 10–22 cm long, often with 7–8 flowers; flowers 1.5–2 cm across. Fl. Dec.; China (Guangxi, Yunnan), India, Myanmar, Thailand, Vietnam; 900–1200 m.

0189 ***Callostylis bambusifolia***
(Photos.: Zhanhuo Tsi)

0190 ***Calochilus robertsonii*** **Benth.** 胡须兰

地生植物，地下具块茎。叶 1 枚，基生，线状披针形，横断面为三角形，长 20~40 cm。花葶长 25~45 cm；花序具 1~9 花；唇瓣长 2~3 cm。花期：9~1 月；澳大利亚、新西兰。

Terrestrial plants, with subterranean tubers. Leaf solitary, basal, linear-lanceolate, triangular in cross section, 20–40 cm long. Scape 25–45 cm long, inflorescence 1- to 9-flowered; lip 2–3 cm long. Fl. Sep.–Jan.; Australia, New Zealand.

0191 ***Calonema chapmanii*** **(Hopper & A. P. Br.) D. L. Jones & M. A. Clem.** 美丝兰

地生植物，地下具块茎。叶 1 枚，基生，近线形，长 15~20 cm。花葶长 20~45 cm，被密毛；花序具 1~3 花；萼片与花瓣下垂，长 8~16 cm。花期：秋季；澳大利亚西南部；低海拔地。

Terrestrial plants, with subterranean tubers. Leaf 1, basal, sublinear, 15–20 cm long. Scape 20–45 cm long, densely hairy; inflorescence 1- to 3-flowered; sepals and petals pendulous, 8–16 cm long. Fl. autumn; SW Australia; at low altitudes.

0192 ***Calopogon tuberosus*** **(L.) Britton, Sterns & Poggenb.** 毛唇兰

地生植物，地下具卵形球茎。叶 1~5 枚，基生，禾叶状，长 20~50 cm。花葶长可达 120 cm；花序具 3~25 花；花不倒置，直径 3~4 cm。花期：3~8 月；广布于北美洲，向南到达巴哈马群岛和古巴。

Terrestrial plants, with subterranean ovoid corms. Leaves 1–5, basal, grass-like, 20–50 cm long. Scape up to 120 cm long; inflorescence 3- to 25-flowered; flowers not resupinate, 3–4 cm across. Fl. Mar.–Aug.; widely distributed in North America, south to Bahama Islands and Cuba.

0190 ***Calochilus robertsonii***
(Photo.: Phillip J. Cribb)

0191 ***Calonema chapmanii***
(Photo.: Kohji Karasawa)

0192 ***Calopogon tuberosus***
(Photo.: Karlheinz Senghas)

0193 *Calypso bulbosa* (L.) Oakes (*Calypso speciosa* Schltr.)
布袋兰

地生植物，地下具近卵形的块茎。叶 1 枚，基生，通常卵形，长 2~6 cm，背面紫色，基部有长柄。花序长 6~15 cm，具 1 花；花直径 2.5~4 cm。花期：4~6 月；广布于北美、北欧、北亚，向南至中国和日本；0~3200 m。

Terrestrial plants, with a subterranean subovoid tuber. Leaf solitary, basal, often ovate, 2–6 cm long, purple beneath, base long-stalked. Inflorescence 6–15 cm long, 1-flowered; flower 2.5–4 cm across. Fl. Apr.–June; widely distributed in North America, N Europe and N Asia, south to China and Japan; 0–3200 m.

0193 ***Calypso bulbosa***
(Photos.: Qinwen Lin(left); Yousheng Chen(right))

0194 *Calyptrochilum christyanum* (Rchb. f.) Summerh.
帽唇兰

附生植物。茎通常下垂，稍带木质，长达 60 cm，具多叶。叶二列，舌形，长 6~11 cm，先端不等的 2 裂。花序从叶下方抽出，短，具 4~9 花；花直径 1.5~2 cm。花期：夏季；广布于非洲热带地区；400~1400 m。

Epiphytic plants. Stems often pendent, slightly woody, up to 60 cm long, many-leaved. Leaves distichous, ligulate, 6–11 cm long, apex unequally bilobed. Inflorescences emerging below leaves, short, 4- to 9-flowered; flowers 1.5–2 cm across. Fl. summer; widely distributed in tropical Africa; 400–1400 m.

0194 ***Calyptrochilum christyanum***
(Photo.: Kohji Karasawa)

0195 *Campanulorchis thao* (Gagnep.) S. C. Chen & J. J. Wood (*Eria thao* Gagnep.) 钟兰

附生植物。假鳞茎球形或卵形，直径约 1.2 cm，包藏于 2 枚鞘中，顶端具 1 叶。叶矩圆状椭圆形，长 3~10 cm。花序顶生，长约 2 cm，具 1 花；花直径 3~3.5 cm，黄色，具紫黄色唇瓣；萼片背面具红褐色棉毛。花期：8~10 月；中国（海南南部）、越南；600~1200 m。

Epiphytic plants. Pseudobulbs globose or ovoid, ca. 1.2 cm in diam., enclosed in two sheaths, 1-leafed at apex. Leaf oblong-elliptic, 3–10 cm long. Inflorescence terminal, ca. 2 cm long, 1-flowered; flower 3–3.5 cm across, yellow, with purple-yellow lip; sepals with red-brown cottony hairs dorsally. Fl. Aug.–Oct.; China (S Hainan), Vietnam; 600–1200 m.

0195 ***Campanulorchis thao*** (Photos.: Xiaohua Jin)

0196 ***Capanemia superflua***
(Photo.: Kohji Karasawa)

0197 ***Catasetum barbatum*** (Photo.: Kohji Karasawa)

0196 *Capanemia superflua* (Rchb. f.) Garay 卡斑兰

附生植物。假鳞茎簇生，小，顶端具 1 叶。叶肉质，圆筒形，有纵槽，长 5~7 cm。花序基生，通常外弯，长 4~7 cm，密生数花或多花；花小，直径约 0.8 cm。花期：初夏；阿根廷、巴西；约 500 m。

Epiphytic plants. Pseudobulbs clustered, small, 1-leafed at apex. Leaf fleshy, cylindric, longitudinally channeled, 5–7 cm long. Inflorescences basal, often arching, 4–7 cm long, densely few- to many-flowered; flowers small, ca. 0.8 cm across. Fl. early summer; Argentina, Brazil; ca. 500 m.

0197 *Catasetum barbatum* (Lindl.) Lindl. 髯毛龙须兰

附生植物。假鳞茎纺锤形，长 10~15 cm，具数节。叶 5~7 枚，二列，矩圆状披针形，长 20~45 cm，具 3 脉。花序基生，雄性与雌性花序同株或异株；雄花有香气，具长约 1.5 cm、有流苏边缘的唇瓣；雌花具长约 2 cm、深囊状的唇瓣。花期：全年不定；巴西、圭亚那、秘鲁。

0198 ***Catasetum maculatum***
(Photo.: Kohji Karasawa)

Epiphytic plants. Pseudobulbs fusiform, 10–15 cm long, several-noded. Leaves 5–7, distichous, oblong-lanceolate, 20–45 cm long, 3-nerved. Inflorescences basal, male and female on same or different plants; male flowers fragrant, with fimbriate-margined lip ca. 1.5 cm long; female flowers with deeply saccate lip ca. 2 cm long. Fl. throughout the year; Brazil, Guyana, Peru.

0198 *Catasetum maculatum* Kunth 斑花龙须兰

附生植物。假鳞茎簇生，圆锥状纺锤形，具多节，长达 20 cm 或过之。叶 3~5 枚，倒披针形，长达 50 cm。花序基生，长达 40 cm，具多花；花不倒置；雄花的萼片和花瓣长 4~4.5 cm，盔状的唇瓣长约 2.5 cm；雌花的萼片和花瓣长约 2 cm，囊状的唇瓣长约 3 cm。花期：夏季至秋季；哥伦比亚、哥斯达黎加、厄瓜多尔、巴拿马、委内瑞拉；100~200 m。

Epiphytic plants. Pseudobulbs clustered, conical-fusiform, many-noded, to 20 cm or more long. Leaves 3–5, oblanceolate, to 50 cm long. Inflorescences basal, to 40 cm long, many-flowered; flowers not resupinate; male flowers with sepals and petals 4–4.5 cm long and a hooded lip ca. 2.5 cm long; female flowers with sepals and petals ca. 2 cm long and a saccate lip ca. 3 cm long. Fl. summer–autumn; Colombia, Costa Rica, Ecuador, Panama, Venezuela; 100–200 m.

0199 *Catasetum pileatum* Rchb. f. 帽唇龙须兰

附生植物。假鳞茎簇生，纺锤状卵形，长 15~25 cm，具数节。叶数枚，披针形，长 20~35 cm。雄花序下垂，长 40 cm 或过之；雄花有香气，具长 4~7 cm 的萼片和花瓣以及心形盔状、长 4~5 cm 的唇瓣；雌花序近直立，短；雌花不倒置，具圆锥囊状、长 6~7 cm 的唇瓣。花期：秋季；巴西、特立尼达、委内瑞拉；100~200 m。

Epiphytic plants. Pseudobulbs clustered, fusiform-ovoid, 15–25 cm long, several-noded. Leaves several, lanceolate, 20–35 cm long. Male inflorescences pendent, 40 cm or more long; male flowers fragrant, with sepals and petals 4–7 cm long and cordate-cucullate lip 4–5 cm long; female inflorescence suberect, short; female flowers not resupinate, with conical-saccate lip 6–7 cm long. Fl. autumn; Brazil, Trinidad, Venezuela; 100–200 m.

0199 ***Catasetum pileatum***
(Photo.: Kohji Karasawa)

0200 ***Catasetum tenebrosum*** (Photo.: Kohji Karasawa)

0201 ***Cattleya aclandiae*** (Photo.: Kohji Karasawa)

0200 *Catacetum tenebrosum* Kraenzl. 紫萼龙须兰

附生植物。假鳞茎簇生，狭椭圆状卵形，具节，长约10 cm。叶6~8枚，倒披针状椭圆形，长20~30 cm。花序基生，外弯，长15~30 cm，通常具10花；雄花直径约5 cm。花期：春季至夏季；厄瓜多尔、秘鲁；900~1500 m。

Epiphytic plants. Pseudobulbs clustered, narrowly ellipsoid-ovoid, noded, ca. 10 cm long. Leaves 6–8, oblanceolate-elliptic, 20–30 cm long. Inflorescences basal, arching, 15–30 cm long, often 10-flowered; male flowers ca. 5 cm across. Fl. spring–summer; Ecuador, Peru; 900–1500 m.

0201 *Cattleya aclandiae* Lindl. 斑萼卡特兰

附生植物。假鳞茎圆筒形，长7~12 cm，顶端具2叶。叶椭圆形，长5~7.5 cm。花序顶生，通常具1~2花；花直径8~10 cm，质地厚，有强烈香气。花期：夏季至秋季；巴西(巴伊亚)；100~400 m。

Epiphytic plants. Pseudobulbs cylindric, 7–12 cm long, 2-leaved at apex. Leaves elliptic, 5–7.5 cm long. Inflorescence terminal, usually with 1 or 2 flowers; flowers 8–10 cm across, thick-textured, very fragrant. Fl. summer–autumn; Brazil (Bahia); 100–400 m.

0202 ***Cattleya acuensis*** (Photo.: Kohji Karasawa)

0203 ***Cattleya alaorii*** (Photo.: Kohji Karasawa)

0202 *Cattleya acuensis* (Fowlie) Van den Berg (*Sophronitis acuensis* Fowlie) 巨瓣卡特兰

附生植物。假鳞茎狭卵形，长约2 cm，常有紫色晕，顶端具1叶。叶椭圆形，长约5 cm，背面带紫色。花序顶生，短，具1~2花；花直径3~4 cm。花期：9~11月；巴西；可达2100 m。

Epiphytic plants. Pseudobulbs narrowly ovoid, ca. 2 cm long, often tinged with purple, 1-leafed at apex. Leaf elliptic, ca. 5 cm long, purplish beneath. Inflorescence terminal, short, 1- or 2-flowered; flowers 3–4 cm across. Fl. Sep.–Nov.; Brazil; up to 2100 m.

0203 *Cattleya alaorii* (Brieger & Bicalho) Van den Berg (*Laelia alaorii* Brieger & Bicalho) 阿拉卡特兰

附生植物。假鳞茎圆筒状纺锤形，长约4 cm，顶端具1叶。叶卵形，长4~6 cm，肉革质。花序顶生，长2~3 cm，具1~2花；花直径4~5 cm。花期：10月；巴西；约600 m。

Epiphytic plants. Pseudobulbs cylindric-fusiform, ca. 4 cm long, 1-leafed at apex. Leaf ovate, 4–6 cm long, fleshy-leathery. Inflorescence terminal, 2–3 cm long, with 1–2 flowers; flowers 4–5 cm across. Fl. Oct.; Brazil; ca. 600 m.

0204 ***Cattleya amethystoglossa*** (Photo.: Kohji Karasawa)

0205 ***Cattleya angereri*** (Photo.: Kohji Karasawa)

0207 ***Cattleya aurantiaca*** (Photo.: Kohji Karasawa)

0204 *Cattleya amethystoglossa* Linden & Rchb. f. ex Warner 紫唇卡特兰

附生植物。假鳞茎圆筒形，长 25~50 cm，顶端具 2 叶。叶线状矩圆形，长 15~20 cm。花序顶生，长 7~18 cm，具 8~12 花；花直径 8~10 cm。花期：冬季；巴西东部；0~200 m。

Epiphytic plants. Pseudobulbs cylindric, 25–50 cm long, 2-leaved at apex. Leaves linear-oblong, 15–20 cm long. Inflorescence terminal, 7–18 cm long, 8- to 12-flowered; flowers 8–10 cm across. Fl. winter; E Brazil; 0–200 m.

0206 ***Cattleya araguaiensis*** (Photo.: Kohji Karasawa)

0205 *Cattleya angereri* (Pabst) Van den Berg (*Laelia angereri* Pabst) 安氏卡特兰

附生植物。假鳞茎狭卵状圆筒形，长达 35 cm，顶端具 1 叶。叶狭矩圆状披针形，长约 30 cm，稍带紫色晕。花序顶生，长 30~35 cm，密生 5~9 花；花直径 3~4 cm。花期：7~9 月；巴西；1000~1200 m。

Epiphytic plants. Pseudobulbs narrowly ovoid-cylindric, to 35 cm long, 1-leafed at apex. Leaf narrowly oblong-lanceolate, ca. 30 cm long, slightly tinged with purple. Inflorescence terminal, 30–35 cm long, densely 5- to 9-flowered; flowers 3–4 cm across. Fl. July–Sep.; Brazil; 1000–1200 m.

0206 *Cattleya araguaiensis* Pabst 狭瓣卡特兰

附生植物。假鳞茎纤细，长 5~10 cm，粗 3~5 mm，顶端具 1 叶。叶线状矩圆形，长约 10 cm。花序顶生，短，具 1 花；花直径约 10 cm。花期：冬季；巴西（近阿拉瓜亚河）；400~600 m。

Epiphytic plants. Pseudobulbs slender, 5–10 cm long, 3–5 mm thick, 1-leafed at apex. Leaf linear-oblong, ca. 10 cm long. Inflorescence terminal, short, 1-flowered; flower ca. 10 cm across. Fl. winter; Brazil (near Rio Araguaia); 400–600 m.

0207 *Cattleya aurantiaca* (Bateman ex Lindl.) P. N. Don 红黄卡特兰

附生植物，常形成密丛。假鳞茎棍棒状纺锤形，长 20~33 cm，近顶端具 2 叶。叶矩圆形，长 5~18 cm。花序顶生，长 5~10 cm，具 5~15 花；花直径 3~4 cm。花期：秋季至冬季；危地马拉、墨西哥、尼加拉瓜；约 1600 m。

Epiphytic plants, often forming clumps. Pseudobulbs clavate-fusiform, 20–33 cm long, 2-leaved near apex. Leaves oblong, 5–18 cm long. Inflorescence terminal, 5–10 cm long, with 5–15 flowers, flowers 3–4 cm across. Fl. autumn–winter; Guatemala, Mexico, Nicaragua; ca. 1600 m.

0208 ***Cattleya bicolor***
(Photo.: Kohji Karasawa)

0210 ***Cattleya bradei***
(Photo.: Kohji Karasawa)

0211 ***Cattleya brevipedunculata***
(Photo.: Kohji Karasawa)

0208 *Cattleya bicolor* Lindl. 二色卡特兰

附生植物。假鳞茎纤细，长达 30 cm 或过之，基部膨大，顶端具 2 叶。叶矩圆形，长 10~20 cm。花序顶生，长 10~25 cm，具 2~8 花；花直径 8~10 cm，稍有香气。花期：夏季；巴西东南部；1000~1800 m。

Epiphytic plants. Pseudobulbs slender, to 30 cm or more long, swollen at base, 2-leaved at apex. Leaves oblong, 10–20 cm long. Inflorescence terminal, 10–25 cm long, with 2–8 flowers; flowers 8–10 cm across, slightly fragrant. Fl. summer; SE Brazil; 1000–1800 m.

0209 *Cattleya blumenscheinii* (Pabst) Van den Berg (*Laelia blumenscheinii* Pabst) 浅黄卡特兰

附生植物。假鳞茎簇生，圆筒状圆锥形，长 13~18 cm，暗紫色，顶端具 1 叶。叶近矩圆形，长约 15 cm，背面紫绿色。花序顶生，长 35~40 cm，通常具 10 花；花直径 4~4.5 cm。花期：冬季；巴西；约 1200 m。

Epiphytic plants. Pseudobulbs clustered, cylindric-conical, 13–18 cm long, dull purple, 1-leafed at apex. Leaf suboblong, ca. 15 cm long, purple-green beneath. Inflorescence terminal, 35–40 cm long, often 10-flowered; flowers 4–4.5 cm across. Fl. winter; Brazil; ca. 1200 m.

0209 ***Cattleya blumenscheinii***
(Photo.: Kohji Karasawa)

0210 *Cattleya bradei* (Pabst) Van den Berg (*Laelia bradei* Pabst) 勃拉卡特兰

附生植物。假鳞茎近矩圆形，有棱，长 2~4 cm，顶端具 1 叶。叶狭矩圆形或狭卵形，舟状，长 3~4 cm，质厚。花序顶生，长于叶，具 1~3 花；花直径 2.5~3 cm。花期：夏季；巴西；1200~1300 m。

Epiphytic plants. Pseudobulbs suboblong, angled, 2–4 cm long, 1-leafed at apex. Leaf narrowly oblong or narrowly ovate, cymbiform, 3–4 cm long, thick-textured. Inflorescence terminal, longer than leaf, with 1–3 flowers; flowers 2.5–3 cm across. Fl. summer; Brazil; 1200–1300 m.

0211 *Cattleya brevipedunculata* (Cogn.) Van den Berg [*Sophronitis brevipedunculata* (Cogn.) Fowlie] 短柄卡特兰

附生植物。假鳞茎在根状茎上排成二列，圆筒形至近球形，长约 1 cm，顶端具 1 叶。叶卵状椭圆形，长约 4 cm，坚挺。花序顶生，短，具 1~3 花；花直径 5~7 cm。花期：秋季至冬季；巴西；1500~2000 m。

Epiphytic plants. Pseudobulbs arranged in two rows on rhizome, cylindric to subglobose, ca. 1 cm long, 1-leafed at apex. Leaf ovate-elliptic, ca. 4 cm long, stiff. Inflorescence terminal, short, 1- to 3-flowered; flowers 5–7 cm across. Fl. autumn–winter; Brazil; 1500–2000 m.

0212 ***Cattleya briegeri*** (Photo.: Kohji Karasawa)

0212 *Cattleya briegeri* (Blumensch. ex Pabst) Van den Berg (*Laelia briegeri* Blumensch. ex Pabst) 布里卡特兰

附生植物。假鳞茎簇生，狭卵状圆锥形，长 5~10 cm，顶端具 1 叶。叶近矩圆形，长 5~10 cm。花序顶生，长 20~25 cm，具 3~4 花；花直径 3~5 cm。花期：春季；巴西；约 1100 m。

Epiphytic plants. Pseudobulbs clustered, narrowly ovoid-conical, 5–10 cm long, 1-leafed at apex. Leaf suboblong, 5–10 cm long. Inflorescence terminal, 20–25 cm long, with 3–4 flowers; flowers 3–5 cm across. Fl. spring; Brazil; ca. 1100 m.

0213 *Cattleya caulescens* (Lindl.) Van den Berg [*Laelia crispilabia* (Rchb. f.) A. Rich. ex Warner, *Laelia mantiqueirae* Pabst] 皱唇卡特兰

附生植物。假鳞茎簇生，狭卵形，长 3~7 cm，顶端具 1 叶或罕有 2 叶。叶近矩圆形，长 5~10 cm，厚革质。花序顶生，长 15~20 cm，具2~4 花；花直径 5~5.5 cm。花期：秋季至冬季；巴西；1000~1200 m。

Epiphytic plants. Pseudobulbs clustered, narrowly ovoid, 3–7 cm long, 1- or rarely 2-leaved at apex. Leaves suboblong, 5–10 cm long, thickly coriaceous. Inflorescence terminal, 15–20 cm long, with 2–4 flowers; flowers 5–5.5 cm across. Fl. autumn–winter; Brazil; 1000–1200 m.

0214 *Cattleya cernua* (Lindl.) Beer (*Sophronitis cernua* Lindl.) 垂头卡特兰

附生植物。假鳞茎簇生，圆筒形或卵形，稍压扁，长 1~3 cm，顶端具 1 叶。叶宽卵形，长 2~3 cm，厚革质，上面暗绿色，背面带紫色。花序顶生，长 2~5 cm，具 2~6 花；花直径 2~2.5 cm，肉质。花期：秋季至冬季；巴西东部；低海拔地。

Epiphytic plants. Pseudobulbs clustered, cylindric or ovoid, slightly compressed, 1–3 cm long, 1-leafed at apex. Leaf broadly ovate, 2–3 cm long, thickly coriaceous, dark green above, purplish below. Inflorescence terminal, 2–5 cm long, 2- to 6-flowered; flowers 2–2.5 cm across, fleshy. Fl. autumn–winter; E Brazil; at low altitudes.

0215 *Cattleya cinnabarina* (Bateman ex Lindl.) Van den Berg (*Laelia cinnabarina* Bateman ex Lindl.) 朱红卡特兰

附生植物。假鳞茎簇生，圆筒形，基部膨大，长 10~25 cm，顶端具 1 叶或罕有 2 叶。叶狭矩圆形，长 10~25 cm，常略有紫色晕。花序顶生，长 30~50 cm，具 5~15 花；花直径约 6 cm。花期：春季；巴西；800~1200 m。

Epiphytic plants. Pseudobulbs clustered, cylindric, swollen at base, 10–25 cm long, 1- or rarely 2-leaved at apex. Leaves narrowly oblong, 10–25 cm long, often slightly tinged with purple. Inflorescence terminal, 30–50 cm long, 5- to 15-flowered; flowers ca. 6 cm across. Fl. spring; Brazil; 800–1200 m.

0213 ***Cattleya caulescens***
(Photo.: Kohji Karasawa)

0214 ***Cattleya cernua***
(Photo.: Kohji Karasawa)

0215 ***Cattleya cinnabarina***
(Photo.: Kohji Karasawa)

0216 ***Cattleya coccinea*** (Photo.: Kohji Karasawa)

0217 ***Cattleya crispa*** (Photo.: Kohji Karasawa)

0216 *Cattleya coccinea* (Lindl.) Rchb.f. [*Sophronitis coccinea* (Lindl.) Rchb. f.] **绯红卡特兰**

附生植物。假鳞茎簇生，纺锤形至圆筒形，长 2~5 cm，紫绿色，顶端具 1 叶。叶狭矩圆形，长 3~8 cm，厚革质，中脉暗紫色。花序顶生，长 2~6 cm，具 1 花；花直径 4~6 cm。花期：秋季至冬季；巴西东部；600~1500 m。

Epiphytic plants. Pseudobulbs clustered, fusiform to cylindric, 2–5 cm long, purple-green, 1-leafed at apex. Leaf narrowly oblong, 3–8 cm long, thickly coriaceous, midvein dark purple. Inflorescence terminal, 2–6 cm long, 1-flowered; flower 4–6 cm across. Fl. autumn–winter; E Brazil; 600–1500 m.

0217 *Cattleya crispa* (Lindl.) Rchb. f. [*Laelia crispa* (Lindl.) Rchb. f.] **紫斑卡特兰**

附生植物。假鳞茎棍棒状，压扁，长 15~30 cm，扁平的两侧各具 2~3 槽，顶端具 1 叶。叶椭圆状披针形，长 20~35 cm。花序顶生，长 15~30 cm，具 3~7 花；花直径 10~13 cm。花期：夏季；巴西东南部；800~1150 m。

Epiphytic plants. Pseudobulbs clavate, compressed, 15–30 cm long, with 2–3 grooves on each flattened side, 1-leafed at apex. Leaf elliptic-lanceolate, 20–35 cm long. Inflorescence terminal, 15–30 cm long, 3- to 7-flowered; flowers 10–13 cm across. Fl. summer; SE Brazil; 800–1150 m.

0218 *Cattleya crispata* (Thunb.) Van den Berg [*Laelia flava* Lindl., *Laelia crispata* (Thunb.) Garay] **皱缘卡特兰**

附生植物。假鳞茎圆筒形，粗壮，基部膨大，长 4~20 cm，顶端具 1 叶。叶线状披针形，长 10~15 cm，厚革质，背面稍有紫色晕。花序顶生，长 30~45 cm，具 5~10 花；花直径 3~4 cm。花期：冬季至春季；巴西；800~1250 m。

Epiphytic plants. Pseudobulbs cylindric, stout, swollen at base, 4–20 cm long, 1-leafed at apex. Leaf linear-lanceolate, 10–15 cm long, thick-coriaceous, slightly tinged with purple beneath. Inflorescence terminal, 30–45 cm long, with 5–10 flowers; flowers 3–4 cm across. Fl. winter–spring; Brazil; 800–1250 m.

0218 ***Cattleya crispata***
(Photo.: Kohji Karasawa)

0219 ***Cattleya dayana*** (Photo.: Kohji Karasawa)

0219 *Cattleya dayana* (Rchb. f.) Rolfe (*Laelia dayana* Rchb. f.) **戴氏卡特兰**

附生植物。假鳞茎卵状纺锤形，长 2~8 cm，顶端具 1 叶。叶近矩圆形，长 5~12 cm。花序顶生，长约 9 cm，具 1 花或罕有 2 花；花直径 8~10 cm；唇瓣喉部具紫色条纹。花期：秋季；巴西；500~800 m。

Epiphytic plants. Pseudobulbs ovoid-fusiform, 2–8 cm long, 1-leafed at apex. Leaf suboblong, 5–12 cm long. Inflorescence terminal, ca. 9 cm long, 1- or rarely 2-flowered; flowers 8–10 cm across; lip with a purple-striped throat. Fl. autumn; Brazil; 500–800 m.

0220 ***Cattleya deckeri***
(Photo.: Kohji Karasawa)

0221 ***Cattleya dormaniana***
(Photo.: Kohji Karasawa)

0222 ***Cattleya dowiana***
(Photo.: Kohji Karasawa)

0220 *Cattleya deckeri* Klotzsch 德氏卡特兰

附生植物。假鳞茎棍棒状，压扁，长达 30 cm，顶端具 2 叶。叶卵状披针形，长 10~15 cm。花序顶生，长约 10cm，具 2 或数花；花直径约 6 cm。花期：1~2 月；墨西哥经中美洲至哥伦比亚；0~900 m。

Epiphytic plants. Pseudobulbs clavate, compressed, to 30 cm long, 2-leaved at apex. Leaves ovate-lanceolate, 10–15 cm long. Inflorescence terminal, ca. 10 cm long, with 2 or several flowers; flowers ca. 6 cm across. Fl. Jan. –Feb.; Mexico through Central America to Columbia; 0–900 m.

0223 ***Cattleya dowiana*** var. ***aurea***
(Photo.: Kohji Karasawa)

0221 *Cattleya dormaniana* (Rchb. f.) Rchb. f. 多曼卡特兰

附生植物。假鳞茎圆筒形，稍呈棍棒状，长 12~18 cm，顶端具 2 叶。叶狭舌形，长 7~12 cm。花序顶生，长 6~9 cm，具 1~2 花；花直径约 8 cm。花期：秋季；巴西(奥干山脉)；600~1000 m。

Epiphytic plants. Pseudobulbs cylindric, somewhat clavate, 12–18 cm long, 2-leaved at apex. Leaves narrowly ligulate, 7–12 cm long. Inflorescence terminal, 6–9 cm long, with 1–2 flowers; flowers ca. 8 cm across. Fl. autumn; Brazil (Organ Mountains); 600–1000 m.

0222 *Cattleya dowiana* Bateman & Rchb. f. 窦氏卡特兰

附生植物。假鳞茎棍棒状，长达 13 cm，粗约 3 cm，顶端具 1 叶。叶矩圆形，长 12~29 cm。花序顶生，具 2~6 花；花直径 12~15 cm。花期：夏季；哥伦比亚、哥斯达黎加；250~2500 m。

Epiphytic plants. Pseudobulbs clavate, to 13 cm long, ca. 3 cm thick, 1-leafed at apex. Leaf oblong, 12–29 cm long. Inflorescence terminal,with 2–6 flowers; flowers 12–15 cm across. Fl. summer; Colombia, Costa Rica; 250–2500 m.

0223 *Cattleya dowiana* Bateman & Rchb. f. var. *aurea* (Lindl.) B. S. Williams & T. Moore 黄瓣卡特兰（变种）

本变种与窦氏卡特兰（原变种）*Cattleya dowiana* (var. *dowiana*) 不同之处在于它的唇瓣有更为丰富及不规则的斑纹。花期：夏季；哥伦比亚；300~1000 m。

This variety differs from *Cattleya dowiana* (var. *dowiana*) by its lip having more copious and irregularly distributed markings. Fl. summer; Colombia; 300–1000 m.

0224 ***Cattleya eldorado***
(Photo.: Kohji Karasawa)

0225 ***Cattleya elongata***
(Photo.: Kohji Karasawa)

0226 ***Cattleya esalqueana***
(Photo.: Kohji Karasawa)

0224 *Cattleya eldorado* Linden ex Van Houtte 亚马逊卡特兰

附生植物。假鳞茎近圆筒形，长达 15 cm，粗 1.5 cm，顶端具 1 叶。叶矩圆状披针形，长 20~24 cm。花序顶生，短，具 1~3 花；花直径 13~15 cm。花期：7~8 月；巴西（亚马逊、帕拉）；低海拔地。

Epiphytic plants. Pseudobulbs subcylindric, to 15 cm long, 1.5 cm thick, 1-leafed at apex. Leaf oblong-lanceolate, 20–24 cm long. Inflorescence terminal, short, with 1–3 flowers; flowers 13–15 cm across. Fl. July–Aug.; Brazil (Amazonas, Para); at low altitudes.

0225 *Cattleya elongata* Barb. Rodr. 暗红卡特兰

附生植物。假鳞茎圆筒形，长 30~70 cm，近顶端具 2 叶或罕有 3 叶。叶线状矩圆形，长 15~20 cm。花序顶生，长 30~60 cm，具 2~9 花；花直径约 7 cm。花期：春季，巴西东部；约 250~300 m。

Epiphytic plants. Pseudobulbs cylindric, 30–70 cm long, 2- or rarely 3-leaved near apex. Leaves linear-oblong, 15–20 cm long. Inflorescence terminal, 30–60 cm long, with 2–9 flowers; flowers ca. 7 cm across. Fl. spring; E Brazil; ca. 250–300 m.

0226 *Cattleya esalqueana* (Blumensch. ex Pabst) Van den Berg (*Laelia esalqueana* Blumensch. ex Pabst) 埃氏卡特兰

附生植物。假鳞茎簇生，狭卵形，长 2~4 cm，顶端具 1 叶。叶矩圆形，长 3~6 cm。花序顶生，长 5~10 cm，具 2~4 花；花直径约 3 cm。花期：夏季；巴西；约 1200 m。

Epiphytic plants. Pseudobulbs clustered, narrowly ovoid, 2–4 cm long, 1-leafed at apex. Leaf oblong, 3–6 cm long. Inflorescence terminal, 5–10 cm long, with 2–4 flowers; flowers ca. 3 cm across. Fl. summer; Brazil; ca. 1200 m.

0227 *Cattleya fidelensis* (Pabst) Van den Berg (*Laelia fidelensis* Pabst) 巴西卡特兰

附生植物。假鳞茎近矩圆形，压扁，长 4~8 cm，顶端具 1 叶。叶狭矩圆形，长 10~15 cm，质厚。花序顶生，长 10~20 cm，具 1~3 花；花直径 6~9 cm。花期：夏季；巴西。

Epiphytic plants. Pseudobulbs suboblong, compressed, 4–8 cm long, 1-leafed at apex. Leaf narrowly oblong, 10–15 cm long, thick-textured. Inflorescence terminal, 10–20 cm long, with 1–3 flowers; flowers 6–9 cm across. Fl. summer; Brazil.

0227 ***Cattleya fidelensis***
(Photo.: Kohji Karasawa)

0229 ***Cattleya gaskelliana*** (Photo.: Kohji Karasawa)

0230 ***Cattleya ghillanyi*** (Photo.: Kohji Karasawa)

0228 ***Cattleya forbesii***
(Photo.: Kohji Karasawa)

0228 *Cattleya forbesii* Lindl. 佛氏卡特兰

附生植物。假鳞茎圆筒形，长 10~20 cm，顶端具 2 叶。叶矩圆形，长 9~14 cm。花序顶生，长 9~14 cm，具 2~5 花；花直径 7~10 cm。花期：夏季至秋季；巴西东南部；约 600 m。

Epiphytic plants. Pseudobulbs cylindric, 10–20 cm long, 2-leaved at apex. Leaves oblong, 9–14 cm long. Inflorescence terminal, 9–14 cm long, with 2–5 flowers; flowers 7–10 cm across. Fl. summer–autumn; SE Brazil; ca. 600 m.

0229 *Cattleya gaskelliana* Sander ex Rchb. f. 葛氏卡特兰

附生植物。假鳞茎棍棒状，压扁，有槽，长达 20 cm，顶端具 1 叶。叶矩圆形，长达 23 cm。花序顶生，具 2~5 花；花直径 12~17 cm。花期：7~8 月；哥伦比亚、委内瑞拉；700~1000 m。

Epiphytic plants. Pseudobulbs clavate, compressed, grooved, to 20 cm long, 1-leafed at apex. Leaf oblong, to 23 cm long. Inflorescence terminal, with 2–5 flowers; flowers 12–17 cm across. Fl. July–Aug.; Colombia, Venezuela; 700–1000 m.

0230 *Cattleya ghillanyi* (Pabst) Van den Berg (*Laelia ghillanyi* Pabst) 古氏卡特兰

附生植物。假鳞茎簇生，狭卵形，长 2.5~3.5 cm，顶端具 1 叶。叶狭矩圆形，长 4~5 cm。花序顶生，长 8~10 cm，具 3~6 花；花直径约 3 cm。花期：春季；巴西；约 1400 m。

Epiphytic plants. Pseudobulbs clustered, narrowly ovoid, 2.5–3.5 cm long, 1-leafed at apex. Leaf narrowly oblong, 4–5 cm long. Inflorescence terminal, 8–10 cm long, 3- to 6-flowered; flowers ca. 3 cm across. Fl. spring; Brazil; ca. 1400 m.

0231 ***Cattleya gloedeniana***
(Photo.: Kohji Karasawa)

0231 *Cattleya gloedeniana* (Hoehne) Van den Berg (*Laelia gloedeniana* Hoehne) 格罗卡特兰

附生植物。假鳞茎簇生，略呈纺锤形，长 7~12 cm，顶端具 1 叶。叶矩圆形，长 10~20 cm。花序顶生，长 30~35 cm，具 5~12 花；花直径约 5 cm。花期：冬季；巴西；约 1600 m。

Epiphytic plants. Pseudobulbs clustered, somewhat fusiform, 7–12 cm long, 1-leafed at apex. Leaf oblong, 10–20 cm long. Inflorescence terminal, 30–35 cm long, 5- to 12-flowered; flowers ca. 5 cm across. Fl. winter; Brazil; ca. 1600 m.

0232 ***Cattleya grandis***
(Photo.: Kohji Karasawa)

0233 ***Cattleya granulosa***
(Photo.: Kohji Karasawa)

0234 ***Cattleya guttata***
(Photo.: Kohji Karasawa)

0232 *Cattleya grandis* (Lindl.) A. A. Chadwick (*Laelia grandis* Lindl.) **褐瓣卡特兰**

附生植物。假鳞茎棍棒状纺锤形，压扁，长 15~25 cm，顶端具 1 叶。叶狭矩圆形，长 20~35 cm。花序顶生，长 20~25 cm，具 2~5 花；花直径 10~12 cm。花期：春季至初夏；巴西（巴伊亚）。

Epiphytic plants. Pseudobulbs clavate-fusiform, compressed, 15–25 cm long, 1-leafed at apex. Leaf narrowly oblong, 20–35 cm long. Inflorescence terminal, 20–25 cm long, with 2–5 flowers; flowers 10–12 cm across. Fl. spring–early summer; Brazil (Bahia) .

0233 *Cattleya granulosa* Lindl. 滨海卡特兰

附生植物。假鳞茎直立，圆筒形，压扁，长 25~60 cm，顶端具 2 叶。叶线状矩圆形，长 7~12 cm。花序顶生，长 5~25 cm，具 3~9 花；花直径 8~11 cm。花期：秋季；巴西东部；0~900 m。

Epiphytic plants. Pseudobulbs erect, cylindric, compressed, 25–60 cm long, 2-leaved at apex. Leaves linear-oblong, 7–12 cm long. Inflorescence terminal, 5–25 cm long, with 3–9 flowers; flowers 8–11 cm across. Fl. autumn; E Brazil; 0–900 m.

0234 *Cattleya guttata* Lindl. 斑点卡特兰

附生植物。假鳞茎圆筒形，长 50~100 cm，顶端具 2 叶。叶矩圆形，长 10~22 cm。花序顶生，长达 15 cm，具 5~10 花；花直径 5~8 cm。花期：夏季；巴西；约 200 m。

Epiphytic plants. Pseudobulbs cylindric, 50–100 cm long, 2-leaved at apex. Leaves oblong, 10–22 cm long. Inflorescence terminal, to 15 cm long, with 5–10 flowers; flowers 5–8 cm across. Fl. summer; Brazil; ca. 200 m.

0235 *Cattleya harpophylla* (Rchb. f.) Van den Berg (*Laelia harpophylla* Rchb. f.) **镰叶卡特兰**

附生植物。假鳞茎簇生，圆柱形，长 15~30 cm，粗约 3 mm，顶端具 1 叶。叶线状披针形，长 15~25 cm。花序顶生，等长于或短于叶，通常具 5~7 花；花直径 6~6.5 cm。花期：春季；巴西；500~900 m。

Epiphytic plants. Pseudobulbs clustered, terete, 15–30 cm long, ca. 3 mm thick, 1-leafed at apex. Leaf linear-lanceolate, 15–25 cm long. Inflorescence terminal, as long as or shorter than leaf, often with 5–7 flowers; flowers 6–6.5 cm across. Fl. spring; Brazil; 500–900 m.

0235 ***Cattleya harpophylla***
(Photo.: Kohji Karasawa)

0236 ***Cattleya harrisoniana***
(Photo.: Kohji Karasawa)

0237 ***Cattleya intermedia***
(Photo.: Kohji Karasawa)

0238 ***Cattleya intermedia*** var. ***aquinii*** (Photo.: Kohji Karasawa)

0236 *Cattleya harrisoniana* Bateman ex Lindl. 哈氏卡特兰

附生植物。假鳞茎圆筒形，常稍呈棍棒状，长 20~30 cm，近顶端具 2 叶或罕有 3 叶。叶矩圆形，长 8~10 cm。花序顶生，长 7~10 cm，具 2~3 花；花直径 8~10 cm。花期：春季至夏季；巴西东部；400~800 m。

Epiphytic plants. Pseudobulbs cylindric, often somewhat clavate, 20–30 cm long, 2- or rarely 3-leaved near apex. Leaves oblong, 8–10 cm long. Inflorescence terminal, 7–10 cm long, with 2–3 flowers; flowers 8–10 cm across. Fl. spring–summer; E Brazil; 400–800 m.

0237 *Cattleya intermedia* Graham 河岸卡特兰

附生植物。假鳞茎圆筒形，稍呈棍棒状，长 12~40 cm，粗 1~1.5 cm，顶端具 2 叶。叶线状矩圆形，长 10~15 cm。花序顶生，长 7~15 cm，具 3~9 花；花直径 10~12 cm。花期：春季至夏季；巴西东南部；低海拔地。

Epiphytic plants. Pseudobulbs cylindric, slightly clavate, 12–40 cm long, 1–1.5 cm thick, 2-leaved at apex. Leaves linear-oblong, 10–15 cm long. Inflorescence terminal, 7–15 cm long, with 3–9 flowers; flowers 10–12 cm across. Fl. spring–summer; SE Brazil; at low altitudes.

0239 ***Cattleya iricolor***
(Photo.: Kohji Karasawa)

0238 *Cattleya intermedia* Graham var. *aquinii* (Barb. Rodr.) Rolfe 阿氏卡特兰（变种）

此“变种”为河岸卡特兰 *Cattleya intermedia* 的异常整齐花型（peloric form），其花瓣与唇瓣相似，发现于巴西南部。

This “variety” is a peloric form of *Cattleya intermedia*, with its petals similar to lip, found in southern Brazil.

0239 *Cattleya iricolor* Rchb. f. 厄国卡特兰

附生植物。假鳞茎棍棒状，压扁，长 10~12 cm，顶端具 1 叶。叶舌形，长 25~30 cm。花序顶生，长 10~15 cm，具 2~3 花；花直径 7~10 cm。花期：春季；厄瓜多尔（普约、特纳）；400~1200 m。

Epiphytic plants. Pseudobulbs clavate, compressed, 10–12 cm long, 1-leafed at apex. Leaf ligulate, 25–30 cm long. Inflorescence terminal, 10–15 cm long, with 2–3 flowers; flowers 7–10 cm across. Fl. spring; Ecuador (Puyo, Tena); 400–1200 m.

0240 ***Cattleya itambana*** **(Pabst) Van den Berg (*Laelia itambana* Pabst)**
伊坦卡特兰

附生植物。假鳞茎簇生，卵形或狭卵形，长 2~3.5 cm，顶端具 1 叶。叶矩圆形，长 3~6 cm，背面紫绿色。花序顶生，长 15~17 cm，具 1~3 花；花序柄与花序轴纤细；花直径 2.5~3 cm。花期：春季；巴西；约 500 m。

Epiphytic plants. Pseudobulbs clustered, ovoid or narrowly ovoid, 2–3.5 cm long, 1-leafed at apex. Leaf oblong, 3–6 cm long, purple-green beneath. Inflorescence terminal, 15–17 cm long, with 1–3 flowers; peduncle and rachis slender; flowers 2.5–3 cm across. Fl. spring; Brazil; ca. 500 m.

0240 ***Cattleya itambana*** (Photo.: Kohji Karasawa)

0241 ***Cattleya jenmanii*** **Rolfe 简氏卡特兰**

附生植物。假鳞茎狭棍棒状，稍扁，长达 16 cm，顶端具 1 叶。叶线状椭圆形，长约 20 cm。花序顶生，长约 10cm，具 2~4 花；花直径约 14 cm。花期：冬季；圭亚那、委内瑞拉；400~1000 m。

Epiphytic plants. Pseudobulbs narrowly clavate, slightly compressed, to 16 cm long, 1-leafed at apex. Leaf linear-elliptic, ca. 20 cm long. Inflorescence terminal, ca. 10 cm long, 2- to 4- flowered; flowers ca. 14 cm across. Fl. winter; Guyana, Venezuela; 400–1000 m.

0242 ***Cattleya jongheana*** **(Rchb. f.) Van den Berg (*Laelia jongheana* Rchb. f.)**
钟氏卡特兰

附生植物。假鳞茎卵形至圆筒状纺锤形，长 3~6 cm，顶端具 1 叶。叶近矩圆形，长 7~15 cm，厚革质。花序顶生，稍短于叶，具 1~2 花；花直径 10~12 cm。花期：春季；巴西。

Epiphytic plants. Pseudobulbs ovoid to cylindric-fusiform, 3–6 cm long, 1-leafed at apex. Leaf suboblong, 7–15 cm long, thick-coriaceous. Inflorescence terminal, slightly shorter than leaf, with 1–2 flowers; flowers 10–12 cm across. Fl. spring; Brazil.

0243 ***Cattleya kettieana*** (Photo.: Kohji Karasawa)

0243 ***Cattleya kettieana*** **(Pabst) Van den Berg & M. W. Chase (*Laelia kettieana* Pabst) 克氏卡特兰**

附生植物。假鳞茎簇生，狭卵形，长 2~3 cm，顶端具 1 叶。叶狭卵形，长 2~4 cm。花序顶生，长于或近等长于叶，具 1~2 花；花直径 2~2.5 cm。花期：10~12 月；巴西。

Epiphytic plants. Pseudobulbs clustered, narrowly ovoid, 2–3 cm long, 1-leafed at apex. Leaf narrowly ovate, 2–4 cm long. Inflorescence terminal, longer than or nearly as long as leaf, with 1–2 flowers; flowers 2–2.5 cm across. Fl. Oct.–Dec.; Brazil.

0241 ***Cattleya jenmanii*** (Photo.: Kohji Karasawa)

0242 ***Cattleya jongheana*** (Photo.: Kohji Karasawa)

0244 ***Cattleya labiata***
(Photo.: Kohji Karasawa)

0244 ***Cattleya labiata* Lindl. 卡特兰**

附生植物。假鳞茎棍棒状，长 12~30 cm，稍压扁，顶端具 1 叶。叶矩圆形，长 15~25 cm。花序顶生，长约 15 cm，具 2~5 花；花直径 12~17 cm。花期：秋季；巴西东部；600~900 m。

Epiphytic plants. Pseudobulbs clavate, 12–30 cm long, slightly compressed, 1-leafed at apex. Leaf oblong, 15–25 cm long. Inflorescence terminal, ca. 15 cm long, with 2–5 flowers; flowers 12–17 cm across. Fl. autumn; E Brazil; 600–900 m.

0245 ***Cattleya lawrenceana* Rchb. f. 劳氏卡特兰**

附生植物。假鳞茎直立，近棍棒状，压扁，长 25~39 cm，顶端具 1 叶。叶狭舌形，长达 20 cm。花序顶生，长 15~20 cm，具数花至 7 花；花直径 10~13 cm。花期：春季至夏季；圭亚那、委内瑞拉；1200~1400 m。

Epiphytic plants. Pseudobulbs erect, subclavate, compressed, 25–39 cm long, 1-leafed at apex. Leaf narrowly ligulate, to 20 cm long. Inflorescence terminal, 15–20 cm long, several- to 7-flowered; flowers 10–13 cm across. Fl. spring–summer; Guyana, Venezuela; 1200–1400 m.

0246 ***Cattleya leopoldii* Verschaff. ex Lemaire 低地卡特兰**

附生植物。假鳞茎圆筒形，上部稍增粗，长 30~120 cm，顶端具 2 叶。叶矩圆形，长达 22 cm。花序顶生，长 20~25 cm，具(3~)10~25 花；花直径 7~11 cm。花期：夏季；巴西南部；0~100 m。

Epiphytic plants. Pseudobulbs cylindric, slightly thickened above, 30–120 cm long, 2-leaved at apex. Leaves oblong, to 22 cm long. Inflorescence terminal, 20–25 cm long, with (3–) 10–25 flowers; flowers 7–11 cm across. Fl. summer; S Brazil; 0–100 m.

0246 ***Cattleya leopoldii***
(Photo.: Kohji Karasawa)

0247 ***Cattleya lobata* Lindl.** [*Laelia lobata* (Lindl.) H. J. Veitch] **裂唇卡特兰**

附生植物。假鳞茎近纺锤形，压扁，长 10~15 cm，顶端具 1 叶。叶狭矩圆形，长 20~30 cm。花序顶生，短于叶，具 2~5 花；花直径约 12 cm，有香气。花期：春季至初夏；巴西。

Epiphytic plants. Pseudobulbs somewhat fusiform, compressed, 10–15 cm long, 1-leafed at apex. Leaf narrowly oblong, 20–30 cm long. Inflorescence terminal, shorter than leaf, with 2–5 flowers; flowers ca. 12 cm across, fragrant. Fl. spring–early summer; Brazil.

0245 ***Cattleya lawrenceana*** (Photo.: Kohji Karasawa)

0247 ***Cattleya lobata*** (Photo.: Kohji Karasawa)

0248 ***Cattleya loddigesii***
(Photo.: Kohji Karasawa)

0249 ***Cattleya longipes***
(Photo.: Kohji Karasawa)

0250 ***Cattleya lueddemanniana***
(Photo.: Kohji Karasawa)

0248 *Cattleya loddigesii* Lindl. 乐氏卡特兰

附生植物。假鳞茎圆筒形，下部细窄，长 20~40 cm，顶端具 2 叶。叶矩圆形，长 8~12 cm。花序顶生，长 20~30 cm，具 2~9 花；花直径 8~11 cm。花期：通常夏季；巴西南部（巴拉那、米纳斯吉拉斯）；0~1000 m。

Epiphytic plants. Pseudobulbs cylindric, narrowing below, 20–40 cm long, 2-leaved at apex. Leaves oblong, 8–12 cm long. Inflorescence terminal, 20–30 cm long, with 2–9 flowers; flowers 8–11 cm across. Fl. usually summer; S Brazil (Parana, Minas Gerais); 0–1000 m.

0249 *Cattleya longipes* (Rchb. f.) Van den Berg (*Laelia longipes* Rchb. f.) 长柄卡特兰

附生植物。假鳞茎簇生，狭卵形或圆锥形，长 2~8 cm，顶端具 1 叶。叶椭圆状矩圆形，长 6~14 cm。花序顶生，长 20~25 cm，具 2~4 花；花直径 3.5~4.5 cm。花期：夏季；巴西；约 2000 m。

Epiphytic plants. Pseudobulbs clustered, narrowly ovoid or conical, 2–8 cm long, 1-leafed at apex. Leaf elliptic-oblong, 6–14 cm long. Inflorescence terminal, 20–25 cm long, with 2–4 flowers; flowers 3.5–4.5 cm across. Fl. summer; Brazil; ca. 2000 m.

0250 *Cattleya lueddemanniana* Rchb. f. 律氏卡特兰

附生植物。假鳞茎近圆筒形，长约 25 cm，顶端具 1 叶。叶线状矩圆形，长约 15 cm。花序顶生，长约 15 cm，具 2~4 花；花直径 15~20 cm，有香气。花期：9~11 月；委内瑞拉；0~500 m。

Epiphytic plants. Pseudobulbs subcylindric, ca. 25 cm long, 1-leafed at apex. Leaf linear-oblong, ca. 15 cm long. Inflorescence terminal, ca. 15 cm long, with 2–4 flowers; flowers 15–20 cm across, fragrant. Fl. Sep.–Nov.; Venezuela; 0–500 m.

0251 *Cattleya lundii* (Rchb. f. & Warm.) Van den Berg (*Laelia lundii* Rchb. f. & Warm.) 隆氏卡特兰

附生植物。假鳞茎狭卵形或矩圆状纺锤形，稍压扁，长 2~4 cm，顶端具 2 叶。叶半圆柱状线形，有深槽，长（3~）7~15 cm，肉质。花序顶生，长 3~4 cm，具 1~3 花；花直径 3~4 cm。花期：冬季；巴西东部；700~1000 m。

Epiphytic plants. Pseudobulbs narrowly ovoid or oblong-fusiform, slightly compressed, 2–4 cm long, 2-leaved at apex. Leaves semicylindric-linear, deeply channeled, (3–) 7–15 cm long, fleshy. Inflorescence terminal, 3–4 cm long, 1- to 3-flowered; flowers 3–4 cm across. Fl. winter; E Brazil; 700–1000 m.

0251 ***Cattleya lundii***
(Photo.: Kohji Karasawa)

0252 ***Cattleya luteola***
(Photo.: Kohji Karasawa)

0253 ***Cattleya lutzelbergii***
(Photo.: Kohji Karasawa)

0254 ***Cattleya mantiqueirae***
(Photo.: Kohji Karasawa)

0252 *Cattleya luteola* Lindl. 黄花卡特兰

附生植物。假鳞茎着生于匍匐的根状茎上，相距约 1 cm，椭圆形至棍棒状圆筒形，长 3~15 cm，粗达 1.5 cm，顶端具 1 叶。叶矩圆形，长 5~15 cm。花序顶生，短于叶，具数花；花直径 4~5 cm。花期：通常初冬；玻利维亚、巴西、厄瓜多尔、秘鲁；100~1200 m。

Epiphytic plants. Pseudobulbs ca. 1 cm apart on a creeping rhizome, ellipsoid to clavate-cylindric, 3–15 cm long, to 1.5 cm thick, 1-leafed at apex. Leaf oblong, 5–15 cm long. Inflorescence terminal, shorter than leaf, several-flowered; flowers 4–5 cm across. Fl. usually early winter; Bolivia, Brazil, Ecuador, Peru; 100–1200 m.

0255 ***Cattleya maxima***
(Photo.: Kohji Karasawa)

0253 *Cattleya lutzelbergii* Van den Berg (*Laelia bahiensis* Schltr.) 鲁泽卡特兰

附生植物。假鳞茎簇生，狭卵形，长 5~7 cm，紫绿色，顶端具 1 叶。叶狭矩圆形，长 9~12 cm，背面暗紫色。花序顶生，长 50~60 cm，具数花；花直径约 4.5 cm。花期：春季；巴西（巴伊亚）；1100~1700 m。

Epiphytic plants. Pseudobulbs clustered, narrowly ovoid, 5–7 cm long, purple-green, 1-leafed at apex. Leaf narrowly oblong, 9–12 cm long, dull purple beneath. Inflorescence terminal, 50–60 cm long, several-flowered; flowers ca. 4.5 cm across. Fl. spring; Brazil (Bahia); 1100–1700 m.

0254 *Cattleya mantiqueirae* (Fowlie) Van den Berg [*Sophronitis mantiqueirae* (Fowlie) Fowlie] 红艳卡特兰

附生植物。假鳞茎簇生，常为近圆筒形，长 1~2 cm，顶端具 1 叶。叶卵形，中脉红紫色。花序顶生，具 1 花；花直径约 3 cm。花期：1~2 月、9~10 月；巴西；1200~1900 m。

Epiphytic plants. Pseudobulbs clustered, often subcylindric, 1–2 cm long, 1-leafed at apex. Leaf ovate, midvein red-purple. Inflorescence terminal, 1-flowered; flower ca. 3 cm across. Fl. Jan.–Feb., Sep.–Oct.; Brazil; 1200–1900 m.

0255 *Cattleya maxima* Lindl. 大花卡特兰

附生植物。假鳞茎棍棒状，压扁，长 10~39 cm，顶端具 1 叶。叶矩圆形，长 20~30 cm。花序顶生，长 15~20 cm，具 3~7 花；花直径 10~12 cm。花期：秋季至冬季；哥伦比亚、厄瓜多尔、秘鲁；0~1500 m。

Epiphytic plants. Pseudobulbs clavate, compressed, 10–39 cm long, 1-leafed at apex. Leaf oblong, 20–30 cm long. Inflorescence terminal, 15–20 cm long, with 3–7 flowers; flowers 10–12 cm across. Fl. autumn–winter; Colombia, Ecuador. Peru; 0–1500 m.

0256 ***Cattleya mendelii*** **Backh. 门氏卡特兰**

附生植物。假鳞茎圆筒形或稍呈纺锤形，长 6~18 cm，顶端具 1 叶。叶矩圆形，长达 20~23 cm。花序顶生，具 2~4 花；花直径 17~18 cm。花期：5~6 月；哥伦比亚；700~1000 m。

Epiphytic plants. Pseudobulbs cylindric or slightly fusiform, 6–18 cm long, 1-leafed at apex. Leaf oblong, to 20–23 cm long. Inflorescence terminal, with 2–4 flowers; flowers 17–18 cm across. Fl. May–June; Colombia; 700–1000 m.

0256 ***Cattleya mendelii*** (Photo.: Kohji Karasawa)

0257 ***Cattleya milleri*** **(Blumensch. ex Pabst) Van den Berg (*Laelia milleri* Blumensch. ex Pabst) 米勒卡特兰**

附生植物。假鳞茎簇生，狭卵状圆锥形，长 3~10 cm，暗红紫色，顶端具 1 叶。叶近矩圆形，长 4~10 cm，背面中脉红紫色。花序顶生，长 25~40 cm，具数花；花直径 5~5.5 cm。花期：夏季；巴西；800~1200 m。

Epiphytic plants. Pseudobulbs clustered, narrowly ovoid-conical, 3–10 cm long, dull red-purple, 1-leafed at apex. Leaf suboblong, 4–10 cm long, with red-purple midvein on dorsal surface. Inflorescence terminal, 25–40 cm long, several-flowered; flowers 5–5.5 cm across. Fl. summer; Brazil; 800–1200 m.

0258 ***Cattleya mooreana*** **Withner, D. Allison & A. Guenard 摩尔卡特兰**

附生植物。假鳞茎近棍棒状，压扁，长 15~20 cm，顶端具 1 叶。叶矩圆形，长 15~20 cm。花序顶生，短，通常具 2~3 花；花直径 8~10 cm。花期：8 月；秘鲁；约 2000 m。

Epiphytic plants. Pseudobulbs subclavate, compressed, 15–20 cm long, 1-leafed at apex. Leaf oblong, 15–20 cm long. Inflorescence terminal, short, usually with 2–3 flowers; flowers 8–10 cm across. Fl. Aug.; Peru; ca. 2000 m.

0259 ***Cattleya mossiae*** **Hook. 莫氏卡特兰**

附生植物。假鳞茎纺锤形，顶端具 1 叶。叶矩圆形，长达 25~28 cm。花序顶生，长达 30 cm，具 2~5 花；花色泽变化大，直径 14~18 cm。花期：5~6 月；委内瑞拉；900~1500 m。

Epiphytic plants. Pseudobulbs fusiform, 1-leafed at apex. Leaf oblong, to 25–28 cm long. Inflorescence terminal, to 30 cm long, with 2–5 flowers; flowers variable in color, 14–18 cm across. Fl. May–June; Venezuela; 900–1500 m.

0257 ***Cattleya milleri***
(Photo.: Kohji Karasawa)

0258 ***Cattleya mooreana***
(Photo.: Kohji Karasawa)

0259 ***Cattleya mossiae***
(Photo.: Kohji Karasawa)

0260 ***Cattleya nobilior***
(Photo.: Kohji Karasawa)

0260 ***Cattleya nobilior* Rchb. f. 华丽卡特兰**

附生植物。假鳞茎纺锤形，长 4~7 cm，近顶端具 2~3 叶。叶椭圆形，长 4~6 cm。花序顶生，长 4~6 cm，具 1~2 花；花直径约 10 cm。花期：初夏；巴西（马托格罗索）；150~700 m。

Epiphytic plants. Pseudobulbs fusiform, 4–7 cm long, 2- or 3-leaved near apex. Leaves elliptic, 4–6 cm long. Inflorescence terminal, 4–6 cm long, with 1–2 flowers; flowers ca. 10 cm across. Fl. early summer; Brazil (Mato Grosso); 150–700 m.

0261 ***Cattleya percivaliana* (Rchb. f.) O'Brien 帕氏卡特兰**

附生植物。假鳞茎略呈纺锤形，压扁，长 15~20 cm，宽 2 cm，顶端具 1 叶。叶线状矩圆形，长达 25 cm。花序顶生，长达 25 cm，具 2~4 花；花直径 10~13 cm。花期：1~2 月，委内瑞拉；1300~1900 m。

Epiphytic plants. Pseudobulbs somewhat fusiform, compressed, 15–20 cm long, 2 cm broad, 1-leafed at apex. Leaf linear-oblong, to 25 cm long. Inflorescence terminal, to 25 cm long, with 2–4 flowers; flowers 10–13 cm across. Fl. Jan.–Feb.; Venezuela; 1300–1900 m.

0262 ***Cattleya perrinii***
(Photo.: Kohji Karasawa)

0262 ***Cattleya perrinii* Lindl. [*Laelia perrinii* (Lindl.) Lindl.] 佩林卡特兰**

附生植物。假鳞茎棍棒状至卵状椭圆形，稍压扁，长 7~20 cm，顶端具 1 叶。叶舌形，长 15~26 cm，稍有褐紫色晕。花序顶生，稍短于叶，具 2~3 花；花直径 10~12 cm。花期：秋季至冬季；巴西；700~900 m。

Epiphytic plants. Pseudobulbs clavate to ovoid-ellipsoid, slightly compressed, 7–20 cm long, 1-leafed at apex. Leaf ligulate, 15–26 cm long, slightly tinged with brown-purple. Inflorescence terminal, slightly shorter than leaf, 2- or 3-flowered; flowers 10–12 cm across. Fl. autumn–winter; Brazil; 700–900 m.

0263 ***Cattleya pfisteri* (Pabst & Senghas) Van den Berg (*Laelia pfisteri* Pabst & Senghas) 暗紫卡特兰**

附生植物。假鳞茎簇生，狭卵形，长 6~15 cm，暗紫色，顶端具 1 叶。叶狭矩圆形，长 15~25 cm，背面暗紫色。花序顶生，长 50~60 cm，具 5~10 花；花直径约 3.5 cm。花期：春季；巴西；约 1300 m。

Epiphytic plants. Pseudobulbs clustered, narrowly ovoid, 6–15 cm long, dull purple, 1-leafed at apex. Leaf narrowly oblong, 15–25 cm long, dull purple beneath. Inflorescence terminal, 50–60 cm long, 5- to 10-flowered; flowers ca. 3.5 cm across. Fl. spring; Brazil; ca. 1300 m.

0264 ***Cattleya porphyroglossa* Linden & Rchb. f. 紫舌卡特兰**

附生植物。假鳞茎圆筒形，长 20~50 cm，顶端具 2 叶。叶矩圆形，长 7~15 cm。花序顶生，长 5~15 cm，稍密生 2~8 花；花直径 5~7 cm。花期：夏季；巴西；约 300 m。

Epiphytic plants. Pseudobulbs cylindric, 20–50 cm long, 2-leaved at apex. Leaves oblong, 7–15 cm long. Inflorescence terminal, 5–15 cm long, subdensely 2- to 8-flowered; flowers 5–7 cm across. Fl. summer; Brazil; ca. 300 m.

0261 ***Cattleya percivaliana***
(Photo.: Kohji Karasawa)

0263 ***Cattleya pfisteri***
(Photo.: Kohji Karasawa)

0264 ***Cattleya porphyroglossa***
(Photo.: Kohji Karasawa)

0265 ***Cattleya pumila***
(Photo.: Kohji Karasawa)

0267 ***Cattleya quadricolor***
(Photo.: Kohji Karasawa)

0268 ***Cattleya reginae***
(Photo.: Kohji Karasawa)

0265 *Cattleya pumila* Hook. [*Laelia pumila* (Hook.) Rchb. f.] **玲珑卡特兰**

附生植物。假鳞茎纺锤形至卵形，长 2~3 cm，顶端具 1 叶。叶近矩圆形，长 5~12 cm。花序顶生，通常短于叶，具 1 花或罕为 2 花；花直径 7~10 cm，有香气。花期：秋季；巴西；600~900 m。

Epiphytic plants. Pseudobulbs fusiform to ovoid, 2–3 cm long, 1-leafed at apex. Leaf suboblong, 5–12 cm long. Inflorescence terminal, often shorter than leaf. 1- or rarely 2-flowered; flowers 7–10 cm across, fragrant. Fl. autumn; Brazil; 600–900 m.

0266 *Cattleya purpurata* (Lindl. & Paxton) Van den Berg (*Laelia purpurata* Lindl.) **皱瓣卡特兰**

附生植物。假鳞茎棍棒状，稍压扁，长 15~45 cm，顶端具 1 叶。叶舌形，长 20~35 cm。花序顶生，长 20~30 cm，具 2~5 花；花直径约 15 cm。花期：夏季；巴西；低海拔地。

Epiphytic plants. Pseudobulbs clavate, slightly compressed, 15–45 cm long, 1-leafed at apex. Leaf ligulate, 20–35 cm long. Inflorescence terminal, 20–30 cm long, with 2–5 flowers; flowers ca. 15 cm across. Fl. summer; Brazil; at low altitudes.

0266 ***Cattleya purpurata*** (Photo.: Kohji Karasawa)

0267 *Cattleya quadricolor* Bateman 白瓣卡特兰

附生植物。假鳞茎狭窄的棍棒状，长 15~25 cm，顶端具 1 叶。叶矩圆形，长 20~25 cm。花序顶生，长 15~25 cm，具 2~3 花；花直径约 10 cm，有浓香。花期：冬季；哥伦比亚；600~1500 m。

Epiphytic plants. Pseudobulbs narrowly clavate, 15–25 cm long, 1-leafed at apex. Leaf oblong, 20–25 cm long. Inflorescence terminal, 15–25 cm long, with 2–3 flowers; flowers ca. 10 cm across, very fragrant. Fl. winter; Colombia; 600–1500 m.

0268 *Cattleya reginae* (Pabst) Van den Berg (*Laelia reginae* Pabst) **皇后卡特兰**

附生植物。假鳞茎簇生，狭卵形，长 2~5 cm，包藏于白色的鞘中，顶端具 1 叶。叶近矩圆形，长 3~6 cm，厚度约 3 mm。花序顶生，长 4~7 cm，具 2~3 花；花直径约 3 cm。花期：春季；巴西；1200~2000 m。

Epiphytic plants. Pseudobulbs clustered, narrowly ovoid, 2–5 cm long, covered by white sheaths, 1-leafed at apex. Leaf suboblong, 3–6 cm long, ca. 3 mm thick. Inflorescence terminal, 4–7 cm long, with 2–3 flowers; flowers ca. 3 cm across. Fl. spring; Brazil; 1200–2000 m.

0269 ***Cattleya rex***
(Photo.: Phillip J. Cribb)

0270 ***Cattleya schilleriana***
(Photo.: Kohji Karasawa)

0272 ***Cattleya sincorana***
(Photo.: Kohji Karasawa)

0269 *Cattleya rex* O'Brien 帝王卡特兰

附生植物。假鳞茎圆筒形的棍棒状，略压扁，长 30~35 cm，顶端具 1 叶。叶矩圆形，长 30~35 cm。花序顶生，长 15~20 cm，具 3~10 花；花直径 13~15 cm。花期：夏季；哥伦比亚、秘鲁；约 1350 m。

Epiphytic plants. Pseudobulbs cylindric-clavate, somewhat compressed, 30–35 cm long, 1-leafed at apex. Leaf oblong, 30–35 cm long. Inflorescence terminal, 15–20 cm long, with 3–10 flowers; flowers 13–15 cm across. Fl. summer; Colombia, Peru; ca. 1350 m.

0270 *Cattleya schilleriana* Rchb. f. 席氏卡特兰

附生植物。假鳞茎棍棒状，长 8~15 cm，顶端具 2 叶。叶椭圆形，长 5~10 cm。花序顶生，长 4~10 cm，具 1~3 花；花直径 8~10 cm。花期：夏季至秋季；巴西；200~800 m。

Epiphytic plants. Pseudobulbs clavate, 8–15 cm long, 2-leaved at apex. Leaves elliptic, 5–10 cm long. Inflorescence terminal, 4–10 cm long, with 1–3 flowers; flowers 8–10 cm across. Fl. summer–autumn; Brazil; 200–800 m.

0271 ***Cattleya schroederae***
(Photo.: Phillip J. Cribb)

0271 *Cattleya schroederae* Sander 休氏卡特兰

附生植物。假鳞茎狭窄的棍棒状，长 15~30 cm，顶端具 1 叶。叶矩圆形，长 20~25 cm。花序顶生，长达 30 cm，具 2~3 花；花直径 15~23 cm，有浓香。花期：5~7 月；哥伦比亚。

Epiphytic plants. Pseudobulbs narrowly clavate, 15–30 cm long, 1-leafed at apex. Leaf oblong, 20–25 cm long. Inflorescence terminal, to 30 cm long, with 2–3 flowers; flowers 15–23 cm across, very fragrant. Fl. May–July; Colombia.

0272 *Cattleya sincorana* (Schltr.) Van den Berg (*Laelia sincorana* Schltr.) 辛氏卡特兰

附生植物。假鳞茎簇生，纺锤形，长 2~5 cm，顶端具 1 叶。叶狭卵状椭圆形，长 5~10 cm，横断面呈 V 形。花序顶生，长约 6 cm，具 1~2 花；花直径约 10 cm。花期：春季；巴西；1100~1700 m。

Epiphytic plants. Pseudobulbs clustered, fusiform, 2–5 cm long, 1-leafed at apex. Leaf narrowly ovate-elliptic, 5–10 cm long, V-shaped in cross section. Inflorescence terminal, ca. 6 cm long, with 1–2 flowers; flowers ca. 10 cm across. Fl. spring; Brazil; 1100–1700 m.

0273 ***Cattleya skinneri***
(Photo.: Kohji Karasawa)

0274 ***Cattleya tenebrosa***
(Photo.: Kohji Karasawa)

0275 ***Cattleya tereticaulis***
(Photo.: Kohji Karasawa)

0273 *Cattleya skinneri* Bateman 多花卡特兰

附生植物。假鳞茎棍棒状，压扁，长 25~35 cm，宽 2~3 cm，顶端具 2 叶。叶矩圆形，长 10~20 cm。花序顶生，长 12~15 cm，具 4~12 花；花直径 7.5~8.5 cm。花期：春季至初夏；中美洲（墨西哥至哥斯达黎加）；可达 1250 m。

Epiphytic plants. Pseudobulbs clavate, compressed, 25–35 cm long, 2–3 cm broad, 2-leaved at apex. Leaves oblong, 10–20 cm long. Inflorescence terminal, 12–15 cm long, with 4–12 flowers; flowers 7.5–8.5 cm across. Fl. spring–early summer; Central America (Mexico to Costa Rica); up to 1250 m.

0274 *Cattleya tenebrosa* (Rolfe) A. A. Chadwick [*Laelia tenebrosa* (Gower) Rolfe] **阴生卡特兰**

附生植物。假鳞茎棍棒状，稍压扁，长 18~30 cm，顶端具 1 叶。叶狭舌形，长 25~35 cm。花序顶生，长 20~30 cm，具 2~5 花；花直径 13~15 cm，有香气。花期：夏季；巴西。

Epiphytic plants. Pseudobulbs clavate, slightly compressed, 18–30 cm long, 1-leafed at apex. Leaf narrowly ligulate, 25–35 cm long. Inflorescence terminal, 20–30 cm long, 2- to 5-flowered; flowers 13–15 cm across, scented. Fl. summer; Brazil.

0275 *Cattleya tereticaulis* (Hoehne) Van den Berg (*Laelia tereticaulis* Hoehne) **柱茎卡特兰**

附生植物。假鳞茎簇生，圆筒状圆锥形，长 15~25 cm，顶端具 1 叶。叶宽线形，长 15~20 cm。花序顶生，长 40~60 cm，通常具 7~10 花；花直径 4.5~5 cm。花期：春季；巴西。

Epiphytic plants. Pseudobulbs clustered, cylindric-conical, 15–25 cm long, 1-leafed at apex. Leaf broadly linear, 15–20 cm long. Inflorescence terminal, 40–60 cm long, often 7- to 10-flowered; flowers 4.5–5 cm across. Fl. spring; Brazil.

0276 *Cattleya trianae* Lindl. & Rchb. f. 哥国卡特兰

附生植物。假鳞茎棍棒状，长 15~25 cm，顶生 1 叶。叶狭椭圆形，长 20~25 cm。花序顶生，长 15~25 cm，具 2~3 花；花直径 15~18 cm。花期：11~2 月；哥伦比亚。

Epiphytic plants. Pseudobulbs clavate, 15–25 cm long, 1-leafed at apex. Leaf narrowly elliptic, 20–25 cm long. Inflorescence terminal, 15–25 cm long, 2- or 3-flowered; flowers 15–18 cm across. Fl. Nov. –Feb.; Columbia.

0276 ***Cattleya trianae*** (Photo.: Kohji Karasawa)

0277 ***Cattleya velutina*** **Rchb. f. 短绒卡特兰**

附生植物。假鳞茎圆筒形，长 22~28 cm，顶端具 2 叶。叶线状矩圆形，长 10~15 cm。花序顶生，长 5~8 cm，具 1~2 花；花直径 6~8 cm。花期：初夏；巴西东南部；500~800 m。

Epiphytic plants. Pseudobulbs cylindric, 22–28 cm long, 2-leaved at apex. Leaves linear-oblong, 10–15 cm long. Inflorescence terminal, 5–8 cm long, with 1–2 flowers; flowers 6–8 cm across. Fl. early summer; SE Brazil; 500–800 m.

0277 ***Cattleya velutina***
(Photo.: Kohji Karasawa)

0278 ***Cattleya violacea*** **(Kunth) Rolfe 堇花卡特兰**

附生植物。假鳞茎棍棒状，长 20~30 cm，粗约 1.7 cm，顶端具 2 叶。叶卵状矩圆形，长 10~15 cm。花序顶生，长 20~30 cm，具 2~7 花；花直径 8~12 cm。花期：夏季；巴西、圭亚那、秘鲁、委内瑞拉；100~700 m。

Epiphytic plants. Pseudobulbs clavate, 20–30 cm long, ca. 1.7 cm thick, 2-leaved at apex. Leaves ovate-oblong, 10–15 cm long. Inflorescence terminal, 20–30 cm long, with 2–7 flowers; flowers 8–12 cm across. Fl. summer; Brazil, Guyana, Peru, Venezuela; 100–700 m.

0279 ***Cattleya walkeriana*** **Gardner 沃克卡特兰**

附生植物。假鳞茎纺锤形，长 5~15 cm，通常顶端具 1 叶。叶狭卵形，长 5~10 cm。花序顶生，长 7~10（~20）cm，具 1~3 花；花直径 8~10 cm。花期：春季；巴西；可达 2000 m。

Epiphytic plants. Pseudobulbs fusiform, 5–15 cm long, often 1-leafed at apex. Leaf narrowly ovate, 5–10 cm long. Inflorescence terminal, 7–10 (–20) cm long, with 1–3 flowers; flowers 8–10 cm across. Fl. spring; Brazil; up to 2000 m.

0280 ***Cattleya warneri*** **T. Moore ex Warner 瓦氏卡特兰**

附生植物。假鳞茎棍棒状，稍压扁，长 15~30 cm，顶端具 1 叶。叶近矩圆形，长 15~25 cm。花序顶生，长 15~25 cm，具 2~5 花；花直径 15~20 cm。花期：5~7 月；巴西东南部；400~600 m。

Epiphytic plants. Pseudobulbs clavate, slightly compressed, 15–30 cm long, 1-leafed at apex. Leaf suboblong, 15–25 cm long. Inflorescence terminal, 15–25 cm long, with 2–5 flowers; flowers 15–20 cm across. Fl. May–July; SE Brazil; 400–600 m.

0278 ***Cattleya violacea***
(Photo.: Kohji Karasawa)

0279 ***Cattleya walkeriana*** (Photo.: Kohji Karasawa)

0280 ***Cattleya warneri*** (Photo.: Kohji Karasawa)

0297 ***Chaubardia heteroclita***
(Photo.: Kohji Karasawa)

0299 ***Chaubardiella pubescens***
(Photo.: Kohji Karasawa)

0300 ***Chaubarella subquadrata***
(Photo.: Kohji Karasawa)

0297 *Chaubardia heteroclita* (Poepp. & Endl.) Dodson & D. E. Benn. 乔巴兰

附生植物。假鳞茎聚生，小，为 5~6 枚具叶的鞘所包围，具 1 叶。叶倒披针形，长达 40 cm 以上。花序腋生，直立，长 7~15 cm，具 1 花；花质地厚，直径约 6 cm。花期：秋季；巴西、厄瓜多尔、秘鲁；600~1500 m。

Epiphytic plants. Pseudobulbs clustered, small, subtended by 5–6 leaf-bearing sheaths, 1-leafed. Leaf oblanceolate, over 40 cm long. Inflorescences axillary, erect, 7–15 cm long, 1-flowered; flower thick-textured, ca. 6 cm across. Fl. autumn; Brazil, Ecuador, Peru; 600–1500 m.

0298 *Chaubardia surinamensis* Rchb. f. 苏里南乔巴兰

附生植物。假鳞茎簇生，长约 1.4 cm，为多枚具叶的鞘所包围，具 1 叶。叶披针形或倒披针形，长 4~15 cm。花序 1~2 个，腋生，长约 7 cm，具 1 花；花直径约 2 cm。花期：全年不定；特立尼达至秘鲁和玻利维亚；0~500 m。

Epiphytic plants. Pseudobulbs clustered, ca. 1.4 cm long, subtended by many leaf-bearing sheaths, 1-leafed. Leaf lanceolate or oblanceolate, 4–15 cm long. Inflorescences 1–2, axillary, ca. 7 cm long, 1-flowered; flower ca. 2 cm across. Fl. throughout the year; Trinidad to Peru and Bolivia; 0–500 m.

0298 ***Chaubardia surinamensis*** (Photo.: Karlheinz Senghas)

0299 *Chaubardiella pubescens* Ackerman 拟乔巴兰

附生植物。茎簇生，短，具 2~3 叶。叶二列，倒披针形，长 14~20 cm。花序腋生，长约 1.5 cm，具 1 花；花直径约 3.5 cm。花期：夏季；哥伦比亚；300~1500 m。

Epiphytic plants. Stems tufted, short, 2- to 3-leaved. Leaves distichous, oblanceolate, 14–20 cm long. Inflorescences axillary, ca. 1.5 cm long, 1-flowered; flower ca. 3.5 cm across. Fl. summer; Colombia; 300–1500 m.

0300 *Chaubarella subquadrata* (Schltr.) Garay [*Chaubardiella chasmatochila* (Fowlie) Garay] 赛乔巴兰

附生植物。茎短，具 3~4 叶。叶二列，倒卵形，长 8~18 cm。花序通常 3~5 个，腋生，长约 2 cm，具 1 花；花直径 3~3.5 cm。花期：秋季至春季；哥伦比亚、哥斯达黎加、巴拿马；1000~1500 m。

Epiphytic plants. Stems short, 3- or 4-leaved. Leaves distichous, obovate, 8–18 cm long. Inflorescences often 3–5, axillary, ca. 2 cm long, 1-flowered; flower 3–3.5 cm across. Fl. autumn–spring; Colombia, Costa Rica, Panama; 1000–1500 m.

0301 ***Chelonistele sulphurea***
(Photo.: Kohji Karasawa)

0302 ***Chiloschista exuperei***
(Photo.: Kohji Karasawa)

0304 ***Chiloschista parishii***
(Photo.: Kohji Karasawa)

0301 *Chelonistele sulphurea* (Blume) Pfitz. 角柱兰

附生植物。假鳞茎簇生，狭卵形，长 4~8 cm，顶端具 1 叶或罕有 2 叶。叶线状倒披针形，长 6~30 cm，具长柄。花序发自新苗的顶端，长 20~30 cm，具 4~10 花；花直径约 2.5 cm。花期：夏季；印度尼西亚、马来西亚、菲律宾；600~2700 m。

Epiphytic plants. Pseudobulbs clustered, narrowly ovoid, 4–8 cm long, 1- or rarely 2-leaved at apex. Leaves linear-oblanceolate, 6–30 cm long, long-petioled. Inflorescence emerging at the apex of the new growth, 20–30 cm long, 4- to 10-flowered; flowers ca. 2.5 cm across. Fl. summer; Indonesia, Malaysia, Philippines; 600–2700 m.

0302 *Chiloschista exuperei* (Guill.) Garay 白花异型兰

附生植物，具长的、扁平的、带绿色的根。茎不明显，无叶。花序下垂，长 5~10 cm，被短柔毛，具数花；花直径约 1.5 cm。花期：初夏；泰国、越南；约 750 m。

Epiphytic plants, with long, flat, greenish roots. Stems inconspicuous, leafless. Inflorescences pendulous, 5–10 cm long, pubescent, several-flowered; flowers ca. 1.5 cm across. Fl. early summer; Thailand, Vietnam; ca. 750 m.

0303 *Chiloschista lunifera* (Rchb. f.) J. J. Sm. 新月异型兰

0303 ***Chiloschista lunifera*** (Photo.: Kohji Karasawa)

附生植物，具长的、带绿色的根。茎极短，无叶。花序近直立至下垂，长 5~20 cm，具 12 朵或更多的花；花直径约 1.5 cm。花期：冬季；老挝、缅甸、泰国。

Epiphytic plants, with long, greenish roots. Stems very short, leafless. Inflorescences suberect to pendulous, 5–20 cm long, with 12 or more flowers; flowers ca. 1.5 cm across. Fl. winter; Laos, Myanmar, Thailand.

0304 *Chiloschista parishii* Seidenf. 帕氏异型兰

附生植物，具长的、带绿色的根。茎不明显，无叶。花序下垂，长 5~15 cm，具多花；花直径 1~1.2 cm。花期：冬季；印度东北部、缅甸、泰国；0~700 m。

Epiphytic plants, with long, greenish roots. Stems inconspicuous, leafless. Inflorescences pendulous, 5–15 cm long, many-flowered; flowers 1–1.2 cm across. Fl. winter; NE India, Myanmar, Thailand; 0–700 m.

0305 ***Chiloschista yunnanensis*** **Schltr. 异型兰**

附生植物，具长的、带绿色的根。茎不明显，无叶。花序 1~2 个，下垂，长达 26 cm，疏生多花；花直径 1~1.3 cm。花期：3~5 月；中国（四川西部，云南西南部、南部）；700~2000 m。

Epiphytic plants, with long, greenish roots. Stems inconspicuous, leafless. Inflorescences 1–2, pendulous, to 26 cm long, sparsely many-flowered; flowers 1–1.3 cm across. Fl. Mar.–May; China (W Sichuan, S and SW Yunnan); 700–2000 m.

0305 ***Chiloschista yunnanensis***
(Photo.: Junwen Zhai)

0306 ***Chondroscaphe amabilis*** **(Schltr.) Senghas & G. Gerlach** (*Chondrorhyncha amabilis* Schltr.) **美花软骨兰**

附生植物。茎貌似根状茎，短，通常具 5 叶。叶矩圆状倒披针形，长 23~30 cm。花序生于短茎上，近直立，长约 12 cm，具 1 花；唇瓣长约 3.5 cm。花期：10~11 月；哥伦比亚、厄瓜多尔；1200~1500 m。

Epiphytic plants. Stems rhizome-like, short, often 5-leaved. Leaves oblong-oblanceolate, 23–30 cm long. Inflorescences borne on the short stem, suberect, ca. 12 cm long, 1-flowered; lip ca. 3.5 cm long. Fl. Oct.–Nov.; Colombia, Ecuador;1200–1500 m.

0308 ***Chondroscaphe chestertonii***
(Photo.: Kohji Karasawa)

0307 ***Chondroscaphe bicolor*** **(Rolfe) Dressler** (*Chondrorhyncha bicolor* Rolfe) **二色软骨兰**

附生植物。茎貌似根状茎，短，具数枚叶。叶线形，长约 40 cm。花序生于短茎上，长约 10 cm，具 1 花；唇瓣长约 2.5 cm。花期：2~4 月；哥斯达黎加、厄瓜多尔；1200~1400 m。

Epiphytic plants. Stems rhizome-like, short, several-leaved. Leaves linear, ca. 40 cm long. Inflorescences borne on the short stem, ca. 10 cm long, 1-flowered; lip ca. 2.5 cm long. Fl. Feb.–Apr.; Costa Rica, Ecuador; 1200–1400 m.

0308 ***Chondroscaphe chestertonii*** **(Rchb. f.) G. Gerlach** (*Chondrorhyncha chestertonii* Rchb. f.) **流苏软骨兰**

附生植物。茎貌似根状茎，短，具 5~6 叶。叶二列，线状倒披针形，长 20~30 cm。花序生于短茎上，直立，长约 10 cm，具 1 花；唇瓣长约 4 cm。花期：夏季；哥伦比亚。

Epiphytic plants. Stems rhizome-like, short, 5- or 6-leaved. Leaves distichous, linear-oblanceolate, 20–30 cm long. Inflorescences borne on the short stem, erect, ca. 10 cm long, 1-flowered; lip ca. 4 cm long. Fl. summer; Colombia.

0306 ***Chondroscaphe amabilis*** (Photo.: Ecuagenera)

0307 ***Chondroscaphe bicolor*** (Photo.: Karlheinz Senghas)

0309 ***Chrysocycnis ecuadorensis***
(Photo.: Kohji Karasawa)

0311 ***Chysis bractescens***
(Photo.: Kohji Karasawa)

0312 ***Chytroglossa aurata***
(Photo.: Kohji Karasawa)

0309 *Chrysocycnis ecuadorensis* Dodson & Garay 金鹅兰

攀援植物，初时为地生植物，后上部变为附生，具上升、分枝的根状茎。假鳞茎疏离，狭卵形，稍压扁，长约 7 cm，顶端具 1 叶。叶近矩圆形，长约 30 cm。花序基生，较短，具 1 花；萼片长 2.5~3 cm，花期：全年不定；厄瓜多尔；约 1000 m。

Scandent plants, starting as terrestrials but becoming epiphytic above, with ascending branching rhizomes. Pseudobulbs well spaced, narrowly ovoid, slightly compressed, ca. 7 cm long, 1-leafed at apex. Leaf suboblong, ca. 30 cm long. Inflorescence basal, rather short, 1-flowered; sepals 2.5–3 cm long. Fl. throughout the year; Ecuador; ca. 1000 m.

0310 ***Chysis aurea*** (Photo.: Kohji Karasawa)

0310 *Chysis aurea* Lindl. 黄花长足兰

附生植物。假鳞茎纺锤形的棍棒状，长达 50 cm，近顶部具数叶。叶狭椭圆状披针形，长 25~50 cm。花序侧生于新假鳞茎下部的节上，长约 30 cm，具 6~12 花；花直径 6~7 cm。花期：夏季；墨西哥经中美洲至哥伦比亚和委内瑞拉；300~2000 m。

Epiphytic plants. Pseudobulbs fusiform-clavate, to 50 cm long, several-leaved toward apex. Leaves narrowly elliptic-lanceolate, 25–50 cm long. Inflorescence lateral, from lower nodes of new pseudobulbs, ca. 30 cm long,6- to 12-flowered; flowers 6–7 cm across. Fl. summer; Mexico through Central America to Columbia and Venezuela; 300–2000 m.

0311 *Chysis bractescens* Lindl. 长足兰

附生植物。假鳞茎簇生，纺锤形，长达 30 cm，近顶端具数枚叶。叶矩圆状披针形，长约 40 cm。花序侧生，从老假鳞茎节上发出，短于叶，具 4~8 花；花直径 7~8 cm。花期：夏季；伯利兹、危地马拉、墨西哥；800~1500 m。

Epiphytic plants. Pseudobulbs clustered, fusiform, to 30 cm long, several-leaved toward apex. Leaves oblong-lanceolate, ca. 40 cm long. Inflorescences lateral, from nodes of old pseudobulbs, shorter than leaves, 4- to 8-flowered; flowers 7–8 cm across. Fl. summer; Belize, Guatemala, Mexico; 800–1500 m.

0312 *Chytroglossa aurata* Rchb. f. 柄舌兰

附生植物。茎短。叶数枚，簇生，近二列，舌状，长达 5 cm。花葶多少下垂，长 12~15 cm，具数花；花长 2~2.5 cm。花期：冬季；巴西南部。

Epiphytic plants. Stem short. Leaves several, clustered, subdistichous, ligulate, to 5 cm long. Scape more or less pendulous, 12–15 cm long, several-flowered; flowers 2–2.5 cm long. Fl. winter; S Brazil.

0313 ***Cirrhaea longiracemosa***
(Photo.: Kohji Karasawa)

0315 ***Cischweinfia parva***
(Photo.: Kohji Karasawa)

0316 ***Cischweinfia platychila***
(Photo.: Karlheinz Senghas)

0313 *Cirrhaea longiracemosa* Hoehne 须喙兰

附生植物。假鳞茎簇生，卵形，长 4~10 cm，有棱，顶端具 1 叶。叶倒卵形，长 20~40 cm。花序基生，下垂，长 25~50 cm，具多花；花直径 3~3.5 cm。花期：晚春至夏季；巴西。

Epiphytic plants. Pseudobulbs clustered, ovoid, 4–10 cm long, ribbed, 1-leafed at apex. Leaf obovate, 20–40 cm long. Inflorescence basal, pendulous, 25–50 cm long, many-flowered; flowers 3–3.5 cm across. Fl. late spring–summer; Brazil.

0314 *Cischweinfia dasyandra* (Rchb. f.) Dressler & N. H. Williams 粗蕊西宣兰

附生植物。假鳞茎狭椭圆形，压扁，长 2.5~3.5 cm，为 2~3 枚具叶片的鞘所包围，顶端具 2 叶。叶线状矩圆形，长 5~12 cm。花序基生，直立，长 3.5~6 cm，具 2~5 花；花直径约 2.5 cm。花期：春季至夏季；哥伦比亚、哥斯达黎加、巴拿马；300~1500 m。

Epiphytic plants. Pseudobulbs narrowly ellipsoid, compressed, 2.5–3.5 cm long, subtended by 2–3 leaf-bearing sheaths, 2-leaved at apex. Leaves linear-oblong, 5–12 cm long. Inflorescence basal, erect, 3.5–6 cm long, 2- to 5-flowered; flowers ca. 2.5 cm across. Fl. spring–summer; Colombia, Costa Rica, Panama; 300–1500 m.

0314 ***Cischweinfia dasyandra***
(Photo.: Kohji Karasawa)

0315 *Cischweinfia parva* (C. Schweinf.) Dressler & N. H. Williams 无斑西宣兰

附生植物。假鳞茎簇生，狭椭圆形，压扁，长约 9 cm，为数枚具叶片的鞘所包围，顶端具 1 叶。叶狭矩圆状披针形，长 20~24 cm。花序基生，短于叶，具 1~2 花；花直径 7~8 cm。花期：1~3 月；玻利维亚、哥伦比亚、厄瓜多尔、秘鲁；约 1000 m。

Epiphytic plants. Pseudobulbs clustered, narrowly ellipsoid, compressed, ca. 9 cm long, subtended by several leaf-bearing sheaths,1-leafed at apex. Leaf narrowly oblong-lanceolate, 20–24 cm long. Inflorescence basal, shorter than leaf, 1- or 2-flowered; flowers 7–8 cm across. Fl. Jan.–Mar.; Bolivia, Colombia, Ecuador, Peru; ca. 1000 m.

0316 *Cischweinfia platychila* Garay 西宣兰

附生植物。假鳞茎簇生，狭椭圆形，压扁，长约 3 cm，为数枚具叶片的鞘所包围，顶端具 1 叶。叶宽线形，长约 14 cm。花序基生，长约 5 cm，具 1~2 花；花直径 2~2.5 cm。花期：不详；哥伦比亚；1000~1800 m。

Epiphytic plants. Pseudobulbs clustered, narrowly ellipsoid, compressed, ca. 3 cm long, subtended by several leaf-bearing sheaths, 1-leafed at apex. Leaf broadly linear, ca. 14 cm long. Inflorescence basal, ca. 5 cm long, 1- or 2-flowered; flowers 2–2.5 cm across. Fl. unknown; Colombia; 1000–1800 m.

0317 ***Cischweinfia pusilla***
(Photo.: Kohji Karasawa)

0319 ***Cleisocentron merrillianum***
(Photo.: Kohji Karasawa)

0320 ***Cleisocentron trichromum***
(Photo.: Kohji Karasawa)

0317 *Cischweinfia pusilla* (C. Schweinf.) Dressler & N. H. Williams 小西宣兰

附生植物。假鳞茎簇生，狭卵形，压扁，长 3~6 cm，为 2~3 枚具叶片的鞘所包围，顶端具 1 叶。叶线状舌形，长 15~20 cm。花序基生，长 8~10 cm，具数花；花直径 2.5~3 cm。花期：秋季；哥斯达黎加、巴拿马；0~100 m。

Epiphytic plants. Pseudobulbs clustered, narrowly ovoid, compressed, 3–6 cm long, subtended by 2–3 leaf-bearing sheaths, 1-leafed at apex. Leaves linear-ligulate, 15–20 cm long. Inflorescence basal, 8–10 cm long, several-flowered; flowers 2.5–3 cm across. Fl. autumn; Costa Rica, Panama; 0–100 m.

0318 ***Claderia viridiflora*** (Photo.: Peter O' Byrne)

0318 *Claderia viridiflora* Hook. f. 毛茎兰

地生植物，具长的根状茎，其上疏生具叶的植株，常攀援于树干下部。叶 4~5 枚，互生，披针形，长 15~30 cm。花序顶生，长约 15 cm，接连生多花，但同一时间仅有 1~2 花；花直径约 5 cm。花期：不详；文莱、印度尼西亚、马来西亚；约 800 m。

Terrestrial plants, with a long rhizome laxly bearing leafy shoots, often climbing a shot way up tree trunk. Leaves 4–5, alternate, lanceolate, 15–30 cm long. Inflorescence terminal, ca. 15 cm long, bearing a succession of flowers one or two at a time; flowers ca. 5 cm across. Fl. unknown; Brunei, Indonesia, Malaysia; ca. 800 m.

0319 *Cleisocentron merrillianum* (Ames) Christenson 闭距兰

附生植物。茎常下垂，长 30 cm 或过之。叶数枚，带形或略呈圆筒形，长 15~25 cm。花序腋生，短，密生多花；花不完全开放，长约 1.5 cm。花期：夏季；马来西亚（沙巴）；1100~3000 m。

Epiphytic plants. Stems often pendent, 30 cm or more long. Leaves several, strap-shaped or somewhat cylindric, 15–25 cm long. Inflorescences axillary, short, densely many-flowered; flowers not fully opening, ca. 1.5 cm long. Fl. summer; Malaysia (Sabah); 1100–3000 m.

0320 *Cleisocentron trichromum* (Rchb. f.) G. W. Bruehl 三色闭距兰

附生植物。茎常下垂，长 30~90 cm。叶 10~12 枚，线状椭圆形，长 10~15 cm。花序腋生，外弯，短于叶，具数花至多花；花长约 2.5 cm。花期：夏季；不丹、印度（阿萨姆、锡金）；300~800 m。

Epiphytic plants. Stems often pendent, 30–90 cm long. Leaves 10–12, linear-elliptic, 10–15 cm long. Inflorescences axillary, arching, shorter than leaves, several- to many-flowered; flowers ca. 2.5 cm long. Fl. summer; Bhutan, India (Assam, Sikkim); 300–800 m.

0321 ***Cleistes costaricensis*** **Christenson 美洲朱兰**

地生植物，高 30~80 cm，具短的根状茎。茎直立，具数枚叶。叶卵状披针形，长 7~9 cm。花序顶生，具 2~7 花；萼片与花瓣长 3~4 cm。花期：9–10 月；哥斯达黎加；1200~1850 m。

Terrestrial plants, 30–80 cm tall, with a short rhizome. Stems erect, several-leaved. Leaves ovate-lanceolate, 7–9 cm long. Inflorescence terminal, 2- to 7-flowered; sepals and petals 3–4 cm long. Fl. Sep.–Oct.; Costa Rica;1200–1850 m.

0321 ***Cleistes costaricensis*** (Photo.: SCO)

0322 ***Clowesia rosea*** **Lindl. 克劳兰**

附生植物。假鳞茎簇生，卵形，长 4~10 cm，具数节。叶 4~6 枚，椭圆状披针形，长约 10 cm，脱落。花序基生，下垂，长约 8 cm，密生数花至多花；花直径 3~3.5 cm，有浓香。花期：冬季至春季；巴西；300~1300 m。

Epiphytic plants. Pseudobulbs clustered, ovoid, 4–10 cm long, several-noded. Leaves 4–6, elliptic-lanceolate, ca. 10 cm long, deciduous. Inflorescence basal, pendent, ca. 8 cm long, densely several- to many-flowered; flowers 3–3.5 cm across, strongly fragrant. Fl. winter–spring; Brazil; 300–1300 m.

0323 ***Clowesia warscewiczii*** **(Lindl. & Paxton.) Dodson 瓦氏克劳兰**

附生植物。假鳞茎簇生，卵形，长 4~8 cm，具数节。叶 4~6 枚，椭圆状披针形，长 10~40 cm，脱落。花序基生，下垂，长 10~30 cm，密生数花至多花；花直径 2~2.5 cm，有浓香。花期：冬季至春季；墨西哥，向南至哥伦比亚、委内瑞拉和巴西；0~1000 m。

Epiphytic plants. Pseudobulbs clustered, ovoid, 4–8 cm long, several-noded. Leaves 4–6, elliptic-lanceolate, 10–40 cm long, deciduous. Inflorescence basal, pendent, 10–30 cm long, densely several- to many-flowered; flowers 2–2.5 cm across, strongly fragrant. Fl. winter–spring; Mexico, south to Colombia, Venezuela and Brazil; 0–1000 m.

0324 ***Cochleanthes aromatica*** **(Rchb. f.) R. E. Schult. & Garay 芬香壳花兰**

附生植物。茎短，具数枚叶。叶二列，椭圆状披针形，长 15~30 cm。花序腋生，长 7~10 cm，具 1 花；花直径 6~8 cm，芳香。花期：夏季至秋季；哥斯达黎加、巴拿马；1000~2000 m。

Epiphytic plants. Stems short, several-leaved. Leaves distichous, elliptic-lanceolate, 15–30 cm long. Inflorescence axillary, 7–10 cm long, 1-flowered; flower 6–8 cm across, scented. Fl. summer–autumn; Costa Rica, Panama; 1000–2000 m.

0322 ***Clowesia rosea***
(Photo.: Kohji Karasawa)

0323 ***Clowesia warscewiczii***
(Photo.: Kohji Karasawa)

0324 ***Cochleanthes aromatica***
(Photo.: Kohji Karasawa)

0325 ***Cochleanthes flabelliformis*** (Photo.: Kohji Karasawa)

0325 *Cochleanthes flabelliformis* (Sw.) R. E. Schult. & Garay 扇唇壳花兰

附生植物。茎短，具4~6叶。叶二列，线状倒披针形，长可达24 cm。花序腋生，直立，长约10 cm，具1花；花直径约7 cm，有香气。花期：夏季至秋季；广布于热带美洲；250~1200 m。

Epiphytic plants. Stems short, 4- to 6-leaved. Leaves distichous, linear-oblanceolate, up to 24 cm long. Inflorescence axillary, erect, ca. 10 cm long, 1-flowered; flower ca. 7 cm across, scented. Fl. summer–autumn; widespread in tropical Americas; 250–1200 m.

0326 *Coelia bella* (Lemaire) Rchb. f. (*Bothriochilus bellus* Lemaire) 细舌兰

地生植物，高30~80 cm。假鳞茎密生，卵状球形，长3~5 cm，上部具3叶。叶簇生，线状披针形，长15~60 cm，膜质。花序基生，长达15 cm，具2至数花；花长约5 cm，下部筒状，有香气。花期：冬季；危地马拉、洪都拉斯、墨西哥；可达1500 m。

Terrestrial plants, 30–80 cm tall. Pseudobulbs close together, ovoid-globose, 3–5 cm long, 3-leaved above. Leaves clustered, linear-lanceolate, 15–60 cm long, membranous. Inflorescence basal, to 15 cm long, 2- to several-flowered; flowers ca. 5 cm long, tubular below, scented. Fl. winter; Guatemala, Honduras, Mexico; up to 1500 m.

0327 *Coelia triptera* (Sm.) G. Don ex Steud. 粉兰

附生植物。假鳞茎簇生，卵形，长2.5~5.5 cm，顶端具数枚叶。叶线状披针形，长12~40 cm；叶柄套叠，形成假茎状。花序基生，直立，长约15 cm，具多花；花有香气，具长8~9 mm的中萼片。花期：冬季至春季；危地马拉、墨西哥、西印度群岛；约1200 m。

Epiphytic plants. Pseudobulbs clustered, ovoid, 2.5–5.5 cm long, several-leaved at apex. Leaves linear-lanceolate, 12–40 cm long; petioles overlapping and forming a pseudostem. Inflorescence basal, erect, ca. 15 cm long, many-flowered; flowers scented, with dorsal sepal 8–9 mm long. Fl. winter–spring; Guatemala, Mexico, West Indies; ca.1200 m.

0328 *Coeliopsis hyacinthosma* Rchb. f. 拟粉兰

附生植物。假鳞茎卵形或近圆筒形，长6.5~8.5 cm，顶端具2~4叶。叶倒披针形，长30~50 cm。花序基生，下垂，长4~10 cm，近头状，密生5~15花；花直径约1.5 cm。花期：春季至初夏；哥斯达黎加、巴拿马；约800 m。

Epiphytic plants. Pseudobulbs ovoid or subcylindric, 6.5–8.5 cm long, 2- to 4-leaved at apex. Leaves oblanceolate, 30–50 cm long. Inflorescence basal, pendent, 4–10 cm long, subcapitate, densely 5- to 15-flowered; flowers ca. 1.5 cm across. Fl. spring–early summer; Costa Rica, Panama; ca. 800 m.

0326 ***Coelia bella***
(Photo.: Kohji Karasawa)

0327 ***Coelia triptera***
(Photo.: Kohji Karasawa)

0328 ***Coeliopsis hyacinthosma***
(Photo.: Kohji Karasawa)

0329 ***Coelogyne asperata*** (Photo.: Kohji Karasawa)

0330 ***Coelogyne barbata*** (Photo.: Xiaohua Jin)

0329 *Coelogyne asperata* Lindl. 粗糙贝母兰

附生植物。假鳞茎簇生，宽卵形，稍压扁，有棱，长 10~15 cm，顶端具 2 叶。叶倒披针形，长可达 60 cm，有长柄。花序后于叶出现，外弯，长 30~50 cm，具多花；花直径约 7 cm。花期：春季至夏季；马来西亚（马来半岛），向南至印度尼西亚，向东至太平洋岛屿；0~600 m。

Epiphytic plants. Pseudobulbs clustered, broadly ovoid, slightly compressed, ribbed, 10–15 cm long, 2-leaved at apex. Leaves oblanceolate, up to 60 cm long, long-petioled. Inflorescence proteranthous, arcuate, 30–50 cm long, many-flowered; flowers ca. 7 cm across. Fl. spring–summer; Malaysia (Malay Peninsula), south to Indonesia and east to the Pacific islands; 0–600 m.

0330 *Coelogyne barbata* Lindl. ex Griff. 髯毛贝母兰

附生植物。假鳞茎疏离，卵形，长 4~11 cm，顶端具 2 叶。叶矩圆状披针形，长 22~45 cm，具长柄。花序先于叶出现，近直立，长 20~26 cm，具 6~12 花，在花序柄与花序轴连接处具由多枚鞘状苞片形成的管；唇瓣长 2.5~3 cm。花期：9~10 月；不丹、中国西南部、印度东北部、尼泊尔；1000~2900 m。

Epiphytic plants. Pseudobulbs well-spaced, ovoid, 4–11 cm long, 2-leaved at apex. Leaves oblong-lanceolate, 22–45 cm long, long-petioled. Inflorescence hysteranthous, suberect, 20–26 cm long, 6- to 12-flowered, with many sheathing bracts forming a tube at junction of peduncle and rachis; lip 2.5–3 cm long. Fl. Sep.–Oct.; Bhutan, SW China, NE India, Nepal; 1000–2900 m.

0331 ***Coelogyne calcicola***
(Photos.: Junwen Zhai)

0331 *Coelogyne calcicola* Kerr 滇西贝母兰

附生植物。假鳞茎疏离，卵形，有棱，长 5~10 cm，顶端具 2 叶。叶矩圆状披针形，长 13~20 cm，背面有细小的疣状突起。花序先于叶出现，直立，长 7~15 cm，通常具 6 朵同时开放的花，在花序柄和花序轴连接处具 7 枚覆瓦状排列的鞘状苞片；唇瓣长约 2.7 cm。花期：4~5 月；中国（云南西南部）、老挝、缅甸、泰国、越南；900~1500 m。

Epiphytic plants. Pseudobulbs well-spaced, ovoid, angled, 5–10 cm long, 2-leaved at apex. Leaves oblong-lanceolate, 13–20 cm long, minutely verrucose below. Inflorescence hysteranthous, erect, 7–15 cm long, often with 6 flowers opening simultaneously and 7 imbricate sheathing bracts at junction of peduncle and rachis; lip ca. 2.7 cm long. Fl. Apr.–May; China (SW Yunnan), Laos, Myanmar, Thailand, Vietnam; 900–1500 m.

0332 ***Coelogyne celebensis***
(Photo.: Kohji Karasawa)

0332 *Coelogyne celebensis* J. J. Sm. 苏岛贝母兰

附生植物。假鳞茎狭卵形至圆筒形，长 6~8（~14）cm，顶端具 1~2 叶。叶矩圆形，长 20~30（~62）cm。花序与叶同时出现，外弯，长 20~30 cm，具 3~7 花；花依次逐个开放；唇瓣长约 4.5 cm。花期：2~3 月；印度尼西亚（苏拉威西）；0~1000 m。

Epiphytic plants. Pseudobulbs narrowly ovoid to cylindric, 6–8 (–14) cm long, 1- or 2-leaved at apex. Leaves oblong, 20–30 (–62) cm long. Inflorescence synanthous, arcuate, 20–30 cm long, with 3–7 flowers opening in succession; lip ca. 4.5 cm long. Fl. Feb.–Mar.; Indonesia (Sulawesi); 0–1000 m.

0333 ***Coelogyne confusa***
(Photo.: Kohji Karasawa)

0333 *Coelogyne confusa* Ames 棉岛贝母兰

附生植物。假鳞茎密集，狭卵形，有棱，长 5~7 cm，顶端具 2 叶。叶椭圆形，长 15~25 cm。花序与叶不同时出现，长 20~30 cm，基部有疏松的、覆瓦状排列的苞片，具 8~10 花；唇瓣长约 1.8 cm。花期：3~4 月；菲律宾（棉兰老）。

Epiphytic plants. Pseudobulbs close together, narrowly ovoid, angled, 5–7 cm long, 2-leaved at apex. Leaves elliptic, 15–25 cm long. Inflorescence heteranthous, 20–30 cm long, enclosed with loose imbricate bracts at base, 8- to 10-flowered; lip ca. 1.8 cm long. Fl. Mar.–Apr.; Philippines (Mindanao).

0334 *Coelogyne corymbosa* Lindl. 眼斑贝母兰

附生植物。假鳞茎较密集，通常矩圆状卵形，长 2~4.5 cm，顶端具 2 叶。叶矩圆状倒披针形，长 4.5~15 cm。花序后于叶或与叶同时出现，近直立或下垂，长 7~15 cm，具 2~4 花，中部以下为鞘所包；唇瓣长 1.6~2.8 cm。花期：5~7 月；不丹、中国西南部、印度东北部、缅甸、尼泊尔；1300~3500 m。

Epiphytic plants. Pseudobulbs rather dense, often oblong-ovoid, 2–4.5 cm long, 2-leaved at apex. Leaves oblong-oblanceolate, 4.5–15 cm long. Inflorescence proteranthous to synanthous, suberect or drooping, 7–15 cm long, 2- to 4-flowered, embraced by sheaths below middle; lip 1.6–2.8 cm long. Fl. May–July; Bhutan, SW China, NE India, Myanmar, Nepal; 1300–3500 m.

0335 ***Coelogyne cristata***
(Photo.: Kohji Karasawa)

0335 *Coelogyne cristata* Lindl. 贝母兰

附生植物。假鳞茎疏离，矩圆状卵形，长 2.5~7 cm，顶端具 2 叶。叶线状披针形，长 10~30 cm。花序与叶不同时出现，下垂，长 8~30 cm，具 2~10 花，下半部为鞘所包；花直径 6~8 cm。花期：5 月；不丹、中国（西藏南部）、印度东北部、尼泊尔；1500~2600 m。

Epiphytic plants. Pseudobulbs well spaced, oblong-ovoid, 2.5–7 cm long, 2-leaved at apex. Leaves linear-lanceolate, 10–30 cm long. Inflorescence heteranthous, pendulous, 8–30 cm long, 2- to 10-flowered, basal half embraced in sheaths; flowers 6–8 cm across. Fl. May; Bhutan, China (S Xizang), NE India, Nepal; 1500–2600 m.

0334 ***Coelogyne corymbosa*** (Photos.: Xiaohua Jin)

0336 ***Coelogyne fimbriata*** (Photo.: Yibo Luo)

0339 ***Coelogyne fragrans*** (Photo.: Kohji Karasawa)

0336 *Coelogyne fimbriata* Lindl. 流苏贝母兰

附生植物。假鳞茎疏离，狭卵形至近圆筒形，长 2~4.5 cm，顶端具 2 叶。叶矩圆状披针形，长 4~10 cm。花序与叶不同时出现，直立，长 5~10 cm，具 1~2 花，基部具数枚套叠的鞘；花直径 3~3.5 cm。花期：7~11 月；喜马拉雅地区至中国东南部和东南亚，但不见于菲律宾；500~2300 m。

Epiphytic plants. Pseudobulbs well spaced, narrowly ovoid to subcylindric, 2–4.5 cm long, 2-leaved at apex. Leaves oblong-lanceolate, 4–10 cm long. Inflorescence heteranthous, erect, 5–10 cm long, with 1–2 flowers, covered with several equitant sheaths at base; flowers 3–3.5 cm across. Fl. July–Nov.; the Himalayas to SE China and Southeast Asia excepting the Philippines; 500–2300 m.

0337 ***Coelogyne flaccida***
(Photo.: Junwen Zhai)

0337 *Coelogyne flaccida* Lindl. (*Coelogyne lactea* Rchb. f.) 栗鳞贝母兰

附生植物。假鳞茎疏离，矩圆形或近圆筒形，长 5~8 cm，顶端具 2 叶，基部有若干枚具栗色斑的鞘。叶矩圆状披针形，长 13~19 cm。花序与叶不同时出现，下垂，长 16~32 cm，具 8~10 花；花直径 3~5 cm。花期：2~5 月；不丹、中国西南部、印度西北部、老挝、缅甸、尼泊尔、泰国、越南；900~2300 m。

Epiphytic plants. Pseudobulbs well spaced, oblong or subcylindric, 5–8 cm long, with 2 leaves at apex and several maroon-mottled sheaths at base. Leaves oblong-lanceolate, 13–19 cm long. Inflorescence heteranthous, pendulous, 16–32 cm long, 8- to 10-flowered; flowers 3–5 cm across. Fl. Feb.–May; Bhutan, SW China, NE India, Laos, Myanmar, Nepal, Thailand, Vietnam; 900–2300 m.

0338 *Coelogyne flexuosa* Rolfe 曲轴贝母兰

附生植物。假鳞茎簇生，卵状圆锥形，具钝棱，长 5~15 cm，顶端具 2 叶。叶矩圆形，长 25~30 cm。花序先于叶出现，近直立或外弯，长 25~30 cm，具 15~20 花；花同时开放，直径约 2.5 cm；花期：5 月；印度尼西亚（苏门答腊至巴厘）、马来西亚（马来半岛）；900~1500 m。

Epiphytic plants. Pseudobulbs clustered, ovoid-conical, obtuse-angled, 5–15 cm long, 2-leaved at apex. Leaves oblong, 25–30 cm long. Inflorescence hysteranthous, suberect or arching, 25–30 cm long, with 15–20 flowers; flowers opening simultaneously, ca. 2.5 cm across. Fl. May; Indonesia (Sumatra to Bali), Malaysia (Malay Peninsula); 900–1500 m.

0338 ***Coelogyne flexuosa***
(Photo.: Kohji Karasawa)

0339 *Coelogyne fragrans* Schltr. 芳香贝母兰

附生植物。假鳞茎疏离，狭椭圆形，略具 4 棱，长 5~10 cm，顶端具 1 叶。叶狭倒卵形，长 20~40 cm。花序与叶同时出现，近直立或稍外弯，长 15~20（~38）cm，具 2~6 花；花通常同时开放，直径 5~6 cm，芳香。花期：春季至夏季；印度尼西亚东部、巴布亚新几内亚；100~2000 m。

Epiphytic plants. Pseudobulbs well spaced, narrowly ellipsoid, somewhat 4-angled, 5–10 cm long, 1-leafed at apex. Leaf narrowly obovate, 20–40 cm long. Inflorescence synanthous, suberect or slightly arching, 15–20 (–38) cm long, with 2–6 flowers; flowers often opening simultaneously, 5–6 cm across, fragrant. Fl. spring–summer; E Indonesia, Papua New Guinea; 100–2000 m.

0340 ***Coelogyne fuliginosa***
(Photo.: Kohji Karasawa)

0341 ***Coelogyne fuscescens***
(Photo.: Peter O' Byrne)

0342 ***Coelogyne gibbifera***
(Photo.: Peter O' Byrne)

0340 ***Coelogyne fuliginosa* Lodd. ex Hook.** 黑唇贝母兰

附生植物。假鳞茎疏离，近纺锤形或狭矩圆形，长 4~7.5 cm，顶端具 2 叶。叶披针形，长 10~15 cm。花序先于叶出现，近直立，长 6~7 cm，具 2~4 花，基部具覆瓦状排列的苞片；花依次逐个开放，直径约 5 cm。花期：12~1 月；印度东北部、印度尼西亚（爪哇、苏门答腊）、缅甸南部；900~1500 m。

Epiphytic plants. Pseudobulbs well spaced, subfusiform or narrowly oblong, 4–7.5 cm long, 2-leaved at apex. Leaves lanceolate, 10–15 cm long. Inflorescence hysteranthous, suberect, 6–7 cm long, 2- to 4-flowered, base with imbricate bracts; flowers opening in succession, ca. 5 cm across. Fl. Dec.–Jan.; NE India, Indonesia (Java, Sumatra), S Myanmar; 900–1500 m.

0341 ***Coelogyne fuscescens* Lindl.** 褐唇贝母兰

附生植物。假鳞茎稍簇生，圆筒状纺锤形，长（2~）8~10 cm，顶端具 2 叶。叶椭圆形，长 11~25 cm。花序后于叶或罕有与叶同时出现，长 9~14 cm，具 2~10 花，基部有数枚苞片；花直径约 6 cm。花期：10~12 月；不丹、中国（云南南部）、印度东北部、老挝、缅甸、尼泊尔、泰国、越南；600~2100 m。

Epiphytic plants. Pseudobulbs somewhat clustered, cylindric-fusiform, (2–) 8–10 cm long, 2-leaved at apex. Leaves elliptic, 11–25 cm long. Inflorescence proteranthous or rarely synanthous, 9–14 cm long, with 2–10 flowers, base with several bracts; flowers ca. 6 cm across. Fl. Oct.–Dec.; Bhutan, China (S Yunnan), NE India, Laos, Myanmar, Nepal, Thailand, Vietnam; 600–2100 m.

0342 ***Coelogyne gibbifera* J. J. Sm.**(*Coelogyne macroloba* J. J. Sm.) 凸脉贝母兰

附生植物。假鳞茎在根状茎上相距约 1 cm，圆筒状纺锤形，长 10~13 cm，顶端具 1 叶。叶椭圆状披针形，长 18~25 cm。花序与叶同时出现，具数花至 12 花；花依次逐个开放，直径 4~5 cm。花期：5 月、10~12 月；婆罗洲（文莱、加里曼丹、沙巴、沙捞越）；600~1600 m。

Epiphytic plants. Pseudobulbs ca. 1 cm apart on rhizome, cylindric-fusiform, 10–13 cm long, 1-leafed at apex. Leaf elliptic-lanceolate, 18–25 cm long. Inflorescence synanthous, with several to 12 flowers; flowers opening in succession, 4–5 cm across. Fl. May, Oct.–Dec.; Borneo (Brunei, Kalimantan, Sabah, Sarawak); 600–1600 m.

0343 ***Coelogyne hirtella***
(Photo.: Kohji Karasawa)

0343 ***Coelogyne hirtella* J. J. Sm.** 婆洲贝母兰

附生植物。假鳞茎簇生，卵形，长 2~6 cm，顶端具 2 叶。叶披针形或倒披针形，长 15~55 cm。花序后于叶或与叶同时出现，近直立或外弯，长 7~18 cm，具 5~10 花；花直径 3.5~5 cm。花期：全年不定；婆罗洲北部至南部；800~2350 m。

Epiphytic plants. Pseudobulbs clustered, ovoid, 2–6 cm long, 2-leaved at apex. Leaves lanceolate or oblanceolate, 15–55 cm long. Inflorescence proteranthous to synanthous, suberect or arcuate, 7–18 cm long, 5- to 10-flowered; flowers 3.5–5 cm across. Fl. throughout the year; N to S Borneo; 800–2350 m.

0344 ***Coelogyne huettneriana***
(Photo.: Kohji Karasawa)

0345 ***Coelogyne integerrima***
(Photo.: Kohji Karasawa)

0346 ***Coelogyne judithiae***
(Photo.: Kohji Karasawa)

0344 *Coelogyne huettneriana* Rchb. f. 麝香贝母兰

附生植物。假鳞茎簇生，矩圆状卵形，长 4~10 cm，顶端具 2 叶。叶线状矩圆形，长 10~20 cm。花序与叶不同时出现，近直立，长达 10 cm，具 4~8 花；花直径 4~5 cm，有麝香气味。花期：5~6 月；缅甸、泰国；1100~1200 m。

Epiphytic plants. Pseudobulbs clustered, oblong-ovoid, 4–10 cm long, 2-leaved at apex. Leaves linear-oblong, 10–20 cm long. Inflorescence heteranthous, suberect, to 10 cm long, 4- to 8-flowered; flowers 4–5 cm across, musk-scented. Fl. May–June; Myanmar, Thailand; 1100–1200 m.

0345 *Coelogyne integerrima* Ames 全缘贝母兰

附生植物。假鳞茎簇生，卵形，稍压扁，长 4~8 cm，顶端具 2 叶。叶披针形，长 15~30 cm。花序与叶同时出现，外弯，长（10~）18~30 cm，具 7~9 花；花同时开放，直径 3~4 cm。花期：5~6 月；菲律宾（吕宋）；1750~2450 m。

Epiphytic plants. Pseudobulbs clustered, ovoid, slightly compressed, 4–8 cm long, 2-leaved at apex. Leaves lanceolate, 15–30 cm long. Inflorescence synanthous, arcuate, (10–) 18–30 cm long, with 7–9 flowers; flowers opening simultaneously, 3–4 cm across. Fl. May–June; Philippines (Luzon); 1750–2450 m.

0346 *Coelogyne judithiae* P. Taylor 马来贝母兰

附生植物。假鳞茎簇生，狭卵状纺锤形，具浅槽，长 10~20 cm，顶端具 2 叶。叶矩圆形，长 25~42 cm。花序与叶同时出现，下垂，长达 15 cm，具 10~15 花；花同时开放，直径约 4 cm。花期：冬季；马来西亚（马来半岛）。

Epiphytic plants. Pseudobulbs clustered, narrowly ovoid-fusiform, shallowly grooved, 10–20 cm long, 2-leaved at apex. Leaves oblong, 25–42 cm long. Inflorescence synanthous, pendulous, to 15 cm long, with 10–15 flowers; flowers opening simultaneously, ca. 4 cm across. Fl. winter; Malaysia (Malay Peninsula).

0347 *Coelogyne lawrenceana* Rolfe 劳氏贝母兰

附生植物。假鳞茎疏离，卵形，有棱，长 9~11.5 cm，顶端具 2 叶。叶线状矩圆形，长 25~40 cm。花序后于叶出现，外弯，长 15~25 cm，具 1~3 花；花直径 8~10 cm，有香气。花期：2~3 月；越南；约 2500 m。

Epiphytic plants. Pseudobulbs well spaced, ovoid, angled, 9–11.5 cm long, 2-leaved at apex. Leaves linear-oblong, 25–40 cm long. Inflorescence hysteranthous, arching, 15–25 cm long, with 1–3 flowers; flowers 8–10 cm across, scented. Fl. Feb.–Mar.; Vietnam; ca. 2500 m.

0347 ***Coelogyne lawrenceana*** (Photo.: Kohji Karasawa)

0348 ***Coelogyne lentiginosa***
(Photo.: Kohji Karasawa)

0350 ***Coelogyne longifolia***
(Photo.: Kohji Karasawa)

0351 ***Coelogyne longipes***
(Photo.: Kohji Karasawa)

0348 *Coelogyne lentiginosa* Lindl. 雀斑贝母兰

附生植物。假鳞茎疏离，圆筒状纺锤形，稍压扁，长 4~9 cm，顶端具 2 叶。叶线状矩圆形，长 8~32 cm。花序后于叶出现，近直立或外弯，长 10~15 cm，具 4~6 花；花同时开放，直径约 4 cm。花期：2~3 月；缅甸、泰国、越南；800~1200 m。

Epiphytic plants. Pseudobulbs well spaced, cylindric-fusiform, slightly compressed, 4–9 cm long, 2-leaved at apex. Leaves linear-oblong, 8–32 cm long. Inflorescence proteranthous, suberect to arching, 10–15 cm long, with 4–6 flowers; flowers opening simultaneously, ca. 4 cm across. Fl. Feb.–Mar.; Myanmar, Thailand, Vietnam; 800–1200 m.

0349 ***Coelogyne leucantha***
(Photo.: Jun Liu)

0349 *Coelogyne leucantha* W. W. Sm. 白花贝母兰

附生植物。假鳞茎卵状矩圆形，长 1.5~3 cm，顶端具 2 叶。叶倒披针形或矩圆状披针形，长 10~15 cm。花序先于叶出现，长 15~20 cm，具 3~11 花，在花序柄与花序轴连接处具由覆瓦状排列的苞片形成的、长 1.5~3 cm 的管；花同时开放，直径约 2 cm。花期：5~7 月；中国（四川、云南）、缅甸、越南；1500~2600 m。

Epiphytic plants. Pseudobulbs ovoid-oblong, 1.5–3 cm long, 2-leaved at apex. Leaves oblanceolate or oblong-lanceolate, 10–15 cm long. Inflorescence hysteranthous, 15–20 cm long, 3- to 11-flowered, with imbricate bracts at junction of peduncle and rachis forming a tube 1.5–3 cm long; flowers opening simultaneously, ca. 2 cm across. Fl. May–July; China (Sichuan, Yunnan), Myanmar, Vietnam; 1500–2600 m.

0350 *Coelogyne longifolia* (Blume) Lindl. 长叶贝母兰

附生植物。假鳞茎近圆锥形，长约 10 cm，顶端具 2 叶。叶披针形，长 40~50 cm，具长柄。花序与叶同时出现，外弯，长达 65 cm，具多花；花逐个依次开放，同一时间仅 1 花，直径约 3.5 cm。花期：7~11 月；印度尼西亚（爪哇、苏门答腊）；1400~2100 m。

Epiphytic plants. Pseudobulbs subconical, ca. 10 cm long, 2-leaved at apex. Leaves lanceolate, 40–50 cm long, long-petioled. Inflorescence synanthous, arcuate, to 65 cm long, with many flowers; flowers opening in succession, only one at a time, ca. 3.5 cm across. Fl. July–Nov.; Indonesia (Java, Sumatra); 1400–2100 m.

0351 *Coelogyne longipes* Lindl. 长柄贝母兰

附生植物。假鳞茎近圆筒状纺锤形，长 3~10 cm，顶端具 2 叶。叶矩圆形，长 7~23 cm。花序先于叶出现，长 7~20 cm，具 3~10 花，在花序柄和花序轴连接处具覆瓦状排列的苞片；花序轴继续发展并在新老花序之间产生另一组苞片；花直径 2~2.5 cm。花期：冬季至秋季；不丹、中国西南部、印度东北部、老挝、缅甸、尼泊尔、泰国；1000~2600 m。

Epiphytic plants. Pseudobulbs subcylindric-fusiform, 3–10 cm long, 2-leaved at apex. Leaves oblong, 7–23 cm long. Inflorescence hysteranthous, 7–20 cm long, 3- to 10-flowered, with imbricate bracts at junction of peduncle and rachis; rachis continuing to develop and producing a further set of bracts between old and new inflorescences; flowers 2–2.5 cm across. Fl. winter–autumn; Bhutan, SW China, NE India, Laos, Myanmar, Nepal, Thailand; 1000–2600 m.

0352 *Coelogyne mayeriana*
(Photo.: Kohji Karasawa)

0354 *Coelogyne miniata*
(Photo.: Kohji Karasawa)

0355 *Coelogyne monilirachis*
(Photo.: Kohji Karasawa)

0352 *Coelogyne mayeriana* Rchb. f. 梅氏贝母兰

附生植物。假鳞茎疏离，狭卵状椭圆形，长 5~10 cm，顶端具 2 叶。叶披针形，长 20~30 cm。花序与叶同时出现，近直立，长 15~30 cm，具 3~10 花；花同时开放，直径 6.5~7 cm。花期：夏季至秋季；印度尼西亚（爪哇、苏门答腊）、马来西亚（马来半岛、沙巴、沙捞越）；0~100 m。

Epiphytic plants. Pseudobulbs well spaced, narrowly ovoid-ellipsoid, 5–10 cm long, 2-leaved at apex. Leaves lanceolate, 20–30 cm long. Inflorescence synanthous, suberect, 15–30 cm long, with 3–10 flowers; flowers opening simultaneously, 6.5–7 cm across. Fl. summer–autumn; Indonesia (Java, Sumatra), Malaysia (Malay Peninsula, Sabah, Sarawak); 0–100 m.

0353 *Coelogyne merrillii* Ames 吕宋贝母兰

附生植物。假鳞茎簇生，矩圆状卵形，长 4~7 cm，有皱纹，顶端具 2 叶。叶矩圆形，长 8~15（~35）cm。花序与叶同时出现，近直立或俯垂，长 10~17 cm，具 2~4 花；花同时开放，有香气；萼片与花瓣长 3.5~4 cm。花期：4~6 月；菲律宾（吕宋）；300~2300 m。

Epiphytic plants. Pseudobulbs clustered, oblong-ovoid, 4–7 cm long, wrinkled, 2-leaved at apex. Leaves oblong, 8–15 (–35) cm long. Inflorescence synanthous, suberect or nodding, 10–17 cm long, 2- to 4-flowered; flowers opening simultaneously, scented; sepals and petals 3.5–4 cm long. Fl. Apr.–June; Philippines (Luzon); 300–2300 m.

0353 *Coelogyne merrillii*
(Photo.: Kohji Karasawa)

0354 *Coelogyne miniata* (Blume) Lindl. 朱红贝母兰

附生植物。假鳞茎疏离，圆筒状卵形，长 3~4 cm，顶端具 2 叶。叶矩圆状披针形，长 6~13 cm。花序与叶同时或后于叶出现，近直立或外弯，长 7~9 cm，具数花；花同时开放，直径约 2.5 cm。花期：夏季至秋季；印度尼西亚（苏门答腊至努沙登加拉群岛）；1000~2400 m。

Epiphytic plants. Pseudobulbs well spaced, cylindric-ovoid, 3–4 cm long, 2-leaved at apex. Leaves oblong-lanceolate, 6–13 cm long. Inflorescence synanthous or proteranthous, suberect or arcuate, 7–9 cm long, several-flowered; flowers opening simultaneously, ca. 2.5 cm across. Fl. summer–autumn; Indonesia (Sumatra to Nusatengara Islands); 1000–2400 m.

0355 *Coelogyne monilirachis* Carr 结节贝母兰

附生植物。假鳞茎在根状茎上相距约 1.3 cm，圆筒状卵形，长 8~13 cm，顶端具 1 叶。叶矩圆形或椭圆形，长 20~27 cm。花序先于叶出现，外弯，长 10~18 cm，具多花；花序轴呈念珠状；花依次开放，同一时间仅有 1 花；萼片与花瓣长 2.5~3 cm。花期：春季；马来西亚（沙巴、沙捞越）；1200~1700 m。

Epiphytic plants. Pseudobulbs ca. 1.3 cm apart on rhizome, cylindric-ovoid, 8–13 cm long, 1-leafed at apex. Leaf oblong or elliptic, 20–27 cm long. Inflorescence hysteranthous, arching, 10–18 cm long, many-flowered; rachis moniliform; flowers opening in succession, only one at a time; sepals and petals 2.5–3 cm long. Fl. spring; Malaysia (Sabah, Sarawak); 1200–1700 m.

0356 ***Coelogyne mooreana***
(Photo.: Kohji Karasawa)

0357 ***Coelogyne moultonii***
(Photo.: Kohji Karasawa)

0359 ***Coelogyne nitida***
(Photo.: Hong Jiang)

0356 *Coelogyne mooreana* Sander ex Rolfe 越南贝母兰

附生植物。假鳞茎近簇生，卵形，具钝棱，长 4~7 cm，顶端具 2 叶。叶线状披针形，长 20~40 cm。花序与叶同时或后于叶出现，近直立，长 20~50 cm，具 3~8 花；花同时开放，直径约 10 cm，有香气。花期：春季至初夏；越南；约 1300 m。

Epiphytic plants. Pseudobulbs nearly clustered, ovoid, bluntly angled, 4–7 cm long, 2-leaved at apex. Leaves linear-lanceolate, 20–40 cm long. Inflorescence synanthous or proteranthous, suberect, 20–50 cm long, 3- to 8-flowered; flowers opening simultaneously, ca. 10 cm across, scented. Fl. spring–early summer; Vietnam; ca. 1300 m.

0357 *Coelogyne moultonii* J. J. Sm. 垂轴贝母兰

附生植物。假鳞茎簇生，纤细的圆筒形，长 12~28 cm，顶端具 2 叶。叶线状矩圆形，长 34~52 cm。花序与叶同时出现，下垂，长 30~55 cm，具 24~52 花；子房具较密的毛；萼片和花瓣长 1.4~1.8 cm。花期：4~6 月、9~12 月；马来西亚（沙巴、沙捞越）；1100~2400 m。

Epiphytic plants. Pseudobulbs clustered, slender-cylindric, 12–28 cm long, 2-leaved at apex. Leaves linear-oblong, 34–52 cm long. Inflorescence synanthous, pendulous, 30–55 cm long, 24- to 52-flowered; ovary subdensely hairy; sepals and petals 1.4–1.8 cm long. Fl. Apr.–June, Sep.–Dec.; Malaysia (Sabah, Sarawak); 1100–2400 m.

0358 *Coelogyne multiflora* Schltr. 多花贝母兰

0358 ***Coelogyne multiflora***
(Photo.: Kohji Karasawa)

附生植物。假鳞茎簇生，圆筒状卵形，稍压扁，长 10~15 cm，顶端具 2 叶。叶矩圆形，长 40~55 cm，具长柄。花序与叶同时出现，长达 35 cm，具很多的花；花梗和子房具短黑毛；花直径约 2.5 cm。花期：冬季至春季；印度尼西亚（苏拉威西）；约 1200 m。

Epiphytic plants. Pseudobulbs clustered, cylindric-ovoid, slightly compressed, 10–15 cm long, 2-leaved at apex. Leaves oblong, 40–55 cm long, long-petioled. Inflorescence synanthous, to 35 cm long, with very many flowers; pedicel and ovary shortly black-hairy; flowers ca. 2.5 cm across. Fl. winter–spring; Indonesia (Sulawesi); ca. 1200 m.

0359 *Coelogyne nitida* (Wall. ex D. Don) Lindl. (*Coelogyne ochracea* Lindl.) 密茎贝母兰

附生植物。假鳞茎略密生，梨形或卵形，长（1.5~）3~10 cm，顶端具 1~2 叶。叶狭椭圆状披针形，长 7~25 cm。花序后于叶出现，近直立或下弯，长 6~16 cm，具 2~6 花；花直径 4~7 cm，有香气。花期：3~6 月；不丹、中国（云南）、印度东北部、老挝、缅甸、尼泊尔、泰国、越南；1000~3100 m。

Epiphytic plants. Pseudobulbs somewhat contiguous, pyriform or ovoid, (1.5–) 3–10 cm long, 1- or 2-leaved at apex. Leaves narrowly elliptic-lanceolate, 7–25 cm long. Inflorescence proteranthous, suberect or drooping, 6–16 cm long, 2- to 6-flowered; flowers 4–7 cm across, scented. Fl. Mar.–June; Bhutan, China (Yunnan), NE India, Laos, Myanmar, Nepal, Thailand, Vietnam; 1000–3100 m.

0360 ***Coelogyne occultata***
(Photo.: Yousheng Chen)

0361 ***Coelogyne ovalis***
(Photo.: Kohji Karasawa)

0362 ***Coelogyne pandurata***
(Photo.: Kohji Karasawa)

0360 *Coelogyne occultata* Hook. f. 卵叶贝母兰

附生植物。假鳞茎在根状茎上相距 2~5 cm，卵形或圆筒状卵形，长 5~6 cm，顶端具 2 叶。叶卵状椭圆形，长 3~6 cm。花序先于叶出现，长 3~6 cm，通常具 2~3 花；花直径 4.5~5.5 cm。花期：6~7 月；不丹、中国（西藏、云南）、印度东北部、缅甸；1300~3000 m。

Epiphytic plants. Pseudobulbs 2–5 cm apart on rhizome, ovoid or cylindric-ovoid, 5–6 cm long, 2-leaved at apex. Leaves ovate-elliptic, 3–6 cm long. Inflorescence hysteranthous, 3–6 cm long, often 2- or 3-flowered; flowers 4.5–5.5 cm across. Fl. June–July; Bhutan, China (Xizang, Yunnan), NE India, Myanmar; 1300–3000 m.

0361 *Coelogyne ovalis* Lindl. 长鳞贝母兰

附生植物。假鳞茎疏离，近圆筒形至纺锤形，长 3~8 cm，顶端具 2 叶。叶矩圆状披针形，长 6~17 cm。花序与叶不同时，长达 12 cm，基部为若干枚套叠的管状鞘所包，具少数花；花依次逐个开放，直径 3~4 cm。花期：7~12 月；不丹、中国（西藏、云南）、印度东北部、缅甸、尼泊尔、泰国、越南；800~3200 m。

Epiphytic plants. Pseudobulbs well spaced, subcylindric to fusiform, 3–8 cm long, 2-leaved at apex. Leaves oblong-lanceolate, 6–17 cm long. Inflorescence heteranthous, to 12 cm long, base covered with several equitant tubular sheaths, few-flowered; flowers opening in succession, 3–4 cm across. Fl. July–Dec.; Bhutan, China (Xizang, Yunnan), NE India, Myanmar, Nepal, Thailand, Vietnam; 800–3200 m.

0362 *Coelogyne pandurata* Lindl. 琴唇贝母兰

附生植物。假鳞茎疏离，狭椭圆形至矩圆形，压扁，长 7~15 cm，顶端具 2 叶。叶椭圆状披针形，长 20~50 cm。花序后于叶或与叶同时出现，外弯，长 20~60 cm，具 5~15 花；花直径 8~10 cm，有香气。花期：1~3 月；文莱、印度尼西亚（苏门答腊至加里曼丹）、马来西亚（马来半岛、沙巴、沙捞越）；0~1200 m。

Epiphytic plants. Pseudobulbs well spaced, narrowly ellipsoid to oblong, compressed, 7–15 cm long, 2-leaved at apex. Leaves elliptic-lanceolate, 20–50 cm long. Inflorescence proteranthous or synanthous, arching, 20–60 cm long, 5- to 15-flowered; flowers 8–10 cm across, fragrant. Fl. Jan.–Mar.; Brunei, Indonesia (Sumatra to Kalimantan), Malaysia (Malay Peninsula, Sabah, Sarawak); 0–1200 m.

0363 *Coelogyne planiscapa* Carr 扁柄贝母兰

附生植物。假鳞茎疏离，狭卵形，压扁，长 3~7 cm，顶端具 2 叶。叶线状倒披针形，长达 22 cm。花序先于叶出现，长达 40 cm，具多花；花序轴强烈两侧压扁并具狭翅；花依次逐个开放，直径 4~4.5 cm。花期：9~10 月；马来西亚（沙巴、沙捞越）；800~1800 m。

Epiphytic plants. Pseudobulbs well spaced, narrowly ovoid, compressed, 3–7 cm long, 2-leaved at apex. Leaves linear-oblanceolate, to 22 cm long. Inflorescence hysteranthous, to 40 cm long, many-flowered; peduncle strongly laterally flattened and narrowly winged; flowers opening in succession, 4–4.5 cm across. Fl. Sep.–Oct.; Malaysia (Sabah, Sarawak); 800–1800 m.

0363 ***Coelogyne planiscapa***
(Photo.: Kohji Karasawa)

0364 ***Coelogyne prolifera***
(Photos.: Yibo Luo)

0365 ***Coelogyne pulverula***
(Photo.: James Boughtwood Comber)

0366 ***Coelogyne radicosa***
(Photo.: Kohji Karasawa)

0364 *Coelogyne prolifera* Lindl. (*Coelogyne flavida* Hook. f. ex Lindl.) **黄绿贝母兰**

附生植物。假鳞茎狭卵状矩圆形，长 2~6 cm，顶端具 2 叶。叶近矩圆形，长 6~13 cm。花序先于叶出现，长 10~15 cm，具 3~10 花，在花序柄和花序轴连接处具覆瓦状排列的鞘状苞片；花序轴继续发展并在新老花序之间产生又一组苞片；花依次逐个开放，直径 1~1.5 cm。花期：3~6 月；不丹、中国（云南）、印度东北部、缅甸、尼泊尔、泰国、越南；1000~2300 m。

Epiphytic plants. Pseudobulbs narrowly ovoid-oblong, 2–6 cm long, 2-leaved at apex. Leaves suboblong, 6–13 cm long. Inflorescence hysteranthous, 10–15 cm long, 3- to 10-flowered, with imbricate, sheathing bracts at junction of peduncle and rachis; rachis continuing to develop and producing a further set of bracts between old and new inflorescences; flowers opening in succession, 1–1.5 cm across. Fl. Mar.–June; Bhutan, China (Yunnan), NE India, Myanmar, Nepal, Thailand, Vietnam; 1000–2300 m.

0365 *Coelogyne pulverula* Teijsm. & Binn. (*Coelogyne dayana* Rchb. f.) **粉花贝母兰**

附生植物。假鳞茎簇生，狭圆锥形，长约 20 cm，有纵槽，顶端具 2 叶。叶狭矩圆形，长 40~60 cm。花序后于叶或与叶同时出现，下垂，长 50~110 cm，具 10~55 花；花直径 4~6 cm。花期：全年不定；文莱、印度尼西亚（爪哇、苏门答腊）、马来西亚（马来半岛、沙巴、沙捞越）；250~1900 m。

Epiphytic plants. Pseudobulbs clustered, narrowly conical, ca. 20 cm long, longitudinally grooved, 2-leaved at apex. Leaves narrowly oblong, 40–60 cm long. Inflorescence proteranthous or synanthous, pendulous, 50–110 cm long, 10- to 55-flowered; flowers 4–6 cm across. Fl. throughout the year; Brunei, Indonesia (Java, Sumatra), Malaysia (Malay Peninsula, Sabah, Sarawak); 250–1900 m.

0367 ***Coelogyne rhabdobulbon***
(Photo.: Kohji Karasawa)

0366 *Coelogyne radicosa* Ridl. 多根贝母兰

附生植物。假鳞茎在根状茎上相距 1~3 cm，基部纤细，上半部膨大且压扁，长约 8 cm，顶端具 2 叶。叶线状矩圆形，长 9~20 cm。花序先于叶出现，直立，长 30~42 cm，具 10~30 花；花依次逐个开放；同一时间仅开 1 花，直径约 4 cm。花期：秋季；马来西亚（马来半岛、沙巴）、泰国；1000~1300 m。

Epiphytic plants. Pseudobulbs 1–3 cm apart on rhizome, base slender, swelling and compressed above middle, ca. 8 cm long, 2-leaved at apex. Leaves linear-oblong, 9–20 cm long. Inflorescence hysteranthous, erect, 30–42 cm long, 10- to 30-flowered; flowers opening in succession, only one at a time, ca. 4 cm across. Fl. autumn; Malaysia (Malay Peninsula, Sabah), Thailand; 1000–1300 m.

0367 *Coelogyne rhabdobulbon* Schltr. 细茎贝母兰

附生植物。假鳞茎簇生，圆筒状纺锤形至圆筒形，长 7~28 cm，顶端具 2 叶。叶矩圆形，长 13~49（~65）cm。花序与叶同时出现，俯垂，长 15~63 cm，具 10~15 花；花直径 4~5 cm。花期：春季；马来西亚（沙巴、沙捞越）；900~2000 m。

Epiphytic plants. Pseudobulbs clustered, cylindric-fusiform to cylindric, 7–28 cm long, 2-leaved at apex. Leaves oblong, 13–49 (–65) cm long. Inflorescence synanthous, nodding, 15–63 cm long, 10- to 15-flowered; flowers 4–5 cm across. Fl. spring; Malaysia (Sabah, Sarawak); 900–2000 m.

0368 ***Coelogyne rochussenii***
(Photo.: Kohji Karasawa)

0369 ***Coelogyne sanderae***
(Photo.: Junwen Zhai)

0370 ***Coelogyne speciosa*** subsp. ***incarnata*** (Photo.: Kohji Karasawa)

0368 *Coelogyne rochussenii* de Vriese 若氏贝母兰

附生植物。假鳞茎疏离，狭圆锥形，长 8~20 cm，顶端具 2 叶。叶卵形，长 20~25 cm。花序与叶不同时出现，下垂，长 20~70 cm，具 20~35 花；花直径 4.5~5 cm。花期：5~6 月；文莱、印度尼西亚、马来西亚、菲律宾、泰国；0~1500 m。

Epiphytic plants. Pseudobulbs well spaced, narrowly conical, 8–20 cm long, 2-leaved at apex. Leaves ovate, 20–25 cm long. Inflorescence heteranthous, pendulous, 20–70 cm long, 20- to 35-flowered; flowers 4.5–5 cm across. Fl. May–June; Brunei, Indonesia, Malaysia, Philippines, Thailand; 0–1500 m.

0369 *Coelogyne sanderae* O'Brien 撕裂贝母兰

附生植物。假鳞茎狭卵形，长 3~8 cm，顶端具 2 叶。叶矩圆形或矩圆状披针形，长 9~20 cm。花序先于叶出现，长 20~25 cm，具 4~6 花，在花序柄和花序轴连接处具由覆瓦状排列的鞘状苞片形成的、长 2.5~4.5 cm 的管；花直径 4~4.5 cm。花期：3~4 月；中国（云南南部）、缅甸、越南；1000~2300 m。

Epiphytic plants. Pseudobulbs narrowly ovoid, 3–8 cm long, 2-leaved at apex. Leaves oblong or oblong-lanceolate, 9–20 cm long. Inflorescence hysteranthous, 20–25 cm long, 4- to 6-flowered, with many imbricate, sheathing bracts at junction of peduncle and rachis forming a tube 2.5–4.5 cm long; flowers 4–4.5 cm across. Fl. Mar.–Apr.; China (S Yunnan), Myanmar, Vietnam; 1000–2300 m.

0370 *Coelogyne speciosa* (Blume) Lindl. subsp. ***incarnata* Gravend. 肉色贝母兰(亚种)**

附生植物。假鳞茎在根状茎上相距约 1 cm，卵形，有棱，长 5~7 cm，顶端具 1~2 叶。叶椭圆形，长 20~40 cm。花序与叶同时出现，长 11~20 cm，具少数至多数花；花依次逐个开放；唇瓣长 4.5~6 cm。花期：3 月、10 月；印度尼西亚（爪哇、苏门答腊）；900~1500 m。

Epiphytic plants. Pseudobulbs ca. 1 cm apart on rhizome, ovoid, angled, 5–7 cm long, 1- or 2-leaved at apex. Leaves elliptic, 20–40 cm long. Inflorescence synanthous, 11–20 cm long, few- to many-flowered; flowers opening in succession; lip 4.5–6 cm long. Fl. Mar., Oct.; Indonesia (Java, Sumatra); 900–1500 m.

0371 *Coelogyne stricta* (D. Don) Schltr. 双褶贝母兰

附生植物。假鳞茎疏离，近矩圆状圆筒形，长 7~15 cm，顶端具 2 叶。叶狭矩圆形，长 14~27（~40）cm。花序先于叶出现，长 15~30 cm，具数花至 15 花，在花序柄和花序轴连接处具覆瓦状排列的鞘状苞片；花直径 3~4 cm，有香气。花期：4~6 月；不丹、中国（西藏、云南）、印度东北部、老挝、缅甸、尼泊尔、越南；1100~2000 m。

Epiphytic plants. Pseudobulbs well spaced, suboblong-cylindric, 7–15 cm long, 2-leaved at apex. Leaves narrowly oblong, 14–27 (–40) cm long. Inflorescence hysteranthous, 15–30 cm long, several- to 15-flowered, with imbricate, sheathing bracts at junction of peduncle and rachis; flowers 3–4 cm across, fragrant. Fl. Apr.–June; Bhutan, China (Xizang, Yunnan), NE India, Laos, Myanmar, Nepal, Vietnam; 1100–2000 m.

0371 ***Coelogyne stricta***
(Photo.: Kohji Karasawa)

0372 ***Coelogyne swaniana***
(Photo.: Kohji Karasawa)

0373 ***Coelogyne tenasserimensis***
(Photo.: Kohji Karasawa)

0374 ***Coelogyne tenompokensis***
(Photo.: Kohji Karasawa)

0372 *Coelogyne swaniana* Rolfe 史旺贝母兰

附生植物。假鳞茎密生，狭卵形，有 4 棱，长 8~12 cm，顶端具 2 叶。叶椭圆状披针形，长 20~40 cm。花序与叶不同时出现，下垂，长 20~40 cm，具 5~17 花；花直径 4~5 cm。花期：夏季至秋季；文莱、印度尼西亚（苏门答腊至加里曼丹）、马来西亚（马来半岛、沙巴、沙捞越）；700~2000 m。

Epiphytic plants. Pseudobulbs close together, narrowly ovoid, 4-angled, 8–12 cm long, 2-leaved at apex. Leaves elliptic-lanceolate, 20–40 cm long. Inflorescence heteranthous, pendulous, 20–40 cm long, 5- to 17-flowered; flowers 4–5 cm across. Fl. summer–autumn; Brunei, Indonesia (Sumatra to Kalimantan), Malaysia (Malay Peninsula, Sabah, Sarawak); 700–2000 m.

0373 *Coelogyne tenasserimensis* Seidenf. 小花贝母兰

附生植物。假鳞茎在根状茎上相距约 3 cm，卵形，长 3~5 cm，顶端具 2 叶。叶矩圆形，长 9~15 cm。花序先于叶出现，直立，长 5~12 cm，具 4~6 花，在花序柄和花序轴连接处具覆瓦状排列的苞片；花直径约 1.5 cm。花期：春季；缅甸、泰国；600~850 m。

Epiphytic plants. Pseudobulbs ca. 3 cm apart on rhizome, ovoid, 3–5 cm long, 2-leaved at apex. Leaves oblong, 9–15 cm long. Inflorescence hysteranthous, erect, 5–12 cm long, 4- to 6-flowered, with imbricate bracts at junction of peduncle and rachis; flowers ca. 1.5 cm across. Fl. spring; Myanmar, Thailand; 600–850 m.

0374 *Coelogyne tenompokensis* Carr 沙巴贝母兰

附生植物。假鳞茎矩圆状卵形，压扁，长 9~10 cm，顶端具 2 叶。叶披针形或线状披针形，长 10~30 cm。花序与叶同时出现，长 20~55 cm，具多花；花序柄两侧压扁；花序轴最初具覆瓦状排列的苞片，后来脱落；花依次开放，同一时间仅开 1~2 花，直径 3~3.5 cm。花期：2~4 月；马来西亚（沙巴、沙捞越）；1200~2100 m。

Epiphytic plants. Pseudobulbs oblong-ovoid, compressed, 9–10 cm long, 2-leaved at apex. Leaves lanceolate or linear-lanceolate, 10–30 cm long. Inflorescence synanthous, 20–55 cm long, many-flowered; peduncle laterally flattened; rachis with imbricate bracts apically at first and then deciduous; flowers opening successively, only one or two at a time, 3–3.5 cm across. Fl. Feb.–Apr.; Malaysia (Sabah, Sarawak); 1200–2100 m.

0375 ***Coelogyne trinervis***
(Photo.: Kohji Karasawa)

0375 *Coelogyne trinervis* Lindl. 三脉贝母兰

附生植物。假鳞茎在根状茎上相距 1~3.5 cm，卵形，有 4 棱，长 4~9 cm，顶端具 2 叶。叶线状矩圆形，长 34~45 cm。花序通常先于叶出现，外弯，长 10~15 cm，具 4~8 花；花同时开放，直径 3.5~4 cm。花期：夏季；柬埔寨、印度尼西亚、老挝、马来西亚、缅甸、泰国、越南；100~1600 m。

Epiphytic plants. Pseudobulbs 1–3.5 cm apart on rhizome, ovoid, 4-angled, 4–9 cm long, 2-leaved at apex. Leaves linear-oblong, 34–45 cm long. Inflorescence often hysteranthous, arcuate, 10–15 cm long, 4- to 8-flowered; flowers opening simultaneously, 3.5–4 cm across. Fl. summer; Cambodia, Indonesia, Laos, Malaysia, Myanmar, Thailand, Vietnam; 100–1600 m.

0376 ***Coelogyne tsii* X. H. Jin & H. Li 吉氏贝母兰**

附生植物。假鳞茎近圆锥形至卵形，长 3~5 cm，顶端具 2 叶。叶矩圆形，长 14~16 cm。花序先于叶出现，长达 50 cm，具 7~10 花，在花序柄与花序轴连接处具覆瓦状排列的鞘状苞片；花序轴继续发展并在新老花序交界处产生又一组不育苞片；花直径 1.5~2 cm。花期：3 月；中国（云南西部）；约 2000 m。

Epiphytic plants. Pseudobulbs subconical to ovoid, 3–5 cm long, 2-leaved at apex. Leaves oblong, 14–16 cm long. Inflorescence hysteranthous, to 50 cm long, 7- to 10-flowered, with imbricate, sheathing bracts at junction of peduncle and rachis; rachis continuing to develop and producing a further set of sterile bracts at interface between old and new inflorescences; flowers 1.5–2 cm across. Fl. Mar.; China (W Yunnan); ca. 2000 m.

0376 ***Coelogyne tsii***
(Photo.: Hong Jiang)

0377 ***Coelogyne viscosa* Rchb. f. 禾叶贝母兰**

附生植物。假鳞茎通常卵形，稍具棱，长 2.5~6 cm，顶端具 2 叶。叶线形，禾草状，长 30~53 cm。花序后于叶出现，直立，长 6~15 cm，具 2~4 花；花同时开放，直径约 5 cm，有香气。花期：秋季至冬季；中国（云南）、印度东北部、老挝、马来西亚、缅甸、泰国、越南；700~2000 m。

Epiphytic plants. Pseudobulbs often ovoid, slightly angled, 2.5–6 cm long, 2-leaved at apex. Leaves linear, grasslike, 30–53 cm long. Inflorescence proteranthous, erect, 6–15 cm long, 2- to 4-flowered; flowers opening simultaneously, ca. 5 cm across, scented. Fl. autumn–winter; China (Yunnan), NE India, Laos, Malaysia, Myanmar, Thailand, Vietnam; 700–2000 m.

0377 ***Coelogyne viscosa***
(Photos.: Junwen Zhai)

0378 ***Coelogyne weixiensis* X. H. Jin 维西贝母兰**

附生植物。假鳞茎密集，圆锥形至圆柱形，长 3~5 cm，顶端具 2 叶。叶倒披针形，长 20~30 cm。花序后于叶出现，直立，长约 15 cm，具 2~3 花；花同时开放，直径 5.5~6.5 cm。花期：5~6 月；中国（云南西部）；2600~3000 m。

Epiphytic plants. Pseudobulbs close together, conical to cylindric, 3–5 cm long, 2-leaved at apex. Leaves oblanceolate, 20–30 cm long. Inflorescence proteranthous, erect, ca. 15 cm long, 2- or 3-flowered; flowers opening simultaneously, 5.5–6.5 cm across. Fl. May–June; China (W Yunnan); 2600–3000 m.

0378 ***Coelogyne weixiensis*** (Photo.: Hong Jiang)

0379 ***Comparettia ignea*** (Photo.: Kohji Karasawa)

0382 ***Conchidium rhomboidale*** (Photos.: Yibo Luo)

0379 *Comparettia ignea* P. Ortiz 孔帕兰

附生植物。假鳞茎狭椭圆形，压扁，长 2~4 cm，顶端具 1 叶。叶狭矩圆形，长 6~18 cm。花序基生，有时有分枝，长 40~60 cm，具多花；侧萼片合生，在基部形成距状的萼囊；唇瓣中裂片宽 1~2 cm。花期：春季；哥伦比亚；1450~1600 m。

Epiphytic plants. Pseudobulbs narrowly ellipsoid, compressed, 2–4 cm long, 1-leafed at apex. Leaf narrowly oblong, 6–18 cm long. Inflorescence basal, sometimes branched, 40–60 cm long, with many flowers; lateral sepals united, forming at base a spur-like mentum; mid-lobe of lip 1–2 cm wide. Fl. spring; Colombia; 1450–1600 m.

0380 ***Comparettia macroplectron*** (Photo.: Kohji Karasawa)

0380 *Comparettia macroplectron* Rchb. f. & Triana 大距孔帕兰

附生植物。假鳞茎狭椭圆形，压扁，长 3~5 cm，为 1 至数枚具叶片的鞘所包，顶端具 1 叶。叶矩圆形，长达 10 cm。花序基生，有时有分枝，长 25~40 cm，具 4~8 花；侧萼片合生，在基部形成距状的萼囊；唇瓣中裂片宽 2~2.5 cm。花期：冬季至春季；哥伦比亚。

Epiphytic plants. Pseudobulbs narrowly ellipsoid, compressed, 3–5 cm long, subtended by 1 to several leaf-bearing sheaths, 1-leafed at apex. Leaves oblong, to 10 cm long. Inflorescence basal, sometimes branched, 25–40 cm long, with 4–8 flowers; lateral sepals united, forming at base a spur-like mentum; mid-lobe of lip 2–2.5 cm wide. Fl. winter–spring; Colombia.

0381 *Comparettia speciosa* Rchb. f. 美丽孔帕兰

附生植物。假鳞茎纺锤形，压扁，小，顶端具 1 叶。叶矩圆状披针形，长 10~25 cm。花序基生，外弯，有时有分枝，长 30~50 cm，具多花；侧萼片合生，在基部形成距状的萼囊；唇瓣中裂片宽约 2.5 cm。花期：冬季；厄瓜多尔；700~2000 m。

Epiphytic plants. Pseudobulbs fusiform, compressed, small, 1-leafed at apex. Leaf oblong-lanceolate, 10–25 cm long. Inflorescence basal, arcuate, sometimes branched, 30–50 cm long, many-flowered; lateral sepals united, forming at base a spur-like mentum; mid-lobe of lip ca. 2.5 cm wide. Fl. winter; Ecuador; 700–2000 m.

0381 ***Comparettia speciosa*** (Photo.: Kohji Karasawa)

0382 *Conchidium rhomboidale* (Tang & F. T. Wang) S. C. Chen & J. J. Wood (*Eria rhomboidalis* Tang & F. T. Wang) 菱唇蛤兰

附生植物。假鳞茎矩圆状圆筒形，长 1~1.5 cm，顶端具 2 叶。叶狭椭圆形，长 2~6 cm。花序近顶生，长约 2.5 cm，具 1 花；花直径约 3 cm。花期:4~5 月；中国（广西、贵州、海南、云南）、越南；700~1300 m。

Epiphytic plants. Pseudobulbs oblong-cylindric, 1–1.5 cm long, 2-leaved at apex. Leaves narrowly elliptic, 2–6 cm long. Inflorescence subterminal, ca. 2.5 cm long, 1-flowered; flower ca. 3 cm across. Fl. Apr.–May; China (Guangxi, Guizhou, Hainan, Yunnan), Vietnam; 700–1300 m.

0383 ***Cordiglottis major***
(Photo.: Peter O' Byrne)

0384 ***Coryanthes macrantha***
(Photo.: Kohji Karasawa)

0386 ***Coryanthes speciosa***
(Photo.: Kohji Karasawa)

0383 *Cordiglottis major* (Carr) Garay 心唇兰

附生植物。茎甚短，下垂，通常具 5 叶。叶两侧压扁，长约 15 cm，宽 7 mm。花序基生，短，具少数花；花直径 1.5~2 cm。花期：不详；马来西亚（马来半岛、沙巴）；约 200 m。

Epiphytic plants. Stems very short, pendulous, usually 5-leaved. Leaves laterally compressed, ca. 15 cm long, 7 mm wide. Inflorescence basal, short, few-flowered; flowers 1.5–2 cm across. Fl. unknown; Malaysia (Malay Peninsula, Sabah); ca. 200 m.

0384 *Coryanthes macrantha* (Hook.) Hook. 盔唇兰

附生植物。假鳞茎簇生，狭卵形，长 10~13 cm，顶端具 2 叶。叶矩圆形，长 30~45 cm。花序基生，通常下垂，长 20~50 cm，具 1~3 花；花有馥郁的香气；唇瓣具深约 5 cm 的桶状上唇。花期：冬季至春季；圭亚那、秘鲁、特立尼达、委内瑞拉。

Epiphytic plants. Pseudobulbs clustered, narrowly ovoid, 10–13 cm long, 2-leaved at apex. Leaves oblong, 30–45 cm long. Inflorescence basal, often pendulous, 20–50 cm long, 1- to 3-flowered; flowers sweetly fragrant; lip with a bucket-like epichile ca. 5 cm deep. Fl. winter–spring; Guyana, Peru, Trinidad, Venezuela.

0385 *Coryanthes mastersiana* Lehm. 马氏盔唇兰

附生植物。假鳞茎簇生，纺锤形，有纵槽，长约 7 cm，顶端具 2 叶。叶线状披针形，长 30~40 cm。花序基生，下垂，短于叶，具 1~2 花；唇瓣具深约 4.5 cm 的桶状上唇。花期：秋季；哥伦比亚；0~700 m。

Epiphytic plants. Pseudobulbs clustered, fusiform, longitudinally grooved, ca. 7 cm long, 2-leaved at apex. Leaves linear-lanceolate, 30–40 cm long. Inflorescence basal, pendulous, shorter than leaves, 1- or 2-flowered; lip with a bucket-like epichile ca. 4.5 cm deep. Fl. autumn; Colombia; 0–700 m.

0385 ***Coryanthes mastersiana*** (Photo.: Kohji Karasawa)

0386 *Coryanthes speciosa* (Hook.) Hook. 美花盔唇兰

附生植物。假鳞茎密生，狭卵形，长 7~15 cm，顶端具 2 叶。叶矩圆形或线状披针形，长 30~55 cm。花序基生，下垂，长 30~60 cm，具 2~5 花；唇瓣具深约 3 cm 的桶状上唇。花期：春季至夏季；中美洲与南美洲北部，从危地马拉至哥伦比亚和委内瑞拉；低海拔地。

Epiphytic plants. Pseudobulbs close together, narrowly ovoid, 7–15 cm long, 2-leaved at apex. Leaves oblong or linear-lanceolate, 30–55 cm long. Inflorescence basal, pendulous, 30–60 cm long, 2- to 5-flowered; lip with a bucket-like epichile ca. 3 cm deep. Fl. spring–summer; Central America and N South America, from Guatemala to Colombia and Venezuela; at low altitudes.

0387 ***Corybas carinatus***
(Photo.: Rogier van Vugt)

0387 *Corybas carinatus* (J. J. Sm.) Schltr. 龙骨铠兰

地生植物，高约 3 cm，具 1 个近球形的块茎。叶 1 枚，心形，绿色，长 1.7~2.4 cm。花 1 朵；中萼片长约 2 cm；侧萼片长约 1.2 cm；唇瓣长约 1.8 cm，先端边缘具啮蚀状齿；距 2 个，长 4~5 mm。花期：不详；印度尼西亚（苏门答腊至加里曼丹）、马来西亚（马来半岛、沙巴、沙捞越）；900~1700 m。

Terrestrial plants, ca. 3 cm tall, with a subglobose tuber. Leaf solitary, cordate, green, 1.7–2.4 cm long. Flower solitary; dorsal sepal ca. 2 cm long; lateral sepals ca. 1.2 cm long; lip ca. 1.8 cm long, apical margin erose-toothed; spurs two, 4–5 mm long. Fl. unknown; Indonesia (Sumatra to Kalimantan), Malaysia (MalayPeninsula, Sabah, Sarawak); 900–1700 m.

0388 *Corybas himalaicus* (King & Pantl.) Schltr. (*Corybas shanlinshiensis* W. M. Lin, T. C. Hsu & T. P. Lin) 杉林溪铠兰

地生植物，高 2~6 cm，具长 3~4 mm 的球形或卵状块茎。叶单生，心形，长 0.8~2.2 cm。花 1 朵，萼片长 1.1~1.7 cm，唇瓣圆形，宽 0.8~1.4 cm，先端边缘具啮蚀状齿，距 2 个，长 3~7 mm。花期：7~8 月；不丹、中国（台湾中部）、印度东北部；1700~1900 m。

Terrestrial plants, 2–6 cm tall, with a globose or ovoid tuber 3–4 mm long. Leaf solitary, cordate, 0.8–2.2 cm long. Flower solitary; sepals 1.1–1.7 cm long; lip orbicular, 0.8–1.4 cm wide, apical margin erose-toothed, spurs 2, 3–7 mm long. Fl. July–Aug.; Bhutan, China (C. Taiwan), NE India; 1700–1900 m.

0388 ***Corybas himalaicus***
(Photo.: Kohji Karasawa)

0389 *Corybas pictus* (Blume) Rchb. f. 长萼铠兰

地生植物，高约 7 cm，具 1 个近球形的块茎。叶单生，心形，暗绿色，具粉红色或白色脉纹，长 1.3~3 cm。花 1 朵；中萼片长 1~1.3 cm；侧萼片长 2.5~3.5 cm；唇瓣长约 1 cm，先端边缘具啮蚀状齿；距 2 个，长 5~6 mm。花期：夏季；印度尼西亚（爪哇、苏门答腊）、马来西亚（沙巴）；700~1800 m。

Terrestrial plants, ca. 7 cm tall, with a subglobose tuber. Leaf solitary, cordate, dark green with pink or white venation, 1.3–3 cm long. Flower solitary; dorsal sepal 1–1.3 cm long; lateral sepals 2.5–3.5 cm long; lip ca. 1 cm long, apical margin erose-toothed; spurs two, 5–6 mm long. Fl. summer; Indonesia (Java, Sumatra), Malaysia (Sabah); 700–1800 m.

0390 *Corybas taiwanensis* T. P. Lin & S. Y. Leu 台湾铠兰

地生植物，高 3~5 cm，具 1 个近球形的块茎。叶 1 枚，心形，绿色，长约 1.5 cm。花 1 朵；萼片长约 1.3 cm；唇瓣长约 1.7 cm，先端边缘流苏状；距 2 个，长约 3 mm。花期：8 月；中国（台湾北部）；约 1400 m。

Terrestrial plants, 3–5 cm tall, with a subglobose tuber. Leaf solitary, cordate, green, ca. 1.5 cm long. Flower solitary; sepals ca. 1.3 cm long; lip ca. 1.7 cm long, apical margin fimbriate; spurs two, ca. 3 mm long. Fl. Aug.; China (N Taiwan); ca. 1400 m.

0389 ***Corybas pictus*** (Photo.: James Boughtwood Comber)

0390 ***Corybas taiwanensis*** (Photos.: Zhenrong Xie)

0391 ***Corybas taliensis*** (Photo.: Xiaohua Jin)

0392 ***Corymborkis veratrifolia*** (Photo.: Xiaohua Jin)

0391 *Corybas taliensis* Tang & F. T. Wang 大理铠兰

地生植物，高 5~6.5 cm，具 1 个近球形的块茎。叶 1 枚，心形至宽卵形，绿色，具浅色的网脉，长 0.8~1.4 cm。花 1 朵；中萼片长约 1.4 cm；侧萼片长 8~9 mm；唇瓣长约 1 cm；距 2 个，长约 3.5 mm。花期：9 月；中国（四川、云南）；2100~2500 m。

Terrestrial plants, 5–6.5 cm tall, with a subglobose tuber. Leaf solitary, cordate to broadly ovate, green, with pale reticulate venation, 0.8–1.4 cm long. Flower solitary; dorsal sepal ca. 1.4 cm long; lateral sepals 8–9 mm long; lip ca. 1 cm long; spurs two, ca. 3.5 mm long. Fl. Sep.; China (Sichuan, Yunnan); 2100–2500 m.

0392 *Corymborkis veratrifolia* Blume 管花兰

地生植物，高达 100 cm 或过之。茎直立，不分枝。叶多枚，二列，摺扇状，狭椭圆形，长 15~50 cm。花序腋生，长 5~15 cm，有 2~9 个分枝，具数花至 70 花；花芳香，管状或钟状，通常长 3~4 cm。花期：夏季；广布于亚洲热带地区，向东南至太平洋岛屿和澳大利亚北部，向北到达中国南部和日本南部；0~2000 m。

Terrestrial plants, to 100 cm or more tall. Stems erect, unbranched. Leaves many, distichous, plicate, narrowly elliptic, 15–50 cm long. Inflorescences axillary, 5–15 cm long, with 2–9 branches, several- to 70-flowered; flowers fragrant, tubular or campanulate, often 3–4 cm long. Fl. summer; widespread in tropical Asia, southeast to the Pacific islands and N Australia, and north to S China and S Japan; 0–2000 m.

0393 *Cranichis pilosissima* Senghas 帽兰

地生植物。茎短。叶 1 枚，基生，狭椭圆形，长约 15 cm，被毛，具柄。花葶直立，长达 35 cm；花序具多花；萼片与花瓣长约 1.3 cm。花期：不详；厄瓜多尔；约 1200 m。

Terrestrial plants. Stems short. Leaf 1, basal, narrowly elliptic, ca. 15 cm long, hairy, petioled. Scape erect, to 35 cm long; inflorescence many-flowered; sepals and petals ca. 1.3 cm long. Fl. unknown; Ecuador; ca. 1200 m.

0393 ***Cranichis pilosissima*** (Photo.: Kohji Karasawa)

0394 ***Cremastra appendiculata*** (Photo.: Xiaohua Jin)

0394 *Cremastra appendiculata* (D. Don) Makino 杜鹃兰

地生植物，高 20~70 cm。假鳞茎簇生，卵形或近球形，长 1.5~3 cm，顶端具 1 叶或罕有 2 叶。叶摺扇状，狭椭圆形，长 15~40 cm。花序顶生，长 20~70 cm，具 5~22 花；花下垂；狭钟形，长 2~3.5 cm，芳香。花期：5~6 月。不丹、中国、印度、日本、朝鲜半岛、尼泊尔、泰国、越南；400~2900 m。

Terrestrial plants, 20–70 cm tall. Pseudobulbs clustered, ovoid or subglobose, 1.5–3 cm long, 1- or rarely 2-leaved at apex. Leaves plicate, narrowly elliptic, 15–40 cm long. Inflorescence terminal, 20–70 cm long, 5- to 22-flowered; flowers pendent, narrowly campanulate, 2–3.5 cm long, fragrant. Fl. May–June; Bhutan, China, India, Japan, Korea, Nepal, Thailand, Vietnam; 400–2900 m.

0395 ***Cryptochilus luteus*** (Photos.: Xibeiyang Li)

0395 ***Cryptochilus luteus*** **Lindl. 黄花宿苞兰**

附生植物。假鳞茎簇生，圆筒形，长 1.5~3.5 cm，近顶端具 2 叶。叶狭矩圆形，长 5~16 cm。花序顶生，长 10~20 cm，具 20~40 朵偏于一侧的花；花狭钟形，长 3~5 mm。花期：6~7 月；不丹、中国（云南）、印度东北部、越南；1000~2300 m。

Epiphytic plants. Pseudobulbs clustered, cylindric, 1.5–3.5 cm long, 2-leaved toward apex. Leaves narrowly oblong, 5–16 cm long. Inflorescence terminal, 10–20 cm long, secund, densely 20- to 40-flowered; flowers narrowly campanulate, 3–5 mm long. Fl. June–July; Bhutan, China (Yunnan), NE India, Vietnam; 1000–2300 m.

0396 ***Cryptopus elatus***
(Photo.: Kohji Karasawa)

0396 ***Cryptopus elatus*** **(Thou.) Lindl. 隐足兰**

附生植物。茎攀援，纤细，长可达 100 cm，具多叶，根从叶基穿出。叶矩圆形，长 3~7 cm。花序侧生，直立，长 30~60 cm，有时有短分枝，具 7~13 花；花直径长 3~4 cm。花期：夏季；马斯卡林群岛（毛里求斯、留尼汪）；0~800 m。

Epiphytic plants. Stems climbing, slender, up to 100 cm long, many-leaved, with roots emerging through leaf bases. Leaves oblong, 3–7 cm long. Inflorescences lateral, erect, 30–60 cm long, sometimes shortly branched, 7- to 13-flowered; flowers 3–4 cm across. Fl. summer; Mascarene Islands (Mauritius, Reunion); 0–800 m.

0397 ***Cryptostylis arachnites*** **(Blume) Hassk. 隐柱兰**

地生植物，高 15~60 cm，具短的根状茎。叶基生，2~3 枚，椭圆状卵形，长 8~17 cm，具长柄。花葶直立；花序轴长 8~10 cm，具数花至 20 花；花不倒置；唇瓣长 1.5~2.1 cm。花期：5~6 月；广布于热带亚洲，向北到达中国南部，向东南到达新几内亚；200~1500 m。

Terrestrial plants, 15–60 cm tall, with a short rhizome. Leaves basal, 2–3, elliptic-ovate, 8–17 cm long, long-petioled. Scape erect; rachis 8–10 cm long, several- to 20-flowered; flowers not resupinate; lip 1.5–2.1 cm long. Fl. May–June; widespread in tropical Asia, north to S China and southeast to New Guinea; 200–1500 m.

0397 ***Cryptostylis arachnites***
(Photos.: Junwen Zhai)

0398 ***Cryptostylis erecta*** (Photo.: Kohji Karasawa)

0399 ***Cryptostylis taiwaniana*** (Photo.: Kohji Karasawa)

0400 ***Cuitlauzina convallarioides*** (Photo.: Kohji Karasawa)

0398 *Cryptostylis erecta* R. Br. 直立隐柱兰

地生植物，高达 45 cm。叶基生，披针状卵形，长达 18 cm，上面暗绿色，背面紫色；叶柄长约 10 cm。花葶直立；花序具 2~12 花；花不倒置；唇瓣长约 3 cm。花期：9~2 月；澳大利亚东部；0~600 m。

Terrestrial plants, to 45 cm tall. Leaves basal, lanceolate-ovate, to 18 cm long, dark green above, purple below; petiole ca. 10 cm long. Scape erect; inflorescence 2- to 12-flowered; flowers not resupinate; lip ca. 3 cm long. Fl. Sep.–Feb.; E Australia; 0–600 m.

0399 *Cryptostylis taiwaniana* Masam. 台湾隐柱兰

地生植物，高 15~25 cm，具短的根状茎。叶基生，1~3 枚，卵状矩圆形，长 5~15 cm；叶柄长 7~12 cm，具暗绿色或紫褐色斑点。花葶直立；花序具 5~15 花；花不倒置；唇瓣长 1.5~2 cm。花期：2~8 月；中国（台湾南部）、菲律宾；200~500 m。

Terrestrial plants, 15–25 cm tall, with a short rhizome. Leaves basal, 1–3, ovate-oblong, 5–15 cm long; petiole 7–12 cm long, with dark green or purplish brown spots. Scape erect; inflorescence 5- to 15-flowered; flowers not resupinate; lip 1.5–2 cm long. Fl. Feb.–Aug.; China (S Taiwan), Philippines; 200–500 m.

0400 *Cuitlauzina convallarioides* (Schltr.) Dressler & N. H. Williams (*Osmoglossum convallarioides* Schltr.) 铃兰香花兰

附生植物。假鳞茎簇生，狭卵形，压扁，长 5~10 cm，顶端具 2 叶。叶线形，长 15~30 cm。花序基生，长 15~40 cm，具 8~12 花；花不倒置，直径 1~1.2 cm，有香气。花期：冬季至春季；墨西哥至哥斯达黎加；1500~2000 m。

Epiphytic plants. Pseudobulbs clustered, narrowly ovoid, compressed, 5–10 cm long, 2-leaved at apex. Leaves linear, 15–30 cm long. Inflorescence basal, 15–40 cm long, 8- to 12-flowered; flowers not resupinate, 1–1.2 cm across, fragrant. Fl. winter–spring; Mexico to Costa Rica; 1500–2000 m.

0401 *Cuitlauzina pendula* La Llave & Lex. 香花兰

附生植物。假鳞茎卵形，压扁，长 5~8 cm，近顶端具 2 叶。叶宽舌形，革质，长 10~30 cm。花序基生，下垂，长可达 100 cm，具数花至 22 花；花直径 6~7 cm，有浓香。花期：秋季；墨西哥；1400~2200 m。

Epiphytic plants. Pseudobulbs ovoid, compressed, 5–8 cm long, 2-leaved at apex. Leaves broadly ligulate, coriaceous, 10–30 cm long. Inflorescence basal, pendent, up to 100 cm long, several- to 22-flowered; flowers 6–7 cm across, very fragrant. Fl. autumn; Mexico; 1400–2200 m.

0401 ***Cuitlauzina pendula*** (Photo.: Kohji Karasawa)

0402 ***Cuitlauzina pulchella***
(Photo.: Kohji Karasawa)

0403 ***Cyanicula amplexans***
(Photo.: Karlheinz Senghas)

0404 ***Cyanicula gemmata***
(Photo.: Kohji Karasawa)

0402 *Cuitlauzina pulchella* (Bateman ex Lindl.) Dressler & N. H. Williams [*Osmoglossum pulchellum* (Bateman ex Lindl.) Schltr.**] 美丽香花兰**

附生植物。假鳞茎簇生，卵状椭圆形，压扁，长 5~10 cm，顶端具 2 叶。叶线形，长 15~35 cm。花序基生，长 15~50 cm，具 3~10 花；花不倒置，直径约 2 cm，有香气。花期：秋季至冬季；危地马拉、墨西哥、萨尔瓦多；可达 2600 m。

Epiphytic plants. Pseudobulbs clustered, ovoid-ellipsoid, compressed, 5–10 cm long, 2-leaved at apex. Leaves linear, 15–35 cm long. Inflorescence basal, 15–50 cm long, 3- to 10-flowered; flowers not resupinate, ca. 2 cm across, fragrant. Fl. autumn–winter; Guatemala, Mexico, El Salvador; up to 2600 m.

0403 *Cyanicula amplexans* (A. S. George) Hopper & A. P. Br. 蓝花兰

地生植物，地下具块茎。叶 1 枚，基生，狭卵形，长 4~12.5 cm，上表面具短柔毛。花葶直立，长 8~25 cm，被短柔毛；花序具 1~2 花；花直径 2~2.5 cm。花期：8~9 月；澳大利亚西南部；50~450 m。

Terrestrial plants, with subterranean tubers. Leaf solitary, basal, narrowly ovate, 4–12.5 cm long, pubescent above. Scape erect, 8–25 cm long, pubescent; inflorescence with 1–2 flowers; flowers 2–2.5 cm across. Fl. Aug.–Sep.; SW Australia; 50–450 m.

0405 ***Cyanicula gertrudiae***
(Photo.: Kazuo Mori)

0404 *Cyanicula gemmata* (Lindl.) Hopper & A. P. Br. 小唇蓝花兰

地生植物，地下具块茎。叶 1 枚，基生，卵形，长约 4 cm，两面被毛，背面褐紫色。花葶直立，长约 20 cm，被短柔毛；花序通常具 1 花；花直径约 7 cm；萼片与花瓣背面被短柔毛。花期：8~10 月；澳大利亚西南部；0~350 m。

Terrestrial plants, with subterranean tubers. Leaf solitary, basal, ovate, ca. 4 cm long, hairy on both surfaces, brown-purple beneath. Scape erect, ca. 20 cm long, pubescent; inflorescence often 1-flowered; flower ca. 7 cm across; sepals and petals pubescent dorsally. Fl. Aug.–Oct.; SW Australia; 0–350 m.

0405 *Cyanicula gertrudiae* (Ostenf.) Hopper & A. P. Br. 芳香蓝花兰

地生植物，地下具块茎。叶 1 枚，基生，卵形，长 3~5 cm。花葶直立，长 5~15 cm，被短柔毛；花序具 1~3 花；花直径 3~5 cm，芳香。花期：9~11 月；澳大利亚西南部；低海拔地。

Terrestrial plants, with subterranean tubers. Leaf solitary, basal, ovate, 3–5 cm long. Scape erect, 5–15 cm long, pubescent; inflorescence 1- to 3-flowered; flowers 3–5 cm across, fragrant. Fl. Sep.–Nov.; SW Australia; at low altitudes.

0406 ***Cycnoches egertonianum***
(Photo.: Kohji Karasawa)

0408 ***Cycnoches loddigesii***
(Photo.: Kohji Karasawa)

0409 ***Cycnoches pentadactylon***
(Photo.: Kohji Karasawa)

0406 *Cycnoches egertonianum* Bateman 厄格肉唇兰

附生植物，雌雄同株。假鳞茎近纺锤形，长 12~20 cm。叶 5~10 枚，披针形，长 7~30 cm。花序与花雌雄异形；雄性总状花序下垂，长达 85 cm，具多花；花直径约 4 cm，具白色唇瓣和长 2~3 cm 的弓曲蕊柱；雌性总状花序直立而短，具 1~2 花；花具黄色唇瓣和长约 1.2 cm 的粗壮蕊柱。花期：夏季至秋季；广布于美洲热带地区；600~1800 m。

Epiphytic, monoecious plants. Pseudobulbs subfusiform, 12–20 cm long. Leaves 5–10, lanceolate, 7–30 cm long. Inflorescences and flowers sexually dimorphic; male raceme pendulous, to 85 cm long, many-flowered; flowers ca. 4 cm across, with white lip and arcuate column 2–3 cm long; female raceme erect, short, 1- to 2-flowered; flowers with yellow lip and stout column ca. 1.2 cm long. Fl. summer–autumn; widespread in tropical Americas; 600–1800 m.

0407 *Cycnoches haagii* Barb. Rodr. 哈氏肉唇兰

附生植物。假鳞茎圆筒状纺锤形，长 15~40 cm。叶数枚，倒披针形，长达 35 cm。雄性花序外弯，长 15~20 cm，具数花至多花；花直径 5~6 cm；蕊柱纤细的棍棒状，弓曲，长约 2 cm；雌花不详。花期：夏季；玻利维亚、巴西、哥伦比亚、厄瓜多尔、秘鲁、委内瑞拉；100~1000 m。

Epiphytic plants. Pseudobulbs cylindric-fusiform, 15–40 cm long. Leaves several, oblanceolate, to 35 cm long. Male inflorescence arching, 15–20 cm long, several- to many-flowered; flowers 5–6 cm across; column slender-clavate, arcuate, ca. 2 cm long; female flowers unknown. Fl. summer; Bolivia, Brazil, Colombia, Ecuador, Peru, Venezuela; 100–1000 m.

0407 ***Cycnoches haagii*** (Photo.: Kohji Karasawa)

0408 *Cycnoches loddigesii* Lindl. 肉唇兰

附生植物，雌雄同株。假鳞茎圆筒状纺锤形，稍压扁，长 15~35 cm。叶 5~7 枚，摺扇状，矩圆状倒披针形，长 20~30 cm。花序下垂，长 15~25 cm，具 10 或更多花；雄花与雌花彼此相似，直径 10~11 cm。花期：夏季至秋季；巴西、哥伦比亚、圭亚那、苏里南、委内瑞拉；200~1000 m。

Epiphytic, monoecious plants. Pseudobulbs cylindric-fusiform, slightly compressed, 15–35 cm long. Leaves 5–7, plicate, oblong-oblanceolate, 20–30 cm long. Inflorescence pendulous, 15–25 cm long, with 10 or more flowers; male and female flowers resembling each other, 10–11 cm across. Fl. summer–autumn; Brazil, Colombia, Guyana, Surinam, Venezuela; 200–1000 m.

0409 *Cycnoches pentadactylon* Lindl. 五指肉唇兰

附生植物，雌雄同株。假鳞茎狭椭圆状纺锤形至近圆筒形，长 10~15 cm。叶 5~7 枚，矩圆状披针形，长 15~30 cm。花序与花雌雄异形；雄性总状花序下垂，长 5~25 cm，具多花；花淡绿色有栗色斑，直径约 8 cm；雌性总状花序直立，短，具 1~3 花；花黄白色有栗色斑点。花期：夏季；巴西、秘鲁；750~1000 m。

Epiphytic, monoecious plants. Pseudobulbs narrowly elliptic-fusiform to subcylindric, 10–15 cm long. Leaves 5–7, oblong-lanceolate, 15–30 cm long. Inflorescences and flowers sexually dimorphic; male raceme pendulous, 5–25 cm long, many-flowered; flowers pale green marked with maroon, ca. 8 cm across; female raceme erect, short, 1- to 3-flowered; flowers yellow-white spotted with maroon. Fl. summer; Brazil, Peru; 750–1000 m.

0410 ***Cycnoches peruvianum***
(Photo.: Kohji Karasawa)

0411 ***Cycnoches ventricosum***
(Photo.: Kohji Karasawa)

0412 ***Cymbidiella flabellata***
(Photo.: Kohji Karasawa)

0410 *Cycnoches peruvianum* Rolfe 秘鲁肉唇兰

附生植物，雌雄同株。假鳞茎圆筒状圆锥形，稍压扁，长达 30 cm。叶二列，椭圆状披针形，长约 20 cm。花序与花雌雄异形；雄性总状花序下垂，具多花；唇瓣基部具长爪，先端具 6 个指状裂片；雌性总状花序具 3~5 花；唇瓣全缘。花期:5~8 月；厄瓜多尔、秘鲁；450~900 m。

Epiphytic, monoecious plants. Pseudobulbs cylindric-conical, slightly compressed, to 30 cm long. Leaves distichous, elliptic-lanceolate, ca. 20 cm long. Inflorescences and flowers sexually dimorphic; male raceme pendulous, many-flowered; lip long-clawed at base and with 6 finger-like lobes at apex; female raceme 3- to 5-flowered; lip entire. Fl. May–Aug.; Ecuador, Peru; 450–900 m.

0411 *Cycnoches ventricosum* Bateman 绿花肉唇兰

附生植物，雌雄同株。假鳞茎圆筒状纺锤形，略压扁，长 30 cm 或过之。叶 5~6 枚，矩圆状披针形，长 25~35 cm。雌雄花序近相似，下垂，长 30 cm 或过之，具数花；雄花直径 8~12 cm，具纤细棍棒状的、弓曲的、长 2.5~3 cm 的蕊柱；雌花较小，具较短的蕊柱。花期：夏季至初秋；墨西哥至巴拿马；可达 1000 m。

Epiphytic, monoecious plants. Pseudobulbs cylindric-fusiform, somewhat compressed, to 30 cm or more long. Leaves 5–6, oblong-lanceolate, 25–35 cm long. Male and female inflorescences subsimilar, pendulous, to 30 cm or more long, several-flowered; male flowers 8–12 cm across, with slender-clavate, arcuate column 2.5–3 cm long; female flowers smaller, with a shorter column. Fl. summer–early autumn; Mexico to Panama; up to 1000 m.

0413 ***Cymbidiella pardalina***
(Photo.: Kohji Karasawa)

0412 *Cymbidiella flabellata* (Thou.) Rolfe 棕兰

地生植物。假鳞茎在根状茎上相距 8~10 cm，卵状圆筒形。叶 6~8 枚，二列，排成扇形，狭舌形，长 20~50 cm。花序基生，直立，长可达 100 cm，具 10~15 花；花直径约 4 cm。花期：秋季至冬季；马达加斯加；0~1200 m。

Terrestrial plants. Pseudobulbs 8–10 cm apart on rhizome, ovoid-cylindric. Leaves 6–8, distichous, arranged in a fan, narrowly ligulate, 20–50 cm long. Inflorescence basal, erect, up to 100 cm long, 10- to 15-flowered; flowers ca. 4 cm across. Fl. autumn–winter; Madagascar; 0–1200 m.

0413 *Cymbidiella pardalina* (Rchb. f.) Garay 豹斑棕兰

附生植物。假鳞茎簇生，卵形至矩圆状圆锥形，长 7~12 cm。叶 5~10 枚，二列，排成扇形，线状舌形，长 65~100 cm。花序基生，近直立或外弯，长 60~100 cm，具 20 朵至更多花；花直径 6~8 cm。花期：春季至夏季；马达加斯加东部；600~800 m。

Epiphytic plants. Pseudobulbs clustered, ovoid to oblong-conical, 7–12 cm long. Leaves 5–10, distichous, arranged in a fan, linear-ligulate, 65–100 cm long. Inflorescence basal, suberect or arching, 60–100 cm long, with 20 or more flowers; flowers 6–8 cm across. Fl. spring–summer; E Madagascar; 600–800 m.

0414 ***Cymbidium aestivum*** (Photos.: Zhongjian Liu)

0415 ***Cymbidium aloifolium*** (Photos.: Bing Liu)

0414 *Cymbidium aestivum* Z. J. Liu & S. C. Chen 夏凤兰

附生植物。假鳞茎近纺锤形，稍压扁，长 1.5~2.5 cm，包藏于叶基内。叶 4~8 枚，带形，长 32~36 cm。花序侧生，平展或外弯，长 33~42 cm，具 10~13 花；花直径 4~6 cm。花期：6~8 月；中国（云南南部）；1500~1600 m。

Epiphytic plants. Pseudobulbs subfusiform, slightly compressed, 1.5–2.5 cm long, enclosed in leaf bases. Leaves 4–8, lorate, 32–36 cm long. Inflorescence lateral, spreading or arching, 33–42 cm long, 10- to 13-flowered; flowers 4–6 cm across. Fl. June–Aug.; China (S Yunnan); 1500–1600 m.

0415 *Cymbidium aloifolium* (L.) Sw. 纹瓣兰

附生植物。假鳞茎卵形，压扁，长 3~10 cm，通常包藏于叶基内。叶 4~5 枚，带形，长 40~90 cm，厚革质，先端不等的 2 裂。花序基生，下垂，长 20~60 cm，具 20~35 花；花直径 2.5~3.5 cm，稍有香气。花期：4~5 月；广布于热带亚洲，从尼泊尔至斯里兰卡、印度尼西亚和中国南部；0~1500 m。

Epiphytic plants. Pseudobulbs ovoid, compressed, 3–10 cm long, usually enclosed in leaf bases. Leaves 4–5, lorate, 40–90 cm long, thickly coriaceous, apex unequally bilobed. Inflorescence basal, pendulous, 20–60 cm long, 20- to 35-flowered; flowers 2.5–3.5 cm across, slightly fragrant. Fl. Apr.–May; widespread in tropical Asia, from Nepal to Sri Lanka, Indonesia and S China; 0–1500 m.

0416 *Cymbidium atropurpureum* (Lindl.) Rolfe 椰香兰

附生植物。假鳞茎卵形，压扁，长 10 cm 或过之。叶 7~9 枚，带形，长 50~90（~125）cm，先端不等的 2 裂。花序基生，外弯或下垂，长 28~75 cm，具多花；花直径 3.5~4.5 cm。花期：3~5 月；广布于东南亚，从泰国和越南南部至菲律宾；0~2200 m。

Epiphytic plants. Pseudobulbs ovoid, compressed, 10 cm or more long. Leaves 7–9, lorate, 50–90 (–125) cm long, apex unequally bilobed. Inflorescence basal, arching or pendulous, 28–75 cm long, many-flowered; flowers 3.5–4.5 cm across. Fl. Mar.–May; widespread in Southeast Asia, from Thailand and S Vietnam to Philippines; 0–2200 m.

0416 ***Cymbidium atropurpureum***
(Photo.: Kohji Karasawa)

0417 *Cymbidium canaliculatum* R. Br. 沟叶兰

附生植物。假鳞茎狭卵形，稍压扁，长 3~12 cm。叶 3~6 枚，带形，长 15~65 cm，上面略具纵槽，先端急尖。花序侧生，近直立或外弯，长 15~65 cm，具多花；花直径 2.5~4.5 cm。花期：9~12 月；澳大利亚东北部；0~1000 m。

Epiphytic plants. Pseudobulbs narrowly ovoid, slightly compressed, 3–12 cm long. Leaves 3–6, lorate, 15–65 cm long, slightly canaliculated above, acute at apex. Inflorescence lateral, suberect to arching, 15–65 cm long, many-flowered; flowers 2.5–4.5 cm across. Fl. Sep.–Dec.; NE Australia; 0–1000 m.

0417 ***Cymbidium canaliculatum***
(Photo.: Kohji Karasawa)

0418 ***Cymbidium changningense***
(Photos.: Donghui Peng(left); Junwen Zhai(right))

0421 ***Cymbidium concinnum***
(Photos.: Zhongjian Liu)

0418 *Cymbidium changningense* Z. J. Liu & S. C. Chen 昌宁兰

附生植物。假鳞茎狭卵形，稍压扁，长 6~8 cm。叶 10~13 枚，带形，长 52~75 cm，先端不等的 2 裂。花序生于叶腋，外弯，长 35~41 cm，具 3~7 花；花有香气，直径 10~11 cm；唇瓣上 V 形斑块上具乳突而非天鹅绒似的毛。花期：2~3 月；中国（云南西部）；约 1700 m。

Epiphytic plants. Pseudobulbs narrowly ovoid, slightly compressed, 6–8 cm long. Leaves 10–13, lorate, 52–75 cm long, apex unequally bilobed. Inflorescence arising from leaf axil, arching, 35–41 cm long, 3- to 7-flowered; flowers scented, 10–11 cm across; V-shaped patch on lip papillose not velvety-hairy. Fl. Feb.–Mar.; China (W Yunnan); ca. 1700 m.

0419 ***Cymbidium chloranthum***
(Photo.: Kohji Karasawa)

0419 *Cymbidium chloranthum* Lindl. 绿花兰

附生植物。假鳞茎卵形，稍压扁，长约 11 cm。叶 5~7 枚，带形，长 40~60 cm，先端不等的 2 裂。花序基生，直立，长 30~47 cm，具 15~25 花；花直径 3~4 cm。花期：全年不定；印度尼西亚（爪哇、苏门答腊）、马来西亚（马来半岛、沙巴、沙捞越）；200~1000 m。

Epiphytic plants. Pseudobulbs ovoid, slightly compressed, ca. 11 cm long. Leaves 5–7, lorate, 40–60 cm long, apex unequally bilobed. Inflorescence basal, erect, 30–47 cm long, 15- to 25-flowered; flowers 3–4 cm across. Fl. throughout the year; Indonesia (Java, Sumatra), Malaysia (Malay Peninsula, Sabah, Sarawak); 200–1000 m.

0420 *Cymbidium cochleare* Lindl. 垂花兰

附生植物。假鳞茎近纺锤形，稍压扁，长 3~5 cm，包藏于宿存的叶基内。叶 9~18 枚，二列，带形，长 40~100 cm。花序侧生，下垂，长 50~60 cm，具 13~22 花；花钟形，长约 4 cm。花期：11~2 月；中国（台湾、云南）、印度、缅甸、越南；300~1800 m。

Epiphytic plants. Pseudobulbs subfusiform, slightly compressed, 3–5 cm long, enclosed in persistent leaf bases. Leaves 9–18, distichous, lorate, 40–100 cm long. Inflorescence lateral, pendulous, 50–60 cm long, 13- to 22-flowered; flowers bell-shaped, ca. 4 cm long. Fl. Nov.–Jan.; China (Taiwan, Yunnan), India, Myanmar, Vietnam; 300–1800 m.

0420 ***Cymbidium cochleare***
(Photos.: Zhongjian Liu)

0421 *Cymbidium concinnum* Z. J. Liu & S. C. Chen 丽花兰

附生植物。假鳞茎近卵形，压扁，长 4~8 cm，包藏于叶基内。叶 13~18 枚，带形，长 30~75 cm。花序发自叶腋，外弯，长 40~60 cm，具 18~22 花；花直径 5~6 cm，有香气。花期：10~11 月；中国（云南西部）；约 2300 m。

Epiphytic plants. Pseudobulbs subovoid, compressed, 4–8 cm long, enclosed in leaf bases. Leaves 13–18, lorate, 30–75 cm long. Inflorescence arising from leaf axil, arching, 40–60 cm long, 18- to 22-flowered; flowers 5–6 cm across, scented. Fl. Oct.–Nov.; China (W Yunnan); ca. 2300 m.

0422 ***Cymbidium cyperifolium*** (Photos.: Zhanhuo Tsi)

0423 ***Cymbidium cyperifolium* var. *szechuanicum*** (Photos.: Zhongjian Liu)

0422 *Cymbidium cyperifolium* Wall. ex Lindl. 莎叶兰

地生或石上附生植物。假鳞茎小，长 1~3 cm，包藏于叶基中。叶 9~20 枚，带形，基部二列套叠，长 30~120 cm，有宽 1~3 mm 的膜质边缘。花序发自叶腋，直立，长 20~50 cm，具 3~7 花；花有柠檬香气，直径 4~5 cm。花期：10~11 月；不丹、柬埔寨、中国南部至西南部、印度、缅甸、尼泊尔、菲律宾、泰国、越南；300~2800 m。

Terrestrial or lithophytic plants. Pseudobulbs small, 1–3 cm long, enclosed in leaf bases. Leaves 9–20, lorate, distichous-equitant at base, 30–120 cm long, with membranous margins 1–3 mm wide. Inflorescence arising from leaf axil, erect, 20–50 cm long, 3- to 7-flowered; flowers lemon-scented, 4–5 cm across. Fl. Oct.–Nov.; Bhutan, Cambodia, S to SW China, India, Myanmar, Nepal, Philippines, Thailand, Vietnam; 300–2800 m.

0423 *Cymbidium cyperifolium* Wall. ex Lindl. var. *szechuanicum* (Y. S. Wu & S. C. Chen) S. C. Chen & Z. J. Liu 送春（变种）

本变种与莎叶兰（原变种）*Cymbidium cyperifolium* (var. *cyperifolium*) 的区别在于本变种叶 9~13 枚，基部稍呈二列套叠，具较狭窄的膜质边缘宽约 1 mm。花期：2~4 月；不丹、中国（贵州、四川、云南）；约 2300 m。

This variety differs from *Cymbidium cyperifolium* (var. *cyperifolium*) by having 9–13 leaves slightly distichous-equitant at base and with narrower membranous margins ca. 1 mm wide. Fl. Feb.–Apr.; Bhutan, China (Guizhou, Sichuan, Yunnan); ca. 2300 m.

0424 *Cymbidium dayanum* Rchb. f. 冬凤兰

附生植物。假鳞茎近纺锤形，稍压扁，长 2~5 cm，包藏于叶基内。叶 4~9 枚，带形，长 32~60 cm。花序近基生，外弯或下垂，长 18~35 cm，具 5~9 花；花直径 4~5 cm。花期：2~4 月；不丹、柬埔寨、中国南部至西南部、印度、印度尼西亚、日本、老挝、马来西亚、缅甸、菲律宾、泰国、越南；300~1700 m。

Epiphytic plants. Pseudobulbs subfusiform, slightly compressed, 2–5 cm long, enclosed in leaf bases. Leaves 4–9, lorate, 32–60 cm long. Inflorescence nearly basal, arching or pendulous, 18–35 cm long, 5- to 9-flowered; flowers 4–5 cm across. Fl. Feb.–Apr.; Bhutan, Cambodia, S to SW China, India, Indonesia, Japan, Laos, Malaysia, Myanmar, Philippines, Thailand, Vietnam; 300–1700 m.

0424 ***Cymbidium dayanum*** (Photo.: Kexue Xu(left); Xiaohua Jin(right))

0425 ***Cymbidium defoliatum***
(Photo.: Zhongjian Liu)

0425 *Cymbidium defoliatum* Y. S. Wu & S. C. Chen 落叶兰

地生植物。假鳞茎很小，通常排成一列。叶 2~4 枚，带形，长 25~40 cm，冬季凋落，在生长季节仅顶端 1 个假鳞茎具叶。花序基生，直立，长 10~20 cm，具 3~4 花；花直径 2~3 cm，有香气。花期：6~8 月；中国（福建、贵州、四川、云南）。

Terrestrial plants. Pseudobulbs very small, often borne in a row. Leaves 2–4, lorate, 25–40 cm long, deciduous in winter, only terminal pseudobulb with leaves during growing period. Inflorescence basal, erect, 10–20 cm long, 3- or 4-flowered; flowers 2–3 cm in diam., fragrant. Fl. June–Aug.; China (Fujian, Guizhou, Sichuan, Yunnan).

0426 *Cymbidium devonianum* Paxton 福兰

地生或石上附生植物。假鳞茎近圆柱形或狭卵形，长 1.5~4 cm。叶 2~4 枚，矩圆状倒披针形，长 15~49 cm，基部渐狭成柄。花序基生，外弯或下垂，长 36~50 cm，具 20~40 花；花直径 2.5~3.5 cm。花期：3~4 月；不丹、中国（云南东南部）、印度、尼泊尔、泰国、越南；1000~2600 m。

Terrestrial or lithophytic plants. Pseudobulbs subcylindric or narrowly ovoid, 1.5–4 cm long. Leaves 2–4, oblong-oblanceolate, 15–49 cm long, tapering into a stalk at base. Inflorescence basal, arching or pendulous, 36–50 cm long, 20- to 40-flowered; flowers 2.5–3.5 cm across. Fl. Mar.–Apr.; Bhutan, China (SE Yunnan), India, Nepal, Thailand, Vietnam; 1000–2600 m.

0426 ***Cymbidium devonianum***
(Photos.: Zhongjian Liu)

0427 *Cymbidium eburneum* Lindl. 独占春

附生植物。假鳞茎近纺锤形或卵球形，压扁，长 4~10 cm。叶 6~17 枚，带形，长 30~65 cm。花序发自叶腋，近直立，长 25~40 cm，具 1 花或罕有 2~3 花；花直径 8~11 cm，有香气。花期：2~5 月；中国（广西、海南、云南）、印度、缅甸、尼泊尔；300~2000 m。

Epiphytic plants. Pseudobulbs subfusiform or ovoid-globose, compressed, 4–10 cm long. Leaves 6–17, lorate, 30–65 cm long. Inflorescence arising from leaf axil, suberect, 25–40 cm long, with 1 or rarely 2–3 flowers; flowers 8–11 cm across, fragrant. Fl. Feb.–May; China (Guangxi, Hainan, Yunnan), India, Myanmar, Nepal; 300–2000 m.

0428 *Cymbidium eburneum* Lindl. var. *longzhouense* Z. J. Liu & S. C. Chen 龙州兰（变种）

本变种与独占春（原变种）*Cymbidium eburneum* (var. *eburneum*) 的区别在于本变种白色的萼片和花瓣背面常有粉红色的晕，唇瓣的侧裂片和中裂片上有明显的紫红色的斑。花期：4 月；中国（广西西南部）；约 800 m。

This variety differs from *Cymbidium eburneum* (var. *eburneum*) by its white sepals and petals usually tinged with pink on dorsal surface, and lip conspicuously mottled with purplish red on lateral lobes and mid-lobe. Fl. Apr.; China (SW Guangxi); ca. 800 m.

0427 ***Cymbidium eburneum*** (Photo.: Junwen Zhai)

0428 ***Cymbidium eburneum* var. *longzhouense*** (Photo.: Jun Liu)

0429 ***Cymbidium elegans*** (Photo.: Kohji Karasawa)

0432 ***Cymbidium erythraeum*** (Photo.: Zhanhuo Tsi)

0429 *Cymbidium elegans* Lindl. 莎草兰

附生植物。假鳞茎近卵形，压扁，长 4~9 cm，包藏于叶基内。叶 6~16 枚，二列，带形，长 35~80 cm。花序侧生，俯垂，长 30~60 cm，密生 18~35 花；花狭钟形，长 3~4 cm。花期：10~12 月；不丹、中国西南部、印度、缅甸、尼泊尔；1500~2800 m。

Epiphytic plants. Pseudobulbs subovoid, compressed, 4–9 cm long, enclosed in leaf bases. Leaves 6–16, distichous, lorate, 35–80 cm long. Inflorescence lateral, nodding, 30–60 cm long, densely 18- to 35-flowered; flowers narrowly bell-shaped, 3–4 cm long. Fl. Oct.–Dec.; Bhutan, SW China, India, Myanmar, Nepal; 1500–2800 m.

0430 *Cymbidium elegans* Lindl. var. *lushuiense* (Z. J. Liu, S. C. Chen & X. C. Shi) Z. J. Liu & S. C. Chen 泸水兰（变种）

本变种与独占春（原变种）*Cymbidium elegans* (var. *elegans*) 的区别在于本变种唇瓣上的 2 个褶片在外侧各具 1 个披针形的附属物。花期：12~1 月；中国（云南西南部）。

This variety differs from *Cymbidium elegans* (var. *elegans*) by having two lamellae on its lip each with a lanceolate appendage on outer side. Fl. Dec.–Jan.; China (SW Yunnan).

0430 ***Cymbidium elegans*** var. ***lushuiense*** (Photo.: Zhongjian Liu)

0431 *Cymbidium ensifolium* (L.) Sw. 建兰

地生植物。假鳞茎卵形，长 1.5~2.5 cm，包藏于叶基内。叶 2~4（~6）枚，带形，长 30~60 cm，有时近先端边缘具锯齿。花序基生，直立，长 20~30 cm 或过之，具 3~9 花；苞片短于子房长度的 1/2；花直径 3~5 cm，有香气。花期：通常 6~10 月；广布于亚洲热带地区，北到中国和日本，东到新几内亚；500~1800 m。

Terrestrial plants. Pseudobulbs ovoid, 1.5–2.5 cm long, enclosed in leaf bases. Leaves 2–4 (–6), lorate, 30–60 cm long, sometimes serrate toward apical margin. Inflorescence basal, erect, 20–30 cm or more long, 3- to 9-flowered; bracts less than 1/2 length of ovary; flowers 3–5 cm across, scented. Fl. usually June–Oct.; widespread in tropical Asia, north to China and Japan and east to New Guinea; 500–1800 m.

0431 ***Cymbidium ensifolium*** (Photo.: Jiangfeng Liu)

0432 *Cymbidium erythraeum* Lindl. 长叶兰

附生植物。假鳞茎卵形，压扁，长 2~8 cm，包藏于叶基内。叶 5~12 枚，二列，带形，长 35~90 cm。花序基生，外弯或近直立，长 40~75 cm，具 3~15 花；花直径 6~8 cm，有香气。花期：10~1 月；不丹、中国西南部、印度、缅甸、尼泊尔、越南；1000~2800 m。

Epiphytic plants. Pseudobulbs ovoid, compressed, 2–8 cm long, enclosed in leaf bases. Leaves 5–12, distichous, lorate, 35–90 cm long. Inflorescence basal, arching or suberect, 40–75 cm long, 3- to 15-flowered; flowers 6–8 cm across, fragrant. Fl. Oct.–Jan.; Bhutan, SW China, India, Myanmar, Nepal, Vietnam; 1000–2800 m.

0433 ***Cymbidium erythraeum*** var. ***flavum*** (Photo.: Zhongjian Liu)

0433 ***Cymbidium erythraeum*** **Lindl.** var. ***flavum*** **(Z. J. Liu & J. Y. Zhang) Z. J. Liu, S. C. Chen & P. J. Cribb 黄花长叶兰（变种）**

本变种与长叶兰（原变种）*Cymbidium erythraeum* (var. *erythraeum*) 的区别在于本变种具有纯绿黄色的萼片与花瓣，以及白色唇瓣的侧裂片上有黄色脉纹和中裂片上有黄色斑点。花期：10~12 月；中国（云南东南部与西部）；1600~1800 m。

This variety differs from *Cymbidium erythraeum* (var. *erythraeum*)by having uniformly greenish yellow sepals and petals and white lip with yellow venation on lateral lobes and yellow spots on mid-lobe. Fl. Oct.–Dec.; China (SE and W Yunnan); 1600–1800 m.

0434 ***Cymbidium erythrostylum*** **Rolfe 越南红柱兰**

附生植物。假鳞茎狭卵形，压扁，长约 6 cm，包藏于叶基内。叶 6~8 枚，带形，长达 45 cm。花序侧生，外弯，长 15~40 cm，通常具 4~8 花；花直径约 6 cm。花期：5~7 月；越南；约 1500 m。

Epiphytic plants. Pseudobulbs narrowly ovoid, compressed, ca. 6 cm long, enclosed in leaf bases. Leaves 6–8, lorate, to 45 cm long. Inflorescence lateral, arching, 15–40 cm long, often 4- to 8-flowered; flowers ca. 6 cm across. Fl. May–July; Vietnam; ca. 1500 m.

0435 ***Cymbidium faberi*** **Rolfe 蕙兰**

地生植物。假鳞茎不明显。叶 4~8 枚，带形，长 25~80 cm，无关节，具半透明叶脉。花序侧生，近直立，长 30~50（~80）cm，具 5~11 朵或更多花；苞片长约为子房的 1/2；花通常有浓香，直径 3~3.5 cm。花期：3~5 月；中国（甘肃南部至台湾和西藏）、印度北部、尼泊尔；700~3000 m。

Terrestrial plants. Pseudobulbs inconspicuous. Leaves 4–8, lorate, 25–80 cm long, not articulate, with transparent veins. Inflorescence lateral, suberect, 30–50 (–80) cm long, with 5–11 or more flowers; bracts ca. 1/2 as long as ovary; flowers often very fragrant, 3–3.5 cm across. Fl. Mar.–May; China (S Gansu to Taiwan and Xizang), N India, Nepal; 700–3000 m.

0436 ***Cymbidium finlaysonianum*** **Lindl. 冯氏兰**

附生植物。假鳞茎卵形，压扁，长 6~8 cm，包藏于叶基内。叶 4~7 枚，二列，带形，长 50~100 cm，先端不等的深 2 裂。花序基生，下垂，长 30~140 cm，具 7~26 花；花直径 3.5~4 cm。花期：全年不定；柬埔寨、印度尼西亚、马来西亚、菲律宾、泰国南部、越南南部；0~300 m。

Epiphytic plants. Pseudobulbs ovoid, compressed, 6–8 cm long, enclosed in leaf bases. Leaves 4–7, distichous, lorate, 50–100 cm long, strongly unequally bilobed at apex. Inflorescence basal, pendulous, 30–140 cm long, 7- to 26-flowered; flowers 3.5–4 cm across. Fl. throughout the year; Cambodia, Indonesia, Malaysia, Philippines, S Thailand, S Vietnam; 0–300 m.

0434 ***Cymbidium erythrostylum*** (Photo.: Kohji Karasawa)

0435 ***Cymbidium faberi*** (Photo.: Sicong Lu)

0436 ***Cymbidium finlaysonianum*** (Photos.: Sicong Lu)

0437 ***Cymbidium floribundum*** (Photos.: Donghui Peng)

0438 ***Cymbidium goeringii*** (Photos.: Zhanhuo Tsi)

0437 *Cymbidium floribundum* Lindl. 多花兰

附生植物。假鳞茎近卵形，稍压扁，长 2.5~3.5 cm，包藏于叶基内。叶 3~6 枚，带形，长 15~50 cm，具半透明叶脉。花序基生，近直立，长 16~35 cm，密生 10~40 花；花直径 3~4 cm。花期：4~8 月；中国（从台湾至浙江、湖北和西藏）、越南；100~3300 m。

Epiphytic plants. Pseudobulbs subovoid, slightly compressed, 2.5–3.5 cm long, enclosed in leaf bases. Leaves 3–6, lorate, 15–50 cm long, with transparent veins. Inflorescence basal, suberect, 16–35 cm long, densely 10- to 40-flowered; flowers 3–4 cm across. Fl. Apr.–Aug.; China (Taiwan to Zhejiang, Hubei and Xizang), Vietnam; 100–3300 m.

0438 *Cymbidium goeringii* (Rchb. f.) Rchb. f. 春兰

地生植物。假鳞茎卵形，长 1~2.5 cm，包藏于叶基内。叶 4~7 枚，带形，长 20~40（~60）cm，基部具关节，先端常稍有锯齿。花序近基生，直立，长 2~5 cm，具 1 花；苞片长 4~5 cm，长于子房；花直径 3.5~4.5 cm，有香气。花期：1~3 月；不丹、中国（亚热带地区）、印度、日本、朝鲜半岛；300~3000 m。

Terrestrial plants. Pseudobulbs ovoid, 1–2.5 cm long, enclosed in leaf bases. Leaves 4–7, lorate, 20–40 (–60) cm long, articulate toward base, apical margin often slightly serrate. Inflorescence nearly basal, erect, 2–5 cm long, 1-flowered; bracts 4–5 cm long, longer than ovary; flower 3.5–4.5 cm across, scented. Fl. Jan.–Mar.; Bhutan, China (subtropical areas), India, Japan, Korea; 300–3000 m.

0439 ***Cymbidium haematodes*** (Photos.: Junwen Zhai)

0439 *Cymbidium haematodes* Lindl. 秋墨兰

地生植物。假鳞茎长约 3 cm，包藏于叶基内。叶 2~5 枚，带形，长 50~200 cm，通常叶缘无锯齿。花序基生，常长于叶，具 8~12 花；花直径 3.5~4 cm。花期：9~10 月；中国（海南、云南）、印度、印度尼西亚、老挝、马来西亚、巴布亚新几内亚、斯里兰卡、泰国；500~1900 m。

Terrestrial plants. Pseudobulbs ca. 3 cm long, enclosed in leaf bases. Leaves 2–5, lorate, 50–200 cm long, usually lacking serrations along margin. Inflorescence basal, often longer than leaves, 8- to 12-flowered; flowers 3.5–4 cm across. Fl. Sep.–Oct.; China (Hainan, Yunnan), India, Indonesia, Laos, Malaysia, Papua New Guinea, Sri Lanka, Thailand; 500–1900 m.

0440 *Cymbidium hookerianum* Rchb. f. 虎头兰

附生植物。假鳞茎狭卵形，压扁，长 3~8 cm，部分包藏于叶基内。叶 4~8 枚，带形，长 35~80 cm。花序近基生，外弯或近直立，长 45~70 cm，具 6~14 花；花直径 11~12 cm，有微香。花期：1~4 月；不丹、中国西南部、印度东北部、尼泊尔、越南北部；1100~2700 m。

Epiphytic plants. Pseudobulbs narrowly ovoid, compressed, 3–8 cm long, partially enclosed in leaf bases. Leaves 4–8, lorate, 35–80 cm long. Inflorescence nearly basal, arching or suberect, 45–70 cm long, 6- to 14-flowered; flowers 11–12 cm across, slightly fragrant. Fl. Jan.–Apr.; Bhutan, SW China, NE India, Nepal, N Vietnam; 1100–2700 m.

0440 ***Cymbidium hookerianum*** (Photos.: Xiaohua Jin)

0441 ***Cymbidium insigne*** (Photo.: Kohji Karasawa)

0442 ***Cymbidium iridioides***
(Photos.: Hong Jiang(left); Kaiyong Lang(right))

0441 *Cymbidium insigne* Rolfe 美花兰

地生或石上附生植物。假鳞茎卵形，稍压扁，长 5~9 cm，包藏于叶基内。叶 6~9 枚，带形，长 60~90 cm。花序基生，近直立或外弯，长 28~90 cm，具 4~9 朵或更多花；花直径 6~7 cm。花期：11~12 月；中国（海南）、泰国、越南；1000~1900 m。

Terrestrial or lithophytic plants. Pseudobulbs ovoid, slightly compressed, 5–9 cm long, enclosed in leaf bases. Leaves 6–9, lorate, 60–90 cm long. Inflorescence basal, suberect or arching, 28–90 cm long, with 4–9 or more flowers; flowers 6–7 cm across. Fl. Nov.–Dec.; China (Hainan), Thailand, Vietnam; 1000–1900 m.

0442 *Cymbidium iridioides* D. Don 黄蝉兰

附生植物。假鳞茎近卵形，压扁，长 4~11 cm。叶 6~10 枚，带形，长 45~90 cm。花序基生，近直立或平展，长 40~70 cm，具 3~17 花；花直径 9~10 cm，有香气；唇瓣中裂片上具 2~3 行柔毛。花期：8~12 月；不丹、中国西南部、印度、缅甸、尼泊尔、越南；400~2800 m。

Epiphytic plants. Pseudobulbs subovoid, compressed, 4–11 cm long. Leaves 6–10, lorate, 45–90 cm long. Inflorescence basal, suberect or spreading, 40–70 cm long, 3- to 17-flowered; flowers 9–10 cm across, fragrant; lip with 2–3 rows of soft hairs on mid-lobe. Fl. Aug.–Dec.; Bhutan, SW China, India, Myanmar, Nepal, Vietnam; 400–2800 m.

0443 ***Cymbidium kanran***
(Photo.: Junwen Zhai)

0443 *Cymbidium kanran* Makino 寒兰

地生植物。假鳞茎狭卵形，长 2~4 cm，包藏于叶基内。叶 3~5（~7）枚，带形，长 40~70 cm，近基部具关节。花序基生，直立，长 25~80 cm，具 5~12 花；苞片长于子房长度的 1/2；花直径 6~8 cm，常有浓香。花期：8~12 月；中国（亚热带地区）、日本南部、朝鲜半岛；400~2400 m。

Terrestrial plants. Pseudobulbs narrowly ovoid, 2–4 cm long, enclosed in leaf bases. Leaves 3–5 (–7), lorate, 40–70 cm long, articulate toward base. Inflorescence basal, erect, 25–80 cm long, 5- to 12-flowered; bracts over 1/2 length of ovary; flowers 6–8 cm across, often strongly fragrant. Fl. Aug.–Dec.; China (subtropical areas), S Japan, Korea; 400–2400 m.

0444 *Cymbidium lancifolium* Hook. 兔耳兰

石上附生或地生植物。假鳞茎通常圆筒形，向顶端渐狭，稍压扁，长 2~15 cm，裸露。叶 2~5 枚，近顶生，倒披针状矩圆形，长 6~25 cm。花序侧生，直立，长 8~20 cm 或过之，具 1~6 花；花直径 3~4 cm。花期：5~8 月；东南亚至新几内亚、中国南部、日本南部和喜马拉雅地区；300~2300 m。

Lithophytic or terrestrial plants. Pseudobulbs often cylindric, tapering toward apex, slightly compressed, 2–15 cm long, naked. Leaves 2–5, subterminal, oblanceolate-oblong, 6–25 cm long. Inflorescence lateral, erect, 8–20 cm or more long, 1- to 6-flowered; flowers 3–4 cm across. Fl. May–Aug.; Southeast Asia to New Guinea, S China, S Japan and the Himalayas; 300–2300 m.

0444 ***Cymbidium lancifolium***
(Photos.: Jiangfeng Liu)

0445 ***Cymbidium lowianum*** (Photo.: Yechun Xu)

0445 *Cymbidium lowianum* (Rchb. f.) Rchb. f. 碧玉兰

附生植物。假鳞茎狭椭圆形，稍压扁，长 6~13 cm，包藏于叶基内。叶 5~7 枚，带形，长 65~80 cm。花序基生，近直立或外弯，长 60~80 cm，具 10~20 朵或更多花；花直径 7~11 cm；唇瓣上 V 形斑块上具天鹅绒似的毛。花期：4~5 月；中国（云南东南部与西南部）、缅甸、泰国；1200~2400 m。

Epiphytic plants. Pseudobulbs narrowly ellipsoid, slightly compressed, 6–13 cm long, enclosed in leaf bases. Leaves 5–7, lorate, 65–80 cm long. Inflorescence basal, suberect or arching, 60–80 cm long, with 10–20 or more flowers; flowers 7–11 cm across; V-shaped patch on lip velvety-hairy. Fl. Apr.–May; China (SE and SW Yunnan), Myanmar, Thailand; 1200–2400 m.

0446 ***Cymbidium madidum*** (Photo.: Kohji Karasawa)

0446 *Cymbidium madidum* Lindl. 湿地兰

附生植物。假鳞茎椭圆形，长 10~16 cm，压扁，包藏于叶基内。叶 6~9 枚，二列，带形，长 50~90 cm。花序基生，下垂，长 30~80 cm，具 17~60 花；花直径 2.5~3 cm。花期：8~12 月；澳大利亚东部；0~1300 m。

Epiphytic plants. Pseudobulbs ellipsoid, 10–16 cm long, compressed, enclosed in leaf bases. Leaves 6–9, distichous, lorate, 50–90 cm long. Inflorescence basal, pendulous, 30–80 cm long, 17- to 60-flowered; flowers 2.5–3 cm across. Fl. Aug.–Dec.; E Australia; 0–1300 m.

0447 ***Cymbidium maguanense*** (Photo.: Junwen Zhai)

0447 *Cymbidium maguanense* F. Y. Liu 象牙白

附生植物。假鳞茎近圆筒形，长 4~10 cm，包藏于叶基内。叶 8~9 枚，二列，带形，长 37~76 cm。花序 1~2 个，发自叶腋内，近直立，长 20~45 cm，具 2~11 花；花直径 8~9 cm。花期：10~12 月；中国（云南东南部）；1000~1800 m。

Epiphytic plants. Pseudobulbs subcylindric, 4–10 cm long, enclosed in leaf bases. Leaves 8–9, distichous, lorate, 37–76 cm long. Inflorescences 1 or 2, arising from leaf axils, suberect, 20–45 cm long, 2- to 11-flowered; flowers 8–9 cm across. Fl. Oct.–Dec.; China (SE Yunnan); 1000–1800 m.

0448 ***Cymbidium mannii***
(Photo.: Yibo Luo)

0449 ***Cymbidium mastersii***
(Photo.: Junwen Zhai)

0450 ***Cymbidium nanulum***
(Photo.: Sicong Lu)

0448 ***Cymbidium mannii* Rchb. f. 硬叶兰**

附生植物。假鳞茎狭卵形，稍压扁，长 2.5~5 cm，包藏于叶基内。叶 4~7 枚，带形，长 22~80 cm，先端不等的 2 裂。花序基生，下垂，长 17~28 cm，具 10~20 花；花直径 3~4 cm。花期：3~4 月；孟加拉国、不丹、柬埔寨、中国南部至西南部、印度、老挝、马来西亚、缅甸、尼泊尔、泰国、越南；100~1600 m。

Epiphytic plants. Pseudobulbs narrowly ovoid, slightly compressed, 2.5–5 cm long, enclosed in leaf bases. Leaves 4–7, lorate, 22–80 cm long, apex unequally bilobed. Inflorescence basal, pendulous, 17–28 cm long, 10- to 20-flowered; flowers 3–4 cm across. Fl. Mar.–Apr.; Bangladesh, Bhutan, Cambodia, S to SW China, India, Laos, Malaysia, Myanmar, Nepal, Thailand, Vietnam; 100–1600 m.

0449 ***Cymbidium mastersii* Griff. ex Lindl. 大雪兰**

附生植物。假鳞茎茎状，长 10~30 cm 或过之，完全包藏于二列的叶基内。叶可多达 15~17 枚或更多，带形，长 24~75 cm。花序 1~2 个，发自叶腋，近直立，长 25~45 cm，具 2~5 朵或更多花；花直径约 6 cm，有扁桃香味。花期：10~12 月；不丹、中国（云南南部至西部）、印度、缅甸、泰国、越南；900~2200 m。

Epiphytic plants. Pseudobulbs stemlike, 10–30 cm or more long, completely enclosed in distichous leaf bases. Leaves up to 15–17 or more, lorate, 24–75 cm long. Inflorescences 1–2, arising from leaf axils, suberect, 25–45 cm long, with 2–5 or more flowers; flowers ca. 6 cm across, almond-scented. Fl. Oct.–Dec.; Bhutan, China (S and W Yunnan), India, Myanmar, Thailand, Vietnam; 900–2200 m.

0450 ***Cymbidium nanulum* Y. S. Wu & S. C. Chen 珍珠矮**

地生植物，地下具圆筒形、长 5~6 cm、直径约 1 cm 的根状茎，无假鳞茎。叶 2~3 枚，直立，带形，长 25~30 cm，近基部无关节。花序基生，直立，长 10~13 cm，疏生 3~4 花；花直径 2.5~3 cm，有香气。花期：6 月；中国（贵州、海南、云南）。

Terrestrial plants, with a cylindric subterranean rhizome 5–6 cm long and ca. 1 cm in diam., lacking pseudobulbs. Leaves 2 or 3, erect, lorate, 25–30 cm long, not articulate toward base. Inflorescence basal, erect, 10–13 cm long, laxly 3- or 4-flowered; flowers 2.5–3 cm across, fragrant. Fl. June; China (Guizhou, Hainan, Yunnan).

0451 ***Cymbidium omeiense* Y. S. Wu & S. C. Chen 峨眉春蕙**

地生植物。假鳞茎不明显。叶 4~5 枚，带形，长 15~35 cm，近基部有不明显的关节。花序近基生，直立，长 15~18 cm，具 3~4 花；苞片与子房近等长；花直径约 5 cm，有香气。花期：3~4 月；中国（四川西南部）。

Terrestrial plants. Pseudobulbs indistinct. Leaves 4–5, lorate, 15–35 cm long, obscurely articulate toward base. Inflorescence nearly basal, erect, 15–18 cm long, 3- to 4-flowered; bracts nearly as long as ovary; flowers ca. 5 cm across, fragrant. Fl. Mar.–Apr.; China (SW Sichuan).

0451 ***Cymbidium omeiense*** (Photos.: Zhongjian Liu)

0452 ***Cymbidium paucifolium* Z. J. Liu & S. C. Chen 少叶硬叶兰**

附生植物。假鳞茎狭卵形，稍压扁，长 7~8 cm，包藏于叶基内。叶 2~4 枚，带形，长 33~64 cm，厚革质，先端不等的 2 裂。花序基生，下垂，长 25~40 cm，具 6~11 花；花直径约 4 cm，有微香。花期：10~11 月；中国（云南南部）。

Epiphytic plants. Pseudobulbs narrowly ovoid, slightly compressed, 7–8 cm long, enclosed in leaf bases. Leaves 2–4, lorate, 33–64 cm long, thickly coriaceous, apex unequally bilobed. Inflorescence basal, pendulous, 25–40 cm long, 6- to 11-flowered; flowers ca. 4 cm across, slightly scented. Fl. Oct.–Nov.; China (S Yunnan).

0453 ***Cymbidium qiubeiense* K. M. Feng & H. Li 邱北冬蕙兰**

地生植物。假鳞茎卵形，小，长 1~1.5 cm。叶 2~3 枚，带形，长 30~80 cm，基部收狭成叶柄；叶柄带紫黑色，丝状，有关节，长 10~20 cm。花序近基生，直立，具 2~6 花；花直径 2.5~4 cm，有香气。花期：10~12 月；中国（贵州、云南）；700~1800 m。

Terrestrial plants. Pseudobulbs ovoid, small, 1–1.5 cm long. Leaves 2–3, lorate, 30–80 cm long, base contracted into a purplish black, filiform, articulate petiole 10–20 cm long. Inflorescence nearly basal, erect, 2- to 6-flowered; flowers 2.5–4 cm across, scented. Fl. Oct.–Dec.; China (Guizhou, Yunnan); 700–1800 m.

0454 ***Cymbidium rectum* Ridl. 劲叶兰**

附生植物。假鳞茎狭卵形，长 4~5 cm，包藏于叶基内。叶 7~9 枚，带形，长 60~75 cm。花序基生，近直立或平展，长 35~45 cm，可具多达 17 花；花直径 3~4 cm，稍有水果香味。花期：9~12 月；马来西亚（马来半岛、沙巴）、泰国南部；400~500 m。

Epiphytic plants. Pseudobulbs narrowly ovoid, 4–5 cm long, enclosed in leaf bases. Leaves 7–9, lorate, 60–75 cm long. Inflorescence basal, suberect to spreading, 35–45 cm long, with up to 17 flowers; flowers 3–4 cm across, slightly fruit-scented. Fl. Sep.–Dec.; Malaysia (Malay Peninsula, Sabah), S Thailand; 400–500 m.

0452 ***Cymbidium paucifolium***
(Photos.: Zhongjian Liu)

0455 ***Cymbidium recurvatum* Z. J. Liu, S. C. Chen & P. J. Cribb 长茎兔耳兰**

地生植物。假鳞茎茎状，圆柱形，长 18~23 cm，具 6~8 节。叶 2~4 枚，近顶生，倒卵状矩圆形，长 6~9 cm。花序侧生，直立，长 9~11 cm，具 1 花；花直径 3.5~4 cm。花期：8~9 月；中国（云南西南部）；约 1700 m。

Terrestrial plants. Pseudobulbs stemlike, cylindric, 18–23 cm long, 6- to 8-noded. Leaves 2–4, subterminal, obovate-oblong, 6–9 cm long. Inflorescence lateral, erect, 9–11 cm long, 1-flowered; flower 3.5–4 cm across. Fl. Aug.–Sep.; China (SW Yunnan); ca. 1700 m.

0453 ***Cymbidium qiubeiense***
(Photo.: Sicong Lu)

0454 ***Cymbidium rectum***
(Photo.: Kohji Karasawa)

0455 ***Cymbidium recurvatum***
(Photos.: Zhongjian Liu)

0456 ***Cymbidium rhizomatosum***
(Photo.: Zhongjian Liu)

0457 ***Cymbidium sanderae***
(Photo.: Kohji Karasawa)

0458 ***Cymbidium schroederi***
(Photos.: Zhongjian Liu)

0456 *Cymbidium rhizomatosum* Z. J. Liu & S. C. Chen 二叶兰

地生植物，地下具根状茎；根状茎长 7~10 cm，直径 7~15 mm，有分枝，具小疣状突起。叶 2 枚，基生，花后出现，椭圆形，长 6~8 cm，基部具柄。花序生于根状茎顶端节上，长 15~20 cm，具 1~3 花；花直径 3.5~4.5 cm。花期：8~9 月；中国（云南东南部）。

Terrestrial plants, with a subterranean rhizome; rhizome 7–10 cm long, 7–15 mm in diam., branched, with small wartlike outgrowths. Leaves 2, basal, emerging after anthesis, elliptic, 6–8 cm long, petioled at base. Inflorescence arising from apical node of rhizome, 15–20 cm long, 1- to 3-flowered; flowers 3.5–4.5 cm across. Fl. Aug.–Sep.; China (SE Yunnan).

0457 *Cymbidium sanderae* (Rolfe) P. J. Cribb & Du Puy 散氏兰

附生植物。假鳞茎卵形，稍压扁，长达 6 cm，包藏于叶基内。叶通常 10 枚，带形，长达 50 cm。花序基生，近直立或外弯，长 30~50 cm，具 3~15 花；花直径约 8 cm，有香气。花期：春季；越南；1400~1500 m。

Epiphytic plants. Pseudobulbs ovoid, slightly compressed, to 6 cm long, enclosed in leaf bases. Leaves often 10, lorate, to 50 cm long. Inflorescence basal, suberect or arching, 30–50 cm long, 3- to 15-flowered; flowers ca. 8 cm across, scented. Fl. spring; Vietnam; 1400–1500 m.

0458 *Cymbidium schroederi* Rolfe 薛氏兰

附生植物。假鳞茎近椭圆形，压扁，长 13~16 cm，部分包藏于叶基内。叶 6~8 枚，带形，长 55~70 cm。花序基生，近直立或外弯，长 45~70 cm，具 14~25 花；花直径 7~9.5 cm。花期：3~6 月；中国（云南东南部）、越南北部；1000~1600 m。

Epiphytic plants. Pseudobulbs subellipsoid, compressed, 13–16 cm long, partially enclosed in leaf bases. Leaves 6–8, lorate, 55–70 cm long. Inflorescence basal, suberect or arching, 45–70 cm long, 14- to 25-flowered; flowers 7–9.5 cm across. Fl. Mar.–June; China (SE Yunnan), N Vietnam; 1000–1600 m.

0459 ***Cymbidium serratum*** (Photos.: Zhongjian Liu)

0459 *Cymbidium serratum* Schltr. 豆瓣兰

地生植物。假鳞茎卵形，小，长约 1 cm，包藏于叶基内。叶 3~5 枚，带形，长 23~28（~70）cm，边缘通常具锯齿，近基部无关节。花序基生，直立，通常长 15~25 cm，具 1 花或极罕 2 花；苞片长 4~5 cm，长于子房；花直径 5~6 cm，无香气。花期：2~3 月；中国（贵州、湖北、四川、台湾、云南）；1000~3000 m。

Terrestrial plants. Pseudobulbs ovoid, small, ca. 1 cm long, enclosed in leaf bases. Leaves 3–5, lorate, 23–38 (–70) cm long, usually serrate along margin, not articulate toward base. Inflorescence basal, erect, usually 15–25 cm long, 1- or very rarely 2-flowered; bracts 4–5 cm long, longer than ovary; flowers 5–6 cm across, not scented. Fl. Feb.–Mar.; China (Guizhou, Hubei, Sichuan, Taiwan, Yunnan); 1000–3000 m.

0460 ***Cymbidium sichuanicum***
(Photo.: Sicong Lu)

0461 ***Cymbidium sinense***
(Photo.: Yechun Xu)

0462 ***Cymbidium suave***
(Photo.: Kohji Karasawa)

0460 *Cymbidium sichuanicum* Z. J. Liu & S. C. Chen 川西兰

附生植物。假鳞茎近椭圆形，长 6~10 cm，包藏于叶基内。叶 5~8 枚，带形，长 60~110 cm。花序基生，近直立或外弯，长 50~70 cm，具 10~15 花；花直径 6~7 cm，有微香。花期：2~3 月；中国（四川中北部）；1200~1600 m。

Epiphytic plants. Pseudobulbs subellipsoid, 6–10 cm long, enclosed in leaf bases. Leaves 5–8, lorate, 60–110 cm long. Inflorescence basal, suberect or arching, 50–70 cm long, 10- to 15-flowered; flowers 6–7 cm across, slightly scented. Fl. Feb.–Mar.; China (NC Sichuan); 1200–1600 m.

0461 *Cymbidium sinense* (Jacks. ex Andr.) Willd. 墨兰

地生植物。假鳞茎卵形，长 2.5~6 cm，包藏于叶基内。叶 3~5 枚，带形，长 45~110 cm 或过之，近基部有关节。花序基生，直立，长 40~90 cm，具 10~20 朵或更多花；花直径 4~5 cm，常有浓香。花期：11~3 月；中国南部、印度、日本南部、缅甸、泰国、越南；300~2000 m。

Terrestrial plants. Pseudobulbs ovoid, 2.5–6 cm long, enclosed in leaf bases. Leaves 3–5, lorate, 45–110 cm or more long, articulate toward base. Inflorescence basal, erect, 40–90 cm long, with 10–20 or more flowers; flowers 4–5 cm across, often strongly fragrant. Fl. Nov.–Mar.; S China, India, S Japan, Myanmar, Thailand, Vietnam; 300–2000 m.

0462 *Cymbidium suave* R. Br. 甜味兰

附生植物。假鳞茎茎状，长 35~50 cm，包藏在叶基的纤维状残留物中。叶 6~11 枚，二列，带形，长 30~60 cm，较薄，最终凋落。花序常 1~2 个，侧生，外弯或下垂，长 15~35 cm，具多花；花直径 1.5~2.5 cm，有浓烈的甜味。花期：8~12 月；澳大利亚东部；0~1200 m。

Epiphytic plants. Pseudobulbs stemlike, 35–50 cm long, enclosed in the fibrous remains of leaf bases. Leaves 6–11, distichous, lorate, 30–60 cm long, rather thin, eventually deciduous. Inflorescences often 1–2, lateral, arching or pendulous, 15–35 cm long, many-flowered; flowers 1.5–2.5 cm across, strongly sweet-scented. Fl. Aug.–Dec.; E Australia; 0–1200 m.

0463 *Cymbidium suavissimum* Sander ex C. H. Curtis 果香兰

地生或石上附生植物。假鳞茎近卵形，稍压扁，长 5~6 cm，包藏于叶基内。叶 5~7 枚，带形，长 40~70 cm。花序基生，近直立，长 40~50 cm，密生 20~50 花；花直径 3~4 cm，有甜的果香，蕊柱基部边缘具 2 个小耳。花期：7~8 月；中国（贵州、云南）、缅甸、越南北部；700~1100 m。

Terrestrial or lithophytic plants. Pseudobulbs subovoid, slightly compressed, 5–6 cm long, enclosed in leaf bases. Leaves 5–7, lorate, 40–70 cm long. Inflorescence basal, suberect, 40–50 cm long, densely 20- to 50-flowered; flowers 3–4 cm across, sweetly fruit-scented; column with 2 small auricles on its basal margins. Fl. July–Aug.; China (Guizhou, Yunnan), Myanmar, N Vietnam; 700–1100 m.

0463 ***Cymbidium suavissimum***
(Photos.: Hong Jiang)

0464 ***Cymbidium teretipetiolatum***
(Photos.: Zhongjian Liu)

0464 *Cymbidium teretipetiolatum* Z. J. Liu & S. C. Chen 奇瓣红春素

地生植物。假鳞茎卵形，长 1~1.4 cm，生于地下的根状茎上。叶 3~5 枚，带形，长 40~50 cm；叶柄无关节，基部圆筒形，有时套叠而成假茎。花序基生，长 19~21 cm，具 2~4 花；唇瓣长 1.9~2.1 cm，通常不明显 3 裂，唇盘上不具褶片。花期：1~2 月；中国（云南南部）；约 1000 m。

Terrestrial plants. Pseudobulbs ovoid, 1–1.4 cm long, borne on a subterranean rhizome. Leaves 3–5, lorate, 40–50 cm long; petioles not articulate, basally cylindric and sometimes equitant to form a pseudostem. Inflorescence basal, 19–21 cm long, 2- to 4-flowered; lip 1.9–2.1 cm long, often obscurely 3-lobed, lacking lamellae on disc. Fl. Jan.–Feb.; China (S Yunnan); ca. 1000 m.

0465 *Cymbidium tigrinum* Parish ex Hook. 斑舌兰

附生植物。假鳞茎球状卵形，强烈压扁，长 3~5 cm，裸露。叶 2~5 枚，顶生或近顶生，狭椭圆形，长 7.5~20 cm，基部收狭而成明显的柄。花序基生，外弯，长 10~20 cm，具 2~6 花；花直径 5.5~6.5 cm。花期：3~7 月；中国（云南西部）、印度、缅甸；1500~2700 m。

Epiphytic plants. Pseudobulbs globose-ovoid, strongly compressed, 3–5 cm long, naked. Leaves 2–5, terminal or subterminal, narrowly subelliptic, 7.5–20 cm long, base contracted into a distinct petiole. Inflorescence basal, arching, 10–20 cm long, 2- to 6-flowered; flowers 5.5–6.5 cm across. Fl. Mar.–July.; China (W Yunnan), India, Myanmar; 1500–2700 m.

0466 ***Cymbidium tortisepalum***
(Photos.: Zhongjian Liu)

0466 *Cymbidium tortisepalum* Fukuy. 莲瓣兰

地生植物。假鳞茎椭圆形或卵形，长 1~2 cm，包藏于叶基内。叶 5~7（~10）枚，带形，外弯，长 30~65 cm，宽 0.4~1.2 cm，近基部无关节。花序近基生，直立，长 20~30 cm，具 2~7 花；苞片与子房近等长；花直径 4.5~6 cm，有香气。花期：12~3 月；中国（四川、台湾、云南）；800~2500 m。

Terrestrial plants. Pseudobulbs ellipsoid or ovoid, 1–2 cm long, enclosed in leaf bases. Leaves 5–7 (–10), lorate, arching, 30–65 cm long, 0.4–1.2 cm wide, not articulate toward base. Inflorescence nearly basal, erect, 20–30 cm long, 2- to 7-flowered; bracts nearly as long as ovary; flowers 4.5–6 cm across, scented. Fl. Dec.–Mar.; China (Sichuan, Taiwan, Yunnan); 800–2500 m.

0465 ***Cymbidium tigrinum*** (Photo.: Zhanhuo Tsi)

0467 ***Cymbidium tortisepalum*** **Fukuy.** var. ***longibracteatum*** **(Y. S. Wu & S. C. Chen) S. C. Chen & Z. J. Liu 春剑（变种）**

本变种与莲瓣兰（原变种）*Cymbidium tortisepalum* (var. *tortisepalum*) 的区别在于本变种叶近直立，宽 1.3~1.8 cm，苞片长于子房并围抱子房。花期：1~3 月；中国（贵州、四川、云南）；1000~2000 m。

This variety differs from *Cymbidium tortisepalum* (var. *tortisepalum*) by its suberect leaves 1.3–1.8 cm wide, and bracts exceeding and often embracing ovary. Fl. Jan.–Mar.; China (Guizhou, Sichuan, Yunnan); 1000–2000 m.

0467 ***Cymbidium tortisepalum*** var. ***longibracteatum***
(Photos.: Zhanhuo Tsi)

0468 ***Cymbidium tracyanum*** **L. Castle 西藏虎头兰**

附生植物。假鳞茎近卵形，稍压扁，长 5~15 cm。叶 5~10 枚，带形，长 55~90 cm。花序基生，外弯，长 65~130 cm，具 10~20 花；花直径 9~13 cm，有香气；唇瓣中裂片上具 3 行长毛，唇盘上两褶片间具 1 行长毛。花期：9~12 月；中国西南部、缅甸、泰国北部、越南北部；1200~1900 m。

Epiphytic plants. Pseudobulbs subovoid, slightly compressed, 5–15 cm long. Leaves 5–10, lorate, 55–90 cm long. Inflorescence basal, arching, 65–130 cm long, 10- to 20-flowered; flowers 9–13 cm across, fragrant; lip with 3 rows of long hairs on mid-lobe and 1 row of long hairs on disc between two lamellae. Fl. Sep.–Dec.; SW China, Myanmar, N Thailand, N Vietnam; 1200–1900 m.

0469 ***Cymbidium wenshanense***
(Photo.: Hong Jiang)

0469 ***Cymbidium wenshanense*** **Y. S. Wu & F. Y. Liu 文山红柱兰**

附生植物。假鳞茎卵形，稍压扁，长 3~6 cm，包藏于叶基内。叶 4~9 枚，二列，带形，长 45~98 cm。花序基生，外弯，长 28~39 cm，具 3~7 花；花有香气；萼片长 5.8~6.4 cm；唇瓣 3 裂；蕊柱长约 4 cm。花期：2~3 月；中国（云南东南部）、越南北部；约 1200 m。

Epiphytic plants. Pseudobulbs ovoid, slightly compressed, 3–6 cm long, enclosed in leaf bases. Leaves 4–9, distichous, lorate, 45–98 cm long. Inflorescence basal, arching, 28–39 cm long, 3- to 7-flowered; flowers fragrant; sepals 5.8–6.4 cm long; lip 3-lobed; column ca. 4 cm long. Fl. Feb.–Mar.; China (SE Yunnan), N Vietnam; ca. 1200 m.

0468 ***Cymbidium tracyanum*** (Photo.: Hong Jiang)

0470 ***Cymbidium wenshanense*** var. ***quinquelobum*** (Photo.: Zhongjian Liu)

0470 *Cymbidium wenshanense* Y. S. Wu & F. Y. Liu var. *quinquelobum* (Z. J. Liu & S. C. Chen) Z. J. Liu, S. C. Chen & P. J. Cribb 五裂红柱兰（变种）

本变种与文山红柱兰（原变种）*Cymbidium wenshanense* (var. *wenshanense*) 的区别在于本变种花序具 7~12 花；萼片长 6.5~8 cm；唇瓣 5 裂；蕊柱长 4.2~4.8 cm。花期：2~3 月；中国（云南东南部）；约 1500 m。

This variety differs from *Cymbidium wenshanense* (var. *wenshanense*) by its inflorescence 7- to 12-flowered, sepals 6.5–8 cm long, lip 5-lobed, and column 4.2–4.8 cm long. Fl. Feb.–Mar.; China (SE Yunnan); ca. 1500 m.

0471 *Cymbidium whiteae* King & Pantl. 怀特兰

附生植物。假鳞茎狭卵形，稍压扁，长 5~15 cm，部分包藏于叶基内。叶 9~14 枚，二列，带形，长 60~90 cm。花序基生，外弯或下垂，长 20~45 cm，具 10~12 花；花钟形或有时完全开放；萼片与花瓣长 4.1~4.8 cm。花期：10~11 月；印度（锡金）；1500~2000 m。

Epiphytic plants. Pseudobulbs narrowly ovoid, slightly compressed, 5–15 cm long, partially enclosed in leaf bases. Leaves 9–14, distichous, lorate, 60–90 cm long. Inflorescence basal, arching or pendulous, 20–45 cm long, 10- to 12-flowered; flowers bell-shaped or sometimes opening widely; sepals and petals 4.1–4.8 cm long. Fl. Oct.–Nov.; India (Sikkim); 1500–2000 m.

0472 *Cymbidium wilsonii* (Rolfe ex Cook) Rolfe 滇南虎头兰

附生植物。假鳞茎狭卵形，压扁，长 4~6 cm，包藏于叶基内。叶 7~10 枚，带形，长 60~100 cm。花序基生，近直立或外弯，长 25~70 cm，具 5~15 花；花直径 9~10 cm，有微香。花期：2~4 月；中国（云南南部至东南部）、越南；2100~2500 m。

Epiphytic plants. Pseudobulbs narrowly ovoid, compressed, 4–6 cm long, enclosed in leaf bases. Leaves 7–10, lorate, 60–100 cm long. Inflorescence basal, suberect or arching, 25–70 cm long, 5- to 15-flowered; flowers 9–10 cm across, slightly fragrant. Fl. Feb.–Apr.; China (S to SE Yunnan), Vietnam; 2100–2500 m.

0473 *Cynorkis fastigiata* Thou. 狗兰

地生植物，地下具块茎。叶 1~2 枚，基生，披针状线形，长 6~20 cm。花葶直立，长 10~30 cm；花序具 1 至多花；唇瓣长 1~1.5 cm。花期：全年不定；马达加斯加、科摩罗群岛、马斯卡林群岛；0~1400 m。

Terrestrial plants, with subterranean tubers. Leaves 1–2, basal, lanceolate-linear, 6–20 cm long. Scape erect, 10–30 cm long; inflorescence 1- to many-flowered; lip 1–1.5 cm long. Fl. throughout the year; Madagascar, Comoro Islands, Mascarene Islands; 0–1400 m.

0471 ***Cymbidium whiteae*** (Photo.: Kohji Karasawa)

0472 ***Cymbidium wilsonii*** (Photo.: Kohji Karasawa)

0473 ***Cynorkis fastigiata*** (Photo.: Kohji Karasawa)

0474 ***Cynorkis gibbosa***
(Photo.: Kohji Karasawa)

0475 ***Cynorkis lowiana***
(Photo.: Kohji Karasawa)

0476 ***Cynorkis purpurascens***
(Photo.: Kohji Karasawa)

0474 *Cynorkis gibbosa* Ridl. 三裂狗兰

地生植物，地下具块茎。叶 1 枚，基生，卵状披针形，长 10~20 cm。花葶直立，长 25~50 cm，有黑紫色斑点；花序具多花；唇瓣长约 3 cm。花期：9~3 月；马达加斯加；600~1500 m。

Terrestrial plants, with subterranean tubers. Leaf solitary, basal, ovate-lanceolate, 10–20 cm long. Scape erect, 25–50 cm long, spotted with black-purple; inflorescence many-flowered; lip ca. 3 cm long. Fl. Sep.–Mar.; Madagascar; 600–1500 m.

0475 *Cynorkis lowiana* Rchb. f. 楼氏狗兰

附生植物。块茎 2 个，伸长，被短柔毛。叶 1 枚，基生，狭线状披针形，长 4.5~13 cm。花葶直立，纤细，长 7~12 cm；花序具数花；唇瓣长约 2.2 cm。花期：9~11 月；马达加斯加东部；0~1500 m。

Epiphytic plants. Tubers 2, elongated, pubescent. Leaf solitary, basal, narrowly linear-lanceolate, 4.5–13 cm long. Scape erect, slender, 7–12 cm long; inflorescence several-flowered; lip ca. 2.2 cm long. Fl. Sep.–Nov.; E Madagascar; 0–1500 m.

0476 *Cynorkis purpurascens* Thou. 多花狗兰

石上附生植物。叶 1 枚，基生，卵状披针形，长 20~40 cm。花葶直立，长 25~50 cm；花序密生 10~35 花；唇瓣长 1.8~2.5 cm。花期：9~3 月；马达加斯加、马斯卡林群岛；0~1500 m。

Lithophytic plants. Leaf solitary, basal, ovate-lanceolate, 20–40 cm long. Scape erect, 25–50 cm long; inflorescence densely 10- to 35-flowered; lip 1.8–2.5 cm long. Fl. Sep.–Mar.; Madagascar, Mascarene Islands; 0–1500 m.

0477 *Cynorkis uncinata* H. Perr. 钩苞狗兰

地生植物，地下具 2~3 个块茎。叶 1 枚，基生，狭卵状椭圆形，长 7~22 cm。花葶直立，长 10~25 cm；花序通常具 10 花；唇瓣长约 1.5 cm。花期：2 月；马达加斯加；600~1000 m。

Terrestrial plants, with 2–3 subterranean tubers. Leaf solitary, basal, narrowly ovate-elliptic, 7–22 cm long. Scape erect, 10–25 cm long; inflorescence often 10-flowered; lip ca. 1.5 cm long. Fl. Feb.; Madagascar; 600–1000 m.

0477 ***Cynorkis uncinata***
(Photo.: Kohji Karasawa)

0478 ***Cypripedium acaule***
(Photo.: Singchi Chen)

0479 ***Cypripedium arietinum***
(Photo.: Kohji Karasawa)

0480 ***Cypripedium bardolphianum***
(Photo.: Kazuo Mori)

0478 *Cypripedium acaule* Aiton 基叶杓兰

地生植物，高 20~45 cm。茎很短。叶通常 2 枚，基生，椭圆形或矩圆状椭圆形，长 10~24 cm，被腺毛。花序一般只具 1 花；唇瓣长 4~6 cm，囊口前方具一纵裂隙。花期：4~6 月；加拿大、美国东部；0~500 m。

Terrestrial plants, 20–45 cm tall. Stems very short. Leaves commonly 2, basal, elliptic or oblong-elliptic, 10–24 cm long, glandular pubescent. Inflorescence commonly 1-flowered; lip 4–6 cm long, with a longitudinal cleft in front of its mouth. Fl. Apr.–June; Canada, eastern U. S. A.; 0–500 m.

0479 *Cypripedium arietinum* R. Br. 羊首杓兰

地生植物，高 10~36 cm。茎纤细，被短柔毛，上半部生叶。叶 3~5 枚，狭椭圆形或椭圆状披针形，长 5~10 cm。花序具 1 花；侧萼片离生；唇瓣长 1.3~2.5 cm，围绕囊口具白色毛。花期：5~6 月；加拿大、美国东北部；0~1000 m。

Terrestrial plants, 10–36 cm tall. Stems slender, pubescent, leafy in the apical half. Leaves 3–5, narrowly elliptic or elliptic-lanceolate, 5–10 cm long. Inflorescence 1-flowered; lateral sepals free; lip 1.3–2.5 cm long, white-hairy around its mouth. Fl. May–June; SE Canada, northeastern U. S. A.; 0–1000 m.

0480 *Cypripedium bardolphianum* W. W. Sm. 无苞杓兰

地生植物，高 8~12 cm，具纤细、匍匐的根状茎。茎长 2~3 cm，包藏于 2 枚鞘中，顶端具 2 枚近对生的叶。叶椭圆形，长 6~7 cm。花序具 1 花，无苞片；唇瓣长 1.2~1.5 cm，前方表面靠近囊口处具小疣状突起。花期：6~7 月；中国（甘肃南部至西藏东南部）；2300~3900 m。

Terrestrial plants, 8–12 cm tall, with a slender, creeping rhizome. Stems 2–3 cm long, covered by 2 sheaths, with 2 subopposite leaves at apex. Leaves elliptic, 6–7 cm long. Inflorescence 1-flowered, ebracteate; lip 1.2–1.5 cm long, tuberculate on front surface toward mouth. Fl. June–July; China (S Gansu to SE Xizang); 2300–3900 m.

0481 *Cypripedium calceolus* L. 杓兰

地生植物，高 20~45 cm。茎被腺毛，中部以上具 3~4 叶。叶椭圆形或卵状椭圆形，长 7~19 cm。花序具 1~2 花；花瓣扭转，长 3~5 cm；唇瓣长 3~4 cm。花期：6~7 月；亚洲温带地区和欧洲；0~2500 m。

Terrestrial plants, 20–45 cm tall. Stems glandular hairy, with 3–4 leaves above middle. Leaves elliptic or ovate-elliptic, 7–19 cm long. Inflorescence with 1–2 flowers; petals twisted, 3–5 cm long; lip 3–4 cm long. Fl. June–July; temperate Asia and Europe; 0–2500 m.

0481 ***Cypripedium calceolus***
(Photo.: Yao Zhou)

0482 ***Cypripedium calcicola*** (Photos.: Kazuo Mori)

0483 ***Cypripedium californicum***
(Photo.: Yuanzhang Wen)

0482 *Cypripedium calcicola* Schltr. (*Cypripedium smithii* Schltr.) 褐花杓兰

地生植物,高 15~45 cm。茎通常无毛。叶 3~4 枚,椭圆形,长 5~16.5 cm。花序具 1 花;唇瓣长 3.5~4.2 cm,背面有半透明的"窗"。花期:6~7 月;中国(四川西部、云南西北部);2600~3900 m。

Terrestrial plants, 15–45 cm tall. Stems usually glabrous. Leaves 3–4, elliptic, 5–16.5 cm long. Inflorescence 1-flowered; lip 3.5–4.2 cm long, with translucent "windows" on back. Fl. June–July; China (W Sichuan, NW Yunnan); 2600–3900 m.

0483 *Cypripedium californicum* A. Gray 加州杓兰

地生植物,高达 120 cm,全株被腺柔毛,地下具短的根状茎。茎通常较纤细,具 5~10 枚叶。叶卵状椭圆形至卵状披针形,长 5~16 cm,两面脉上被短柔毛。花序具多花;唇瓣长 1.5~2 cm。花期:5~7 月;美国西部(加利福尼亚、俄勒冈);400~1000 m。

Terrestrial plants, to 120 cm tall, glandular pubescent throughout, with a short subterranean rhizome. Stems usually slender, with 5–10 leaves. Leaves ovate-elliptic or ovate-lanceolate, 5–16 cm long, pubescent on veins of both surfaces. Inflorescence many-flowered; lip 1.5–2 cm long. Fl. May–July; western U.S.A (California, Oregon); 400–1000 m.

0484 *Cypripedium candidum* H. L. Muhl. ex Willd. 釉白杓兰

地生植物,高 12~38 cm。茎直立,坚挺,具 3~5 叶。叶椭圆状披针形至披针形,长 6~19 cm,两面脉上被腺毛。花序具 1 花或罕有 2 花;唇瓣长 1.5~2.5 cm。花期:4~6 月;加拿大南部、美国中部至东北部;0~1000 m。

Terrestrial plants, 12–38 cm tall. Stems erect, rigid, 3- to 5-leaved. Leaves elliptic-lanceolate to lanceolate, 6–19 cm long, glandular hairy on veins of both surfaces. Inflorescence with 1 or rarely 2 flowers; lip 1.5–2.5 cm long. Fl. Apr.–June; S Canada, mid to northeastern U. S. A.; 0–1000 m.

0484 ***Cypripedium candidum***
(Photo.: Yuanzhang Wen)

0485 ***Cypripedium cordigerum***
(Photo.: Yibo Luo)

0485 *Cypripedium cordigerum* D. Don 白唇杓兰

地生植物,高 25~50 cm。茎常被短柔毛和腺毛,具 2~5 叶。叶椭圆形或宽椭圆形,长 10~15 cm。花序具 1 花或罕有 2 花;花直径 9~10 cm。花期:6~8 月;不丹、中国(西藏南部)、印度、克什米尔、尼泊尔、巴基斯坦;2100~4000 m。

Terrestrial plants, 25–50 cm tall. Stems often pubescent and glandular hairy, 2- to 5-leaved. Leaves elliptic or broadly elliptic, 10–15 cm long. Inflorescence with 1 or rarely 2 flowers; flowers 9–10 cm across. Fl. June–Aug.; Bhutan, China (S Xizang), India, Kashmir, Nepal, Pakistan; 2100–4000 m.

0486 ***Cypripedium daweishanense*** (Photo.: Zhongjian Liu)

0487 ***Cypripedium debile*** (Photos.: Zhanhuo Tsi)

0486 *Cypripedium daweishanense* (S. C. Chen & Z. J. Liu) S. C. Chen & Z. J. Liu 大围山杓兰

地生植物，高 10~15 cm。茎长 5~8 cm，包藏于 2 枚鞘中，顶端具 2 枚近对生的叶。叶铺地而生，近圆形或宽椭圆形，长 15~17 cm，上面暗绿色并有黑栗色斑点。花序具 1 花，无苞片；唇瓣长 3.8~4.5 cm，前方表面稍有小乳突。花期:5~6 月；中国（云南东南部）；约 2300 m。

Terrestrial plants, 10–15 cm tall. Stems 5–8 cm long, covered by 2 sheaths, with 2 subopposite leaves at apex. Leaves prostrate on substrate, suborbicular to broadly elliptic, 15–17 cm long, dark green spotted with blackish maroon above. Inflorescence 1-flowered, ebracteate; lip 3.8–4.5 cm long, slightly papillose on front surface. Fl. May–June; China (SE Yunnan); ca. 2300 m.

0487 *Cypripedium debile* Rchb. f. 对叶杓兰

地生植物，高 10~30 cm。茎纤细，顶端具 2 叶。叶对生或近对生，宽卵形至近心形，长 2.5~7 cm，具 3~5 条掌状脉。花序下垂，具 1 花；花序柄长 3~5 cm；花小；唇瓣长 1~1.5 cm。花期：5~6 月；中国（甘肃、湖北、四川、台湾）、日本；1000~3400 m。

Terrestrial plants, 10–30 cm tall. Stems slender, 2-leaved at apex. Leaves opposite or subopposite, broadly ovate to subcordate, 2.5–7 cm long, with 3–5 palmate veins. Inflorescence pendent, 1-flowered; peduncle 3–5 cm long; flower small; lip 1–1.5 cm long. Fl. May–June; China (Gansu, Hubei, Sichuan, Taiwan), Japan; 1000–3400 m.

0488 ***Cypripedium dickinsonianum*** (Photo.: Yuanzhang Wen)

0488 *Cypripedium dickinsonianum* Hágsater 狄氏杓兰

地生植物，高达 30 cm。茎被密毛，全长具叶。叶达 14 枚，矩圆状披针形，长 2.5~5 cm，被毛。花序可具 8 花；苞片叶状；花依次展现，同一时间仅 1 花开放；唇瓣略似坛状，长约 1.9 cm。花期：6~8 月；危地马拉、墨西哥南部；约 1500 m。

Terrestrial plants, to 30 cm tall. Stems densely hairy, leafy along length. Leaves to 14, oblong-lanceolate, 2.5–5 cm long, hairy. Inflorescence up to 8-flowered; bracts foliaceous; flowers produced in succession, with one opening at a time; lip somewhat urn-shaped, ca. 1.9 cm long. Fl. June–Aug.; Guatemala, S Mexico; ca. 1500 m.

0489 *Cypripedium elegans* Rchb. f. 雅致杓兰

地生植物，高 10~15 cm，具纤细、匍匐的根状茎。茎密生长柔毛。叶 2 枚，对生或近对生，宽卵形或卵形，长 4~5 cm，具 3(~5)条主脉，两面被短柔毛或罕变无毛。花序具 1 花；花序柄长 2~4 cm，密被长柔毛；唇瓣长约 1 cm。花期：5~7 月；不丹、中国西南部、印度北部、尼泊尔；2800~4400 m。

Terrestrial plants, 10–15 cm tall, with a slender, creeping rhizome. Stems densely villose. Leaves 2, opposite or subopposite, broadly ovate or ovate, 4–5 cm long, with 3 (–5) prominent veins, both surfaces pubescent or rarely glabrescent. Inflorescence 1-flowered; peduncle 2–4 cm long, densely villose; lip ca. 1 cm long. Fl. May–July; Bhutan, SW China, N India, Nepal; 2800–4400 m.

0489 ***Cypripedium elegans*** (Photo.: Yibo Luo)

0490 ***Cypripedium fargesii*** (Photo.: Yuqi Li)

0491 ***Cypripedium farreri*** (Photo.: Hong Jiang)

0490 *Cypripedium fargesii* Franch. 毛瓣杓兰

地生植物，高 8~14 cm。茎长 3.5~7 cm。叶 2 枚，铺地而生，近对生，宽卵形至近圆形，长 10~15 cm，上面绿色而具黑褐色斑点。花序具 1 花，无苞片；花瓣在背面上侧密被白色长柔毛；唇瓣长约 2.5 cm，前方表面稍具小乳突。花期：5~7 月；中国（重庆、甘肃、湖北、四川）；1900~3200 m。

Terrestrial plants, 8–14 cm tall. Stems 3.5–7 cm long. Leaves 2, prostrate on substrate, subopposite, broadly ovate to suborbicular, 10–15 cm long, green spotted with blackish brown above. Inflorescence 1-flowered, ebracteate; petals densely white-villose on upper side of dorsal surface; lip ca. 2.5 cm long, minutely papillose on front surface. Fl. May–July; China (Chongqing, Gansu, Hubei, Sichuan); 1900–3200 m.

0491 *Cypripedium farreri* W. W. Sm. 华西杓兰

地生植物，高 20~30 cm。茎通常具 2 叶。叶互生，椭圆形或卵状椭圆形，长 6~9 cm，无毛。花序具 1 花；花有香气；花瓣几不扭转，长 3~4 cm；唇瓣坛状，长 2.5~3.3 cm，在囊口周围有齿状边缘。花期：6 月；中国（甘肃、贵州、四川、云南）；2000~3400 m。

Terrestrial plants, 20–30 cm tall. Stems often 2-leaved. Leaves alternate, elliptic or ovate-elliptic, 6–9 cm long, glabrous. Inflorescence 1-flowered; flower scented; petals scarcely twisted, 3–4 cm long; lip urceolate, 2.5–3.3 cm long, toothed-margined around its mouth. Fl. June; China (Gansu, Guizhou, Sichuan, Yunnan); 2000–3400 m.

0492 ***Cypripedium fasciculatum*** (Photo.: Yuanzhang Wen)

0492 *Cypripedium fasciculatum* Kellogg ex S. Watson 簇花杓兰

地生植物，高 6~40 cm，具较纤细的根状茎。茎纤细，密被长柔毛。叶 2 枚，对生，圆的卵形至卵状椭圆形，长 4~11 cm，具 3 主脉。花序为伞房状的总状花序，通常具 2~4 花；花序柄被长柔毛；花俯垂；唇瓣长 0.8~1.4 cm。花期：4~7 月；加拿大西南部、美国西部；800~1700 m。

Terrestrial plants, 6–40 cm tall, with a rather slender rhizome. Stems slender, densely villose. Leaves 2, opposite, orbicular-ovate to ovate-elliptic, 4–11 cm long, prominently 3-veined. Inflorescence corymbose-racemose, often 2- to 4-flowered; peduncle villose; flowers nutant; lip 0.8–1.4 cm long. Fl. Apr.–July; SW Canada, western U. S. A.; 800–1700 m.

0493 ***Cypripedium fasciolatum*** (Photos.: Zhongjian Liu)

0493 *Cypripedium fasciolatum* Franch. 大叶杓兰

地生植物，高 30~45 cm。茎无毛或上部近节处被短柔毛。叶 3~4 枚，通常宽椭圆形，长 15~20 cm。花序具 1 花或罕有 2 花；花直径可达 12 cm，有香气；唇瓣长 5~7 cm，在囊口周围有齿状边缘。花期：4~6 月；中国（重庆、湖北、陕西、四川）；1600~2900 m。

Terrestrial plants, 30–45 cm tall. Stems glabrous or pubescent near upper nodes. Leaves 3–4, often broadly elliptic, 15–20 cm long. Inflorescence with 1 or rarely 2 flowers; flowers up to 12 cm across, scented; lip 5–7 cm long, toothed-margined around its mouth. Fl. Apr.–June; China (Chongqing, Hubei, Shaanxi, Sichuan); 1600–2900 m.

0494 ***Cypripedium flavum***
(Photo.: Kaiyong Lang)

0495 ***Cypripedium formosanum*** (Photos.: Zhenrong Xie)

0494 *Cypripedium flavum* P. F. Hunt & Summerh. 黄花杓兰

地生植物，高 30~50 cm。茎密被短柔毛。叶 3~6 枚，疏离，椭圆形或椭圆状披针形，长 10~16 cm，两面被短柔毛。花序具 1 花或罕有 2 花；唇瓣长 3~4.5 cm。花期：5~7 月；中国（重庆、甘肃、湖北、四川、西藏、云南）；1800~3500 m。

Terrestrial plants, 30–50 cm tall. Stems densely pubescent. Leaves 3–6, well spaced, elliptic or elliptic-lanceolate, 10–16 cm long, pubescent on both surfaces. Inflorescence 1- or rarely 2-flowered; lip 3–4.5 cm long. Fl. May–July; China (Chongqing, Gansu, Hubei, Sichuan, Xizang, Yunnan); 1800–3500 m.

0495 *Cypripedium formosanum* Hayata 台湾杓兰

地生植物，高 30~40 cm，具较纤细的、常有分枝的根状茎。茎疏被短柔毛或变无毛。叶 2 枚，近对生，扇形，长 10~13 cm，宽 8~11 cm。花序具 1 花；花序柄有时疏被短柔毛；唇瓣长 4~6 cm。花期：4~5 月；中国（台湾）；1500~3000 m。

Terrestrial plants, 30–40 cm tall, with a relatively slender, often branched rhizome. Stems sparsely pubescent or glabrescent. Leaves 2, subopposite, fan-shaped, 10–13 cm long, 8–11 cm wide. Inflorescence 1-flowered; peduncle sometimes sparsely pubescent; lip 4–6 cm long. Fl. Apr.–May; China (Taiwan); 1500–3000 m.

0496 ***Cypripedium forrestii***
(Photos.: Zhongjian Liu)

0496 *Cypripedium forrestii* P. J. Cribb 玉龙杓兰

地生植物，高 3~5 cm，具纤细、匍匐的根状茎。茎长 1.5~3 cm，包藏于 2 枚鞘中，顶端具 2 枚近对生的叶。叶椭圆形至宽卵形，长 5~6.5 cm，上面绿色或有时有暗紫色斑点。花序具 1 花，无苞片；唇瓣长约 1 cm，前方表面具小乳突。花期：6 月；中国（云南西北部）；2900~3500 m。

Terrestrial plants, 3–5 cm tall, with a slender, creeping rhizome. Stems 1.5–3 cm long, covered by 2 sheaths, with 2 subopposite leaves at apex. Leaves elliptic to broadly ovate, 5–6.5 cm long, green or sometimes spotted with dark purple above. Inflorescence 1-flowered, ebracteate; lip ca. 1 cm long, papillose on front surface. Fl. June; China (NW Yunnan); 2900–3500 m.

0497 ***Cypripedium franchetii***
(Photo.: Zhanhuo Tsi)

0497 *Cypripedium franchetii* E. H. Wilson 毛杓兰

地生植物，高 20~35 cm。茎密被长柔毛。叶 3~5 枚，椭圆形或卵状椭圆形，长 10~16 cm，两面脉上疏被短柔毛。花序具 1 花；花序柄密被长柔毛；唇瓣长 4~5.5 cm。花期：5~7 月；中国（重庆、甘肃、河南、湖北、陕西、山西、四川）；1500~3700 m。

Terrestrial plants, 20–35 cm tall. Stems densely villose. Leaves 3–5, elliptic or ovate-elliptic, 10–16 cm long, sparsely pubescent on veins of both surfaces. Inflorescence 1-flowered; peduncle densely villose; lip 4–5.5 cm long. Fl. May–July; China (Chongqing, Gansu, Henan, Hubei, Shaanxi, Shanxi, Sichuan); 1500–3700 m.

0498 ***Cypripedium guttatum*** (Photo.: Hong Jiang)

0499 ***Cypripedium henryi*** (Photo.: Hong Jiang)

0498 *Cypripedium guttatum* Sw. 紫点杓兰

地生植物，高 15~25 cm，具纤细、匍匐的根状茎。茎被短柔毛和腺毛。叶通常 2 枚，近对生，长 5~12 cm，干后变为近黑色。花序具 1 花；唇瓣长约 1.5 cm。花期：5~7 月；北美洲、西伯利亚、欧洲东部至中国东北部和西南部和喜马拉雅地区；500~4100 m。

Terrestrial plants, 15–25 cm tall, with a slender, creeping rhizome. Stems pubescent and glandular hairy. Leaves usually 2, subopposite, 5–12 cm long, turning blackish when dried. Inflorescence 1-flowered; lip ca. 1.5 cm long. Fl. May–July; North America, Siberia and E Europe across to NE and NW China and the Himalayas; 500–4100 m.

0499 *Cypripedium henryi* Rolfe 绿花杓兰

地生植物，高 30~60 cm。茎被短柔毛。叶 4~5 枚，卵形或卵状披针形，长 10~18 cm。花序通常具 2~4 花；花瓣稍扭转，长 4~5 cm；唇瓣长约 2 cm。花期：4~5 月；中国（山西南部和甘肃南部至云南西北部和东南部）；800~3000 m。

Terrestrial plants, 30–60 cm tall. Stem pubescent. Leaves 4–5, ovate or ovate-lanceolate, 10–18 cm long. Inflorescence often 2- to 4-flowered; petals often slightly twisted, 4–5 cm long; lip ca. 2 cm long. Fl. Apr.–May; China (S Shanxi and S Gansu across to NW and SE Yannan); 800–3000 m.

0500 *Cypripedium himalaicum* Rolfe 高山杓兰

地生植物，高 14~30 cm。茎疏被短柔毛。叶 3~4 枚，矩圆状椭圆形至宽椭圆形，长 5~10 cm。花序具 1 花；花有香气；唇瓣长 2.8~3.4 cm，在小的囊口周围有齿状边缘。花期：6~7 月；不丹、中国（西藏）；印度北部、尼泊尔；3000~4000 m。

Terrestrial plants, 14–30 cm tall. Stems sparsely pubescent. Leaves 3–4, oblong-elliptic to broadly elliptic, 5–10 cm long. Inflorescence 1-flowered; flower scented; lip 2.8–3.4 cm long, toothed-margined around its small mouth. Fl. June–July; Bhutan, China (Xizang), N India, Nepal; 3000–4000 m.

0500 ***Cypripedium himalaicum*** (Photo.: Xiaohua Jin)

0501 *Cypripedium irapeanum* La Llave & Lex. 多花杓兰

地生植物，高达 100~150 cm。茎粗壮，被密毛，上下均具叶。叶达 15~20 枚或更多，卵形或卵状披针形，长 5~18 cm，两面被毛。花序可具 6 花；苞片叶状；花依次展现，同一时间只开 1 或 2 花；唇瓣长 4~7 cm。花期：6~9 月；危地马拉、洪都拉斯、墨西哥；600~2250 m。

Terrestrial plants, up to 100–150 cm tall. Stems stout, densely hairy, leafy along length. Leaves to 15–20 or more, ovate or ovate-lanceolate, 5–18 cm long, hairy on both surfaces. Inflorescence to 6-flowered; bracts leaf-like; flowers produced in succession, with one or two opening at a time; lip 4–7 cm long. Fl. June–Sep.; Guatemala, Honduras, Mexico; 600–2250 m.

0501 ***Cypripedium irapeanum*** (Photo.: Yuanzhang Wen)

0502 ***Cypripedium japonicum*** (Photo.: Guojun Hua)

0505 ***Cypripedium lichiangense*** (Photo.: Hong Jiang)

0502 *Cypripedium japonicum* Thunb. 扇脉杓兰

地生植物，高 35~55 cm，具粗 3~4 mm 的匍匐根状茎。茎被褐色绒毛。叶通常 2 枚，近对生，扇形，长 10~16 cm，宽 10~21 cm。花序具 1 花；花序柄被褐色绒毛；唇瓣长 4~5 cm。花期：4~6 月；中国、日本、朝鲜半岛；800~2000 m。

Terrestrial plants, 35–55 cm tall, with a creeping rhizome 3–4 mm thick. Stems brown-tomentose. Leaves often 2, subopposite, fan-shaped, 10–16 cm long, 10–21 cm wide. Inflorescence 1-flowered; peduncle brown-tomentose; lip 4–5 cm long. Fl. Apr.–June; China, Japan, Korea; 800–2000 m.

0503 ***Cypripedium kentuckiense*** (Photo.: Singchi Chen)

0503 *Cypripedium kentuckiense* C. F. Reed 肯州杓兰

地生植物，高 40~71 cm。茎具腺毛。叶 3~5 枚，椭圆状卵形，长 14~17 cm。花序具 1 花；中萼片长 6.5~11 cm，稍扭转；唇瓣略似坛状，长 5~7 cm，具宽阔的囊口。花期：5~6 月；美国（肯德基州及邻近诸州）；0~500 m。

Terrestrial plants, 40–71 cm tall. Stems glandular pubescent. Leaves 3–5, elliptic-ovate, 14–17 cm long. Inflorescence 1-flowered; dorsal sepal 6.5–11 cm long, slightly twisted; lip somewhat pitcher-shaped, 5–7 cm long, with a broad mouth. Fl. May–June; U. S. A. (Kentucky and adjacent states); 0–500 m.

0504 *Cypripedium lentiginosum* P. J. Cribb & S. C. Chen 长瓣杓兰

地生植物，高 7~11 cm。茎长 3~7 cm。叶 2 枚，铺地而生，近对生，宽卵状椭圆形至近圆形，长 13~25 cm，上面绿灰色而具黑褐色斑点。花序具 1 花，无苞片；花瓣长 7~9 cm，背面上侧被短柔毛；唇瓣长 3~3.5 cm，前方表面具小乳突。花期：5~6 月；中国（云南东南部）；1800~2100 m。

Terrestrial plants, 7–11 cm tall. Stems 3–7 cm long. Leaves 2, prostrate on substrate, subopposite, broadly ovate-elliptic to suborbicular, 13–25 cm long, green-grey spotted with blackish brown above. Inflorescence 1-flowered, ebracteate; petals 7–9 cm long, pubescent on upper side of dorsal surface; lip 3–3.5 cm long, papillose on front surface. Fl. May–June; China (SE Yunnan); 1800–2100 m.

0504 ***Cypripedium lentiginosum*** (Photo.: Hong Jiang)

0505 *Cypripedium lichiangense* S. C. Chen & P. J. Cribb 丽江杓兰

地生植物，高 7~14 cm。茎长 3~7 cm。叶 2 枚，铺地而生，近对生，卵形至近圆形，长 7~19 cm，上面绿色而具紫黑色至浅褐色斑点。花序具 1 花，无苞片；花瓣长 4~6.5 cm；唇瓣长 3.3~4 cm，前方表面具小乳突。花期：5~7 月；中国（四川西南部、云南西北部）；2600~3500 m。

Terrestrial plants, 7–14 cm tall. Stems 3–7 cm long. Leaves 2, prostrate on substrate, subopposite, ovate to suborbicular, 7–19 cm long, green spotted with purplish black to pale brown above. Inflorescence 1-flowered, ebracteate; petals 4–6.5 cm long; lip 3.3–4 cm long, papillose on front surface. Fl. May–July; China (SW Sichuan, NW Yunnan); 2600–3500 m.

0506 ***Cypripedium macranthos***
(Photos.: Kazuo Mori)

0507 ***Cypripedium margaritaceum*** (Photo.: Hong Jiang)

0506 *Cypripedium macranthos* Sw. 大花杓兰

地生植物，高 25~50 cm。茎常无毛。叶 3~4 枚，椭圆形或椭圆状卵形，长 10~15 cm。花序具 1 花或罕有 2 花；唇瓣长 4.5~5.5 cm。花期：6~7 月；中国（黑龙江至内蒙古、河北、陕西、山东，台湾也有）；日本、朝鲜半岛、俄罗斯；0~2400 m。

Terrestrial plants, 25–50 cm tall. Stems often glabrescent. Leaves 3–4, elliptic or elliptic-ovate, 10–15 cm long. Inflorescence with 1 or rarely 2 flowers; lip 4.5–5.5 cm long. Fl. June–July; China (Heilongjiang to Nei Mongol, Hebei, Shaanxi and Shandong, also Taiwan), Japan, Korea, Russia; 0–2400 m.

0507 *Cypripedium margaritaceum* Franch. 斑叶杓兰

地生植物，高 7~11 cm。茎长 2~5 cm。叶 2 枚，铺地而生，近对生，宽卵形至近圆形，长 8~15 cm，上面深绿色而具黑紫色至浅紫褐色斑点。花序具 1 花，无苞片；唇瓣长 2.5~3 cm，前方表面具小疣状突起。花期：5~7 月；中国（四川西南部、云南西北部）；2500~3600 m。

Terrestrial plants, 7–11 cm tall. Stems 2–5 cm long. Leaves 2, prostrate on substrate, subopposite, broadly ovate to suborbicular, 8–15 cm long, deep green spotted with blackish purple to pale purple-brown above. Inflorescence 1-flowered, ebracteate; lip 2.5–3 cm long, tuberculate on front surface. Fl. May–July; China (SW Sichuan, NW Yunnan); 2500–3600 m.

0508 ***Cypripedium micranthum***
(Photo.: Yuqi Li)

0508 *Cypripedium micranthum* Franch. 小花杓兰

地生植物，高 4~10 cm。茎长 2~6 cm。叶 2 枚，铺地而生，近对生，椭圆形至倒卵状椭圆形，长 7~9 cm。花序具 1 花，无苞片；萼片背面密被紫色长柔毛；唇瓣长约 1 cm，前方表面具小乳突。花期：5~6 月；中国（重庆、四川）；2000~2500 m。

Terrestrial plants, 4–10 cm tall. Stems 2–6 cm long. Leaves 2, prostrate on substrate, subopposite, elliptic to obovate-elliptic, 7–9 cm long. Inflorescence 1-flowered, ebracteate; sepals densely purplish villose dorsally; lip ca. 1 cm long, papillose on front surface. Fl. May–June; China (Chongqing, Sichuan); 2000–2500 m.

0509 ***Cypripedium molle***
(Photo.: Yuanzhang Wen)

0509 *Cypripedium molle* Lindl. 多叶杓兰

地生植物，高达 60 cm。茎被毛，全长具叶。叶达 18 枚，通常椭圆形至披针形，长 3~13 cm，两面被毛。花序可具 5 花；苞片叶状；花依次展现，同一时间仅 1 花或有时 2~3 花开放；唇瓣长 2.4~3.4 cm。花期：7~8 月；墨西哥南部（瓦哈卡）；1750~2050 m。

Terrestrial plants, to 60 cm tall. Stems hairy, leafy along length. Leaves to 18, usually elliptic to lanceolate, 3–13 cm long, hairy on both surfaces. Inflorescence to 5-flowered; bracts foliaceous; flowers produced in succession, with one or sometimes 2–3 opening at a time; lip 2.4–3.4 cm long. Fl. July–Aug.; S Mexico(Oaxaca); 1750–2050 m.

0510 ***Cypripedium montanum*** (Photo.: Kohji Karasawa)

0511 ***Cypripedium palangshanense*** (Photo.: Yuqi Li)

0510 *Cypripedium montanum* Douglas ex Lindl. 山地杓兰

地生植物，高 25~70 cm。茎被腺毛。叶 4~7 枚，宽卵形至椭圆状披针形，长 8~16 cm。花序具 1~3 花；花序柄被腺毛；唇瓣长 2~3 cm，具小的囊口。花期：4~7 月；加拿大西部、美国西部；0~2400 m。

Terrestrial plants, 25–70 cm tall. Stems glandular pubescent. Leaves 4–7, broadly ovate to elliptic-lanceolate, 8–16 cm long. Inflorescence 1- to 3-flowered; peduncle glandular pubescent; lip 2–3 cm long, with a small mouth. Fl. Apr.–July; W Canada, western U. S. A.; 0–2400 m.

0512 ***Cypripedium parviflorum***
(Photo.: Singchi Chen)

0511 *Cypripedium palangshanense* T. Tang & F. T. Wang 巴郎山杓兰

地生植物，高 6~15 cm，具纤细的匍匐根状茎。茎无毛。叶 2 枚，对生或近对生，宽卵形至近圆形，长 4~6 cm，具 3~5 条主脉。花序具 1 花；花俯垂；唇瓣长约 1 cm。花期：5~6 月；中国（重庆、四川）；2200~3500 m。

Terrestrial plants, 6–15 cm tall, with a slender, creeping rhizome. Stems glabrous. Leaves 2, opposite or subopposite, broadly ovate to suborbicular, 4–6 cm long, prominently 3- or 5-veined. Inflorescence 1-flowered; flower nutant; lip ca. 1 cm long. Fl. May–June; China (Chongqing, Sichuan); 2200–3500 m.

0512 *Cypripedium parviflorum* Salisb. 北美杓兰

地生植物，高 15~35 cm。茎疏被短柔毛。叶 3~5 枚，二列，通常卵状披针形，长 5~15 cm。花序具 1~2 花；花序轴被腺毛；花有香气；花瓣紫色至栗色，长 3~5 cm；唇瓣长 1.5~3.5 cm。花期：5~6 月；加拿大、美国；0~2500 m。

Terrestrial plants, 15–35 cm tall. Stems sparsely pubescent. Leaves 3–5, distichous, usually ovate-lanceolate, 5–15 cm long. Inflorescence with 1 or 2 flowers; rachis glandular hairy; flowers scented; petals purple to maroon, 3–5 cm long; lip 1.5–3.5 cm long. Fl. May–June; Canada, U. S. A.; 0–2500 m.

0513 ***Cypripedium parviflorum*** var. ***pubescens*** (Photo.: Kohji Karasawa)

0513 *Cypripedium parviflorum* Salisb. var. *pubescens* (Willd.) O. W. Knight 短毛杓兰（变种）

本变种与北美杓兰（原变种）*Cypripedium parviflorum* (var. *parviflorum*) 的区别在于本变种的花瓣黄绿色或有时有红褐色的条纹或斑点，通常长 6~8 cm；唇瓣长 4~5 cm。花期：4~7 月；加拿大、美国；0~2000 m。

This variety differs from *Cypripedium parviflorum* (var. *parviflorum*) by its petals yellowish green or sometimes striped or spotted with reddish brown, often 6–8 cm long and lip 4–5 cm long. Fl. Apr.–July; Canada, U. S. A.; 0–2000 m.

0514 ***Cypripedium passerinum*** **Richardson 卵唇杓兰**

地生植物，高 12~38 cm。茎被短柔毛，具 3~5 枚叶。叶椭圆形至卵状披针形，长 5~16 cm，两面被短柔毛。花序具单花或罕有 2 花；苞片叶状；花直径 2.5~4 cm；两枚侧萼片或合生而成 1 枚合萼片或完全离生；唇瓣长 1.2~2 cm。花期：6~7 月；加拿大、美国（阿拉斯加、蒙大拿）；可达 2200 m。

Terrestrial plants, 12–38 cm tall. Stems pubescent, 3- to 5-leaved. Leaves elliptic to ovate-lanceolate, 5–16 cm long, pubescent on both surfaces. Inflorescence 1- or rarely 2-flowered; bracts foliaceous; flowers 2.5–4 cm across; two lateral sepals either united to form a synsepal or completely free; lip 1.2–2 cm long. Fl. June–July; Canada, U.S.A.(Alaska, Montana); up to 2200 m.

0514 ***Cypripedium passerinum***
(Photo.: Yuanzhang Wen)

0515 ***Cypripedium plectrochilum*** **Franch. 离萼杓兰**

地生植物，高 12~30 cm。茎被短柔毛。叶 3 枚或罕有 2 或 4 枚，通常椭圆状披针形，长 4.5~6 cm。花序具 1 花；花序柄被短柔毛；侧萼片离生；唇瓣近倒圆锥形，长 1.6~2.4 cm，具钝的末端。花期：4~6 月；中国西部和西南部、缅甸；2000~3600 m。

Terrestrial plants, 12–30 cm tall. Stems pubescent. Leaves 3 or rarely 2 or 4, often elliptic-lanceolate, 4.5–6 cm long. Inflorescence 1-flowered; peduncle pubescent; lateral sepals free; lip somewhat obconical, 1.6–2.4 cm long, with a blunt apex. Fl. Apr.–June; W & SW China, Myanmar; 2000–3600 m.

0516 ***Cypripedium reginae*** **Walt. 皇后杓兰**

地生植物，高 35~85 cm，常形成大的群体。茎被腺毛。叶 3~7 枚，卵形至椭圆状披针形，长 10~24 cm。花序具 1~2（~4）花；花序柄被长柔毛和腺毛；唇瓣长 2.5~5 cm。花期：5~8 月；加拿大东南部、美国中部至东北部；0~500 m。

Terrestrial plants, 35–85 cm tall, often forming large colonies. Stems glandular hairy. Leaves 3–7, ovate to elliptic-lanceolate, 10–24 cm long. Inflorescence with 1–2 (–4) flowers; peduncle villose and glandular hairy; lip 2.5–5 cm long. Fl. May–Aug.; SE Canada, mid to northeastern U. S. A.; 0–500 m.

0517 ***Cypripedium segawae*** **Masamune 宝岛杓兰**

地生植物，高 20~30 cm。茎被腺毛。叶 3~4 枚，椭圆形或椭圆状披针形，长 5~10 cm。花序具 1 花；花序柄被腺毛；唇瓣长 2~2.5 cm。花期：3~4 月；中国（台湾）；1300~3000 m。

Terrestrial plants, 20–30 cm tall. Stems glandular hairy. Leaves 3–4, elliptic or elliptic-lanceolate, 5–10 cm long. Inflorescence 1-flowered; peduncle glandular hairy; lip 2–2.5 cm long. Fl. Mar.–Apr.; China (Taiwan); 1300–3000 m.

0515 ***Cypripedium plectrochilum***
(Photos.: Zhanhuo Tsi)

0516 ***Cypripedium reginae***
(Photo.: Singchi Chen)

0517 ***Cypripedium segawae***
(Photos.: Zhenrong Xie)

0518 ***Cypripedium shanxiense*** (Photos.: Yao Zhou)

0519 ***Cypripedium sichuanense*** (Photo.: Zhongjian Liu)

0518 *Cypripedium shanxiense* S. C. Chen 山西杓兰

地生植物，高 35~55 cm。茎被短柔毛和腺毛。叶 3~4 枚，椭圆形至卵状披针形，长 7~15 cm。花序具 2 花或罕有 1 或 3 花；花序柄、花序轴和子房被短柔毛和腺毛；合萼片通常深 2 裂；唇瓣长 1.6~2 cm。花期：5~6 月；中国（四川至内蒙古和河北）、日本、俄罗斯（西伯利亚）；1000~3400 m。

Terrestrial plants, 35–55 cm tall. Stems pubescent and glandular hairy. Leaves 3–4, elliptic to ovate-lanceolate, 7–15 cm long. Inflorescence with 2 or rarely 1 or 3 flowers; peduncle, rachis and ovary pubescent and glandular hairy; synsepal often deeply bilobed; lip 1.6–2 cm long. Fl. May–June; China (Sichuan to Nei Mongol and Hebei), Japan, Russia (Siberia); 1000–3400 m.

0519 *Cypripedium sichuanense* Perner 四川杓兰

地生植物，高 10~14 cm。茎长 3~6 cm。叶 2 枚，铺地而生，近对生，宽椭圆形至近圆形，长 11.5~16 cm，上面绿色而具暗红褐色斑点。花序具 1 花，无苞片；花瓣长 4.3~4.9 cm，无毛；唇瓣长 2~2.6 cm，前方的栗色斑点通常呈疣状。花期：5~6 月；中国（四川中北部）；1950~2400 m。

Terrestrial plants, 10–14 cm tall. Stems 3–6 cm long. Leaves 2, prostrate on substrate, subopposite, broadly elliptic to suborbicular, 11.5–16 cm long, green spotted with dark red-brown above. Inflorescence 1-flowered, ebracteate; petals 4.3–4.9 cm long, glabrous; lip 2–2.6 cm long, maroon spots at front usually wartlike. Fl. May–June; China (NC Sichuan); 1950–2400 m.

0520 ***Cypripedium singchii***
(Photos.: Donghui Peng)

0520 *Cypripedium singchii* Z. J. Liu & L. J. Chen 心启杓兰

地生植物，高可达 100~160 cm。茎直径 0.8~1 cm，密被短柔毛和腺毛。叶 9~10 枚，椭圆状矩圆形或椭圆状披针形，长 15~33 cm，背面被短柔毛。花序具 4~7 花；花序轴被白色长柔毛和腺毛；苞片小，非叶状；花有香气；唇瓣长 5~5.3 cm，囊口两侧密被多簇白色肉质毛。花期：6~7 月；中国（云南东南部）、越南北部；700~1300 m。

Terrestrial plants, up to 100–160 cm tall. Stems 0.8–1 cm in diam., densely pubescent and glandular hairy. Leaves 9–10, elliptic-oblong or elliptic-lanceolate, 15–33 cm long, pubescent dorsally. Inflorescence 4- to 7-flowered; rachis white-villose and glandular hairy; bracts small, not foliaceous; flowers scented; lip 5–5.3 cm long, densely covered with many tufts of white fleshy hairs on both sides of its mouth. Fl. June–July; China (SE Yunnan), N Vietnam; 700–1300 m.

0521 *Cypripedium tibeticum* King ex Rolfe 西藏杓兰

地生植物，高 15~35 cm。茎无毛或在近上部节处被短柔毛。叶 3 枚或罕有 2 或 4 枚，椭圆形或卵状椭圆形，长 8~16 cm。花序具 1 花；唇瓣长 4~6 cm，环绕囊口具白色边缘。花期：5~8 月；不丹、中国（甘肃至西藏）、印度（锡金）；2300~4200 m。

Terrestrial plants, 15–35 cm tall. Stems glabrous or pubescent near upper nodes. Leaves 3 or rarely 2 or 4, elliptic or ovate-elliptic, 8–16 cm long. Inflorescence 1-flowered; lip 4–6 cm long, with a white-margined rim to its mouth. Fl. May–Aug.; Bhutan, China (Gansu to Xizang), India (Sikkim); 2300–4200 m.

0521 ***Cypripedium tibeticum***
(Photo.: Hong Jiang)

0522 ***Cypripedium wardii*** (Photos.: Xiaohua Jin)

0522 *Cypripedium wardii* Rolfe 宽口杓兰

地生植物，高 10~20 cm。茎被短柔毛和腺毛。叶 2~3（~4）枚，椭圆形或椭圆状披针形，长 4.5~10 cm，两面被短柔毛。花序具 1 花或极罕 2~3 花；花序柄被短柔毛和腺毛；唇瓣近球形，直径 1.2~1.6 cm，在囊口基部两侧各具 1 枚白色附属物。花期：6~7 月；中国（四川、西藏、云南）；2000~3700 m。

Terrestrial plants, 10–20 cm tall. Stems pubescent and glandular hairy. Leaves 2–3 (–4), elliptic or elliptic-lanceolate, 4.5–10 cm long, pubescent on both surfaces. Inflorescence with 1 or very rarely 2–3 flowers; peduncle pubescent and glandular hairy; lip subglobose, 1.2–1.6 cm in diam., with a white appendage on either basal side of its mouth. Fl. June–July; China (Sichuan, Xizang, Yunnan); 2000–3700 m.

0523 ***Cypripedium yatabeanum*** (Photo.: Kohji Karasawa)

0523 *Cypripedium yatabeanum* Makino 黄铃杓兰

地生植物，高 20~35 cm，具纤细的匍匐根状茎。茎被短柔毛。叶 2 枚，椭圆形或椭圆状卵形，长 5~15 cm。花序具 1 花；唇瓣长 1.8~2.5 cm。花期：6~7 月；日本北部和西伯利亚东部，向东至阿拉斯加和科迪亚克岛；0~1000 m。

Terrestrial plants, 20–35 cm tall, with a slender, creeping rhizome. Stems pubescent. Leaves 2, elliptic or elliptic-ovate, 5–15 cm long. Inflorescence 1-flowered; lip 1.8–2.5 cm long. Fl. June–July; N Japan and E Siberia, east to Alaska and Kodiak Island; 0–1000 m.

0524 ***Cypripedium yunnanense*** (Photo.: Hong Jiang)

0524 *Cypripedium yunnanense* Franch. 云南杓兰

地生植物，高 20~37 cm。茎无毛或在上部近节处疏被短柔毛。叶 3~4 枚，椭圆形或椭圆状披针形，长 6~14 cm。花序具 1 花；唇瓣长 2.2~3.2 cm，囊口具浅色的边缘；退化雄蕊白色，中央具 1 条紫红色纵条纹。花期：5 月；中国（四川、西藏、云南）；2700~3800 m。

Terrestrial plants, 20–37 cm tall. Stems glabrous or sparsely pubescent near upper nodes. Leaves 3–4, elliptic or elliptic-lanceolate, 6–14 cm long. Inflorescence 1-flowered; lip 2.2–3.2 cm long, with a paler rim to its mouth; staminode white, with a purple-red longitudinal stripe centrally. Fl. May; China (Sichuan, Xizang, Yunnan); 2700–3800 m.

0525 *Cytrochiloides ochmatochila*
(Photo. : Karlheinz Senghas)

0526 *Cyrtochilum aemulum*
(Photo.: Kohji Karasawa)

0527 *Cyrtochilum annulare*
(Photo.: Kohji Karasawa)

0525 *Cyrtochiloides ochmatochila* (Rchb. f.) N. H. Williams & M. W. Chase (*Oncidium ochmatochilum* Rchb. f.) **拟凸唇兰**

附生植物。假鳞茎圆筒状卵形，压扁，长 6~12.5 cm，顶端具 2 叶。叶宽线形或倒披针状矩圆形，长达 68 cm。花序基生，长达 37 cm 或过之，有分枝，具多花；花长 2.5~3.5 cm，有香气。花期：春季至秋季；墨西哥至哥伦比亚和秘鲁；700~1200 m。

Epiphytic plants. Pseudobulbs cylindric-ovoid, compressed, 6–12.5 cm long, 2-leaved at apex. Leaves broadly linear or oblanceolate-oblong, to 68 cm long. Inflorescence basal, to 37 cm or more long, branched, many-flowered; flowers 2.5–3.5 cm long, scented. Fl. spring–autumn; Mexico to Colombia and Peru; 700–1200 m.

0526 *Cyrtochilum aemulum* (Rchb. f. & Warsz.) Kraenzl. (*Oncidium aemulum* Rchb. f.) **栗唇凸唇兰**

攀援植物。假鳞茎卵形，压扁，长约 7 cm，顶端具 1 叶。叶倒披针形，长 30~60 cm。花序基生，长约 3 m，有分枝，具多花；花直径 5~6 cm。花期：夏季；哥伦比亚、厄瓜多尔、秘鲁；2300~4000 m。

A scandent plant. Pseudobulbs ovoid, compressed, ca. 7 cm long, 1-leafed at apex. Leaf oblanceolate, 30–60 cm long. Inflorescence basal, ca. 3 m long, branched, many-flowered; flowers 5–6 cm across. Fl. summer; Colombia, Ecuador, Peru; 2300–4000 m.

0528 *Cyrtochilum densiflorum*
(Photo.: SCO)

0527 *Cyrtochilum annulare* (Rchb. f.) Kraenzl. (Oncidium monachicum Rchb. f.) **褐花凸唇兰**

附生植物。假鳞茎在根状茎上相距 10~20 cm，卵形，压扁，长 10~18 cm，顶端具 2~3 叶。叶线状倒披针形，长约 50 cm。花序基生，长可达 5 m，有分枝，具 50~70 花；花直径 5.5~6.5 cm。花期：夏季；哥伦比亚、厄瓜多尔；1500~2250 m。

Epiphytic plants. Pseudobulbs 10–20 cm apart on rhizome, ovoid, compressed, 10–18 cm long, 2- or 3-leaved at apex. Leaves linear-oblanceolate, ca. 50 cm long. Inflorescence basal, up to 5 m long, branched, 50- to 70-flowered; flowers 5.5–6.5 cm across. Fl. summer; Colombia, Ecuador; 1500–2250 m.

0528 *Cyrtochilum densiflorum* (Lindl.) Kraenzl. (Odontoglossum ramulosum Lindl.) **胼唇凸唇兰**

附生植物。假鳞茎密集，椭圆状卵形，长约 9 cm，为数枚具叶的鞘所包围，顶端具 2 叶。叶狭披针形，长约 30 cm。花序基生，长约 45 cm，有分枝，具多花；花直径约 1.5 cm。花期：冬季；秘鲁至委内瑞拉；2500~3000 m。

Epiphytic plants. Pseudobulbs close together, ellipsoid-ovoid, ca. 9 cm long, subtended by several leaf-bearing sheaths, 2-leaved at apex. Leaves narrowly lanceolate, ca. 30 cm long. Inflorescence basal, ca. 45 cm long, branched, many-flowered; flowers ca. 1.5 cm across. Fl. winter; Peru to Venezuela; 2500–3000 m.

0529 ***Cyrtochilum divaricatum*** **(Lindl.) Dalström [*Oncidium costatum* (Lindl.) Beer] 展枝凸唇兰**

地生或石上附生植物。假鳞茎相距 10~20 cm，卵形，压扁，长 4~6 cm，顶端具 2 叶。叶线形，长 25~35 cm。花序基生，长于叶，有分枝，具多花；花直径 3.5~4 cm。花期：夏季；哥伦比亚、委内瑞拉；约 2500 m。

Terrestrial or lithophytic plants. Pseudobulbs spaced 10 to 20 cm, ovoid, compressed, 4–6 cm long, 2-leaved at apex. Leaves linear, 25–35 cm long. Inflorescence basal, longer than leaves, branched, many-flowered; flowers 3.5–4 cm across. Fl. summer; Colombia, Venezuela; ca. 2500 m.

0529 ***Cyrtochilum divaricatum*** (Photo.: Kohji Karasawa)

0530 ***Cyrtochilum falcipetalum*** **(Lindl.) Kraenzl. (*Oncidium falcipetalum* Lindl.) 镰瓣凸唇兰**

附生或地生植物，具匍匐根状茎。假鳞茎狭卵形，长达 14 cm，顶端具 2 叶。叶线形，长约 45 cm。花序基生，长可达 250 cm，具 24~30 花；唇瓣长约 2 cm。花期：1~3 月；秘鲁；1800~2700 m。

Epiphytic or terrestrial plants, with a creeping rhizome. Pseudobulbs narrowly ovoid, to 14 cm long, 2-leaved at apex. Leaves linear, ca. 45 cm long. Inflorescence basal, up to 250 cm long, 24- to 30-flowered; lip ca. 2 cm long. Fl. Jan.–Mar.; Peru; 1800–2700 m.

0532 ***Cyrtochilum meirax*** (Photo.: Kohji Karasawa)

0531 ***Cyrtochilum macranthum*** **(Lindl.) Kraenzl. (*Oncidium macranthum* Lindl.) 大花凸唇兰**

附生植物。假鳞茎簇生，卵状圆筒形，压扁，长 7~15 cm，顶端具 2 叶。叶倒披针形，长 25~55 cm。花序基生，长 60~300 cm，有分枝，具多花；花直径 7~10 cm。花期：初夏；哥伦比亚、厄瓜多尔、秘鲁；2400~3200 m。

Epiphytic plants. Pseudobulbs clustered, ovoid-cylindric, compressed, 7–15 cm long, 2-leaved at apex. Leaves oblanceolate, 25–55 cm long. Inflorescence basal, 60–300 cm long, branched, many-flowered; flowers 7–10 cm across. Fl. early summer; Colombia, Ecuador, Peru; 2400-3200 m.

0532 ***Cyrtochilum meirax*** **(Rchb. f.) Dalström (*Oncidium meirax* Rchb. f.) 梅氏凸唇兰**

附生植物。假鳞茎卵形，压扁，长 2~3.5 cm，顶端具 1~2 叶。叶线状矩圆形，长 4~10 cm。花序基生，长 20~35 cm，有分枝，具 5~20 花；唇瓣宽约 0.8 cm。花期：春季；南美洲西北部；600~2000 m。

Epiphytic plants. Pseudobulbs ovoid, compressed, 2–3.5 cm long, 1- or 2-leaved at apex. Leaves linear-oblong, 4–10 cm long. Inflorescence basal, 20–35 cm long, branched, 5- to 20-flowered; lip ca. 0.8 cm wide. Fl. spring; NW South America; 600–2000 m.

0530 ***Cyrtochilum falcipetalum*** (Photo.: Kohji Karasawa)

0531 ***Cyrtochilum macranthum*** (Photo.: Kohji Karasawa)

0533 ***Cyrtochilum murinum*** (Photo.: Kohji Karasawa)

0533 *Cyrtochilum murinum* (Rchb. f.) Kraenzl. (*Oncidium murinum* Rchb. f.) **鼠色凸唇兰**

附生植物。假鳞茎簇生，狭卵形，压扁，长约 8 cm，顶端具 2~3 叶。叶线形，长 35~40 cm。花序基生，长约 45 cm，上部有分枝，具多花；花直径约 1 cm。花期：1 月；厄瓜多尔、委内瑞拉；可达 3000 m。

Epiphytic plants. Pseudobulbs clustered, narrowly ovoid, compressed, ca. 8 cm long, 2- or 3-leaved at apex. Leaves linear, 35–40 cm long. Inflorescence basal, ca. 45 cm long, branched above, many-flowered; flowers ca. 1 cm across. Fl. Jan.; Ecuador, Venezuela; up to 3000 m.

0534 *Cyrtochilum pardinum* (Lindl.) [*Odontoglossum pardinum* (Lindl.) Lindl.] **豹斑凸唇兰**

附生植物。假鳞茎狭卵形，长约 6 cm，通常为 4 枚具叶的鞘所包围，顶端具 1~2 叶。叶披针形，长约 30 cm。花序基生，长约 50 cm，有分枝，可具多达 50 花；花直径 4~6 cm。花期：冬季至春季；哥伦比亚、秘鲁、委内瑞拉；2500~3500 m。

Epiphytic plants. Pseudobulbs narrowly ovoid, ca. 6 cm long, often subtended by 4 leaf-bearing sheaths, 1- or 2-leaved at apex. Leaves lanceolate, ca. 30 cm long. Inflorescence basal, ca. 50 cm long, branched, up to 50-flowered; flowers 4–6 cm across. Fl. winter–spring; Colombia, Peru, Venezuela; 2500–3500 m.

0535 *Cyrtochilum ramosissimum* (Lindl.) Dalström (*Odontoglossum ramosissimum* Lindl.) **多枝凸唇兰**

附生植物。假鳞茎矩圆状卵形，压扁，长 7~12 cm，为数枚具叶的鞘所包围，顶端具 1 叶。叶线状披针形，长 30~60 cm。花序基生，长达 100 cm 或过之，有分枝，具多花；花直径约 5 cm。花期：春季；哥伦比亚、厄瓜多尔、委内瑞拉；2000~3300 m。

Epiphytic plants. Pseudobulbs oblong-ovoid, compressed, 7–12 cm long, subtended by several leaf-bearing sheaths, 1-leafed at apex. Leaf linear-lanceolate, 30–60 cm long. Inflorescence basal, to 100 cm or more long, branched, many-flowered; flowers ca. 5 cm across. Fl. spring; Colombia, Ecuador, Venezuela ; 2000–3300 m.

0536 *Cyrtochilum revolutum* (Lindl.) Dalström (*Odontoglossum lindenii* Lindl.) **黄唇凸唇兰**

附生植物。假鳞茎密集，卵形，长 6~15 cm，为数枚具叶的鞘所包围，顶端具 2~3 叶。叶披针形，长 10~45 cm。花序基生，长 40~100 cm，可具多达 50 花；花直径 3~4 cm。花期：春季；哥伦比亚、厄瓜多尔、委内瑞拉；2700~3000 m。

Epiphytic plants. Pseudobulbs close together, ovoid, 6–15 cm long, subtended by several leaf-bearing sheaths, 2- or 3-leaved at apex. Leaves lanceolate, 10–45 cm long. Inflorescence basal, 40–100 cm long, up to 50-flowered; flowers 3–4 cm across. Fl. spring; Colombia, Ecuador, Venezuela; 2700–3000 m.

0534 ***Cyrtochilum pardinum***
(Photo.: Kohji Karasawa)

0535 ***Cyrtochilum ramosissimum***
(Photo.: Kohji Karasawa)

0536 ***Cyrtochilum revolutum***
(Photo.: Karlheinz Senghas)

0537 ***Cyrtochilum serratum***
(Photo.: Karlheinz Senghas)

0538 ***Cyrtochilum ventilabrum***
(Photo.: Kohji Karasawa)

0539 ***Cyrtochilum weirii***
(Photo.: Kohji Karasawa)

0537 *Cyrtochilum serratum* (Lindl.) Kraenzl. (*Oncidium serratum* Lindl.) **齿萼凸唇兰**

附生或地生植物。假鳞茎狭卵形，长约 12 cm，顶端具 2 叶。叶矩圆状披针形，长 30~40 cm。花序基生，长可达 3 m，有分枝，具多花；花长 5~5.5 cm；中萼片宽心形，边缘具不整齐牙齿。花期：全年不定；厄瓜多尔；1300~3100 m。

Epiphytic or terrestrial plants. Pseudobulbs narrowly ovoid, ca. 12 cm long, 2-leaved at apex. Leaves oblong-lanceolate, 30–40 cm long. Inflorescence basal, up to 3 m long, branched, many-flowered; flowers 5–5.5 cm long; dorsal sepal broadly cordate, irregularly dentate-margined. Fl. throughout the year; Ecuador; 1300–3100 m.

0538 *Cyrtochilum ventilabrum* (Rchb. f. & Warsz.) Kraenzl. (*Oncidium carderi* Rchb. f.) **风唇凸唇兰**

攀援植物。假鳞茎疏离，狭椭圆形，长 7~10 cm，顶端具 1 叶。叶线形，长达 25 cm。花序基生，长于叶，疏生数花；花直径 5~5.5 cm。花期：夏季；哥伦比亚、委内瑞拉；约 2500 m。

Climbing plants. Pseudobulbs well spaced, narrowly ellipsoid, 7–10 cm long, 1-leafed at apex. Leaf linear, to 25 cm long. Inflorescence basal, longer than leaf, laxly several-flowered; flowers 5–5.5 cm across. Fl. summer; Colombia, Venezuela; ca. 2500 m.

0539 *Cyrtochilum weirii* (Rchb. f.) Dalström (*Odontoglossum weirii* Rchb. f.) **短唇凸唇兰**

附生植物。假鳞茎卵形，压扁，具二棱，长 3~6 cm，为 2~6 枚具叶的鞘所包围，顶端具 2 叶。叶线状矩圆形，长 10~15 cm。花序基生，长 20~30 cm，有分枝，具多花；花直径约 4.5 cm。花期：夏季；哥伦比亚；2700~3300 m。

Epiphytic plants. Pseudobulbs ovoid, compressed, ancipital, 3–6 cm long, subtended by 2–6 leaf-bearing sheaths, 2-leaved at apex. Leaves linear-oblong, 10–15 cm long. Inflorescence basal, 20–30 cm long, branched, many-flowered; flowers ca. 4.5 cm across. Fl. summer; Colombia; 2700–3300 m.

0540 *Cyrtopodium andersonii* (Lamb. ex Andrews) R. Br. 弯足兰

附生或地生植物。假鳞茎圆筒状纺锤形，长 60~100 cm，直径 3~6 cm。叶线状披针形，长 30~60 cm。花序基生，有分枝，长 80~160 cm，具多花；花直径 3~3.5 cm。花期：春季；巴西至西印度群岛。

Epiphytic or terrestrial plants. Pseudobulbs cylindric-fusiform, 60–100 cm long, 3–6 cm in diam. Leaves linear-lanceolate, 30–60 cm long. Inflorescence basal, branched, 80–160 cm long, many-flowered; flowers 3–3.5 cm across. Fl. spring; Brazil to West Indies.

0540 ***Cyrtopodium andersonii***
(Photo.: Kohji Karasawa)

0541 ***Cyrtopodium intermedium***
(Photo.: Kohji Karasawa)

0542 ***Cyrtopodium punctatum***
(Photo.: Kohji Karasawa)

0543 ***Cyrtopodium virescens***
(Photo.: Kohji Karasawa)

0541 *Cyrtopodium intermedium* Brade 巴西弯足兰

附生或地生植物。假鳞茎簇生，狭纺锤形，长约 60 cm，具 8~10 叶。叶披针形，长达 70 cm。花序基生，近直立，有分枝，长可达 120 cm，具多花；花直径 3~3.5 cm。花期：9~10 月；巴西。

Epiphytic or terrestrial plants. Pseudobulbs clustered, narrowly fusiform, ca. 60 cm long, 8- to 10-leaved. Leaves lanceolate, to 70 cm long. Inflorescence basal, suberect, branched, up to 120 cm long, many-flowered; flowers 3–3.5 cm across. Fl. Sep.–Oct.; Brazil.

0542 *Cyrtopodium punctatum* (L.) Lindl. 斑点弯足兰

附生或地生植物。假鳞茎簇生，狭纺锤形，直立，长 15~40 cm，约具 10 叶。叶线状披针形，长 10~65 cm。花序基生，有分枝，长达 100 cm 以上，具多花；花直径 3~4 cm。花期：春季至初夏；美国（佛罗里达）、墨西哥，向南至巴西和巴拉圭；0~1200 m。

Epiphytic or terrestrial plants. Pseudobulbs clustered, narrowly fusiform, erect, 15–40 cm long, ca. 10-leaved. Leaves linear-lanceolate, 10–65 cm long. Inflorescence basal, branched, over 100 cm long, many-flowered; flowers 3–4 cm across. Fl. spring–early summer; U.S.A. (Florida), Mexico, south to Brazil and Paraguay; 0–1200 m.

0544 ***Cyrtorchis arcuata***
(Photo.: Kohji Karasawa)

0543 *Cyrtopodium virescens* Rchb. f. & Warm. 绿花弯足兰

附生或地生植物。假鳞茎狭卵状圆锥形，长约 10 cm。叶线状披针形，长 20~30 cm。花序基生，长 60~120 cm，具多花；花直径 3~3.5 cm。花期：9~12 月；巴西；500~600 m。

Epiphytic or terrestrial plants. Pseudobulbs narrowly ovoid-conical, ca. 10 cm long. Leaves linear-lanceolate, 20–30 cm long. Inflorescence basal, 60–120 cm long, many-flowered; flowers 3–3.5 cm across. Fl. Sep.–Dec.; Brazil; 500–600 m.

0544 *Cyrtorchis arcuata* (Lindl.) Schltr. 弯萼兰

附生植物。茎粗壮，下垂，长在 70 cm 以上，包藏于叶鞘中。叶 6~12 枚，二列，矩圆形，长 15~20 cm，先端不等的 2 裂。花序侧生，长达 20 cm，具 10~20 花；花直径约 3.5 cm。花期：春季至夏季；广布于非洲热带地区至南非；600~2500 m。

Epiphytic plants. Stems stout, pendulous, over 70 cm long, covered by leaf sheaths. Leaves 6–12, distichous, oblong, 15–20 cm long, unequally bilobed at apex. Inflorescences lateral, to 20 cm long, 10- to 20-flowered; flowers ca. 3.5 cm across. Fl. spring–summer; widespread in tropical Africa to South Africa; 600–2500 m.

0545 ***Cyrtorchis aschersonii***
(Photo.: Kohji Karasawa)

0546 ***Cyrtorchis brownii***
(Photo.: Kohji Karasawa)

0547 ***Cyrtorchis chailluana***
(Photo.: Kohji Karasawa)

0545 *Cyrtorchis aschersonii* (Kraenzl.) Schltr. 厄氏弯萼兰

附生植物。茎弯曲或下垂，长 10~30 cm，包藏于叶鞘中。叶数枚至多枚，二列，线形至矩圆形，长 8~22 cm，先端不等的 2 裂。花序侧生，长 5~14 cm，密生 5~15 花；花直径约 3 cm，夜间芳香。花期：夏季；非洲热带地区；0~1500 m。

Epiphytic plants. Stems arching or pendulous, 10–30 cm long, covered by leaf sheaths. Leaves several to many, distichous, linear to oblong, 8–22 cm long, unequally bilobed at apex. Inflorescences lateral, 5–14 cm long, densely 5- to 15-flowered; flowers ca. 3 cm across, scented at night. Fl. summer; tropical Africa; 0–1500 m.

0546 *Cyrtorchis brownii* (Rolfe) Schltr. 勃朗弯萼兰

附生植物。茎弯曲，长 8~20 cm，包藏于叶鞘中。叶多枚，线形，长 7~12.5 cm，先端不等的 2 裂。花序侧生，外弯，长 3~9 cm，密生 6~12 花；花直径约 2 cm。花期：春季；非洲热带地区；达 1500 m。

Epiphytic plants. Stems arching, 8–20 cm long, covered by leaf sheaths. Leaves many, linear, 7–12.5 cm long, unequally bilobed at apex. Inflorescences lateral, arcuate, 3–9 cm long, densely 6- to 12-flowered; flowers ca. 2 cm across. Fl. spring; tropical Africa; to 1500 m.

0547 *Cyrtorchis chailluana* (Hook. f.) Schltr. 长距弯萼兰

附生植物。茎下垂，较长，包藏于叶鞘中。叶数枚，二列，矩圆状倒披针形，长 8~26 cm，先端不等的 2 裂。花序侧生，外弯，长 13~25 cm，具 7~10 花；花直径 6~8 cm，有香气；距长 9~15 cm。花期：冬季至春季；非洲热带地区；1150~1250 m。

Epiphytic plants. Stems pendulous, rather long, covered by leaf sheaths. Leaves several, distichous, oblong-oblanceolate, 8–26 cm long, unequally bilobed at apex. Inflorescences lateral, arching, 13–25 cm long, 7- to 10-flowered; flowers 6–8 cm across, scented; spur 9–15 cm long. Fl. winter–spring; tropical Africa; 1150–1250 m.

0548 *Cyrtorchis praetermissa* Summerh. 蜻蜓弯萼兰

附生植物。茎近直立或多少下垂，长 20~25 cm，包藏于叶鞘中。叶 8~12 枚，二列，线形，长 4.5~10 cm，先端不等的 2 裂。花序 2~4 个，侧生，外弯，长 6~10 cm，密生 3~12 花；花直径 1.5~2 cm，稍有香气。花期：秋季；非洲热带地区至南非；400~1850 m。

Epiphytic plants. Stems suberect or somewhat pendent, 20–25 cm long, covered by leaf sheaths. Leaves 8–12, distichous, linear, 4.5–10 cm long, unequally bilobed at apex. Inflorescences 2–4, lateral, arching, 6–10 cm long, densely 3- to 12-flowered; flowers 1.5–2 cm across, slightly scented. Fl. autumn; tropical Africa across to South Africa; 400–1850 m.

0548 ***Cyrtorchis praetermissa***
(Photo.: Kohji Karasawa)

0549 ***Cyrtorchis ringens***
(Photo.: Kohji Karasawa)

0550 ***Dactylorhiza fuchsii***
(Photo.: Kohji Karasawa)

0551 ***Dactylorhiza majalis***
(Photo.: Kohji Karasawa)

0549 *Cyrtorchis ringens* (Rchb. f.) Summerh. 坚挺弯萼兰

附生植物。茎近直立或弯曲，长 20~30 cm，包藏于叶鞘中。叶 10~15 枚，二列，线形，长 7~14 cm，先端不等的 2 裂。花序侧生，外弯，长 4~7 cm，密生 5~12 花；花直径约 2 cm，有香气。花期：冬季；非洲热带地区；1000~1900 m。

Epiphytic plants. Stems suberect or arching, 20–30 cm long, covered by leaf sheaths. Leaves 10–15, distichous, linear, 7–14 cm long, unequally bilobed at apex. Inflorescences lateral, arcuate, 4–7 cm long, densely 5- to 12-flowered; flowers ca. 2 cm across, scented. Fl. winter; tropical Africa; 1000–1900 m.

0550 *Dactylorhiza fuchsii* (Druce) Soó 福氏掌裂兰

地生植物，高 18~60 cm，具掌状分裂的块茎。茎粗壮。叶 5~12 枚，茎生，疏离，近矩圆形，长 4~12 cm，上表面有大的紫色斑块。花序密生多花；唇瓣长 7~8 mm。花期：夏季；中国（新疆北部）、蒙古国、俄罗斯，向西至欧洲许多国家。

Terrestrial plants, 18–60 cm tall, with palmate-lobed tubers. Stems stout. Leaves 5–12, cauline, well spaced, suboblong, 4–12 cm long, upper surface with large purple blotches. Inflorescence densely many-flowered; lip 7–8 mm long. Fl. summer; China (N Xinjiang), Mongolia, Russia, west to many European countries.

0552 ***Dactylorhiza purpurella***
(Photo.: Kohji Karasawa)

0551 *Dactylorhiza majalis* (Rchb. f.) P. F. Hunt & Summerh. 斑叶掌裂兰

地生植物，高 30~90 cm，具掌状分裂的块茎。叶 4~8 枚，茎生，宽披针形，上面具紫褐色斑点。花序具多花；唇瓣稍 3 裂，长约 1 cm。花期：5~7 月；广泛分布于欧洲；0~2400 m。

Terrestrial plants, 30–90 cm tall, with palmate-lobed tubers. Leaves 4–8, cauline, broadly lanceolate, upper surface spotted with purple-brown. Inflorescence many-flowered; lip slightly 3-lobed, ca. 1 cm long. Fl. May–July; widespread in Europe; 0–2400 m.

0552 *Dactylorhiza purpurella* (T. & T. A. Steph.) Soó 紫斑掌裂兰

地生植物，高 25~45 cm，具掌状分裂的块茎。叶数枚，茎生，矩圆形，通常绿色，无斑点。花序具多花；唇瓣不裂或稍 3 裂，长 0.5~1 cm。花期：6~8 月；欧洲西北部。

Terrestrial plants, 25–45 cm tall, with palmate-lobed tubers. Leaves several, cauline, oblong, often green, spotless. Inflorescence many-flowered; lip unlobed or slightly 3-lobed, 0.5–1 cm long. Fl. June–Aug.; NW Europe.

0553 ***Dactylostalix ringens***
(Photo.: Kohji Karasawa)

0554 ***Daiotyla maculata***
(Photo.: Jean Levy)

0556 ***Dendrobium adae***
(Photo.: Kohji Karasawa)

0553 *Dactylostalix ringens* Rchb. f. 指脊兰

地生植物，具纤细而短的匍匐根状茎。茎甚短，顶端生 1 叶。叶卵形，长 3~6 cm；叶柄长 1~2 cm。花序直立，长 10~20 cm，具 1 花；花直径约 1.5 cm。花期：夏季；日本；1000~2000 m。

Terrestrial plants, with a slender, short, creeping rhizome. Stems very short, 1-leafed at apex. Leaf ovate, 3–6 cm long; petiole 1–2 cm long. Inflorescence erect, 10–20 cm long, 1-flowered; flower ca. 1.5 cm across. Fl. summer; Japan; 1000–2000 m.

0554 *Daiotyla maculata* (Garay) Dressler (*Chondrorhyncha maculata* Garay) 斑唇戴欧兰

附生植物。茎貌似根状茎，簇生，短，具数枚叶。叶椭圆状披针形，长约 10 cm。花序生于短茎上，外弯，长约 3 cm，具 1 花；唇瓣长约 2 cm。花期：不详；哥伦比亚；约 1800 m。

Epiphytic plants. Stems rhizome-like, tufted, short, several-leaved. Leave elliptic-lanceolate, ca. 10 cm long. Inflorescences borne on the short stem, arching, ca. 3 cm long, 1-flowered; lip ca. 2 cm long. Fl. unknown; Colombia; ca. 1800 m.

0555 *Dendrobium aberrans* Schltr. 新几内亚石斛

附生植物。茎纤细，长 7~18 cm，末端 2 节间膨大（粗 1.5 cm）。叶 2 枚，近顶生，长约 3 cm，宽 1.2 cm。花序近顶生，长达 7 cm，具少数花；花直径约 1.5 cm。花期：5 月；新几内亚；约 1300 m。

Epiphytic plants. Stems slender, 7–18 cm long, apical two internodes swollen to 1.5 cm thick. Leaves 2, subterminal, ca. 3 cm long, 1.2 cm wide. Inflorescences subterminal, to 7 cm long, several-flowered; flowers ca. 1.5 cm across. Fl. May; New Guinea; ca. 1300 m.

0555 ***Dendrobium aberrans*** (Photo.: Kohji Karasawa)

0556 *Dendrobium adae* F. M. Bailey 阿氏石斛

附生植物。茎纤细，长 10~25 cm。叶 2~4 枚，披针形，长 6~7 cm。花序近顶生于具叶的茎上，具 1~6 花；花直径 2~3 cm，芳香，白色至浅黄绿色。花期：冬季；澳大利亚（昆士兰）；约 750m。

Epiphytic plants. Stems slender, 10–25 cm long. Leaves 2–4, lanceolate, 6–7 cm long. Inflorescences subterminal on leafy stems, 1- to 6-flowered; flowers 2–3 cm across, fragrant, white to pale yellow-green. Fl. winter; Australia (Queensland); ca. 750 m.

0557 ***Dendrobium aduncum***
(Photo.: Sicong Lu)

0558 ***Dendrobium aemulum***
(Photo.: Kohji Karasawa)

0559 ***Dendrobium agrostophyllum***
(Photo.: Kohji Karasawa)

0557 *Dendrobium aduncum* Wall. ex Lindl. 钩状石斛

附生植物。茎下垂，长 50~100 cm，粗 2~5 mm。叶长 7~10 cm，宽 1~3.5 cm。花序通常数个，生于具叶或无叶茎上，具 1~6 花；花直径 3~3.5 cm。花期：3~6 月；不丹、中国（湖南至海南和云南）、印度北部、缅甸、泰国、越南；400~1500 m。

Epiphytic plants. Stems pendulous, 50–100 cm long, 2–5 mm thick. Leaves 7–10 cm long, 1–3.5 cm wide. Inflorescences often several, borne on leafy or leafless stems, 1- to 6-flowered; flowers 3–3.5 cm across. Fl. Mar.–June; Bhutan, China (Hunan to Hainan and Yunnan), N India, Myanmar, Thailand, Vietnam; 400–1500 m.

0558 *Dendrobium aemulum* R. Br. 细瓣石斛

附生植物。茎圆筒形，长 5~20 cm，粗 8~10 mm。叶 2~4 枚，长 3~6 cm，宽约 2 cm。花序顶生于具叶的茎上，长达 10 cm，具 2~10 花；花直径 3~4 cm。花期：秋季至冬季；澳大利亚；100~3950 m。

Epiphytic plants. Stems cylindric, 5–20 cm long, 8–10 mm thick. Leaves 2–4, 3–6 cm long, ca. 2 cm wide. Inflorescences terminal on leafy stems, to 10 cm long, 2- to 10-flowered; flowers 3–4 cm across. Fl. autumn–winter; Australia; 100–3950 m.

0559 *Dendrobium agrostophyllum* F. Muell. 禾叶石斛

附生植物。茎纤细，长 25~40 cm。叶禾草状，长 5~8 cm，2~3 年才脱落。花序生于无叶茎的上部节上，长 1.5~2 cm，具 3~5 花；花直径约 2 cm。花期：冬季至春季；澳大利亚；600~1300 m。

Epiphytic plants. Stems slender, 25–40 cm long. Leaves grasslike, 5–8 cm long, lasting 2–3 years. Inflorescences arising from upper nodes of leafless stems, 1.5–2 cm long, 3- to 5-flowered; flowers ca. 2 cm across. Fl. winter–spring; Australia; 600–1300 m.

0560 ***Dendrobium albopurpureum*** (Photos.: Zhanhuo Tsi)

0560 *Dendrobium albopurpureum* (Seidenf.) Schuit. & Peter B. Adams (*Flickingeria albopurpurea* Seidenf.) 滇金石斛

附生植物。茎长 30~50 cm，有分枝；每分枝顶端有 1 个假鳞茎。假鳞茎纺锤形，长 3~8 cm，顶端具 1 叶。叶近矩圆形，长 9~20 cm。花序生于叶腋及其背侧，具 1~2 花；花短命，长 1.5~2 cm。花期：6~7 月；中国（云南）、老挝、泰国、越南；500~1200 m。

Epiphytic plants. Stems 30–50 cm long, branched; each branch terminating in a pseudobulb. Pseudobulbs fusiform, 3–8 cm long, 1-leafed at apex. Leaf suboblong, 9–20 cm long. Inflorescences appearing in axil of leaf and on its dorsal side, 1- or 2-flowered; flowers ephemeral, 1.5–2 cm long. Fl. June–July; China (Yunnan), Laos, Thailand, Vietnam; 500–1200 m.

0561 ***Dendrobium albosanguineum***
(Photo.: Kohji Karasawa)

0562 ***Dendrobium amabile***
(Photo.: Kohji Karasawa)

0563 ***Dendrobium amethystoglossum***
(Photo.: Kohji Karasawa)

0561 *Dendrobium albosanguineum* Lindl. 丘陵石斛

附生植物。茎粗壮，稍呈棍棒状，节凸出。叶 4~5 枚，披针形，长 5~8 cm。花序 1~2 个，生于具叶的茎上，具 1~3 花；花直径 6~8 cm。花期：春季；缅甸、泰国；1400 m 以下。

Epiphytic plants. Stems stout, slightly clavate, with prominent nodes. Leaves 4–5, lanceolate, 5–8 cm long. Inflorescences 1–2, borne on leafy stems, 1- to 3-flowered; flowers 6–8 cm across. Fl. spring; Myanmar, Thailand; below 1400 m.

0562 *Dendrobium amabile* (Lour.) O'Brien 亮丽石斛

附生植物。茎向上部稍增粗，长 40~70 cm，粗 1 cm。叶 3~6 枚，长 10~15 cm，宽约 2 cm。花序下垂，生于无叶或也生于具叶的茎上，密生多花；花直径 4~5 cm。花期：春季；越南；约 1200 m。

Epiphytic plants. Stems slightly thickened upward, 40–70 cm long, to 1 cm thick. Leaves 3–6, 10–15 cm long, ca. 2 cm wide. Inflorescence pendulous, borne on leafless or also leafy stems, densely many-flowered; flowers 4–5 cm across. Fl. spring; Vietnam; ca. 1200 m.

0563 *Dendrobium amethystoglossum* Rchb. f. 紫唇石斛

附生植物。茎长 30~80 cm，上半部具叶。叶长 8~11 cm，宽约 1.2 cm。花序 1~3 个，生于无叶或也生于有叶的茎上，长 15~20 cm，下垂，密生多花；花直径 3~4 cm。花期：晚冬至春季；菲律宾（吕宋）；约 1400 m。

Epiphytic plants. Stems 30–80 cm long, apical half leafy. Leaves 8–11 cm long, ca. 1.2 cm wide. Inflorescences 1–3, from leafless or also leafy stems, 15–20 cm long, pendulous, densely many-flowered; flowers 3–4 cm across. Fl. late winter–spring; Philippines (Luzon); ca. 1400 m.

0564 *Dendrobium amoenum* Wall. ex Lindl. 标致石斛

附生植物。茎纤细，下垂，长 60~90 cm。叶长 5~12 cm，宽约 1.5 cm，脱落。花序短，生于无叶的茎上，具 1~3 花；花直径约 5 cm，有香气。花期：晚春；不丹、印度北部、缅甸、尼泊尔；900~1800 m。

Epiphytic plants. Stems slender, pendulous, 60–90 cm long. Leaves 5–12 cm long, ca. 1.5 cm wide, deciduous. Inflorescences short, borne on leafless stems, 1- to 3-flowered; flowers ca. 5 cm across, scented. Fl. late spring; Bhutan, N India, Myanmar, Nepal; 900–1800 m.

0564 ***Dendrobium amoenum***
(Photo.: Kohji Karasawa)

0565 ***Dendrobium anceps***
(Photo.: Kohji Karasawa)

0566 ***Dendrobium anosmum***
(Photo.: Kohji Karasawa)

0568 ***Dendrobium arcuatum***
(Photo.: Kohji Karasawa)

0565 *Dendrobium anceps* Sw. 匕首石斛

附生植物。茎长 20~50 cm，多分枝。叶两侧压扁，长 2.5~5 cm，宽约 1.3 cm。具叶茎的每个节上生 1 花；花具短柄，直径约 1 cm。花期：春季至夏季；不丹、印度北部、缅甸、尼泊尔、泰国；200~1400 m。

Epiphytic plants. Stems 20–50 cm long, ramose. Leaves laterally compressed, 2.5–5 cm long, ca. 1.3 cm wide. Each node of leafy stems bearing one flower; flower shortly stalked, ca. 1 cm across. Fl. spring–summer; Bhutan, N India, Myanmar, Nepal, Thailand; 200–1400 m.

0566 *Dendrobium anosmum* Lindl. 长茎石斛

附生植物。茎纤细，下垂，长达 1~2 m。叶矩圆状披针形，长 10~15 cm，脱落。无叶茎上部的每个节上生 1~2 花；花直径 6~10 cm，有香气。花期：春季；广布于热带亚洲，向东南至新几内亚；约 1300 m。

Epiphytic plants. Stems slender, pendulous, to 1–2 m long. Leaves oblong-lanceolate, 10–15 cm long, deciduous. Each upper node of leafless stems bearing 1–2 flowers; flowers 6–10 cm across, fragrant. Fl. spring; widespread in tropical Asia, southeast to New Guinea; ca. 1300 m.

0567 *Dendrobium antennatum* Lindl. 触角石斛

附生植物。茎长 30~60 cm，基部增粗并呈四面形。叶长 5~11 cm，宽约 3 cm。花序长 20~30 cm，通常生于具叶茎的上部节上，具 4~10 花；花直径 4~5 cm；花瓣常直立，并列。花期：夏季至秋季；新几内亚至澳大利亚（约克角）和所罗门群岛；约 800 m。

0567 ***Dendrobium antennatum*** (Photo.: Kohji Karasawa)

Epiphytic plants. Stems 30–60 cm long, thickened and 4-sided basally. Leaves 5–11 cm long, ca. 3 cm wide. Inflorescences 20–30 cm long, often from upper nodes of leafy stems, 4- to 10-flowered; flowers 4–5 cm across; petals often vertical and parallel. Fl. summer–autumn; New Guinea to Australia (Cape York) and the Solomon Islands; ca. 800 m.

0568 *Dendrobium arcuatum* J. J. Sm. 弧囊石斛

附生植物。茎长 55~70 cm，粗约 6 mm。叶长 10~18 cm，宽约 3 cm。花序 1 至数个，生于无叶的茎上，长约 4 cm，具 4~6 花；花直径 3~5 cm。花期：夏季；印度尼西亚（爪哇）、马来西亚（沙巴）；0~800 m。

Epiphytic plants. Stems 55–70 cm long, ca. 6 mm thick. Leaves 10–18 cm long, 3 cm wide. Inflorescences 1 to several, borne on leafless stems, ca 4 cm long, 4- to 6-flowered; flowers 3–5 cm across. Fl. summer; Indonesia (Java), Malaysia (Sabah); 0–800 m.

0569 ***Dendrobium aries*** (Photo.: Kohji Karasawa)

0570 ***Dendrobium atroviolaceum*** (Photo.: Kohji Karasawa)

0569 *Dendrobium aries* J. J. Sm. 旋瓣石斛

附生植物。茎长达 3 m。叶近矩圆形，长 12~18 cm。花序长 16~40 cm，具 25~40 花；花直径约 3.5 cm。花期：8 月；新几内亚；0~100 m。

Epiphytic plants. Stems to 3 m long. Leaves suboblong, 12–18 cm long. Inflorescences 16–40 cm long, 25- to 40-flowered; flowers ca. 3.5 cm across. Fl. Aug.; New Guinea; 0–100 m.

0570 *Dendrobium atroviolaceum* Rolfe 堇斑石斛

附生植物。茎纤细，棍棒状，长 20~36 cm，粗约 1.5 cm。叶 2~4 枚，近顶生，簇生，长 8~15 cm，宽约 3 cm。花序 1~2 个，近顶生，长达 20 cm，具 5~20 花；花直径 6~7 cm。花期：春季；新几内亚；200~800 m。

Epiphytic plants. Stems slender, clavate, 20–36 cm long, ca. 1.5 cm thick. Leaves 2–4, subterminal, clustered, 8–15 cm long, ca. 3 cm wide. Inflorescences 1–2, subterminal, to 20 cm long, 5- to 20-flowered; flowers 6–7 cm across. Fl. spring; New Guinea; 200–800 m.

0571 *Dendrobium auriculatum* Ames & Quisumb. 耳叶石斛

附生植物。茎直立，长 30~80 cm。叶长 8~13 cm，宽约 1 cm，基部具耳。花序生于无叶的茎上，同一时间只有 1 花开放；花直径 4~6.5 cm。花期：主要秋季，也见于夏季与冬季；菲律宾（吕宋）；900~1000 m。

Epiphytic plants. Stems erect, 30–80 cm long. Leaves 8–13 cm long, ca. 1 cm wide, auriculate basally. Inflorescences borne on leafless stems, with one flower opening at a time; flowers 4–6.5 cm across. Fl. mainly autumn, also summer and winter; Philippines (Luzon); 900–1000 m.

0571 ***Dendrobium auriculatum*** (Photo.: Kohji Karasawa)

0572 *Dendrobium baileyi* F. Muell. 丝瓣石斛

附生植物。茎圆柱形，长 20~100 cm，粗 1~3 mm。叶长 4~9 cm，宽约 0.8 cm。花序多个，生于具叶的茎上，短，具 1~2 花；花直径 4~5 cm，只开 2 小时。花期：秋季；澳大利亚（昆士兰）；0~450 m。

Epiphytic plants. Stems terete, 20–100 cm long, 1–3 mm thick. Leaves 4–9 cm long, ca. 0.8 cm wide. Inflorescences multiple, borne on leafy stems, short, with 1–2 flowers; flowers 4–5 cm across, lasting only two hours. Fl. autumn; Australia (Queensland); 0–450 m.

0572 ***Dendrobium baileyi*** (Photo.: Kohji Karasawa)

0573 ***Dendrobium bellatulum***
(Photo.: Junwen Zhai)

0574 ***Dendrobium bensoniae***
(Photo.: Kohji Karasawa)

0575 ***Dendrobium bicaudatum***
(Photo.: Kohji Karasawa)

0573 *Dendrobium bellatulum* Rolfe 矮石斛

附生植物。茎纺锤形或短棍棒状，长 3~6 cm，粗 1~2 cm，具 2~5 节。叶 2~4 枚，近顶生，舌形至矩圆形，长 2~4 cm，两面和基部的鞘上被短黑毛。花序近顶生，具 1~3 花；花直径 3.5~4.5 cm。花期：春季；中国（云南）、印度东北部、老挝、缅甸、泰国、越南；900~2100 m。

Epiphytic plants. Stems fusiform or shortly clavate, 3–6 cm long, 1–2 cm thick, with 2–5 nodes. Leaves 2–4, subterminal, ligulate to oblong, 2–4 cm long, both surfaces and basal sheath shortly black hairy. Inflorescences subterminal, 1- to 3-flowered; flowers 3.5–4.5 cm across. Fl. spring; China (Yunnan), NE India, Laos, Myanmar, Thailand, Vietnam; 900–2100 m.

0574 *Dendrobium bensoniae* Rchb. f. 本氏石斛

附生植物。茎圆筒形，长 30~80 cm。叶长 8~12 cm，宽约 1.7 cm。花序多个，生于无叶的茎上部节上，短，具 1~3 花；花直径 5~7.5 cm。花期：春季至初夏；印度东北部、缅甸；450~1500 m。

Epiphytic plants. Stems cylindric, 30–80 cm long. Leaves 8–12 cm long, ca. 1.7 cm wide. Inflorescences multiple, from upper nodes of leafless stems, short, 1- to 3-flowered; flowers 5–7.5 cm across. Fl. spring–early summer; NE India, Myanmar; 450–1500 m.

0576 ***Dendrobium bifalce***
(Photo.: Kohji Karasawa)

0575 *Dendrobium bicaudatum* Lindl. 双尾石斛

附生植物。茎长达 40~43 cm，粗约 1.5 cm。叶 4~10 枚，长 9~10 cm，宽约 2.3 cm。花序长 8~15 cm，具数花至多花；花直径 3.5~4.5 cm。花期：全年不定；印度尼西亚、菲律宾；0~1000 m。

Epiphytic plants. Stems to 40–43 cm long, ca. 1.5 cm thick. Leaves 4–10, 9–10 cm long, ca. 2.3 cm wide. Inflorescences 8–15 cm long, several- to many-flowered; flowers 3.5–4.5 cm across. Fl. throughout the year; Indonesia, Philippines; 0–1000 m.

0576 *Dendrobium bifalce* Lindl. 绿花石斛

附生植物。茎直立，在中部膨大，长 10~60 cm，粗约 1.5 cm。叶 2~4 枚，近顶生，近矩圆形，长 4~15 cm。花序近顶生，长 25~40 cm，较密集地生 5~10 花；花直径 2~3 cm。花期：夏季；新几内亚及邻近岛屿；0~800 m。

Epiphytic plants. Stems erect, dilated at middle, 10–60 cm long, ca. 1.5 cm thick. Leaves 2–4, subterminal, suboblong, 4–15 cm long. Inflorescences subterminal, 25–40 cm long, subdensely 5- to 10-flowered; flowers 2–3 cm across. Fl. summer; New Guinea and adjacent islands; 0–800 m.

0577 ***Dendrobium bigibbum*** **Lindl. 巨瓣石斛**

附生植物。茎纺锤形，长 30~50（~100）cm，粗约 2.5 cm。叶 5~10 枚，长 5~15 cm，宽约 1 cm。花序 1~4 个，长 10~40 cm，具 5~20 花；花直径 4~6（~8）cm。花期：夏季至冬季；澳大利亚（约克角）至新几内亚南部；0~400 m。

Epiphytic plants. Stems fusiform, 30–50 (–100) cm long, ca. 2.5 cm thick. Leaves 5–10, 5–15 cm long, ca. 1 cm wide. Inflorescences 1–4, 10–40 cm long, 5- to 20-flowered; flowers 4–6 (–8) cm across. Fl. summer–winter; Australia (Cape York) to S New Guinea; 0–400 m.

0577 ***Dendrobium bigibbum*** (Photo.: Kohji Karasawa)

0578 ***Dendrobium bigibbum*** **Lindl.** var. ***compactum*** **C. T. White 粉红石斛（变种）**

本变种与巨瓣石斛（原变种）*Dendrobium bigibbum* (var. *bigibbum*) 的区别在于茎长 5~25 cm，粗 1~2 cm；花直径 3~4 cm。花期：夏季至秋季；澳大利亚东部。

This variety differs from *Dendrobium bigibbum* (var. *bigibbum*) by its stems 5–25 cm long, 1–2 cm thick, and flowers 3–4 cm across. Fl. summer–autumn; E Australia.

0579 ***Dendrobium bigibbum*** **Lindl.** var. ***phalaenopsis*** **(Fitzg.) F. M. Bailey 蝴蝶石斛（变种）**

本变种与巨瓣石斛（原变种）*Dendrobium bigibbum* (var. *bigibbum*) 的区别在于茎长 40~60（~90）cm，粗 1.5~2 cm；花序长 50~60 cm，具 8~15 花；花直径 6~8 cm。花期：秋季至冬季；澳大利亚北部（约克角、托雷斯海峡的岛屿）；低海拔地。

This variety differs from *Dendrobium bigibbum* (var. *bigibbum*) by its stems 40–60 (–90) cm long, 1.5–2 cm thick, inflorescences 50–60 cm long, with 8–15 flowers, and flowers 6–8 cm across. Fl. autumn–winter; N Australia (Cape York, islands in the Torres Strait); at low altitudes.

0580 ***Dendrobium bracteosum*** **Rchb. f. 多苞石斛**

附生植物。茎倒棍棒状，直立，长 20~40（~60）cm。叶 5~6 枚，长 4~13 cm，宽约 2 cm。花序 1~3 个，生于无叶的茎上，短，密生 3~10 花；花直径 2~3 cm。花期：晚夏至冬季；新几内亚及邻近岛屿；0~500 m。

Epiphytic plants. Stems obclavate, erect, 20–40 (–60) cm long. Leaves 5–6, 4–13 cm long, ca. 2 cm wide. Inflorescences 1–3, borne on leafless stems, short, densely 3- to 10-flowered; flowers 2–3 cm across. Fl. late summer–winter; New Guinea and adjacent islands; 0–500 m.

0578 ***Dendrobium bigibbum*** var. ***compactum*** (Photo.: Kohji Karasawa)

0579 ***Dendrobium bigibbum*** var. ***phalaenopsis*** (Photo.: Kohji Karasawa)

0580 ***Dendrobium bracteosum*** (Photo.: Kohji Karasawa)

0581 ***Dendrobium brymerianum*** (Photo.: Hong Jiang)

0582 ***Dendrobium bullenianum***
(Photo.: Kohji Karasawa)

0581 *Dendrobium brymerianum* Rchb. f. 长苏石斛

附生植物。茎长 20~30 cm，通常具 2 个节间，中部膨大增粗达 1.1 cm。叶 3~5 枚，长 7~13 cm，宽约 1.5 cm。花序侧生于无叶的茎上，长 5~10 cm，具 1~2 花；花直径 4~7 cm。花期：春季；中国（云南）、老挝、缅甸、泰国、越南；1100~1900 m。

Epiphytic plants. Stems 20–30 cm long, often with 2 internodes, dilated at middle and 1.1 cm thick. Leaves 3–5, 7–13 cm long, ca. 1.5 cm wide. Inflorescences lateral on leafless stems, 5–10 cm long, 1- or 2-flowered; flowers 4–7 cm across. Fl. spring; China (Yunnan), Laos, Myanmar, Thailand, Vietnam; 1100–1900 m.

0582 *Dendrobium bullenianum* Rchb. f. 布玲石斛

附生植物。茎长 25~60 cm，棍棒状，常褐紫色。叶长 7~14 cm，宽约 3 cm。花序多个，生于无叶的茎上，长 4~6 cm，密生多花；花直径 1.5~2 cm。花期：春季至夏季；菲律宾；0~300 m。

Epiphytic plants. Stems 25–60 cm long, clavate, often brown-purple. Leaves 7–14 cm long, ca. 3 cm wide. Inflorescences multiple, borne on leafless stems, 4–6 cm long, densely many-flowered; flowers 1.5–2 cm across. Fl. spring–summer; Philippines; 0–300 m.

0583 ***Dendrobium caliculimentum***
(Photo.: Kohji Karasawa)

0583 *Dendrobium caliculimentum* R. S. Rogers 美囊石斛

附生植物。茎纤细，下垂，长 90~120 cm，有分枝。叶长 1~4 cm，宽约 0.4 cm。花序短，生于无叶的茎上，密生 4~6 花；花下垂，不完全开放，长约 1.5 cm。花期：8 月；新几内亚；约 2400 m。

Epiphytic plants. Stems slender, pendulous, 90–120 cm long, branched. Leaves 1–4 cm long, ca. 0.4 cm wide. Inflorescences short, borne on leafless stems, densely 4- to 6-flowered; flowers pendulous, not fully opining, ca. 1.5 cm long. Fl. Aug.; New Guinea; ca. 2400 m.

0584 *Dendrobium canaliculatum* R. Br. 多槽石斛

附生植物。茎短，狭卵形至纺锤形，长 3~12 cm。叶肉质，圆柱状线形，有槽，长 5~20 cm，宽约 0.3 cm。花序 1~3 个，长 15~40 cm，密生多花；花直径 2~4 cm。花期：春季；澳大利亚东北部、新几内亚南部；0~2500 m。

Epiphytic plants. Stems short, narrowly ovoid to fusiform, 3–12 cm long. Leaves fleshy, terete-linear, channeled, 5–20 cm long, ca. 0.3 cm wide. Inflorescences 1–3, 15–40 cm long, densely many-flowered; flowers 2–4 cm across. Fl. spring; NE Australia, S New Guinea; 0–2500 m.

0584 ***Dendrobium canaliculatum***
(Photo.: Kohji Karasawa)

0585 ***Dendrobium capillipes*** (Photo.: Xiaohua Jin)

0585 *Dendrobium capillipes* Rchb. f. 短棒石斛

附生植物。茎近扁纺锤形，长 5~15 cm，中部粗约 1.5 cm。叶 2~4 枚，长 5~12 cm，宽 1~1.5 cm。花序生于无叶的茎上，近直立，长 5~10 cm，具 2~3 花；花直径 2.5~3 cm。花期：春季；中国（云南）、印度东北部、老挝、缅甸、尼泊尔、泰国、越南；800~1500 m。

Epiphytic plants. Stems nearly compressed-fusiform, 5–15 cm long, ca. 1.5 cm thick at middle. Leaves 2–4, 5–12 cm long, 1–1.5 cm wide. Inflorescences borne on leafless stems, suberect, 5–10 cm long, 2- or 3-flowered; flowers 2.5–3 cm across. Fl. spring; China (Yunnan), NE India, Laos, Myanmar, Nepal, Thailand, Vietnam; 800–1500 m.

0586 *Dendrobium capituliflorum* Rolfe 头花石斛

附生植物。茎纺锤形，长 10~35 cm，粗 1~2 cm。叶 4~10 枚，长 5~14 cm，宽约 3 cm。花序短，生于无叶茎的上部节上，密生多花，呈头状；花不完全开放，长 1~1.5 cm。花期：冬季至夏季；新几内亚至太平洋岛屿；0~1800 m。

Epiphytic plants. Stems fusiform, 10–35 cm long, 1–2 cm thick. Leaves 4–10, 5–14 cm long, ca. 3 cm wide. Inflorescences short, from upper nodes of leafless stems, densely many-flowered, head-like; flowers not fully opening, 1–1.5 cm long. Fl. winter–summer; New Guinea to the Pacific islands; 0–1800 m.

0586 ***Dendrobium capituliflorum*** (Photo.: Kohji Karasawa)

0587 *Dendrobium capra* J. J. Sm. 黄绿石斛

附生植物。茎纺锤形，长 25~45 cm。叶长 8~12 cm，宽约 1 cm。花序 1~2 个，近顶生或侧生，长 25~40 cm，具 5~20 花；花直径 3~4 cm。花期：冬季；印度尼西亚（爪哇）；低海拔地。

Epiphytic plants. Stems fusiform, 25–45 cm long. Leaves 8–12 cm long, ca. 1 cm wide. Inflorescences 1–2, subterminal or lateral, 25–40 cm long, 5- to 20-flowered; flowers 3–4 cm across. Fl. winter; Indonesia (Java); at low altitudes.

0587 ***Dendrobium capra*** (Photo.: Kohji Karasawa)

0588 ***Dendrobium cariniferum*** (Photo.: Junwen Zhai)

0588 ***Dendrobium cariniferum*** **Rchb. f. 翅萼石斛**

附生植物。茎圆筒形或有时膨大而呈纺锤形，长 10~28 cm。叶数枚，近矩圆形，长可达 11 cm，背面与叶鞘均密被黑硬毛。花序近顶生，具 1~2 花；花直径约 4 cm。花期：3~4 月；中国（云南）、印度、老挝、缅甸、泰国、越南；450~1800 m。

Epiphytic plants. Stems cylindric or sometimes swollen and fusiform, 10–28 cm long. Leaves several, suboblong, to 11 cm long, under surface and leaf sheaths densely black hirsute. Inflorescences subterminal, 1- or 2-flowered; flowers ca. 4 cm across. Fl. Mar.–Apr.; China (Yunnan), India, Laos, Myanmar, Thailand, Vietnam; 450–1800 m.

0589 ***Dendrobium catenatum***
(Photo.: Sicong Lu)

0589 ***Dendrobium catenatum*** **Lindl.** (*Dendrobium officinale* Kimura & Migo) **铁皮石斛**

附生植物。茎圆筒形，长 9~35 cm，粗 2~5 mm，不分枝，具多节；节间长 1.3~1.7 cm。叶 3~5 枚或更多，矩圆状披针形，长 3~4（~7）cm。花序通常生于无叶的茎上，长 2~5 cm，具 2~3 花；花直径 2.5~3.5 cm。花期：3~6 月；中国（安徽、福建、广西、云南、浙江）；300–1600 m。

Epiphytic plants. Stems cylindric, 9–35 cm long, 2–5 mm thick, unbranched, many-noded; internodes 1.3–1.7 cm long. Leaves 3–5 or more, oblong-lanceolate, 3–4 (–7) cm long. Inflorescences often from leafless stems, 2–5 cm long, 2- to 3-flowered; flowers 2.5–3.5 cm across. Fl. Mar.–June; China (Anhui, Fujian, Guangxi, Yunnan, Zhejiang); 300–1600 m.

0590 ***Dendrobium cerinum*** **Rchb. f. 蜡色石斛**

附生植物。茎圆筒形，近中部稍增粗，长 5~17 cm。叶薄，长 5~10 cm，宽约 3 cm。花序顶生于无叶的茎上，长约 5 cm，具数花；花直径3.5~4 cm。花期：全年不定；菲律宾。

Epiphytic plants. Stems cylindric, slightly dilated toward middle, 5–17 cm long. Leaves thin, 5–10 cm long, ca. 3 cm wide. Inflorescences terminal on leafless stems, ca. 5 cm long, several-flowered; flowers 3.5–4 cm across. Fl. throughout the year; Philippines.

0590 ***Dendrobium cerinum***
(Photo.: Kohji Karasawa)

0591 ***Dendrobium chalmersii***
(Photo.: Kohji Karasawa)

0592 ***Dendrobium chameleon***
(Photo.: Kohji Karasawa)

0593 ***Dendrobium christyanum***
(Photo.: Jiangfeng Liu)

0591 *Dendrobium chalmersii* F. Muell. 查氏石斛

附生植物。茎长 40~80 cm，纤细，下部 1/3 膨大增粗达 1 cm。叶长 5~12 cm，宽约 3 cm。花序多个，生于具叶或无叶的茎上，长 6~12 cm，具 5~10 花；花直径 2.5~3 cm。花期：冬季至春季；新几内亚；约 1000 m。

Epiphytic plants. Stems 40–80 cm long, slender, swollen to 1 cm thick in basal third. Leaves 5–12 cm long, ca. 3 cm wide. Inflorescences multiple, borne on leafy or leafless stems, 6–12 cm long, 5- to 10-flowered, flowers 2.5–3 cm across. Fl. winter–spring; New Guinea; ca. 1000 m.

0592 *Dendrobium chameleon* Ames 长爪石斛

附生植物。茎下垂，长 15~60 cm，具多节；节间倒圆锥形圆筒状，粗约 5 mm。叶长 3~3.5 cm，宽约 1.2 cm。花序数个，生于无叶的茎上，长 1~3 cm，具 2~3 花；花直径 3~4 cm。花期：秋季至冬季；中国（台湾）、菲律宾；500~1200 m。

Epiphytic plants. Stems pendulous, 15–60 cm long, many-noded; internodes obconical-cylindric, ca. 5 mm thick. Leaves 3–3.5 cm long, ca. 1.2 cm wide. Inflorescences several, borne on leafless stems, 1–3 cm long, 2- or 3-flowered; flowers 3–4 cm across. Fl. autumn–winter; China (Taiwan), Philippines; 500–1200 m.

0593 *Dendrobium christyanum* Rchb. f. 毛鞘石斛

附生植物。茎近棍棒状至纺锤形，长 3~8 cm，粗 0.7~1.5 cm。叶 2~3 枚，近顶生，长 3~5 cm，宽约 1 cm。花序 1~2 个，近顶生，短，具 1~2 花；花直径 3~5 cm。花期：夏季；中国（云南）、泰国、越南；800~1200 m。

Epiphytic plants. Stems subclavate to fusiform, 3–8 cm long, 0.7–1.5 cm thick. Leaves 2–3, subterminal, 3–5 cm long, ca. 1 cm wide. Inflorescences 1–2, subterminal, short, 1- or 2-flowered; flowers 3–5 cm across. Fl. summer; China (Yunnan), Thailand, Vietnam; 800–1200 m.

0594 *Dendrobium chrysanthum* Wall. ex Lindl. 束花石斛

附生植物。茎长 50~200 cm，粗壮。叶二列，长 10~18 cm，宽约 5 cm。花序与叶对生，短，具 1~3 (~6) 花；花直径 4~5 cm，有香气。花期：春季至秋季；不丹、中国（广西至西藏）、印度北部、老挝、缅甸、尼泊尔、泰国、越南；700~2500 m。

Epiphytic plants. Stems 50–200 cm long, stout. Leaves distichous, 10–18 cm long, ca. 5 cm wide. Inflorescences leaf-opposed, short, with 1–3(–6) flowers; flowers 4–5 cm across, scented. Fl. spring–autumn; Bhutan, China (Guangxi to Xizang), N India, Laos, Myanmar, Nepal, Thailand, Vietnam; 700–2500 m.

0594 ***Dendrobium chrysanthum***
(Photos.: Xiaohua Jin(left); Ding Song(right))

0595 ***Dendrobium chrysoglossum***
(Photo.: Kohji Karasawa)

0596 ***Dendrobium chrysopterum***
(Photo.: Kohji Karasawa)

0597 ***Dendrobium chrysotoxum***
(Photo.: Sicong Lu)

0595 *Dendrobium chrysoglossum* Schltr. 橙花石斛

附生植物。茎纤细，纺锤形，长 20~50 cm。叶披针形，长 7~9 cm。花序侧生于无叶茎上，密生 10~30 花；花不完全开放，直径约 2 cm。花期：冬季；新几内亚；1300~1500 m。

Epiphytic plants. Stems slender, fusiform, 20–50 cm long. Leaves lanceolate, 7–9 cm long. Inflorescences lateral on leafless stems, densely 10- to 30-flowered; flowers not fully opening, ca. 2 cm across. Fl. winter; New Guinea; 1300–1500 m.

0596 *Dendrobium chrysopterum* Schuit. & de Vogel 橙翅石斛

附生植物。茎长 20~50 cm，具分枝。叶薄，狭卵形，长 6~7 cm，脱落。花序数个，侧生于无叶的茎上，短，具 1~5 花；花长约 3.5 cm。花期：冬季至春季；新几内亚；约 800 m。

Epiphytic plants. Stems 20–50 cm long, branched. Leaves thin, narrowly ovate, 6–7 cm long, deciduous. Inflorescences several, lateral on leafless stems, short, 1- to 5-flowered; flowers ca. 3.5 cm long. Fl. winter–spring; New Guinea; ca. 800 m.

0597 *Dendrobium chrysotoxum* Lindl. 鼓槌石斛

附生植物。茎纺锤形，长 6~30 cm，中部粗 2~5 cm。叶 2~5 枚，近顶生，矩圆形，长达 19 cm。花序 1~3 个，近顶生，长 15~20 cm，疏生多花；花直径 4~5 cm。花期：4~5 月；中国（云南）、印度、老挝、缅甸、泰国、越南；500~1600 m。

Epiphytic plants. Stems fusiform, 6–30 cm long, 2–5 cm thick at middle. Leaves 2–5, subterminal, oblong, to 19 cm long. Inflorescences 1–3, subterminal, 15–20 cm long, laxly many-flowered; flowers 4–5 cm across. Fl. April–May; China (Yunnan), India, Laos, Myanmar, Thailand, Vietnam; 500–1600 m.

0598 ***Dendrobium cinnabarinum***
(Photo.: Kohji Karasawa)

0598 *Dendrobium cinnabarinum* Rchb. f. 朱红石斛

附生植物。茎纤细，长达 1 米，下面的 2~3 节间膨大增粗至 4~10 mm，具分枝。叶二列，近狭矩圆形，长 9~14 cm。花序数个，生于无叶的茎上，长约 5 cm，具 1~3 花；花直径 5~8 cm。花期：4~10 月；文莱、马来西亚（沙巴、沙捞越）；900~1900 m。

Epiphytic plants. Stems slender, to 1 m long, lower 2–3 internodes swollen to 4–10 mm thick, branched. Leaves distichous, narrowly suboblong, 9–14 cm long. Inflorescences several, borne on leafless stems, ca. 5 cm long, 1- to 3-flowered; flowers 5–8 cm across. Fl. Apr.–Oct.; Brunei, Malaysia (Sabah, Sarawak); 900–1900 m.

0599 ***Dendrobium clavator***
(Photo.: Kohji Karasawa)

0600 ***Dendrobium closterium***
(Photo.: Kohji Karasawa)

0601 ***Dendrobium cochliodes***
(Photo.: Kohji Karasawa)

0599 *Dendrobium clavator* Ridl. 棒茎石斛

附生植物。茎长 15~30 cm，纤细，通常基部 2 个节间膨大并呈纺锤形。叶圆柱形，有槽，长 4~8 cm。花序近顶生于具叶的茎上，短，具 1 花；花直径约 8 mm。花期：夏季；马来西亚（马来半岛）、泰国。

Epiphytic plants. Stems 15–30 cm long, slender, often basal 2 internodes swollen and fusiform. Leaves terete, channeled, 4–8 cm long. Inflorescences subterminal on leafy stems, short, 1-flowered; flower ca. 8 mm across. Fl. summer; Malaysia (Malay Peninsula), Thailand.

0600 *Dendrobium closterium* Rchb. f. 蝶唇石斛

附生植物。茎纺锤形或细棍棒状，长 4~15 cm。叶 3~5 枚，近顶生，近矩圆形，长 3~9 cm。花序 1~3 个，生于茎上部节上，长 6~16 cm，具数花至 20 花；花直径 2~3 cm。花期：春季至夏季；新喀里多尼亚；0~1000 m。

Epiphytic plants. Stems fusiform or slender-clavate, 4–15 cm long. Leaves 3–5, subterminal, suboblong, 3–9 cm long. Inflorescences 1–3, from upper nodes of stems, 6–16 cm long, several- to 20-flowered; flowers 2–3 cm across. Fl. spring–summer; New Caledonia; 0–1000 m.

0601 *Dendrobium cochliodes* Schltr. 扭瓣石斛

附生植物。茎圆筒形，长 40~120 cm。叶数枚，薄，近矩圆形，长 1.5~3.5 cm。花序 1 至数个，近顶生，长 13~35 cm，具 6~30 花；花直径 2.5~4 cm。花期：夏季；新几内亚；800~1600 m。

Epiphytic plants. Stems cylindric, 40–120 cm long. Leaves several, thin, suboblong, 1.5–3.5 cm long. Inflorescences 1 to several, subterminal, 13–35 cm long, 6- to 30-flowered; flowers 2.5–4 cm across. Fl. summer; New Guinea; 800–1600 m.

0602 *Dendrobium compactum* Rolfe ex W. Hackett 草石斛

附生植物。茎圆筒形，常略呈纺锤形，长 1.5~3 cm，粗 4~6 mm。叶 2~5 枚，长 1.5~3.5 cm，宽约 0.5 cm。花序 1~5 个，近顶生或侧生于具叶的茎上，长 1~2 cm，具 3~6 花；花直径约 1 cm。花期：秋季；中国（云南）；缅甸、泰国；800~2000 m。

Epiphytic plants. Stems cylindric, often more or less fusiform, 1.5–3 cm long, 4–6 mm thick. Leaves 2–5, 1.5–3.5 cm long, ca. 0.5 cm wide. Inflorescences 1–5, subterminal or lateral on leafy stems, 1–2 cm long, 3- to 6-flowered; flowers ca. 1 cm across. Fl. autumn; China (Yunnan), Myanmar, Thailand; 800–2000 m.

0602 ***Dendrobium compactum***
(Photo.: Kohji Karasawa)

0603 ***Dendrobium concavissimum***
(Photo.: Kohji Karasawa)

0604 ***Dendrobium crepidatum***
(Photo.: Kohji Karasawa)

0605 ***Dendrobium crepidiferum***
(Photo.: Kohji Karasawa)

0603 *Dendrobium concavissimum* J. J. Sm. 巨凹石斛

附生植物。茎直立，纤细，长 30~60 cm，具分枝。叶披针形，长 4~7 cm。花序数个，短，具多花；花不完全开放，直径约 1.5 cm。花期：春季至秋季；新几内亚、布干维尔；900~1850 m。

Epiphytic plants. Stems erect, slender. 30–60 cm long, branched. Leaves lanceolate, 4–7 cm long. Inflorescences several, short, many-flowered; flowers not fully opening, ca. 1.5 cm across. Fl. spring–autumn; New Guinea, Bougainville; 900–1850 m.

0604 *Dendrobium crepidatum* Lindl. ex Paxt. 玫瑰石斛

附生植物。茎下垂，长 15~40 cm，粗约 1 cm。叶狭披针形，长 5~10 cm，宽约 1 cm，脱落。花序多个，生于无叶的茎上，很短，具 1~4 花；花直径 3~4 cm，有香气。花期：春季；不丹、中国（贵州、云南）、印度、老挝、缅甸、尼泊尔、泰国、越南；500~1800 m。

Epiphytic plants. Stems pendulous, 15–40 cm long, ca. 1 cm thick. Leaves narrowly lanceolate, 5–10 cm long, ca. 1 cm wide, deciduous. Inflorescences many, borne on leafless stems, very short, 1- to 4-flowered; flowers 3–4 cm across, scented. Fl. spring; Bhutan, China (Guizhou, Yunnan), India, Laos, Myanmar, Nepal, Thailand, Vietnam; 500–1800 m.

0605 *Dendrobium crepidiferum* J. J. Sm. 还阳石斛

附生植物。茎纤细，长 30–100 cm，紫色。叶多枚，披针形，长达 10 cm。花序多个，生于无叶的茎上，短，密生数花；花直径 4~5 cm。花期：春季至夏季；印度尼西亚（摩鹿加）；约 1200 m。

Epiphytic plants. Stems slender, 30–100 cm long, purple. Leaves many, lanceolate, to 10 cm long. Inflorescences many, borne on leafless stems, short, densely several-flowered; flowers 4–5 cm across. Fl. spring–summer; Indonesia (Moluccas); ca. 1200 m.

0606 ***Dendrobium crispilinguum*** (Photo.: Kohji Karasawa)

0606 *Dendrobium crispilinguum* P. J. Cribb 皱旋石斛

附生植物。茎长可达 1~2 m。叶卵状披针形或披针形，长 7.5~12 cm。花序长达 40 cm，通常具约 20 花；花具皱波状且扭转的萼片和花瓣，长约 2.5 cm。花期：晚春；新几内亚；1100~2600 m。

Epiphytic plants. Stems up to 1–2 m long. Leaves ovate-lanceolate or lanceolate, 7.5–12 cm long. Inflorescences to 40 cm long, often nearly 20-flowered; flowers with crisped and twisted sepals and petals ca. 2.5 cm long. Fl. late spring; New Guinea; 1100–2600 m.

0607 ***Dendrobium crocatum*** (Photo.: Peter O' Byrne)

0608 ***Dendrobium cruentum*** (Photo.: Kohji Karasawa)

0609 ***Dendrobium crumenatum*** (Photo.: Kohji Karasawa)

0607 *Dendrobium crocatum* Hook. f. 番红石斛

附生植物。茎通常长 60~100 cm。叶披针形，长 10~13 cm。花序 1~4 个，生于无叶的茎上，短，通常具 2~3 花；花直径 3~4 cm。花期：夏季；马来西亚（马来半岛）、泰国；低海拔地。

Epiphytic plants. Stems often 60–100 cm long. Leaves lanceolate, 10–13 cm long. Inflorescences 1–4, borne on leafless stems, short, often 2- or 3-flowered; flowers 3–4 cm across. Fl. summer; Malaysia (Malay Peninsula), Thailand; at low altitudes.

0608 *Dendrobium cruentum* Rchb. f. 红心石斛

附生植物。茎圆筒形，长 20~50 cm，为被毛的鞘所包。叶近矩圆形，长 5~10 cm。花序数个，生于无叶茎的上部节上，具 1~2 花；花直径 4~5 cm。花期：秋季；泰国；0–1000 m。

Epiphytic plants. Stems cylindric, 20–50 cm long, covered by hairy sheaths. Leaves suboblong, 5–10 cm long. Inflorescences several, from upper nodes of leafless stems, 1- or 2-flowered; flowers 4–5 cm across. Fl. autumn; Thailand; 0–1000 m.

0609 *Dendrobium crumenatum* Sw. 木石斛

附生植物。茎长 40~70 cm，在基部上方有 3~4 个节间膨大并呈纺锤形。叶长 5–10 cm，宽约 2.5 cm。花序数个，生于茎上部无叶处，具 1~2 花；花直径约 4 cm。花期：全年不定；广布于亚洲热带地区，向北至中国（台湾）；低海拔地。

Epiphytic plants. Stems 40–70 cm long, with 3 or 4 swollen and fusiform internodes above base. Leaves 5–10 cm long, ca. 2.5 cm wide. Inflorescences several, borne on upper leafless part of stems, 1- or 2-flowered; flowers ca. 4 cm across. Fl. throughout the year; widely distributed in tropical Asia, north to China (Taiwan); at low altitudes.

0610 *Dendrobium crystallinum* Rchb. f. 晶帽石斛

附生植物。茎长 30~70 cm，粗 5~7 mm。叶矩圆状披针形，长 10~17 cm，脱落。花序数个，侧生于无叶的茎上，短，具 1~2 花；花直径 5~6 cm，有香气。花期：5~7 月；柬埔寨、中国（海南、云南）、老挝、缅甸、泰国、越南；500~1700 m。

Epiphytic plants. Stems 30–70 cm long, 5–7 mm thick. Leaves oblong-lanceolate, 10–17 cm long, deciduous. Inflorescences several, lateral on leafless stems, short, 1- or 2-flowered; flowers 5–6 cm across, scented. Fl. May–July; Cambodia, China (Hainan, Yunnan), Laos, Myanmar, Thailand, Vietnam; 500–1700 m.

0610 ***Dendrobium crystallinum*** (Photo.: Sicong Lu)

0611 ***Dendrobium cucullatum***
(Photos.: Sicong Lu)

0613 ***Dendrobium cumulatum***
(Photo.: Kohji Karasawa)

0614 ***Dendrobium cuthbertsonii***
(Photo.: Kohji Karasawa)

0611 *Dendrobium cucullatum* R. Br. 兜唇石斛

附生植物。茎下垂，长 30~90 cm。叶长 6~8 cm，宽 2~3 cm，脱落。花序短，多个，生于无叶或具叶的茎上，具 1~3 花；花下垂，直径 5~6 cm。花期：春季；不丹、中国（广东至云南）、印度北部、老挝、马来西亚、缅甸、尼泊尔、越南；200~1800 m。

Epiphytic plants. Stems pendulous, 30–90 cm long. Leaves 6–8 cm long, 2–3 cm wide, deciduous. Inflorescences short, multiple, borne on leafless or leafy stems, 1- to 3-flowered; flowers pendulous, 5–6 cm across. Fl. spring; Bhutan, China (Guangdong to Yunnan), N India, Laos, Malaysia, Myanmar, Nepal, Vietnam; 200–1800 m.

0612 ***Dendrobium cucumerinum***
(Photo.: Kohji Karasawa)

0612 *Dendrobium cucumerinum* Macleay ex Lindl. 黄瓜石斛

附生植物。茎匍匐，长 1.5~2.5 cm。叶单个，肉质，近圆筒形，略似黄瓜，长 1.5~3.5 cm，粗约 1 cm。花序腋生，长 2~4 cm，具 2~5 花；花直径 1.5~2 cm。花期：春季至秋季；澳大利亚东部；0~800 m。

Epiphytic plants. Stems creeping, 1.5–2.5 cm long. Leaf single, fleshy, subcylindric, somewhat cucumber-like, 1.5–3.5 cm long, ca. 1 cm thick. Inflorescence axillary, 2–4 cm long, 2- to 5-flowered; flowers 1.5–2 cm across. Fl. spring–autumn; E Australia; 0–800 m.

0613 *Dendrobium cumulatum* Lindl. 堆花石斛

附生植物。茎圆筒形，长 35~90 cm，粗 4~8 mm。叶长 5~10 cm，宽约 0.5 cm。花序 1~4 个，通常生于无叶的茎上，长约 3 cm，密生 3~6 花；花直径 3~4 cm。花期：夏季；不丹、柬埔寨、印度、老挝、马来西亚、缅甸、尼泊尔、泰国、越南；300~1500 m。

Epiphytic plants. Stems cylindric, 35–90 cm long, 4–8 mm thick. Leaves 5–10 cm long, ca. 0.5 cm wide. Inflorescences 1–4, often borne on leafless stems, ca. 3 cm long, densely 3- to 6-flowered; flowers 3–4 cm across. Fl. summer; Bhutan, Cambodia, India, Laos, Malaysia, Myanmar, Nepal, Thailand, Vietnam; 300–1500 m.

0614 *Dendrobium cuthbertsonii* F. Muell. 卡氏石斛

附生植物。茎簇生，近纺锤形，长 1~3 cm。叶 3~5 枚，披针形或矩圆状披针形，长 2.5~5 cm，上表面具乳头状突起，背面紫色。花序近顶生，具单花；花直径 3~3.5 cm。花期：全年不定；新几内亚；750~3400 m。

Epiphytic plants. Stems tufted, subfusiform, 1–3 cm long. Leaves 3–5, lanceolate or oblong-lanceolate, 2.5–5 cm long, papillose above, purple below. Inflorescences subterminal, 1-flowered; flower 3–3.5 cm across. Fl. throughout the year; New Guinea; 750–3400 m.

0615 ***Dendrobium cyanocentrum*** (Photo.: Kohji Karasawa)

0616 ***Dendrobium cymboglossum*** (Photo.: Peter O' Byrne)

0615 *Dendrobium cyanocentrum* Schltr. 蓝心石斛

附生植物。茎卵状圆筒形，长 1~3（~6）cm。叶 2~4 枚，长 3~4 cm，宽约 0.3 cm。花序近顶生或侧生，短，具 1~2 花；花直径 1~1.5 cm。花期：夏季；新几内亚；0~1600 m。

Epiphytic plants. Stems ovoid-cylindric, 1–3 (–6) cm long. Leaves 2–4, 3–4 cm long, ca. 0.3 cm wide. Inflorescences subterminal or lateral, short, 1- or 2-flowered; flowers 1–1.5 cm across. Fl. summer; New Guinea; 0–1600 m.

0616 *Dendrobium cymboglossum* J. J. Wood & A. Lamb 舟唇石斛

附生植物。茎长 30~100 cm，纤细。叶狭矩圆形，长 10~12 cm，宽约 2 cm。花序下垂，长 5~8 cm，具 5~8 花；花直径约 3.5 cm。花期：春季至秋季；马来西亚（沙巴）；约 550m。

Epiphytic plants. Stems 30–100 cm long, slender. Leaves narrowly oblong, 10–12 cm long, ca. 2 cm wide. Inflorescences pendulous, 5–8 cm long, 5- to 8-flowered; flowers ca. 3.5 cm across. Fl. spring–autumn; Malaysia (Sabah); ca. 550 m.

0617 ***Dendrobium dearei***
(Photo.: Kohji Karasawa)

0617 *Dendrobium dearei* Rchb. f. 狄氏石斛

附生植物。茎圆筒形，长 45~90 cm，包藏于具黑毛的鞘内。叶近距圆形，长 5~18 cm。花序 1~2 个，生于具叶的茎上，长 15~20 cm，具 3~10 花；花直径 5~7 cm。花期：主要 5~6 月；菲律宾（吕宋至棉兰老）；0~500 m。

Epiphytic plants. Stems cylindric, 45–90 cm long, covered by black-hairy sheaths. Leaves suboblong, 5–18 cm long. Inflorescences 1–2, borne on leafy stems, 15–20 cm long, 3- to 10-flowered; flowers 5–7 cm across. Fl. mainly May–June; Philippines (Luzon to Mindanao); 0–500 m.

0618 ***Dendrobium delacourii***
(Photo.: Kohji Karasawa)

0618 *Dendrobium delacourii* Guill. 槌瓣石斛

附生植物。茎长 2~4 cm，狭卵形。叶 2~4 枚，通常狭矩圆形，长 2~3 cm，冬季脱落。花序 1~2 个，生于具叶的茎上，长 2~3 cm，具数花；花直径 2~3 cm。花期：夏季；老挝、缅甸、泰国、越南；250~1300 m。

Epiphytic plants. Stems 2–4 cm long, narrowly ovoid. Leaves 2–4, often narrowly oblong, 2–3 cm long, deciduous in winder. Inflorescences 1–2, borne on leafy stems, 2–3 cm long, several-flowered; flowers 2–3 cm across. Fl. summer; Laos, Myanmar, Thailand, Vietnam; 250–1300 m.

0619 ***Dendrobium denneanum***
(Photo.: Hong Jiang)

0620 ***Dendrobium densiflorum***
(Photo.: Deping Ye)

0621 ***Dendrobium denudans***
(Photo.: Kohji Karasawa)

0619 *Dendrobium denneanum* Kerr 叠鞘石斛

附生植物。茎稍呈棍棒状或近圆筒形，长达 47 cm，直径 4~6 mm，不分枝。叶倒披针形，长 8~11 cm。花序近顶生于无叶的老茎上，外弯，长 5~14 cm，常具 7 花；花直径 4~5 cm。花期：5~6 月；中国（广西、贵州、海南、云南）、印度、老挝、缅甸、尼泊尔、泰国、越南；600~2500 m。

Epiphytic plants. Stems somewhat clavate or subcylindric, to 47 cm long, 4–6 mm in diam., unbranched. Leaves oblanceolate, 8–11 cm long. Inflorescences subapical on old leafless stems, arching, 5–14 cm long, often 7-flowered; flowers 4–5 cm across. Fl. May–June; China (Guangxi, Guizhou, Hainan, Yunnan), India, Laos, Myanmar, Nepal, Thailand, Vietnam; 600–2500 m.

0620 *Dendrobium densiflorum* Wall. 密花石斛

附生植物。茎棍棒状，长 25~40 cm，粗达 2 cm，无鞘。叶 3~4 枚，近顶生，矩圆状披针形，长 8~17 cm。花序下垂，长 10~20 cm，密生多花；花直径 4.5~5 cm。花期：4~5 月；不丹、中国（海南至广西，西藏也有）、印度、缅甸、尼泊尔、泰国；400~1000 m。

Epiphytic plants. Stems clavate, 25–40 cm long, to 2 cm thick, sheathless. Leaves 3–4, subterminal, oblong-lanceolate, 8–17 cm long. Inflorescences pendulous, 10–20 cm long, densely many-flowered; flowers 4.5–5 cm across. Fl. Apr.–May; Bhutan, China (Hainan to Guangxi, also Xizang), India, Myanmar, Nepal, Thailand; 400–1000 m.

0621 *Dendrobium denudans* D. Don 吊花石斛

附生植物。茎圆柱形，常下垂，长 10~25 cm。叶狭披针形，长 4~8 cm。花序数个，下垂，长 8~10 cm，具 10~15 花；花不完全开放，长约 2.5 cm。花期：秋季至冬季；不丹、印度、尼泊尔；1200~2100 m。

Epiphytic plants. Stems terete, often pendulous, 10–25 cm long. Leaves narrowly lanceolate, 4–8 cm long. Inflorescences several, pendent, 8–10 cm long, 10- to 15-flowered; flowers not fully opening, ca. 2.5 cm long. Fl. autumn–winter; Bhutan, India, Nepal; 1200–2100 m.

0622 ***Dendrobium derryi***
(Photo.: Andre Schuiteman)

0622 *Dendrobium derryi* J. J. Sm. 灰白石斛

附生植物。茎长达 80 cm，成簇生长。叶近矩圆形，长 8~10 cm，背面有近紫色晕。花序侧生于无叶的茎上，短，具数花；花直径约 2.5 cm，有香气。花期：冬季；婆罗洲（加里曼丹、沙巴）；750~1500 m。

Epiphytic plants. Stems to 80 cm long, clustered. Leaves suboblong, 8–10 cm long, dorsally tinged with purplish. Inflorescences lateral on leafless stems, short, several-flowered; flowers ca. 2.5 cm across, scented. Fl. winter; Borneo (Kalimantan, Sabah); 750–1500 m.

0623 ***Dendrobium devonianum*** (Photo.: Hong Jiang)

0624 ***Dendrobium dichaeoides***
(Photo.: Kohji Karasawa)

0623 *Dendrobium devonianum* Paxton 齿瓣石斛

附生植物。茎圆筒形，下垂，长 50~100 cm，粗 3~5 mm。叶薄，狭卵状披针形，长 7~13 cm。花序数个，生于无叶的茎上，短，具 1~2 花；花直径 4~5 cm。花期：春季；不丹、中国西南部、印度、缅甸、泰国、越南；450~1900 m。

Epiphytic plants. Stems cylindric, pendulous, 50–100 cm long, 3–5 mm thick. Leaves thin, narrowly ovate-lanceolate, 7–13 cm long. Inflorescences several, borne on leafless stems, short, 1- or 2-flowered; flowers 4–5 cm across. Fl. spring; Bhutan, SW China, India, Myanmar, Thailand, Vietnam; 450–1900 m.

0624 *Dendrobium dichaeoides* Schltr. 簇花石斛

附生植物。茎棍棒状，稍四棱，长 5~13 cm。叶二列，矩圆状披针形，全部叶面处于同一个平面上，长 1.5~2.5 cm，背面有紫脉。花序数个，生于无叶的茎上，短，密生多花；花直径约 1 cm。花期：冬季；新几内亚；1000~2500 m。

Epiphytic plants. Stems clavate, obscurely tetragonous, 5–13 cm long. Leaves distichous, oblong-lanceolate, with blades all lying in one plane, 1.5–2.5 cm long, purple-veined beneath. Inflorescences several, borne on leafless stems, short, densely many-flowered; flowers ca. 1 cm across. Fl. winter; New Guinea; 1000–2500 m.

0625 ***Dendrobium dichroma***
(Photo.: Phillip J. Cribb)

0625 *Dendrobium dichroma* Schltr. 垂花石斛

附生植物。茎圆柱形，长约 60 cm，具分枝。叶线形或线状披针形，长 3~7 cm。花序侧生于无叶的茎上，短，密生 10~20 花；花下垂；萼片长约 1 cm。花期：11 月；新几内亚；约 2000 m。

Epiphytic plants. Stems terete, ca. 60 cm long, branched. Leaves linear or linear-lanceolate, 3–7 cm long. Inflorescences lateral on leafless stems, short, densely 10- to 20-flowered; flowers pendulous; sepals ca. 1 cm long. Fl. Nov.; New Guinea; ca. 2000 m.

0626 ***Dendrobium dicuphum***
(Photo.: Kohji Karasawa)

0626 *Dendrobium dicuphum* F. Muell. 紫心石斛

附生植物。茎直立，长 5~50 cm，狭纺锤形。叶 2~10 枚，披针形，长 5~15 cm。花序 1~4 个，生于具叶的茎上，长 15~50 cm，具 5~15 花；花直径 2~4 cm。花期：夏季至秋季；澳大利亚北部；0~300 m。

Epiphytic plants. Stems erect, 5–50 cm long, narrowly fusiform. Leaves 2–10, lanceolate, 5–15 cm long. Inflorescences 1–4, borne on leafy stems, 15–50 cm long, 5- to 15-flowered; flowers 2–4 cm across. Fl. summer–autumn; N Australia; 0–300 m.

0627 ***Dendrobium discolor***
(Photo.: Kohji Karasawa)

0628 ***Dendrobium distichum***
(Photo.: Kohji Karasawa)

0629 ***Dendrobium dixanthum***
(Photo.: Xiaohua Jin)

0627 *Dendrobium discolor* Lindl. 异色石斛

附生植物。茎圆筒形，通常长 30~100 cm，粗 1.5~2.5 cm。叶多枚，椭圆形，长 10~20 cm。花序 1~6 个，生于具叶的茎上，长 30~60 cm，具多花；花直径 4~8 cm，有香气。花期：春季至夏季；澳大利亚北部、新几内亚；0~700 m。

Epiphytic plants. Stems cylindric, often 30–100 cm long, 1.5–2.5 cm thick. Leaves many, elliptic, 10–20 cm long. Inflorescences 1–6, borne on leafy stems, 30–60 cm long, many-flowered; flowers 4–8 cm across, fragrant. Fl. spring–summer; N Australia, New Guinea; 0–700 m.

0628 *Dendrobium distichum* (Presl) Rchb. f. 二列石斛

附生植物。茎长 20~40 cm，包藏于叶基中。叶两侧压扁，短剑形，长 2~3.5 cm。花序数个，簇生于茎顶端，具单花；花直径约 1 cm。花期：冬季至夏季；菲律宾北部至南部；0~900 m。

Epiphytic plants. Stems 20–40 cm long, covered by leaf bases. Leaves laterally compressed, shortly ensiform, 2–3.5 cm long. Inflorescences several, clustered terminally, 1-flowered; flower ca. 1 cm across. Fl. winter–summer; N to S Philippines; 0–900 m.

0630 ***Dendrobium draconis***
(Photo.: Kohji Karasawa)

0629 *Dendrobium dixanthum* Rchb. f. 黄花石斛

附生植物。茎圆筒形，直立，长 40~90 cm。叶长 7~15 cm，宽约 1.5 cm，脱落。花序数个，生于无叶的茎上，长 5~6 cm，具 2~5 花；花直径 4~5 cm。花期：春季；中国（云南南部）、老挝、缅甸、泰国；200~1200 m。

Epiphytic plants. Stems cylindric, erect, 40–90 cm long. Leaves 7–15 cm long, ca. 1.5 cm wide, deciduous. Inflorescences several, borne on leafless stems, 5–6 cm long, 2- to 5-flowered; flowers 4–5 cm across. Fl. spring; China (S Yunnan), Laos, Myanmar, Thailand; 200–1200 m.

0630 *Dendrobium draconis* Rchb. f. 龙花石斛

附生植物。茎狭纺锤形，长 25~60 cm，新鞘被黑毛。叶披针形，长 6~10 cm。花序 1~2 个，生于具叶的茎上，短，具 1~3 花；花直径 6~7 cm。花期：春季；柬埔寨、印度、老挝、越南；约 1200 m。

Epiphytic plants. Stems narrowly fusiform, 25–60 cm long, new sheaths black-hairy. Leaves lanceolate, 6–10 cm long. Inflorescences 1–2, borne on leafy stems, short, 1- to 3-flowered; flowers 6–7 cm across. Fl. spring; Cambodia, India, Laos, Vietnam; ca. 1200 m.

0631 ***Dendrobium ejirii***
(Photo.: Kohji Karasawa)

0632 ***Dendrobium ellipsophyllum***
(Photo.: Kohji Karasawa)

0633 ***Dendrobium equitans***
(Photo.: Kohji Karasawa)

0631 *Dendrobium ejirii* T. Yukawa (*Dendrobium brainense* Gagnep.) 厄氏石斛

附生植物。茎稍呈棍棒状，直立，长 11~17 cm。叶狭矩圆状披针形，长 7~10 cm。花序 1~3 个，侧生或近顶生，生于无叶或具叶的茎上，具 4~9 花；花直径 3.5~4 cm。花期：冬季至春季；老挝、泰国、越南。

Epiphytic plants. Stems somewhat clavate, erect, 11–17 cm long. Leaves narrowly oblong-lanceolate, 7–10 cm long. Inflorescences 1–3, lateral or subterminal, borne on leafless or leafy stems, 4- to 9-flowered; flowers 3.5–4 cm across. Fl. winter–spring; Laos, Thailand, Vietnam.

0632 *Dendrobium ellipsophyllum* T. Tang & F. T. Wang 反瓣石斛

附生植物。茎圆筒形，近直立，长 30~50 cm。叶多枚，椭圆形，长 4~5 cm。花序数个至多个，侧生，具单花；花直径约 2 cm，有香气。花期：春季至夏季；柬埔寨、中国（云南）、老挝、缅甸、泰国、越南；300~1100 m。

Epiphytic plants. Stems cylindric, suberect, 30–50 cm long. Leaves many, elliptic, 4–5 cm long. Inflorescences several to many, lateral, 1-flowered; flower ca. 2 cm across, scented. Fl. spring–summer; Cambodia, China (Yunnan), Laos, Myanmar, Thailand, Vietnam; 300–1100 m.

0633 *Dendrobium equitans* Kraenzl. 燕石斛

附生植物。茎直立，长 20~40 cm，基部上方 1~2 个节间膨大并呈纺锤形。叶近圆柱形，两侧压扁，长 3~7 cm，宽约 0.4 cm。花序通常 1 个，近顶生，具单花；花直径约 1.5 cm。花期：3~10 月；中国（台湾）；菲律宾；100~600 m。

Epiphytic plants. Stems erect, 20–40 cm long, with 1–2 swollen and fusiform internodes above base. Leaves nearly terete, laterally compressed, 3–7 cm long, ca. 0.4 cm wide. Inflorescence often single, subterminal, 1-flowered; flower ca. 1.5 cm across. Fl. Mar.–Oct.; China (Taiwan), Philippines; 100–600 m.

0634 *Dendrobium eriiflorum* Griff. 毛兰石斛

附生植物。茎直立，长 7~20 cm。叶常达 10 枚，互生，线状披针形，长 4~8 cm。花序 3~7 个，侧生，长 5~9 cm，具 5~10 花；花直径约 1 cm。花期：7~10 月；不丹、印度、缅甸、尼泊尔；1000~2300 m。

Epiphytic plants. Stems erect, 7–20 cm long. Leaves often to 10, alternate, linear-lanceolate, 4–8 cm long. Inflorescences 3–7, lateral, 5–9 cm long, 5- to 10-flowered; flowers ca. 1 cm across. Fl. July–Oct.; Bhutan, India, Myanmar, Nepal; 1000–2300 m.

0634 ***Dendrobium eriiflorum***
(Photo.: Kohji Karasawa)

0635 ***Dendrobium exile***
(Photo.: Hong Jiang)

0636 ***Dendrobium fairchildiae***
(Photo.: Kohji Karasawa)

0637 ***Dendrobium falconeri***
(Photo.: Hong Jiang)

0635 *Dendrobium exile* Schltr. 景洪石斛

附生植物。茎纤细，长达 50 cm，基部上方有 2~3 个节间膨大并呈纺锤形，上部具分枝。叶圆柱形，长 2.5~6 cm。花序数个，腋生，具 1 花；花直径 2.5~3 cm。花期：10~11 月；中国（云南）、泰国、越南；600~1100 m。

Epiphytic plants. Stems slender, to 50 cm long, with 2 or 3 swollen and fusiform internodes above base, upper part branched. Leaves terete, 2.5–6 cm long. Inflorescences several, axillary, 1-flowered; flower 2.5–3 cm across. Fl. Oct.–Nov.; China (Yunnan), Thailand, Vietnam; 600–1100 m.

0636 *Dendrobium fairchildiae* Ames & Quisumb. 费氏石斛

附生植物。茎纤细，下垂，长 70~95（~180）cm。叶多枚，披针形，长 13~15 cm。花序 1~2 个，短，具 1~9 花；花直径 4~5 cm。花期：夏季至秋季；菲律宾（吕宋）；1200 m 以上。

Epiphytic plants. Stems slender, pendulous, 70–95 (–180) cm long. Leaves many, lanceolate, 13–15 cm long. Inflorescences 1–2, short, with 1–9 flowers; flowers 4–5 cm across. Fl. summer–autumn; Philippines (Luzon); above 1200 m.

0638 ***Dendrobium falcorostrum***
(Photo.: Kohji Karasawa)

0637 *Dendrobium falconeri* Hook. 串珠石斛

附生植物。茎长 30~50 cm，具分枝，通常在茎上部和分枝的节上膨大而呈串珠状。叶 2~5 枚，生于分枝的上端，狭披针形，长 5~10 cm。花序侧生，大多生于无叶的分枝上，具单花；花直径 5~6 cm。花期：5~6 月；不丹、中国（台湾至云南）；印度、缅甸、泰国、越南；800~1900 m。

Epiphytic plants. Stems 30–50 cm long, branched, upper part and branches often swollen at nodes and moniliform. Leaves 2–5, on uppermost part of branches, narrowly lanceolate, 5–10 cm long. Inflorescences lateral, mostly from leafless branches, 1-flowered; flower 5–6 cm across. Fl. May–June; Bhutan, China (Taiwan to Yunnan), India, Myanmar, Thailand, Vietnam; 800–1900 m.

0638 *Dendrobium falcorostrum* Fitzg. 镰萼石斛

附生植物。茎狭纺锤形，通常长 10~25 cm，粗约 1 cm。叶 3~5 枚，狭矩圆形，长 6~12 cm。花序近顶生，直立，长 8~16 cm，具多花；花直径 3~4 cm。花期：春季；澳大利亚东部；800~1400 m。

Epiphytic plants. Stems narrowly fusiform, often 10–25 cm long, ca. 1 cm thick. Leaves 3–5, narrowly oblong, 6–12 cm long. Inflorescences subterminal, erect, 8–16 cm long, many-flowered; flowers 3–4 cm across. Fl. spring; E Australia; 800–1400 m.

0639 ***Dendrobium fanjingshanense***
(Photo.: Hong Jiang)

0640 ***Dendrobium farmeri***
(Photo.: Kohji Karasawa)

0641 ***Dendrobium fimbriatum***
(Photo.: Hong Jiang)

0639 *Dendrobium fanjingshanense* Z. H. Tsi ex H. X. Jin & Y. W. Zhang 梵净山石斛

附生植物。茎圆筒形，长 35~60 cm。叶多枚，线形或线状披针形，长 5~8 cm。花序数个，侧生于无叶的茎上，长达 6 cm，具 1~2(~3)花；花直径 3~4 cm。花期：3~4 月；中国（贵州）；800~1500 m。

Epiphytic plants. Stems cylindric, 35–60 cm long. Leaves many, linear or linear-lanceolate, 5–8 cm long. Inflorescences several, lateral on leafless stems, to 6 cm long, with 1–2 (–3) flowers; flowers 3–4 cm across. Fl. Mar.–Apr.; China (Guizhou); 800–1500 m.

0640 *Dendrobium farmeri* Paxt. 法氏石斛

附生植物。茎长 20~40 cm，上部膨大并呈稍具 4 棱的纺锤形。叶数枚，近顶生，卵状椭圆形，长 10~20 cm。花序近顶生，长 15~30 cm，密生 10~30 花；花直径约 5 cm。花期：春季；不丹、印度、马来西亚（马来半岛）、缅甸、尼泊尔、泰国、越南；300~1000 m。

Epiphytic plants. Stems 20–40 cm long, upper part swollen and somewhat 4-angled fusiform. Leaves several, subterminal, ovate-elliptic, 10–20 cm long. Inflorescences subterminal, 15–30 cm long, densely 10- to 30-flowered; flowers ca. 5 cm across. Fl. spring; Bhutan, India, Malaysia (Malay Peninsula), Myanmar, Nepal, Thailand, Vietnam; 300–1000 m.

0641 *Dendrobium fimbriatum* Hook. 流苏石斛

附生植物。茎圆筒形，长 50~100 cm，有时基部上方稍膨大而呈纺锤形。叶矩圆状披针形，长 8~15 cm。花序通常侧生于无叶茎的上部，长 5~15 cm，疏生 6–12 花；花直径约 5 cm。花期：4–6 月；不丹、中国（广西、贵州、云南）、印度、缅甸、尼泊尔、泰国、越南；500~1900 m。

Epiphytic plants. Stems cylindric, 50–100 cm long, sometimes slightly dilated and fusiform above base. Leaves oblong-lanceolate, 8–15 cm long. Inflorescences often lateral on upper part of leafless stems, 5–15 cm long, laxly 6- to 12-flowered; flowers ca. 5 cm across. Fl. Apr.–June; Bhutan, China (Guangxi, Guizhou, Yunnan), India, Myanmar, Nepal, Thailand, Vietnam; 500–1900 m.

0642 *Dendrobium findlayanum* Parish & Rchb. f. 棒节石斛

附生植物。茎直立或下垂，长 20~50 cm，节间棍棒状。叶披针形，长 5.5~10 cm。花序数个，侧生于无叶的茎上，通常具 2 花；花直径 5~7 cm。花期：3 月；中国（云南）、老挝、缅甸、泰国；800~900 m。

Epiphytic plants. Stems erect or pendent, 20–50 cm long, internodes clavate. Leaves lanceolate, 5.5–10 cm long. Inflorescences several, lateral on leafless stems, often 2-flowered; flowers 5–7 cm across. Fl. Mar.; China (Yunnan), Laos, Myanmar, Thailand; 800–900 m.

0642 ***Dendrobium findlayanum*** (Photo.: Junwen Zhai)

0643 ***Dendrobium finisterrae***
(Photo.: Kohji Karasawa)

0644 ***Dendrobium fleckeri***
(Photo.: Kohji Karasawa)

0645 ***Dendrobium flexicaule***
(Photo.: Hong Jiang)

0643 *Dendrobium finisterrae* Schltr. 封氏石斛

附生植物。茎棍棒状，长 25~70 cm。叶 2~3 枚，近顶生，卵形或披针形，长 12~20 cm。花序顶生于具叶的茎上，长 20~30 cm，具 8~10 花；花不完全开放；萼片长约 3.3 cm，背面密生刚毛。花期：春季；新几内亚；900~2100 m。

Epiphytic plants. Stems clavate, 25–70 cm long. Leaves 2–3, subterminal, ovate or lanceolate, 12–20 cm long. Inflorescences terminal on leafy stems, 20–30 cm long, 8- to 10-flowered; flowers not fully opening; sepals ca. 3.3 cm long, densely setose dorsally. Fl. spring; New Guinea; 900–2100 m.

0646 ***Dendrobium forbesii***
(Photo.: Kohji Karasawa)

0644 *Dendrobium fleckeri* Rupp & C. T. White 佛乐石斛

附生植物。茎纤细，长 10~40 cm。叶 2~4 枚，矩圆状披针形，长 4~8 cm。花序近顶生于具叶的茎上，具 1~3 花；花直径 2.5~3.5 cm，有香气。花期：春季至夏季；澳大利亚东北部；1000 m 以上。

Epiphytic plants. Stems slender, 10–40 cm long. Leaves 2–4, oblong-lanceolate, 4–8 cm long. Inflorescences subterminal on leafy stems, 1- to 3-flowered; flowers 2.5–3.5 cm across, scented. Fl. spring–summer; NE Australia; above 1000 m.

0645 *Dendrobium flexicaule* Z. H. Tsi, S. C. Sun & L. G. Xu 曲茎石斛

附生植物。茎长 3~11 cm，粗 2~3 mm，略呈曲折状。叶 2~4 枚，生于茎上部，矩圆状披针形，长约 3 cm。花序 1~2 个，侧生于无叶的茎上，具 1~2 花；花直径 4~5 cm。花期：5 月；中国（河南、湖北、湖南、四川）；1200~2000 m。

Epiphytic plants. Stems 3–11 cm long, 2–3 mm thick, somewhat zigzag. Leaves 2–4, on upper part of stem, oblong-lanceolate, ca. 3 cm long. Inflorescences 1–2, lateral on leafless stems, 1- or 2-flowered; flowers 4–5 cm across. Fl. May; China (Henan, Hubei, Hunan, Sichuan); 1200–2000 m.

0646 *Dendrobium forbesii* Ridl. 福氏石斛

附生植物。茎棍棒状，长 15~32 cm，粗 2~3.5 cm。叶 2 枚，近卵形，长 10~15 cm。花序顶生，长 20~30 cm，具 5~15 花；花直径约 5.5 cm。花期：冬季至夏季；新几内亚；900~1500 m。

Epiphytic plants. Stems clavate, 15–32 cm long, 2–3.5 cm thick. Leaves 2, subovate, 10–15 cm long. Inflorescences terminal, 20–30 cm long, 5- to 15-flowered; flowers ca. 5.5 cm across. Fl. winter–summer; New Guinea; 900–1500 m.

0647 ***Dendrobium formosum***
(Photo.: Kohji Karasawa)

0648 ***Dendrobium friedericksianum***
(Photo.: Kohji Karasawa)

0649 ***Dendrobium fytchianum***
(Photo.: Kohji Karasawa)

0647 *Dendrobium formosum* Roxb. ex Lindl. 美丽石斛

附生植物。茎直立，长 20~45 cm；新鞘具黑色毛。叶近矩圆形，长 8~15 cm。花序通常 2 个，生于具叶茎的上部，短，具 1~5 花；花直径 8~12 cm。花期：夏季；不丹、印度、缅甸、尼泊尔、泰国、越南；500~2300 m。

Epiphytic plants. Stems erect, 20–45 cm long; new sheaths black-hairy. Leaves suboblong, 8–15 cm long. Inflorescences often 2, from upper part of leafy stems, short, 1- to 5-flowered; flowers 8–12 cm across. Fl. summer; Bhutan, India, Myanmar, Nepal, Thailand, Vietnam; 500–2300 m.

0648 *Dendrobium friedericksianum* Rchb. f. 佛利石斛

附生植物。茎长 40~60 cm，膨大并呈棍棒状，粗 6~8 mm，基部纤细。叶披针形，长 7~12 cm。花序数个，生于无叶的茎上，具 2~4 花；花直径 4~5（~7）cm。花期：春季；泰国；低海拔地。

Epiphytic plants. Stems 40–60 cm long, swollen and clavate, 6–8 mm thick, base slender. Leaves lanceolate, 7–12 cm long. Inflorescences several, borne on leafless stems, 2- to 4-flowered; flowers 4–5 (–7) cm across. Fl. spring; Thailand; at low altitudes.

0649 *Dendrobium fytchianum* Bateman 菲氏石斛

附生植物。茎纤细，直立，长 20~50 cm。叶多枚，线状披针形，长 7~10 cm。花序近顶生于无叶的茎上，具 5~10 花；花直径 4~5 cm。花期：冬季至春季；缅甸；低海拔地。

Epiphytic plants. Stems slender, erect, 20–50 cm long. Leaves many, linear-lanceolate, 7–10 cm long. Inflorescences subterminal on leafless stems, 5- to 10-flowered; flowers 4–5 cm across. Fl. winter–spring; Myanmar; at low altitudes.

0650 *Dendrobium gibsonii* Paxton 曲轴石斛

附生植物。茎圆筒形，长 35~100 cm，粗 7~8 mm。叶多枚，矩圆形或近披针形，长 10~15 cm。花序通常顶生于无叶的茎上，下垂，通常具 15~20 花；花直径约 4 cm。花期：春季；不丹、中国（广西、云南）、印度、缅甸、尼泊尔、泰国、越南；800~1600 m。

Epiphytic plants. Stems cylindric, 35–100 cm long, 7–8 mm thick. Leaves many, oblong or nearly lanceolate, 10–15 cm long. Inflorescences often apical on leafless stems, pendulous, often 15- to 20-flowered; flowers ca. 4 cm across. Fl. spring; Bhutan, China (Guangxi, Yunnan), India, Myanmar, Nepal, Thailand, Vietnam; 800–1600 m.

0650 ***Dendrobium gibsonii***
(Photo.: Kohji Karasawa)

0651 ***Dendrobium goldschmidtianum***
(Photos.: Zhenrong Xie)

0652 ***Dendrobium gonzalesii***
(Photo.: Kohji Karasawa)

0653 ***Dendrobium gouldii***
(Photo.: Kohji Karasawa)

0651 *Dendrobium goldschmidtianum* Rchb. f. (*Dendrobium miyakei* Schltr.) **红花石斛**

附生植物。茎长 30~60 cm，有时中部增粗并稍呈纺锤形；节间略呈倒圆锥状圆筒形。叶卵状披针形，长 6~10 cm。花序多个，通常生于无叶的茎上，长 2~3 cm，密生 5~10 花；花直径约 2 cm。花期：3~11 月；中国（台湾）、菲律宾；200~500 m。

Epiphytic plants. Stems 30–60 cm long, sometimes middle part thickened and slightly fusiform; internodes somewhat obconical-cylindric. Leaves ovate-lanceolate, 6–10 cm long. Inflorescences multiple, often borne on leafless stems, 2–3 cm long, densely 5- to 10-flowered; flowers ca. 2 cm across. Fl. Mar.–Nov.; China (Taiwan), Philippines; 200–500 m.

0652 *Dendrobium gonzalesii* Quisumb. (*Dendrobium ceraula* Rchb. f.) **宫氏石斛**

附生植物。茎长 40~55 cm，具膨大的节，有分枝。叶矩圆状披针形至披针形，长 5~10 cm。花序 1~2 个，常生于无叶的分枝上，短，具 1~3 花；花直径约 4.5 cm。花期：9 月；菲律宾（阿贝）；850~1300 m。

Epiphytic plants. Stems 40–55 cm long, with dilated nodes, branched. Leaves oblong-lanceolate to lanceolate, 5–10 cm long. Inflorescences 1–2, often borne on leafless branches, short, 1- to 3-flowered; flowers ca. 4.5 cm across. Fl. Sep.; Philippines (Albay); 850–1300 m.

0654 ***Dendrobium gracilicaule***
(Photo.: Kohji Karasawa)

0653 *Dendrobium gouldii* Rchb. f. 构氏石斛

附生植物。茎长达 2 m，基部以上稍膨大。叶狭卵状披针形，长 10~15 cm。花序近顶生或侧生，长 50~70 cm，具多花；花直径 5~6 cm；萼片稍扭转。花期：夏季；巴布亚新几内亚、所罗门群岛、瓦努阿图；0~700 m。

Epiphytic plants. Stems to 2 m long, slightly swollen above base. Leaves narrowly ovate-lanceolate, 10–15 cm long. Inflorescences subterminal or lateral, 50–70 cm long, many-flowered; flowers 5–6 cm across; sepals slightly twisted. Fl. summer; Papua New Guinea, Solomon Islands, Vanuatu; 0–700 m.

0654 *Dendrobium gracilicaule* F. Muell. 纤细石斛

附生植物。茎纤细，长 20~80 cm。叶 3~6 枚，近顶生，近矩圆状披针形，长 5~13 cm。花序单个，顶生于具叶的茎上，长 5~12 cm，具 5~30 花；花直径约 1.2 cm。花期：春季；澳大利亚东部及邻近岛屿；0~1000 m。

Epiphytic plants. Stems slender, 20–80 cm long. Leaves 3–6, subterminal, suboblong-lanceolate, 5–13 cm long. Inflorescence single, terminal on leafy stem, 5–12 cm long, 5- to 30-flowered; flowers ca. 1.2 cm across. Fl. spring; E Australia and adjacent islands; 0–1000 m.

0655 ***Dendrobium gratiosissimum*** (Photo.: Deping Ye)

0656 ***Dendrobium guerreroi*** (Photo.: Kohji Karasawa)

0655 *Dendrobium gratiosissimum* Rchb. f. 杯鞘石斛

附生植物。茎下垂，长 30~90 cm，具许多膨大的节。叶矩圆形，长 7~11 cm。花序数个，生于无叶的茎上，具 1~3 花；花直径 5.5~7.5 cm，有香气。花期：5~7 月；中国（云南）、印度、老挝、缅甸、泰国、越南；800~1700 m。

Epiphytic plants. Stems pendulous, 30–90 cm long, with many swollen nodes. Leaves oblong, 7–11 cm long. Inflorescences several, borne on leafless stems, 1- to 3-flowered; flowers 5.5–7.5 cm across, fragrant. Fl. May–July; China (Yunnan), India, Laos, Myanmar, Thailand, Vietnam; 800–1700 m.

0656 *Dendrobium guerreroi* Ames & Quisumb. 顾氏石斛

附生植物。茎圆筒形，长 30~70 cm，粗约 1 cm。叶近矩圆状披针形，长 7~11 cm。花序数个，侧生于无叶的茎上，长 5~7 cm，密生多花；花直径 2~3 cm。花期：冬季；菲律宾。

Epiphytic plants. Stems cylindric, 30–70 cm long, ca. 1 cm thick. Leaves suboblong-lanceolate, 7–11 cm long. Inflorescences several, lateral on leafless stems, 5–7 cm long, densely many-flowered; flowers 2–3 cm across. Fl. winter; Philippines.

0657 ***Dendrobium habbemense*** (Photo.: Phillip J. Cribb)

0657 *Dendrobium habbemense* P. Royen 哈本石斛

附生植物。茎通常下垂，长达 100 cm，具分枝。叶近线形，长达 10 cm，常略有紫色晕。花序数个，生于无叶的茎上，短，具单花；花下垂，不完全开放，通常长 2~3 cm。花期：不详；新几内亚；2100~3500 m。

Epiphytic plants. Stems often pendulous, to 100 cm long, branched. Leaves sublinear, to 10 cm long, often slightly tinged with purple. Inflorescences several, borne on leafless stems, short, 1-flowered; flower pendulous, not fully opening, often 2–3 cm long. Fl. unknown; New Guinea; 2100–3500 m.

0658 ***Dendrobium hainanense*** (Photo.: Xiqiang Song)

0658 *Dendrobium hainanense* Rolfe 海南石斛

附生植物。茎扁圆筒形，长 10~45 cm，节间稍呈棍棒状。叶近圆筒形，纤细，长 2~2.5（~4.5）cm，粗 1~3 mm。花序生于无叶茎的上部，通常具 1 花；花小，直径 5~6 mm。花期：9~10 月；中国（海南）；1000~1700 m。

Epiphytic plants. Stems compressed-cylindric, 10–45 cm long, internodes slightly clavate. Leaves subcylindric, slender, 2–2.5 (–4.5) cm long, 1–3 mm thick. Inflorescences arising from upper part of leafless stems, usually 1-flowered; flower small, 5–6 mm across. Fl. Sep.–Oct.; China (Hainan); 1000–1700 m.

0659 ***Dendrobium hancockii*** (Photo.: Sicong Lu)

0660 ***Dendrobium harveyanum*** (Photo.: Junwen Zhai)

0659 *Dendrobium hancockii* Rolfe 细叶石斛

附生植物。茎纤细，长达 30~80 cm，有时在基部上方的数个节间膨大并呈纺锤形。叶线形，长 3~10 cm。花序数个，侧生于无叶的茎上，长 1~2 cm，具 1~2 花；花直径 3~4 cm。花期：5~6 月；中国（陕西至广西和云南）、越南北部；700~1500 m。

Epiphytic plants. Stems slender, to 30–80 cm long, sometimes with several dilated and fusiform internodes above base. Leaves linear, 3–10 cm long. Inflorescences several, lateral on leafless stems, 1–2 cm long, 1- or 2-flowered; flowers 3–4 cm across. Fl. May–June; China (Shaanxi to Guangxi and Yunnan), N Vietnam; 700–1500 m.

0661 ***Dendrobium hasseltii***
(Photo.: Kohji Karasawa)

0660 *Dendrobium harveyanum* Rchb. f. 苏瓣石斛

附生植物。茎纺锤形，长（8~）15~30 cm。叶 2~6 枚，狭矩圆形，长 10~15 cm。花序 1~2 个，侧生于具叶或无叶的茎上，长 3.5~9 cm，疏生 1~3 花；花直径约 5 cm。花期：3~4 月；中国（云南）、缅甸、泰国、越南；1100~1700 m。

Epiphytic plants. Stems fusiform, (8–) 15–30 cm long. Leaves 2–6, narrowly oblong, 10–15 cm long. Inflorescences 1–2, lateral on leafy or leafless stems, 3.5–9 cm long, laxly 1- to 3-flowered; flowers ca. 5 cm across. Fl. Mar.–Apr.; China (Yunnan), Myanmar, Thailand, Vietnam; 1100–1700 m.

0661 *Dendrobium hasseltii* (Blume) Lindl. 哈氏石斛

附生植物。茎圆筒形，直立，长 10~80 cm。叶多枚，披针形，长 7~10 cm，宽约 1 cm。花序 1~2 个，生于无叶的茎上，短，具 2~4 花；花直径 2~2.5 cm。花期：全年不定；印度尼西亚（爪哇）、马来西亚（马来半岛）；1600~3000 m。

Epiphytic plants. Stems cylindric, erect, 10–80 cm long. Leaves many, lanceolate, 7–10 cm long, ca. 1 cm wide. Inflorescences 1–2, borne on leafless stems, short, 2- to 4-flowered; flowers 2–2.5 cm across. Fl. throughout the year; Indonesia (Java), Malaysia (Malay Peninsula); 1600–3000 m.

0662 ***Dendrobium helix***
(Photo.: Kohji Karasawa)

0662 *Dendrobium helix* P. J. Cribb 卷花石斛

附生植物。茎稍膨大，长达 100~200 cm。叶近椭圆形，长 7~16 cm。花序通常单个，近顶生，长达 14 cm，具 15~20 花；花直径约 5 cm。花期：春季至夏季；巴布亚新几内亚（新不列颠岛）；低海拔地。

Epiphytic plants. Stems slightly swollen, to 100–200 cm long. Leaves subelliptic, 7–16 cm long. Inflorescence often single, subterminal, to 14 cm long, 15- to 20-flowered; flowers ca. 5 cm across. Fl. spring–summer; Papua New Guinea (New Britain Island); at low altitudes.

0663 ***Dendrobium hellwigianum***
(Photo.: Kohji Karasawa)

0664 ***Dendrobium hercoglossum***
(Photos.: Junwen Zhai)

0665 ***Dendrobium heterocarpum***
(Photo.: Junwen Zhai)

0663 *Dendrobium hellwigianum* Kraenzl. 黑氏石斛

附生植物。茎纺锤状圆筒形，长约 5 cm。叶 1~5 枚，直立，近圆柱形，有槽，长达 10~16 cm。花序单个，顶生，短，具 1~2 花；花直径约 2.5 cm。花期：夏季；新几内亚；1400~2700 m。

Epiphytic plants. Stems fusiform-cylindric, ca. 5 cm long. Leaves 1–5, erect, subterete, channeled, to 10–16 cm long. Inflorescence single, terminal, short, 1- or 2-flowered; flowers ca. 2.5 cm across. Fl. summer; New Guinea; 1400–2700 m.

0664 *Dendrobium hercoglossum* Rchb. f. 重唇石斛

附生植物。茎通常棍棒状，下垂，长 8~40 cm。叶矩圆状披针形，长 4~10 cm。花序数个，生于无叶的茎上，长 1.5~3 cm，通常具 2~3 花；花直径 2.5~3 cm。花期：5~6 月；中国（安徽至海南和云南）、老挝、缅甸、泰国、越南；600~1300 m。

Epiphytic plants. Stems often clavate, pendulous, 8–40 cm long. Leaves oblong-lanceolate, 4–10 cm long. Inflorescences several, borne on leafless stems, 1.5–3 cm long, often 2- or 3-flowered; flowers 2.5–3 cm across. Fl. May–June; China (Anhui to Hainan and Yunnan), Laos, Myanmar, Thailand, Vietnam; 600–1300 m.

0665 *Dendrobium heterocarpum* Lindl. 尖刀石斛

附生植物。茎通常直立，长 5~57 cm，稍呈棍棒状，向末端增粗。叶矩圆状披针形，长 6~12 cm。花序通常数个，生于无叶的茎上，具 1~4 花；花直径 5~7 cm。花期：3~4 月；不丹、中国（云南）、印度、老挝、缅甸、尼泊尔、泰国、越南；700~2500 m。

Epiphytic plants. Stems often erect, 5–57 cm long, slightly clavate, thickened toward apex. Leaves oblong-lanceolate, 6–12 cm long. Inflorescences often several, borne on leafless stems, 1- to 4-flowered; flowers 5–7 cm across. Fl. Mar.–Apr.; Bhutan, China (Yunnan), India, Laos, Myanmar, Nepal, Thailand, Vietnam; 700–2500 m.

0666 *Dendrobium hookerianum* Lindl. 金耳石斛

附生植物。茎圆筒形，下垂，长 30~80（~250）cm。叶矩圆状披针形，长 7~17（~30）cm。花序 1 至数个，生于具叶的茎上，长 4~15 cm，疏生 2~7 花；花直径 5~6 cm。花期：7~9 月；中国（西藏、云南）、印度；1000~2300 m。

Epiphytic plants. Stems cylindric, pendulous, 30–80 (–250) cm long. Leaves oblong-lanceolate, 7–17 (–30) cm long. Inflorescences 1 to several, borne on leafy stems, 4–15 cm long, laxly 2- to 7-flowered; flowers 5–6 cm across. Fl. July–Sep.; China (Xizang, Yunnan), India; 1000–2300 m.

0666 ***Dendrobium hookerianum*** (Photo.: Hong Jiang)

0667 ***Dendrobium hughii***
(Photo.: Kohji Karasawa)

0668 ***Dendrobium huoshanense*** (Photo.: Kaiyong Lang)

0667 *Dendrobium hughii* Rchb. f. 胡氏石斛

附生植物。茎圆筒形，长 30~40 cm，粗约 5 mm。叶披针形，长 4~9 cm。花序通常单个，侧生，短，具单花；花直径 3.5~4 cm。花期：冬季；马来西亚（马来半岛）；约 1300 m。

Epiphytic plants. Stems cylindric, 30–40 cm long, ca. 5 mm thick. Leaves lanceolate, 4–9 cm long. Inflorescence often single, lateral, short, 1-flowered; flower 3.5–4 cm across. Fl. winter; Malaysia (Malay Peninsula); ca. 1300 m.

0669 ***Dendrobium hymenanthum***
(Photo.: Kohji Karasawa)

0668 *Dendrobium huoshanense* C. Z. Tang & S. J. Cheng 霍山石斛

附生植物。茎近圆筒形，长 3~9 cm，近基部粗 3~18 mm，向顶端变细，具 3~7 节；节间长 3~8 mm。叶通常 2~3 枚，生于茎上部，近矩圆形，长 9~21 cm。花序 1~3 个，生于无叶的茎上，短，具 1~2 花；花直径 2~2.5 cm。花期：5 月；中国（安徽、河南西南部）。

Epiphytic plants. Stems subcylindric, 3–9 cm long, 3–18 mm thick near base, narrowed toward apex, 3- to 7-noded; internodes 3–8 mm long. Leaves often 2–3, along upper part of stem, suboblong, 9–21 cm long. Inflorescences 1–3, borne on leafless stems, short, 1- or 2-flowered; flowers 2–2.5 cm across. Fl. May; China (Anhui, SW Henan).

0669 *Dendrobium hymenanthum* Rchb. f. 膜花石斛

附生植物。茎簇生，长约 6 cm，具 3 节，基部上方膨大，略具四棱。叶 2 枚，顶生，卵状矩圆形，长 2.5~3.5 cm。花序顶生，具单花；花直径 1.5~2 cm，有香气。花期：夏季；菲律宾；约 300 m。

Epiphytic plants. Stems tufted, ca. 6 cm long, 3-noded, dilated above base, slightly tetragonous. Leaves 2, terminal, ovate-oblong, 2.5–3.5 cm long. Inflorescence terminal, 1-flowered; flower 1.5–2 cm across, scented. Fl. summer; Philippines; ca. 300 m.

0670 *Dendrobium insigne* (Blume) Rchb. f. ex Miq. 褐斑石斛

附生植物。茎圆筒形，坚挺，长 40~70 cm，通常直立。叶近卵形，长 5~8 cm，厚革质。花序数个，侧生，长约 1 cm，通常具 2 花；花直径 3~4 cm。花期：不定；新几内亚及邻近岛屿；0~200 m。

Epiphytic plants. Stems cylindric, stiff, 40–70 cm long, often erect. Leaves subovate, 5–8 cm long, thick-coriaceous. Inflorescences several, lateral, ca. 1 cm long, often 2-flowered; flowers 3–4 cm across. Fl. various; New Guinea and adjacent islands; 0–200 m.

0670 ***Dendrobium insigne***
(Photo.: Kohji Karasawa)

0671 ***Dendrobium jacobsonii***
(Photo.: Zhanfa Huang)

0672 ***Dendrobium jenkinsii***
(Photo.: Junwen Zhai)

0673 ***Dendrobium johannis***
(Photo.: Kohji Karasawa)

0671 *Dendrobium jacobsonii* J. J. Sm. 杰氏石斛

附生植物。茎长达 30 cm，粗约 7 mm。叶近矩圆形，长 1~1.8 cm，先端不等的 2 裂。花序数个，生于具叶或无叶的茎上，短，具单花；花不完全开放，长约 2.8 cm。花期：11 月；印度尼西亚（爪哇）；2100~3000 m。

Epiphytic plants. Stems to 30 cm long, ca. 7 mm thick. Leaves suboblong, 1–1.8 cm long, unequally bilobed at apex. Inflorescences several, borne on leafy or leafless stems, short, 1-flowered; flower not fully opening, ca. 2.8 cm long. Fl. Nov.; Indonesia (Java); 2100–3000 m.

0672 *Dendrobium jenkinsii* Wall. ex Lindl. 小黄花石斛

附生植物。茎聚生，假鳞茎状，卵形，具 4 棱，长 1~4 cm，具 2~3 节。叶 1 枚，顶生，近矩圆形，长 1~4 cm。花序侧生，下垂，具 1~3 花；花直径 2~3 cm。花期：3~4 月；不丹、中国（云南）、印度、老挝、缅甸、泰国、越南；500~1500 m。

Epiphytic plants. Stems aggregated, pseudobulbous, ovoid, 4-angled, 1–4 cm long,with 2–3 nodes. Leaf single, terminal, suboblong, 1–4 cm long. Inflorescences lateral, pendulous, 1- to 3-flowered; flowers 2–3 cm across. Fl. Mar.–Apr.; Bhutan, China (Yunnan), India, Laos, Myanmar, Thailand, Vietnam; 500–1500 m.

0673 *Dendrobium johannis* Rchb. f. 爵氏石斛

附生植物。茎纺锤形，长 17~35 cm。叶数枚，披针形，长 10~15 cm。花序侧生，长 15~50 cm，具数花至 20 花；花直径 3~4 cm。花期：2~4 月、秋季；新几内亚南部、澳大利亚；0~300 m。

Epiphytic plants. Stems fusiform, 17–35 cm long. Leaves several, lanceolate, 10–15 cm long. Inflorescences lateral, 15–50 cm long, several- to 20-flowered; flowers 3–4 cm across. Fl. Feb.–Apr., autumn; S New Guinea, Australia; 0–300 m.

0674 *Dendrobium johnsoniae* F. Muell. 约翰石斛

附生植物。茎纺锤形，长 20~30 cm，粗约 1.5 cm。叶 2~4 枚，卵状披针形，长 10~15 cm。花序近顶生于具叶的茎上，长 15~35 cm，具 5~10 花；花直径 7~10 cm。花期：秋季至冬季；巴布亚新几内亚、所罗门群岛；600~1300 m。

Epiphytic plants. Stems fusiform, 20–30 cm long, ca. 1.5 cm thick. Leaves 2–4, ovate-lanceolate, 10–15 cm long. Inflorescences subterminal on leafy stems, 15–35 cm long, 5- to 10-flowered; flowers 7–10 cm across. Fl. autumn–winter; Papua New Guinea, Solomon Islands; 600–1300 m.

0674 ***Dendrobium johnsoniae***
(Photo.: Kohji Karasawa)

0675 ***Dendrobium junceum***
(Photo.: Kohji Karasawa)

0676 ***Dendrobium keithii***
(Photo.: Gundolf Meyer)

0677 ***Dendrobium kingianum***
(Photo.: Kohji Karasawa)

0675 *Dendrobium junceum* Lindl. 灯心石斛

附生植物。茎长达 70~100 cm，仅基部若干节间膨大，具分枝。叶近圆柱形，有槽，长 8~16 cm，粗约 2 mm。花序数个，长 3~4 cm，具 1~2 花；花直径 3~4 cm，有香气。花期：夏季至秋季；菲律宾；可达 500 m。

Epiphytic plants. Stems to 70–100 cm long, with several swollen internodes at base, branched. Leaves subterete, channeled, 8–16 cm long, ca. 2 mm thick. Inflorescences several, 3–4 cm long, 1- or 2-flowered; flowers 3–4 cm across, scented. Fl. summer–autumn; Philippines; up to 500 m.

0676 *Dendrobium keithii* Ridl. 凯氏石斛

附生植物。茎圆筒形，长达 63 cm，粗约 2 cm。叶两侧压扁，二列套叠，长 2~3.8 cm，宽约 1 cm。花序数个，侧生，短，具 1~2 花；花直径约 1 cm。花期：全年不定；泰国；低海拔地。

Epiphytic plants. Stems cylindric, to 63 cm long, ca. 2 cm thick. Leaves laterally compressed, distichous-equitant, 2–3.8 cm long, ca. 1 cm wide. Inflorescences several, lateral, short, 1- or 2-flowered; flowers ca. 1 cm across. Fl. throughout the year; Thailand; at low altitudes.

0678 ***Dendrobium kuhlii***
(Photo.: Kohji Karasawa)

0677 *Dendrobium kingianum* Bidwill ex Lindl. 金氏石斛

附生植物。茎略呈倒棍棒状，基部稍膨大，长 10~20（~40）cm。叶数枚，矩圆状披针形，长 3~10 cm。花序 2~3 个，长 7~15 cm，具 3~10 花；花直径 2~2.5 cm。花期：春季；澳大利亚东北部；可达 1200 m。

Epiphytic plants. Stems somewhat obclavate, slightly swollen at base, 10–20 (–40) cm long. Leaves several, oblong-lanceolate, 3–10 cm long. Inflorescences 2–3, 7–15 cm long, 3- to 10-flowered; flowers 2–2.5 cm across; Fl. spring; NE Australia; up to 1200 m.

0678 *Dendrobium kuhlii* (Blume) Lindl. 库氏石斛

附生植物。茎圆筒形，通常下垂，长达 100 cm。叶多枚，矩圆状披针形，长 4~6 cm。花序 1~3 个，生于无叶的茎上，长约 2 cm，具 3~12 花；花直径约 1.5 cm。花期：春季；印度尼西亚（爪哇）；750~2500 m。

Epiphytic plants. Stems cylindric, often pendulous, to 100 cm long. Leaves many, oblong-lanceolate, 4–6 cm long. Inflorescences 1–3, borne on leafless stems, ca. 2 cm long, 3- to 12-flowered; flowers ca. 1.5 cm across. Fl. spring; Indonesia (Java); 750–2500 m.

0679 ***Dendrobium kurashigei*** **T. Yukawa 仓重石斛**

附生植物。茎长达 30 cm，近基部的 2 个节间膨大、四棱、纺锤形，上部具分枝。叶薄，线形，长达 4 cm。花序数个，短；花依次展现，同一时间仅有 1 花开放，直径约 6 mm。花期：全年不定；马来西亚（沙巴）；900~2200 m。

Epiphytic plants. Stems to 30 cm long, with 2 swollen, tetragonous and fusiform internodes toward base, branching above. Leaves thin, linear, to 4 cm long. Inflorescences several, short; flowers produced successively, only one opening at a time, ca. 6 mm across. Fl. throughout the year; Malaysia (Sabah); 900–2200 m.

0679 ***Dendrobium kurashigei***
(Photo.: Peter O' Byrne)

0680 ***Dendrobium laevifolium*** **Stapf 光叶石斛**

附生植物。茎纺锤形，长 1~4.5 cm，粗约 1.5 cm，常具 3 节。叶 2~3 枚，近顶生，矩圆状披针形，长 5~14 cm。花序顶生，具 1~2 花；花直径 1.5~2 cm。花期：夏季至冬季；新几内亚、布尔维干、路易西亚德群岛、所罗门群岛、瓦努阿图；300~2300 m。

Epiphytic plants. Stems fusiform, 1–4.5 cm long, ca. 1.5 cm thick, often 3-noded. Leaves 2–3, subterminal, oblong-lanceolate, 5–14 cm long. Inflorescence terminal, 1- or 2-flowered; flowers 1.5–2 cm across. Fl. summer–winter; New Guinea, Bougainville, Louisiade Arch., Solomon Islands, Vanuatu; 300–2300 m.

0681 ***Dendrobium lamellatum***
(Photo.: Peter O' Byrne)

0681 ***Dendrobium lamellatum*** **(Blume) Lindl. 五褶石斛**

附生植物。茎卵状纺锤形，压扁，长 5~15 cm，宽 2~3 cm。叶 4~6 枚，近矩圆形，长 8~12 cm。花序 1 至数个，长 1~2 cm，具 2~4 花；花直径 2~2.5 cm。花期：春季至秋季；印度尼西亚（爪哇）、马来西亚（沙捞越）、泰国；500~600 m。

Epiphytic plants. Stems ovoid-fusiform, compressed, 5–15 cm long, 2–3 cm wide. Leaves 4–6, suboblong, 8–12 cm long. Inflorescences 1 to several, 1–2 cm long, 2- to 4-flowered; flowers 2–2.5 cm across. Fl spring–autumn; Indonesia (Java), Malaysia (Sarawak), Thailand; 500–600 m.

0682 ***Dendrobium lampongense*** **J. J. Sm. 蓝珀石斛**

附生植物。茎圆筒形，长达 65 cm。叶多枚，披针形，长约 10 cm。花序数个，生于无叶的茎上，长 4~5 cm，具 3~7 花；花直径 3~4 cm。花期：夏季；印度尼西亚（加里曼丹、苏门答腊）、马来西亚（沙巴）；200~300 m。

Epiphytic plants. Stems cylindric, to 65 cm long. Leaves many, lanceolate, ca. 10 cm long. Inflorescences several, borne on leafless stems, 4–5 cm long, 3- to 7-flowered; flowers 3–4 cm across. Fl. summer; Indonesia (Kalimantan, Sumatra), Malaysia (Sabah); 200–300 m.

0680 ***Dendrobium laevifolium*** (Photo.: Kohji Karasawa)

0682 ***Dendrobium lampongense*** (Photo.: Peter O' Byrne)

0683 ***Dendrobium lasiantherum***
(Photo.: Kohji Karasawa)

0684 ***Dendrobium lawesii***
(Photo.: Kohji Karasawa)

0685 ***Dendrobium leonis***
(Photo.: Kohji Karasawa)

0683 *Dendrobium lasiantherum* J. J. Sm. 毛药石斛

附生植物。茎圆筒形，长 80~150 cm。叶卵状披针形，厚革质，长 6~13 cm。花序侧生，直立，长 30~50 cm，具 20~30 花；花直径 6~7 cm。花期：夏季至秋季；新几内亚；0~100 m。

Epiphytic plants. Stems cylindric, 80–150 cm long. Leaves ovate-lanceolate, thick-coriaceous, 6–13 cm long. Inflorescences lateral, erect, 30–50 cm long, 20- to 30-flowered; flowers 6–7 cm across. Fl. summer–autumn; New Guinea; 0–100 m.

0684 *Dendrobium lawesii* F. Muell. 劳氏石斛

附生植物。茎圆筒形，通常下垂，长 20~35 cm。叶多枚，二列，矩圆状披针形，长 4~5 cm。花序通常 2 个，近顶生于无叶的茎上，短，密生 3~10 花；花长 2.5~3 cm。花期：花期不定；新几内亚至所罗门群岛；500~2000 m。

Epiphytic plants. Stems cylindric, often pendulous, 20–35 cm long. Leaves many, distichous, oblong-lanceolate, 4–5 cm long. Inflorescences often 2, subterminal on leafless stems, short, densely 3- to 10-flowered; flowers 2.5–3 cm long. Fl. throughout the year; New Guinea to Solomon Islands; 500–2000 m.

0686 ***Dendrobium leptocladum***
(Photo.: Kohji Karasawa)

0685 *Dendrobium leonis* (Lindl.) Rchb. f. 狮花石斛

附生植物。茎长 10~25 cm。叶两侧压扁，二列套叠，长 1.5~2 cm。花序单个，顶生，具 1~2 花；花直径约 1.5 cm，有浓香。花期：春季至夏季；柬埔寨、印度尼西亚、老挝、马来西亚、泰国；0~500 m。

Epiphytic plants. Stems 10–25 cm long. Leaves laterally compressed, distichous-equitant, 1.5–2 cm long. Inflorescence single, terminal, 1- or 2-flowered; flowers ca. 1.5 cm across, very fragrant. Fl. spring–summer; Cambodia, Indonesia, Laos, Malaysia, Thailand; 0–500 m.

0686 *Dendrobium leptocladum* Hayata 菱唇石斛

附生植物。茎细圆筒形，下垂，长 20~50 cm，通常具分枝。叶线形或禾叶状，长 5~10 cm。花序数个，生于无叶的茎中部或下部，长约 1 cm，具 1~2 花；花直径约 1.5 cm。花期：夏季；中国（台湾）；600~1600 m。

Epiphytic plants. Stems narrowly cylindric, pendulous, 20–50 cm long, usually branched. Leaves linear or grasslike, 5–10 cm long. Inflorescences several, borne on middle or lower part of leafless stems, ca. 1 cm long, 1- or 2-flowered; flowers ca. 1.5 cm across. Fl. summer; China (Taiwan); 600–1600 m.

0687 ***Dendrobium leucocyanum***
(Photo.: Kohji Karasawa)

0688 ***Dendrobium lichenastrum***
(Photo.: Kohji Karasawa)

0689 ***Dendrobium lichenastrum***
var. ***prenticei*** (Photo.: Kohji Karasawa)

0687 *Dendrobium leucocyanum* T. M. Reeve 白蓝石斛

附生植物。茎棍棒状卵形，有皱纹，长 0.5~2 cm。叶 2 枚，顶生，卵状椭圆形，通常长 2~3 cm。花序单个，顶生于无叶的茎上，头状，短，密生 5~20 花；花不完全开放，长约 1 cm。花期：不定；新几内亚；2100~2600 m。

Epiphytic plants. Stems clavate-ovoid, rugose, 0.5–2 cm long. Leaves 2, terminal, ovate-elliptic, often 2–3 cm long. Inflorescence single, terminal on leafless stem, capitate, short, densely 5- to 20-flowered; flowers not fully opening, ca. 1 cm long. Fl. various; New Guinea; 2100–2600 m.

0688 *Dendrobium lichenastrum* (F. Muell.) Kraenzl. 地衣石斛

附生植物。根状茎短，有分枝，相隔 2 mm 生叶。叶两侧压扁，长 0.5~1 cm，肉质。花序腋生，具单花；花直径 4~7 mm。花期：冬季至春季；澳大利亚北部；可达 1300 m。

Epiphytic plants. Rhizomes short, branching, bearing leaves at 2 mm intervals. Leaves laterally compressed, 0.5–1 cm long, fleshy. Inflorescences axillary, 1-flowered; flower 4–7 mm across. Fl. winter–spring; N Australia; up to 1300 m.

0689 *Dendrobium lichenastrum* (F. Muell.) Kraenzl. var. ***prenticei* (F. Muell.) Dockrill 普棱石斛（变种）**

本变种与地衣石斛（原变种）*Dendrobium lichenastrum*(var. *lichenastrum*)的区别在于具较大的、长达 1~4 cm 的叶。澳大利亚北部。

This variety differs from *Dendrobium lichenastrum*(var. *lichenastrum*) by having larger leaves 1–4 cm long. N. Australia.

0690 *Dendrobium linawianum* Rchb. f. 矩唇石斛

附生植物。茎长 25~40 cm，略扁，节间稍呈倒圆锥形，粗 1~1.5 cm。叶矩圆形，长 4~7 cm。花序数个，生于无叶的茎上，短，具 2~4 花；花直径 4.5~5 cm。花期：春季；中国（广西、台湾）；400~1500 m。

Epiphytic plants. Stems 25–40 cm long, somewhat compressed, with internodes slightly obconical and 1–1.5 cm thick. Leaves oblong, 4–7 cm long. Inflorescences several, borne on leafless stems, short, 2- to 4-flowered; flowers 4.5–5 cm across. Fl. spring; China (Guangxi, Taiwan); 400–1500 m.

0690 ***Dendrobium linawianum*** (Photo.: Kohji Karasawa)

0691 ***Dendrobium lindleyi*** (Photo.: Yechun Xu)

0692 ***Dendrobium lineale*** (Photo.: Kohji Karasawa)

0691 *Dendrobium lindleyi* Steud. 聚石斛

附生植物。茎簇生，长 1~5（~10）cm，纺锤形或卵形，略压扁，具 4 棱，有 2~5 节。叶单个，矩圆形，长 3~10 cm。花序单个，近顶生，长达 27 cm，具 5~20 花；花直径 3~4 cm。花期：春季；不丹、中国（贵州至海南）、印度、老挝、缅甸、泰国、越南；500~2000 m。

Epiphytic plants. Stems tufted, 1–5 (–10) cm long, fusiform or ovoid, slightly compressed, 4-ridged, with 2–5 nodes. Leaf solitary, oblong, 3–10 cm long. Inflorescence single, subterminal, to 27 cm long, 5- to 20-flowered; flowers 3–4 cm across. Fl. spring; Bhutan, China (Guizhou to Hainan), India, Laos, Myanmar, Thailand, Vietnam; 500–2000 m.

0692 *Dendrobium lineale* Rolfe 线瓣石斛

附生植物。茎圆筒形，直立，长 50~300 cm。叶多枚，矩圆状披针形，长 8~15 cm。花序单个，长 25~75 cm，具 15~35 花；花直径约 5 cm，有香气。花期：春季至早秋；新几内亚及邻近岛屿；0~800 m。

Epiphytic plants. Stems cylindric, erect, 50–300 cm long. Leaves many, oblong-lanceolate, 8–15 cm long. Inflorescence single, 25–75 cm long, 15- to 35-flowered; flowers ca. 5 cm across, scented. Fl. spring–early autumn; New Guinea and adjacent islands; 0–800 m.

0693 ***Dendrobium linearifolium*** (Photo.: Kohji Karasawa)

0693 *Dendrobium linearifolium* Teijsm. & Binn. 狭叶石斛

附生植物。茎长 30~90 cm，基部 2 个节间膨大并呈纺锤形。叶线状披针形，长 3~8 cm。花序数个，生于具叶或无叶的茎上；具 1 花；花直径 1~1.5 cm。花期：4~5 月；印度尼西亚（苏门答腊至巴厘）；700~1800 m。

Epiphytic plants. Stems 30–90 cm long, with two swollen and fusiform internodes at base. Leaves linear-lanceolate, 3–8 cm long. Inflorescences several, borne on leafy or leafless stems, 1-flowered; flower 1–1.5 cm across. Fl. Apr.–May; Indonesia (Sumatra to Bali); 700–1800 m.

0694 *Dendrobium linguella* Rchb.f. 小舌石斛

附生植物。茎纤细，下垂，长 50~60 cm。叶披针形，长 7~10 cm。花序数个，生于无叶的茎上，下垂，具 4~6 花；花直径 2~3 cm；蕊柱被毛。花期：冬季至春季；印度尼西亚（苏门答腊至加里曼丹）、马来西亚（马来半岛）、泰国、越南；100~1300 m。

Epiphytic plants. Stems slender, pendulous, 50–60 cm long. Leaves lanceolate, 7–10 cm long. Inflorescences several, borne on leafless stems, pendulous, 4- to 6-flowered; flowers 2–3 cm across; column hairy. Fl. winter–spring; Indonesia (Sumatra to Kalimantan), Malaysia (Malay Peninsula), Thailand, Vietnam; 100–1300 m.

0694 ***Dendrobium linguella*** (Photo.: Kohji Karasawa)

0695 ***Dendrobium linguiforme*** (Photo.: Kohji Karasawa)

0697 ***Dendrobium loddigesii*** (Photo.: Yechun Xu)

0695 *Dendrobium linguiforme* Sw. 舌唇石斛

附生植物。茎匍匐，具长1~4 cm的分枝，每个分枝生1叶。叶卵形至近矩圆形，长2~4 cm，甚厚。花序直立，长5~15 cm，具7~15花；花直径2~2.5 cm。花期：秋季至春季；澳大利亚北部；可达1000 m。

Epiphytic plants. Stems creeping, with branches 1–4 cm long, 1-leafed on each branch. Leaves ovate to suboblong, 2–4 cm long, very thick. Inflorescences erect, 5–15 cm long, 7- to 15-flowered; flowers 2–2.5 cm across. Fl. autumn–spring; N Australia; to 1000 m.

0696 *Dendrobium lituiflorum* Lindl. 喇叭唇石斛

附生植物。茎圆筒形，下垂，长30~60 cm。叶狭矩圆形，长7~18 cm。花序多个，侧生于无叶的茎上，通常具1~2花；花直径6~8 cm。花期：春季；中国（广西、云南）、印度、老挝、缅甸、泰国、越南；800~1600 m。

Epiphytic plants. Stems cylindric, pendulous, 30–60 cm long. Leaves narrowly oblong, 7–18 cm long. Inflorescences many, lateral on leafless stems, often 1- or 2-flowered; flowers 6–8 cm across. Fl. spring; China(Guangxi, Yunnan), India, Laos, Myanmar, Thailand, Vietnam; 800–1600 m.

0696 ***Dendrobium lituiflorum***
(Photo.: Zhanhuo Tsi)

0697 *Dendrobium loddigesii* Rolfe 美花石斛

附生植物。茎圆筒形，常下垂，长10~45 cm，有时具分枝。叶通常矩圆状披针形，长2~5 cm。花序数个，侧生于具叶的茎上，短，具1~2花；花直径4~5 cm。花期：4~5月；中国（贵州至海南和云南）、老挝、越南；400~1500 m。

Epiphytic plants. Stems cylindric, often pendulous, 10–45 cm long, sometimes branched. Leaves often oblong-lanceolate, 2–5 cm long. Inflorescences several, lateral on leafy stems, short, 1- or 2-flowered; flowers 4–5 cm across. Fl. Apr.–May; China (Guizhou to Hainan and Yunnan), Laos, Vietnam; 400–1500 m.

0698 ***Dendrobium lohohense***
(Photo.: Hong Jiang)

0698 *Dendrobium lohohense* T. Tang & F. T. Wang 罗河石斛

附生植物。茎圆筒形，长达80 cm，粗3~5 mm。叶二列，矩圆形，长3~4.5 cm。花序1个至数个，直立，短，具1花；花直径2.5~3 cm。花期：夏季；中国（湖北至广东和云南）；1000~1500 m。

Epiphytic plants. Stems cylindric, to 80 cm long, 3–5 mm thick. Leaves distichous, oblong, 3–4.5 cm long. Inflorescences 1 to several, erect, short, 1-flowered; flower 2.5–3 cm across. Fl. summer; China (Hubei to Guangdong and Yunnan); 1000–1500 m.

0699 ***Dendrobium longicornu*** (Photo.: Hong Jiang)

0702 ***Dendrobium macranthum*** (Photo.: Kohji Karasawa)

0699 *Dendrobium longicornu* Lindl. 长距石斛

附生植物。茎簇生，圆筒形，直立，通常长 20~30 cm，包藏于被浅黑色毛的鞘中。叶狭披针形，长 3~7 cm，两面被浅黑色的毛。花序单个，生于无叶的茎上，具 1~3 花；花下垂，不完全开放，长约 5 cm。花期：9~11 月；不丹、中国（广西至西藏）、印度、缅甸、尼泊尔、越南；1200~2700 m。

Epiphytic plants. Stems tufted, cylindric, erect, often 20–30 cm long, covered by blackish hairy sheaths. Leaves narrowly lanceolate, 3–7 cm long, both surfaces blackish hairy. Inflorescence single, borne on leafless stem, 1- to 3-flowered; flowers pendulous, not fully opening, ca. 5 cm long. Fl. Sep.–Nov.; Bhutan, China (Guangxi to Xizang), India, Myanmar, Nepal, Vietnam; 1200–2700 m.

0700 ***Dendrobium luteocilium***
(Photo.: Kohji Karasawa)

0700 *Dendrobium luteocilium* Rupp 黄缘毛石斛

附生植物。茎纤细，直立或下垂，长达 2 m。叶多枚，二列，狭矩圆形，长 4~13 cm。花序多个，与叶对生，短，通常具 2 花；花直径 1.5~2 cm。花期：8~12 月；澳大利亚北部、新几内亚；0~1000 m。

Epiphytic plants. Stems slender, erect or pendent, to 2 m long. Leaves many, distichous, narrowly oblong, 4–13 cm long. Inflorescences many, opposite to leaves, short, often 2-flowered; flowers 1.5–2 cm across. Fl. Aug.–Dec.; N Australia, New Guinea; 0–1000 m.

0701 *Dendrobium luteolum* Bateman 黄白石斛

附生植物。茎直立或下垂，圆筒形，长 25~45 cm。叶狭矩圆形，长 8~10 cm。花序多个，侧生于具叶的茎上，短，具 2~4 花；花直径 5~6 cm。花期：冬季至春季；缅甸南部；低海拔地。

Epiphytic plants. Stems erect or pendent, cylindric, 25–45 cm long. Leaves narrowly oblong, 8–10 cm long. Inflorescences many, lateral on leafy stems, short, 2- to 4-flowered; flowers 5–6 cm across. Fl. winter–spring; S Myanmar; at low altitudes.

0701 ***Dendrobium luteolum***
(Photo.: Kohji Karasawa)

0702 *Dendrobium macranthum* A. Rich. 大花石斛

附生植物。茎长 60~100 cm，下半部膨大、粗达 2 cm。叶近矩圆形，长 8~15 cm。花序近顶生于具叶的茎上，长 20~30 cm，具 15~30 花；花直径 5~8 cm。花期：夏季；圣克鲁斯群岛、新喀尼多尼亚、瓦努阿图、萨摩亚群岛；0~500 m。

Epiphytic plants. Stems 60–100 cm long, swollen to 2 cm thick in lower half. Leaves suboblong, 8–15 cm long. Inflorescences subterminal on leafy stems, 20–30 cm long, 15- to 30-flowered; flowers 5–8 cm across. Fl. summer; Santa Cruz Islands, New Caledonia, Vanuatu, Samoa Islands; 0–500 m.

0703 ***Dendrobium macrophyllum***
(Photo.: Kohji Karasawa)

0704 ***Dendrobium malbrownii***
(Photo.: Kohji Karasawa)

0705 ***Dendrobium mannii***
(Photo.: Kohji Karasawa)

0703 *Dendrobium macrophyllum* A. Rich. 大叶石斛

附生植物。茎棍棒状，长 20~60 cm，粗 2~2.5 cm。叶 2~4 枚，近顶生，簇生，近矩圆形，长 20~35 cm。花序顶生，长 25~40 cm，具 10~20 花；花直径 3~5 cm，有香气。花期：春季；印度尼西亚、巴布亚新几内亚、菲律宾以及太平洋岛屿（所罗门群岛、新喀里多尼亚、斐济）；0~1700 m。

Epiphytic plants. Stems clavate, 20–60 cm long, 2–2.5 cm thick. Leaves 2–4, subterminal, clustered, suboblong, 20–35 cm long. Inflorescence terminal, 25–40 cm long, 10- to 20-flowered; flowers 3–5 cm across, scented. Fl. spring; Indonesia, Papua New Guinea, Philippines to the Pacific islands (Solomon Islands, New Caledonia, Fiji); 0–1700 m.

0704 *Dendrobium malbrownii* Dockrill 马氏石斛

附生植物。茎纤细，圆筒形，直立或下垂，长 15~35 cm。叶线形，长 10~20 cm。花序通常单个，侧生于具叶茎上，具 1 花；花直径约 8 mm。花期：夏季；澳大利亚东北部（约克角）、新几内亚；200~800 m。

Epiphytic plants. Stems slender, cylindric, erect or pendent, 15–35 cm long. Leaves linear, 10–20 cm long. Inflorescence often single, lateral on leafy stem, 1-flowered; flower ca. 8 mm across. Fl. summer; NE Australia (Cape York), New Guinea; 200–800 m.

0705 *Dendrobium mannii* Ridl. 曼氏石斛

附生植物。茎长 10~25 cm。叶两侧压扁，近披针形，长 1~2 cm。花序多个，侧生于无叶的茎上，短，具 1~2 花；花直径约 1 cm。花期：秋季；印度东北部、马来西亚（马来半岛）、泰国、越南；300~900 m。

Epiphytic plants. Stems 10–25 cm long. Leaves laterally compressed, sublanceolate, 1–2 cm long. Inflorescences many, lateral on leafless stems, short, 1- or 2-flowered; flowers ca. 1 cm across. Fl. autumn; NE India, Malaysia (Malay Peninsula), Thailand, Vietnam; 300–900 m.

0706 *Dendrobium masarangense* Schltr. 马萨石斛

附生植物。茎卵形、纺锤形或圆筒形，通常长 1~2 cm。叶 1~4 枚，近顶生，簇生，线状披针形，长 1~6 cm。花序近顶生于具叶或无叶的茎上，具 1~3 花；花直径 1~1.5 cm。花期：春季；印度尼西亚东部、巴布亚新几内亚及太平洋岛屿（所罗门群岛至斐济）；300~3300 m。

Epiphytic plants. Stems ovoid, fusiform or cylindric, often 1–2 cm long. Leaves 1–4, subterminal, clustered, linear-lanceolate, 1–6 cm long. Inflorescences subterminal on leafy or leafless stems, 1- to 3-flowered; flowers 1–1.5 cm across. Fl. spring; E Indonesia, Papua New Guinea and the Pacific islands (Solomon Islands to Fiji); 300–3300 m.

0706 ***Dendrobium masarangense***
(Photo.: Kohji Karasawa)

0707 ***Dendrobium microglaphys***
(Photo.: Kohji Karasawa)

0708 ***Dendrobium mirbelianum***
(Photo.: Kohji Karasawa)

0709 ***Dendrobium mohlianum***
(Photo.: Kohji Karasawa)

0707 *Dendrobium microglaphys* Rchb. f. 小穴石斛

附生植物。茎纤细，直立或下垂，长 20~60 cm。叶 6~10 枚，狭椭圆形，长 15~20 cm。花序单个，生于具叶的茎上，短，密生 8~20 花；花不完全开放，直径约 2.5 cm，有香气。花期：全年不定；印度尼西亚（加里曼丹，林加群岛）、马来西亚（马来半岛、沙巴、沙捞越）、新加坡；0~800 m。

Epiphytic plants. Stems slender, erect or pendulous, 20–60 cm long. Leaves 6–10, narrowly elliptic, 15–20 cm long. Inflorescence single, borne on leafy stems, short, densely 8- to 20-flowered; flowers not opening widely, ca. 2.5 cm across, scented. Fl. throughout the year; Indonesia (Kalimantan, Lingga Islands), Malaysia (Malay Peninsula, Sabah, Sarawak), Singapore; 0–800 m.

0708 *Dendrobium mirbelianum* Gaud. 米贝石斛

附生植物。茎圆筒形，长 60~300 cm。叶 10 枚或更多，长 8~15 cm。花序通常单个，生于茎的上部，长 15~50 cm，可具多达 30 花；花直径 3.5~5.5 cm。花期：全年不定；澳大利亚东北部（约克角）、印度尼西亚东部、巴布亚新几内亚及邻近岛屿；0~600 m。

Epiphytic plants. Stems cylindric, 60–300 cm long. Leaves 10 or more, 8–15 cm long. Inflorescence often single, from upper part of stem, 15–50 cm long, up to 30-flowered; flowers 3.5–5.5 cm across. Fl. throughout the year; NE Australia (Cape York), E Indonesia, Papua New Guinea and adjacent islands; 0–600 m.

0710 ***Dendrobium moniliforme***
(Photo.: Sicong Lu)

0709 *Dendrobium mohlianum* Rchb. f. 猩红石斛

附生植物。茎长 25~45 cm。叶披针形，长 5~10 cm。花序数个，侧生于无叶的茎上，长 1~1.5 cm，具 4~8 花；花直径约 2 cm。花期：春季；所罗门群岛至瓦努阿图、斐济和萨摩亚群岛；800~2000 m。

Epiphytic plants. Stems 25–45 cm long. Leaves lanceolate, 5–10 cm long. Inflorescences several, lateral on leafless stems, 1–1.5 cm long, 4- to 8-flowered; flowers ca. 2 cm across. Fl. spring; Solomon Islands to Vanuatu, Fiji and Samoa Islands; 800–2000 m.

0710 *Dendrobium moniliforme* (L.) Sw. 细茎石斛

附生植物。茎纤细，圆筒形，长 10~40 cm。叶披针形至狭矩圆形，长 3~6 cm。花序 1 至数个，侧生于无叶或具叶的茎上，具 1~3 花；花直径 2~4 cm。花期：3~5 月；不丹、中国（甘肃南部至台湾和云南）、印度、日本、朝鲜半岛、缅甸、尼泊尔、越南；600~3000 m。

Epiphytic plants. Stems slender, cylindric, 10–40 cm long. Leaves lanceolate to narrowly oblong, 3–6 cm long. Inflorescences 1 to several, lateral on leafless or leafy stems, 1- to 3-flowered; flowers 2–4 cm across. Fl. Mar.–May; Bhutan, China (S Gansu to Taiwan and Yunnan), India, Japan, Korea, Myanmar, Nepal, Vietnam; 600–3000 m.

0711 ***Dendrobium monophyllum***
(Photo.: Kohji Karasawa)

0712 ***Dendrobium monticola***
(Photo.: Andre Schuiteman)

0713 ***Dendrobium mooreanum***
(Photo.: Kohji Karasawa)

0711 *Dendrobium monophyllum* F. Muell. 单叶石斛

附生植物。茎卵形，长 2~10 cm，粗 1.5~3 cm，通常在根状茎上相距 2~4 cm。叶 1 枚或有时 2 枚，近顶生，狭矩圆形，长 5~12 cm。花序单个，长 7~17 cm，具 5~20 花；花直径约 1 cm。花期：秋季至冬季；澳大利亚东北部；0~900 m。

Epiphytic plants. Stems ovoid, 2–10 cm long, 1.5–3 cm thick, often 2–4 cm apart on rhizome. Leaves single or sometimes 2, subterminal, narrowly oblong, 5–12 cm long. Inflorescence single, 7–17 cm long, 5- to 20-flowered; flowers ca. 1 cm across. Fl. autumn–winter; NE Australia; 0–900 m.

0712 *Dendrobium monticola* P. F. Hunt & Summerh. 藏南石斛

附生植物。茎上举，长达 10 cm，基部向上逐渐变狭，具数节。叶二列，狭矩圆形，长 5~6 cm，基部扩大而成膨胀的鞘。花序 1~4 个，生于具叶茎的上部，长 2.5~5 cm，具数花；萼片长 7~9 mm。花期：7~8 月；中国（广西、西藏）、印度、老挝、尼泊尔、泰国、越南；1500~2300 m。

Epiphytic plants. Stems ascending, to 10 cm long, becoming narrower from base, several-noded. Leaves distichous, narrowly oblong, 5–6 cm long, base dilated into gibbous sheaths. Inflorescences 1–4, arising from upper part of leafy stems, 2.5–5 cm long, several-flowered; sepals 7–9 mm long. Fl. July–Aug.; China (Guangxi, Xizang), India, Laos, Nepal, Thailand, Vietnam; 1500–2300 m.

0713 *Dendrobium mooreanum* Lindl. 莫尔石斛

附生植物。茎近棍棒状，有棱，长达 18~25 cm，粗约 8 mm。叶 2~4 枚，近顶生，簇生，卵状披针形，长达 8.5 cm。花序 1 个，顶生，长达 18 cm，具数花；花直径 3~4 cm。花期：冬季；瓦努阿图及邻近岛屿；300~1100 m。

Epiphytic plants. Stems subclavate, angled, to 18–25 cm long, ca. 8 mm thick. Leaves 2–4, subterminal, clustered, ovate-lanceolate, to 8.5 cm long. Inflorescence single, terminal, to 18 cm long, several-flowered; flowers 3–4 cm across. Fl. winter; Vanuatu and adjacent islands; 300–1100 m.

0714 *Dendrobium mortii* F. Muell. 墨氏石斛

附生植物。茎圆筒形，长 20~60 cm，具分枝。叶 1 枚，近顶生，近圆柱形，长 5~15 cm，粗 2~4 mm。花序腋生，通常具 1~2 花；花直径 2~2.5 cm。花期：冬季；澳大利亚东北部至东部；400~1000 m。

Epiphytic plants. Stems cylindric, 20–60 cm long, branched. Leaf single, subterminal, subterete, 5–15 cm long, 2–4 mm thick. Inflorescences axillary, often 1- or 2-flowered; flowers 2–2.5 cm across. Fl. winter; NE to E Australia; 400–1000 m.

0714 ***Dendrobium mortii***
(Photo.: Kohji Karasawa)

0715 ***Dendrobium moschatum*** (Photos.: Yechun Xu)

0715 *Dendrobium moschatum* (Buch.-Ham.) Sw. 杓唇石斛

附生植物。茎圆筒形，直立，长 90~120 cm。叶矩圆状披针形，长 10~15 cm。花序下垂，生于无叶的茎上，长 15~20 cm，通常具 5~10 花；花直径 6~8 cm。花期：4~6 月；不丹、中国（云南）、印度、老挝、缅甸、尼泊尔、泰国、越南；300~2000 m。

Epiphytic plants. Stems cylindric, erect, 90–120 cm long. Leaves oblong-lanceolate, 10–15 cm long. Inflorescences pendent, borne on leafless stems, 15–20 cm long, often 5- to 10-flowered; flowers 6–8 cm across. Fl. Apr.–June; Bhutan, China (Yunnan), India, Laos, Myanmar, Nepal, Thailand, Vietnam; 300–2000 m.

0716 *Dendrobium munificum* (Finet) Schltr. 斑花石斛

附生植物。茎卵形，长 5~15 cm，通常具由叶鞘残留脉形成的宿存纤维。叶 2~3 枚，近顶生，近倒披针形，长 15~35 cm。花序下垂，长达 30~37 cm，有分枝，可具多达 200 花；花直径 3~5 cm。花期：夏季；新喀里多尼亚；200~700 m。

Epiphytic plants. Stems ovoid, 5–15 cm long, often with persistent fibers from residual nerves of sheaths. Leaves 2–3, subterminal, suboblanceolate, 15–35 cm long. Inflorescences pendulous, to 30–37 cm long, branched, up to 200-flowered; flowers 3–5 cm across. Fl. summer; New Caledonia; 200–700 m.

0717 *Dendrobium mutabile* (Blume) Lindl. 皱瓣石斛

附生植物。茎常下垂，长达 150 cm，粗约 1 cm，具分枝。叶披针形，长 3~10 cm，背面通常红紫色。花序 1 个至数个，生于无叶的茎上，长达 18 cm，密生 5~12 花；花直径 2.5~3 cm。花期：夏季至秋季；印度尼西亚（爪哇、克拉卡托）；500~1800 m。

Epiphytic plants. Stems often pendulous, to 150 cm long, ca. 1 cm thick, branched. Leaves lanceolate, 3–10 cm long, often red-purple beneath. Inflorescences 1 to several, borne on leafless stems, to 18 cm long, densely 5- to 12-flowered; flowers 2.5–3 cm across. Fl. summer–autumn; Indonesia (Java, Krakatau); 500–1800 m.

0718 *Dendrobium nabawanense* J. J. Wood & A. Lamb 沙巴石斛

地生或附生植物。茎簇生，纤细，直立，长 25~60 cm。叶线状披针形，长 6~8 cm。花序侧生，与叶对生，长约 1 cm，具单花；花直径约 2 cm。花期：夏季；马来西亚（沙巴）；500~700 m。

Terrestrial or epiphytic plants. Stems tufted, slender, erect, 25–60 cm long. Leaves linear-lanceolate, 6–8 cm long. Inflorescences lateral, opposite to leaves, ca. 1 cm long, 1-flowered; flower ca. 2 cm across. Fl. summer; Malaysia (Sabah); 500–700 m.

0716 ***Dendrobium munificum***
(Photo.: Kohji Karasawa)

0717 ***Dendrobium mutabile***
(Photo.: Kohji Karasawa)

0718 ***Dendrobium nabawanense***
(Photo.: Kohji Karasawa)

0719 ***Dendrobium nindii***
(Photo.: Kohji Karasawa)

0721 ***Dendrobium nudum***
(Photo.: Kohji Karasawa)

0722 ***Dendrobium odoratum***
(Photo.: Kohji Karasawa)

0719 *Dendrobium nindii* W. Hill 宁氏石斛

附生植物。茎圆筒形，通常长 100~150 cm，粗 1~2 cm。叶狭卵状披针形，长 7~13 cm。花序生于具叶茎的上部，长 40~60 cm，具 10~25 花；花直径 4~4.5 cm。花期：夏季；澳大利亚东北部、新几内亚；0~200 m。

Epiphytic plants. Stems cylindric, often 100–150 cm long, 1–2 cm thick. Leaves narrowly ovate-lanceolate, 7–13 cm long. Inflorescences arising from upper part of leafy stems, 40–60 cm long, 10- to 25-flowered; flowers 4–4.5 cm across. Fl. summer; NE Australia, New Guinea; 0–200 m.

0720 *Dendrobium nobile* Lindl. 石斛

附生植物。茎簇生，长 10~60 cm，膨大粗达 1.5 cm，基部明显变狭。叶矩圆形，长 6~11 cm。花序多个，侧生，通常见于无叶的茎上，长 2~4 cm，具 1~4 花；花直径 5~7 cm。花期：4~5 月；不丹、中国（湖北至台湾、海南和西藏）、印度、老挝、缅甸、尼泊尔、泰国、越南；500~1700 m。

Epiphytic plants. Stems tufted, 10–60 cm long, swollen to 1.5 cm thick, base conspicuously narrowed. Leaves oblong, 6–11 cm long. Inflorescences multiple, lateral, often from leafless stems, 2–4 cm long, 1- to 4-flowered; flowers 5–7 cm across. Fl. Apr.–May; Bhutan, China (Hubei to Taiwan, Hainan and Xizang), India, Laos, Myanmar, Nepal, Thailand, Vietnam; 500–1700 m.

0720 ***Dendrobium nobile*** (Photo.: Huaming Zhou)

0721 *Dendrobium nudum* (Blume) Lindl. 裸花石斛

附生植物。茎纤细，长 40~100 cm。叶线状披针形，长 6~10 cm。花序 1~3 个，侧生于无叶的茎上，短，具 2~4 花；花直径 2.5~4 cm。花期：全年不定；印度尼西亚（爪哇）；1200~2000 m。

Epiphytic plants. Stems slender, 40–100 cm long. Leaves linear-lanceolate, 6–10 cm long. Inflorescences 1–3, lateral on leafless stems, short, 2- to 4-flowered; flowers 2.5–4 cm across. Fl. throughout the year; Indonesia (Java); 1200–2000 m.

0722 *Dendrobium odoratum* Schltr. 香花石斛

附生植物。茎长达 80 cm，近基部膨大并呈纺锤形，具分枝。叶近矩圆形，长 5~8 cm。花序通常 1 个，生于具叶的茎上，短，具 1 至数花；花直径 2~3 cm，有香气。花期：3~10 月；印度尼西亚（苏拉威西）；800~900 m。

Epiphytic plants. Stems to 80 cm long, swollen and fusiform toward base, branched. Leaves suboblong, 5–8 cm long. Inflorescence often single, borne on leafy stem, short, 1- to several-flowered; flowers 2–3 cm across, fragrant. Fl. Mar.–Oct.; Indonesia (Sulawesi); 800–900 m.

0723 ***Dendrobium okinawense***
(Photo.: Kohji Karasawa)

0724 ***Dendrobium oligophyllum***
(Photo.: Kohji Karasawa)

0726 ***Dendrobium pachyphyllum***
(Photo.: James Boughtwood Comber)

0723 *Dendrobium okinawense* Hatus. & Ida 冲绳石斛

附生植物。茎纤细，圆筒形，下垂，长 60~70 cm。叶线状披针形，长 10~12 cm。花序数个，生于具叶的茎上，短，具 1~2 花；花直径约 5 cm。花期：初夏；中国（台湾）、日本（琉球群岛）；低海拔地。

Epiphytic plants. Stems slender, cylindric, pendulous, 60–70 cm long. Leaves linear-lanceolate, 10–12 cm long. Inflorescences several, borne on leafy stems, short, 1- or 2-flowered; flowers ca. 5 cm across. Fl. early summer; China (Taiwan), Japan (Ryukyu Islands); at low altitudes.

0724 *Dendrobium oligophyllum* Gagnep. 少叶石斛

附生植物。茎簇生，圆筒形，长 2~6 cm。叶通常 4~6 枚，狭椭圆形至近矩圆形，长 2~4 cm。花序 1~4 个，侧生于具叶的茎上，长约 1 cm，具 1~2 花；花直径约 1.5 cm。花期：夏季；泰国、越南；达 700 m。

Epiphytic plants. Stems tufted, cylindric, 2–6 cm long. Leaves often 4–6, narrowly elliptic to suboblong, 2–4 cm long. Inflorescences 1–4, lateral on leafy stems, ca. 1 cm long, 1- or 2-flowered; flowers ca. 1.5 cm across. Fl. summer; Thailand, Vietnam; to 700 m.

0725 ***Dendrobium orbiculare***
(Photo.: kohji Karasawa)

0725 *Dendrobium orbiculare* J. J. Sm. 圆唇石斛

附生植物。茎纤细，长达 37 cm，被褐色小柔毛。叶披针形，长约 4.5 cm。花序侧生，短，具 1~2 花；花直径约 1.5 cm。花期：11 月；婆罗洲（加里曼丹、沙巴、沙捞越）；300~1700 m。

Epiphytic plants. Stems slender, to 37 cm long, brown-pilosulose. Leaves lanceolate, ca. 4.5 cm long. Inflorescences lateral, short, 1- or 2-flowered; flowers ca. 1.5 cm across. Fl. Nov.; Borneo (Kalimantan, Sabah, Sarawak); 300–1700 m.

0726 *Dendrobium pachyphyllum* (Kuntze) Bakh. f. 厚叶石斛

附生植物。茎簇生，纺锤形，长 2~5 cm。叶 2 枚，顶生，近矩圆形，长 2~5 cm。花序通常 1 个，顶生，具单花；花直径约 1.5 cm，有香气。花期：春季；印度、印度尼西亚、马来西亚（马来半岛、沙捞越）、缅甸、泰国、越南；0~2100 m。

Epiphytic plants. Stems tufted, fusiform, 2–5 cm long. Leaves 2, terminal, suboblong, 2–5 cm long. Inflorescence often single, terminal, 1-flowered; flower ca. 1.5 cm long, scented. Fl. spring; India, Indonesia, Malaysia (Malay Peninsula, Sarawak), Myanmar, Thailand, Vietnam; 0–2100 m.

0727 ***Dendrobium palpebrae***
(Photo.: Kohji Karasawa)

0728 ***Dendrobium panduriferum***
(Photo.: Peter O' Byrne)

0729 ***Dendrobium papilio***
(Photo.: Kohji Karasawa)

0727 *Dendrobium palpebrae* Lindl. 黄心石斛

附生植物。茎近基部纤细，向上膨大并呈纺锤形，长 15~20（~50）cm。叶 3~5 枚，顶生，线状披针形，长 7~15 cm。花序单个，侧生，长 10~20 cm，具 10~15 花；花直径 2~3 cm，有香气。花期：初夏；印度东北部、老挝、缅甸、泰国、越南；800~2500 m。

Epiphytic plants. Stems slender toward base, swollen and fusiform above, 15–20 (–50) cm long. Leaves 3–5, terminal, linear-lanceolate, 7–15 cm long. Inflorescence single, lateral, 10–20 cm long, 10- to 15-flowered; flowers 2–3 cm across, scented. Fl. early summer; NE India, Laos, Myanmar, Thailand, Vietnam; 800–2500 m.

0728 *Dendrobium panduriferum* Hook. f. 提琴石斛

附生植物。茎基部纤细，向上稍膨大，长 60~100 cm。叶狭椭圆形，长 5~12.5 cm。花序通常 1~2 个，侧生于无叶的茎上，外弯或下垂，长 5~7 cm，具 6~13 花；花直径约 2 cm。花期：初夏；马来西亚（马来半岛、沙巴）、缅甸、泰国；500~600 m。

Epiphytic plants. Stems slender toward base, above slightly swollen, 60–100 cm long. Leaves narrowly elliptic, 5–12.5 cm long. Inflorescences often 1–2, lateral on leafless stems, arching or pendulous, 5–7 cm long, 6- to 13-flowered; flowers ca. 2 cm across. Fl. early summer; Malaysia (Malay Peninsula, Sabah), Myanmar, Thailand; 500–600 m.

0729 *Dendrobium papilio* Loher 白蝶石斛

附生植物。茎簇生，纤细，长 20~60 cm。叶线状披针形，长 3~7 cm。花序侧生于无叶或罕有具叶的茎上，通常同一时间仅有 1 花开放；花直径 4.5~6 cm，有香气。花期：夏季；菲律宾北部至南部；1300~2100 m。

Epiphytic plants. Stems tufted, slender, 20–60 cm long. Leaves linear-lanceolate, 3–7 cm long. Inflorescences lateral on leafless or rarely leafy stems, usually with one flower opening at a time; flower 4.5–6 cm across, scented. Fl. summer; N to S Philippines; 1300–2100 m.

0730 *Dendrobium parcum* Rchb. f. 舌唇石斛

附生植物。茎近圆筒形，长 10~45 cm，直径 3~7 mm，有分枝，近顶端具叶。叶 4~5 枚，线形或线状披针形，长约 6 cm。花序生于无叶的茎上，短，疏生 2~5 花；唇瓣长 6~7 mm。花期：春季；中国（云南东南部）、缅甸、泰国、越南；800~1450 m。

Epiphytic plants. Stems subcylindric, 10–45 cm long, 3–7 mm in diam., branched, leafy toward apex. Leaves 4–5, linear or linear-lanceolate, ca. 6 cm long. Inflorescences borne on leafless stems, short, laxly 2- to 5-flowered; lip 6–7 mm long. Fl. spring; China (SE Yunnan), Myanmar, Thailand, Vietnam; 800–1450 m.

0730 ***Dendrobium parcum*** (Photo.: Kurt Keller)

0731 ***Dendrobium parishii***
(Photo.: Kohji Karasawa)

0732 ***Dendrobium parthenium***
(Photo.: Kohji Karasawa)

0733 ***Dendrobium pauciflorum***
(Photo.: Kohji Karasawa)

0731 *Dendrobium parishii* Rchb. f. 紫瓣石斛

附生植物。茎长 15~50 cm，粗 1~1.5 cm，粗壮，稍弯曲。叶狭矩圆形，长 5~10 cm，脱落。花序数个，侧生于无叶的茎上，具 1–3 花；花直径 5~6 cm。花期：春季；中国（贵州、云南）、印度、老挝、缅甸、泰国、越南；1200~1500 m。

Epiphytic plants. Stems 15–50 cm long, 1–1.5 cm thick, stout, slightly curved. Leaves narrowly oblong, 5–10 cm long, deciduous. Inflorescences several, lateral on leafless stems, 1- to 3-flowered; flowers 5–6 cm across. Fl. spring; China (Guizhou, Yunnan), India, Laos, Myanmar, Thailand, Vietnam; 1200–1500 m.

0732 *Dendrobium parthenium* Rchb. f. 银花石斛

附生植物。茎圆筒形，直立，长 60~90 cm。叶狭卵状矩圆形，长 1.5~6.3 cm。花序数个，与叶对生，具 2~4 花；花通常同一时间仅 1~2 朵开放，直径 2~3 cm。花期：9~10 月；马来西亚（沙巴）；400~900 m。

Epiphytic plants. Stems cylindric, erect, 60–90 cm long. Leaves narrowly ovate-oblong, 1.5–6.3 cm long. Inflorescences several, opposite to leaves, 2- to 4-flowered; flowers usually 1–2 opening at a time, 2–3 cm across. Fl. Sep.–Oct.; Malaysia (Sabah); 400–900 m.

0734 ***Dendrobium pendulum***
(Photo.: Kohji Karasawa)

0733 *Dendrobium pauciflorum* King & Pantl. 筒花石斛

附生植物。茎长 60~90 cm，基部纤细，向上稍增粗。叶线状披针形，长 5~10 cm，基部的鞘上稍有褐色斑点。花序生于无叶或具叶的茎上部，通常具 3~5 花；花直径约 1 cm。花期：6~7 月；不丹、印度、泰国；600~1500 m。

Epiphytic plants. Stems 60–90 cm long, slightly thickened above slender base. Leaves linear-lanceolate, 5–10 cm long, slightly brown-spotted on basal sheaths. Inflorescences arising from upper part of leafless or leafy stems, often 3- to 5-flowered; flowers ca. 1 cm across. Fl. June–July; Bhutan, India, Thailand; 600–1500 m.

0734 *Dendrobium pendulum* Roxb. 肿节石斛

附生植物。茎长 22~60 cm，通常下垂，具多个膨大的节，呈串珠状。叶矩圆形，长 8~12 cm，脱落。花序可达 8 个，侧生，短，具 1~3 花；花直径 4~6 cm，有香气。花期：3~4 月；中国（云南）、印度、老挝、缅甸、泰国、越南；750~1600 m。

Epiphytic plants. Stems 22–60 cm long, often pendulous, with many swollen nodes and moniliform. Leaves oblong, 8–12 cm long, deciduous. Inflorescences to 8, lateral, short, 1- to 3-flowered; flowers 4–6 cm across, scented. Fl. Mar.–Apr.; China (Yunnan), India, Laos, Myanmar, Thailand, Vietnam; 750–1600 m.

0735 ***Dendrobium pentapterum*** **Schltr. 五翼石斛**

附生植物。茎稍呈卵状纺锤形，长 1.5~6 cm，粗约 5 mm，近顶端具叶。叶 1~4 枚，聚生，近线形，长达 10~11.5 cm。花序单个，顶生，通常具 1 花；花直径约 3 cm。花期：全年不定；新几内亚；800~2000 m。

Epiphytic plants. Stems slightly ovoid-fusiform, 1.5–6 cm long, ca. 5 mm thick, leafy toward apex. Leaves 1–4, aggregated, sublinear, to 10–11.5 cm long. Inflorescence single, terminal, often 1-flowered; flower ca. 3 cm across. Fl. throughout the year; New Guinea; 800–2000 m.

0735 ***Dendrobium pentapterum***
(Photo.: Kohji Karasawa)

0736 ***Dendrobium petiolatum*** **Schltr. 具柄石斛**

附生植物。茎稍呈倒卵状纺锤形，长 1.5~2.5 cm，粗 0.5~1.5 cm。叶 1~2 枚，顶生，狭矩圆形，长 6~10 cm。花序单个，侧生于无叶的茎上，密生 10~20 花；花不完全开放，长 1~2 cm。花期：秋季；新几内亚；1800~2400 m。

Epiphytic plants. Stems slightly obovoid-fusiform, 1.5–2.5 cm long, 0.5–1.5 cm thick. Leaves 1–2, terminal, narrowly oblong, 6–10 cm long. Inflorescence single, lateral on leafless stem, densely 10- to 20-flowered; flowers not fully opening, 1–2 cm long. Fl. autumn; New Guinea; 1800–2400 m.

0737 ***Dendrobium platygastrium*** **Rchb. f. 扁茎石斛**

0738 ***Dendrobium plicatile***
(Photo.: Kohji Karasawa)

附生植物。茎长 12~30 cm，基部向上增粗，稍呈卵形棍棒状，压扁，宽达 2.5 cm。叶可达 4 枚，近椭圆形，长 6.5~15 cm。花序通常 2 个，生于具叶或无叶的茎上，具 1~3（~7）花；花直径约 3 cm。花期：5 月；美拉尼西亚、所罗门群岛、瓦努阿图、斐济、汤加及邻近诸岛；0~600 m。

Epiphytic plants. Stems 12–30 cm long, above base thickened and slightly ovoid-clavate, flattened, to 2.5 cm wide. Leaves to 4, subelliptic, 6.5–15 cm long. Inflorescences often 2, borne on leafy or leafless stems, with 1–3 (–7) flowers; flowers ca. 3 cm across. Fl. May; Melanesia, Solomon Islands, Vanuatu, Fiji, Tonga and adjacent islands; 0–600 m.

0738 ***Dendrobium plicatile*** **Lindl. [*Flickingeria fimbriata* (Blume) A. D. Hawkes] 瞬花金石斛**

附生植物。茎长 50~90 cm，有分枝；每个分枝末端有 1 个假鳞茎。假鳞茎扁纺锤形，长 3.5~6.5 cm，顶端具 1 叶。叶狭椭圆形或矩圆状椭圆形，长 10~20 cm。花序生于叶的内侧（腋生），具 1~3 花；花短命，直径约 1.5 cm。花期：4~6 月；中国、印度、印度尼西亚、马来西亚、菲律宾、泰国、越南；700~1700 m。

Epiphytic plants. Stems 50–90 cm long, branched; each branch terminating in a pseudobulb. Pseudobulbs compressed-fusiform, 3.5–6.5 cm long, 1-leafed at apex. Leaf narrowly elliptic or oblong-elliptic, 10–20 cm long. Inflorescence adoxial (axillary), 1- to 3-flowered; flowers ephemeral, ca. 1.5 cm across. Fl. Apr.–June; China, India, Indonesia, Malaysia, Philippines, Thailand, Vietnam; 700–1700 m.

0736 ***Dendrobium petiolatum*** (Photo.: Kohji Karasawa)

0737 ***Dendrobium platygastrium*** (Photo.: Kohji Karasawa)

0739 ***Dendrobium poissonianum*** (Photo.: Martin Mendelin)

0740 ***Dendrobium porphyrochilum*** (Photo.: Deping Ye)

0741 ***Dendrobium prasinum*** (Photo.: Kohji Karasawa)

0739 *Dendrobium poissonianum* Schltr. 波松石斛

附生植物。茎长 3~25 cm，基部纤细，上方增粗并稍呈棍棒状。叶 2~4 枚，顶生，线状披针形，长 3~6 cm。花序通常单个，顶生，长 5~13 cm，具 2~10 花；花直径约 2 cm。花期：秋季；新喀里多尼亚；50~900 m。

Epiphytic plants. Stems 3–25 cm long, thickened and subclavate above slender base. Leaves 2–4, terminal, linear-lanceolate, 3–6 cm long. Inflorescence often single, terminal, 5–13 cm long, 2- to 10-flowered; flowers ca. 2 cm across. Fl. autumn; New Caledonia; 50–900 m.

0740 *Dendrobium porphyrochilum* Lindl. 单葶草石斛

附生植物。茎狭卵形，长 1.5~4 cm，具数节。叶 2~4 枚，二列，狭矩圆形，长达 4.5 cm。花序 1~2 个，顶生，长 4~8 cm，具数花至多花；花有香气；萼片长 8~9 mm。花期：6 月；不丹、中国（广东、云南）、印度、缅甸、尼泊尔、泰国、越南；800~2700 m。

Epiphytic plants. Stems narrowly ovoid, 1.5–4 cm long, several-noded. Leaves 2–4, distichous, narrowly oblong, to 4.5 cm long. Inflorescences 1–2, terminal, 4–8 cm long, several- to many-flowered; flowers scented; sepals 8–9 mm long. Fl. June; Bhutan, China (Guangdong, Yunnan), India, Myanmar, Nepal, Thailand, Vietnam; 800–2700 m.

0742 ***Dendrobium prianganense*** (Photo.: Kohji Karasawa)

0741 *Dendrobium prasinum* Lindl. 斐济石斛

附生植物。茎长 1~5 cm，近卵形，粗达 1.5 cm。叶 2~3 枚，顶生，披针形，长 2.5~14 cm。花序通常单个，近顶生于无叶的茎上，具 1~3 花；花直径 4~5 cm。花期：全年不定；斐济；600~1150 m。

Epiphytic plants. Stems 1–5 cm long, subovoid, to 1.5 cm thick. Leaves 2–3, terminal, lanceolate, 2.5–14 cm long. Inflorescence often single, subterminal on leafless stem, 1- to 3-flowered; flowers 4–5 cm across. Fl. throughout the year; Fiji; 600–1150 m.

0742 *Dendrobium prianganense* J. J. Wood & J. B. Comber 爪哇石斛

附生植物。茎长达 50 cm。叶多枚，披针形，长达 11 cm。花序数个，侧生于无叶的茎上，短，具 2 花；花不完全开放，长约 2 cm。花期：12 月；印度尼西亚（爪哇）；约 950 m。

Epiphytic plants. Stems to 50 cm long. Leaves many, lanceolate, to 11 cm long. Inflorescences several, lateral on leafless stems, short, 2-flowered; flowers not fully opening, ca. 2 cm long. Fl. Dec.; Indonesia (Java); ca. 950 m.

0743 ***Dendrobium primulinum***
(Photos.: Zhanhuo Tsi)

0744 ***Dendrobium prostheciglossum***
(Photo.: Kohji Karasawa)

0745 ***Dendrobium pseudoglomeratum***
(Photo.: Kohji Karasawa)

0743 *Dendrobium primulinum* Lindl. (*Dendrobium polyanthum* Wall. ex Lindl.) **报春石斛**

附生植物。茎下垂，长 20~60 cm，粗 1~1.5 cm。叶披针形或卵状披针形，长 8~10.5 cm。花序多个，生于无叶的茎上，具 1~3 花；花直径 5~6 cm。花期：3~4 月；中国（云南）、印度、老挝、缅甸、尼泊尔、泰国、越南；700~1800 m。

Epiphytic plants. Stems pendulous, 20–60 cm long, 1–1.5 cm thick. Leaves lanceolate or ovate-lanceolate, 8–10.5 cm long. Inflorescences multiple, borne on leafless stems, 1- to 3-flowered; flowers 5–6 cm across. Fl. Mar.–Apr.; China (Yunnan), India, Laos, Myanmar, Nepal, Thailand, Vietnam; 700–1800 m.

0744 *Dendrobium prostheciglossum* Schltr. 栗茎石斛

地生植物。茎直立，常带紫红色，长 20~90 cm。叶卵形，长 4~12 cm。花序通常侧生于具叶的茎上，长约 10 cm，具 4~9 花；花直径约 1.5 cm。花期：6~9 月；新几内亚、所罗门群岛、瓦努阿图；1100~2550 m。

Terrestrial plants. Stems erect, often tinged with purplish red, 20–90 cm long. Leaves ovate, 4–12 cm long. Inflorescences often lateral on leafy stems, ca. 10 cm long, 4- to 9-flowered; flowers ca. 1.5 cm across. Fl. June–Sep.; New Guinea, Solomon Islands, Vanuatu; 1100–2550 m.

0745 *Dendrobium pseudoglomeratum* T. M. Reeve & J. J. Wood 团花石斛

附生植物。茎纤细，圆筒形，长 23~105 cm。叶狭卵状披针形，长 6~13 cm。花序侧生于具叶或无叶的茎上，密生 6~15 花而呈团伞状；花直径约 2.5 cm，有微香。花期：4 月；新几内亚；0~1000 m。

Epiphytic plants. Stems slender, cylindric, 23–105 cm long. Leaves narrowly ovate-lanceolate, 6–13 cm long. Inflorescences lateral on leafy or leafless stems, densely 6- to 15-flowered and glomerate; flowers ca. 2.5 cm across, slightly scented. Fl. Apr.; New Guinea; 0–1000 m.

0746 *Dendrobium pulchellum* Roxb. ex Lindl. 栗斑石斛

附生植物。茎长达 90~125 cm，基部纤细，向上稍增粗。叶披针形，长 8~15 cm。花序通常侧生于无叶的茎上，外弯，长约 15 cm，具 5~10 花；花直径 6~8 cm。花期：春季；印度东北部、老挝、缅甸、泰国、越南；700~1800 m。

Epiphytic plants. Stems to 90–125 cm long, slightly thickened above slender base. Leaves lanceolate, 8–15 cm long. Inflorescences often lateral on leafless stems, arching, ca. 15 cm long, 5- to 10-flowered; flowers 6–8 cm across. Fl. spring; NE India, Laos, Myanmar, Thailand, Vietnam; 700–1800 m.

0746 ***Dendrobium pulchellum***
(Photo.: Kohji Karasawa)

0747 ***Dendrobium purpureum***
(Photo.: Kohji Karasawa)

0748 ***Dendrobium pycnostachyum***
(Photo.: Kohji Karasawa)

0749 ***Dendrobium racemosum***
(Photo.: Kohji Karasawa)

0747 *Dendrobium purpureum* Roxb. 紫团石斛

附生植物。茎长 50~100 cm，基部纤细，向上稍呈圆筒状纺锤形。叶披针形，长 6~14 cm。花序数个，侧生，长约 2.5 cm，密生 10~25 花；花不完全开放，长 1.3~2 cm。花期：全年不定；新几内亚及太平洋岛屿；0~1150 m。

Epiphytic plants. Stems 50–100 cm long, slightly cylindric-fusiform above slender base. Leaves lanceolate, 6–14 cm long. Inflorescences several, lateral, ca. 2.5 cm long, densely 10- to 25-flowered; flowers not fully opening, 1.3–2 cm long. Fl. throughout the year; New Guinea and the Pacific islands; 0–1150 m.

0748 *Dendrobium pycnostachyum* Lindl. 密穗石斛

附生植物。茎直立，圆筒形，长 5~30 cm。叶通常 6 枚，狭椭圆形，长约 5 cm。花序数个，近顶生，长 5~10 cm，密生约 20 花；花直径约 5 mm。花期：春季；缅甸、泰国；550~1150 m。

Epiphytic plants. Stems erect, cylindric, 5–30 cm long. Leaves often 6, narrowly elliptic, ca. 5 cm long. Inflorescences several, subterminal, 5–10 cm long, densely ca. 20-flowered; flowers ca. 5 mm across. Fl. spring; Myanmar, Thailand; 550–1150 m.

0750 ***Dendrobium ramosii***
(Photo.: Kohji Karasawa)

0749 *Dendrobium racemosum* (Nicholls) Clemesha & Dockrill 东澳石斛

附生植物，长达 90~100 cm，下垂，由一些彼此相连接的短茎（长 4~16 cm）组成。叶 1 枚，圆柱形，长 3~20 cm。花序长 5~8 cm，具 8~15 花；花直径 2~3 cm，有香气。花期：春季；澳大利亚东部；800~1500 m。

Epiphytic plants, to 90–100 cm long, pendent, consisting of a number of short stems (4–16 cm long) connected to each other. Leaf single, terete, 3–20 cm long. Inflorescence 5–8 cm long, 8- to 15-flowered; flowers 2–3 cm across, scented. Fl. spring; E Australia; 800–1500 m.

0750 *Dendrobium ramosii* Ames 吕宋石斛

附生植物。茎纤细，长 30~50 cm，直立。叶线状披针形，长 7~13 cm。花序数个，生于无叶的茎上，长 1~2 cm，下垂，可具 13 花；花不完全开放，长约 1.5 cm。花期：秋季；菲律宾（吕宋）；1200~1300 m。

Epiphytic plants. Stems slender, 30–50 cm long, erect. Leaves linear-lanceolate, 7–13 cm long. Inflorescences several, borne on leafless stems, 1–2 cm long, pendulous, to 13-flowered; flowers not fully opening, ca. 1.5 cm long. Fl. autumn; Philippines (Luzon); 1200–1300 m.

0751 ***Dendrobium regale***
(Photo.: Phillip J. Cribb)

0752 ***Dendrobium rigidum***
(Photo.: Kohji Karasawa)

0753 ***Dendrobium rosellum***
(Photo.: Kohji Karasawa)

0751 *Dendrobium regale* Schltr. 高贵石斛

附生植物。茎长 40~60 cm，近棍棒状。叶 1 枚，矩圆状舌形，长 12~20 cm。花序通常单个，生于叶基部，短，具数花；花依次开放，同一时间仅开 1 朵，直径 6~7 cm，每花仅开 3 天即凋谢。花期：1~5 月；新几内亚；700~2100 m。

Epiphytic plants. Stems 40–60 cm long, subclavate. Leaf single, oblong-ligulate, 12–20 cm long. Inflorescence often single, arising from leaf base, short, several-flowered; flowers opening in succession, only one at a time, 6–7 cm across, each flower lasting only three days. Fl. Jan.–May; New Guinea; 700–2100 m.

0752 *Dendrobium rigidum* R. Br. 坚挺石斛

附生植物，长达 40 cm，成丛生长。茎长 1~4 cm，具 1~3 节，多分枝。叶 1 枚，顶生，肉质，矩圆状倒披针形或卵形，长 2~6 cm。花序长 2~5 cm，具 2~7 花；花直径 1~1.5 cm。花期：秋季至冬季；澳大利亚（昆士兰）、巴布亚新几内亚；0~700 m。

Epiphytic plants, to 40 cm long, growing in clumps. Stems 1–4 cm long, 1- to 3-noded, much branching. Leaf single, terminal, fleshy, oblong-oblanceolate or ovate, 2–6 cm long. Inflorescences 2–5 cm long, 2- to 7-flowered; flowers 1–1.5 cm across. Fl. autumn–winter; Australia (Queensland), Papua New Guinea; 0–700 m.

0753 *Dendrobium rosellum* Ridl. 扁叶石斛

附生植物。茎长 30~45 cm。叶两侧压扁，长约 2.5 cm，宽 7 mm。花序生于茎顶端无叶部分或偶见生于具叶的茎上，具单花；花直径约 7 mm。花期：12~1 月；文莱、印度尼西亚（加里曼丹）、马来西亚（马来半岛、沙巴、沙捞越）；800~1100 m。

Epiphytic plants. Stems 30–45 cm long. Leaves laterally compressed, ca. 2.5 cm long, 7 mm wide. Inflorescences from leafless apical part of stems or occasionally from leafy stems, 1-flowered; flower ca. 7 mm across. Fl. Dec.–Jan.; Brunei, Indonesia (Kalimantan), Malaysia (Malay Peninsula, Sabah, Sarawak); 800–1100 m.

0754 *Dendrobium ruckeri* Lindl. 茹氏石斛

附生植物。茎纤细，长 30~90 cm，具分枝。叶披针形，长 7~13 cm。花序数个，侧生于无叶的茎上，短，具 1~2 花；花直径 3~4 cm，有香气。花期：春季；不丹、印度；1300~1700 m。

Epiphytic plants. Stems slender, 30–90 cm long, branched. Leaves lanceolate, 7–13 cm long. Inflorescences several, lateral on leafless stems, short, 1- or 2-flowered; flowers 3–4 cm across, scented. Fl. spring; Bhutan, India; 1300–1700 m.

0754 ***Dendrobium ruckeri*** (Photo.: Kohji Karasawa)

0755 ***Dendrobium rugosum*** (Photo.: Kohji Karasawa)

0755 ***Dendrobium rugosum*** **(Blume) Lindl. 印尼石斛**

附生植物。茎下垂，纤细，长可超过200 cm。叶多枚，卵形至披针形，长 7~12 cm。花序侧生于具叶的茎上，短，通常具 2 花；花直径约 2.5 cm。花期：夏季；印度尼西亚（爪哇）；450~850 m。

Epiphytic plants. Stems pendulous, slender, to over 200 cm long. Leaves many, ovate to lanceolate, 7–12 cm long. Inflorescences lateral on leafy stems, short, usually 2-flowered; flowers ca. 2.5 cm across. Fl. summer; Indonesia (Java); 450–850 m.

0756 ***Dendrobium rupestre*** **J. J. Sm. 岩生石斛**

附生植物。茎卵状圆筒形，长 0.5~2.5 cm。叶 1~2 枚，顶生，椭圆形至披针形，长 0.7~4.5 cm。花序单个，顶生，短，具 1~3 花；花直径 2~3 cm。花期：7~10 月；新几内亚；1500~3100 m。

Epiphytic plants. Stems ovoid-cylindric, 0.5–2.5 cm long. Leaves 1–2, terminal, elliptic to lanceolate, 0.7–4.5 cm long. Inflorescence single, terminal, short, 1- to 3-flowered; flowers 2–3 cm across. Fl. July–Oct.; New Guinea; 1500–3100 m.

0757 ***Dendrobium ruppianum*** **A. D. Hawkes 拉氏石斛**

附生植物。茎长 10~40 cm，略呈纺锤形，粗约 1.5 cm。叶 3~6 枚，狭矩圆形，长 10~15 cm。花序 1~4 个，生于具叶的茎上，长 25~35 cm，稍密地具多花；花直径约 1 cm，有香气。花期：春季；澳大利亚东部、新几内亚；150~1400 m。

Epiphytic plants. Stems 10–40 cm long, somewhat fusiform, ca. 1.5 cm thick. Leaves 3–6, narrowly oblong, 10–15 cm long. Inflorescences 1–4, borne on leafy stems, 25–35 cm long, subdensely many-flowered; flowers ca. 1 cm across, scented. Fl. spring; E Australia, New Guinea; 150–1400 m.

0758 ***Dendrobium salaccense*** **(Blume) Lindl. 竹枝石斛**

附生植物。茎竹枝状，通常直立，长 50~70（~100）cm。叶线形，长 12~15 cm。花序数个，生于具叶的茎上，短，通常具 2 花；花直径 1~1.5 cm。花期：全年不定；中国（海南、西藏、云南）至印度尼西亚、斯里兰卡和不丹；100~1000 m。

Epiphytic plants. Stems bamboolike, often erect, 50–70 (–100) cm long. Leaves linear, 12–15 cm long. Inflorescences several, borne on leafy stems, short, often 2-flowered; flowers 1–1.5 cm across. Fl. throughout the year; China (Hainan, Xizang, Yunnan) to Indonesia, Sri Lanka and Bhutan; 100–1000 m.

0756 ***Dendrobium rupestre***
(Photo.: Peter O' Byrne)

0757 ***Dendrobium ruppianum***
(Photo.: Kohji Karasawa)

0758 ***Dendrobium salaccense***
(Photo.: Kohji Karasawa)

0759 ***Dendrobium sanderae***
(Photo.: Kohji Karasawa)

0760 ***Dendrobium sanguinolentum***
(Photo.: Kohji Karasawa)

0761 ***Dendrobium scabrilingue***
(Photo.: Kohji Karasawa)

0759 *Dendrobium sanderae* Rolfe 散氏石斛

附生植物。茎长 50~80 cm，中部以下略增粗；叶鞘上被近黑色的毛。叶披针形，长 5~6 cm。花序侧生，长 5~6 cm，具 2~5 花；花直径 5~8 cm。花期：秋季至冬季；菲律宾；1000~1650 m。

Epiphytic plants. Stems 50–80 cm long, slightly thickened below the middle; leaf sheaths covered with blackish hairs. Leaves lanceolate, 5–6 cm long. Inflorescences lateral, 5–6 cm long, 2- to 5-flowered; flowers 5–8 cm across. Fl. autumn–winter; Philippines; 1000–1650 m.

0760 *Dendrobium sanguinolentum* Lindl. 簇花石斛

附生植物。茎长 50~120 cm，上部膨大，略呈棍棒状。叶矩圆状披针形，长达 8 cm。花序数个，侧生于无叶的茎上，长 2~4 cm，具 1~3（~5）花；花直径约 2.5 cm。花期：夏季至冬季；菲律宾；600~900 m。

Epiphytic plants. Stems 50–120 cm long, upper portion swollen, subclavate. Leaves oblong-lanceolate, to 8 cm long. Inflorescences several, lateral on leafless stems, 2–4 cm long, with 1–3 (–5) flowers; flowers ca. 2.5 cm across. Fl. summer–winter; Philippines; 600–900 m.

0761 *Dendrobium scabrilingue* Lindl. 糙舌石斛

附生植物。茎长 18~30 cm，棍棒状；宿存的叶鞘有时被近黑色的毛。叶狭矩圆形，长 5~10 cm。花序 1 个至数个，生于具叶或无叶的茎上，通常具 2 花；花直径 3~4 cm，稍有气味。花期：春季；老挝、缅甸、泰国；800~1500 m。

Epiphytic plants. Stems 18–30 cm long, clavate; persistent leaf sheaths sometimes covered with blackish hairs. Leaves narrowly oblong, 5–10 cm long. Inflorescences 1 to several, borne on leafy or leafless stems, often 2-flowered; flowers 3–4 cm across, slightly odorous. Fl. spring; Laos, Myanmar, Thailand, 800–1500 m.

0762 *Dendrobium schuetzei* Rolfe 休氏石斛

附生植物。茎圆筒形，长 20~50 cm。叶狭卵形或矩圆状披针形，长 6~10 cm。花序通常生于具叶的茎上部，具 2~3（~5）花；花直径 6~9 cm。花期：1~4 月；菲律宾（棉兰老）；0~300 m。

Epiphytic plants. Stems cylindric, 20–50 cm long. Leaves narrowly ovate or oblong-lanceolate, 6–10 cm long. Inflorescences often arising from upper part of leafy stems, with 2–3 (–5) flowers; flowers 6–9 cm across. Fl. Jan.–Apr.; Philippines (Mindanao); 0–300 m.

0762 ***Dendrobium schuetzei*** (Photo.: Kohji Karasawa)

0763 ***Dendrobium scoriarum*** (Photo.: Sicong Lu)

0764 ***Dendrobium secundum*** (Photo.: Sicong Lu)

0763 *Dendrobium scoriarum* W. W. Sm. 滇桂石斛

附生植物。茎圆筒形，长 15~24（~60）cm，直径约 4 mm，不分枝，上部具数叶。叶矩圆形，长 3~4（~6）cm。花序通常生于无叶的茎上部，短，具 1~3 花；花直径 2.5~3 cm。花期：4~5 月；中国（广西、云南）、越南；1200~1500 m。

Epiphytic plants. Stems cylindric, 15–24 (–60) cm long, ca. 4 mm in diam., unbranched, several-leaved above. Leaves oblong, 3–4 (–6) cm long. Inflorescences often arising from upper part of leafless stems, short, 1- to 3-flowered; flowers 2.5–3 cm across. Fl. Apr.–May; China (Guangxi, Yunnan), Vietnam; 1200–1500 m.

0764 *Dendrobium secundum* (Blume) Lindl. 偏花石斛

附生植物。茎圆筒形至略呈纺锤形，长 20~100 cm，粗达 2 cm。叶矩圆状披针形，长 6~12 cm。花序 1~2 个，长 6~16 cm，具多花；花直径 1.5~2 cm。花期：春季；柬埔寨、印度尼西亚、老挝、马来西亚、缅甸、泰国、越南；0~1000 m。

Epiphytic plants. Stems cylindric to slightly fusiform, 20–100 cm long, to 2 cm thick. Leaves oblong-lanceolate, 6–12 cm long. Inflorescences 1–2, 6–16 cm long, with many flowers; flowers 1.5–2 cm across. Fl. spring; Cambodia, Indonesia, Laos, Malaysia, Myanmar, Thailand, Vietnam; 0–1000 m.

0765 ***Dendrobium seidenfadenii*** (Photo.: Kohji Karasawa)

0765 *Dendrobium seidenfadenii* Sengh. & Bockem. 赛氏石斛

附生植物。茎直立，长 4~10 cm，粗 5~7 mm。叶狭椭圆形或宽披针形，长 3~10 cm。花序数个，通常生于无叶的茎上，具 1~2 花；花直径 4~5 cm。花期：春季；印度东北部、缅甸、泰国；1200–1600 m。

Epiphytic plants. Stems erect, 4–10 cm long, 5–7 mm thick. Leaves narrowly elliptic or broadly lanceolate, 3–10 cm long. Inflorescences several, often borne on leafless stems, 1- or 2-flowered; flowers 4–5 cm across. Fl. spring; NE India, Myanmar, Thailand; 1200–1600 m.

0766 ***Dendrobium senile*** (Photo.: Kohji Karasawa)

0766 *Dendrobium senile* Parish & Rchb. f. 白毛石斛

附生植物。茎柔软，下垂，长 4~12 cm，被白毛。叶数枚，狭矩圆形，长 5~8 cm，被白毛。花序数个，侧生，具单花；花直径 4~5 cm，具长的花梗。花期：春季；老挝、缅甸、泰国；500~1500 m。

Epiphytic plants. Stems soft, pendulous, 4–12 cm long, covered with white hairs. Leaves several, narrowly oblong, 5–8 cm long, white-hairy. Inflorescences several, lateral, 1-flowered; flower 4–5 cm across, long-pedicellate. Fl. spring; Laos, Myanmar, Thailand; 500–1500 m.

0767 ***Dendrobium seranicum***
(Photo.: Kohji Karasawa)

0769 ***Dendrobium shiraishii***
(Photo.: Kohji Karasawa)

0770 ***Dendrobium signatum***
(Photo.: Kohji Karasawa)

0767 *Dendrobium seranicum* J. J. Sm. 塞朗石斛

附生植物。茎稍呈卵状纺锤形，长 0.5~2.5 cm。叶 2~4 枚，顶生，线形或狭披针形，长达 7 cm。花序 1~2 个，近顶生，生于具叶的茎上，具 1~4 花；花直径约 2 cm。花期：夏季至冬季；印度尼西亚（塞兰岛及邻近岛屿）；1000~1900 m。

Epiphytic plants. Stems somewhat ovoid-fusiform, 0.5–2.5 cm long. Leaves 2–4, terminal, linear or narrowly lanceolate, to 7 cm long. Inflorescences 1–2, subterminal on leafy stems, 1- to 4-flowered; flowers ca. 2 cm across. Fl. summer–winter; Indonesia (Seram Island and adjacent islands); 1000–1900 m.

0768 *Dendrobium serratilabium* L. O. Williams 齿唇石斛

附生植物。茎长达 34~40 cm，粗 4~6 mm，具分枝，老茎变为黑紫色。叶矩圆状披针形，长 5~8 cm。花序数个，生于无叶的茎上，短，具 2~3（~6）花；花直径 2.5~3.5 cm。花期：夏季至秋季；菲律宾（吕宋）；500~1200 m。

Epiphytic plants. Stems to 34–40 cm long, 4–6 mm thick, branched, becoming black-purple when old. Leaves oblong-lanceolate, 5–8 cm long. Inflorescences several, borne on leafless stems, short, with 2–3 (–6) flowers; flowers 2.5–3.5 cm across. Fl. summer–autumn; Philippines (Luzon); 500–1200 m.

0768 ***Dendrobium serratilabium***
(Photo.: Kohji Karasawa)

0769 *Dendrobium shiraishii* T. Yukawa & M. Nishida 石茂石斛

附生植物。茎直立，棍棒状，长 17~43 cm。叶 2~4 枚，近矩圆形，长 15~25 cm。花序顶生，直立，长 28~37 cm，具多达 10 花；花直径约 5.5 cm。花期：不详；新几内亚；约 1500 m。

Epiphytic plants. Stems erect, clavate, 17–43 cm long. Leaves 2–4, suboblong, 15–25 cm long. Inflorescences terminal, erect, 28–37 cm long, to 10-flowered; flowers ca. 5.5 cm across. Fl. unknown; New Guinea; ca. 1500 m.

0770 *Dendrobium signatum* Rchb. f. 鲜艳石斛

附生植物。茎长 30~50 cm，近基部或在中部以上增粗，棍棒状，粗 1~1.5 cm。叶通常狭矩圆形，长 7~10 cm。花序数个，生于无叶的茎上，短，具 2~4 花；花直径 6~8 cm。花期：春季；老挝、缅甸、泰国；200~1200 m。

Epiphytic plants. Stems 30–50 cm long, immediately above base or above middle thickened, clavate, 1–1.5 cm thick. Leaves often narrowly oblong, 7–10 cm long. Inflorescences several, borne on leafless stems, short, 2- to 4-flowered, flowers 6–8 cm across; Fl. spring; Laos, Myanmar, Thailand; 200–1200 m.

0771 ***Dendrobium sinense*** (Photo.: Zhanhuo Tsi)

0771 *Dendrobium sinense* T. Tang & F. T. Wang 华石斛

附生植物。茎纤细，偶见上部增大而呈棍棒状，长达 21 cm。叶卵状矩圆形，长 6~11 cm，两面和叶鞘在幼嫩时被黑毛。花单生于具叶的茎上部，直径 3.5~4 cm。花期：3~5 月；中国（海南）；1000~16000 m。

Epiphytic plants. Stems slender, occasionally dilated and clavate above, to 21 cm long. Leaves ovate-oblong, 6–11 cm long, both surfaces and leaf sheaths black hairy when young. Flower solitary on upper portion of leafy stem, 3.5–4 cm across. Fl. Mar.–May; China (Hainan); 1000–1600 m.

0772 ***Dendrobium singkawangense*** (Photo.: Peter O' Byrne)

0772 *Dendrobium singkawangense* J. J. Sm. 山口洋石斛

附生植物。茎密生，长 30~75 cm，幼嫩时被短毛。叶 4~8 枚，近矩圆形，长达 12 cm。花序侧生于具叶的茎上，短，具 2~10 花；花直径 3~4 cm。花期：7~9 月；婆罗洲（加里曼丹、沙巴）；500~1700 m。

Epiphytic plants. Stems close together, 30–75 cm long, often short-hairy when young. Leaves 4–8, suboblong, to 12 cm long. Inflorescences lateral on leafy stems, short, 2- to 10-flowered; flowers 3–4 cm across. Fl. July–Sep.; Borneo (Kalimantan, Sabah); 500–1700 m.

0773 *Dendrobium sinominutiflorum* S. C. Chen, J. J. Wood & H. P. Wood (*Dendrobium minutiflorum* S. C. Chen & Z. H. Tsi) 勐海石斛

附生植物。茎狭卵形或稍呈纺锤形，长 1.5~3 cm。叶通常 2~3 枚，狭矩圆形，长 1.5~5.5 cm。花序 1~3 个，近顶生或侧生于具叶的茎上，长 2~4 cm，具数花；花直径约 1 cm。花期：8~9 月；中国（云南南部）；1000~1400 m。

Epiphytic plants. Stems narrowly ovoid or somewhat fusiform, 1.5–3 cm long. Leaves often 2–3, narrowly oblong, 1.5–5.5 cm long. Inflorescences 1–3, subterminal or lateral on leafy stems, 2–4 cm long, several-flowered; flowers ca. 1 cm across. Fl. Aug.–Sep.; China (S Yunnan); 1000–1400 m.

0773 ***Dendrobium sinominutiflorum*** (Photo.: Zhanhuo Tsi)

0774 ***Dendrobium smillieae* F. Muell. 斯密石斛**

附生植物。茎圆筒形，长 30~100 cm，中部以下稍呈纺锤形，粗达 1.5~2 cm。叶披针形，长 10~20 cm。花序 1~3 个，生于无叶的茎上端，长 5~15 cm，密生 80~200 花；花直径约 1.5 cm。花期：夏季；澳大利亚东北部、新几内亚及邻近岛屿（阿鲁岛、瓦伊格奥岛）；0~600 m。

Epiphytic plants. Stems cylindric, 30–100 cm long, slightly fusiform below middle, to 1.5–2 cm thick. Leaves lanceolate, 10–20 cm long. Inflorescences 1–3, borne toward apex of leafless stems, 5–15 cm long, densely 80- to 200-flowered; flowers ca. 1.5 cm across. Fl. summer; NE Australia, New Guinea and adjacent islands (Aru , Waigeo); 0–600 m.

0774 ***Dendrobium smillieae***
(Photo.: Kohji Karasawa)

0775 ***Dendrobium speciosum* Sm. 美白石斛**

附生植物。茎长 20~45（~100）cm，全长膨大或稍呈棍棒状。叶 4~5 枚，近矩圆形，厚革质，长 5~25 cm。花序近顶生，长 20~50 cm，密生 50~100 花；花直径 2~3 cm。花期：冬季至春季；澳大利亚东部；0~500 m。

Epiphytic plants. Stems 20–45 (–100) cm long, swollen throughout or slightly clavate. Leaves 4–5, suboblong, thickly coriaceous, 5–25 cm long. Inflorescences subterminal, 20–50 cm long, densely 50- to 100-flowered; flowers 2–3 cm across. Fl. winter–spring; E Australia; 0–500 m.

0776 ***Dendrobium spectabile***
(Photo.: Kohji Karasawa)

0776 ***Dendrobium spectabile* (Blume) Miq. 奇扭石斛**

附生植物。茎长 30~60 cm，稍呈纺锤形，粗达 3 cm。叶 3~6 枚，卵状披针形，长 10~20 cm。花序近顶生，长 20~40 cm，具数花至 20 花；花直径 7~8 cm，具扭转的花被片。花期：11~3 月；新几内亚至瓦努阿图；0~1000 m。

Epiphytic plants. Stems 30–60 cm long, slightly fusiform, to 3 cm thick. Leaves 3–6, ovate-lanceolate, 10–20 cm long. Inflorescences subterminal, 20–40 cm long, several- to 20-flowered; flowers 7–8 cm across, with twisted segments. Fl. Nov.–Mar.; New Guinea to Vanuatu; 0–1000 m.

0777 ***Dendrobium spectatissimum* Rchb. f. 毛叶石斛**

附生植物。茎直立，圆筒形，长 30~40 cm。叶近矩圆形，长 4~4.5 cm，具近黑色的毛。花序生于具叶茎的上端，短，具 2 花；花直径达 10 cm。花期：7 月；马来西亚（沙巴）；1600~1700 m。

Epiphytic plants. Stems erect, cylindric, 30–40 cm long. Leaves suboblong, 4–4.5 cm long, blackish hairy. Inflorescences arising from upper part of leafy stems, short, 2-flowered; flowers to 10 cm across. Fl. July; Malaysia (Sabah); 1600–1700 m.

0775 ***Dendrobium speciosum*** (Photo.: Kohji Karasawa)

0777 ***Dendrobium spectatissimum*** (Photo.: Kohji Karasawa)

0778 ***Dendrobium spurium*** (Photo.: Peter O' Byrne)

0780 ***Dendrobium stratiotes*** (Photo.: Kohji Karasawa)

0778 *Dendrobium spurium* (Blume) J. J. Sm. 花唇石斛

附生植物。茎长达 30 cm，基部纤细，上端约 1/3 纺锤形。叶 2~3 枚，顶生，披针形，长 8~15 cm。花单朵，生于膨大茎的节上，直径 3~4 cm。花期：6~8 月；印度尼西亚、马来西亚（马来半岛、沙巴、沙捞越）、菲律宾；100~1100 m。

Epiphytic plants. Stems to 30 cm long, slender basally, nearly apical one third fusiform. Leaves 2–3, terminal, lanceolate, 8–15 cm long. Flowers arising singly at the node of the swollen stems, 3–4 cm across. Fl. June–Aug.; Indonesia, Malaysia (Malay Peninsula, Sabah, Sarawak), Philippines; 100–1100 m.

0779 ***Dendrobium stelliferum***
(Photo.: Kohji Karasawa)

0779 *Dendrobium stelliferum* J. J. Sm. [*Diplocaulobium stelliferum* (J. J. Sm.) A. D. Hawkes] 星花石斛

附生植物。假鳞茎密集，狭卵状圆锥形，长 2~2.5 cm，顶端具 1 叶。叶狭矩圆形，长 2.8~4.5 cm。花序腋生，长约 5.5 cm，具 1 花；花直径 1.5~2 cm。花期：2~5 月、10 月；新几内亚；200~500 m。

Epiphytic plants. Pseudobulbs close together, narrowly ovoid-conical, 2–2.5 cm long, 1-leafed at apex. Leaf narrowly oblong, 2.8–4.5 cm long. Inflorescences axillary, ca. 5.5 cm long, 1-flowered; flower 1.5–2 cm across. Fl. Feb.–May, Oct.; New Guinea; 200–500 m.

0780 *Dendrobium stratiotes* Rchb. f. 巽他石斛

附生植物。茎长达 100~200 cm，稍呈棍棒状或纺锤形。叶多枚，狭卵形，长达 8~13 cm。花序侧生于具叶的茎上，长 8~30 cm，具 3~15 花；花直径 8~10 cm。花期：春季至秋季；印度尼西亚（苏拉威西至小巽他群岛）；低海拔地。

Epiphytic plants. Stems to 100–200 cm long, slightly clavate or fusiform. Leaves many, narrowly ovate, to 8–13 cm long. Inflorescences lateral on leafy stems, 8–30 cm long, 3- to 15-flowered; flowers 8–10 cm across. Fl. spring–autumn; Indonesia (Sulawesi to Lesser Sunda Islands); at low altitudes.

0781 *Dendrobium strebloceras* Rchb. f. 旋萼石斛

附生植物。茎长 50~90 cm，略呈纺锤形，向两端渐细。叶矩圆状披针形，长 8~15 cm。花序生于具叶茎的上部节上，长 30~50 cm，具 5~12 花；花直径约 3 cm。花期：秋季；印度尼西亚（哈尔马赫拉及邻近岛屿）；低海拔地。

Epiphytic plants. Stems 50–90 cm long, slightly fusiform, tapering at both ends. Leaves oblong-lanceolate, 8–15 cm long. Inflorescences arising from upper nodes of leafy stems, 30–50 cm long, 5- to 12-flowered; flowers ca. 3 cm across. Fl. autumn; Indonesia (Halmahera and adjacent islands); at low altitudes.

0781 ***Dendrobium strebloceras*** (Photo.: Kohji Karasawa)

0782 ***Dendrobium strongylanthum*** (Photo.: Deping Ye)

0783 ***Dendrobium stuposum***
(Photos.: Xiaohua Jin(left); Zhanhuo Tsi(right))

0782 *Dendrobium strongylanthum* Rchb. f. 梳唇石斛

附生植物。茎通常圆筒形，长 3~15（~27）cm，疏松地包藏于叶鞘中。叶二列，矩圆形，长 4~10 cm。花序 1~4 个，近顶生或侧生于茎上部节上，长达 13 cm，具数花至多花；萼片长 1.1~1.4 cm。花期：9~10 月；中国（海南、云南）、缅甸、泰国、越南；1000~2100 m。

Epiphytic plants. Stems usually cylindric, 3–15 (–27) cm long, loosely covered by leaf sheaths. Leaves distichous, oblong, 4–10 cm long. Inflorescences 1–4, subterminal or lateral on upper nodes of stems, to 13 cm long, several- to many-flowered; sepals 1.1–1.4 cm long. Fl. Sep.–Oct.; China (Hainan, Yunnan), Myanmar, Thailand, Vietnam; 1000–2100 m.

0783 *Dendrobium stuposum* Lindl. 叉唇石斛

附生植物。茎圆筒形，长 5~30 cm，直径 3~6 mm，下部收狭。叶狭矩圆状披针形，长 4~7.5 cm。花序通常生于无叶茎的上部，长 1~2.5 cm，具 2~3 花；萼片长 8~9 mm。花期:6 月；不丹、中国（云南南部）、印度、印度尼西亚、马来西亚、缅甸、菲律宾、泰国；400~1700 m。

Epiphytic plants. Stems cylindric, 5–30 cm long, 3–6 mm in diam., lower part narrowed. Leaves narrowly oblong-lanceolate, 4–7.5 cm long. Inflorescences often arising from upper part of leafless stems, 1–2.5 cm long, 2- or 3-flowered; sepals 8–9 mm long. Fl. June; Bhutan, China (S Yunnan), India, Indonesia, Malaysia, Myanmar, Philippines, Thailand; 400–1700 m.

0784 *Dendrobium subacaule* Reinw. ex Lindl. 短茎石斛

附生植物。茎长 0.5~1.5 cm，纺锤形。叶 2~3 枚，顶生，狭卵形，长 0.5~2 cm，背面略带紫色。花序顶生，短，具 1~3 花；花长 1~2 cm。花期：不定；印度尼西亚东部、巴布亚新几内亚、所罗门群岛；750~2500 m。

Epiphytic plants. Stems 0.5–1.5 cm long, fusiform. Leaves 2–3, terminal, narrowly ovate, 0.5–2 cm long, slightly tinged with purplish beneath. Inflorescences terminal, short, 1- to 3-flowered; flowers 1–2 cm long. Fl. various; E Indonesia, Papua New Guinea, Solomon Islands; 750–2500 m.

0784 ***Dendrobium subacaule***
(Photo.: Kohji Karasawa)

0785 ***Dendrobium subulatum***
(Photo.: Kohji Karasawa)

0785 *Dendrobium subulatum* (Blume) Lindl. 锥叶石斛

附生植物。茎纤细，长 10~24 cm。叶圆柱形，两侧压扁，镰刀状，长 1~2 cm。花序数个，生于茎顶端无叶的延长部分，具单花；花长 7~8 mm。花期:9 月；印度尼西亚、马来西亚、泰国；低海拔地。

Epiphytic plants. Stems slender, 10–24 cm long. Leaves terete, laterally compressed, falcate, 1–2 cm long. Inflorescences several, from leafless terminal extension of stems, 1-flowered, flower 7–8 mm long. Fl. Sep.; Indonesia, Malaysia, Thailand; at low altitudes.

0786 ***Dendrobium subuliferum*** (Photo.: Kohji Karasawa)

0787 ***Dendrobium sulcatum*** (Photo.: Huiwu Lu)

0786 *Dendrobium subuliferum* J. J. Sm. 锥尖石斛

附生植物。茎长 0.5~2.5 cm，卵状纺锤形。叶 2~4 枚，线形，长 1~5 cm。花序生于具叶茎的上部，具 1~2 花；花直径 1.5~2 cm。花期：春季至秋季；新几内亚；300~2000 m。

Epiphytic plants. Stems 0.5–2.5 cm long, ovoid-fusiform. Leaves 2–4, linear, 1–5 cm long. Inflorescences arising from upper part of leafy stems, 1- or 2-flowered; flowers 1.5–2 cm across. Fl. spring–autumn; New Guinea; 300–2000 m.

0787 *Dendrobium sulcatum* Lindl. 具槽石斛

附生植物。茎长 15~48 cm，中部以上膨大，棍棒状，粗达 1~2.5 cm。叶 2~4 枚，近顶生，椭圆状卵形，长 10~21 cm。花序 1~3 个，腋生，长 5~7 cm，密生 5~10 花；花直径约 2.5 cm。花期：春季；中国（云南）、印度、老挝、缅甸、泰国；500~1000 m。

Epiphytic plants. Stems 15–48 cm long, swollen above middle, clavate, to 1–2.5 cm thick. Leaves 2–4, subterminal, elliptic-ovate, 10–21 cm long. Inflorescences 1–3, axillary, 5–7 cm long, densely 5- to 10-flowered; flowers ca. 2.5 cm across. Fl. spring; China (Yunnan), India, Laos, Myanmar, Thailand; 500–1000 m.

0788 ***Dendrobium sutepense***
(Photo.: Kohji Karasawa)

0788 *Dendrobium sutepense* Rolfe ex Downie 苏特石斛

附生植物。茎直立，纤细，圆筒形，向基部变细，长 20~35 cm。叶狭披针形或线形，长 6~9 cm。花序 1~2 个，生于具叶茎的上部节上，具 2~3 花；花直径 3~4 cm。花期：春季至夏季；缅甸、泰国；1400~1900 m。

Epiphytic plants. Stems erect, slender, cylindric, narrowed toward base, 20–35 cm long. Leaves narrowly lanceolate or linear, 6–9 cm long. Inflorescences 1–2, borne on upper nodes of leafy stems, 2- or 3-flowered; flowers 3–4 cm across. Fl. spring–summer; Myanmar, Thailand; 1400–1900 m.

0789 *Dendrobium suzukii* T. Yukawa 铃木石斛

附生植物。茎稍呈圆筒状纺锤形，略压扁，长达 23 cm。叶矩圆状披针形，长 2~7.3 cm，两面密被黑毛。花序 1~2 个，侧生于具叶的茎上，具 1~2 花；花直径 5.5~6.5 cm。花期：8 月；越南；约 1000 m。

Epiphytic plants. Stems somewhat cylindric-fusiform, slightly compressed, to 23 cm long. Leaves oblong-lanceolate, 2–7.3 cm long, both surfaces densely blackish hairy. Inflorescences 1–2, lateral on leafy stems, 1- or 2-flowered; flowers 5.5–6.5 cm across. Fl. Aug.; Vietnam; ca. 1000 m.

0789 ***Dendrobium suzukii***
(Photo.: Kohji Karasawa)

0790 ***Dendrobium tangerinum***
(Photo.: Kohji Karasawa)

0791 ***Dendrobium taurinum***
(Photo.: Kohji Karasawa)

0792 ***Dendrobium taylori***
(Photo.: Kohji Karasawa)

0790 *Dendrobium tangerinum* P. J. Cribb 唐格石斛

附生植物。茎长 25~75 cm，上半部具叶。叶卵状披针形，长 5~11 cm。花序侧生于具叶的茎上，长达 45 cm，常有 15~20 花；花直径 3~4 cm。花期：全年不定；巴布亚新几内亚；400~1200 m。

Epiphytic plants. Stems 25–75 cm long, leafy above middle. Leaves ovate-lanceolate, 5–11 cm long. Inflorescences lateral on leafy stems, up to 45 cm long, often with 15–20 flowers; flowers 3–4 cm across. Fl. throughout the year; Papua New Guinea; 400–1200 m.

0791 *Dendrobium taurinum* Lindl. 牛头石斛

附生植物。茎长 70~200 cm，粗 1.5~2 cm，向末端渐细。叶近椭圆形，长 6~15 cm。花序生于具叶茎的上部，长 25~45 cm，具多花；花直径 6~6.5 cm。花期：夏季至秋季；菲律宾北部至南部；0~300 m。

Epiphytic plants. Stems 70–200 cm long, 1.5–2 cm thick, tapering at the apex. Leaves subelliptic, 6–15 cm long. Inflorescences arising from upper part of leafy stems, 25–45 cm long, many-flowered; flowers 6–6.5 cm across. Fl. summer–autumn; N to S Philippines; 0–300 m.

0792 *Dendrobium taylori* (F. Muell.) Fitzg. [*Cadetia taylori* (F. Muell.) Schltr.] **泰氏石斛**

附生植物。假鳞茎圆筒形，长 2.5~10 cm，有浅槽，顶端具 1 叶。叶线状矩圆形，长 2~5 cm。花序顶生，短，具 1 花；花直径约 1 cm。花期：全年不定；澳大利亚东部、新几内亚；约 1300 m。

Epiphytic plants. Pseudobulbs cylindric, 2.5–10 cm long, shallowly sulcate, 1-leafed at apex. Leaf linear-oblong, 2–5 cm long. Inflorescences terminal, short, 1-flowered; flower ca. 1 cm across. Fl. throughout the year; E Australia, New Guinea; ca. 1300 m.

0793 *Dendrobium teretifolium* R. Br. 柱叶石斛

附生植物，长达 120 cm，下垂，由若干彼此连接的短茎（长 3~15 cm）组成；每个短茎具 1 枚顶生叶。叶圆柱状，长 15~30 cm，粗 1~4 mm。花序长 4~10 cm，有分枝，具 15~30 花；花直径 2~4 cm，有香气。花期：冬季至春季；澳大利亚东部；0~1300 m。

Epiphytic plants, to 120 cm long, pendulous, consisting of a number of short stems (3–15 cm long) connected to each other; each short stem with a terminal leaf. Leaf terete, 15–30 cm long, 1–4 mm thick. Inflorescences 4–10 cm long, branched, 15- to 30-flowered; flowers 2–4 cm across, scented. Fl. winter–spring; E Australia; 0–1300 m.

0793 ***Dendrobium teretifolium***
(Photo.: Kohji Karasawa)

0794 ***Dendrobium terminale***
(Photo.: Peter O' Byrne)

0795 ***Dendrobium tetragonum***
(Photo.: Kohji Karasawa)

0797 ***Dendrobium tobaense***
(Photo.: Kohji Karasawa)

0794 *Dendrobium terminale* Parish & Rchb. f. 刀叶石斛

附生植物。茎长 10~23 cm。叶两侧压扁，似匕首，长 3~4 cm。花序近顶生，短，具 1~3 花；花直径 6~7 mm。花期：9~11 月；中国（云南）、印度、马来西亚、泰国、越南；800~100 m。

Epiphytic plants. Stems 10–23 cm long. Leaves laterally compressed, dagger-shaped, 3–4 cm long. Inflorescences subterminal, short, 1- to 3-flowered; flowers 6–7 mm across. Fl. Sep.–Nov.; China (Yunnan), India, Malaysia, Thailand, Vietnam; 800–1100 m.

0795 *Dendrobium tetragonum* A. Cunn. ex Lindl. 四棱石斛

附生植物。茎下垂，棍棒状纺锤形，具 4 棱，长 10~40 cm。叶 2~3 枚，卵形或矩圆形，长 3~10 cm。花序顶生，具 2 花；萼片和花瓣长 3~5 cm。花期：冬季至春季；澳大利亚东部；0~1200 m。

Epiphytic plants. Stems pendulous, clavate-fusiform, 4-angled, 10–40 cm long. Leaves 2–3, ovate or oblong, 3–10 cm long. Inflorescences terminal, 2-flowered; sepals and petals 3–5 cm long. Fl. winter–spring; E Australia; 0–1200 m.

0796 ***Dendrobium thyrsiflorum*** (Photo.: Donghui Peng)

0796 *Dendrobium thyrsiflorum* Rchb. f. 球花石斛

附生植物。茎圆筒形，粗壮，长 12~46 cm，粗 0.7~1.6 cm，基部收狭、纤细。叶 3~4 枚，倒披针形，长 9~16 cm。花序下垂，侧生于有叶的茎上，长 10~16 cm，密生多花；花直径 4~5 cm。花期：4~5 月；中国（云南）、印度、老挝、缅甸、泰国、越南；1100~1800 m。

Epiphytic plants. Stems cylindric, stout, 12–46 cm long, 0.7–1.6 cm thick, base contracted and slender. Leaves 3–4, oblanceolate, 9–16 cm long. Inflorescences pendulous, lateral on leafy stems, 10–16 cm long, densely many-flowered; flowers 4–5 cm across. Fl. Apr.–May; China (Yunnan), India, Laos, Myanmar, Thailand, Vietnam; 1100–1800 m.

0797 *Dendrobium tobaense* J. J. Wood & J. B. Comber 多巴石斛

附生植物。茎长 20~30 cm，粗约 1 cm；鞘幼嫩时有时被黑毛。叶披针形，长 3~8 cm，背面被黑毛。花序生于具叶的茎上部，具 1~2 花；花直径 6~7 cm。花期：夏季；印度尼西亚（苏门答腊）；1000~1500 m。

Epiphytic plants. Stems 20–30 cm long, ca. 1 cm thick; sheaths sometimes blackish hairy when young. Leaves lanceolate, 3–8 cm long, blackish hairy beneath. Inflorescences arising from upper part of leafy stems, 1- or 2-flowered; flowers 6–7 cm across. Fl. summer; Indonesia (Sumatra); 1000–1500 m.

0798 ***Dendrobium toressae***
(Photo.: Kohji Karasawa)

0799 ***Dendrobium tortile*** (Photo.: Kohji Karasawa)

0798 *Dendrobium toressae* (F. M. Bailey) Dockrill 托氏石斛

附生植物。茎呈根状茎状。叶相隔不远，肉质多汁，椭圆形至矩圆状披针形，长 5~8 mm，背面具疣状突起。花序从叶的基部发出，具单花；花直径约 6 mm。花期：不定；澳大利亚东北部；0~1200 m。

Epiphytic plants. Stems rhizome-like. Leaves borne at short intervals, succulent, elliptic to oblong-lanceolate, 5–8 mm long, verrucose beneath. Inflorescence given off from leaf base, 1-flowered; flower ca. 6 mm across. Fl. various; NE Australia; 0–1200 m.

0799 *Dendrobium tortile* Lindl. 皱边石斛

附生植物。茎向基部变纤细，中部以上膨大，棍棒状，长 20~37 cm。叶宽线形，长 7~10 cm。花序数个，生于无叶茎的上部，短，具 2~3 花；花直径 7~8 cm。花期：春季；印度；老挝、缅甸、马来西亚（马来半岛）、泰国、越南；达 1900 m。

Epiphytic plants. Stems slender toward base, swollen above middle, clavate, 20–37 cm long. Leaves broadly linear, 7–10 cm long. Inflorescences several, from upper part of leafless stems, short, 2- or 3-flowered; flowers 7–8 cm across; Fl. spring; India, Laos, Myanmar, Malaysia (Malay Peninsula), Thailand, Vietnam; to 1900 m.

0800 ***Dendrobium tosaense***
(Photo.: Kohji Karasawa)

0800 *Dendrobium tosaense* Makino 黄石斛

附生植物。茎圆筒形，长 20~50 cm，粗 5~7 mm。叶矩圆状披针形，长 3~7 cm。花序生于无叶茎的上部，长 3~7 cm，具 3~8 花；花直径约 3 cm。花期：初夏；中国（江西、台湾）、日本；300~1200 m。

Epiphytic plants. Stems cylindric, 20–50 cm long, 5–7 mm thick. Leaves oblong-lanceolate, 3–7 cm long. Inflorescences from upper part of leafless stems, 3–7 cm long, 3- to 8-flowered; flowers ca. 3 cm across; Fl. early summer; China (Jiangxi, Taiwan), Japan; 300–1200 m.

0801 ***Dendrobium transparens***
(Photo.: Kohji Karasawa)

0801 *Dendrobium transparens* Wall. ex Lindl. 透明石斛

附生植物。茎纤细，长 30~70 cm，粗 5 mm。叶线状披针形，长 8~10 cm，脱落。花序数个，生于无叶茎的上部节上，短，具 2~3 花；花直径 4~5 cm。花期：春季；印度、缅甸；可达 1300~1500 m。

Epiphytic plants. Stems slender, 30–70 cm long, 5 mm thick. Leaves linear-lanceolate, 8–10 cm long, deciduous. Inflorescences several, borne on upper nodes of leafless stems, short, 2- or 3-flowered; flowers 4–5 cm across. Fl. spring; India, Myanmar; to 1300–1500 m.

0802 ***Dendrobium trantuanii*** (Photo.: Martin Mendelin)

0803 ***Dendrobium trigonopus*** (Photo.: Donghui Peng)

0802 *Dendrobium trantuanii* Perner & Deng 扁石斛

附生植物。茎近圆筒形，上部稍膨大，长达 5 cm，直径 3~5 mm。叶数枚，狭椭圆形，长 3~4 cm。花序侧生于无叶茎的上部，短，具 1 花或少数花；萼片长 1.7~1.9 cm。花期：3~4 月；中国（云南西南部）、越南；约 1700 m。

Epiphytic plants. Stems subcylindric, slightly swollen above, to 5 cm long, 3–5 mm in diam. Leaves several, narrowly elliptic, 3–4 cm long. Inflorescences lateral, from upper part of leafless stems, short, 1- to few-flowered; sepals 1.7–1.9 cm long. Fl. Mar.–Apr.; China (SW Yunnan), Vietnam; ca. 1700 m.

0804 ***Dendrobium unicum*** (Photo.: Kohji Karasawa)

0803 *Dendrobium trigonopus* Rchb. f. 翅梗石斛

附生植物。茎纺锤形或有时棍棒状，长 5~20 cm，粗 1.2~1.5 cm。叶 2~4 枚，近顶生，矩圆形，长 7~10 cm，背面中脉疏生黑毛。花序 1~2 个，生于具叶茎的上部，具 2~4 花；花直径约 5 cm，有香气。花期：3~4 月；中国（云南）、老挝、缅甸、泰国、越南；100~1600 m。

Epiphytic plants. Stems fusiform or sometimes clavate, 5–20 cm long, 1.2–1.5 cm thick. Leaves 2–4, subterminal, oblong, 7–10 cm long, sparsely black-hairy on dorsal midvein. Inflorescences 1 or 2, from upper part of leafy stems, 2- to 4-flowered; flowers ca. 5 cm across, scented. Fl. Mar.–Apr.; China (Yunnan), Laos, Myanmar, Thailand, Vietnam; 100–1600 m.

0804 *Dendrobium unicum* Seidenf. 多序石斛

附生植物。茎圆筒形，长 5~30 cm。叶线状披针形，长 4~7 cm。花序数个至多达 15 个，生于无叶茎上部的节上，长 1~2 cm，具 1~4 花；花直径约 4 cm。花期：春季至初夏；老挝、泰国、越南；800~1500 m。

Epiphytic plants. Stems cylindric, 5–30 cm long. Leaves linear-lanceolate, 4–7 cm long. Inflorescences several to 15, borne on upper nodes of leafless stems, 1–2 cm long, 1- to 4-flowered; flowers ca. 4 cm across. Fl. spring–early summer; Laos, Thailand, Vietnam. 800–1500 m.

0805 ***Dendrobium uniflorum*** (Photo.: James Boughtwood Comber)

0805 *Dendrobium uniflorum* Griff. 单花石斛

附生植物。茎圆筒形，长 40~70 cm。叶多枚，披针形或狭矩圆形，长 4~7 cm。花序 1~6 个或更多，侧生于具叶的茎上，具 1 花；花直径 2.5~3 cm。花期：春季至夏季；印度尼西亚、马来西亚、菲律宾、泰国、越南；600~1800 m。

Epiphytic plants. Stems cylindric, 40–70 cm long. Leaves many, lanceolate or narrowly oblong, 4–7 long. Inflorescences 1–6 or more, lateral on leafy stems, 1-flowered; flower 2.5–3 cm across. Fl. spring–summer; Indonesia, Malaysia, Philippines, Thailand, Vietnam; 600–1800 m.

0806 ***Dendrobium venustum***
(Photo.: Kohji Karasawa)

0807 ***Dendrobium verruculosum***
(Photo.: Kohji Karasawa)

0808 ***Dendrobium versteegii***
(Photo.: Kohji Karasawa)

0806 *Dendrobium venustum* Teijsm. & Binn. 秀丽石斛

附生植物。茎长 10~50 cm，向基部稍增粗。叶狭矩圆形至线状披针形，长 10~14 cm。花序 1~3 个，生于具叶茎的上部，长 15~30 cm，具多花；花直径约 2.5 cm。花期：夏季；柬埔寨、老挝、缅甸、泰国、越南；200~500 m。

Epiphytic plants. Stems 10–50 cm long, slightly thickened toward base. Leaves narrowly oblong to linear-lanceolate, 10–14 cm long. Inflorescences 1–3, arising from upper part of leafy stems, 15–30 cm long, many-flowered, flowers ca. 2.5 cm across. Fl. summer; Cambodia, Laos, Myanmar, Thailand, Vietnam; 200–500 m.

0807 *Dendrobium verruculosum* Schltr. 小疣石斛

附生植物。茎长 35~70 cm，具分枝。叶狭卵状披针形，长 3.5~5 cm。花序数个，侧生于无叶的茎上，短，具 1~7 花；花不完全开放，长约 2 cm。花期：夏季；新几内亚；600~1300 m。

Epiphytic plants. Stems 35–70 cm long, branched. Leaves narrowly ovate-lanceolate, 3.5–5 cm long. Inflorescences several, lateral on leafless stems, short, 1- to 7-flowered; flowers not fully opening, ca. 2 cm long. Fl. summer; New Guinea; 600–1300 m.

0808 *Dendrobium versteegii* J. J. Sm. (*Cadetia collina* Schltr.) 卡德石斛

附生植物。假鳞茎圆筒形，有 4 棱，长 4~12 cm，肉质，上部稍增粗，顶端具 1 叶。叶披针形，长 5~8 cm。花序顶生，1~2 个，短，具 1 花；花直径约 1 cm。花期：全年不定；新几内亚；0~200 m。

Epiphytic plants. Pseudobulbs cylindric, 4-angled, 4–12 cm long, fleshy, slightly dilated above, 1-leafed at apex. Leaf lanceolate, 5–8 cm long. Inflorescences terminal, 1–2, short, 1-flowered; flower ca. 1 cm across. Fl. throughout the year; New Guinea; 0–200 m.

0809 *Dendrobium vexillarius* J. J. Sm. var. *albiviride* (P. Royen) T. M. Reeve & P. Woods 白旗石斛（变种）

附生植物。茎簇生，纤细，长 2~8 cm，近顶端具叶。叶 2~3 枚，狭矩圆形，长 5~12 cm。花序生于具叶茎的上部，短，具 2~7 花；花直径 3~4 cm。花期：夏季；新几内亚；2800~3400 m。

Epiphytic plants. Stems tufted, slender, 2–8 cm long, leafy toward apex. Leaves 2–3, narrowly oblong, 5–12 cm long. Inflorescences arising from upper part of leafy stems, short, 2- to 7-flowered; flowers 3–4 cm across. Fl. summer; New Guinea; 2800–3400 m.

0809 ***Dendrobium vexillarius*** var. ***albiviride*** (Photo.: Kohji Karasawa)

0810 ***Dendrobium vexillarius*** var. ***uncinatum*** (Photo.: Kohji Karasawa)

0811 ***Dendrobium victoriae-reginae*** (Photo.: Kohji Karasawa)

0812 ***Dendrobium violaceum*** (Photo.: Kohji Karasawa)

0810 *Dendrobium vexillarius* J. J. Sm. var. *uncinatum* (Schltr.) T. M. Reeve & P. Woods 钩旗石斛（变种）

附生或地生植物。茎纤细，长 10~15 cm，直立，近顶端具叶。叶数枚，宽线形，长 5~10 cm。花序生于无叶茎上部节上，短，具 1~5 花；花不完全开放，长 3~4 cm。花期：夏季；新几内亚及邻近岛屿；1200~4000 m。

Epiphytic or terrestrial plants. Stems slender, 10–15 cm long, erect, leafy toward apex. Leaves several, broadly linear, 5–10 cm long. Inflorescences arising from upper nodes of leafless stems, short, 1- to 5-flowered; flowers not fully opening, 3–4 cm long. Fl. summer; New Guinea and adjacent islands; 1200–4000 m.

0811 *Dendrobium victoriae-reginae* Loher 皇后石斛

附生植物。茎长 25~60 cm，基部纤细，向上稍增粗，有时具分枝。叶披针形，长 3~8 cm。花序 1 个至数个，生于无叶茎的上部，具 1~5 花；花直径 3~4 cm。花期：全年不定；菲律宾（吕宋）；1600~2400 m。

Epiphytic plants. Stems 25–60 cm long, base slender, slightly thickened upward, sometimes branched. Leaves lanceolate, 3–8 cm long. Inflorescences 1 to several, borne on upper part of leafless stems, 1- to 5-flowered; flowers 3–4 cm across. Fl. throughout the year; Philippines (Luzon); 1600–2400 m.

0812 *Dendrobium violaceum* Kraenzl. 青紫石斛

附生植物。茎簇生，卵状纺锤形，长 1~5 cm，粗约 1 cm。叶 2~5 枚，近顶生，线形，长 5~30 cm。花序生于具叶或无叶茎的上部，具 1~4 花；花不完全开放，长 2.5~4.5 cm。花期：全年不定；新几内亚；700~2000 m。

Epiphytic plants. Stems tufted, ovoid-fusiform, 1–5 cm long, ca. 1 cm thick. Leaves 2–5, subterminal, linear, 5–30 cm long. Inflorescences arising from upper part of leafy or leafless stems, 1- to 4-flowered; flowers not fully opening, 2.5–4.5 cm long. Fl. throughout the year; New Guinea; 700–2000 m.

0813 *Dendrobium virgineum* Rchb. f. 圣洁石斛

附生植物。茎长 25~35 cm，圆筒状纺锤形，粗 0.8~1.5 cm，包藏于具近黑色毛的鞘内。叶多枚，狭矩圆形，长 7~10 cm，两面被近黑色的毛。花序生于具叶茎的顶端，通常具 2~3 花；花直径约 4.5 cm。花期：夏季；老挝、缅甸、泰国、越南；1600 m 以下。

Epiphytic plants. Stems 25–35 cm long, cylindric-fusiform, 0.8–1.5 cm thick, covered by blackish hairy sheaths. Leaves many, narrowly oblong, 7–10 cm long, both surfaces blackish hairy. Inflorescences terminal on leafy stems, often 2- or 3-flowered; flowers ca. 4.5 cm across. Fl. summer; Laos, Myanmar, Thailand, Vietnam; below 1600 m.

0813 ***Dendrobium virgineum*** (Photo.: Kohji Karasawa)

0814 ***Dendrobium wardianum***
(Photo.: Ning Jin)

0815 ***Dendrobium wassellii***
(Photo.: Kohji Karasawa)

0816 ***Dendrobium wattii***
(Photo.: Junwen Zhai)

0814 *Dendrobium wardianum* Warn. 大苞鞘石斛

附生植物。茎下垂，长 11~70 cm，具许多膨大的、粗达 1.5 cm 的节。叶矩圆形，长 8~15 cm。花序多个，生于无叶茎的上部，具 1~3 花；花直径 6~8 cm。花期：春季；不丹、中国（云南）、印度、缅甸、泰国、越南；1000~2200 m。

Epiphytic plants. Stems pendulous, 11–70 cm long, with many swollen nodes to 1.5 cm thick. Leaves oblong, 8–15 cm long. Inflorescences multiple, borne on upper part of leafless stems, 1- to 3-flowered; flowers 6–8 cm across. Fl. spring; Bhutan, China (Yunnan), India, Myanmar, Thailand, Vietnam; 1000–2200 m.

0815 *Dendrobium wassellii* S. T. Blake 瓦氏石斛

附生植物。茎呈根状茎状，相距约 2.5 cm 生叶。叶直立，圆柱形，具 4~5 槽，长 6~9 cm，粗 0.7~1 cm。花序发自叶的基部，长 9~19 cm，具多花；花直径约 2.5 cm。花期：夏季；澳大利亚东北部；0~300 m。

Epiphytic plants. Stems rhizome-like, with leaves at about 2.5 cm intervals. Leaves erect, terete, with 4–5 grooves, 6–9 cm long, 0.7–1 cm thick. Inflorescences given off from leaf bases, 9–19 cm long, many-flowered; flowers ca. 2.5 cm across. Fl. summer; NE Australia; 0–300 m.

0816 *Dendrobium wattii* (Hook. f.) Rchb. f. (*Dendrobium infundibulum* Lindl.) 高山石斛

附生植物。茎长 12~60 cm，粗 4~9 mm。叶矩圆形，长 5~9 cm；叶鞘具黑毛。花序生于具叶的茎顶端，具 1~2 花；花直径 4.5~5.5 cm。花期：8~11 月；中国（云南）、印度、缅甸、泰国、越南；1500~2100 m。

Epiphytic plants. Stems 12–60 cm long, 4–9 mm thick. Leaves oblong, 5–9 cm long; sheaths black-hairy. Inflorescences terminal on leafy stems, 1- or 2-flowered; flowers 4.5–5.5 cm across. Fl. Aug.–Nov.; China (Yunnan), India, Myanmar, Thailand, Vietnam; 1500–2100 m.

0817 *Dendrobium williamsianum* Rchb. f. 威廉石斛

附生植物。茎长 75~150 cm，圆筒形，向顶端渐细。叶披针形，长 8~14 cm。花序生于具叶茎的上部，长 30~50 cm，具 5~20 花；花直径 6.5~7 cm。花期：夏季；新几内亚；0~300 m。

Epiphytic plants. Stems 75–150 cm long, cylindric, tapering to a slender tip. Leaves lanceolate, 8–14 cm long. Inflorescences arising from upper part of leafy stems, 30–50 cm long, 5- to 20-flowered; flowers 6.5–7 cm across. Fl. summer; New Guinea; 0–300 m.

0817 ***Dendrobium williamsianum*** (Photo.: Kohji Karasawa)

0818 ***Dendrobium williamsonii*** (Photo.: Sicong Lu)

0819 ***Dendrobium xichouense*** (Photo.: Hong Jiang)

0818 *Dendrobium williamsonii* J. Day & Rchb. f. 黑毛石斛

附生植物。茎圆筒形，有时膨大而呈纺锤形，长 15~25 cm。叶数枚，通常互生于茎的上部，披针形，长 5~12 cm；鞘密被黑毛。花序 1~2 个，近顶生，短，具 1~3 花；花直径 3.5~5.5 cm。花期：春季；中国（云南）、印度、缅甸、越南；300~1700 m。

Epiphytic plants. Stems cylindric, sometimes swollen and fusiform, 15–25 cm long. Leaves several, usually alternate on upper part of stems, lanceolate, 5–12 cm long; sheaths densely covered with black hairs. Inflorescences 1 or 2, subterminal, short, 1- to 3-flowered; flowers 3.5–5.5 cm across. Fl. spring; China (Yunnan), India, Myanmar, Vietnam; 300–1700 m.

0820 ***Dendrolirium tomentosum***
(Photos.: Xiaohua Jin)

0819 *Dendrobium xichouense* S. J. Cheng & C. Z. Tang 西畴石斛

附生植物。茎簇生，圆筒形，长 10~13 cm。叶 7~10 枚，矩圆形或矩圆状披针形，长 1.8~4 cm。花序侧生于无叶的茎上，长约 2 cm，具 1~2 花；花直径约 2 cm。花期：7 月；中国（云南）；约 1900 m。

Epiphytic plants. Stems tufted, cylindric, 10–13 cm long. Leaves 7–10, oblong or oblong-lanceolate, 1.8–4 cm long. Inflorescences lateral on leafless stems, ca. 2 cm long, 1- or 2-flowered; flowers ca. 2 cm across. Fl. July; China (Yunnan); ca. 1900 m.

0820 *Dendrolirium tomentosum* (J. Koenig) S. C. Chen & J. J. Wood [*Eria tomentosa* (J. Koenig) Hook. f.] 绒兰

附生植物。假鳞茎椭圆形，稍压扁，长 2~7 cm，近顶端具 3~4 叶。叶长 10~24 cm，宽 1~5 cm，较厚。花序发自老鳞茎近基部处，长 10~30 cm，具多花；萼片长 1~1.5 cm，背面密被绒毛。花期：4~5 月；中国（海南、云南）、印度、老挝、缅甸、泰国、越南；800~1500 m。

Epiphytic plants. Pseudobulbs ellipsoid, slightly compressed, 2–7 cm long, 3- or 4-leaved near apex. Leaves 10–24 cm long, 1–5 cm wide, rather thick. Inflorescence arising from near base of an old pseudobulb, 10–30 cm long, many-flowered; sepals 1–1.5 cm long, densely tomentose dorsally. Fl. Apr.–May; China (Hainan, Yunnan), India, Laos, Myanmar, Thailand, Vietnam; 800–1500 m.

0821 ***Dendrophylax funalis***
(Photo.: Kohji Karasawa)

0821 *Dendrophylax funalis* (Sw.) Benth. 抱树兰

附生植物，无叶，具簇生的绿色根；根长在 30 cm 以上。花序上举，纤细，长 5~10 cm，具 1~3 花；花直径约 4 cm。花期：冬季至春季；古巴、牙买加。

Epiphytic plants, leafless, with clustered green roots over 30 cm long. Inflorescences ascending, slender, 5–10 cm long, 1- to 3-flowered; flowers ca. 4 cm across. Fl. winter–spring; Cuba, Jamaica.

0822 ***Dendrophylax lindenii***
(Photo.: Kohji Karasawa)

0823 ***Dichaea boliviana***
(Photo.: Kohji Karasawa)

0824 ***Dichaea glauca***
(Photo.: Kohji Karasawa)

0822 *Dendrophylax lindenii* (Lindl.) Benth. ex Rolfe [*Polyradicion lindenii* (Lindl.) Garay] 林登抱树兰

附生植物；根稍扁，绿色，长达 50 cm。茎短，无叶。花序 1~2 个，长达 25 cm，具 1~10 花；花依次展现；萼片长 2~2.5 cm；唇瓣 3 裂；中裂片具 2 条长 4~6.5 cm 的尾。花期：春季；巴哈马群岛、古巴、美国（佛罗里达南部）。

Epiphytic plants; roots somewhat compressed, green, to 50 cm long. Stems short, leafless. Inflorescences 1–2, to 25 cm long, 1-to 10-flowered; flowers produced in succession; sepals 2–2.5 cm long; lip trilobed; mid-lobe with 2 tails 4–6.5 cm long. Fl. spring; Bahama Islands, Cuba, U.S.A. (S Florida).

0823 *Dichaea boliviana* T. Hashim. 篦叶兰

附生植物。茎簇生，扁平，直立，长 10~15 cm。叶二列，狭椭圆形，长约 1.5~2 cm，近革质。花序发自叶腋，短，具 1 花；花直径约 1 cm。花期：夏季；玻利维亚；约 250m。

Epiphytic plants. Stems tufted, compressed, erect, 10–15 cm long. Leaves distichous, narrowly elliptic, 1.5–2 cm long, nearly coriaceous. Inflorescences axillary, short, 1-flowered; flower ca. 1 cm across. Fl. summer; Bolivia; ca. 250 m.

0824 *Dichaea glauca* (Sw.) Lindl. 白花篦叶兰

附生植物。茎直立或下垂，长 30~60 cm，粗 3~4 mm。叶密二列，线状椭圆形，长 3~7 cm，较薄，灰绿色。花序腋生，纤细，长 2.5~3.5 cm，通常具 1 花；花直径约 1.5 cm。花期：春季；危地马拉、洪都拉斯、墨西哥、西印度群岛；2200~2400 m。

Epiphytic plants. Stems erect or pendent, 30–60 cm long, 3–4 mm thick. Leaves densely distichous, linear-elliptic, 3–7 cm long, rather thin, greyish green. Inflorescences axillary, slender, 2.5–3.5 cm long,often 1-flowered; flower ca. 1.5 cm across. Fl. spring; Guatemala, Honduras, Maxico, West Indies; 2200–2400 m.

0825 *Dichaea picta* Rchb. f. 白唇篦叶兰

附生植物。茎簇生，稍压扁，直立或下垂，长达 20 cm。叶数枚或多枚，二列，近矩圆形，长约 1.5 cm。花序腋生，长约 1 cm，具 1 花；花直径约 1 cm。花期：1~4 月或 9 月；圭亚那、特立尼达和多巴哥、委内瑞拉。

Epiphytic plants. Stems tufted, slightly compressed, erect or pendulous, to 20 cm long. Leaves several or more, distichous, suboblong, ca. 1.5 cm long. Inflorescences axillary, ca. 1 cm long, 1-flowered; flower ca. 1cm across. Fl. Jan.–Apr. or Sep.; Guyana, Trinidad and Tobago, Venezuela.

0825 ***Dichaea picta*** (Photo.: SCO)

0826 ***Dickasonia vernicosa*** (Photo.: Kohji Karasawa)

0827 ***Dilochia cantleyi*** (Photo.: Peter O' Byrne)

0826 *Dickasonia vernicosa* L. O. Williams 狄克兰

附生植物。假鳞茎密集，卵状圆筒形，长 2.5~3 cm，顶端具 2 叶。叶狭矩圆状披针形，长 4.5~10 cm。花序顶生，长 2~6 cm，弧曲，具 3~7 花；花直径约 2 cm。花期：春季；印度东部、缅甸；1700~2000 m。

Epiphytic plants. Pseudobulbs close together, ovoid-cylindric, 2.5–3 cm long, 2-leaved at apex. Leaves narrowly oblong-lanceolate, 4.5–10 cm long. Inflorescences terminal, 2–6 cm long, arching, 3- to 7-flowered; flowers ca. 2 cm across. Fl. spring; E India, Myanmar; 1700–2000 m.

0827 *Dilochia cantleyi* (Hook. f.) Ridl. 肯氏蔗兰

地生植物。茎粗壮，长可达 200 cm 或过之，具数枚或多枚叶。叶坚挺，披针形，长 5~15 cm。花序顶生，短，有分枝，具多花；花直径 2~3 cm。花期：夏季；印度尼西亚（苏门答腊）、马来西亚（马来半岛、沙巴）；1550~2200 m。

Terrestrial plants. Stems stout, up to 200 cm or more long, several- to many-leaved. Leaves stiff, lanceolate, 5–15 cm long. Inflorescences terminal, short, branched, many-flowered; flowers 2–3 cm across. Fl. summer; Indonesia (Sumatra), Malaysia (Malaya Peninsula, Sabah); 1550–2200 m.

0828 ***Dilochia wallichii***
(Photo.: James Boughtwood Comber)

0828 *Dilochia wallichii* Lindl. 蔗兰

地生或石上附生植物。茎长可达 150 cm，具多枚叶。叶坚挺，狭椭圆形或倒披针形，长 10~15 cm。花序顶生，偶见分枝，长达 15 cm，具 5~15 花；花不完全开放；萼片长约 2.5 cm。花期：春季；印度尼西亚、马来西亚、泰国、向东南到达巴布亚新几内亚；150~1500 m。

Terrestrial or lithophytic plants. Stems up to 150 cm long, many-leaved. Leaves stiff, narrowly elliptic or oblanceolate, 10–15 cm long. Inflorescences terminal, occasionally branched, to 15 cm long, 5- to 15-flowered; flowers not opening widely; sepals ca. 2.5 cm long. Fl. spring; Indonesia, Malaysia, Thailand, southeast to Papua New Guinea; 150–1500 m.

0829 ***Dimerandra emarginata***
(Photo.: Kohji Karasawa)

0829 *Dimerandra emarginata* (G. Meyer) Hoehne 裂床兰

附生植物。茎簇生，直立，长 20~40 cm，基部鳞茎状。叶互生，狭矩圆形，长 8~11 cm。花序 1~3 个，顶生，成簇，具 1 花或罕有 2 花；花直径 3~3.5 cm。花期：9~11 月；墨西哥至哥伦比亚、委内瑞拉、特立尼达和厄瓜多尔；0~800 m。

Epiphytic plants. Stems tufted, erect, 20–40 cm long, bulbous at base. Leaves alternate, narrowly oblong, 8–11 cm long. Inflorescences 1–3, terminal, fasciculate, 1- or rarely 2-flowered; flowers 3–3.5 cm across. Fl. Sep.–Nov.; Mexico to Colombia, Venezuela, Trinidad and Ecuador; 0–800 m.

0830 ***Dimorphorchis lowii*** **(Lindl.) Rolfe 异花兰**

附生植物。茎下垂，长 75~150 cm，粗 1~2 cm。叶带形，长 60~90 cm。花序腋生，长 150~300 cm，下垂，疏生多花；花两型，直径 6~6.5 cm；基部 2 花黄色，具紫色斑点，有浓香；上部花有栗色大斑块。花期：9~11 月；婆罗洲（加里曼丹、沙巴、沙捞越）；0~1300 m。

Epiphytic plants. Stems pendent, 75–150 cm long, 1–2 cm thick. Leaves lorate, 60–90 cm long. Inflorescences axillary, 150–300 cm long, pendent, laxly many-flowered; flowers dimorphic, 6–6.5 cm across; basal two flowers yellow spotted with purple, strongly fragrant; apical flowers with large maroon blotches. Fl. Sep.–Nov.; Borneo (Kalimantan, Sabah, Sarawak); 0–1300 m.

0830 *Dimorphorchis lowii* (Photo.: Kohji Karasawa)

0831 ***Dimorphorchis rossii*** **Fowlie 柔氏异花兰**

附生植物。茎密集，通常长 50~200 cm。叶线形，长 30~70 cm。花序腋生，下垂，长 50~80 cm，疏生数花；花两型，直径约 5 cm；基部 2 花黄色，有浓香；顶部花白色。花期：夏季；马来西亚（沙巴）；500~1200 m。

Epiphytic plants. Stems close together, often 50–200 cm long. Leaves linear, 30–70 cm long. Inflorescences axillary, pendent, 50–80 cm long, laxly several-flowered; flowers dimorphic, ca. 5 cm across; basal two flowers yellow, strongly fragrant; apical flowers white. Fl. summer; Malaysia (Sabah); 500–1200 m.

0832 ***Dinema polybulbon*** **(Sw.) Lindl. [*Encyclia polybulbon* (Sw.) Dressler] 双丝兰**

附生植物。假鳞茎疏离，纺锤形，长 1~3 cm。叶 1~3 枚，顶生，狭矩圆状披针形，长 1~7 cm。花序顶生，长 1.5~3 cm，具 1 花；花直径 2~3 cm。花期：冬季至春季；墨西哥至洪都拉斯，也见于古巴和牙买加；600~2000 m。

Epiphytic plants. Pseudobulbs well spaced, fusiform, 1–3 cm long. Leaves 1–3, terminal, narrowly oblong-lanceolate, 1–7 cm long. Inflorescence terminal, 1.5–3 cm long, 1-flowered; flower 2–3 cm across. Fl. winter–spring; Mexico to Honduras, also Cuba and Jamaica; 600–2000 m.

0833 ***Diplomeris hirsuta*** **(Lindl.) Lindl. 毛叶合柱兰**

地生植物，高 3~9 cm，具近球形的块茎。茎短。叶 1 枚或罕有 2 枚，基生，矩圆状披针形，长 3~8 cm，被短柔毛。花序顶生，长 5~6 cm，具 1 花；花直径约 2.5 cm。花期：7~8 月；中国南部、印度东北部、尼泊尔；1000~1800 m。

Terrestrial plants, 3–9 cm tall, with subglobose tubers. Stems short. Leaves 1 or rarely 2, basal, oblong-lanceolate, 3–8 cm long, pubescent. Inflorescence terminal, 5–6 cm long, 1-flowered; flower ca. 2.5 cm across. Fl. July–Aug.; S China, NE India, Nepal; 1000–1800 m.

0831 *Dimorphorchis rossii* (Photo.: Kohji Karasawa)

0832 *Dinema polybulbon* (Photo.: Kohji Karasawa)

0833 *Diplomeris hirsuta* (Photo.: Kohji Karasawa)

0834 ***Diplomeris pulchella*** (Photo.: Xiaohua Jin)

0837 ***Dipteranthus grandiflorus*** (Photo.: Kohji Karasawa)

0834 *Diplomeris pulchella* D. Don 合柱兰

地生植物，高 7.5~22.5 cm，具块茎。茎短。叶 2 枚，基生，线状披针形，长 3~10 cm，无毛。花序通常具 1 花；花瓣长 1.5~2.5 cm；唇瓣长 1.8~2.8 cm；距长约 3.5 cm。花期：7~9 月；中国（贵州、四川、西藏、云南）、印度东北部、缅甸、越南；600~2600 m。

Terrestrial plants, 7.5–22.5 cm tall, with tubers. Stems short. Leaves 2, basal, linear-lanceolate, 3–10 cm long, glabrous. Inflorescence usually 1-flowered; petals 1.5–2.5 cm long; lip 1.8–2.8 cm long; spur ca. 3.5 cm long. Fl. July–Sep.; China (Guizhou, Sichuan, Xizang, Yunnan), NE India, Myanmar, Vietnam; 600–2600 m.

0835 ***Dipodium paludosum***
(Photo.: Kohji Karasawa)

0835 *Dipodium paludosum* (Griff.) Rchb. f. 沼泽双足兰

地生植物。茎簇生，长达 100 cm，完全包藏于叶基之内。叶狭披针形，长 15~30 cm。花序腋生，长 30~40 cm，具 5~15 花；花直径 3.5~4.5 cm。花期：夏季；广泛分布于东南亚，北至越南；低海拔地。

Terrestrial plants. Stems tufted, to 100 cm long, completely covered by leaf bases. Leaves narrowly lanceolate, 15–30 cm long. Inflorescences axillary, 30–40 cm long, 5- to 15-flowered; flowers 3.5–4.5 cm across. Fl. summer; widespread in Southeast Asia, north to Vietnam; at low altitudes.

0836 *Dipodium scandens* (Blume) J. J. Sm. 双足兰

地生植物。茎长，攀援，具多叶。叶带形，长约 25 cm，紧密二列。花序腋生，长达 40 cm，具 4~18 花；花直径约 3 cm。花期：夏季；印度尼西亚（爪哇）、马来西亚（马来半岛、沙巴）；0~1500 m。

Terrestrial plants. Stems long, climbing, many-leaved. Leaves lorate, ca. 25 cm long, closely distichous. Inflorescences axillary, to 40 cm long, 4- to 18-flowered; flowers ca. 3 cm across. Fl. summer; Indonesia (Java), Malaysia (Malay Peninsula, Sabah); 0–1500 m.

0836 ***Dipodium scandens***
(Photo.: Kohji Karasawa)

0837 *Dipteranthus grandiflorus* (Lindl.) Pabst 双翅兰

附生植物。假鳞茎密集，小。叶 4~6 枚，二列，狭椭圆形，长 10~15 cm。花序基生，通常稍长于叶，外弯，密生多花；花直径 1~2 cm。花期：冬季至春季；巴西；0~1000 m。

Epiphytic plants. Pseudobulbs close together, small. Leaves 4–6, distichous, narrowly elliptic, 10–15 cm long. Inflorescence basal, often slightly longer than leaves, arching, densely many-flowered; flowers 1–2 cm across. Fl. winter–spring; Brazil; 0–1000 m.

0838 ***Disa barbata*** (Photo.: Peter Linder)

0841 ***Disa longicornu*** (Photo.: Peter Linder)

0838 *Disa barbata* (L. f.) Sw. [*Herschelia barbata* (L. f.) Bolus] 髯毛双距兰

地生植物，高 25~50 cm，地下具块茎。茎纤细，具基生叶与茎生叶。基生叶 4~7 枚，线形；茎生叶披针形，长 2~4 cm。花序顶生，具 2~6 花；花直径 2~2.5 cm。花期：10~11 月；南非；0~200 m。

Terrestrial plants, 25–50 cm tall, with a subterranean tuber. Stems slender, with basal and cauline leaves. Basal leaves 4–7, linear; cauline leaves lanceolate, 2–4 cm long. Inflorescence terminal, 2- to 6-flowered; flowers 2–2.5 cm across. Fl. Oct.–Nov.; South Africa; 0–200 m.

0839 ***Disa cardinalis***
(Photo.: Kohji Karasawa)

0839 *Disa cardinalis* H. P. Linder 深红双距兰

地生植物，高 30~60 cm，地下具块茎。叶 6~10 叶，基生，狭矩圆形，长 5~10 cm。花序顶生，密生数花至多花；中萼片兜状，长 1~1.5 cm，基部具 2 个长约 4 mm 的距。花期：10~12 月；南非；约 600 m。

Terrestrial plants, 30–60 cm tall, with a subterranean tuber. Leaves 6–10, basal, narrowly oblong, 5–10 cm long. Inflorescence terminal, densely several- to many-flowered; dorsal sepal hooded, 1–1.5 cm long, base with 2 spurs ca. 4 mm long. Fl. Oct.–Dec.; South Africa; ca. 600 m.

0840 ***Disa cornuta*** (Photo.: Jany Renz)

0840 *Disa cornuta* (L.) Sw. 角距双距兰

地生植物，高达 100 cm，地下具块茎。茎具叶。叶重叠，披针形至卵形。花序顶生，密生多花；中萼片兜状，具 2 个长 1~2 cm 的距。花期：9~1 月；南非，津巴布韦；1800~2200 m。

Terrestrial plants, to 100 cm tall, with a subterranean tuber. Stems leafy. Leaves overlapping, lanceolate to ovate. Inflorescence terminal, densely many-flowered; dorsal sepal hooded, with 2 spurs 1–2 cm long. Fl. Sep.–Jan.; South Africa, Zimbabwe; 1800–2200 m.

0841 *Disa longicornu* L. f. 双距兰

地生植物，高 10~20 cm，地下具块茎。基生叶通常 4 枚，椭圆形，长 3~6 cm。花序顶生，具 1 花；中萼片兜状，具 2 个长 2~3.5 cm 的距。花期：夏季；南非；600~1000 m。

Terrestrial plants, 10–20 cm tall, with a subterranean tuber. Basal leaves often 4, elliptic, 3–6 cm long. Inflorescence terminal, 1-flowered; dorsal sepal hooded, with 2 spurs 2–3.5 cm long. Fl. summer; South Africa; 600–1000 m.

0842 ***Disa tripetaloides***
(Photo.: Kohji Karasawa)

0843 ***Disa uniflora***
(Photo.: Kohji Karasawa)

0844 ***Disperis neilgherrensis***
(Photo.: James Boughtwood Comber)

0842 *Disa tripetaloides* (L. f.) N. E. Brown 白萼双距兰

地生植物，高 10~60 cm，地下具块茎。基生叶通常 10 枚，狭倒披针形或椭圆形，长 10~14 cm。花序顶生，长达 15 cm，常具 7~10 花；中萼片兜状，长 0.5~1.2 cm，具 2 个长约 3 mm 的距。花期：11~1 月；南非；0~1000 m。

Terrestrial plants, 10–60 cm tall, with a subterranean tuber. Basal leaves often 10, narrowly oblanceolate or elliptic, 10–14 cm long. Inflorescence terminal, to 15 cm long, often 7- to 10-flowered; dorsal sepal hooded, 0.5–1.2 cm long, with 2 spurs ca. 3 mm long. Fl. Nov.–Jan.; South Africa; 0–1000 m.

0843 *Disa uniflora* Berg. 单花双距兰

地生植物，高 20~70 cm，地下具块茎。茎粗壮，具叶。叶狭披针形，长 7~20 cm。花序顶生，具 1~2 花或罕有达 5 花；中萼片盔状，长 3.5~6 cm，具 2 个长约 1.2 cm 的距。花期：夏季；南非；100~1200 m。

Terrestrial plants, 20–70 cm tall, with a subterranean tuber. Stems stout, leafy. Leaves narrowly lanceolate, 7–20 cm long. Inflorescence terminal, with 1–2 or rarely to 5 flowers; dorsal sepal galeate, 3.5–6 cm long, with 2 spurs ca. 1.2 cm long. Fl. summer; South Africa; 100–1200 m.

0845 ***Diuris brevifolia***
(Photo.: Kohji Karasawa)

0844 *Disperis neilgherrensis* Wight 双袋兰

地生植物，高 4~17 cm。块茎卵形，长 1~2 cm，具短柔毛。叶 1~3 枚，茎生，卵形至心形，长 1~1.7 cm，背面带紫色。花序顶生，具 1~3 花；花直径约 1 cm。花期：5~8 月；广泛分布于亚洲热带地区，向北可达中国（香港、台湾）和日本（琉球群岛），向东南可达新几内亚；650~1200 m。

Terrestrial plants, 4–17 cm tall. Tubers ovoid, 1–2 cm long, pubescent. Leaves 1–3, cauline, ovate to cordate, 1–1.7 cm long, purplish beneath. Inflorescence terminal, 1- to 3-flowered; flowers ca. 1 cm across. Fl. May–Aug.; widespread in tropical Asia, north to China (Hongkong, Taiwan) and Japan (Ryukyu Islands), and southeast to New Guinea; 650–1200 m.

0845 *Diuris brevifolia* R. S. Rog. 短叶双尾兰

地生植物，高 15~40 cm，具长约 3 cm 的地下块茎。茎直立，具数叶。叶线形，长 7~12 cm。花序顶生，具 1~5 花；花直径 3~3.5 cm；侧萼片线形，长 1.5~2 cm。花期：10~12 月；澳大利亚东南部。

Terrestrial plants, 15–40 cm tall, with subterranean tubers ca. 3 cm long. Stems erect, several-leaved. Leaves linear; 7–12 cm long. Inflorescence terminal, 1- to 5-flowered; flowers 3–3.5 cm across; lateral sepals linear, 1.5–2 cm long. Fl. Oct.–Dec.; SE Australia.

0846 ***Diuris maculata***
(Photo.: Kohji Karasawa)

0847 ***Diuris punctata***
(Photo.: Kohji Karasawa)

0848 ***Domingoa hymenodes***
(Photo.: Kohji Karasawa)

0846 *Diuris maculata* Sm. 双尾兰

地生植物，高 18~30 cm，具长 2~2.5 cm 的地下块茎。茎具 2~3 枚线形的、长 10~24 cm 的叶。花序顶生，具 2~8 花；花直径约 3 cm；侧萼片线形，长 1~2 cm。花期：7~11 月；澳大利亚东南部。

Terrestrial plants, 18–30 cm tall, with subterranean tubers 2–2.5 cm long. Stems with 2–3 linear leaves 10–24 cm long. Inflorescence terminal, 2- to 8-flowered; flowers ca. 3 cm across; lateral sepals linear, 1–2 cm long. Fl. July–Nov.; SE Australia.

0847 *Diuris punctata* Sm. 斑唇双尾兰

地生植物，高 20~60 cm，具地下块茎。茎具 2 枚禾草状叶。叶长 15~30 cm。花序顶生，具 2~10 花；花直径 5~6 cm，有香气；侧萼片线形，长达 6 cm。花期：8~10 月；澳大利亚东部；低海拔地。

Terrestrial plants, 20–60 cm tall, with subterranean tubers. Stems with 2 grass-like leaves. leaves 15–30 cm long. Inflorescence terminal, 2- to 10-flowered; flowers 5–6 cm across, fragrant; lateral sepals linear, to 6 cm long. Fl. Aug.–Dec.; E Australia; at low altitudes.

0848 *Domingoa hymenodes* (Rchb. f.) Schltr. 多明兰

附生植物。茎簇生，近圆筒形，长 2~9 cm，包藏于纸质的鞘之中，顶端具 1 叶。叶狭矩圆形，长 3~10 cm，肉革质。花序顶生，长 7~30 cm，具数花；花依次开放，直径 2~2.5 cm。花期：冬季；古巴及邻近岛屿；0~800 m。

Epiphytic plants. Stems clustered, subcylindric, 2–9 cm long, covered by papery sheaths, 1-leafed at apex. Leaf narrowly oblong, 3–10 cm long, fleshy-coriaceous. Inflorescence terminal, 7–30 cm long, several-flowered; flowers opening in succession, 2–2.5 cm across. Fl. winter; Cuba and adjacent islands; 0–800 m.

0849 *Doritis pulcherrima* Lindl. [*Phalaenopsis pulcherrima* (Lindl.) J. J. Sm.] **五唇兰**

地生植物。茎长 4~5 cm。叶 3~6 枚，近基生，二列，矩圆形，长 5~15 cm。花序侧生，长 20~60 cm，疏生数花；花直径 1.5~3 cm，通常有香气。花期：7~8 月；印度尼西亚至中国（海南）和印度东北部；低海拔地。

Terrestrial plants. Stem 4–5 cm long. Leaves 3–6, nearly basal, distichous, oblong, 5–15 cm long. Inflorescence lateral, 20–60 cm long, laxly several-flowered; flowers 1.5–3 cm across, often fragrant. Fl. July–Aug.; Indonesia to China (Hainan) and NE India; at low altitudes.

0849 ***Doritis pulcherrima*** (Photos.: Xiaohua Jin)

0850 ***Dracula diana*** (Photo.: Ecuagenera)

0850 *Dracula diana* Luer & Escobar 白毛小龙兰

附生植物。茎丛生,长 3~4 cm,具 1 叶。叶直立,狭倒卵形。花序基生,长 8~10 cm,具少数花;花依次展现;侧萼片长约 2 cm,具长约 4 cm 的尾。花期:7 月;哥伦比亚;约 1200 m。

Epiphytic plants. Stems tufted, 3–4 cm long, 1-leafed. Leaf erect, narrowly obovate. Inflorescence basal, 8–10 cm long, with a few flowers produced in succession; lateral sepals ca. 2 cm long, with tails ca. 4 cm long. Fl. July; Colombia; ca. 1200 m.

0851 *Dracula fuligifera* Luer 紫黑小龙兰

附生植物。茎丛生,长 2~4 cm,具 1 叶。叶直立,线形,长约 15 cm。花序基生,长 4~5 cm,具数花;花依次展现;萼片具长约 5 cm 的尾。花期:4~5 月;厄瓜多尔;约 2000 m。

Epiphytic plants. Stems tufted, 2–4 cm long, 1-leafed. Leaf erect, linear, ca. 15 cm long. Inflorescence basal, 4–5 cm long, with several flowers produced in succession; sepals with tails ca. 5 cm long. Fl. Apr.–May; Ecuador; ca. 2000 m.

0852 *Dracula simia* (Luer) Luer 猴面小龙兰

附生植物。茎丛生,长 2~4 cm,具 1 叶。叶直立,线形,长 10~20 cm。花序基生,长 10~15 cm,具少数花;花依次展现;萼片具长约 7 cm 的尾。花期:5~9 月;厄瓜多尔;1550~2000 m。

Epiphytic plants. Stems tufted, 2–4 cm long, 1-leafed. Leaf erect, linear, 10–20 cm long. Inflorescence basal, 10–15 cm long, with a few flowers produced in succession; sepals with tails ca. 7 cm long. Fl. May–Sep.; Ecuador; 1550–2000 m.

0853 *Dracula wallisii* (Rchb. f.) Luer 瓦氏小龙兰

附生植物。茎丛生,短,具 1 叶。叶直立,倒披针形,长约 20 cm。花序基生,长 12~25 cm,具数花;花依次展现,宽约 8 cm;萼片具长 6~11 cm 的尾。花期:秋季至冬季;哥伦比亚;1600~1800 m。

Epiphytic plants. Stems tufted, short, 1-leafed. Leaf erect, oblanceolate, ca. 20 cm long. Inflorescence basal, 12–25 cm long, several-flowered; flowers produced in succession, ca. 8 cm wide; sepals with tails 6–11 cm long. Fl. autumn–winter; Colombia; 1600–1800 m.

0851 ***Dracula fuligifera***
(Photo.: Ecuagenera)

0852 ***Dracula simia*** (Photo.: Y.Udagawa)

0853 ***Dracula wallisii***
(Photo.: Kohji Karasawa)

0854 ***Dracula woolwardiae***
(Photo.: Ecuagenera)

0855 ***Drakaea glyptodon***
(Photo.: Kohji Karasawa)

0856 ***Dresslerella stellaris***
(Photo.: Kohji Karasawa)

0854 *Dracula woolwardiae* (Lehm. ex Kraenzl.) Luer 毛萼小龙兰

附生植物。茎丛生，长 2~5 cm，具 1 叶。叶直立，近矩圆形，长 15~25 cm。花序基生，长 10~20 cm，具数花；花依次展现，宽 2~3 cm；萼片具长 5~5.5 cm 的尾。花期：3~4 月；厄瓜多尔；1200~1700 m。

Epiphytic plants. Stems tufted, 2–5 cm long, 1-leafed. Leaf erect, suboblong, 15–25 cm long. Inflorescence basal, 10–20 cm long, several-flowered; flowers produced in succession, 2–3 cm wide; sepals with tails 5–5.5 cm long. Fl. Mar.–Apr.; Ecuador; 1200–1700 m.

0855 *Drakaea glyptodon* Fitzg. 槌唇兰

地生植物，高 10~35 cm，具近球形块茎。叶 1 枚，基生，卵状心形，长 1~2 cm。花序顶生，具 1 花；萼片与花瓣长约 1.2 cm。花期：8~10 月；澳大利亚西南部；低海拔地。

Terrestrial plants, 10–35 cm tall, with subglobose tubers. Leaf 1, basal, ovate-cordate, 1–2 cm long. Inflorescence terminal, 1-flowered; sepals and petals ca. 1.2 cm long. Fl. Aug.–Oct.; SW Australia; at low altitudes.

0856 *Dresslerella stellaris* Luer & Escobar 叶花兰

附生植物。茎簇生，长 5~10 cm，为 3~5 枚具褐色斑点的叶鞘所包，具 1 叶。叶狭卵形，长 8~12 cm，厚革质。花序腋生，长约 1 cm，具 1 花；苞片具微毛，长约 1.5 cm；花长 2.5~3 cm。花期：春季；哥伦比亚，哥斯达黎加；约 2050 m。

Epiphytic plants. Stems tufted, 5–10 cm long, enclosed by 3–5 brown-spotted sheaths, 1-leafed. Leaf narrowly ovate, 8–12 cm long, thick-coriaceous. Inflorescence axillary, ca. 1 cm long, 1-flowered; bract slightly hairy, ca. 1.5 cm long; flower 2.5–3 cm long. Fl. spring; Columbia, Costa Rica; ca. 2050 m.

0857 *Dressleria dilecta* (Rchb. f.) Dodson 德勒兰

附生植物。假鳞茎簇生，卵状纺锤形，长 10~20 cm，具节，为多枚具叶的鞘所被覆。叶倒披针形，长 30~50 cm。花序基生，长 25~35 cm，具 6~10 花；花不倒置，直径 6~8 cm。花期：秋季；哥伦比亚、哥斯达黎加、厄瓜多尔、尼加拉瓜、巴拿马、委内瑞拉；约 1000 m。

Epiphytic plants. Pseudobulbs clustered, ovoid-fusiform, 10–20 cm long, noded, clothed with many leaf-bearing sheaths. Leaves oblanceolate, 30–50 cm long. Inflorescence basal, 25–35 cm long, 6- to 10-flowered;flowers non-resupinate, 6–8 cm across. Fl. autumn; Colombia, Costa Rica, Ecuador, Nicaragua, Panama, Venezuela; ca. 1000 m.

0857 ***Dressleria dilecta***
(Photo.: Kohji Karasawa)

0858 ***Dryadella auriculigera***
(Photo.: Kohji Karasawa)

0860 ***Dyakia hendersoniana***
(Photo.: Kohji Karasawa)

0861 ***Eggelingia ligulifolia***
(Photo.: Kohji Karasawa)

0858 *Dryadella auriculigera* (Rchb. f.) Luer 单花树蛹兰

附生植物。茎簇生，直立，短，具 1 叶。叶狭倒披针形，坚硬，长 2.5~5 cm。花序多个，腋生，甚短，具 1 花；花直径约 1.2 cm。花期：冬季；巴西。

Epiphytic plants. Stems tufted, erect, short, 1-leafed. Leaf narrowly oblanceolate, rigid, 2.5–5 cm long. Inflorescences many, axillary, very short, 1-flowered; flower ca. 1.2 cm across. Fl. winter; Brazil.

0859 ***Dryadella lilliputana*** (Photo.: Kohji Karasawa)

0859 *Dryadella lilliputana* (Cogn.) Luer 树蛹兰

附生植物。茎簇生，直立，短，具 1 叶。叶近圆柱形，有槽，长约 1.5 cm。花序多个，腋生，甚短，具 1 花；花直径约 1 cm。花期：春季；巴西。

Epiphytic plants. Stems tufted, erect, short, 1-leafed. Leaf subterete, canaliculate, ca. 1.5 cm long. Inflorescences many, axillary, very short, 1-flowered; flower ca. 1 cm across. Fl. spring; Brazil.

0860 *Dyakia hendersoniana* (Rchb. f.) Christenson 戴克兰

附生植物。茎长 5~15 cm，不分枝。叶二列，狭舌形或倒披针形，长 7~15 cm，具关节，其下方为具鞘的基部。花序侧生，直立，长 10~15 cm，密生多花；花长约 2.5 cm。花期：夏季；婆罗洲（加里曼丹、沙巴、沙捞越）；0~700 m。

Epiphytic plants. Stems 5–15 cm long, unbranched. Leaves distichous, narrowly ligulate or oblanceolate, 7–15 cm long, articulated to a sheathing base. Inflorescences lateral, erect, 10–15 cm long, densely many-flowered; flowers ca. 2.5 cm long. Fl. summer; Borneo (Kalimantan, Sabah, Sarawak); 0–700 m.

0861 *Eggelingia ligulifolia* Summerh. 厄氏兰

附生植物。茎常下垂，长 7~45 cm。叶数枚或更多，二列，线状披针形，长 2~7 cm。花序数个，短，具 2~3 花；花直径约 1 cm，有香气。花期：春季；刚果（金）、卢旺达、乌干达；1300~2350 m。

Epiphytic plants. Stems often pendent, 7–45 cm long. Leaves several or more, distichous, linear-lanceolate, 2–7 cm long. Inflorescences several, short, 2- or 3-flowered; flowers ca. 1 cm across, fragrant. Fl. spring; Congo (Kinshasa), Rwanda, Uganda; 1300–2350 m.

0862 ***Elleanthus lupulinus*** (Photo.: Kohji Karasawa)

0865 ***Embreea rodigasiana***
(Photo.: Ecuagenera)

0862 *Elleanthus lupulinus* (Lindl.) Rchb. f. 厄勒兰

地生植物。茎较纤细，长达 80 cm，为管状鞘所包，上部具数叶。叶二列，狭椭圆状披针形，长约 15 cm。花序顶生，总状，长约 15cm，密生多花；苞片线状披针形，长达 4 cm；花直径 2~3 cm。花期：8 月；哥伦比亚、秘鲁、委内瑞拉；约 2750 m。

Terrestrial plants. Stems rather slender, to 80 cm long, enclosed by tubular sheaths, several-leaved above. Leaves distichous, narrowly elliptic-lanceolate, ca. 15 cm long. Inflorescence terminal, racemose, ca. 15 cm long, densely many-flowerd; bracts linear-lanceolate, to 4 cm long; flowers 2–3 cm across. Fl. Aug.; Colombia, Peru, Venezuela; ca. 2750 m.

0863 ***Elythranthera brunonis***
(Photo.: Karlheinz Senghas)

0863 *Elythranthera brunonis* (Endl.) A. S. George 珐琊兰

地生植物，高 15~30 cm，具小块茎。叶 1 枚，基生，长 3~8 cm（栽培时或可达 30 cm），被毛。花序具 1~4 花；花直径 2.5~3.5 cm。花期：8~12 月；澳大利亚西南部；低海拔地。

Terrestrial plants, 15–30 cm tall, with small tubers. Leaf solitary, basal, 3–8 cm long (or up to 30 cm long in cultivation), hairy. Inflorescence 1- to 4-flowered; flowers 2.5–3.5 cm across. Fl. Aug.–Dec.; SW Australia; at low altitudes.

0864 ***Elythranthera emarginata***
(Photo.: Phillip J. Cribb)

0864 *Elythranthera emarginata* (Lindl.) A. S. George 密毛珐琊兰

地生植物，高 12~30 cm，具小块茎。叶 1 枚，基生，披针形，长 6~10 cm，被密毛。花序具 1~4 花；花直径 3~4 cm。花期：8~12 月；澳大利亚西南部；0~350 m。

Terrestrial plants, 12–30 cm tall, with small tubers. Leaf solitary, basal, lanceolate, 6–10 cm long, densely hairy. Inflorescence 1- to 4-flowered; flowers 3–4 cm across. Fl. Aug.–Dec.; SW Australia; 0–350 m.

0865 *Embreea rodigasiana* (Claes ex Cogn.) Dodson 埃姆兰

附生植物。假鳞茎簇生，长 4~7.5 cm，具 4 棱，顶端生 1 叶。叶倒披针形，长 20~50 cm。花序基生，1 至数个，下垂，长 8~25 cm，具 1 花；花易凋谢，长 8~10 cm。花期：7~11 月；哥伦比亚、厄瓜多尔；800~1200 m。

Epiphytic plants. Pseudobulbs clustered, 4–7.5 cm long, 4-angled, 1-leafed at apex. Leaf oblanceolate, 20–50 cm long. Inflorescences basal, 1 to several, pendent, 8–25 cm long, 1-flowered; flower ephemeral, 8–10 cm long. Fl. July–Nov.; Colombia, Ecuador; 800–1200 m.

0866 ***Encyclia adenocaula*** (Photo.: Kohji Karasawa)

0868 ***Encyclia ambigua*** (Photo.: Kohji Karasawa)

0866 *Encyclia adenocaula* (La Llave & Lex.) Schltr. 疣枝围柱兰

附生植物。假鳞茎簇生，卵形，长 5~8 cm。叶 2~3 枚，顶生，线状披针形，长 11~40 cm。花序顶生，长 40~100 cm，有分枝，具多花；花序柄、花序轴和子房具疣状突起；花直径 8~10 cm。花期：夏季；墨西哥；1000~2000 m。

Epiphytic plants. Pseudobulbs clustered, ovoid, 5–8 cm long. Leaves 2–3, terminal, linear-lanceolate, 11–40 cm long. Inflorescence terminal, 40–100 cm long, branched, many-flowered; peduncle, rachis and ovary warty; flowers 8–10 cm across. Fl. summer; Mexico; 1000–2000 m.

0867 ***Encyclia alata*** (Photo.: Kohji Karasawa)

0867 *Encyclia alata* (Bateman) Schltr. 翼柱围柱兰

附生植物。假鳞茎簇生，卵形，长 4~12 cm。叶 1~3 枚，顶生，狭舌形，长 20~55 cm。花序顶生，长 20~90 (~200) cm，具多花；花直径 4~6 cm，具刺激性香气。花期：夏季；墨西哥至哥斯达黎加；1000~1100 m。

Epiphytic plants. Pseudobulbs clustered, ovoid, 4–12 cm long. Leaves 1–3, terminal, narrowly ligulate, 20–55 cm long. Inflorescence terminal, 20–90 (–200) cm long, many-flowered; flowers 4–6 cm across, spicy-fragrant. Fl. summer; Mexico to Costa Rica; 1000–1100 m.

0868 *Encyclia ambigua* (Lindl.) Schltr. 斑唇围柱兰

附生植物。假鳞茎簇生，卵形，长 5~8 cm。叶 2~3 枚，顶生，宽线形，长 15~35 cm。花序顶生，长 35~80 cm，有分枝，具多花；花序柄、花序轴和子房具疣状突起；花直径 3.5~4 cm。花期：初夏；危地马拉、洪都拉斯、墨西哥；1000~1500 m。

Epiphytic plants. Pseudobulbs clustered, ovoid, 5–8 cm long. Leaves 2–3, terminal, broadly linear, 15–35 cm long. Inflorescence terminal, 35–80 cm long, branched, many-flowered; peduncle, rachis and ovary warty; flowers 3.5–4 cm across. Fl. early summer; Guatemala, Honduras, Mexico; 1000–1500 m.

0869 *Encyclia aromatica* (Bateman) Schltr. 褐瓣围柱兰

附生植物。假鳞茎簇生，卵形，长 3~9 cm。叶 1~2 枚，顶生，宽线形，长 12~30 cm。花序顶生，长 40~95 cm，有分枝，具多花；花直径 3.5~4 cm。花期：夏季至秋季；危地马拉、墨西哥；800~1600 m。

Epiphytic plants. Pseudobulbs clustered, ovoid, 3–9 cm long. Leaves 1–2, terminal, broadly linear, 12–30 cm long. Inflorescence terminal, 40–95 cm long, branched, many-flowered; flowers 3.5–4 cm across. Fl. summer–autumn; Guatemala, Mexico; 800–1600 m.

0869 ***Encyclia aromatica*** (Photo.: Kohji Karasawa)

0870 ***Encyclia bracteata*** **(Barb. Rodr.) Schltr. 单叶围柱兰**

附生植物。假鳞茎卵形或近球形，长 1.2~1.7 cm。叶 1 枚，顶生，线形，长 10~13 cm。花序顶生，直立，长 7~8 cm，具 1~2 花；花直径约 3 cm。花期：10 月；巴西。

Epiphytic plants. Pseudobulbs ovoid or subglobose, 1.2–1.7 cm long. Leaf solitary, terminal, linear, 10–13 cm long. Inflorescence terminal, erect, 7–8 cm long, 1- or 2-flowered; flowers ca. 3 cm across. Fl. Oct.; Brazil.

0870 ***Encyclia bracteata***
(Photo.: Kohji Karasawa)

0871 ***Encyclia bractescens*** **(Lindl.) Hoehne 展瓣围柱兰**

附生植物。假鳞茎簇生，卵形，长 1.5~3 cm。叶 2~3 枚，顶生，线状披针形，长 10~25 cm。花序顶生，长 20~35 cm，有分枝，具多花；花直径约 2.5 cm。花期：春季；危地马拉、洪都拉斯、墨西哥；100~1200 m。

Epiphytic plants. Pseudobulbs clustered, ovoid, 1.5–3 cm long. Leaves 2–3, terminal, linear-lanceolate, 10–25 cm long. Inflorescence terminal, 20–35 cm long, branched, many-flowered; flowers ca. 2.5 cm across. Fl. spring; Guatemala, Honduras, Mexico; 100–1200 m.

0872 ***Encyclia ceratistes*** **(Lindl.) Schltr. 绿萼围柱兰**

附生植物。假鳞茎簇生，狭卵形，长 2.5~7 cm。叶 2~3 枚，顶生，宽线形，长 20~45 cm。花序顶生，直立，长 60~100 cm，有分枝，具多花；花直径约 3 cm。花期：夏季至秋季；墨西哥至哥伦比亚和委内瑞拉；1000~1500 m。

Epiphytic plants. Pseudobulbs clustered, narrowly ovoid, 2.5–7 cm long. Leaves 2–3, terminal, broadly linear, 20–45 cm long. Inflorescence terminal, erect, 60–100 cm long, branched, many-flowered; flowers ca. 3 cm across. Fl. summer–autumn; Mexico to Colombia and Venezuela; 1000–1500 m.

0872 ***Encyclia ceratistes***
(Photo.: Kohji Karasawa)

0873 ***Encyclia cordigera*** **(H. B. K.) Dressler 心唇围柱兰**

附生植物。假鳞茎簇生，圆锥状卵形，长 3~11 cm。叶 2~3 枚，顶生，线状披针形，长 13~45 cm。花序顶生，直立，长 15~75 cm，具 3~15 花；花直径 5~7 cm。花期：春季至初夏；墨西哥至哥伦比亚和委内瑞拉；0~900 m。

Epiphytic plants. Pseudobulbs clustered, conical-ovoid, 3–11 cm long. Leaves 2–3, terminal, linear-lanceolate, 13–45 cm long. Inflorescence terminal, erect, 15–75 cm long, 3- to 15-flowered; flowers 5–7 cm across. Fl. spring–early summer; Mexico to Colombia and Venezuela; 0–900 m.

0871 ***Encyclia bractescens*** (Photo.: Kohji Karasawa)

0873 ***Encyclia cordigera*** (Photo.: Kohji Karasawa)

0874 ***Encyclia dichroma***
(Photo.: Kohji Karasawa)

0875 ***Encyclia hanburyi***
(Photo.: Kohji Karasawa)

0876 ***Encyclia hodgeana***
(Photo.: Kohji Karasawa)

0874 *Encyclia dichroma* (Lindl.) Schltr. 有色围柱兰

附生植物。假鳞茎簇生，卵形，长约 10 cm。叶 2 枚，顶生，宽线形，长 20~30 cm。花序顶生，直立，长 60~100 cm，具多花；花直径约 5 cm，有香气。花期：秋季；巴西（巴伊亚）、苏里南；300~900 m。

Epiphytic plants. Pseudobulbs clustered, ovoid, ca. 10 cm long. Leaves 2, terminal, broadly linear, 20–30 cm long. Inflorescence terminal, erect, 60–100 cm long, many-flowered; flowers ca. 5 cm across, fragrant. Fl. autumn; Brazil (Bahia), Suriname; 300–900 m.

0875 *Encyclia hanburyi* (Lindl.) Schltr. 汉氏围柱兰

附生植物。假鳞茎簇生，圆锥状卵形，长 3~8 cm。叶 1~2 枚，顶生，矩圆状披针形，长 10~25 cm。花序顶生，直立，长 30~100 cm，具 10~35 花；花直径约 3.5 cm。花期：春季至初夏；墨西哥；1200~1800 m。

Epiphytic plants. Pseudobulbs clustered, conical-ovoid, 3–8 cm long. Leaves 1–2, terminal, oblong-lanceolate, 10–25 cm long. Inflorescence terminal, erect, 30–100 cm long, 10- to 35-flowered; flowers ca. 3.5 cm across. Fl. spring–early summer; Mexico; 1200–1800 m.

0877 ***Encyclia megalantha***
(Photo.: Kohji Karasawa)

0876 *Encyclia hodgeana* (A. D. Hawkes) Beckner 霍氏围柱兰

石上附生或地生植物。假鳞茎狭卵形，长 6~8 cm。叶 2~3 枚，顶生，宽线形或线状披针形，长 20~30 cm。花序顶生，长 100 cm 或过之，有分枝，具多花；花直径 3~4 cm。花期：春季至夏季；巴哈马群岛；低海拔地。

Lithophytic or terrestrial plants. Pseudobulbs narrowly ovoid, 6–8 cm long. Leaves 2–3, terminal, broadly linear or linear-lanceolate, 20–30 cm long. Inflorescence terminal, 100 cm or more long, branched, many-flowered; flowers 3–4 cm across. Fl. spring–summer; Bahama Islands; at low altitudes.

0877 *Encyclia megalantha* (Barb. Rodr.) Porto & Brade 大花围柱兰

附生植物。假鳞茎簇生，卵形，稍压扁，长 5~10 cm。叶 2 枚，顶生，线形，长 40~50 cm。花序顶生，长于叶，有分枝，具多花；花直径 4~5 cm。花期：夏季；巴西。

Epiphytic plants. Pseudobulbs clustered, ovoid, slightly compressed, 5–10 cm long. Leaves 2, terminal, linear, 40–50 cm long. Inflorescence terminal, longer than leaves, branched, many-flowered; flowers 4–5 cm across. Fl. summer; Brazil.

0878 ***Encyclia meliosma***
(Photo.: Kohji Karasawa)

0879 ***Encyclia microbulbon***
(Photo.: Kohji Karasawa)

0880 ***Encyclia nematocaulon***
(Photo.: Kohji Karasawa)

0878 *Encyclia meliosma* (Rchb. f.) Schltr. 泡花围柱兰

附生植物。假鳞茎簇生，卵形，长 4~9 cm。叶 1~2 枚，顶生，狭舌状，长 20~35 cm。花序顶生，直立，长 25~100 cm，有分枝，具多花；花直径 2~3 cm，有香气。花期：春季至初夏；墨西哥；300~1100 m。

Epiphytic plants. Pseudobulbs clustered, ovoid, 4–9 cm long. Leaves 1–2, terminal, narrowly ligulate, 20–35 cm long. Inflorescence terminal, erect, 25–100 cm long, branched, many-flowered; flowers 2–3 cm across, scented. Fl. spring–early summer; Mexico; 300–1100 m.

0879 *Encyclia microbulbon* (Hook.) Schltr. 细茎围柱兰

附生植物。假鳞茎簇生，卵形，长 1~4 cm。叶 1~2 枚，顶生，线状舌形，长 5~10 cm。花序顶生，长 10~45 cm，有分枝，具多花；花直径 2~3 cm。花期：夏季；墨西哥；1400~2400 m。

Epiphytic plants. Pseudobulbs clustered, ovoid, 1–4 cm long. Leaves 1–2, terminal, linear-ligulate, 5–10 cm long. Inflorescence terminal, 10–45 cm long, branched, many-flowered; flowers 2–3 cm across. Fl. summer; Mexico; 1400–2400 m.

0880 *Encyclia nematocaulon* (A. Rich.) Acuna 丝轴围柱兰

附生植物。假鳞茎簇生，卵形至圆锥形，长 1.5~3 cm。叶 1 枚，顶生，线形，长 10~25 cm。花序顶生，长 10~40 cm，有分枝，具多花；花直径 2~2.5 cm。花期：春季；墨西哥至萨尔瓦多，也见于古巴、巴哈马群岛；0~100 m。

Epiphytic plants. Pseudobulbs clustered, ovoid to conical, 1.5–3 cm long. Leaf solitary, terminal, linear, 10–25 cm long. Inflorescence terminal, 10–40 cm long, branched, many-flowered; flowers 2–2.5 cm across. Fl. spring; Mexico to El Salvador, also Cuba and Bahama Islands; 0–100 m.

0881 *Encyclia osmantha* (Barb. Rodr.) Schltr. 清香围柱兰

附生植物。假鳞茎簇生，狭卵形，稍压扁，长 8~12 cm。叶 2 枚，顶生，线状披针形，长 22~47 cm。花序顶生，长于叶，有分枝，具多花；花直径 4~5 cm，有香气。花期：夏季；巴西；约 600 m。

Epiphytic plants. Pseudobulbs clustered, narrowly ovoid, slightly compressed, 8–12 cm long. Leaves 2, terminal, linear-lanceolate, 22–47 cm long. Inflorescence terminal, longer than leaves, branched, many-flowered; flowers 4–5 cm across, scented. Fl. summer; Brazil; ca. 600 m.

0881 ***Encyclia osmantha***
(Photo.: Kohji Karasawa)

0882 ***Encyclia pauciflora***
(Photo.: Kohji Karasawa)

0883 ***Encyclia randii***
(Photo.: Kohji Karasawa)

0884 ***Encyclia recurvata***
(Photo.: Kohji Karasawa)

0882 *Encyclia pauciflora* (Barb. Rodr.) Porto & Brade 狭叶围柱兰

附生植物。假鳞茎簇生，卵形，稍压扁，长 2~3 cm。叶 2 枚，顶生，线形，长 10~13 cm。花序顶生，直立，长 20~25 cm，具 5~10 花；花直径 3~4 cm。花期：冬季；巴西。

Epiphytic plants. Pseudobulbs clustered, ovoid, slightly compressed, 2–3 cm long. Leaves 2, terminal, linear, 10–13 cm long. Inflorescence terminal, erect, 20–25 cm long, 5- to 10-flowered; flowers 3–4 cm across. Fl. winter; Brazil.

0885 ***Encyclia selligera***
(Photo.: Kohji Karasawa)

0883 *Encyclia randii* (Barb. Rodr.) Porto & Brade 然氏围柱兰

附生植物。假鳞茎圆锥形，长 6~10 cm。叶 2 枚，顶生，线状舌形，长 25~50 cm。花序顶生，直立，长 20~50 cm，具数花；花直径 5~6 cm。花期：10~12 月；巴西；0~300 m。

Epiphytic plants. Pseudobulbs conical, 6–10 cm long. Leaves 2, terminal, linear-ligulate, 25–50 cm long. Inflorescence terminal, erect, 20–50 cm long, several-flowered; flowers 5–6 cm across. Fl. Oct.–Dec.; Brazil; 0–300 m.

0884 *Encyclia recurvata* Schltr. (*Epidendrum halatum* Garay & Dunsterv.) 长枝围柱兰

附生植物。假鳞茎簇生，卵形，长约 10 cm。叶 1~3 枚，顶生，线形，长 30~40 cm。花序顶生，长 60~120 cm，有长分枝，具多花；花直径约 3 cm，有香气。花期：冬季；委内瑞拉；300~450 m。

Epiphytic plants. Pseudobulbs clustered, ovoid, ca. 10 cm long. Leaves 1–3, terminal, linear, 30–40 cm long. Inflorescence terminal, 60–120 cm long, long-branched, many-flowered; flowers ca. 3 cm across, scented. Fl. winter; Venezuela; 300–450 m.

0885 *Encyclia selligera* (Bateman ex Lindl.) Schltr. 鞍花围柱兰

附生植物。假鳞茎簇生，圆锥形卵形，长 4.5~8 cm。叶 2 枚，顶生，舌形或椭圆状舌形，长 15~25 cm。花序顶生，长 25~80 cm，有分枝，具多花；花直径 3~3.5 cm。花期：12~4 月；危地马拉、墨西哥；1300~2200 m。

Epiphytic plants. Pseudobulbs clustered, conical-ovoid, 4.5–8 cm long. Leaves 2, terminal, ligulate or elliptic-ligulate, 15–25 cm long. Inflorescence terminal, 25–80 cm long, branched, many-flowered; flowers 3–3.5 cm across. Fl. Dec.–Apr.; Guatemala, Mexico; 1300–2200 m.

0886 ***Encyclia spatella***
(Photo.: Kohji Karasawa)

0887 ***Encyclia tampensis***
(Photo.: Kohji Karasawa)

0888 ***Epidendrum bifalce***
(Photo.: Kohji Karasawa)

0886 *Encyclia spatella* (Rchb. f.) Schltr. 墨西哥围柱兰

附生植物。假鳞茎簇生，卵形或圆锥形，长 4~7 cm。叶 2 枚，顶生，狭舌形，长 10~30 cm。花序顶生，长 30~120 cm，有分枝，具多花；花直径 3~4 cm。花期：夏季；墨西哥；750~1500 m。

Epiphytic plants. Pseudobulbs clustered, ovoid or conical, 4–7 cm long. Leaves 2, terminal, narrowly ligulate, 10–30 cm long. Inflorescence terminal, 30–120 cm long, branched, many-flowered; flowers 3–4 cm across. Fl. summer; Mexico; 750–1500 m.

0887 *Encyclia tampensis* (Lindl.) Small 纹瓣围柱兰

附生植物。假鳞茎簇生，卵形，长 1~7 cm。叶 1~3 枚，顶生，线形，长 20~40 cm。花序顶生，长 50~80 cm，有分枝，具多花；花直径 2.5~3.5 cm。花期：夏季；巴哈马群岛、美国（佛罗里达）；低海拔地。

Epiphytic plants. Pseudobulbs clustered, ovoid, 1–7 cm long. Leaves 1–3, terminal, linear, 20–40 cm long. Inflorescence terminal, 50–80 cm long, branched, many-flowered; flowers 2.5–3.5 cm across. Fl. summer; Bahama Islands, U.S.A. (Florida); at low altitudes.

0888 *Epidendrum bifalce* Schltr. 多枝树兰

附生植物。茎丛生，长 60~100 cm，直立，具叶。叶多枚，互生，矩圆状披针形，长约 8 cm。花序顶生，长约 50 cm，有分枝，密生多花；花直径约 2 cm。花期：春季；玻利维亚、厄瓜多尔、秘鲁；450~1800 m。

Epiphytic plants. Stems tufted, 60–100 cm long, erect, leafy. Leaves many, alternate, oblong-lanceolate, ca. 8 cm long. Inflorescence terminal, ca. 50 cm long, branched, densely many-flowered; flowers ca. 2 cm across. Fl. spring; Bolivia, Ecuador, Peru; 450–1800 m.

0889 *Epidendrum centradenia* Rchb. f. [*Oerstedella centradenia* (Rchb. f.) Rchb. f.] 玫瑰树兰

地生植物。茎纤细，长 10~30 cm。叶多枚，二列，披针形，长 4~8 cm，基部具鞘并有疣状突起。花序顶生，长 10~20 cm，密生 5~10 花；花直径约 2.5 cm。花期：春季；哥斯达黎加、巴拿马；可达 1200 m。

Terrestrial plants. Stems slender, 10–30 cm long. Leaves many, distichous, lanceolate, 4–8 cm long, base sheathing and verrucose. Inflorescence terminal, 10–20 cm long, densely 5- to 10-flowered; flowers ca. 2.5 cm across. Fl. spring; Costa Rica, Panama; up to 1200 m.

0889 ***Epidendrum centradenia***
(Photo.: Kohji Karasawa)

0890 ***Epidendrum clowesii***
(Photo.: Kohji Karasawa)

0891 ***Epidendrum endresii***
(Photo.: Kohji Karasawa)

0892 ***Epidendrum heterothoneum***
(Photo.: Kohji Karasawa)

0890 ***Epidendrum clowesii*** **Bateman ex Lindl. 克劳树兰**

附生植物。茎丛生，长 50~60 cm，直立，上部具数枚叶。叶线状披针形，长 10~15 cm。花序顶生，短于叶，密生多花；花直径约 1.5 cm。花期：春季；危地马拉、墨西哥、萨尔瓦多；800~2100 m。

Epiphytic plants. Stems tufted, 50–60 cm long, erect, several-leaved above. Leaves linear-lanceolate, 10–15 cm long. Inflorescence terminal, shorter than leaves, densely many-flowered; flowers ca. 1.5 cm across. Fl. spring; Guatemala, Mexico, El Salvador; 800–2100 m.

0891 ***Epidendrum endresii*** **Rchb. f. [*Oerstedella endresii* (Rchb. f.) Hágsater] 恩氏树兰**

附生植物。茎簇生，长 8~20 cm。叶二列，卵形至矩圆状披针形，长 1~4.5 cm，基部具鞘并有疱状突起。花序顶生，长 4~10 cm，具 3~10 花；花直径 2~2.5 cm。花期：冬季；哥斯达黎加、巴拿马；1800~1900 m。

Epiphytic plants. Stems tufted, 8–20 cm long. Leaves distichous, ovate to oblong-lanceolate, 1–4.5 cm long, base sheathing and pustular. Inflorescence terminal, 4–10 cm long, 3- to 10-flowered; flowers 2–2.5 cm across. Fl. winter; Costa Rica, Panama; 1800–1900 m.

0893 ***Epidendrum ibaguense***
(Photo.: Kohji Karasawa)

0892 ***Epidendrum heterothoneum*** **(Rchb. f. & Warsc.) Hágsater & Dodson 红唇树兰**

附生植物。茎长 30~40 cm，具分枝；分枝长 8~20 cm，弧曲，具数枚叶。叶线形或线状披针形，长 2.5~4.5 cm。花序顶生，长 2~2.5 cm，密生 5~9 花；花直径约 2 cm。花期：夏季；哥伦比亚、秘鲁；2400~3200 m。

Epiphytic plants. Stems 30–40 cm long, branched; branches 8–20 cm long, arching, several-leaved. Leaves linear or linear-lanceolate, 2.5–4.5 cm long. Inflorescence terminal, 2–2.5 cm long, densely 5- to 9-flowered; flowers ca. 2 cm across. Fl. summer; Colombia, Peru; 2400–3200 m.

0893 ***Epidendrum ibaguense*** **H. B. K. 广布树兰**

地生植物，高达 1 m 或过之。茎直立，包藏于灰色或褐色叶鞘之中，具叶，叶二列，狭椭圆形，长约 10 cm，花序顶生，为近头状的总状花序，密生多花；花的大小与色泽变化甚大，通常直径 3 cm。花期：全年不定；广泛分布于热带美洲；低海拔地。

Terrestrial plants, to 1 m or more tall. Stems erect, covered by grey or brown sheaths, leafy. Leaves distichous, narrowly elliptic, ca. 10 cm long. Inflorescence terminal, subcapitate-racemose, densely many-flowered; flowers very variable in size and color, often 3 cm across. Fl. throughout the year; widespread in tropical Americas; at low altitudes.

0894 ***Epidendrum ionodesme***
(Photo.: Kohji Karasawa)

0895 ***Epidendrum longipetalum***
(Photo.: Kohji Karasawa)

0896 ***Epidendrum marmoratum***
(Photo.: Kohji Karasawa)

0894 *Epidendrum ionodesme* Schltr. 密花树兰

附生植物。茎丛生，长达 1 m 或过之，直立，具叶。叶披针形，长 10~20 cm。花序顶生，俯垂，具分枝，密生多花；花长 1~1.5 cm。花期：春季至夏季；美洲热带地区；1800~2900 m。

Epiphytic plants. Stems tufted, to 1 m or more long, erect, leafy. Leaves lanceolate, 10–20 cm long. Inflorescence terminal, nodding, branched, densely many-flowered; flowers 1–1.5 cm long. Fl. spring–summer; tropical Americas; 1800–2900 m.

0895 *Epidendrum longipetalum* A. Rich. & Galeotti 长瓣树兰

附生植物。茎丛生，长 6~8 cm，直立，压扁，基部纤细，具 2~3 叶。叶椭圆形，长 6~7 cm。花序顶生，直立，长 30~50 cm，有分枝，具数花；花依次展现，具长达 3 cm 的下垂花瓣。花期：春季；墨西哥；1700~2200 m。

Epiphytic plants. Stems tufted, 6–8 cm long, erect, compressed, slender at base, 2- to 3-leaved. Leaves elliptic, 6–7 cm long. Inflorescence terminal, erect, 30–50 cm long, branched, several-flowered; flowers produced in succession, with pendent petals ca. 3 cm long. Fl. spring; Mexico; 1700–2200 m.

0896 *Epidendrum marmoratum* A. Rich. & Galeotti 斑花树兰

附生植物。假鳞茎丛生，纺锤形，紫绿色，长 4~7 cm，顶端具 2 叶。叶狭矩圆形，长 4~8 cm。花序顶生，长 6~8 cm，密生 5~10 花；花直径约 2.5 cm。花期：春季至夏季；墨西哥；1500~1700 m。

Epiphytic plants. Pseudobulbs tufted, fusiform, purple-green, 4–7 cm long, 2-leaved at apex. Leaves narrowly oblong, 4–8 cm long. Inflorescence terminal, 6–8 cm long, densely 5- to 10-flowered; flowers ca. 2.5 cm across. Fl. spring–summer; Mexico; 1500–1700 m.

0897 *Epidendrum parkinsonianum* Hook. 帕氏树兰

附生植物。茎形成下垂的丛体，其长度达 2 m 或过之，具 1 叶。叶近圆柱形，肉质，长可达 50 cm。花序顶生，短，具 1~3 花；花直径 10~15 cm，芳香。花期：夏季至秋季；墨西哥至巴拿马；1300~2500 m。

Epiphytic plants. Stems forming hanging clumps up to 2 m or more long, 1-leafed. Leaf almost terete, fleshy, up to 50 cm long. Inflorescence terminal, short, 1- to 3-flowered; flowers 10–15 cm across, fragrant. Fl. summer–autumn; Mexico to Panama; 1300–2500 m.

0897 ***Epidendrum parkinsonianum***
(Photo.: Kohji Karasawa)

0898 ***Epidendrum pfavii***
(Photo.: Kohji Karasawa)

0900 ***Epidendrum porpax***
(Photo.: Kohji Karasawa)

0901 ***Epidendrum pseudepidendrum***
(Photo.: Kohji Karasawa)

0898 *Epidendrum pfavii* Rolfe 普法树兰

附生植物。茎疏离，直立，长达 1 m，具多叶。叶二列，线状披针形，长 15~20 cm。花序顶生，俯垂，长 25~50 cm，具多花；花直径 2.5~3 cm。花期：秋季至冬季；哥斯达黎加；约 700 m。

Epiphytic plants. Stems well spaced, erect, up to 1 m long, many-leaved. Leaves distichous, linear-lanceolate, 15–20 cm long. Inflorescence terminal, nodding, 25–50 cm long, many-flowered; flowers 2.5–3 cm across. Fl. autumn–winter; Costa Rica; ca. 700 m.

0899 *Epidendrum pinniferum* C. Schweinf. [*Oerstedella pinnifera* (C. Schweinf.) Hágsater] **紫唇树兰**

0899 ***Epidendrum pinniferum***
(Photo.: Kohji Karasawa)

地生植物。茎纤细，长可达 1 m，上半部具多叶。叶二列，矩圆形，长约 10 cm，基部具被有褐色斑点的鞘。花序顶生，长 4~5 cm，具 2~4 花；花直径约 3.5 cm。花期：春季；哥斯达黎加。

Terrestrial plants. Stems slender, up to 1 m long, above middle many-leaved. Leaves distichous, oblong, ca. 10 cm long, with brown-spotted sheaths at base. Inflorescence terminal, 4–5 cm long, 2- to 4-flowered; flowers ca. 3.5 cm across. Fl. spring; Costa Rica.

0900 *Epidendrum porpax* Rchb. f. 单花树兰

附生植物。茎丛生，长 5~10 cm，有时有分枝，具 5~12 叶。叶二列，革质而带肉质，矩圆形，长 1~2.5 cm。花序顶生，长 3~4.5 cm，具 1 花；花直径约 2 cm。花期：冬季；墨西哥至委内瑞拉和秘鲁；1000~3000 m。

Epiphytic plants. Stems tufted, 5–10 cm long, sometimes branched, 5- to 12-leaved. Leaves distichous, coriaceous-fleshy, oblong, 1–2.5 cm long. Inflorescence terminal, 3–4.5 cm long, 1-flowered; flower ca. 2 cm across. Fl. winter; Mexico to Venezuela and Peru; 1000–3000 m.

0901 *Epidendrum pseudepidendrum* (Rchb. f.) Rchb. f. 长唇树兰

附生植物。茎丛生，长 50~100 cm，上部生叶。叶倒披针形，长 6~20 cm。花序 1 个或多于 1 个，顶生，长约 15 cm，具 1~5 花；花长 6~7 cm。花期：全年不定；哥斯达黎加、巴拿马；约 1200 m。

Epiphytic plants. Stems tufted, 50–100 cm long, leafy above. Leaves oblanceolate, 6–20 cm long. Inflorescences 1 or more, terminal, ca. 15 cm long, 1- to 5-flowered; flowers 6–7 cm long. Fl. throughout the year; Costa Rica, Panama. ca. 1200 m.

0902 ***Epidendrum pseudoschumannianum***
(Photo.: Kohji Karasawa)

0903 ***Epidendrum schumannianum*** (Photo.: Kohji Karasawa)

0902 *Epidendrum pseudoschumannianum* Fowlie [*Oerstedella pseudoschumanniana* (Fowlie) Hágsater] 繁花树兰

地生植物。茎长 50~60 cm，上半部具多叶。叶二列，矩圆形，长 4~9 cm，基部具黑紫色鞘。花序顶生，长 50~60 cm，有分枝，密生多花；花直径约 3 cm。花期：春季；巴拿马；800~1000 m。

Terrestrial plants. Stems 50–60 cm long, above middle many-leaved. Leaves distichous, oblong, 4–9 cm long, base with blackish purple sheaths. Inflorescence terminal, 50–60 cm long, branched, densely many-flowered; flowers ca. 3 cm across. Fl. spring; Panama; 800–1000 m.

0903 *Epidendrum schumannianum* Schltr. [*Oerstedella schumanniana* (Schltr.) Hágsater] 舒氏树兰

地生植物。茎纤细，长可达 150 cm，上半部具多叶。叶二列，矩圆形，长 4~10 cm，基部具黑紫色鞘。花序顶生，长 40~60 cm，有分枝，密生多花；花直径约 2.5 cm。花期：春季；哥斯达黎加、巴拿马；500~800 m。

Terrestrial plants. Stems slender, up to 150 cm long, above middle many-leaved. Leaves distichous, oblong, 4–10 cm long, base with blackish purple sheaths. Inflorescence terminal, 40–60 cm long, branched, densely many-flowered; flowers ca. 2.5 cm across. Fl. spring; Costa Rica, Panama; 500–800 m.

0904 ***Epidendrum secundum***
(Photo.: Kohji Karasawa)

0904 *Epidendrum secundum* Jacq. 偏花树兰

附生植物。茎丛生，圆柱形，长可达 1 m，常形成密的丛体，具叶。叶 5~13 枚，矩圆形，长 4~18 cm。花序顶生，长 26~60 cm，通常具多花；花的色泽变化大，直径 1~2 cm。花期：全年不定；广布于美洲热带地区；600~3200 m。

Epiphytic plants. Stems tufted, terete, up to 1 m long, often forming dense clumps, leafy. Leaves 5–13, oblong, 4–18 cm long. Inflorescence terminal, 26–60 cm long, often many-flowered; flowers varying in color, 1–2 cm across. Fl. throughout the year; widespread in tropical Americas; 600–3200 m.

0905 ***Epidendrum stamfordianum***
(Photo.: Kohji Karasawa)

0905 *Epidendrum stamfordianum* Bateman 多花树兰

附生植物。假鳞茎簇生，纺锤形，长 15~25 cm，基部变窄成柄。叶 2 枚或罕有 3~4 枚，近顶生，近矩圆形或狭椭圆形，长 15~25 cm。花序基生，长 40~60 cm，有分枝，密生多花；花直径 3~4 cm；花期：冬季至春季；墨西哥至巴拿马、哥伦比亚和委内瑞拉；200~800 m。

Epiphytic plants. Pseudobulbs clustered, fusiform, 15–25 cm long, base contracted into a stalk. Leaves 2 or rarely 3–4, subterminal, suboblong or narrowly elliptic, 15–25 cm long. Inflorescence basal, 40–60 cm long, branched, densely many-flowered; flowers 3–4 cm across. Fl. winter–spring; Mexico to Panama, Colombia and Venezuela; 200–800 m.

0906 ***Epidendrum verrucosum*** (Photo.: Kohji Karasawa)

0907 ***Epigeneium amplum*** (Photo.: Xiaohua Jin)

0906 *Epidendrum verrucosum* Sw. 斑鞘树兰

附生植物。茎丛生，长 1 m 或过之，包藏于具黑褐色斑点的鞘之中。叶多枚，线状披针形，长 7~20 cm。花序顶生，长达 40 cm，具分枝，密生多花；花直径 1~1.5 cm。花期：夏季；哥伦比亚、危地马拉、洪都拉斯、牙买加、墨西哥；可达 2000 m。

Epiphytic plants. Stems tufted, 1 m or more long, covered by sheaths spotted with black-brown. Leaves many, linear-lanceolate, 7–20 cm long. Inflorescence terminal, to 40 cm long, branched, densely many-flowered; flowers 1–1.5 cm across. Fl. summer; Colombia, Guatemala, Honduras, Jamaica, Mexico; to 2000 m.

0908 ***Epigeneium gaoligongense***
(Photos.: Xiaohua Jin)

0907 *Epigeneium amplum* (Lindl.) Summerh. 宽叶厚唇兰

附生植物，具匍匐根状茎。假鳞茎疏离，卵形至椭圆形，长 2~5 cm，顶端具 2 叶。叶椭圆形，长 6~15（~23）cm。花序生于两叶之间，短，具 1 花；花直径 8~10 cm。花期：11 月；不丹、中国（广西至西藏）、印度、缅甸、尼泊尔、泰国、越南；1000~1900 m。

Epiphytic plants, with a creeping rhizome. Pseudobulbs well spaced, ovoid to ellipsoid, 2–5 cm long, 2-leaved at apex. Leaves elliptic, 6–15 (–23) cm long. Inflorescence arising between leaves, short, 1-flowered; flower 8–10 cm across. Fl. Nov.; Bhutan, China (Guangxi to Xizang), India, Myanmar, Nepal, Thailand, Vietnam; 1000–1900 m.

0908 *Epigeneium gaoligongense* H. Yu & S. G. Zhang 高黎贡厚唇兰

附生植物，具匍匐根状茎。假鳞茎疏离，狭卵形，长 1.5~4 cm，顶端具 2 叶。叶近椭圆形，长 2.5~7 cm。花序从叶间发出，短，具 1 花；花直径 3~4 cm。花期：7~9 月；中国（云南西部）；2400~2600 m。

0909 ***Epigeneium nakaharae***
(Photo.: Kohji Karasawa)

Epiphytic plants, with a creeping rhizome. Pseudobulbs well spaced, narrowly ovoid, 1.5–4 cm long, 2-leaved at apex. Leaves subelliptic, 2.5–7 cm long. Inflorescence arising between leaves, short, 1-flowered; flower 3–4 cm across. Fl. July–Sep.; China (W Yunnan); 2400–2600 m.

0909 *Epigeneium nakaharae* (Schltr.) Summerh. 台湾厚唇兰

附生植物。假鳞茎密集，卵状矩圆形，长 1~3 cm，弯曲，中部以下近平卧，上部直立，顶端具 1 叶。叶近椭圆形，长 2~8 cm。花序近顶生，短，具 1 花；花直径 2~2.5 cm。花期：10~2 月；中国（台湾）；700~2400 m。

Epiphytic plants. Pseudobulbs close together, ovoid-oblong, 1–3 cm long, curved, nearly prostrate below middle and ascending above, 1-leafed at apex. Leaf subelliptic, 2–8 cm long. Inflorescence subterminal, short, 1-flowered; flower 2–2.5 cm across. Fl. Oct.–Feb.; China (Taiwan); 700–2400 m.

0910 ***Epigeneium treacherianum***
(Photo.: Kohji Karasawa)

0911 ***Epipactis mairei***
(Photos.: Phillip J. Cribb)

0912 ***Epistephium elatum***
(Photo.: Karlheinz Senghas)

0910 *Epigeneium treacherianum* (Rchb. f. ex Hook. f.) Summerh. 棱茎厚唇兰

附生植物。假鳞茎密集，卵形，具 4~6 棱，长 3~8 cm，顶端具 2 叶。叶近矩圆形，长 7~10 cm。花序生于两叶之间，长 9~15 cm，下垂，具 2~7 花；花直径约 5 cm。花期：夏季；印度尼西亚（加里曼丹）、马来西亚（沙巴、沙捞越）、菲律宾；100~400 m。

Epiphytic plants. Pseudobulbs close together, ovoid, 4- to 6-angled, 3–8 cm long, 2-leaved at apex. Leaves suboblong, 7–10 cm long. Inflorescence arising between leaves, 9–15 cm long, pendent, 2- to 7-flowered; flowers ca. 5 cm across. Fl. summer; Indonesia (Kalimantan), Malaysia (Sabah, Sarawak), Philippines; 100–400 m.

0911 *Epipactis mairei* Schltr. 大叶火烧兰

地生植物，高 30~100 cm。茎近基部无毛，上部具锈色短柔毛。叶 5~8 枚，椭圆形或卵状椭圆形，长 7~16 cm。花序具 10~20 朵或更多花；花通常俯垂；唇瓣长 1.2~1.6 cm。花期：6~7 月；不丹、中国（甘肃和陕西至云南和西藏）、缅甸、尼泊尔；1200~3200 m。

Terrestrial plants, 30–100 cm tall. Stems glabrous toward base, rusty pubescent above. Leaves 5–8, elliptic or ovate-elliptic, 7–16 cm long. Inflorescence with 10–20 or more flowers; flowers often nodding; lip 1.2–1.6 cm long. Fl. June–July; Bhutan, China (Gansu and Shaanxi to Yunnan and Xizang), Myanmar, Nepal; 1200–3200 m.

0912 *Epistephium elatum* Kunth 冠坛兰

地生植物。茎长可达 1 m 或过之，具多叶。叶矩圆形或卵状披针形，长 15~25 cm。花序顶生，长约 30 cm，具多花；花直径 5~6 cm。花期：不详；玻利维亚、巴西、哥伦比亚、委内瑞拉；1500~2400 m。

Terrestrial plants. Stems up to 1 m or more long, many-leaved. Leaves oblong or ovate-lanceolate, 15–25 cm long. Inflorescence terminal, ca. 30 cm long, many-flowered; flowers 5–6 cm across. Fl. unknown; Bolivia, Brazil, Colombia, Venezuela; 1500–2400 m.

0913 *Erasanthe henrici* (Schltr.) P. J. Cribb, Hermans & D. L. Roberts (*Aeranthes henrici* Schltr.) **伊拉兰**

附生植物。茎长 5~15 cm。叶 4~8 枚，二列，舌形，长 9~35 cm，先端不等的 2 裂。花序腋生，长 12~40 cm，具 3~8 花；花直径 7~9 cm。花期：秋季；马达加斯加；0~1000 m。

Epiphytic plants. Stems 5–15 cm long. Leaves 4–8, distichous, ligulate, 9–35 cm long, unequally bilobed at apex. Inflorescence axillary, 12–40 cm long, 3- to 8-flowered; flowers 7–9 cm across. Fl. autumn; Madagascar; 0–1000 m.

0913 ***Erasanthe henrici*** (Photo.: Kohji Karasawa)

0914 ***Eria coronaria***
(Photo.: Junwen Zhai)

0916 ***Eria scabrilinguis***
(Photo.: Sicong Lu)

0917 ***Eriopsis biloba***
(Photo.: Kohji Karasawa)

0914 *Eria coronaria* (Lindl.) Rchb. f. 足茎毛兰

附生植物，干后变为黑色。假鳞茎圆筒形，长 5~15 cm。叶 2 枚，近顶生，通常狭椭圆形，长 6~20 cm。花序生于两叶之间，长 10~30 cm，具 2~6 花；花直径 3~4 cm。花期：5~6 月；不丹、中国（海南至西藏）、印度、尼泊尔、泰国、越南；1300~2100 m。

Epiphytic plants, turning black when dried. Pseudobulbs cylindric, 5–15 cm long. Leaves 2, subterminal, often narrowly elliptic, 6–20 cm long. Inflorescence arising between leaves, 10–30 cm long, 2- to 6-flowered; flowers 3–4 cm across. Fl. May–June; Bhutan, China (Hainan to Xizang), India, Nepal, Thailand, Vietnam; 1300–2100 m.

0915 ***Eria javanica*** (Photo.: Sicong Lu)

0915 *Eria javanica* (Sw.) Blume 香花毛兰

石上附生植物。假鳞茎圆筒形，长 6~7 cm，近顶端具 2 叶。叶倒卵状披针形，长 36~40 cm。花序侧生或近顶生，长 40~50 cm，具多花；花直径 3~4 cm，芳香。花期：8~10 月；广泛分布于东南亚，向北可达中国（台湾、云南）和印度东北部，向东南到达新几内亚；300~1000 m。

Lithophytic plants. Pseudobulbs cylindric, 6–7 cm long, 2-leaved near apex. Leaves obovate-lanceolate, 36–40 cm long. Inflorescence lateral or subterminal, 40–50 cm long, many-flowered; flowers 3–4 cm across, fragrant. Fl. Aug.–Oct.; widespread in Southeast Asia, north to China (Taiwan, Yunnan) and NE India, and southeast to New Guinea; 300–1000 m.

0916 *Eria scabrilinguis* Lindl. (*Eria corneri* Rchb. f.) 半柱毛兰

附生植物。假鳞茎近椭圆形，长 2~5 cm，顶端具 2~3 叶。叶椭圆状披针形，长 20~45 cm，干后两面具灰白色乳突。花序近顶生，长 6~22 cm，具 10~18 花；花直径约 1.5 cm。花期：夏季至秋季；中国（台湾至云南）、日本（琉球群岛）、越南；500~1500 m。

Epiphytic plants. Pseudobulbs subellipsoid, 2–5 cm long, 2- or 3-leaved at apex. Leaves elliptic-lanceolate, 20–45 cm long, with gray-white papillae on both surfaces when dry. Inflorescence subterminal, 6–22 cm long, 10- to 18-flowered; flowers ca. 1.5 cm across. Fl. summer–autumn; China (Taiwan to Yunnan), Japan (Ryukyu Islands), Vietnam; 500–1500 m.

0917 *Eriopsis biloba* Lindl. 拟毛兰

附生或地生植物。假鳞茎变异大，通常近圆柱形至卵形，长 10~45 cm，暗紫褐色，近顶端具 2~4 叶。叶倒披针形，长 30~50 cm。花序基生，长可达 110 cm，具多花；花直径 2.5~3.5 cm。花期：夏季至秋季；哥斯达黎加至巴西和秘鲁；1000 m 以上。

Epiphytes or terrestrial plants. Pseudobulbs very variable, often subterete to ovoid, 10–45 cm long, dull purple-brown, 2- to 4-leaved toward apex. Leaves oblanceolate, 30–50 cm long. Inflorescence basal, up to 110 cm long, many-flowered; flowers 2.5–3.5 cm across. Fl. summer–autumn; Costa Rica to Brazil and Peru; above 1000 m.

0918 ***Erycina pusilla*** **(L.) N. H. Williams & M. W. Chase** [*Psygmorchis pusilla* (L.) Dodson & Dressler] **埃利兰**

附生植物。茎簇生，长 3~5 mm。叶 8~15 枚，两侧压扁，近矩圆状披针形，基部相套叠，二列排成扇形，长 2~7 cm，多汁。花序腋生，长 3~6 cm，具数花；花序柄压扁；花在同一时间仅 1 朵开放；唇瓣长、宽各约 1.5 cm。花期：全年不定；墨西哥至巴西和玻利维亚；100~800 m。

Epiphytic plants. Stems clustered, 3–5 mm long. Leaves 8–15, bilaterally compressed, suboblong-lanceolate, overlapping at base, distichous in a fan, 2–7 cm long, succulent. Inflorescence axillary, 3–6 cm long, several-flowered; peduncle compressed; flowers opening one at a time; lip ca. 1.5 cm long and wide. Fl. throughout the year; Mexico to Brazil and Bolivia; 100–800 m.

0918 ***Erycina pusilla*** (Photo.: Kohji Karasawa)

0919 ***Esmeralda bella*** **Rchb. f. 口盖花蜘蛛兰**

附生植物。茎长 20~30 cm，粗约 1 cm，坚硬。叶多枚，疏二列，狭矩圆形，长 13~16 cm。花序通常 2~3 个，侧生，长 12~18 cm，疏生 2~3 花；花直径 5~5.5 cm。花期：11 月；中国（西藏、云南）、印度、缅甸、尼泊尔、泰国；1700~1800 m。

Epiphytic plants. Stems 20–30 cm long, ca. 1 cm thick, rigid. Leaves many, sparsely distichous, narrowly oblong, 13–16 cm long. Inflorescences often 2 or 3, lateral, 12–18 cm long, sparsely 2- or 3-flowered; flowers 5–5.5 cm across. Fl. Nov.; China (Xizang, Yunnan), India, Myanmar, Nepal, Thailand; 1700–1800 m.

0919 ***Esmeralda bella*** (Photo.: Weizhu Zhang)

0920 ***Esmeralda cathcartii*** **(Lindl.) Rchb. f. 卡氏花蜘蛛兰**

附生植物。茎通常长达 2 m 以上，攀援性，具叶。叶二列，因基部扭转而处于同一个平面上，近矩圆形，长约 15 cm。花序侧生，长 30~40 cm，具 4~6 花；花直径 5~7 cm。花期：3~4 月；不丹、印度（锡金）、尼泊尔；1000~2000 m。

Epiphytic plants. Stems often over 2 m long, scandent, leafy. Leaves distichous, twisted at base to lie in one plane, suboblong, ca. 15 cm long. Inflorescences lateral, 30–40 cm long, 4- to 6-flowered; flowers 5–7 cm across. Fl. Mar.–Apr.; Bhutan, India (Sikkim), Nepal; 1000–2000 m.

0921 ***Esmeralda clarkei*** **Rchb. f. 花蜘蛛兰**

附生植物。茎长达 100 cm，粗 0.7~1 cm，坚硬。叶多枚，二列，狭矩圆形，长 13~25 cm。花序侧生，长达 32 cm，具 3~4 花；花稍有香气，直径 5.5~7 cm。花期：10 月；不丹、中国（海南、云南）、印度东北部、缅甸、尼泊尔、泰国、越南；500~2100 m。

Epiphytic plants. Stems to 100 cm long, 0.7–1 cm thick, rigid. Leaves many, distichous, narrowly oblong, 13–25 cm long. Inflorescences lateral, to 32 cm long, 3- or 4-flowered; flowers slightly fragrant, 5.5–7 cm across. Fl. Oct.; Bhutan, China (Hainan, Yunnan), NE India, Myanmar, Nepal, Thailand, Vietnam; 500–2100 m.

0920 ***Esmeralda cathcartii*** (Photo.: Kohji Karasawa)

0921 ***Esmeralda clarkei*** (Photo.: Qing Cheng)

0922 ***Eulophia guineensis***
(Photo.: Kohji Karasawa)

0922 *Eulophia guineensis* Lindl. 非洲美冠兰

地生植物。假鳞茎位于地面上，簇生，圆锥形，长 3~3.5 cm。叶基生，3~4 枚，直立，椭圆形或矩圆形，长 10~35 cm。花序侧生，直立，长 40~60 cm，具 5~15 花；花直径 4~5 cm。花期：春季；广布于非洲热带地区；600~2000 m。

Terrestrial plants. Pseudobulbs borne above ground, clustered, conical, 3–3.5 cm long. Leaves basal, 3–4, erect, elliptic or oblong, 10–35 cm long. Inflorescence lateral, erect, 40–60 cm long, 5- to 15-flowered; flowers 4–5 cm across. Fl. spring; widespread in tropical Africa; 600–2000 m.

0923 *Eulophia speciosa* (R. Br. ex Lindl.) Bolus 秀丽美冠兰

地生植物。假鳞茎位于地下，近圆锥形至卵形，长 4~6 cm。叶 3~5 枚，基生，线状披针形，长 30~65 cm。花序侧生，直立，长可达 1 m 或过之，疏生多花；花宽 2.5~3.5 cm。花期：春季至初夏；广布于非洲热带地区，北至苏丹，南至南非；0~2000 m。

Terrestrial plants. Pseudobulbs subterranean, subconical to ovoid, 4–6 cm long. Leaves 3–5, basal, linear-lanceolate, 30–65 cm long. Inflorescence lateral, erect, up to 1 m or more long, laxly many-flowered; flowers 2.5–3.5 cm wide. Fl. spring–early summer; widespread in tropical Africa, north to Sudan and south to South Africa; 0–2000 m.

0924 *Eulophia spectabilis* (Dennst.) Suresh 紫花美冠兰

地生植物。假鳞茎位于地下，近球形，直径 3~4 cm。叶 2~4 枚，矩圆状披针形，长 20~40 cm。花序侧生，长 30~65 cm 或过之，疏生 5~12 花；花直径 2.5~3 cm，色泽多变。花期：4~6 月；广布于亚洲热带地区，扩展至尼泊尔、中国（江西、云南）和太平洋岛屿；200~1600 m。

Terrestrial plants. Pseudobulbs subterranean, subglobose, 3–4 cm in diam. Leaves 2–4, oblong-lanceolate, 20–40 cm long. Inflorescence lateral, 30–65 cm or more long, laxly 5- to 12-flowered; flowers 2.5–3 cm across, varying in color. Fl. Apr.–June; widespread in tropical Asia, extending to Nepal, China (Jiangxi, Yunnan) and the Pacific islands; 200–1600 m.

0925 *Eulophia streptopetala* Lindl. 扭瓣美冠兰

地生植物。假鳞茎位于地上，圆锥形至卵形，长 2.5~10 cm。叶 4~9 枚，披针形，长 40~75 cm。花序侧生，直立，长 40~230 cm，疏生多花；花直径 2~4 cm。花期：春季至初夏；广布于非洲热带地区，北至苏丹，南至南非；1100~2550 m。

Terrestrial plants. Pseudobulbs borne above ground, conical to ovoid, 2.5–10 cm long. Leaves 4–9, lanceolate, 40–75 cm long. Inflorescence lateral, erect, 40–230 cm long, laxly many-flowered; flowers 2–4 cm across. Fl. spring–early summer; widespread in tropical Africa, north to Sudan and south to South Africa; 1100–2550 m.

0925 ***Eulophia streptopetala***
(Photo.: Kohji Karasawa)

0923 ***Eulophia speciosa*** (Photo.: Kohji Karasawa)

0924 ***Eulophia spectabilis*** (Photo.: Xiaohua Jin)

0926 ***Eulophiella elisabethae*** **Rolfe 拟美冠兰**

附生植物。假鳞茎生于粗壮、匍匐的根状茎上，狭卵形，扁平，长 10~15 cm。叶 2~4 枚，狭披针形，长 45~120 cm。花序基生，平展或下弯，长 30~90 cm，可具多达 40 花；花直径约 4 cm。花期：春季；马达加斯加。

Epiphytic plants. Pseudobulbs borne on a stout creeping rhizome, narrowly ovoid, compressed, 10–15 cm long. Leaves 2–4, narrowly lanceolate, 45–120 cm long. Inflorescence basal, spreading or arcuate-drooping, 30–90 cm long, up to 40-flowered; flowers ca. 4 cm across. Fl. spring; Madagascar.

0926 ***Eulophiella elisabethae*** (Photo.: Kohji Karasawa)

0927 ***Euryblema anatomum*** **(Dressler) Dressler**
[*Chondrorhyncha anatoma* (Dressler) Senghas] **黄瓣鸟喙兰**

附生植物。茎貌似根状茎，簇生，短，具 2~4 叶。叶倒披针形，长 16~36 cm。花序生于短茎上，长约 7.5 cm，具 1 花；唇瓣长约 3 cm。花期：不详；巴拿马；750~850 m。

Epiphytic plants. Stems rhizome-like, tufted, short, 2- to 4-leaved. Leaves oblanceolate, 16–36 cm long. Inflorescences borne on the short stem, ca. 7.5 cm long, 1-flowered; lip ca. 3 cm long. Fl. unknown; Panama; 750–850 m.

0928 ***Euryblema andreae*** **(P. Ortiz) Dressler (*Chondrorhyncha andreae* P. Ortiz) 密点鸟喙兰**

附生植物。茎貌似根状茎，短，具数叶。叶二列，近矩圆形，长达 50 cm。花序生于短茎上，直立，长 8~10 cm，具 1 花；唇瓣长约 5 cm。花期：10 月；哥伦比亚；1000~1800 m。

Epiphytic plants. Stems rhizome-like, short, with several leaves. Leaves distichous, suboblong, to 50 cm long. Inflorescences borne on the short stem, erect, 8–10 cm long, 1-flowered; lip ca. 5 cm long. Fl. Oct.; Colombia; 1000–1800 m.

0929 ***Eurychone rothschildiana*** **(O' Brien) Schltr. 漏斗兰**

附生植物。茎长 2~8 cm，具 3~8 叶。叶倒卵形，长 5~20 cm，先端 2 裂。花序腋生，下弯，长 3~9 cm，具 1~7（~12）花；花直径约 4.5 cm，有香气。花期：秋季至冬季；广布于西非热带地区，向东到达乌干达；1100~1200 m。

Epiphytic plants. Stems 2–8 cm long, 3- to 8-leaved. Leaves obovate, 5–20 cm long, bilobed at apex. Inflorescences axillary, recurved, 3–9 cm long, with 1–7 (–12) flowers; flowers ca. 4.5 cm across, scented. Fl. autumn–winter; widespread in western tropical Africa, east to Uganda; 1100–1200 m.

0927 ***Euryblema anatomum***
(Photo.: Karlheinz Senghas)

0928 ***Euryblema andreae***
(Photo.: Kohji Karasawa)

0929 ***Eurychone rothschildiana***
(Photo.: Kohji Karasawa)

0930 ***Fernandezia disticha*** (Photo.: K.Saito)

0930 ***Fernandezia disticha* (Lindl.) Schltr. 钝萼费南兰**

附生植物。茎长达 12 cm，包藏于叶基部鞘之中。叶多枚，二列，线形，稍镰刀状，长 0.7~1.5 cm。花序生于上部叶腋，极短，具 1 花；萼片长约 0.7 cm。花期：不详；厄瓜多尔、秘鲁。

Epiphytic plants. Stems to 12 cm long, enclosed in basal sheaths of leaves. Leaves many, distichous, linear, slightly falcate, 0.7–1.5 cm long. Inflorescences arising from axils of upper leaves, very short, 1-flowered; sepals ca. 0.7 cm long. Fl. unknown; Ecuador, Peru.

0931 ***Fernandezia maculata* Garay & Dunsterv. 费南兰**

附生植物。茎长 5~8 cm，包藏于叶基部鞘之中，通常具 10 枚叶。叶二列，狭椭圆形或狭椭圆状卵形，长约 2 cm。花序腋生，短，具 1 花；花直径 1.5~2cm。花期：夏季；厄瓜多尔；2300~2500 m。

Epiphytic plants. Stems 5–8 cm long, enclosed in basal sheaths of leaves, usually 10-leaved. Leaves distichous,narrowly elliptic or narrowly elliptic-ovate, ca. 2 cm long. Inflorescence axillary, short, 1-flowered; flower 1.5–2 cm across. Fl. summer; Ecuador; 2300–2500 m.

0932 ***Galeandra baueri* Lindl. 包氏鼬蕊兰**

附生植物。假鳞茎密集，纺锤形，二棱，长 27~50 cm，包藏于具红点的干膜质叶鞘中。叶二列，近线形，长 10~25 cm。花序顶生，长 15~30 cm，有时有分枝，具少数花；花长 5~6 cm，有香气。花期：夏季至秋季；墨西哥至巴拿马和苏里南；达 800 m。

Epiphytic plants. Pseudobulbs close together, fusiform, ancipital, 27–50 cm long, enclosed by red-spotted scarious leaf sheaths. Leaves distichous, sublinear, 10–25 cm long. Inflorescence terminal, 15–30 cm long, sometimes branched, few-flowered; flowers 5–6 cm long, scented. Fl. summer–autumn; Mexico to Panama and Surinam; to 800 m.

0933 ***Galeandra devoniana* Schomb. ex Lindl. 鼬蕊兰**

附生植物。假鳞茎圆筒状纺锤形，长可达 75~80 cm，下部包藏于灰色叶鞘内。叶数枚，线形，长约 20 cm。花序顶生，长 15~20 cm，具数花；花长 6~7 cm，有香气。花期：春季至夏季；巴西、圭亚那、委内瑞拉；0~200 m。

Epiphytic plants. Pseudobulbs cylindric-fusiform, up to 75–80 cm long, enclosed by grey sheaths below. Leaves several, linear, ca. 20 cm long. Inflorescence terminal, 15–20 cm long, several-flowered; flowers 6–7 cm long, scented. Fl. spring–summer; Brazil, Guyana, Venezuela; 0–200 m.

0931 ***Fernandezia maculata***
(Photo.: Kohji Karasawa)

0932 ***Galeandra baueri***
(Photo.: Kohji Karasawa)

0933 ***Galeandra devoniana***
(Photo.: Kohji Karasawa)

0934 ***Galeandra dives*** (Photo.: Kohji Karasawa)

0935 ***Galearis spathulata*** (Photo.: Xiaohua Jin)

0934 *Galeandra dives* Rchb. f. 簇花鼬蕊兰

附生植物。假鳞茎圆筒状纺锤形，稍压扁，长 15~20 cm，下部包藏于具紫点的鞘中。叶通常 7~8 枚，线形，长约 15 cm。花序顶生，长 5~10 cm，具数花；花长 5~6 cm。花期：冬季至春季；哥伦比亚、圭亚那、委内瑞拉。

Epiphytic plants. Pseudobulbs cylindric-fusiform, slightly compressed, 15–20 cm long, enclosed by purple-spotted sheaths below. Leaves often 7–8, linear, ca. 15 cm long. Inflorescence terminal, 5–10 cm long, several-flowered; flowers 5–6 cm long. Fl. winter–spring; Colombia, Guyana, Venezuela.

0935 *Galearis spathulata* (Lindl.) P. F. Hunt [*Orchis spathulata* (Lindl.) Rchb. f.] 二叶盔花兰

地生植物，高 8~15 cm，具纤细的根状茎。茎基部有 1~2 枚筒状鞘，具 2 枚或罕有 1 或 3 枚叶。叶近对生，狭匙形，长 2.3~9 cm。花序具 1~5 花；唇瓣椭圆形至近方形，长 0.8~1.1 cm。花期：7~8 月；不丹、中国（甘肃、青海、陕西、四川、西藏、云南）、印度、尼泊尔；2300~4300 m。

Terrestrial plants, 8–15 cm tall, with a slender rhizome. Stems with 1–2 tubular sheaths at base, 2- or rarely 1- or 3-leaved. Leaves subopposite, narrowly spatulate, 2.3–9 cm long. Inflorescence 1- to 5-flowered; lip elliptic to subsquare, 0.8–1.1 cm long. Fl. July–Aug.; Bhutan, China (Gansu, Qinghai, Shaanxi, Sichuan, Xizang, Yunnan), India, Nepal; 2300–4300 m.

0936 ***Galearis spectabilis***
(Photo.: Karlheinz Senghas)

0936 *Galearis spectabilis* (L.) Raf. 秀丽盔花兰

地生植物，高达 30 cm。叶 2 枚，基生，近对生，宽椭圆形，长 6~21 cm，具明显的柄。花序具 2~15 花；唇瓣长 1~1.8 cm。花期：4~7 月；加拿大、美国。

Terrestrial plants, to 30 cm tall. Leaves 2, basal, subopposite, broadly elliptic, 6–21 cm long, distinctly petioled. Inflorescence 2- to 15-flowered; lip 1–1.8 cm long. Fl. Apr.–July; Canada, U. S. A.

0937 ***Galeottia fimbriata***
(Photo.: Kohji Karasawa)

0937 *Galeottia fimbriata* (Linden & Rchb. f.) Schltr. [*Mendoncella fimbriata* (Linden & Rchb. f.) Garay] 加柳兰

附生植物。假鳞茎簇生，卵形，长 4~8 cm，顶端具 2 叶。叶倒披针形，长 30~40 cm。花序基生，直立，长 10~22 cm，具 2~3 花；花直径 6~8 cm。花期：春季至夏季；哥伦比亚、委内瑞拉；200~1600 m。

Epiphytic plants. Pseudobulbs clustered, ovoid, 4–8 cm long, 2-leaved at apex. Leaves oblanceolate, 30–40 cm long. Inflorescences basal, erect, 10–22 cm long, 2- or 3-flowered; flowers 6–8 cm across. Fl. spring–summer; Colombia, Venezuela; 200–1600 m.

0938 ***Galeottia grandiflora***
(Photo.: Kohji Karasawa)

0939 ***Gastrochilus acutifolius***
(Photo.: Kohji Karasawa)

0940 ***Gastrochilus bellinus***
(Photo.: Kohji Karasawa)

0938 *Galeottia grandiflora* A. Rich. [*Mendoncella grandiflora* (A. Rich.) A. D. Hawkes] **大花加柳兰**

附生植物。假鳞茎簇生，卵形，长 4~8 cm，顶端具 2 叶。叶椭圆状倒披针形，长 25~50 cm。花序 1 至数个，基生，直立，长可达 20 cm，具 1~5 花；花直径 6~8 cm，有香气。花期：春季至夏季；墨西哥至巴拿马和哥伦比亚；1100~2000 m。

Epiphytic plants. Pseudobulbs clustered, ovoid, 4–8 cm long, 2-leaved at apex. Leaves elliptic-oblanceolate, 25–50 cm long. Inflorescences 1 to several, basal, erect, up to 20 cm long, 1- to 5-flowered; flowers 6–8 cm across, scented. Fl. spring–summer; Mexico to Panama and Colombia; 1100–2000 m.

0939 *Gastrochilus acutifolius* (Lindl.) Kuntze 尖叶盆距兰

附生植物。茎长 10~30 cm，包藏于叶鞘中。叶 6~8 枚，二列，狭矩圆形，长 10~15 cm。花序侧生，伞房状，长 5~6 cm，具数花至多花；花直径约 2 cm。花期：秋季；印度东北部；约 1000 m。

Epiphytic plants. Stems 10–30 cm long, enclosed in leaf sheaths. Leaves 6–8, distichous, narrowly oblong, 10–15 cm long. Inflorescences lateral, corymbiform, 5–6 cm long, several- to many-flowered; flowers ca. 2 cm across. Fl. autumn; NE India; ca. 1000 m.

0940 *Gastrochilus bellinus* (Rchb. f.) Kuntze 大花盆距兰

附生植物。茎长 2~5 cm，包藏于叶鞘内。叶 6~8 枚，带形，长 12~30 cm。花序通常 2~3 个，侧生，短，近伞形，具 4~6 花；花直径约 3 cm。花期：4 月；中国（云南）、缅甸、泰国、越南；1200~1900 m。

Epiphytic plants. Stems 2–5 cm long, enclosed in leaf sheaths. Leaves 6–8, lorate, 12–30 cm long. Inflorescences often 2–3, lateral, short, subumbellate, 4- to 6-flowered; flowers ca. 3 cm across. Fl. Apr.; China (Yunnan), Myanmar, Thailand, Vietnam; 1200–1900 m.

0941 ***Gastrochilus calceolaris*** (Photo.: Hong Jiang)

0941 *Gastrochilus calceolaris* (Buch.-Ham. ex Sm.) D. Don 盆距兰

附生植物。茎常弧曲，长 5~30 cm。叶 6~8 枚，二列，狭矩圆形，长 10~30 cm。花序数个至多个，与上部叶对生，近伞形，具数花至多花；花直径 1~1.5 cm。花期：3~4 月；不丹、中国（海南、西藏、云南）、印度、马来西亚、缅甸、尼泊尔、泰国、越南；1000~2700 m。

Epiphytic plants. Stems often arching, 5–30 cm long. Leaves 6–8, distichous, narrowly oblong, 10–30 cm long. Inflorescences several to many, opposite to upper leaves, subumbellate, several- to many-flowered; flowers 1–1.5 cm across. Fl. Mar.–Apr.; Bhutan, China (Hainan, Xizang, Yunnan), India, Malaysia, Myanmar, Nepal, Thailand, Vietnam; 1000–2700 m.

0942 ***Gastrochilus distichus*** (Photo.: Xiaohua Jin)

0943 ***Gastrochilus formosanus*** (Photos.: Yuqi Li)

0942 *Gastrochilus distichus* (Lindl.) Kuntze 列叶盆距兰

附生植物。茎下垂，长 1.5~20 cm，纤细，常有分枝。叶多枚，二列，披针形，长 1.5~3 cm，先端具 2~3 条芒。花序数个，与叶对生，近伞形，通常具 2~4 花；萼片长约 5 mm。花期：1~5 月；不丹、中国（西藏、云南）、印度东北部、尼泊尔；1100~2800 m。

Epiphytic plants. Stems pendulous, 1.5–20 cm long, slender, often branched. Leaves many, distichous, lanceolate, 1.5–3 cm long, with 2–3 awns apically. Inflorescences several, opposite to leaves, subumbellate, often 2- to 4-flowered; sepals ca. 5 mm long. Fl. Jan.–May; Bhutan, China (Xizang, Yunnan), NE India, Nepal; 1100–2800 m.

0943 *Gastrochilus formosanus* (Hayata) Hayata 台湾盆距兰

附生植物。茎纤细，长 10~37 cm，常有分枝。叶多枚，狭矩圆形，长 1.5~3 cm，有时两面具紫红色斑点。花序侧生，短，具 2~3 花；花直径约 1 cm。花期：全年不定；中国（福建、湖北、陕西、台湾）；500~2500 m。

Epiphytic plants. Stems slender, 10–37 cm long, often branched. Leaves many, narrowly oblong, 1.5–3 cm long, sometimes with purple-red spots on both surfaces. Inflorescences lateral, short, 2- or 3-flowered; flowers ca. 1 cm across. Fl. throughout the year; China (Fujian, Hubei, Shaanxi, Taiwan); 500–2500 m.

0944 *Gastrochilus japonicus* (Makino) Schltr. 黄松盆距兰

附生植物。茎长 2~10 cm。叶 5~15 枚，二列，密生，狭矩圆形或线状披针形，长 3~14 cm。花序侧生，短，近伞形，具 4~10 花；花直径 1~1.5 cm。花期：6~9 月；中国（香港、台湾）、日本（琉球群岛）；200~1500 m。

Epiphytic plants. Stems 2–10 cm long. Leaves 5–15, distichous, closely spaced, narrowly oblong or linear-lanceolate, 3–14 cm long. Inflorescences lateral, short, subumbellate, 4- to 10-flowered; flowers 1–1.5 cm across. Fl. June–Sep.; China (Hongkong, Taiwan), Japan (Ryukyu Islans); 200–1500 m.

0944 ***Gastrochilus japonicus*** (Photo.: Kohji Karasawa)

0945 ***Gastrochilus obliquus*** (Photos.: Bing Liu)

0945 *Gastrochilus obliquus* (Lindl.)Kuntze 短茎盆距兰

附生植物。茎长 1~2 cm。叶 3~5 枚，近基生，二列，矩圆形至矩圆状披针形，长 8~20 cm。花序 1~4 个，长 2~3 cm，近伞形，具 5~8 花；花芳香；萼片长 6~12 mm。花期：10 月；不丹、中国（四川、云南）、印度、老挝、缅甸、尼泊尔、泰国、越南；100~2000 m。

Epiphytic plants. Stems 1–2 cm long. Leaves 3–5, nearly basal, distichous, oblong to oblong-lanceolate, 8–20 cm long. Inflorescences 1–4, 2–3 cm long, subumbellate, 5- to 8-flowered; flowers fragrant; sepals 6–12 mm long. Fl. Oct.; Bhutan, China (Sichuan, Yunnan), India, Laos, Myanmar, Nepal, Thailand, Vietnam; 100–2000 m.

0946 ***Gastrochilus patinatus***
(Photo.: James Boughtwood Comber)

0947 ***Gastrochilus platycalcaratus***
(Photo.: K. Philip Wojtas)

0946 *Gastrochilus patinatus* (Ridl.) Schltr. 南洋盆距兰

附生植物。茎甚短。叶 5~7 枚，密集，近矩圆形，长达 27 cm，具宽阔的 2 裂先端，肉质。花序侧生，长约 2 cm，具 5~6 花；花直径 1.5~2 cm。花期：全年不定；印度尼西亚（苏门答腊）、马来西亚（马来半岛、沙巴）；0~300 m。

Epiphytic plants. Stems very short. Leaves 5–7, closely spaced, suboblong, to 27 cm long, with very broadly bilobed apex, fleshy. Inflorescences lateral, ca. 2 cm long, with 5–6 flowers; flowers 1.5–2 cm across. Fl. throughout the year; Indonesia (Sumatra), Malaysia (Malay Peninsula, Sabah); 0–300 m.

0947 *Gastrochilus platycalcaratus* (Rolfe) Schltr. 滇南盆距兰

附生植物。茎长约 5 cm。叶 3~6 枚，近基生，矩圆形，长 3~5 cm，绿色而有紫红色晕。花序长 2~2.5 cm，可具 9 花；萼片长约 3 mm。花期：3 月；中国（云南南部）、缅甸、泰国；700~800 m。

Epiphytic plants. Stems ca. 5 cm long. Leaves 3–6, nearly basal, oblong, 3–5 cm long, green tinged with purple-red. Inflorescences 2–2.5 cm long, to 9-flowered; sepals ca. 3 mm long. Fl. Mar.; China (S Yunnan), Myanmar, Thailand; 700–800 m.

0948 ***Geesinkorchis alaticallosa***
(Photo.: James Boughtwood Comber)

0948 *Geesinkorchis alaticallosa* de Vogel 基心兰

地生植物。假鳞茎圆筒形至狭卵形，通常长 7~10 cm，稍压扁，顶端具 2 叶。叶狭矩圆形，长 6.5~30 cm。花序顶生，长 30~70 cm，具多花；花依次展现，同一时间仅有 1~2 朵，长约 1.5 cm。花期：7~9 月；婆罗洲（加里曼丹、沙巴、沙捞越）；400~900 m。

Terrestrial plants. Pseudobulbs cylindric to narrowly ovoid, often 7–10 cm long, slightly compressed, 2-leaved at apex. Leaves narrowly oblong, 6.5–30 cm long. Inflorescence terminal, 30–70 cm long, many-flowered; flowers produced successively, one or two at a time, ca. 1.5 cm long. Fl. July–Sep.; Borneo (Kalimantan, Sabah, Sarawak); 400–900 m.

0949 *Geodorum attenuatum* Griff. 大花地宝兰

地生植物。假鳞茎块茎状，近椭圆形，长 2~3 cm，位于地下。叶 3~4 枚，倒披针状矩圆形，长 9~22 cm；叶柄形成长 4~9 cm 的假茎。花序俯垂，长 6~12 cm，密生 2~4 花；花直径约 2 cm。花期：5~6 月；中国（海南、云南）、老挝、缅甸、泰国、越南；200~1400 m。

Terrestrial plants. Pseudobulbs tuberous, subellipsoid, 2–3 cm long, subterranean. Leaves 3–4, oblanceolate-oblong, 9–22 cm long; petioles forming a pseudostem 4–9 cm long. Inflorescence nodding, 6–12 cm long, densely 2- to 4-flowered; flowers ca. 2 cm across. Fl. May–June; China (Hainan, Yunnan), Laos, Myanmar, Thailand, Vietnam; 200–1400 m.

0949 ***Geodorum attenuatum*** (Photos.: Kexue Xu)

0950 ***Geodorum citrinum***
(Photo.: Kohji Karasawa)

0951 ***Geodorum densiflorum***
(Photo.: Kohji Karasawa)

0952 ***Geodorum recurvum***
(Photos.: Phillip J. Cribb)

0950 *Geodorum citrinum* Jacks. 浅黄地宝兰

地生植物。假鳞茎块茎状，近球形，直径 2~4 cm，位于地下。叶 3~4 枚，矩圆状卵形，长 20~30 cm；叶柄形成与叶片近等长的假茎。花序俯垂，长约 25 cm，密生数花或多花；花直径 1.5~2 cm。花期：夏季；印度、马来西亚（马来半岛）、缅甸、泰国。

Terrestrial plants. Pseudobulbs tuberous, subglobose, 2–4 cm in diam., subterranean. Leaves 3–4, oblong-ovate, 20–30 cm long; petioles forming a pseudostem almost as long as leaf blade. Inflorescence nodding, ca. 25 cm long, densely several- to many-flowered; flowers 1.5–2 cm across. Fl. summer; India, Malaysia (Malay Peninsula), Myanmar, Thailand.

0951 *Geodorum densiflorum* (Lam.) Schltr. 地宝兰

地生植物。假鳞茎通常近椭圆形，直径 1.5~3 cm，位于地下。叶 2~3 枚，通常矩圆状披针形，长 15~35 cm；叶柄形成长达 25 cm 的假茎。花序俯垂，长 20~40 cm，密生 5~15 花；花直径约 1.5 cm。花期：6~7 月；主要产亚洲热带地区，向北到达中国（海南至四川和云南）和日本（琉球群岛），向东南到达新几内亚和澳大利亚；300~2400 m。

Terrestrial plants. Pseudobulbs often subellipsoid, 1.5–3 cm in diam., subterranean. Leaves 2–3, often oblong-lanceolate, 15–35 cm long; petioles forming a pseudostem to 25 cm long. Inflorescence nodding, 20–40 cm long, densely 5- to 15-flowered; flowers ca. 1.5 cm across. Fl. June–July; mainly tropical Asia, north to China (Hainan to Sichuan and Yunnan) and Japan (Ryukyu Islands) and southeast to New Guinea and Australia; 300–2400 m.

0952 *Geodorum recurvum* (Roxb.) Alston 多花地宝兰

地生植物。假鳞茎块茎状，卵状圆锥形，直径 2~3 cm，位于地下。叶 2~3 枚，椭圆状矩圆形，通常长 13~21 cm；叶柄形成长达 4~7 cm 的假茎。花序俯垂，长 6~13 cm，通常密生 10 花；花直径约 2 cm。花期：4~5 月；中国（云南）、泰国、越南；200~1400 m。

Terrestrial plants. Pseudobulbs tuberous, ovoid-conical, 2–3 cm in diam., subterranean. Leaves 2–3, elliptic-oblong, often 13–21 cm long; petioles forming a pseudostem 4–7 cm long. Inflorescence nodding, 6–13 cm long, often densely 10-flowered; flowers ca. 2 cm across. Fl. Apr.–May; China (Yunnan), Thailand, Vietnam; 200–1400 m.

0953 *Gomesa barbata* (Lindl.) M. W. Chase & N. H. Williams
(*Oncidium barbatum* Lindl.) 髯毛宫美兰

附生植物。假鳞茎卵形，压扁，长 3~6.5 cm，宽 2~3.5 cm，顶端具 1 叶。叶线形或线状矩圆形，长 7~10 cm。花序基生，长 40~60 cm，有分枝，具多花；花直径约 2.5 cm。花期：冬季至春季；巴西；100~600 m。

Epiphytic plants. Pseudobulbs ovoid, compressed, 3–6.5 cm long, 2–3.5 cm broad, 1-leafed at apex. Leaf linear or linear-oblong, 7–10 cm long. Inflorescence basal, 40–60 cm long, branched, many-flowered; flowers ca. 2.5 cm across. Fl. winter–spring; Brazil; 100–600 m.

0953 ***Gomesa barbata*** (Photo.: Kohji Karasawa)

0954 ***Gomesa bifolia***
(Photo.: Kohji Karasawa)

0955 ***Gomesa blanchetii***
(Photo.: Kohji Karasawa)

0956 ***Gomesa brasiliensis***
(Photo.: Kohji Karasawa)

0954 *Gomesa bifolia* (Sims) M. W. Chase & N. H. Williams (*Oncidium bifolium* Sims) 双叶宫美兰

附生植物。假鳞茎卵形至矩圆状卵形，压扁，长 3~4 cm，顶端具 1~2 叶。叶线状矩圆形，长 6~12 cm。花序基生，俯垂，长 20~35 cm，有时有分枝，具 7~20 花；唇瓣宽 2~2.5 cm。花期：11~4 月；阿根廷、玻利维亚、巴西、乌拉圭；100~800 m。

Epiphytic plants. Pseudobulbs ovoid to oblong-ovoid, compressed, 3–4 cm long, 1- or 2-leaved at apex. Leaves linear-oblong, 6–12 cm long. Inflorescence basal, nodding, 20–35 cm long, sometimes branched, with 7–20 flowers; lip 2–2.5 cm broad. Fl. Nov.–Apr.; Argentina, Bolivia, Brazil, Uruguay; 100–800 m.

0955 *Gomesa blanchetii* (Rchb. f.) M. W. Chase & N. H. Williams (*Oncidium blanchetii* Rchb. f.) 三叶宫美兰

附生植物。假鳞茎簇生，通常狭卵状矩圆形，压扁，长 6~9 cm，顶端具 3 叶。叶线状舌形，长 35~50 cm。花序基生，长 60~140 cm，有分枝，具多花；唇瓣宽 1~1.5 cm。花期：初夏；巴西；800~2000 m。

Epiphytic plants. Pseudobulbs clustered, often narrowly ovoid-oblong, compressed, 6–9 cm long, 3-leaved at apex. Leaves linear-ligulate, 35–50 cm long. Inflorescence basal, 60–140 cm long, branched, many-flowered; lip 1–1.5 cm broad. Fl. early summer; Brazil; 800~2000 m.

0956 *Gomesa brasiliensis* (Rolfe) M. W. Chase & N. H. Williams (*Binotia brasiliensis* Rolfe) 巴西宫美兰

附生植物。假鳞茎簇生，狭椭圆形，压扁，长约 6 cm，顶端具 2 叶。叶矩圆状披针形，长 10~20 cm。花序基生，俯垂，长 20~40 cm，通常不分枝，具多花；花直径约 2.5 cm。花期：夏季；巴西。

Epiphytic plants. Pseudobulbs clustered, narrowly ellipsoid, compressed, ca. 6 cm long, 2-leaved at apex. Leaves oblong-lanceolate, 10–20 cm long. Inflorescence basal, nodding, 20–40 cm long, usually unbranched, many-flowered; flowers ca. 2.5 cm across. Fl. summer; Brazil.

0957 ***Gomesa ciliata*** (Photo.: Kohji Karasawa)

0957 *Gomesa ciliata* (Lindl.) M. W. Chase & N. H. Williams (*Oncidium ciliatum* Lindl.) 缘毛宫美兰

附生植物。假鳞茎簇生，卵形，压扁，长 5~6 cm，顶端具 1 叶。叶线状矩圆形，长约 10 cm。花序基生，长约 35 cm，具数花至 8 花，花直径 2.5~3 cm。花期：秋季；巴西；100~700 m。

Epiphytic plants. Pseudobulbs clustered, ovoid, compressed, 5–6 cm long, 1-leafed at apex. Leaf linear-oblong, ca. 10 cm long. Inflorescence basal, ca. 35 cm long, several- to 8-flowered; flowers 2.5–3 cm across. Fl. autumn; Brazil; 100–700 m.

0958 ***Gomesa concolor***
(Photo.: Kohji Karasawa)

0959 ***Gomesa cornigera***
(Photo.: Kohji Karasawa)

0960 ***Gomesa croesus***
(Photo.: Kohji Karasawa)

0958 *Gomesa concolor* (Hook.) M. W. Chase & N. H. Williams (*Oncidium concolor* Hook.) 同色宫美兰

附生植物。假鳞茎簇生，狭矩圆状卵形，长 3~5 cm，顶端具 2 叶。叶披针状舌形，长 9~15 cm。花序基生，长 10~30 cm，疏生 6~12 花；唇瓣长达 3.5 cm，宽 3.2 cm。花期：初夏；阿根廷北部、巴西；300~1500 m。

Epiphytic plants. Pseudobulbs clustered, narrowly oblong-ovoid, 3–5 cm long, 2-leaved at apex. Leaves lanceolate-ligulate, 9–15 cm long. Inflorescence basal, 10–30 cm long, laxly 6- to 12-flowered; lip to 3.5 cm long, 3.2 cm wide. Fl. early summer; N Argentina, Brazil; 300–1500 m.

0959 *Gomesa cornigera* (Lindl.) M. W. Chase & N. H. Williams (*Oncidium fimbriatum* Lindl.) 褐斑宫美兰

附生植物。假鳞茎近矩圆形，长 10~13 cm，顶端具 2 叶。叶线形或舌状矩圆形，长达 20 cm。花序基生，长 60~90 cm，具多花；花直径约 2 cm。花期：秋季至冬季；巴西；150~450 m。

Epiphytic plants. Pseudobulbs suboblong, 10–13 cm long, 2-leaved at apex. Leaves linear or ligulate-oblong, to 20 cm long. Inflorescence basal, 60–90 cm long, many-flowered; flowers ca. 2 cm across. Fl. autumn–winter; Brazil; 150–450 m.

0960 *Gomesa croesus* (Rchb. f.) M. W. Chase & N. H. Williams (*Oncidium croesus* Rchb. f.) 繁茂宫美兰

附生植物。假鳞茎狭卵状椭圆形，压扁，长 2.5~3.5 cm，通常顶端具 2 叶。叶舌形，长 8~12 cm，稍对摺。花序基生，长 6~10 cm，具 3~5 花；花直径 2~2.5 cm。花期：7 月；巴西；400~600 m。

Epiphytic plants. Pseudobulbs narrowly ovoid-ellipsoid, compressed, 2.5–3.5 cm long, often 2-leaved at apex. Leaves ligulate, 8–12 cm long, slightly conduplicate. Inflorescence basal, 6–10 cm long, 3- to 5-flowered; flowers 2–2.5 cm across. Fl. July; Brazil; 400~600 m.

0961 *Gomesa dasytyle* (Rchb. f.) M. W. Chase & N. H. Williams (*Oncidium dasytyle* Rchb. f.) 毛柱宫美兰

假鳞茎簇生，卵形，强烈压扁，具 2 棱，长 3~5 cm，顶端具 2 叶。叶椭圆形，长 10~15 cm。花序基生，长 30~50 cm，疏生少数花；花直径约 3.5 cm。花期：7 月；巴西；600~1200 m。

Pseudobulbs clustered, ovoid, strongly compressed, ancipital, 3–5 cm long, 2-leaved at apex. Leaves elliptic, 10–15 cm long. Inflorescence basal, 30–50 cm long, laxly few-flowered; flowers ca. 3.5 cm across. Fl. July; Brazil; 600–1200 m.

0961 ***Gomesa dasytyle***
(Photo.: Kohji Karasawa)

0962 ***Gomesa echinata***
(Photo.: Kohji Karasawa)

0962 ***Gomesa echinata*** **(Barb. Rodr.) M. W. Chase & N. H. Williams** (*Baptistonia echinata* Barb. Rodr.) **宫美兰**

附生植物。假鳞茎簇生，狭卵形至近圆筒形，略压扁，长 3~10 cm，顶端具 2 叶。叶舌状矩圆形，长 10~15 cm。花序基生，1~2 个，下垂，长 25~40 cm，有时有分枝，具少数至多数花；花直径 2.5~3.5 cm。花期：冬季；巴西；0~1200 m。

Epiphytic plants. Pseudobulbs clustered, narrowly ovoid to subcylindric, somewhat compressed, 3–10 cm long, 2-leaved at apex. Leaves ligulate-oblong, 10–15 cm long. Inflorescences basal, 1–2, pendent, 25–40 cm long, sometimes branched, few- to many-flowered; flowers 2.5–3.5 cm across. Fl. winter; Brazil; 0–1200 m.

0963 ***Gomesa forbesii*** **(Hook.) M. W. Chase & N. H. Williams** (*Oncidium forbesii* Hook.) **福氏宫美兰**

附生植物。假鳞茎簇生，椭圆状卵形，压扁，长 5~7.5 cm，顶端具 1~2 叶。叶披针形，长 15~25 cm。花序基生，长 45~90 cm，有时有分枝，具多花；花直径 5~6 cm。花期：秋季；巴西；0~1200 m。

Epiphytic plants. Pseudobulbs clustered, ellipsoid-ovoid, compressed, 5–7.5 cm long, 1- or 2-leaved at apex. Leaves lanceolate, 15–25 cm long. Inflorescence basal, 45–90 cm long, sometimes branched, many-flowered; flowers 5–6 cm across. Fl. autumn; Brazil; 0–1200 m.

0964 ***Gomesa fuscans*** **(Rchb. f.) M. W. Chase & N. H. Williams** (*Oncidium fuscans* Rchb. f.) **褐萼宫美兰**

地生植物。假鳞茎卵状矩圆形，压扁，长 3~4 cm，顶端具 2 叶。叶线状舌形，长 7~14 cm。花序基生，长 40~70 cm，具数花至多花；唇瓣长约 1.2 cm。花期：12~2 月；巴西；1000~1200 m。

Terrestrial plants. Pseudobulbs ovoid-oblong, compressed, 3–4 cm long, 2-leaved at apex. Leaves linear-ligulate, 7–14 cm long. Inflorescence basal, 40–70 cm long, several- to many-flowered; lip ca. 1.2 cm long. Fl. Dec.–Feb.; Brazil; 1000–1200 m.

0965 ***Gomesa gardneri*** **(Lindl.) M. W. Chase & N. H. Williams** (*Oncidium gardneri* Lindl.) **嘎氏宫美兰**

附生植物。假鳞茎簇生，狭卵形，强烈压扁，长 5~7.5 cm，顶端具 2 叶。叶近披针形，长 15~30 cm。花序基生，长 45~90 cm，常有分枝，具多花；花直径 3~4 cm。花期：夏季；巴西；100~1200 m。

Epiphytic plants. Pseudobulbs clustered, narrowly ovoid, strongly compressed, 5–7.5 cm long, 2-leaved at apex. Leaves sublanceolate, 15–30 cm long. Inflorescence basal, 45–90 cm long, often branched, many-flowered; flowers 3–4 cm across. Fl. summer; Brazil; 100–1200 m.

0965 ***Gomesa gardneri*** (Photo.: Kohji Karasawa)

0963 ***Gomesa forbesii*** (Photo.: Kohji Karasawa)

0964 ***Gomesa fuscans*** (Photo.: Kohji Karasawa)

0966 ***Gomesa gracilis*** **(Lindl.) M. W. Chase & N. H. Williams** (*Oncidium gracile* Lindl.) **纤轴宫美兰**

附生植物。假鳞茎簇生，卵形，压扁，长 1.5~2.5 cm，顶端具 2 叶。叶矩圆形或椭圆形，长 5~8 cm。花序基生，长约 50 cm，具数花；唇瓣长约 1.5 cm。花期：夏季；巴西；950~1400 m。

Epiphytic plants. Pseudobulbs clustered, ovoid, compressed, 1.5–2.5 cm long, 2-leaved at apex. Leaves oblong or elliptic, 5–8 cm long. Inflorescence basal, ca. 50 cm long, several-flowered; lip ca. 1.5 cm long. Fl. summer; Brazil; 950–1400 m.

0966 ***Gomesa gracilis***
(Photo.: Kohji Karasawa)

0967 ***Gomesa gravesiana*** **(Rolfe) M. W. Chase & N. H. Williams** (*Oncidium gravesianum* Rolfe) **格雷宫美兰**

附生植物。假鳞茎椭圆形，压扁，长 5~8 cm，紫绿色，顶端具 2 叶。叶卵状矩圆形，长 10~20 cm。花序基生，长 30~70 cm，有分枝，具 10~20 花；花直径 4.5~5.5 cm。花期：秋季至冬季；巴西；500~1000 m。

Epiphytic plants. Pseudobulbs ellipsoid, compressed, 5–8 cm long, purple-green, 2-leaved at apex. Leaves ovate-oblong, 10–20 cm long. Inflorescence basal, 30–70 cm long, branched, 10- to 20-flowered; flowers 4.5–5.5 cm across. Fl. autumn–winter; Brazil; 500–1000 m.

0967 ***Gomesa gravesiana***
(Photo.: Kohji Karasawa)

0968 ***Gomesa hookeri*** **(Rolfe) M. W. Chase & N. H. Williams** (*Oncidium hookeri* Rolfe) **虎克宫美兰**

附生植物。假鳞茎簇生，圆筒状圆锥形，有棱，长 3~6 cm，顶端具 1~2 叶。叶倒披针形，长 8~20 cm。花序基生，长 20~45 cm，有分枝，具多花；花长约 1 cm。花期：秋季；巴西；1100~1300 m。

Epiphytic plants. Pseudobulbs clustered, cylindric-conical, ridged, 3–6 cm long, 1- or 2-leaved at apex. Leaves oblanceolate, 8–20 cm long. Inflorescence basal, 20–45 cm long, branched, many-flowered; flowers ca. 1 cm long. Fl. autumn; Brazil; 1100–1300 m.

0969 ***Gomesa hydrophila*** **(Barb. Rodr.) M. W. Chase & N. H. Williams** (*Oncidium hydrophilum* Barb. Rodr.) **喜水宫美兰**

附生植物。假鳞茎簇生，卵形，压扁，长约 6 cm，顶端 2~3 叶。叶线形，长 15~35 cm。花序基生，长 50~90 cm，具多花；花直径约 2 cm。花期：春季至夏季；巴西；0~1250 m。

Epiphytic plants. Pseudobulbs clustered, ovoid, compressed, ca. 6 cm long, 2- or 3-leaved at apex. Leaves linear, 15–35 cm long. Inflorescence basal, 50–90 cm long, many-flowered; flowers ca. 2 cm across. Fl. spring–summer; Brazil; 0–1250 m.

0968 ***Gomesa hookeri*** (Photo.: Kohji Karasawa)

0969 ***Gomesa hydrophila*** (Photo.: Kohji Karasawa)

0970 **Gomesa imperatoris-maximiliani** (Photo.: Kohji Karasawa)

0971 **Gomesa lietzii** (Photo.: Kohji Karasawa)

0973 **Gomesa loefgrenii** (Photo.: Kohji Karasawa)

0970 *Gomesa imperatoris-maximiliani* (Rchb. f.) M. W. Chase & N. H. Williams (*Oncidium crispum* Lodd.) 皱波宫美兰

附生植物。假鳞茎簇生，卵形，强烈压扁，长 7~10 cm，厚 3~5 cm，顶端具 2~3 叶。叶矩圆状披针形，长 15~20 cm。花序基生，长 40~110 cm，有分枝，具多花；花直径 5~7 cm。花期：秋季到初冬；巴西；0~1200 m。

Epiphytic plants. Pseudobulbs clustered, ovoid, strongly compressed, 7–10 cm long, 3–5 cm thick, 2- or 3-leaved at apex. Leaves oblong-lanceolate, 15–20 cm long. Inflorescence basal, 40–110 cm long, branched, many-flowered; flowers 5–7 cm across. Fl. autumn–early winter; Brazil; 0–1200 m.

0971 *Gomesa lietzii* (*Oncidium lietzii* Regel) 李氏宫美兰

假鳞茎簇生，矩圆状圆筒形，长 7~12 cm，顶端具 1 叶。叶矩圆状披针形，长 10~20 cm。花序基生，长 40~70 cm，有时有分枝，具多花；花直径 2.5~3 cm。花期：夏季；巴西；800~1400 m。

Pseudobulbs clustered, oblong-cylindric, 7–12 cm long, 1-leafed at apex. Leaf oblong-lanceolate, 10–20 cm long. Inflorescence basal, 40–70 cm long, sometimes branched, many-flowered; flowers 2.5–3 cm across. Fl. summer; Brazil; 800–1400 m.

0972 **Gomesa lita** (Photo.: Kohji Karasawa)

0972 *Gomesa lita* (Rchb. f.) M. W. Chase & N. H. Williams (*Oncidium duveenii* Fowlie) 海岸宫美兰

假鳞茎卵形，压扁，长 6~9 cm，顶端具 1 叶。叶线状椭圆形，长 10~30 cm。花序基生，长 25~35 cm，具 3~8 花；花直径 4~5 cm。花期：8 月；巴西；约 1000 m。

Pseudobulbs ovoid, compressed, 6–9 cm long, 1-leafed at apex. Leaf linear-elliptic, 10–30 cm long. Inflorescence basal, 20–35 cm long, 3- to 8-flowered; flowers 4–5 cm across. Fl. Aug.; Brazil; ca. 1000 m.

0973 *Gomesa loefgrenii* (Cogn.) M. W. Chase & N. H. Williams (*Oncidium loefgrenii* Cogn.) 洛氏宫美兰

附生植物。假鳞茎矩圆状圆锥形，压扁，稍弧曲，长 5~6 cm，顶端具 2 叶。叶宽线形，长 16~17 cm。花序基生，纤细，长约 20 cm，上部有分枝，具多花；花直径小于 1 cm。花期：4 月；巴西；100~1100 m。

Epiphytic plants. Pseudobulbs oblong-conical, compressed, slightly arched, 5–6 cm long, 2-leaved at apex. Leaves broadly linear, 16–17 cm long. Inflorescence basal, slender, ca. 20 cm long, branched above, many-flowered; flowers less than 1 cm across. Fl. Apr.; Brazil; 100–1100 m.

0974 ***Gomesa longicornu*** **(Mutel) M. W. Chase & N. H. Williams (*Oncidium longicornu* Mutel) 长角宫美兰**

附生植物。假鳞茎簇生，矩圆状圆锥形，稍压扁，有棱，长 3~7 cm，顶端具 1~2 叶。叶矩圆形，长 8~16 cm。花序基生，长 25~45 cm，具多花；花长约 1.5 cm。花期：春季至夏季；巴西。

Epiphytic plants. Pseudobulbs clustered, oblong-conical, slightly compressed, ridged, 3–7 cm long, 1- or 2-leaved at apex. Leaves oblong, 8–16 cm long. Inflorescence basal, 25–45 cm long, many-flowered; flowers ca. 1.5 cm long. Fl. spring–summer; Brazil.

0974 ***Gomesa longicornu***
(Photo.: Kohji Karasawa)

0975 ***Gomesa longipes*** **(Lindl. & Paxt.) M. W. Chase & N. H. Williams (*Oncidium longipes* Lindl. & Paxt.) 长柄宫美兰**

附生植物。假鳞茎每 3~4 个簇生于粗根状茎上，狭卵形，长 2~3 cm，顶端具 1~2 叶。叶线状矩圆形，长 10~17 cm。花序基生，长 10~15 cm，具 2~5 花；花直径 2~3.5 cm。花期：春季至初夏；巴西。

Epiphytic plants. Pseudobulbs in clusters of 3 or 4 on a thick rhizome, narrowly ovoid, 2–3 cm long, 1- or 2-leaved at apex. Leaves linear-oblong, 10–17 cm long. Inflorescence basal, 10–15 cm long, 2- to 5-flowered; flowers 2–3.5 cm across. Fl. spring–early summer; Brazil.

0977 ***Gomesa marshalliana***
(Photo.: Kohji Karasawa)

0976 ***Gomesa macronyx*** **(Rchb. f.) M. W. Chase & N. H. Williams (*Oncidium macronyx* Rchb. f.) 二棱宫美兰**

附生植物。假鳞茎簇生，矩圆形，压扁，具二棱，长 3~6 cm，顶端具 2 叶。叶线状舌形，长 12~18 cm。花序基生，长 20~30 cm，有分枝，具多花；花直径约 1.5 cm。花期：冬季；巴西。

Epiphytic plants. Pseudobulbs clustered, oblong, compressed, ancipital, 3–6 cm long, 2-leaved at apex. Leaves linear-ligulate, 12–18 cm long. Inflorescence basal, 20–30 cm long, branched, many-flowered; flowers ca. 1.5 cm across. Fl. winter; Brazil.

0977 ***Gomesa marshalliana*** **(Rchb. f.) M. W. Chase & N. H. Williams (*Oncidium marshallianum* Rchb. f.) 马氏宫美兰**

附生植物。假鳞茎簇生，卵形，稍压扁，长 5~15 cm，顶端具 2 叶。叶线状矩圆形，长 15~30 cm。花序基生，长 1~1.8 m，有分枝，疏生多花；唇瓣宽 3.5~4 cm。花期：初夏；巴西；100~1500 m。

Epiphytic plants. Pseudobulbs clustered, ovoid, slightly compressed, 5–15 cm long, 2-leaved at apex. Leaves linear-oblong, 15–30 cm long. Inflorescence basal, 1–1.8 m long, branched, laxly many-flowered; lip 3.5–4 cm wide. Fl. early summer; Brazil; 100–1500 m.

0975 ***Gomesa longipes*** (Photo.: Kohji Karasawa)

0976 ***Gomesa macronyx*** (Photo.: Kohji Karasawa)

0978 ***Gomesa micropogon***
(Photo.: Kohji Karasawa)

0978 ***Gomesa micropogon*** **(Rchb. f.) M. W. Chase & N. H. Williams** (*Oncidium macropetalum* Lindl.) **黄瓣宫美兰**

假鳞茎卵形，压扁，长 2.5~3 cm，顶端具 2~3 叶。叶矩圆形，长 9~16 cm。花序基生，长 30~70 cm，有分枝，具多花；花直径 2.5~3 cm。花期：秋季至冬季；巴西，巴拉圭；200~1000 m。

Pseudobulbs ovoid, compressed, 2.5–3 cm long, 2- or 3-leaved at apex. Leaves oblong, 9–16 cm long. Inflorescence basal, 30–70 cm long, branched, many-flowered; flowers 2.5–3 cm across. Fl. autumn–winter; Brazil, Paraguay; 200–1000 m.

0979 ***Gomesa paranapiacabensis*** **(Hoehne) M. W. Chase & N. H. Williams** (*Oncidium paranapiacabense* Hoehne) **巴然宫美兰**

石上附生植物。假鳞茎簇生，狭卵形，压扁，长 5~8 cm，顶端具 2 叶。叶线形，长 30~50 cm。花序基生，长于叶，有分枝，具多花；花直径约 2.5 cm。花期：秋季；巴西。

Lithophytic plants. Pseudobulbs clustered, narrowly ovoid, compressed, 5–8 cm long, 2-leaved at apex. Leaves linear, 30–50 cm long. Inflorescence basal, longer than leaves, branched, many-flowered; flowers ca. 2.5 cm across. Fl. autumn; Brazil.

0980 ***Gomesa pectoralis*** **(Lindl.) M. W. Chase & N. H. Williams** (*Oncidium pectorale* Lindl.) **合萼宫美兰**

附生植物。假鳞茎卵形，压扁，长 3.5~5 cm，顶端具 2 叶。叶线状披针形，长 15~20 cm。花序基生，长 40~70 cm，有分枝，具多花；花直径 3~4 cm；侧萼片下部 2/3 合生。花期：冬季；巴西。

Epiphytic plants. Pseudobulbs ovoid, compressed, 3.5–5 cm long, 2-leaved at apex. Leaves linear-lanceolate, 15–20 cm long. Inflorescence basal, 40–70 cm long, branched, many-flowered; flowers 3–4 cm across; lateral sepals fused in basal two thirds. Fl. winter; Brazil.

0980 ***Gomesa pectoralis***
(Photo.: Kohji Karasawa)

0981 ***Gomesa praetexta*** **(Rchb. f.) M. W. Chase & N. H. Williams** (*Oncidium praetextum* Rchb. f.) **舞女宫美兰**

附生植物。假鳞茎椭圆状卵形，压扁，带黑褐色晕，长 3~5 cm，顶端具 2 叶。叶披针状舌形，长 12~18 cm。花序基生，长 40~80 cm，上部有分枝，具多花；花长 3.5~4 cm，有香气。花期：夏季；巴西；约 1200 m。

Epiphytic plants. Pseudobulbs ellipsoid-ovoid, compressed, tinged with blackish brown, 3–5 cm long, 2-leaved at apex. Leaves lanceolate-ligulate, 12–18 cm long. Inflorescence basal, 40–80 cm long, branched above, many-flowered; flowers 3.5–4 cm long, scented. Fl. summer; Brazil; ca. 1200 m.

0979 ***Gomesa paranapiacabensis*** (Photo.: Kohji Karasawa)

0981 ***Gomesa praetexta*** (Photo.: Kohji Karasawa)

0982 ***Gomesa pubes***
(Photo.: Kohji Karasawa)

0983 ***Gomesa pulchella***
(Photo.: Kohji Karasawa)

0985 ***Gomesa sarcodes***
(Photo.: Kohji Karasawa)

0982 *Gomesa pubes* (Lindl.) M. W. Chase & N. H. Williams (*Oncidium pubes* Lindl.) 毛胼宫美兰

附生植物。假鳞茎簇生，圆筒形，稍压扁，长 5~7 cm，顶端具 1~2 叶。叶矩圆状披针形，长 7~12 cm。花序基生，长 30~60 cm，有分枝，具多花；花直径 2~2.5 cm。花期：秋季；巴西、巴拉圭；400~1000 m。

Epiphytic plants. Pseudobulbs clustered, cylindric, slightly compressed, 5–7 cm long, 1- or 2-leaved at apex. Leaves oblong-lanceolate, 7–12 cm long. Inflorescence basal, 30–60 cm long, branched, many-flowered; flowers 2–2.5 cm across. Fl. autumn; Brazil, Paraguay; 400–1000 m.

0983 *Gomesa pulchella* (Regel) M. W. Chase & N. H. Williams (*Oncidium waluewa* Rolfe) 美花宫美兰

附生植物。假鳞茎狭卵形，稍压扁，长 3~6 cm，顶端具 1 叶。叶矩圆形或披针形，长 6~12 cm。花序基生，长约 10 cm，密生 6~20 花；花直径约 1.5 cm。花期：秋季至冬季；巴西、巴拉圭；900~1200 m。

Epiphytic plants. Pseudobulbs narrowly ovoid, slightly compressed, 3–6 cm long, 1-leafed at apex. Leaf oblong or lanceolate, 6–12 cm long. Inflorescence basal, ca. 10 cm long, densely 6- to 20-flowered; flowers ca. 1.5 cm across. Fl. autumn–winter; Brazil, Paraguay; 900–1200 m.

0984 *Gomesa ranifera* (Lindl.) M. W. Chase & N. H. Williams (*Oncidium raniferum* Lindl.) 蛙花宫美兰

附生植物。假鳞茎卵形或狭卵形，稍压扁，长 3~6.5 cm，顶端具 2 叶。叶线形，长 6~20 cm。花序基生，长 20~35 cm，多分枝，具多花；花直径 1~1.5 cm。花期：春季至初夏；巴西东部；约 1800 m。

Epiphytic plants. Pseudobulbs ovoid or narrowly ovoid, slightly compressed, 3–6.5 cm long, 2-leaved at apex. Leaves linear, 6–20 cm long. Inflorescence basal, 20–35 cm long, much-branched, many-flowered; flowers 1–1.5 cm across. Fl. spring–early summer; E Brazil; ca. 1800 m.

0984 ***Gomesa ranifera*** (Photo.: Kohji Karasawa)

0985 *Gomesa sarcodes* (Lindl.) M. W. Chase & N. H. Williams (*Oncidium sarcodes* Lindl.) 肉色宫美兰

附生植物。假鳞茎近纺锤形，压扁，长 10~15 cm，顶端具 2~3 叶。叶矩圆形，长 15~25 cm。花序基生，纤细，暗紫色，长达 1~1.8 m，有分枝，具多花；花直径 3.5~5 cm。花期：春季；巴西；0~200 m。

Epiphytic plants. Pseudobulbs subfusiform, compressed, 10–15 cm long, 2- or 3-leaved at apex. Leaves oblong, 15–25 cm long. Inflorescence basal, slender, dull purple, to 1–1.8 m long, branched, many-flowered; flowers 3.5–5 cm across. Fl. spring; Brazil; 0–200 m.

0986 ***Gomesa spiloptera***
(Photo.: Kohji Karasawa)

0986 ***Gomesa spiloptera*** **(Lindl.) M. W. Chase & N. H. Williams** (*Oncidium spilopterum* Lindl.) **疏花宫美兰**

附生植物。假鳞茎簇生，卵状圆锥形，压扁，长 3~4 cm，顶端具 2 叶。叶线状披针形，长 15~20 cm。花序基生，长 60~100 cm，疏生 6~15 花；花直径 2~3 cm。花期：秋季至冬季；巴西、巴拉圭；300~1200 m。

Epiphytic plants. Pseudobulbs clustered, ovoid-conical, compressed, 3–4 cm long, 2-leaved at apex. Leaves linear-lanceolate, 15–20 cm long. Inflorescence basal, 60–100 cm long, laxly 6- to 15-flowered; flowers 2–3 cm across. Fl. autumn–winter; Brazil, Paraguay; 300–1200 m.

0987 ***Gomesa varicosa*** **(Lindl.) M. W. Chase & N. H. Williams** (*Oncidium varicosum* Lindl.) **脉纹宫美兰**

附生植物。假鳞茎簇生，卵形，压扁，长 7~10 cm，顶端具 2 叶。叶舌状披针形，长 15~20 cm。花序基生，长 60~150 cm，有分枝，具多花；花直径 3~4 cm。花期：秋季；巴西；500~1800 m。

Epiphytic plants. Pseudobulbs clustered, ovoid, compressed, 7–10 cm long, 2-leaved at apex. Leaves ligulate-lanceolate, 15–20 cm long. Inflorescence basal, 60–150 cm long, branched, many-flowered; flowers 3–4 cm across. Fl. autumn; Brazil; 500~1800 m.

0988 ***Gomesa venusta***
(Photo.: Kohji Karasawa)

0988 ***Gomesa venusta*** **(Drapiez) M. W. Chase & N. H. Williams** (*Oncidium trulliferum* Lindl.) **秀丽宫美兰**

假鳞茎簇生，狭矩圆形，压扁，长 10~15 cm，顶端具 3 叶。叶狭矩圆形，长 15~25 cm。花序基生，长 50~80 cm，有分枝，具多花；花长 1.5~2.5 cm。花期：秋季；巴西。

Pseudobulbs clustered, narrowly oblong, compressed, 10–15 cm long, 3-leaved at apex. Leaves narrowly oblong, 15–25 cm long. Inflorescence basal, 50–80 cm long, branched, many-flowered; flowers 1.5–2.5 cm long. Fl. autumn; Brazil.

0989 ***Gomesa widgrenii*** **(Lindl.) M. W. Chase & N. H. Williams** (*Oncidium widgrenii* Lindl.) **韦氏宫美兰**

附生植物。假鳞茎簇生，矩圆状纺锤形，压扁，长 4~7 cm，顶端具 1 叶。叶矩圆状披针形，长 8~14 cm。花序基生，长 20~35 cm，有分枝，具多花；花直径 1.5~2 cm。花期：4~5 月；巴西；200~1800 m。

Epiphytic plants. Pseudobulbs clustered, oblong-fusiform, compressed, 4–7 cm long, 1-leafed at apex. Leaf oblong-lanceolate, 8–14 cm long. Inflorescence basal, 20–35 cm long, branched, many-flowered; flowers 1.5–2 cm across. Fl. Apr.–May; Brazil; 200–1800 m.

0987 ***Gomesa varicosa*** (Photo.: Kohji Karasawa)

0989 ***Gomesa widgrenii*** (Photo.: Kohji Karasawa)

0990 ***Gongora galeata*** **(Lindl.) Rchb. f. 爪唇兰**

附生植物。假鳞茎簇生，卵形至梨形，有沟槽，长 4~6 cm，顶端具 1~2 叶。叶宽披针形，长 15~35 cm。花序基生，弯曲下垂，长 15~28 cm，具 10~15 花；花直径 4~5 cm，有香气。花期：夏季至初秋；墨西哥；600~1800 m。

Epiphytic plants. Pseudobulbs clustered, ovoid to pyriform, sulcate, 4–6 cm long, 1- or 2-leaved at apex. Leaves broadly lanceolate, 15–35 cm long. Inflorescence basal, arcuate-pendulous, 15–28 cm long, 10- to 15-flowered; flowers 4–5 cm across, scented. Fl. summer–early autumn; Mexico; 600–1800 m.

0990 ***Gongora galeata***
(Photo.: Kohji Karasawa)

0991 ***Grammangis ellisii*** **(Lindl.) Rchb. f. 斑唇兰**

附生植物。假鳞茎卵形，有 4 棱，长 8~10 (~20) cm，顶端具 3~5 叶。叶近矩圆形，长 15~45 cm。花序基生，弯曲，长 40~65 cm，具 15~40 花；花直径 5~8 cm。花期：夏季；马达加斯加；0~1300 m。

Epiphytic plants. Pseudobulbs ovoid, tetragonal, 8–10 (–20) cm long, 3- to 5-leaved at apex. Leaves suboblong, 15–45 cm long. Inflorescence basal, arcuate, 40–65 cm long, 15- to 40-flowered; flowers 5–8 cm across. Fl. summer; Madagascar; 0–1300 m.

0992 ***Grammatophyllum scriptum***
(Photo.: Kohji Karasawa)

0992 ***Grammatophyllum scriptum*** **(L.) Blume 斑被兰**

附生植物。假鳞茎簇生，卵形，稍压扁，长约 20 cm。叶 3~5 枚，二列，近矩圆形，长 40~70 cm。花序基生，弯曲，长 80~190 cm，密生多花；花直径约 5 cm。花期：夏季；印度尼西亚东部、马来西亚（沙巴）、巴布亚新几内亚、所罗门群岛；低海拔地。

Epiphytic plants. Pseudobulbs clustered, ovoid, slightly compressed, ca. 20 cm long. Leaves 3–5, distichous, suboblong, 40–70 cm long. Inflorescences basal, arcuate, 80–190 cm long, densely many-flowered; flowers ca. 5 cm across. Fl. summer; E Indonesia, Malaysia (Sabah), Papua New Guinea, Solomon Islands; at low altitudes.

0993 ***Grammatophyllum scriptum*** **(L.) Blume var. *tigrinum* (Lindl.) Holttum 虎纹斑被兰（变种）**

此变种与斑唇兰（原变种）*Grammatophyllum scriptum* (var. *scriptum*) 的区别在于它的萼片和唇瓣具虎斑。花期：夏季；菲律宾。

This variety differs from *Grammatophyllum scriptum* (var. *scriptum*) by its sepals and petals with tiger-like mottles. Fl. summer; Philippines.

0991 ***Grammangis ellisii*** (Photo.: Kohji Karasawa)

0993 ***Grammatophyllum scriptum*** var. ***tigrinum***
(Photo.: Kohji Karasawa)

0994 ***Grammatophyllum stapeliiflorum*** (Photo.: Kohji Karasawa)

0994 *Grammatophyllum stapeliiflorum* (Teijsm. & Binnend.) J. J. Sm. 鸦花斑被兰

附生植物。假鳞茎宽卵形，压扁，长 10~15 cm。叶 2~3 枚，近顶生，矩圆状披针形，长 15~45 cm。花序基生，下垂，长 25~65 cm，具多花；花直径 4~5 cm，有特别的气味。花期：夏季；印度尼西亚（苏门答腊、爪哇、苏拉威西）、马来西亚（马来半岛）；500~1000 m。

Epiphytic plants. Pseudobulbs broadly ovoid, compressed, 10–15 cm long. Leaves 2–3, subterminal, oblong-lanceolate, 15–45 cm long. Inflorescences basal, pendulous, 25–65 cm long, many-flowered; flowers 4–5 cm across, with peculiar odor. Fl. summer; Indonesia (Sumatra, Java, Sulawesi), Malaysia (Malay Peninsula); 500–1000 m.

0995 *Grandiphyllum auricula* (Vell.) Docha Neto (*Oncidium harrisonianum* Lindl.) 巨叶兰

附生植物。假鳞茎簇生，圆形至椭圆形，压扁，长约 2.5 cm，顶端具 1 叶。叶线状矩圆形，长 7~15 cm，肉质。花序基生，长约 30 cm，有分枝，通常具 5~6 花；花直径约 1.6 cm。花期：夏季至秋季；巴西；约 1000 m。

Epiphytic plants. Pseudobulbs clustered, rounded to ellipsoid, compressed, ca. 2.5 cm long, 1-leafed at apex. Leaf linear-oblong, 7–15 cm long, fleshy. Inflorescence basal, ca. 30 cm long, branched, often 5- or 6-flowered; flowers ca. 1.6 cm across. Fl. summer–autumn; Brazil; ca. 1000 m.

0995 ***Grandiphyllum auricula*** (Photo.: Kohji Karasawa)

0996 *Grandiphyllum divaricatum* (Lindl.) Docha Neto (*Oncidium divaricatum* Lindl.) 多花巨叶兰

附生植物。假鳞茎簇生，圆形，强烈压扁，长 2.5~4 cm，顶端具 1 叶。叶椭圆形至狭矩圆形，长 14~30 cm。花序基生，长可达 1~2 m，有分枝，具多花；花直径 2~2.5 cm。花期：秋季；巴西；约 1500 m。

Epiphytic plants. Pseudobulbs clustered, rounded, strongly compressed, 2.5–4 cm long, 1-leafed at apex. Leaf elliptic to narrowly oblong, 14–30 cm long. Inflorescence basal, up to 1–2 m long, branched, many-flowered; flowers 2–2.5 cm across. Fl. autumn; Brazil; ca. 1500 m.

0997 *Grandiphyllum edwallii* (Cogn.) Docha Neto (*Oncidium edwallii* Cogn.) 埃氏巨叶兰

附生植物。假鳞茎簇生，小，扁平，长 1~2.5 cm，顶端具 1 叶。叶矩圆形，长 2~7 cm。花序基生，长 10~20 cm，具数花；唇瓣长约 1.5 cm。花期：春季；巴西。

Epiphytic plants. Pseudobulbs clustered, small, compressed, 1–2.5 cm long, 1-leafed at apex. Leaf oblong, 2–7 cm long. Inflorescence basal, 10–20 cm long, several-flowered; lip ca. 1.5 cm long. Fl. spring; Brazil.

0996 ***Grandiphyllum divaricatum*** (Photo.: Kohji Karasawa)

0997 ***Grandiphyllum edwallii*** (Photo.: Kohji Karasawa)

0998 ***Graphorkis concolor*** var. ***alphabetica*** (Photo.: Kohji Karasawa)

0999 ***Grobya amherstiae*** (Photo.: Kohji Karasawa)

1000 ***Guarianthe bowringiana*** (Photo.: Kohji Karasawa)

0998 ***Graphorkis concolor* Kuntze** var. ***alphabetica* F. N. Rasm.** 画兰（变种）

附生植物。假鳞茎簇生，卵形，稍压扁，具数节，长 3~18 cm，具 4~6 叶。叶近线形，长 8~15 cm。花序基生，直立，长可达 70 cm，有分枝，具多花；花直径 2~3 cm。花期：春季至夏季；马达加斯加及邻近岛屿；低海拔地。

Epiphytic plants. Pseudobulbs clustered, ovoid, slightly compressed, several-noded, 3–18 cm long, 4- to 6-leaved. Leaves sublinear, 8–15 cm long. Inflorescence basal, erect, up to 70 cm long, branched, many-flowered; flowers 2–3 cm across. Fl. spring–summer; Madagascar and adjacent islands; at low altitudes.

0999 ***Grobya amherstiae* Lindl.** 格罗兰

附生植物。假鳞茎簇生，近球形，长达 3.5 cm，近顶端 6~10 枚叶。叶线状披针形，长 20~40 cm。花序基生，弯曲，长 10~15 cm，疏生多花；萼片与花瓣长约 2 cm。花期：夏季；巴西东部；600~900 m。

Epiphytic plants. Pseudobulbs clustered, subglobose, to 3.5 cm long, with 6–10 leaves toward apex. Leaves linear-lanceolate, 20–40 cm long. Inflorescence basal, arcuate, 10–15 cm long, laxly many-flowered; sepals and petals ca. 2 cm long. Fl.summer; eastern Brazil; 600–900 m.

1000 ***Guarianthe bowringiana* (O' Brien) Dressler & W. E. Higgins** (*Cattleya bowringiana* O' Brien) 瓜兰

附生植物。假鳞茎棍棒状，长 20~80 cm，基部膨大，顶端具 2 叶或罕有 3 叶。叶矩圆形，长 15~20 cm。花序顶生，长 20~25 cm，具 5~15 花，罕有达 47 花；花直径 6~7 cm。花期：秋季；伯利兹、危地马拉；200~900 m。

Epiphytic plants. Pseudobulbs clavate, 20–80 cm long, swollen at base, 2- or rarely 3-leaved at apex. Leaves oblong, 15–20 cm long. Inflorescence terminal, 20–25 cm long, with 5–15 (rarely –47) flowers; flowers 6–7 cm across. Fl. autumn; Belize, Guatemala; 200–900 m.

1001 ***Gymnadenia conopsea* (L.) R. Br.** 手参

地生植物，高 20~60 cm。块茎掌状分裂。茎粗壮。叶 3~5 枚，茎生，矩圆状披针形，长 5.5~20 cm。花序长 11~26 cm，密生多花；花直径约 1 cm，稍有香气。花期：夏季；中国北部至西南部、日本、朝鲜半岛、俄罗斯，向东至许多欧洲国家；200~4700 m。

Terrestrial plants, 20–60 cm tall. Tubers palmately lobed. Stems stout. Leaves 3–5, cauline, oblong-lanceolate, 5.5–20 cm long. Inflorescence 11–26 cm long, densely many-flowered; flowers ca. 1 cm across, slightly scented. Fl. summer; N to SW China, Japan, Korea, Russia, east to many European countries; 200–4700 m.

1001 ***Gymnadenia conopsea*** (Photos.: Junwen Zhai)

1002 ***Habenaria carnea***
(Photo.: Kohji Karasawa)

1002 *Habenaria carnea* N. E. Br. 肉色玉凤花

地生植物，高 15~25 cm。块茎狭卵形。茎近基部具数枚叶。叶近矩圆形，长 6~10 cm，上面绿色而有近白色斑点。花序具 5~10 花；花直径 3~4 cm。花期：秋季；马来西亚（马来半岛）、泰国；低海拔地。

Terrestrial plants, 15–25 cm tall. Tubers narrowly ovoid. Stems with several leaves toward base. Leaves suboblong, 6–10 cm long, upper surface green with whitish spots. Inflorescence 5- to 10-flowered; flowers 3–4 cm across. Fl. autumn; Malaysia (Malay Peninsula), Thailand; at low altitudes.

1003 *Habenaria dentata* (Sw.) Schltr. 鹅毛玉凤花

地生植物，高 30~87 cm。块茎矩圆状卵形，长 2~5 cm。茎疏生 3~5 枚互生叶。叶近矩圆形，长 5~15 cm。花序长 5~12 cm，具多花；花直径约 2 cm。花期：8~10 月；柬埔寨、中国（湖北至台湾和西藏）、印度、日本、老挝、缅甸、尼泊尔、泰国、越南；200~2300 m。

Terrestrial plants, 30–87 cm tall. Tubers oblong-ovoid, 2–5 cm long. Stems loosely with 3–5 alternate leaves. Leaves suboblong, 5–15 cm long. Inflorescence 5–12 cm long, many-flowered; flowers ca. 2 cm across. Fl. Aug.–Oct.; Cambodia, China (Hubei to Taiwan and Xizang), India, Japan, Laos, Myanmar, Nepal, Thailand, Vietnam; 200–2300 m.

1003 ***Habenaria dentata***
(Photo.: Junwen Zhai)

1004 *Habenaria rhodocheila* Hance 橙黄玉凤花

地生植物，高 8~35 cm。块茎矩圆状圆筒形，长 2~4 cm。茎在中部以下具 4~6 叶。叶线状披针形，长 10~15 cm。花序长 3~8 cm，具数花至多花；花直径 3~3.5 cm。花期：7~8 月；中国（海南至福建和贵州）至马来西亚（马来半岛），也见于菲律宾；300~1500 m。

Terrestrial plants, 8–35 cm tall. Tubers oblong-cylindric, 2–4 cm long. Stems with 4–6 leaves below middle. Leaves linear-lanceolate, 10–15 cm long. Inflorescence 3–8 cm long, with several to many flowers; flowers 3–3.5 cm across. Fl. July–Aug.; China (Hainan to Fujian and Guizhou) to Malaysia (Malay Peninsula), also Philippines; 300–1500 m.

1004 ***Habenaria rhodocheila*** (Photos.: Kohji Karasawa)

1005 ***Haraella retrocalla* (Hayata) Kudo 香兰**

附生植物。茎短，具4~6枚二列的叶。叶近矩圆形，长2.5~7 cm。花序通常2个，腋生，下垂，长3~6 cm，具1~4花；唇瓣长1.2~1.4 cm。花期：7~11月；中国（台湾）、日本（琉球群岛）；500~1000 m。

Epiphytic plants. Stems short, with 4–6 distichous leaves. Leaves suboblong, 2.5–7 cm long. Inflorescences often 2, axillary, pendulous, 3–6 cm long, 1- to 4-flowered; lip 1.2–1.4 cm long. Fl. July–Nov.; China (Taiwan), Japan (Ryukyu Islands); 500–1000 m.

1005 ***Haraella retrocalla***
(Photo.: Kohji Karasawa)

1006 ***Helcia brevis* (Rolfe) Dodson 卷唇枷兰**

附生植物。假鳞茎簇生，狭圆锥形，长8~12 cm，顶生1叶。叶近矩圆状披针形，长10~16 cm。花序基生，短于叶，具1~3花；中萼片长约4 cm。花期：不详；秘鲁。

Epiphytic plants. Pseudobulbs clustered, narrowly conical, 8–12 cm long, 1-leafed at apex. Leaf suboblong-lanceolate, 10–16 cm long. Inflorescence basal, shorter than leaf, 1- to 3-flowered; dorsal sepal ca. 4 cm long. Fl. unknown; Peru.

1007 ***Helcia sanguinolenta* Lindl. 枷兰**

附生植物。假鳞茎簇生，稍压扁的卵形，长5~8 cm，顶端具1叶。叶狭椭圆形，长10~20 cm。花序基生，长10~20 cm，具1花；花直径5~6 cm。花期：冬季至春季；玻利维亚、哥伦比亚、厄瓜多尔；1000~3000 m。

Epiphytic plants. Pseudobulbs clustered, slightly compressed-ovoid, 5–8 cm long, 1-leafed at apex. Leaf narrowly elliptic, 10–20 cm long. Inflorescence basal, 10–20 cm long, 1-flowered; flower 5–6 cm across. Fl. winter–spring; Bolivia, Colombia, Ecuador; 1000–3000 m.

1007 ***Helcia sanguinolenta***
(Photo.: Kohji Karasawa)

1008 ***Hemipilia cordifolia* Lindl. 心叶舌喙兰**

地生植物，高13~27 cm。块茎卵形至近球形，长1.5~4.5 cm。叶1枚，近基生，近圆形或心形，长3~8 cm，上面深绿色并具紫色斑点，背面带紫色。花序具3~10朵或更多花；唇瓣长7~9 mm。花期：6~9月；不丹、中国（四川、台湾、西藏、云南）、印度、缅甸、尼泊尔；1500~3500 m。

Terrestrial plants, 13–27 cm tall. Tubers ovoid to subglobose, 1.5–4.5 cm long. Leaf 1, nearly basal, suborbicular to cordate, 3–8 cm long, dark green with purple spots above, purplish below. Inflorescence with 3–10 or more flowers; lip 7–9 mm long. Fl. June–Sep.; Bhutan, China (Sichuan, Taiwan, Xizang, Yunnan), India, Myanmar, Nepal; 1500–3500 m.

1006 ***Helcia brevis*** (Photo.: SCO)

1008 ***Hemipilia cordifolia*** (Photo.: Yibo Luo)

1009 ***Hemipilia crassicalcarata*** (Photos.: Yibo Luo)

1009 *Hemipilia crassicalcarata* S. S. Chien 粗距舌喙兰

地生植物，高 15~35 cm。块茎椭圆形，长 1~2 cm。叶 1~2 枚，近基生，卵形至近心形，长 5~12 cm。花序通常具 7~15 花；唇瓣长约 1.3 cm。花期：7 月；中国（陕西、山西、四川）；1000~1200 m。

Terrestrial plants, 15–35 cm tall. Tubers ellipsoid, 1–2 cm long. Leaves 1 or 2, nearly basal, ovate to subcordate, 5–12 cm long. Inflorescence often 7- to 15-flowered; lip ca. 1.3 cm long. Fl. July; China (Shaanxi, Shanxi, Sichuan); 1000–1200 m.

1010 ***Hemipilia flabellata***
(Photos.: Yibo Luo)

1010 *Hemipilia flabellata* Bureau & Franch. 扇唇舌喙兰

地生植物，高 15~28 cm。块茎狭椭圆形，长 1.5~4.5 cm。叶 1 枚，近基生，心形至宽卵形，长 2~10 cm，上面具紫色斑点。花序具 3~15 花；花色泽变化大，从带紫的红色至近白色；唇瓣长 8~10 mm。花期：6~8 月；中国（贵州、四川、云南）；1600~3200 m。

Terrestrial plants, 15–28 cm tall. Tubers narrowly ellipsoid, 1.5–4.5 cm long. Leaf 1, nearly basal, cordate to broadly ovate, 2–10 cm long, upper surface with purple spots. Inflorescence 3- to 15-flowered; flowers variable in color, from purplish red to whitish; lip 8–10 mm long. Fl. June–Aug.; China (Guizhou, Sichuan, Yunnan); 1600–3200 m.

1011 *Hemipilia henryi* Rolfe 裂唇舌喙兰

地生植物，高 20~32 cm。块茎椭圆形，长约 2 cm。叶 1 枚或罕有 2 枚，近基生，卵形，长 4~11 cm，上面具紫色斑点。花序具 3~9 花；唇瓣长约 1.2 cm。花期：7~8 月；中国（湖北、四川）；800~1100 m。

Terrestrial plants, 20–32 cm tall. Tubers ellipsoid, ca. 2 cm long. Leaves 1 or rarely 2, nearly basal, ovate, 4–11 cm long, upper surface with purple spots. Inflorescence 3- to 9-flowered; lip ca. 1.2 cm long. Fl. July–Aug.; China (Hubei, Sichuan); 800–1100 m.

1011 ***Hemipilia henryi*** (Photos.: Yibo Luo)

1012 ***Hemipilia kwangsiensis***
(Photos.: Yibo Luo)

1013 ***Hemipilia limprichtii***
(Photos.: Yibo Luo)

1015 ***Hexadesmia dunstervillei***
(Photo.: Kohji Karasawa)

1012 *Hemipilia kwangsiensis* T. Tang & F. T. Wang 广西舌喙兰

地生植物，高 13~20 cm。块茎椭圆形，长 1.5~2 cm。叶 1 枚，近基生，近圆形，长 5.5~6 cm，基部心形。花序疏生 5~7 花；唇瓣长 1.1~1.2 cm。花期：8 月；中国（广西、云南）；400~1000 m。

Terrestrial plants, 13–20 cm tall. Tubers ellipsoid, 1.5–2 cm long. Leaf 1, nearly basal, suborbicular, 5.5–6 cm long, base cordate. Inflorescence laxly 5- to 7-flowered; lip 1.1–1.2 cm long. Fl. Aug.; China (Guangxi, Yunnan); 400–1000 m.

1013 *Hemipilia limprichtii* Schltr. 短距舌喙兰

地生植物，高 10~30 cm。块茎狭椭圆形，长 1~1.5 cm。叶 1 枚或罕有 2 枚，卵形，长 3~6 cm，基部心形。花序具 3~10 朵或更多花；唇瓣长 8~10 mm。花期：7~8 月；中国（贵州、云南）；1000~1600 m。

Terrestrial plants, 10–30 cm tall. Tubers narrowly ellipsoid, 1–1.5 cm long. Leaves 1 or rarely 2, ovate, 3–6 cm long, base cordate. Inflorescence with 3–10 or more flowers; lip 8–10 mm long. Fl. July–Aug.; China (Guizhou, Yunnan); 1000–1600 m.

1014 *Hemipiliopsis purpureopunctata* (K. Y. Lang) Y. B. Luo & S. C. Chen 紫斑兰

地生植物，高 20~50 cm，全株具紫色斑点。块茎长 2~4 cm。茎在近基部具 1 叶或罕有 2 叶。叶椭圆形至卵状矩圆形，长 2~15 cm，上面绿色而有紫色斑点，背面浅紫色。花序具 2~20 花；花直径 1~1.5 cm。花期：8~9 月；中国（西藏）、印度东北部；2100~3400 m。

Terrestrial plants, 20–50 cm tall, with purple spots throughout. Tubers 2–4 cm long. Stems with 1 or rarely 2 leaves near base. Leaves elliptic to ovate-oblong, 2–15 cm long, green spotted with purple above, light purple below. Inflorescence 2- to 20-flowered; flowers 1–1.5 cm across. Fl. Aug.–Sep.; China (Xizang), NE India; 2100–3400 m.

1014 ***Hemipiliopsis purpureopunctata***
(Photo.: Xiaohua Jin)

1015 *Hexadesmia dunstervillei* Garay 六带兰

附生植物。茎丛生，下部纤细，上部呈纺锤形膨大，有时新茎从老茎顶端生出，长 10~25 cm，顶端具 2 叶。叶矩圆状披针形，长 5~10 cm。花序顶生，具 1~2 花；花直径 1.5~2 cm。花期：冬季；委内瑞拉。

Epiphytic plants. Stems tufted, slender below, fusiform-swollen above, sometimes new growth arising from the apex of the old growth, 10–25 cm long, 2-leaved at apex. Leaves oblong-lanceolate, 5–10 cm long. Inflorescence terminal, 1- or 2-flowered; flowers 1.5–2 cm across. Fl. winter; Venezuela.

1016 ***Hexisea bidentata*** **Lindl. 六瓣兰**

附生植物。假鳞茎近圆筒形，长 5~10 cm，一个生于另一个顶端，外观似茎状，长达 30~45 cm，顶生 2 叶。叶披针形，长 5~10 cm。花序顶生，长 2.5~3 cm ，密生数花；花直径约 2 cm。花期：通常夏季至秋季；墨西哥南部和加勒比岛屿至玻利维亚和巴西；300~600 m。

Epiphytic plants. Pseudobulbs subcylindric, 5–10 cm long, one growing from the apex of another and looking like a stem, to 30–45 cm long, 2- leaved at apex. Leaves lanceolate, 5–10 cm long. Inflorescence terminal, 2.5–3 cm long, densely several-flowered; flowers ca. 2 cm across. Fl. usually summer and autumn; S Mexico and the Caribbean islands to Bolivia and Brazil; 300–600 m.

1016 *Hexisea bidentata*
(Photo.: Kohji Karasawa)

1017 ***Holcoglossum amesianum*** **(Rchb. f.) Christenson 大根槽舌兰**

附生植物。茎长 2~5 cm，基部生根。叶 4~7 枚，近基生，近圆柱形，有纵槽，长 9~30 cm。花序腋生，长 23~25 cm，具数花；花直径 2~3.5 cm。花期：12~3 月；中国（云南）、印度、老挝、缅甸、泰国、越南；1200~2000 m。

Epiphytic plants. Stems 2–5 cm long, rooting at base. Leaves 4–7, nearly basal, subterete, longitudinally channeled, 9–30 cm long. Inflorescence axillary, 23–25 cm long, several-flowered; flowers 2–3.5 cm across. Fl. Dec.–Mar.; China (Yunnan), India, Laos, Myanmar, Thailand, Vietnam; 1200–2000 m.

1017 *Holcoglossum amesianum*
(Photos.: Xiaohua Jin(left); Junwen Zhai(right))

1018 ***Holcoglossum flavescens*** **(Schltr.) Z. H. Tsi 短距槽舌兰**

附生植物。茎长 1~2 cm，近基部具数叶。叶二列，近圆柱形，具宽纵槽，长 4~8.5 cm。花序腋生，长 3~5 cm，具 1~3 花；花直径 1.5~2 cm。花期：8~9 月；中国（福建、湖北、四川、云南）；1200~2700 m。

Epiphytic plants. Stems 1–2 cm long, with several leaves near base. Leaves distichous, subterete, longitudinally broad-channeled, 4–8.5 cm long. Inflorescence axillary, 3–5 cm long, 1- to 3-flowered; flowers 1.5–2 cm across. Fl. Aug.–Sep.; China (Fujian, Hubei, Sichuan, Yunnan); 1200–2700 m.

1018 *Holcoglossum flavescens* (Photo.: Junwen Zhai)

1019 ***Holcoglossum kimballianum***
(Photos.: Junwen Zhai(left); Xiaohua Jin(right))

1022 ***Holcoglossum rupestre*** (Photos.: Xiaohua Jin)

1019 *Holcoglossum kimballianum* (Rchb. f.) Garay 管叶槽舌兰

附生植物。茎长 1~2.5 cm 或过之，通常具 4~5 叶。叶圆柱形，具纵槽，长 30~60 cm。花序腋生，俯垂，长 10~28 cm，疏生多花；花直径 4~5 cm。花期：10~11 月；中国（云南）、老挝、缅甸、泰国、越南；1000~1700 m。

Epiphytic plants. Stems 1–2.5 cm or more long, often 4- or 5-leaved. Leaves terete, longitudinally channeled, 30–60 cm long. Inflorescence axillary, nodding, 10–28 cm long, laxly many-flowered; flowers 4–5 cm across. Fl. Oct.–Nov.; China (Yunnan), Laos, Myanmar, Thailand, Vietnam; 1000–1700 m.

1020 *Holcoglossum pumilum* (Hayata) X. H. Jin [*Ascocentrum pumilum* (Hayata) Schltr., *Ascolabium pumilum* (Hayata) S. S. Ying] **尖叶槽舌兰**

附生植物。茎长 1.5~2 cm。叶 4~6 枚，近圆柱形，二列，长 3~8 cm，宽 1.5~3 mm，腹面有槽。花序腋生，直立，长 3~4 cm，具 3~10 花；花直径 0.8~1 cm。花期：12~2 月；中国（台湾）；1000~2300 m。

Epiphytic plants. Stems 1.5–2 cm long. Leaves 4–6, subterete, distichous, 3–8 cm long, 1.5–3 mm wide, channeled ventrally. Inflorescences axillary, erect, 3–4 cm long, 3- to 10-flowered; flowers 0.8–1 cm across. Fl. Dec.–Feb.; China (Taiwan); 1000–2300 m.

1020 ***Holcoglossum pumilum***
(Photo.: Kohji Karasawa)

1021 ***Holcoglossum quasipinifolium***
(Photo.: Kohji Karasawa)

1021 *Holcoglossum quasipinifolium* (Hayata) Schltr. 槽舌兰

附生植物。茎长 2~5 cm，具 6~10 叶。叶近圆柱形，有纵槽，长 7~10 cm，基部具套叠的鞘。花序腋生，长 6~10 cm，通常具 1~5 花；花直径约 2 cm。花期：2~4 月；中国（台湾）；1800~3800 m。

Epiphytic plants. Stems 2–5 cm long, 6- to 10-leaved. Leaves subterete, longitudinally channeled, 7–10 cm long, equitant-sheathing basally. Inflorescence axillary, 6–10 cm long, often 1- to 5-flowered; flowers ca. 2 cm across. Fl. Feb.–Apr.; China (Taiwan); 1800–3800 m.

1022 *Holcoglossum rupestre* (Hand.-Mazz.) Garay 滇西槽舌兰

附生植物。茎长约 2 cm，基部具多条长达 50 cm 的根。叶多枚，圆柱形，长 12~28 cm。花序腋生，甚短，具 2~10 花；花直径约 2 cm。花期：6 月；中国（云南西北部）；2000~2400 m。

Epiphytic plants. Stems ca. 2 cm long, base with many roots to 50 cm long. Leaves many, terete, 12–28 cm long. Inflorescence axillary, very short, 2- to 10-flowered; flowers ca. 2 cm across. Fl. June; China (NW Yunnan); 2000–2400 m.

1023 ***Holcoglossum sinicum*** **Christenson 中华槽舌兰**

附生植物。茎短，近基部具多枚叶。叶近圆柱形，具纵槽，长 10~20 cm。花序腋生，甚短，具 1~3 花；花直径约 1.5 cm。花期：5 月；中国（云南北部）；2600~3200 m。

Epiphytic plants. Stems short, with many leaves near base. Leaves subterete, longitudinally channeled, 10–20 cm long. Inflorescence axillary, very short, 1- to 3-flowered; flowers ca. 1.5 cm across. Fl. May; China (N Yunnan); 2600–3200 m.

1023 ***Holcoglossum sinicum***
(Photos.: Xiaohua Jin)

1024 ***Holcoglossum subulifolium*** **(Rchb. f.) Christenson 凹唇槽舌兰**

附生植物。茎长 2~20 cm，通常具 3~5 叶。叶近圆柱形，具纵槽，长 5~14 cm。花序腋生，弯曲，长约 14 cm，具数花；花直径约 3.5 cm。花期：3~5 月；中国（海南、云南）、缅甸、泰国、越南；1300~2200 m。

Epiphytic plants. Stems 2–20 cm long, often 3- to 5-leaved. Leaves subterete, longitudinally channeled, 5–14 cm long. Inflorescence axillary, arching, ca. 14 cm long, several-flowered; flowers ca. 3.5 cm across. Fl. Mar.–May; China (Hainan, Yunnan), Myanmar, Thailand, Vietnam; 1300–2200 m.

1025 ***Holcoglossum tsii*** **T. Yukawa 吉氏槽舌兰**

附生植物。茎长 1~2 cm。叶数枚，半圆柱形，具纵槽，长 10~13 cm。花序腋生，长约 10 cm，具 4~5 花；花直径约 3 cm。花期：4~5 月；中国（云南东南部）；1800~1900 m。

Epiphytic plants. Stems 1–2 cm long. Leaves several, semi-terete, longitudinally channeled, 10–13 cm long. Inflorescence axillary, ca. 10 cm long, 4- or 5-flowered; flowers ca. 3 cm across. Fl. Apr.–May; China (SE Yunnan); 1800–1900 m.

1025 ***Holcoglossum tsii***
(Photo.: Xiaohua Jin)

1026 ***Holcoglossum weixiense*** **X. H. Jin & S. C. Chen 维西槽舌兰**

附生植物。茎下垂，长 1~2 cm，基部生根，近基部具多枚叶。叶近圆柱形，长 10~30 cm。花序腋生，短，具 1~5 花；花直径 2~2.5 cm。花期：5~6 月；中国（云南西北部）；2500~3000 m。

Epiphytic plants. Stems pendulous, 1–2 cm long, rooting at base, many-leaved near base. Leaves subterete, 10–30 cm long. Inflorescence axillary, short, 1- to 5-flowered; flowers 2–2.5 cm across. Fl. May–June; China (NW Yunnan); 2500–3000 m.

1024 ***Holcoglossum subulifolium***
(Photos.: Sicong Lu(left); Kexue Xu(right))

1026 ***Holcoglossum weixiense*** (Photos.: Xiaohua Jin)

1027 ***Houlletia lowiana*** (Photo.: SCO)

1028 ***Houlletia odoratissima*** (Photo.: Kohji Karasawa)

1029 ***Houlletia tigrina*** (Photo.: Kohji Karasawa)

1027 *Houlletia lowiana* Rchb. f. 侯勒兰

地生植物。假鳞茎近球形，长约 2 cm，顶端具 1 叶。叶矩圆状披针形，长约 30 cm，具长柄。花序基生，直立，长约 12 cm，具 5~8 花；花直径 3.5~4 cm，有香气。花期：12 月；哥伦比亚、秘鲁；约 1700 m。

Terrestrial plants. Pseudobulbs subglobose, ca. 2 cm long, 1-leafed at apex. Leaf oblong-lanceolate, ca. 30 cm long, with a long petiole. Inflorescence basal, erect, ca. 12 cm long, 5- to 8-flowered; flowers 3.5–4 cm across, scented. Fl. Dec.; Colombia, Peru; ca. 1700 m.

1028 *Houlletia odoratissima* Linden ex Lindl. 香花侯勒兰

地生植物。假鳞茎簇生，梨形，具槽，长 5~7 cm，顶端具 1 叶。叶近矩圆形，长 32~50 cm，具长柄。花序基生，直立，长 30~40 cm，具数花或更多花；花俯垂，直径 7~7.5 cm，有浓香。花期：夏季至秋季；玻利维亚、巴西、哥伦比亚、秘鲁、委内瑞拉；1000~1500 m。

Terrestrial plants. Pseudobulbs clustered, pyriform, grooved, 5–7 cm long, 1-leafed at apex. Leaf suboblong, 32–50 cm long, with a long petiole. Inflorescence basal, erect, 30–40 cm long, with several or more flowers; flowers nodding, 7–7.5 cm across, very fragrant. Fl. summer–autumn; Bolivia, Brazil, Colombia, Peru, Venezuela; 1000–1500 m.

1029 *Houlletia tigrina* Linden ex Lindl. 虎斑侯勒兰

地生或有时为附生植物。假鳞茎卵形，长 2.5~5 cm，顶端具 1 叶。叶近矩圆形，长约 30 cm，具长柄。花序基生，下垂，长 5~15 cm，具少数花；花直径 4.5~5 cm。花期：春季；危地马拉至哥斯达黎加、哥伦比亚和委内瑞拉；约 1300 m。

Terrestrial or sometimes epiphytic plants. Pseudobulbs ovoid, 2.5–5 cm long, 1-leafed at apex. Leaf suboblong, ca. 30 cm long, with a long petiole. Inflorescence basal, pendulous, 5–15 cm long, few-flowered; flowers 4.5–5 cm across. Fl. spring; Guatemala to Costa Rica, Colombia and Venezuela; ca. 1300 m.

1030 *Houlletia wallisii* Linden & Rchb. f. 瓦氏侯勒兰

地生植物，具短的根状茎。假鳞茎梨形，长约 4 cm，顶端具 1 叶。叶矩圆状披针形，长约 40 cm，具长约 30 cm 的柄。花序基生，长 30~40 cm，具 3~5 花；花直径 4~5 cm。花期：全年不定；哥伦比亚、秘鲁；2000~2400 m。

Terrestrial plants, with a short rhizome. Pseudobulbs pyriform, ca. 4 cm long, 1-leafed at apex. Leaf oblong-lanceolate, ca. 40 cm long, with a petiole up to 30 cm long. Inflorescence basal, 30–40 cm long, 3- to 5-flowered; flowers 4–5 cm across. Fl. throughout the year; Colombia, Peru; 2000–2400 m.

1030 ***Houlletia wallisii*** (Photo.: SCO)

1031 ***Huntleya burtii***
(Photo.: Kohji Karasawa)

1032 ***Huntleya meleagris***
(Photo.: Kohji Karasawa)

1033 ***Hygrochilus parishii***
(Photo.: Donghui Peng)

1031 ***Huntleya burtii*** **(Endres & Rchb. f.) Pfitz. 伯氏洪特兰**

附生植物。茎丛生，甚短。叶多枚，二列，几乎排列成扇形，近矩圆形，长 20~35 cm。花序腋生，直立，长约 10 cm，具 1 花；花直径约 7 cm。花期：2 月；玻利维亚、洪都拉斯；约 1200 m。

Epiphytic plants. Stems tufted, very short. Leaves many, distichous, almost arranged in a fan, suboblong, 20–35 cm long. Inflorescence axillary, erect, ca. 10 cm long, 1-flowered; flower ca. 7 cm across. Fl. Feb.; Bolivia, Honduras; ca. 1200 m.

1034 ***Hymenorchis javanica***
(Photo.: Kohji Karasawa)

1032 ***Huntleya meleagris*** **Lindl. 洪特兰**

附生植物。茎丛生，甚短。叶多枚，二列，几乎排列成扇形，线状披针形，长 20~40 cm。花序腋生，直立，长约 15 cm，具 1 花；花直径 7~9 cm，有香气。花期：夏季至秋季；巴西、哥伦比亚、厄瓜多尔、圭亚那、委内瑞拉；0~1200 m。

Epiphytic plants. Stems tufted, very short. Leaves many, distichous, almost arranged in a fan, linear-lanceolate, 20–40 cm long. Inflorescence axillary, erect, ca. 15 cm long, 1-flowered; flower 7–9 cm across, scented. Fl. summer–autumn; Brazil, Colombia, Ecuador, Guyana, Venezuela; 0–1200 m.

1033 ***Hygrochilus parishii*** **(Rchb. f.) Pfitz. 湿唇兰**

附生植物。茎长 5~20 cm，粗壮，包藏于叶鞘内。叶 3~5 枚，二列，近矩圆形，长 17~29 cm。花序 1~6 个，侧生，长 25~35 cm，疏生 5~8 花；花直径 4~5 cm。花期：6~7 月；中国（云南）、印度、老挝、缅甸、泰国、越南；700~1300 m。

Epiphytic plants. Stems 5–20 cm long, stout, enclosed in leaf sheaths. Leaves 3–5, distichous, suboblong, 17–29 cm long. Inflorescences 1–6, lateral, 25–35 cm long, laxly 5- to 8-flowered; flowers 4–5 cm across. Fl. June–July; China (Yunnan), India, Laos, Myanmar, Thailand, Vietnam; 700–1300 m.

1034 ***Hymenorchis javanica*** **(Teijsm. & Binn.) Schltr. 膜花兰**

附生植物。茎短。叶 4~10 枚，矩圆形，长约 2 cm，边缘疏生锯齿状刺。花序腋生，俯垂，短，具 4~12 花；花直径 1.5~2 cm。花期：9 月；印度尼西亚（爪哇）；900~1000 m。

Epiphytic plants. Stems short. Leaves 4–10, oblong, ca. 2 cm long, margin loosely serriform-spiny. Inflorescence axillary, nodding, short, 4- to 12-flowered; flowers 1.5–2 cm across. Fl. Sep.; Indonesia (Java); 900–1000 m.

1035 ***Ionopsis utricularioides*** (Photo.: Kohji Karasawa)

1038 ***Ischnogyne mandarinorum*** (Photos.: Zhanhuo Tsi)

1035 *Ionopsis utricularioides* (Sw.) Lindl. 新堇兰

附生或罕有为地生植物。假鳞茎长 2~3 cm，顶端无叶或具 1 叶，包藏于叶基内。叶 2~3 枚，生于根状茎上，线形至矩圆状披针形，长 3~17 cm。花序 1~3 个，侧生，通常有分枝，具多花；花直径约 1.5 cm。花期：春季至秋季；广布于美洲热带地区，向北到达美国（佛罗里达）；0~1050 m。

Epiphytic or rarely terrestrial plants. Pseudobulbs 2–3 cm long, leafless or 1-leafed at apex, enclosed by leaf bases. Leaves 2–3, arising from rhizome, linear to oblong-lanceolate, 3–17 cm long. Inflorescences 1–3, lateral, often branched, many-flowered; flowers ca. 1.5 cm across. Fl. spring–autumn; widespread in tropical Americas, north to U.S.A. (Florida); 0–1050 m.

1036 *Isabelia violacea* (Lindl.) Van den Berg & M. W. Chase [*Sophronitella violacea* (Lindl.) Schltr.] 红花伊萨兰

附生植物，具匍匐根状茎。假鳞茎簇生，狭卵形，长 1.5~3 cm，顶端具 1 叶。叶线形，长 4~7 cm。花序顶生，直立，短于叶，具 1~2 花；花肉质，直径 2.5~3 cm。花期：冬季至春季；巴西东部。

Epiphytic plants, with a creeping rhizome. Pseudobulbs clustered, narrowly ovoid, 1.5–3 cm long, 1-leafed at apex. Leaf linear, 4–7 cm long. Inflorescence terminal, erect, shorter than leaf, 1- or 2-flowered; flowers fleshy, 2.5–3 cm across. Fl. winter–spring; E Brazil.

1036 ***Isabelia violacea***
(Photo.: Kohji Karasawa)

1037 ***Isabelia virginalis***
(Photo.: Kohji Karasawa)

1037 *Isabelia virginalis* Barb. Rodr. 伊萨兰

匍匐附生植物。假鳞茎簇生，卵球形，直径 5~8 mm，幼时包藏于纤维状鞘之中，顶端具 1 叶。叶圆柱形，长 4~5 cm。花序顶生，短，具 1 花；花直径约 1.5 cm。花期：冬季；巴西东部。

Creeping epiphytic plants. Pseudobulbs clustered, ovoid-globose, 5–8 mm in diam., covered by fibrous sheaths when young, 1-leafed at apex. Leaf terete, 4–5 cm long. Inflorescence terminal, short, 1-flowered; flower ca. 1.5 cm across. Fl. winter; E Brazil.

1038 *Ischnogyne mandarinorum* (Kraenzl.) Schltr. 瘦房兰

附生植物。假鳞茎圆筒形，长 1.5~3 cm，基部伏地，顶端具 1 叶。叶披针状椭圆形，长 4~7 cm。花序顶生，长 5~7 cm，具 1 花；萼片长 2.8~3.2 cm；距长约 3 mm。花期：7~8 月；中国（重庆、甘肃、贵州、湖北、陕西、四川）；700~1500 m。

Epiphytic plants. Pseudobulbs cylindric, 1.5–3 cm long, prostrate basally, 1-leafed at apex. Leaf lanceolate-elliptic, 4–7 cm long. Inflorescence terminal, 5–7 cm long, 1-flowered; sepals 2.8–3.2 cm long; spur ca. 3 mm long. Fl. July–Aug.; China (Chongqing, Gansu, Guizhou, Hubei, Shaanxi, Sichuan); 700–1500 m.

1039 ***Jumellea gracilipes***
(Photo.: Len de Beer)

1040 ***Jumellea sagittata***
(Photo.: Kohji Karasawa)

1041 ***Kefersteinia gemma***
(Photo.: Kohji Karasawa)

1039 *Jumellea gracilipes* Schltr. 尖唇朱美兰

附生植物。茎甚短。叶 5~7 枚，二列，带状舌形，长 8~40 cm。花序腋生，近直立，短于叶，具 1 花；花梗与子房长 3.5~7 cm；萼片长 2.2~2.3 cm；距长 1.1~1.5 cm。花期：冬季；马达加斯加；1400~2000 m。

Epiphytic plants. Stem very short. Leaves 5–7, distichous, lorate-ligulate, 8–40 cm long. Inflorescences axillary, suberect, shorter than leaves, 1-flowered; pedicel and ovary 3.5–7 cm long; sepals 2.2–2.3 cm long; spur 1.1–1.5 cm long. Fl. winter; Madagascar;1400–2000 m.

1040 *Jumellea sagittata* H. Perr. 朱美兰

附生植物。茎短。叶 5~6 枚，二列，舌形，长 25~30 cm。花序数个，腋生，近直立，短，具 1 花；花直径约 7 cm，具长梗，有浓香。花期：冬季；马达加斯加；可达 1400 m。

Epiphytic plants. Stems short. Leaves 5–6, distichous, ligulate, 25–30 cm long. Inflorescences several, axillary, suberect, short, 1-flowered; flower ca. 7 cm across, long-pedicellate, strongly fragrant. Fl. winter; Madagascar; up to 1400 m.

1041 *Kefersteinia gemma* Rchb. f. 克兰

附生植物。茎簇生，短，具 3~4 叶。叶线状倒披针形，长 15~25 cm。花序数个，腋生，长 3~4 cm，具 1 花；花直径约 2.5 cm。花期：春季；哥伦比亚、厄瓜多尔；600~1400 m。

Epiphytic plants. Stems tufted, short, 3- to 4-leaved. Leaves linear-oblanceolate, 15–25 cm long. Inflorescences several, axillary, 3–4 cm long, 1-flowered; flower ca. 2.5 cm across. Fl. spring; Colombia, Ecuador; 600–1400 m.

1042 *Kefersteinia graminea* (Lindl.) Rchb. f. 斑瓣克兰

附生植物。茎簇生，短，具 2~4 叶。叶线状倒披针形，长 10~30 cm。花序数个，腋生，长约 4 cm，具 1 花；花直径 3~4 cm。花期：夏季；哥伦比亚、厄瓜多尔、委内瑞拉。

Epiphytic plants. Stems tufted, short, 2- to 4-leaved. Leaves linear-oblanceolate, 10–30 cm long. Inflorescences several, axillary, ca. 4 cm long, 1-flowered; flower 3–4 cm across. Fl. summer; Colombia, Ecuador, Venezuela.

1042 ***Kefersteinia graminea***
(Photo.: Kohji Karasawa)

1043 ***Kefersteinia mystacina***
(Photo.: Kohji Karasawa)

1044 ***Kegeliella atropilosa***
(Photo.: Kohji Karasawa)

1045 ***Koellensteinia altissima***
(Photo.: Kohji Karasawa)

1043 *Kefersteinia mystacina* (Rchb. f.) Rchb. f. 裂唇克兰

附生植物。茎簇生，短，具 2~3 叶。叶狭矩圆形，长约 20 cm。花序腋生，弯曲，长 5~7 cm，具 1 花；花直径 4~4.5 cm。花期：1~4 月；厄瓜多尔、秘鲁；约 1100 m。

Epiphytic plants. Stems tufted, short, 2- or 3-leaved. Leaves narrowly oblong, ca. 20 cm long. Inflorescences axillary, arching, 5–7 cm long, 1-flowered; flower 4–4.5 cm across. Fl. Jan.–Apr.; Ecuador, Peru; ca. 1100 m.

1044 *Kegeliella atropilosa* L. O. Williams & A. H. Heller 克格兰

附生植物。假鳞茎卵形，稍压扁，有棱，长约 2 cm，顶端具 2 叶。叶椭圆形，长 10~15 cm。花序基生，下垂，长 8~10 cm，具数花；花直径约 2 cm。花期：秋季；尼加拉瓜；350~1200 m。

Epiphytic plants. Pseudobulbs ovoid, slightly compressed, angled, ca. 2 cm long, 2-leaved at apex. Leaves elliptic, 10–15 cm long. Inflorescences basal, pendent, 8–10 cm long, several-flowered; flowers ca. 2 cm across. Fl. autumn; Nicaragua; 350–1200 m.

1045 *Koellensteinia altissima* Pabst 长叶柯伦兰

地生或附生植物。假鳞茎密生，卵形，长 1.5~2 cm，顶生 2 叶。叶直立，狭矩圆形，长 30~60 cm，革质，具长柄。花序侧生于假鳞茎基部，与叶近等长，具多花，花直径约 2 cm。花期：秋季；巴西。

Terrestrial or epiphytic plants. Pseudobulbs closely spaced, ovoid, 1.5–2 cm long, 2-leaved at apex. Leaves erect, narrowly oblong, 30–60 cm long, leathery, long-petiolate. Inflorecences lateral from base of pseudobulbs, nearly as long as leaves, many-flowered; flowers ca. 2 cm across. Fl. autumn; Brazil.

1046 *Koellensteinia ionoptera* Linden & Rchb. f. 柯伦兰

地生植物。假鳞茎狭卵形，长 2~3.5 cm，顶端具 1 叶。叶披针状椭圆形，长约 25 cm。花序侧生，直立，长可达 45 cm，具 9~15 花；花直径约 2 cm。花期：秋季；秘鲁；900~2000 m。

Terrestrial plants. Pseudobulbs narrowly ovoid, 2–3.5 cm long, 1-leafed at apex. Leaf lanceolate-elliptic, ca. 25 cm long. Inflorescences lateral, erect, up to 45 cm long, 9- to 15-flowered; flowers ca. 2 cm across. Fl. autumn; Peru; 900–2000 m.

1046 ***Koellensteinia ionoptera***
(Photo.: Kohji Karasawa)

1047 ***Lacaena bicolor***
(Photo.: Kohji Karasawa)

1047 *Lacaena bicolor* Lindl. 拉肯兰

附生植物。假鳞茎密集，狭椭圆状卵形，稍扁，长 7~12 cm。叶 2~3 枚，椭圆状披针形，长 30~50 cm。总状花序侧生于假鳞茎基部，下垂，长 50~70 cm，具多花；花钟形，俯垂，直径约 5 cm，有香气。花期：初夏；墨西哥至哥斯达黎加；1000~1300 m。

Epiphytic plants. Pseudobulbs closely spaced, narrowly ellipsoid-ovoid, slightly compressed, 7–12 cm long. Leaves 2–3, elliptic-lanceolate, 30–50 cm long. Raceme lateral from base of pseudobulb, pendulous, 50–70 cm long, many-flowered; flowers campanulate, nutant, ca. 5 cm across, scented. Fl. early summer; Mexico to Costa Rica; 1000–1300 m.

1048 *Laelia albida* Bateman ex Lindl. 微白蕾丽兰

附生植物。假鳞茎簇生，卵形或梨形，长 3~4 cm，顶端具 2 叶。叶线状披针形，长 10~17 cm。花序顶生，长 35~50 cm，疏生 5~9 花；花序柄与花序轴纤细；花直径约 5 cm，有香气。花期：秋季至冬季；墨西哥；1300~2600 m。

Epiphytic plants. Pseudobulbs clustered, ovoid or pyriform, 3–4 cm long, 2-leaved at apex. Leaves linear-lanceolate, 10–17 cm long. Inflorescence terminal, 35–50 cm long, laxly 5- to 9-flowered; peduncle and rachis slender; flowers ca. 5 cm across, scented. Fl. autumn–winter; Mexico; 1300–2600 m.

1050 ***Laelia autumnalis***
(Photo.: Kohji Karasawa)

1049 *Laelia anceps* Lindl. 墨西哥蕾丽兰

附生植物。假鳞茎狭卵形或卵状矩圆形，压扁，长 3.5~10 cm，顶端具 1 叶或罕有 2 叶。叶矩圆状披针形，长 15~22 cm。花序顶生，长 50~90 cm，具 2~5 花；花直径 8~10 cm。花期：秋季至冬季；墨西哥；500~1500 m。

Epiphytic plants. Pseudobulbs narrowly ovoid or ovoid-oblong, compressed, 3.5–10 cm long, 1- or rarely 2-leaved at apex. Leaves oblong-lanceolate, 15–22 cm long. Inflorescence terminal, 50–90 cm long, 2- to 5-flowered; flowers 8–10 cm across. Fl. autumn–winter; Mexico; 500–1500 m.

1050 *Laelia autumnalis* Lindl. 秋花蕾丽兰

附生植物。假鳞茎卵形至近纺锤形，长 10~15 cm，顶端具 2~3 叶。叶狭矩圆形，长 12~18 cm。花序顶生，长 50~100 cm，具 5~15 花；花直径 8~10 cm。花期：秋季至冬季；墨西哥；1600~2600 m。

Epiphytic plants. Pseudobulbs ovoid to subfusiform, 10–15 cm long, 2- or 3-leaved at apex. Leaves narrowly oblong, 12–18 cm long. Inflorescence terminal, 50–100 cm long, 5- to 15-flowered; flowers 8–10 cm across. Fl. autumn–winter; Mexico; 1600–2600 m.

1048 ***Laelia albida*** (Photo.: Kohji Karasawa)

1049 ***Laelia anceps*** (Photo.: Kohji Karasawa)

1051 ***Laelia furfuracea***
(Photo.: Kohji Karasawa)

1052 ***Laelia gloriosa***
(Photo.: Kohji Karasawa)

1054 ***Laelia lueddemannii***
(Photo.: Kohji Karasawa)

1051 *Laelia furfuracea* Lindl. 鳞粃蕾丽兰

附生植物。假鳞茎簇生，卵形，长 5~7 cm，顶端具 1 叶。叶狭矩圆形，长 10~15 cm。花序顶生，长 20~30 cm，具 1~3 花；花直径约 10 cm。花期：冬季；墨西哥；2500~2850 m。

Epiphytic plants. Pseudobulbs clustered, ovoid, 5–7 cm long, 1-leafed at apex. Leaf narrowly oblong, 10–15 cm long. Inflorescence terminal, 20–30 cm long, with 1–3 flowers; flowers ca. 10 cm across. Fl. winter; Mexico; 2500–2850 m.

1052 *Laelia gloriosa* (Rchb. f.) L. O. Williams (*Schomburgkia gloriosa* Rchb. f.) 华丽蕾丽兰

附生植物。假鳞茎疏离，上部棍棒状，下部圆柱形，长达 30 cm，具 4~6 节，顶端生 2~3 叶。叶狭矩圆形，长达 32 cm。花序顶生，直立，长达 75 cm 或过之，密生 8~15 花；萼片与花瓣长 3.5~4 cm。花期：秋季至早冬；圭亚那、苏里南、委内瑞拉；200~850 m。

Epiphytic plants. Pseudobulbs well spaced, clavate above, terete below, to 30 cm long, with 4–6 nodes, 2- or 3-leaved at apex. Leaves narrowly oblong, to 32 cm long. Inflorescence terminal, erect, to 75 cm or more long, densely 8- to 15-flowered, sepals and petals 3.5–4 cm long. Fl. autumn–early winter; Guyana, Surinam, Venezuela; 200–850 m.

1053 *Laelia gouldiana* Rchb. f. 戈氏蕾丽兰

附生植物。假鳞茎狭卵形，长 6~12 cm，顶端具 2 叶。叶矩圆状舌形，长约 15 cm。花序顶生，长 30~45 cm，具数花；花直径 7~10 cm。花期：初冬；墨西哥。

Epiphytic plants. Pseudobulbs narrowly ovoid, 6–12 cm long, 2-leaved at apex. Leaves oblong-ligulate, ca. 15 cm long. Inflorescence terminal, 30–45 cm long, several-flowered; flowers 7–10 cm across. Fl. early winter; Mexico.

1053 ***Laelia gouldiana*** (Photo.: Kohji Karasawa)

1054 *Laelia lueddemannii* (Prill.) L. O. Williams (*Schomburgkia lueddemannii* Prill.) 律氏蕾丽兰

附生植物。假鳞茎在根状茎上相距 2~3 cm，上部纺锤形且稍压扁，下部圆柱形，长 18~30 cm，顶端具 2 叶。叶披针形或狭矩圆形，长 20~35 cm。花序顶生，直立，长 60~80 cm，具多花；萼片与花瓣长 3.5~4.5 cm。花期：春季；哥斯达黎加、巴拿马、委内瑞拉；400~600 m。

Epiphytic plants. Pseudobulbs 2–3 cm apart on rhizome, fusiform and slightly compressed above, terete below, 18–30 cm long, 2-leaved at apex. Leaves lanceolate or narrowly oblong, 20–35 cm long. Inflorescence terminal, erect, 60–80 cm long, many-flowered, sepals and petals 3.5–4.5 cm long. Fl. spring; Costa Rica, Panama, Venezuela; 400–600 m.

1055 ***Laelia rubescens*** (Photos.: Kohji Karasawa)

1056 ***Laelia speciosa***
(Photo.: Kohji Karasawa)

1057 ***Laelia splendida***
(Photo.: Kohji Karasawa)

1055 *Laelia rubescens* Lindl. 后红蕾丽兰

附生植物。假鳞茎卵形，压扁，长 3~7 cm，顶端具 1 叶。叶近矩圆形，长 10~15 cm。花序顶生，长 40~70 cm，具 5~10 花；花直径 4~6 cm。花期：冬季；哥斯达黎加、危地马拉、墨西哥、尼加拉瓜；0~800 m。

Epiphytic plants. Pseudobulbs ovoid, compressed, 3–7 cm long, 1-leafed at apex. Leaf suboblong, 10–15 cm long. Inflorescence terminal, 40–70 cm long, 5- to 10-flowered; flowers 4–6 cm across. Fl. winter; Costa Rica, Guatemala, Mexico, Nicaragua; 0–800 m.

1056 *Laelia speciosa* (Kunth) Schltr. 淡香蕾丽兰

附生植物。假鳞茎簇生，狭卵形，长 4~6 cm，顶端具 1~2 叶。叶披针形，长 12~20 cm。花序顶生，近等长于叶，具 1~3 花；花直径 10~15 cm，有香气。花期：春季至夏季；墨西哥；1500~2200 m。

Epiphytic plants. Pseudobulbs clustered, narrowly ovoid, 4–6 cm long, 1- or 2-leaved at apex. Leaves lanceolate, 12–20 cm long. Inflorescence terminal, nearly as long as leaves, 1- to 3-flowered; flowers 10–15 cm across, scented. Fl. spring–summer; Mexico; 1500–2200 m.

1057 *Laelia splendida* (Schltr.) L. O. Williams (*Schomburgkia splendida* Schltr.) 大花蕾丽兰

附生植物。假鳞茎纺锤形，稍压扁，有 2~3 节，长 15~20 cm，顶端具 2~3 叶。叶近矩圆形，长达 40 cm。花序顶生，长达 100 cm，具 8~15 花；萼片长约 6 cm。花期：7~1 月；哥伦比亚、厄瓜多尔；700~1200 m。

Epiphytic plants. Pseudobulbs fusiform, slightly compressed, 2- or 3-noded, 15–20 cm long, 2- or 3-leaved at apex. Leaves suboblong, to 40 cm long. Inflorescence terminal, to 100 cm long, 8- to 15-flowered, sepals ca. 6 cm long. Fl. July–Jan.; Colombia, Ecuador; 700–1200 m.

1058 *Laelia superbiens* Lindl. [*Schomburgkia superbiens* (Lindl.) Rolfe] 高大蕾丽兰

附生植物。假鳞茎纺锤形，稍压扁，长达 30~50 cm，顶端具 1~2 叶。叶坚挺，矩圆状披针形，长约 30 cm。花序顶生，外弯，长可达 100~200 cm，具 10~20 花；花有香气；萼片长 5~7 cm。花期：冬季；危地马拉、洪都拉斯、墨西哥；可达 2000 m。

Epiphytic plants. Pseudobulbs fusiform, slightly compressed, to 30–50 cm long, 1- or 2-leaved at apex. Leaves rigid, oblong-lanceolate, ca. 30 cm long. Inflorescence terminal, arching, up to 100–200 cm long, 10- to 20-flowered; flowers fragrant; sepals 5–7 cm long. Fl. winter; Guatemala, Honduras, Mexico; up to 2000 m.

1058 ***Laelia superbiens*** (Photo.: Kohji Karasawa)

1059 ***Laelia weberbaueriana*** **(Kraenzl.) C. Schweinf.** (*Schomburgkia weberbaueriana* Kraenzl.) **维氏蕾丽兰**

附生植物。假鳞茎在根状茎相距 2~3 cm，纺锤形，稍压扁，近基部圆柱形，长 15~20 cm，有槽，顶端具 2 叶。叶宽线形，长 25~30 cm。花序顶生，直立，密生多花；萼片与花瓣长约 2 cm。花期：冬季；秘鲁、委内瑞拉；1300~1800 m。

Epiphytic plants. Pseudobulbs 2–3 cm apart on rhizome, fusiform, slightly compressed, terete toward base, 15–20 cm long, sulcate, 2-leaved at apex. Leaves broadly linear, 25–30 cm long. Inflorescence terminal, erect, densely many-flowered, sepals and petals ca. 2 cm long. Fl. winter; Peru, Venezuela; 1300–1800 m.

1059 ***Laelia weberbaueriana***
(Photo.: Kohji Karasawa)

1060 ***Laeliopsis domingensis*** **(Lindl.) Lindl. 拟蕾丽兰**

附生植物。假鳞茎簇生，卵形至纺锤状圆筒形，长 3~7 cm，顶端具 2~3 叶。叶线形至舌形，长 7~15 cm。花序顶生，长 50~60 cm，有分枝，具数花；花直径 5~6 cm。花期：冬季；伊斯帕尼奥拉（海地、多米尼加共和国）、莫纳岛；0~200 m。

Epiphytic plants. Pseudobulbs clustered, ovoid to fusiform-cylindric, 3–7 cm long, 2- or 3-leaved at apex. Leaves linear to ligulate, 7–15 cm long. Inflorescence terminal, 50–60 cm long, branched, several-flowered; flowers 5–6 cm across. Fl. winter; Hispaniola (Haiti, Dominican Republic), Mona Island; 0–200 m.

1062 ***Leochilus scriptus***
(Photo.: Kohji Karasawa)

1061 ***Leochilus labiatus*** **(Sw.) Kuntze 光唇兰**

附生植物。假鳞茎簇生，球状卵形，压扁，具二棱，长 1~1.5 cm，顶端具 1 叶。叶近矩圆形，长 5~10 cm。花序基生，长 10~30 cm，有分枝，具数花；花直径约 1.5 cm。花期：夏季至秋季；墨西哥、委内瑞拉；200~1300 m。

Epiphytic plants. Pseudobulbs clustered, globose-ovoid, compressed, ancipital, 1–1.5 cm long, 1-leafed at apex. Leaf suboblong, 5–10 cm long. Inflorescence basal, 10–30 cm long, branched, several-flowered; flowers ca. 1.5 cm across. Fl. summer–autumn; Mexico, Venezuela; 200–1300 m.

1062 ***Leochilus scriptus*** **(Scheidw.) Rchb. f. 凹唇光唇兰**

附生植物。假鳞茎卵形或狭椭圆状卵形，稍压扁，长 1~5 cm，顶端具 1 叶。叶椭圆状舌形至矩圆状披针形，长 3~14 cm。花序基生，长达 25 cm，有时有分枝，具 3~12 花；花直径约 2 cm。花期：全年不定；墨西哥至巴拿马，也见于巴西；0~1100 m。

Epiphytic plants. Pseudobulbs ovoid or narrowly ellipsoid-ovoid, slightly compressed, 1–5 cm long, 1-leafed at apex. Leaf elliptic-ligulate to oblong-lanceolate, 3–14 cm long. Inflorescence basal, to 25 cm long, sometimes branched, 3- to 12-flowered; flowers ca. 2 cm across. Fl. throughout the year; Mexico to Panama, also Brazil. 0–1100 m.

1060 ***Laeliopsis domingensis*** (Photo.: Kohji Karasawa)

1061 ***Leochilus labiatus*** (Photo.: Kohji Karasawa)

1063 ***Lepanthes agglutinata***
(Photo.: SCO)

1064 ***Lepanthes calodictyon***
(Photo.: Kohji Karasawa)

1065 ***Lepanthes escobariana***
(Photo.: Kohji Karasawa)

1063 *Lepanthes agglutinata* Luer 丽斑兰

附生植物。茎丛生，纤细，长 5~18 cm，包藏于管状的鞘中，顶端具 1 叶。叶卵形，长 4~9 cm。花序顶生，数个，成簇，短于叶，具数花；花依次展现，长约 1 cm。花期：冬季至春季；哥伦比亚、厄瓜多尔；1000~2300 m。

Epiphytic plants. Stems tufted, slender, 5–18 cm long, covered by tubular sheaths, 1-leafed at apex. Leaf ovate, 4–9 cm long. Inflorescences terminal, several, fasciculate, shorter than leaf, several-flowered; flowers produced in succession, ca. 1 cm long. Fl. winter–spring; Colombia, Ecuador; 1000–2300 m.

1064 *Lepanthes calodictyon* Hook. 毛鞘丽斑兰

附生植物。茎簇生，纤细，直立，长 2~4 cm，各包藏于 1 枚被毛的叶鞘内。叶 1 枚，近圆形，长 1~2.5 cm，上面有浅褐色网斑。花序数个，顶生，具数花；花依次展现，直径约 2~3 mm。花期：春季至夏季；哥伦比亚、厄瓜多尔；450~1400 m。

Epiphytic plants. Stems tufted, slender, erect, 2–4 cm long, each covered by a hairy leaf sheath. Leaf 1, suborbicular, 1–2.5 cm long, brownish-reticulate above. Inflorescences several, terminal, several-flowered, flowers produced in succession, ca. 2–3 mm across. Fl. spring–summer; Columbia, Ecuador; 450–1400 m.

1066 ***Lepanthopsis acetabulum*** (Photo.: Steve Manning)

1065 *Lepanthes escobariana* Garay 冬花丽斑兰

附生植物。茎簇生，纤细，直立，长约 4cm，顶生 1 叶。叶椭圆状矩圆形，长约 2.5 cm。花序顶生，1 个至数个，长达 6 cm，具数花；花依次展现，长约 1 cm。花期：冬季；哥伦比亚。

Epiphytic plants. Stems tufted, slender, erect, ca. 4 cm long, 1-leafed at apex. Leaf elliptic-oblong, ca. 2.5 cm long. Inflorescences terminal, 1 to several, to 6 cm long, several-flowered;flowers produced in succession, ca. 1 cm long. Fl. winter; Columbia.

1066 *Lepanthopsis acetabulum* Luer 拟丽斑兰

附生植物。茎丛生，纤细，长 4~10 cm，包藏于具缘毛的管状鞘中，顶端具 1 叶。叶近线形，长 2.5~6 cm。花序顶生，1~2 个，长 4~6 cm，密生多花；花小，长 4~5 mm。花期：11~3 月；玻利维亚、哥伦比亚、厄瓜多尔；1400~1600 m。

Epiphytic plants. Stems tufted, slender, 4–10 cm long, covered by ciliate tubular sheaths, 1-leafed at apex. Leaf sublinear, 2.5–6 cm long. Inflorescences terminal, 1–2, 4–6 cm long, densely many-flowered; flowers small, 4–5 mm long. Fl. Nov.–Mar.; Bolivia, Colombia, Ecuador; 1400–1600 m.

1067 ***Lepanthopsis floripecten*** **(Rchb. f.) Ames**
密花拟丽斑兰

附生植物。茎丛生，纤细，长 2~3 cm，包藏于具缘毛的管状鞘中，顶端具 1 叶。叶椭圆形，长 2~4 cm。花序顶生，1 至数个，长 2~5 cm，可具多达 20 花；花小，长约 5 mm。花期：冬季至春季；墨西哥至巴拿马以及委内瑞拉至秘鲁和巴西；300~2400 m。

Epiphytic plants. Stems tufted, slender, 2–3 cm long, covered by ciliate tubular sheaths, 1-leafed at apex. Leaf elliptic, 2–4 cm long. Inflorescences terminal, 1 to several, 2–5 cm long, up to 20-flowered; flowers small, ca. 5 mm long. Fl. winter–spring; Mexico to Panama, and Venezuela to Peru and Brazil; 300–2400 m.

1067 ***Lepanthopsis floripecten*** (Photo.: Kohji Karasawa)

1068 ***Leporella fimbriata*** **(Lindl.) A. S. George 丽波兰**

地生植物，高 15~25 cm，具块茎。叶基生，1~2 枚，卵形，长约 3 cm，具红色脉纹。花序具 1~3 花；花宽约 1.5 cm，长 3 cm。花期：秋季至冬季；澳大利亚南部；低海拔地。

Terrestrial plants, 15–25 cm tall, tuber-bearing. Leaves basal, 1–2, ovate, ca. 3 cm long, red-veined. Inflorescence with 1–3 flowers; flowers ca. 1.5 cm wide, 3 cm long. Fl. autumn–winter; S Australia; at low altitudes.

1069 ***Leptotes bicolor*** **Lindl. 二色筒叶兰**

附生植物，茎肉质，棍棒状或近纺锤形，长 1~3 cm，顶端具 1 叶。叶近圆柱形，有深纵槽，肉质，长 5~10 cm。花序顶生，短于叶，通常具 3 花；花直径 2.5~3 cm。花期：冬季至春季；巴西东部；500~900 m。

Epiphytic plants. Stems fleshy, clavate or subfusiform, 1–3 cm long, 1-leafed at apex. Leaf subterete, deeply longitudinal-channeled, fleshy, 5–10 cm long. Inflorescence terminal, shorter than leaf, often 3-flowered; flowers 2.5–3 cm across. Fl. winter–spring; E Brazil; 500–900 m.

1070 ***Leptotes tenuis*** **Rchb. f. 筒叶兰**

附生植物。茎丛生，短，顶端具 1 叶。叶近圆柱形，有深纵槽，长 4~8 cm，肉质。花序顶生，长约 1 cm，具 1~2 花；花直径约 1 cm。花期：冬季至春季；巴西；700~1000 m。

Epiphytic plants. Stems tufted, short, 1-leafed at apex. Leaf subterete, deeply longitudinal-channeled, 4–8 cm long, fleshy. Inflorescence terminal, ca. 1 cm long, with 1–2 flowers; flowers ca. 1 cm across. Fl. winter–spring; Brazil; 700–1000 m.

1068 ***Leporella fimbriata***
(Photo.: Karlheinz Senghas)

1069 ***Leptotes bicolor***
(Photo.: Kohji Karasawa)

1070 ***Leptotes tenuis***
(Photo.: Kohji Karasawa)

1071 ***Leptotes unicolor*** (Photo.: Kohji Karasawa)

1074 ***Liparis distans*** (Photo.: Junwen Zhai)

1071 ***Leptotes unicolor*** **Barb. Rodr. 单色筒叶兰**

附生植物，茎丛生，短，顶端具 1 叶。叶近圆柱形，有深纵槽，长 2~5 cm，肉质。花序悬垂，短，具 2 花或罕有 1 花或 3 花；花悬垂，长 2~2.5 cm。花期：冬季；巴西。

Epiphytic plants. Stems tufted, short, 1-leafed at apex. Leaf subterete, deeply longitudinal-channeled, 2–5 cm long, fleshy. Inflorescence pendent, short, with 2 or rarely 1 or 3 flowers; flowers hanging, 2–2.5 cm long. Fl. winter; Brazil.

1072 ***Leucohyle subulata***
(Photo.: Kohji Karasawa)

1072 ***Leucohyle subulata*** **(Sw.) Schltr. 白轴兰**

附生植物。假鳞茎簇生，近圆筒形，长达 3 cm，顶端具 1 叶。叶线形，肉质，长 20~25 cm，上面具槽状中脉。花序基生，下垂，长约 6 cm，具 4~6 花；花直径 3~3.5 cm。花期：秋季；哥伦比亚、巴拿马、秘鲁、特立尼达、委内瑞拉；0~300 m。

Epiphytic plants. Pseudobulbs clustered, subcylindric, to 3 cm long, 1-leafed at apex. Leaf linear, fleshy, 20–25 cm long, upper surface with a sulcate midvein. Inflorescence basal, pendent, ca. 6 cm long, 4- to 6-flowered; flowers 3–3.5 cm across. Fl. autumn; Colombia, Panama, Peru, Trinidad, Venezuela; 0–300 m.

1073 ***Liparis cordifolia*** **Hook. f. 心叶羊耳蒜**

地生植物。假鳞茎簇生，卵形，稍扁，长 2~3 cm，包藏于膜质的鞘中。叶 1 枚，卵状心形，长 5~12 cm，偶见白色斑点。花序长 6~15 cm，通常具 10 花；花直径 1~1.5 cm。花期：秋季至初冬；不丹、中国（云南至台湾）、印度、尼泊尔、越南；400~2000 m。

Terrestrial plants. Pseudobulbs clustered, ovoid, slightly compressed, 2–3 cm long, enclosed by membranous sheaths. Leaf solitary, ovate-cordate, 5–12 cm long, occasionally white-spotted. Inflorescence 6–15 cm long, often 10-flowered; flowers 1–1.5 cm across. Fl. autumn–early winter; Bhutan, China (Yunnan to Taiwan), India, Nepal, Vietnam; 400–2000 m.

1073 ***Liparis cordifolia***
(Photo.: Kohji Karasawa)

1074 ***Liparis distans*** **C. B. Clarke 大花羊耳蒜**

附生植物。假鳞茎近圆筒形，长 3~9.5 cm，顶端具 2 叶。叶倒披针形，长 15~35 cm，纸质。花序顶生，长 14~39 cm，具数花至多花；花序柄具 2 狭翅；唇瓣长 1~1.4 cm。花期：10~2 月；中国（海南至西藏）、印度、老挝、泰国、越南；1000~2400 m。

Epiphytic plants. Pseudobulbs subcylindric, 3–9.5 cm long, 2-leaved at apex. Leaves oblanceolate, 15–35 cm long, papery. Inflorescence terminal, 14–39 cm long, several- to many-flowered; peduncle narrowly 2-winged; lip 1–1.4 cm long. Fl. Oct.–Feb.; China (Hainan to Xizang), India, Laos, Thailand, Vietnam; 1000–2400 m.

1075 ***Liparis pauliana*** (Photo.: Zhonghui Shi)

1076 ***Lockhartia hercodonta*** (Photo.: Karlheinz Senghas)

1075 *Liparis pauliana* Hand.-Mazz. 长唇羊耳蒜

地生植物。假鳞茎卵形，长 1~2.5 cm，包藏于膜质鞘中。叶 2 枚或罕有 1 枚，卵形或椭圆形，长 2.7~9 cm，草质；叶柄长 0.5~4 cm。花序顶生，长 7~28 cm，通常具数花；花序柄具 2 狭翅；唇瓣长 1.3~2 cm。花期：5 月；中国（湖北至浙江、广东和云南）；600~2300 m。

Terrestrial plants. Pseudobulbs ovoid, 1–2.5 cm long, enclosed by membranous sheaths. Leaves 2 or rarely 1, ovate or elliptic, 2.7–9 cm long, herbaceous; petiole 0.5–4 cm long. Inflorescence terminal, 7–28 cm long, often several-flowered; peduncle narrowly 2-winged; lip 1.3–2 cm long. Fl. May; China (Hubei to Zhejiang, Guangdong and Yunnan); 600–2300 m.

1076 *Lockhartia hercodonta* Rchb. f. ex Kraenzl. (*Lockhartia bennettii* Dodson) **洛克兰**

附生植物。茎丛生，长约 20 cm。叶两侧压扁，二列，套叠，长 3~4 cm。花序近顶生，短，具数花；花依次展现，直径约 1 cm。花期：8~11 月；哥伦比亚、危地马拉；900~1400 m。

Epiphytic plants. Stems tufted, ca. 20 cm long. Leaves bilaterally compressed, distichous, equitant, 3–4 cm long. Inflorescence subterminal, short, several-flowered; flowers produced in succession, ca. 1 cm across. Fl. Aug.–Nov.; Colombia, Guatemala; 900–1400 m.

1077 *Lockhartia latilabris* C. Schweinf. 宽唇洛克兰

附生植物。茎丛生，长 15~20 cm。叶两侧压扁，二列，套叠，长约 3 cm。花序通常单个，从上部叶腋发出，具 2~3 花；花直径 1.5~2 cm。花期：冬季；委内瑞拉；约 1100 m。

Epiphytic plants. Stems tufted, 15–20 cm long. Leaves bilaterally compressed, distichous, equitant, ca. 3 cm long. Inflorescence often single, arising from axil of upper leaf, 2- or 3-flowered; flowers 1.5–2 cm across. Fl. winter; Venezuela; ca. 1100 m.

1077 ***Lockhartia latilabris***
(Photo.: Kohji Karasawa)

1078 ***Ludisia discolor*** (Photos.: Junwen Zhai)

1078 *Ludisia discolor* (Ker-Gawl.) A. Rich. 血叶兰

地生植物。茎长 10~25 cm，近基部具 3~5 叶。叶卵状披针形至近椭圆形，长 3~7 cm，上面黑绿色并具 5 条银红色脉，背面浅红色。花序被短柔毛，疏生数花至多花；花直径约 7 mm。花期：2~4 月；东南亚，向北可达至中国（海南至云南）；900~1300 m。

Terrestrial plants. Stems 10–25 cm long, with 3–5 leaves near base. Leaves ovate-lanceolate to subelliptic, 3–7 cm long, blackish green with 5 silvery-red veins above, pale red below. Inflorescence pubescent, laxly few- to many-flowered; flowers ca. 7 mm across. Fl. Feb.–Apr.; Southeast Asia, north to China (Hainan to Yunnan); 900–1300 m.

1079 ***Lueddemannia pescatorei***
(Photo.: SCO)

1079 *Lueddemannia pescatorei* (Lindl.) Linden & Rchb. f. 卢氏兰

附生植物。假鳞茎卵形，稍压扁，有槽，长 7~13 cm，顶端具 2~4 叶。叶矩圆状披针形，长 30~75 cm。花序下垂，长 50~100 cm，密生 20~50 花；花直径 4~4.5 cm。花期：夏季；哥伦比亚、厄瓜多尔、秘鲁、委内瑞拉；1300~1700 m。

Epiphytic plants. Pseudobulbs ovoid, slightly compressed, grooved, 7–13 cm long, 2- to 4-leaved at apex. Leaves oblong-lanceolate, 30–75 cm long. Inflorescence pendulous, 50–100 cm long, densely 20- to 50-flowered; flowers 4–4.5 cm across. Fl. summer; Colombia, Ecuador, Peru, Venezuela; 1300–1700 m.

1080 *Luisia hancockii* Rolfe 纤叶钗子股

石上附生植物。茎簇生，上举，长达 20 cm。叶多枚，二列，圆柱形，长 5~9 cm。花序腋生，长 1~1.5 cm，通常具 2~3 花；花肉质；唇瓣长约 7 mm。花期：5~7 月；中国（福建、湖北、浙江）；200~300 m。

Lithophytic plants. Stems tufted, ascending, to 20 cm long. Leaves many, distichous, terete, 5–9 cm long. Inflorescences axillary, 1–1.5 cm long, usually 2- or 3-flowered; flowers fleshy; lip ca. 7 mm long. Fl. May–July; China (Fujian, Hubei, Zhejiang); 200–300 m.

1080 ***Luisia hancockii***
(Photos.: Zhanhuo Tsi)

1081 ***Luisia morsei*** **Rolfe 钗子股**

附生植物。茎上举，长达 30 cm。叶多枚，二列，圆柱形，长 9~13 cm。花序 1~3 个，长 0.5~1 cm，通常具 4~6 花；唇瓣长 8~9 mm。花期：4~5 月；中国（广西、贵州、海南、云南）、老挝、泰国、越南；300~1200 m。

Epiphytic plants. Stems ascending, to 30 cm long. Leaves many, distichous, terete, 9–13 cm long. Inflorescences 1–3, 0.5–1 cm long, usually 4- to 6-flowered; lip 8–9 mm long. Fl. Apr.–May; China (Guangxi, Guizhou, Hainan, Yunnan), Laos, Thailand, Vietnam; 300–1200 m.

1081 ***Luisia morsei*** (Photos.: Yibo Luo(left); Yechun Xu(right))

1082 ***Luisia teres*** **(Thunb.) Blume 叉唇钗子股**

附生植物。茎上举或下垂，长达 55 cm。叶多枚，圆柱形，长 7~13（~20）cm。花序 1~2 个或更多，长约 1 cm，具 1~7 花；唇瓣厚肉质，长 1~1.6 cm。花期：3~5 月；中国（广西、贵州、四川、台湾、云南）、日本南部、朝鲜半岛；1200~1600 m。

Epiphytic plants. Stems ascending or pendulous, to 55 cm long. Leaves many, terete, 7–13 (–20) cm long. Inflorescences 1–2 or more, ca. 1 cm long, 1- to 7-flowered; lip thickly fleshy, 1–1.6 cm long. Fl. Mar.–May; China (Guangxi, Guizhou, Sichuan, Taiwan, Yunnan), S Japan, Korea; 1200–1600 m.

1083 ***Lycaste andreettae*** **Dodson 安氏薄叶兰**

石上附生或地生植物。假鳞茎卵形，压扁，长约 10 cm，顶端具 2 叶。叶椭圆形，长约 60 cm。花序基生，长约 10 cm，具 1 花；花直径 7~8 cm。花期：3~6 月；厄瓜多尔；800~1100 m。

Lithophytic or terrestrial plants. Pseudobulbs ovoid, compressed, ca. 10 cm long, 2-leaved at apex. Leaves elliptic, ca. 60 cm long. Inflorescences basal, ca. 10 cm long, 1-flowered; flower 7–8 cm across. Fl. Mar.–June; Ecuador; 800–1100 m.

1084 ***Lycaste aromatica*** **(Hook.) Lindl. 香花薄叶兰**

附生植物。假鳞茎卵形，压扁，长 5~10 cm，顶端具数枚叶。叶披针形，长 30~50 cm，脱落。花序基生，数个，长在 15 cm 以上，具 1 花；花直径约 6 cm，有香气。花期：春季；伯利兹、危地马拉、洪都拉斯、墨西哥；可达 1200 m。

Epiphytic plants. Pseudobulbs ovoid, compressed, 5–10 cm long, several-leaved at apex. Leaves lanceolate, 30–50 cm long, deciduous. Inflorescences basal, several, often over 15 cm long, 1-flowered; flower ca. 6 cm across, fragrant. Fl. spring; Belize, Guatemala, Honduras, Mexico; up to 1200 m.

1082 ***Luisia teres***
(Photos.: Yibo Luo(left); Xiaohua Jin(right))

1083 ***Lycaste andreettae***
(Photo.: Kohji Karasawa)

1084 ***Lycaste aromatica***
(Photo.: Kohji Karasawa)

1085 ***Lycaste barringtoniae*** (Photo.: Kohji Karasawa)

1088 ***Lycaste campbellii*** (Photo.: Kohji Karasawa)

1085 *Lycaste barringtoniae* (Sm.) Lindl. 巴氏薄叶兰

石上附生或地生植物。假鳞茎卵形，压扁，长 6~8 cm，顶端具 2~3 叶。叶披针形，长 40~50 cm，脱落。花序基生，数个，长 6~8 cm，具 1 花；花直径 7~8 cm。花期：春季至夏季；巴哈马群岛、古巴；850~1150 m。

Lithophytic or terrestrial plants. Pseudobulbs ovoid, compressed, 6–8 cm long, 2- or 3-leaved at apex. Leaves lanceolate, 40–50 cm long, deciduous. Inflorescences basal, several, 6–8 cm long, 1-flowered; flower 7–8 cm across. Fl. spring–summer; Bahama Islands, Cuba; 850–1150 m.

1086 ***Lycaste bradeorum***
(Photo.: Kohji Karasawa)

1086 *Lycaste bradeorum* Schltr. 布雷薄叶兰

附生植物。假鳞茎卵形，压扁，长约 7 cm，顶端具 2~3 叶。叶椭圆形，长 25~30 cm。花序基生，3~7 个，长约 10 cm，具 1 花；花直径 3.5~4 cm。花期：春季至夏季；哥斯达黎加、尼加拉瓜；700~1200 m。

Epiphytic plants. Pseudobulbs ovoid, compressed, ca. 7 cm long, 2- or 3-leaved at apex. Leaves elliptic, 25–30 cm long. Inflorescences basal, 3–7, ca. 10 cm long, 1-flowered; flower 3.5–4 cm across. Fl. spring–summer; Costa Rica, Nicaragua; 700–1200 m.

1087 *Lycaste brevispatha* (Klotzsch) Lindl. 短苞薄叶兰

假鳞茎卵形，压扁，长 3.5~6.5 cm，顶端具 2~4 叶。叶倒披针形，长 20~50 cm。花序基生，1 至数个，在叶脱落后出现，长约 10 cm，具 1 花；花直径约 5 cm，有香气。花期：春季至初夏；哥斯达黎加、尼加拉瓜、巴拿马；1300~1700 m。

Pseudobulbs ovoid, compressed, 3.5–6.5 cm long, 2- to 4-leaved at apex. Leaves oblanceolate, 20–50 cm long. Inflorescences basal, 1 to several, borne after leaves fall, ca. 10 cm long, 1-flowered; flower ca. 5 cm across, scented. Fl. spring–early summer; Costa Rica, Nicaragua, Panama; 1300–1700 m.

1087 ***Lycaste brevispatha***
(Photo.: Kohji Karasawa)

1088 *Lycaste campbellii* C. Schweif. 肯氏薄叶兰

附生植物。假鳞茎卵状椭圆形，压扁，长 3.5~5 cm，顶端具 1~3 叶。叶椭圆状披针形，长 20~30 cm。花序基生，1 至数个，长 6~8 cm，具 1 花；花直径 3.5~4 cm。花期：春季；巴拿马；低海拔地。

Epiphytic plants. Pseudobulbs ovoid-ellipsoid, compressed, 3.5–5 cm long, 1- to 3-leaved at apex. Leaves elliptic-lanceolate, 20–30 cm long. Inflorescences basal, 1 to several, 6–8 cm long, 1-flowered; flower 3.5–4 cm across. Fl. spring; Panama; at low altitudes.

1089 *Lycaste ciliata*
(Photo.: Kohji Karasawa)

1091 *Lycaste crinita*
(Photo.: Kohji Karasawa)

1092 *Lycaste cruenta*
(Photo.: Kohji Karasawa)

1089 *Lycaste ciliata* (Ruiz & Pavón) Lindl. ex Rchb. f. 缘毛薄叶兰

附生植物。假鳞茎卵形，长 8~12 cm，顶端具 2~3 叶。叶近矩圆形，长 60~80 cm。花序基生，通常 1~2 个，长 10~18 cm，具 1 花；花直径 5.5~6.5 cm。花期：秋季；哥伦比亚、厄瓜多尔、秘鲁；1300~2200 m。

Epiphytic plants. Pseudobulbs ovoid, 8–12 cm long, 2- or 3-leaved at apex. Leaves suboblong, 60–80 cm long. Inflorescences basal, often 1–2, 10–18 cm long, 1-flowered; flower 5.5–6.5 cm across. Fl. autumn; Colombia, Ecuador, Peru; 1300–2200 m.

1090 *Lycaste cochleata* Lindl. 螺壳薄叶兰

附生植物。假鳞茎卵形，稍压扁，长 6~12 cm，顶端具数枚叶。叶椭圆状披针形，长约 25 cm。花序基生，数个，通常长在 12 cm 以上，具 1 花；花直径约 5 cm，有香气。花期：冬季至春季；危地马拉、墨西哥、萨尔瓦多；0~700 m。

Epiphytic plants. Pseudobulbs ovoid, slightly compressed, 6–12 cm long, several-leaved at apex. Leaves elliptic-lanceolate, ca. 25 cm long. Inflorescences basal, several, often over 12 cm long, 1-flowered; flower ca. 5 cm across, scented. Fl. winter–spring; Guatemala, Mexico, El Salvador; 0–700 m.

1090 *Lycaste cochleata* (Photo.: Kohji Karasawa)

1091 *Lycaste crinita* Lindl. 毛唇薄叶兰

假鳞茎卵形，稍压扁，长约 6 cm，顶端具数枚叶。叶椭圆状披针形，长约 30 cm。花序基生，数个，长约 10 cm，具 1 花；花直径 5~6 cm。花期：春季至夏季；墨西哥西部；800~2200 m。

Pseudobulbs ovoid, slightly compressed, ca. 6 cm long, several-leaved at apex. Leaves elliptic-lanceolate, ca. 30 cm long. Inflorescences basal, several, ca. 10 cm long, 1-flowered; flower 5–6 cm across. Fl. spring–summer; W Mexico; 800–2200 m.

1092 *Lycaste cruenta* (Lindl.) Lindl. 浓香薄叶兰

附生植物，假鳞茎狭卵状椭圆形，压扁，长约 10 cm，顶端具数枚叶。叶椭圆状披针形，长 34~45 cm。花序基生，数个，长 7~17 cm，具 1 花；花直径 6~8 cm，有浓香。花期：春季；危地马拉、墨西哥、萨尔瓦多；650~2200 m。

Epiphytic plants. Pseudobulbs narrowly ovoid-ellipsoid, compressed, ca. 10 cm long, several-leaved at apex. Leaves elliptic-lanceolate, 34–45 cm long. Inflorescences basal, several, 7–17 cm long, 1-flowered; flower 6–8 cm across, strongly fragrant. Fl. spring; Guatemala, Mexico, El Salvador; 650–2200 m.

1093 ***Lycaste denningiana***
(Photo.: Karlheinz Senghas)

1094 ***Lycaste deppei***
(Photo.: Kohji Karasawa)

1095 ***Lycaste dowiana***
(Photo.: Kohji Karasawa)

1093 ***Lycaste denningiana* Rchb. f.** [*Sudamerlycaste cinnabarina* (Lindl. ex J. C. Stevens) Archila] **邓氏薄叶兰**

地生植物。假鳞茎簇生，卵形，稍压扁，长 7~8 cm，顶端具 2 叶。叶披针形，长 30~80 cm。花序基生，1 个或罕有更多，长约 50 cm，具 1 花；花直径约 10 cm。花期：夏季；厄瓜多尔、秘鲁、委内瑞拉；可达 2300 m。

Terrestrial plants. Pseudobulbs clustered, ovoid, slightly compressed, 7–8 cm long, 2-leaved at apex. Leaves lanceolate, 30–80 cm long. Inflorescences basal, 1 or rarely more, ca. 50 cm long, 1-flowered; flower ca. 10 cm across. Fl. summer; Ecuador, Peru, Venezuela; up to 2300 m.

1094 ***Lycaste deppei* (Lodd.) Lindl. 德氏薄叶兰**

附生植物。假鳞茎卵形，压扁，长 6~10 cm，顶端具数枚叶。叶椭圆状披针形，长 20~50 cm。花序基生，1 至数个，长 12~15 cm，具 1 花；花直径约 10 cm，有香气。花期：夏季；危地马拉、墨西哥、尼加拉瓜、萨尔瓦多；1100~1700 m。

Epiphytic plants. Pseudobulbs ovoid, compressed, 6–10 cm long, several-leaved at apex. Leaves elliptic-lanceolate, 20–50 cm long. Inflorescences basal, 1 to several, 12–15 cm long, 1-flowered; flower ca. 10 cm across, scented. Fl. summer; Guatemala, Mexico, Nicaragua, El Salvador; 1100–1700 m.

1096 ***Lycaste dyeriana*** (Photo.: Kohji Karasawa)

1095 ***Lycaste dowiana* Endres & Rchb. f. 窦氏薄叶兰**

附生植物。假鳞茎卵形，有槽，长约 8 cm，顶端具 2~3 叶。叶披针形，长 60~65 cm，花后脱落。花序基生，1 至数个，长 8~10 cm，具 1 花；花直径约 6 cm。花期：秋季至冬季；哥斯达黎加、尼加拉瓜；1100~1350 m。

Epiphytic plants. Pseudobulbs ovoid, sulcate, ca. 8 cm long, 2- or 3-leaved at apex. Leaves lanceolate, 60–65 cm long, deciduous after flowering. Inflorescences basal, 1 to several, 8–10 cm long, 1-flowered; flower ca. 6 cm across. Fl. autumn–winter; Costa Rica, Nicaragua; 1100–1350 m.

1096 ***Lycaste dyeriana* Sander ex Rolfe 戴氏薄叶兰**

假鳞茎卵形，压扁，具二棱，长 3~4 cm，顶端具 2 叶。叶矩圆状披针形，长约 25 cm。花序基生，1 至数个，下垂，长约 10 cm，具 1 花；花直径 7~9 cm。花期：夏季至秋季；厄瓜多尔、秘鲁；1000~1200 m。

Pseudobulbs ovoid, compressed, ancipital, 3–4 cm long, 2-leaved at apex. Leaves oblong-lanceolate, ca. 25 cm long. Inflorescences basal, 1 to several, pendent, ca. 10 cm long, 1-flowered; flower 7–9 cm across. Fl. summer–autumn; Ecuador, Peru; 1000–1200m.

1097 ***Lycaste fimbriata***
(Photo.: Kohji Karasawa)

1098 ***Lycaste fragrans***
(Photo.: Karlheinz Senghas)

1099 ***Lycaste fulvescens*** (Photo.: SCO)

1097 *Lycaste fimbriata* (Poepp. & Endl.) Cogn. 流苏薄叶兰

附生植物。假鳞茎卵形，稍压扁，长 14~17.5 cm，顶端具 3 叶。叶宽倒披针形，长 50~62 cm。花序基生，1 至数个，长 10~12 cm，具 1 花；花长 8~9 cm，有香气。花期：4~5 月；玻利维亚、秘鲁；1700~1800 m。

Epiphytic plants. Pseudobulbs ovoid, slightly compressed, 14–17.5 cm long, 3-leaved at apex. Leaves broadly oblanceolate, 50–62 cm long. Inflorescences basal, 1 to several, 10–12 cm long, 1-flowered; flower 8–9 cm long, scented. Fl. Apr.–May; Bolivia, Peru; 1700–1800 m.

1098 *Lycaste fragrans* H. F. Oakeley [*Sudamerlycaste fragrans* (H. F. Oakeley) Archila] 夜香薄叶兰

附生或地生植物。假鳞茎卵状圆锥形，长约 10 cm，顶端具 2 叶。叶狭椭圆形，长可达 100 cm，具柄。花序基生，数个，短于叶，具 1 花；花长 9~10 cm，夜间发出香气。花期：春季；厄瓜多尔；1400~1900 m。

Epiphytic or terrestrial plants. Pseudobulbs ovoid-conical, ca. 10 cm long, 2-leaved at apex. Leaves narrowly elliptic, up to 100 cm long, petioled. Inflorescences basal, several, shorter than leaves, 1-flowered; flower 9–10 cm long, fragrant nocturnally. Fl. spring; Ecuador; 1400–1900 m.

1100 ***Lycaste hirtzii*** (Photo.: SCO)

1099 *Lycaste fulvescens* Hook. 绿黄薄叶兰

附生植物。假鳞茎卵形，有棱，长 10~14 cm，顶端具 2~3 叶。叶狭椭圆形，长 50~60 cm，有柄，花后脱落。花序基生，1 个或极罕更多个，长 15~25 cm，具 1 花；花直径约 8 cm。花期：春季至夏季；哥伦比亚、委内瑞拉；1600~2000 m。

Epiphytic plants. Pseudobulbs ovoid, ribbed, 10–14 cm long, 2- or 3-leaved at apex. Leaves narrowly elliptic, 50–60 cm long, petioled, deciduous after flowering. Inflorescences basal, solitary or very rarely more, 15–25 cm long, 1-flowered; flower ca. 8 cm across. Fl. spring–summer; Colombia, Venezuela; 1600–2000 m.

1100 *Lycaste hirtzii* Dodson 赫氏薄叶兰

地生植物。假鳞茎簇生，卵形，稍压扁，长约 10 cm，顶端具 2~3 叶。叶宽线形，长可达 100 cm，具柄。花序基生，1 至数个，长 45~55 cm，具 1 花；花直径 11~12 cm。花期：4~6 月；厄瓜多尔；约 2200 m。

Terrestrial plants. Pseudobulbs clustered, ovoid, slightly compressed, ca. 10 cm long, 2- or 3-leaved at apex. Leaves broadly linear, up to 100 cm long, petioled. Inflorescences basal, 1 to several, 45–55 cm long, 1-flowered; flower 11–12 cm across. Fl. Apr.–June; Ecuador; ca. 2200 m.

1101 ***Lycaste jarae***
(Photo.: Kohji Karasawa)

1103 ***Lycaste leucantha***
(Photo.: Kohji Karasawa)

1104 ***Lycaste linguella***
(Photo.: Kohji Karasawa)

1101 *Lycaste jarae* D. E. Benn. & Christenson 贾氏薄叶兰

假鳞茎簇生，狭卵状椭圆形，稍压扁，长约 12 cm，顶端具 3 叶。叶狭倒披针形，长约 70 cm，具柄。花序基生，4~7 个，长约 15 cm，具 1 花；花长 4~5 cm。花期：8~9 月；秘鲁；约 1100 m。

Pseudobulbs clustered, narrowly ovoid-ellipsoid, slightly compressed, ca. 12 cm long, 3-leaved at apex. Leaves narrowly oblanceolate, ca. 70 cm long, petioled. Inflorescences basal, 4–7, ca. 15 cm long, 1-flowered; flower 4–5 cm long. Fl. Aug.–Sep.; Peru; ca. 1100 m.

1102 ***Lycaste lasioglossa*** (Photo.: Kohji Karasawa)

1102 *Lycaste lasioglossa* Rchb. f. 毛唇薄叶兰

地生植物。假鳞茎卵形，压扁，长 5~10 cm，顶端具 2 叶。叶椭圆状披针形，长 40~55 cm。花序基生，数个，长达 25 cm，具 1 花；花直径约 10 cm。花期：春季；危地马拉；1400~1800 m。

Terrestrial plants. Pseudobulbs ovoid, compressed, 5–10 cm long, 2-leaved at apex. Leaves elliptic-lanceolate, 40–55 cm long. Inflorescences basal, several, to 25 cm long, 1-flowered; flower ca. 10 cm across. Fl. spring; Guatemala; 1400–1800 m.

1103 *Lycaste leucantha* (Klotzsch) Lindl. 白瓣薄叶兰

附生植物。假鳞茎卵形，稍压扁，长 5~10 cm，顶端具 2~3 叶。叶狭矩圆形，长 40~65 cm，脱落。花序基生，数个，长 20~25 cm，具 1 花；花直径 8~10 cm。花期：春季；哥斯达黎加、巴拿马；1200~1800 m。

Epiphytic plants. Pseudobulbs ovoid, slightly compressed, 5–10 cm long, 2- or 3-leaved at apex. Leaves narrowly oblong, 40–65 cm long, deciduous. Inflorescences basal, several, 20–25 cm long, 1-flowered; flower 8–10 cm across. Fl. spring; Costa Rica, Panama; 1200–1800 m.

1104 *Lycaste linguella* Rchb. f. 西岸薄叶兰

地生植物。假鳞茎卵形，长约 8 cm，顶端具 2 叶。叶近矩圆形，长约 30 cm，有柄。花序基生，1 至数个，长约 12 cm，具 1 花；花直径 6~7 cm。花期：2~4 月；厄瓜多尔、秘鲁；约 2000 m。

Terrestrial plants. Pseudobulbs ovoid, ca. 8 cm long, 2-leaved at apex. Leaves suboblong, ca. 30 cm long, petioled. Inflorescences basal, 1 to several, ca. 12 cm long, 1-flowered; flower 6–7 cm across. Fl. Feb.–Apr.; Ecuador, Peru; ca. 2000 m.

1105 ***Lycaste locusta***
(Photo.: Kohji Karasawa)

1106 ***Lycaste longipetala***
(Photo.: Kohji Karasawa)

1107 ***Lycaste longiscapa***
(Photo.: Kohji Karasawa)

1105 *Lycaste locusta* Rchb. f. 秘鲁薄叶兰

附生植物。假鳞茎卵形，压扁，长 6~10 cm，顶端具 2~3 叶。叶矩圆状披针形，长 50~70 cm。花序基生，1~2 个，长约 30 cm，具 1 花；花直径 7~9 cm。花期：春季至夏季；秘鲁；2000~3000 m。

Epiphytic plants. Pseudobulbs ovoid, compressed, 6–10 cm long, 2- or 3-leaved at apex. Leaves oblong-lanceolate, 50–70 cm long. Inflorescences basal, 1–2, ca. 30 cm long, 1-flowered; flower 7–9 cm across. Fl. spring–summer; Peru; 2000–3000 m.

1106 *Lycaste longipetala* (Ruiz & Pavon) Garay 长瓣薄叶兰

地生植物。假鳞茎矩圆状卵形，压扁，长 5~15 cm，顶端具 2~3 叶。叶矩圆状披针形，长 60~80 cm，具长柄。花序基生，通常 1~2 个，长 50~60 cm，具 1 花；花大，具长达 8.5~10 cm 的萼片。花期：春季至夏季；哥伦比亚、厄瓜多尔、秘鲁、委内瑞拉；1200~2400 m。

Terrestrial plants. Pseudobulbs oblong-ovoid, compressed, 5–15 cm long, 2- or 3-leaved at apex. Leaves oblong-lanceolate, 60–80 cm long, long-petioled. Inflorescences basal, often 1–2, 50–60 cm long, 1-flowered; flower large, with sepals 8.5–10 cm long. Fl. spring–summer; Colombia, Ecuador, Peru, Venezuela; 1200–2400 m.

1107 *Lycaste longiscapa* Mast. 长序薄叶兰

地生植物。假鳞茎卵形，稍压扁，长约 8 cm，顶端具少数叶。叶宽线形，长达 70 cm，具柄。花序基生，2~3 个，长约 50 cm，具 1 花；花直径 5.5~6 cm。花期：秋季；厄瓜多尔；约 2000 m。

Terrestrial plants. Pseudobulbs ovoid, slightly compressed, ca. 8 cm long, few-leaved at apex. Leaves broadly linear, to 70 cm long, petioled. Inflorescences basal, 2–3, ca. 50 cm long, 1-flowered; flower 5.5–6 cm across. Fl. autumn; Ecuador; ca. 2000 m.

1108 ***Lycaste macrobulbon*** (Photo.: SCO)

1108 *Lycaste macrobulbon* (Hook.) Lindl. 大茎薄叶兰

附生或地生植物。假鳞茎卵形，长约 12 cm，顶端具少数叶。叶椭圆状披针形，长约 45 cm，具柄。花序基生，1 至数个，长约 15 cm，具 1 花；花直径 7~7.5 cm，有香气。花期：春季至夏季；哥伦比亚；1200~1600 m。

Epiphytic or terrestrial plants. Pseudobulbs ovoid, ca. 12 cm long, few-leaved at apex. Leaves elliptic-lanceolate, ca. 45 cm long, petioled. Inflorescences basal, 1 to several, ca. 15 cm long, 1-flowered; flower 7–7.5 cm across, scented. Fl. spring–summer; Colombia; 1200–1600 m.

1109 ***Lycaste macrophylla***
(Photo.: Kohji Karasawa)

1110 ***Lycaste mesochlaena***
(Photo.: Kohji Karasawa)

1111 ***Lycaste powellii***
(Photo.: Kohji Karasawa)

1109 *Lycaste macrophylla* (Poepp. & Endl.) Lindl. 大叶薄叶兰

地生植物。假鳞茎卵形，长达 10 cm，顶端具 2~3 叶。叶狭椭圆形或椭圆状倒披针形，长 40~60 cm。花序基生，数个，长 15~18 cm，具 1 花；花直径 8~12 cm。花期：3~7 月；玻利维亚、哥斯达黎加、巴拿马、委内瑞拉；600~2400 m。

Terrestrial plants. Pseudobulbs ovoid, to 10 cm long, 2- or 3-leaved at apex. Leaves narrowly elliptic or elliptic-oblanceolate, 40–60 cm long. Inflorescences basal, several, 15–18 cm long, 1-flowered; flower 8–12 cm across. Fl. Mar.–July; Bolivia, Costa Rica, Panama, Venezuela; 600–2400 m.

1110 *Lycaste mesochlaena* Rchb. f. 南美薄叶兰

假鳞茎狭卵形，稍压扁，长约 10 cm，顶端具 2 叶。叶近矩圆形，长 40~50 cm，具柄。花序基生，数个，长 20~40 cm，具 1 花；花直径 4~5 cm。花期：春季至秋季；厄瓜多尔、秘鲁；约 2200 m。

Pseudobulbs narrowly ovoid, slightly compressed, ca. 10 cm long, 2-leaved at apex. Leaves suboblong, 40–50 cm long, petioled. Inflorescences basal, several, 20–40 cm long, 1-flowered; flower 4–5 cm across. Fl. spring–autumn; Ecuador, Peru; ca. 2200 m.

1112 ***Lycaste schilleriana*** (Photo.: Kohji Karasawa)

1111 *Lycaste powellii* Schltr. 鲍氏薄叶兰

附生植物。假鳞茎卵形，稍压扁，长 4~10 cm，顶端具 2~3 叶。叶倒披针形，长约 40 cm。花序基生，数个，长 8~18 cm，具 1 花；花直径 6~8 cm，有香气。花期：夏季至秋季；巴拿马；0~800 m。

Epiphytic plants. Pseudobulbs ovoid, slightly compressed, 4–10 cm long, 2- or 3-leaved at apex. Leaves oblanceolate, ca. 40 cm long. Inflorescences basal, several, 8–18 cm long, 1-flowered; flower 6–8 cm across, scented. Fl. summer–autumn; Panama; 0–800 m.

1112 *Lycaste schilleriana* Rchb. f. 席氏薄叶兰

假鳞茎卵形，稍压扁，长 6~8 cm，顶端具 2~3 叶。叶狭椭圆形或椭圆状披针形，长 30 cm 或过之。花序基生，1~3 个，长约 20 cm，具 1 花；花直径 16~18 cm。花期：夏季；哥伦比亚、秘鲁；1400~3600 m。

Pseudobulbs ovoid, slightly compressed, 6–8 cm long, 2- or 3-leaved at apex. Leaves narrowly elliptic or elliptic-lanceolate, 30 cm or more long. Inflorescences basal, 1–3, ca. 20 cm long, 1-flowered; flower 16–18 cm across. Fl. summer; Colombia, Peru; 1400–3600 m.

1113 *Lycaste skinneri*
(Photo.: Kohji Karasawa)

1114 *Lycaste tricolor*
(Photo.: Kohji Karasawa)

1115 *Lycaste trifoliata*
(Photo.: Kohji Karasawa)

1113 *Lycaste skinneri* (Bateman ex Lindl.) Lindl. 白萼薄叶兰

附生植物。假鳞茎卵形，压扁，长 5~10 cm，顶端具 2~3 叶。叶椭圆状披针形，长 50~75 cm。花序基生，长 15~30 cm，具 1 花；花直径 11~13 cm。花期：冬季至春季；危地马拉、洪都拉斯、墨西哥、萨尔瓦多；可达 2000 m。

Epiphytic plants. Pseudobulbs ovoid, compressed, 5–10 cm long, 2- or 3-leaved at apex. Leaves elliptic-lanceolate, 50–75 cm long. Inflorescences basal, 15–30 cm long, 1-flowered; flower 11–13 cm across. Fl. winter–spring; Guatemala, Honduras, Mexico, El Salvador; up to 2000 m.

1114 *Lycaste tricolor* (Klotzsch) Rchb. f. 三色薄叶兰

附生植物。假鳞茎卵形，稍压扁，有明显的肋，长 7~8 cm，顶端具 3~4 叶。叶椭圆状披针形，长 30~40 cm，花后脱落。花序基生，数个，长 6~7 cm，具 1 花；花直径 5~5.5 cm，有香气。花期：春季至夏季；哥斯达黎加、巴拿马；600~1200 m。

Epiphytic plants. Pseudobulbs ovoid, slightly compressed, heavily ribbed, 7–8 cm long, 3- or 4-leaved at apex. Leaves elliptic-lanceolate, 30–40 cm long, deciduous after flowering. Inflorescences basal, several, 6–7 cm long, 1-flowered; flower 5–5.5 cm across, scented. Fl. spring–summer; Costa Rica, Panama; 600–1200 m.

1115 *Lycaste trifoliata* Lehm. ex Mast. 三叶薄叶兰

附生植物。假鳞茎圆筒状卵形，稍压扁，长 6~15 cm，顶端具 2~3 叶。叶线状披针形，长 30~60 cm。花序基生，数个，长 10~20 cm，具 1 花；花直径 6~7 cm。花期：秋季；哥伦比亚、厄瓜多尔、秘鲁；1600~2900 m。

Epiphytic plants. Pseudobulbs cylindric-ovoid, slightly compressed, 6–15 cm long, 2- or 3-leaved at apex. Leaves linear-lanceolate, 30–60 cm long. Inflorescences basal, several, 10–20 cm long, 1-flowered; flower 6–7 cm across. Fl. autumn; Colombia, Ecuador, Peru; 1600–2900 m.

1116 *Lycaste xytriophora* Rchb. f. 褐萼薄叶兰

石上附生植物。假鳞茎卵形，压扁，长 7.5~10 cm，顶端具 1~3 叶。叶披针形，长 30~50 cm，脱落后在假鳞茎顶端留下长刺。花序基生，长 10~12.5 cm，具 1 花；花直径 6~8 cm。花期：春季至夏季；厄瓜多尔、巴拿马；600~1500 m。

Lithophytic plants. Pseudobulbs ovoid, compressed, 7.5–10 cm long, 1- to 3-leaved at apex. Leaves lanceolate, 30–50 cm long, leaving long spines at the apex of the pseudobulbs when they fall. Inflorescences basal, 10–12.5 cm long, 1-flowered; flower 6–8 cm across. Fl. spring–summer; Ecuador, Panama; 600–1500 m.

1116 *Lycaste xytriophora*
(Photo.: Kohji Karasawa)

1117 ***Lycomormium fiskei*** (Photo.: SCO)

1117 *Lycomormium fiskei* H. R. Sweet 狼花兰

地生植物。假鳞茎簇生，梨形，长约 10 cm，顶端具 3~5 叶。叶质薄，摺扇状，披针形，长达 100 cm。花序基生，下弯，长约 30 cm，约具 15 花；花不完全开放，直径约 4 cm。花期：7~11 月；厄瓜多尔、秘鲁；1000~1800 m。

Terrestrial plants. Pseudobulbs clustered, pyriform, ca. 10 cm long, 3- to 5-leaved at apex. Leaves thin-textured, plicate, lanceolate, to 100 cm long. Inflorescence basal, deflexed, ca. 30 cm long, ca. 15-flowered; flowers not fully opening, ca. 4 cm across. Fl. July–Nov.; Ecuador, Peru; 1000–1800 m.

1118 *Macradenia multiflora* (Kraenzl.) Cogn. 长盘兰

附生植物。假鳞茎簇生，狭卵形，压扁，长 4~6 cm，顶端具 1 叶。叶宽线形，长 10~20 cm。花序基生，下垂，长 10~30 cm，具多花；花直径约 2 cm。花期：秋季至冬季；巴西。

Epiphytic plants. Pseudobulbs clustered, narrowly ovoid, compressed, 4–6 cm long, 1-leafed at apex. Leaf broadly linear, 10–20 cm long. Inflorescence basal, pendulous, 10–30 cm long, many-flowered; flowers ca. 2 cm across. Fl. autumn–winter; Brazil.

1119 *Masdevallia affinis* Lindl. 斑花尾萼兰

附生植物。茎短，包藏于干膜质鞘内，顶端具 1 叶。叶近矩圆形，长 10~20 cm，具柄。花序基生，长 6~15 cm，具 1 花；萼片在基部合生，先端具长 2.5~3 cm 的尾。花期：全年不定；哥伦比亚、厄瓜多尔；3000~3800 m。

Epiphytic plants. Stems short, covered by scarious sheaths, 1-leafed at apex. Leaf suboblong, 10–20 cm long, petioled. Inflorescence basal, 6–15 cm long, 1-flowered; sepals connate at base, with apical tails 2.5–3 cm long. Fl. throughout the year; Colombia, Ecuador; 3000–3800 m.

1120 *Masdevallia angulata* Rchb. f. 锐角尾萼兰

附生植物，常形成大丛。茎短，包藏于干膜质鞘内，顶端具 1 叶。叶矩圆状倒卵形，长 15~20 cm。花序基生，外弯，短，具 1 花；侧萼片下部合生，先端具长约 1.5 cm 的尾部。花期：1~2 月；哥伦比亚、厄瓜多尔；1500~2200 m。

Epiphytic plants, often forming large clumps. Stems short, covered by scarious sheaths, 1-leafed at apex. Leaf oblong-obovate, 15–20 cm long. Inflorescence basal, decumbent, short, 1-flowered; lateral sepals connate below, with apical tails ca. 1.5 cm long. Fl. Jan.–Feb.; Colombia, Ecuador; 1500–2200 m.

1118 ***Macradenia multiflora***
(Photo.: Kohji Karasawa)

1119 ***Masdevallia affinis***
(Photo.: SCO)

1120 ***Masdevallia angulata***
(Photo.: Kohji Karasawa)

1121 ***Masdevallia bottae***
(Photo.: Rudolf Jenny)

1122 ***Masdevallia coccinea***
(Photo.: Kohji Karasawa)

1123 ***Masdevallia gilbertoi***
(Photo.: Kohji Karasawa)

1121 *Masdevallia bottae* Luer & Andretta 波氏尾萼兰

附生植物。茎长 0.5~1 cm，带黑色，包藏于干膜质鞘内，顶端具 1 叶。叶椭圆形，长 4~9 cm，具柄。花序基生，斜展，长 4~7 cm，具 1 花；萼片在基部合生，先端具长约 3.5 cm 的尾部。花期：春季；厄瓜多尔；1600~2200 m。

Epiphytic plants. Stems 0.5–1 cm long, blackish, covered by scarious sheaths, 1-leafed at apex. Leaf elliptic, 4–9 cm long, petioled. Inflorescence basal, spreading-suberect, 4–7 cm long, 1-flowered; sepals connate at base, with apical tails ca. 3.5 cm long. Fl. spring; Ecuador; 1600–2200 m.

1122 *Masdevallia coccinea* Linden ex Lindl. 绯红尾萼兰

附生植物，常形成大丛。茎长 5~6（~10）cm，包藏于鞘内，顶端具 1 叶。叶矩圆状披针形，长 10~30 cm，具长柄。花序基生，纤细，长 25~60 cm，具 1 花；侧萼片长 5~6 cm，下半部合生。花期：春季；哥伦比亚；2400~3500 m。

Epiphytic plants, often forming large clumps. Stems 5–6 (–10) cm long, covered by sheaths, 1-leafed at apex. Leaf oblong-lanceolate, 10–30 cm long, long-petioled. Inflorescence basal, slender, 25–60 cm long, 1-flowered; lateral sepals 5–6 cm long, connate below middle. Fl. spring; Colombia; 2400–3500 m.

1123 *Masdevallia gilbertoi* Luer & Escobar 吉氏尾萼兰

附生植物。茎长 1~2 cm，包藏于鞘内，顶端具 1 叶。叶狭矩圆形，长 6~12 cm，具长柄。花序基生，直立，长约 10 cm，具 1 花；侧萼片近基部合生，先端具长 3~4 cm 的尾。花期：冬季至春季；哥伦比亚；约 2000 m。

Epiphytic plants. Stems 1–2 cm long, covered by sheaths, 1-leafed at apex. Leaf narrowly oblong, 6–12 cm long, long-petioled. Inflorescence basal, erect, ca. 10 cm long, 1-flowered; lateral sepals connate toward base, with apical tails 3–4 cm long. Fl. winter–spring; Colombia; ca. 2000 m.

1124 *Masdevallia glandulosa* Königer 腺毛尾萼兰

附生植物。茎长 1~3 cm，包藏于鞘内，顶端具 1 叶。叶椭圆状矩圆形，长 6~12 cm，具柄。花序基生，长 4~5 cm，具 1 花；花有香气；萼片基部合生达 1.2 cm，先端具长 3~3.5 cm 的尾。花期：冬季；厄瓜多尔；1200~1800 m。

Epiphytic plants. Stems 1–3 cm long, covered by sheaths, 1-leafed at apex. Leaf elliptic-oblong, 6–12 cm long, petioled. Inflorescence basal, 4–5 cm long, 1-flowered; flower scented; sepals connate for basal 1.2 cm, with apical tails 3–3.5 cm long. Fl. winter; Ecuador; 1200–1800 m.

1124 ***Masdevallia glandulosa***
(Photo.: Kohji Karasawa)

1125 ***Masdevallia nidifica***
(Photo.: Kohji Karasawa)

1125 *Masdevallia nidifica* Rchb. f. 聚生尾萼兰

附生植物，常形成大丛。茎长 0.5~1 cm，包藏于鞘内，顶端具 1 叶。叶近矩圆形，长 3~6 cm，有柄。花序基生，近直立，长 3~6 cm，具 1 花；花的色泽变化大；萼片先端具长 1~3 cm 的尾。花期：冬季至初夏；哥伦比亚、哥斯达黎加、厄瓜多尔、秘鲁；500~2000 m。

Epiphytic plants, often forming large clumps. Stems 0.5–1 cm long, covered by sheaths, 1-leafed at apex. Leaf suboblong, 3–6 cm long, petioled. Inflorescence basal, suberect, 3–6 cm long, with a single flower variable in color; sepals with apical tails 1–3 cm long. Fl. winter–early summer.; Colombia, Costa Rica, Ecuador, Peru; 500–2000 m.

1126 *Masdevallia odontocera* Luer & Escobar 齿突尾萼兰

附生植物。茎短，包藏于鞘内，顶端具 1 叶。叶狭倒卵状矩圆形，长 6~12 cm，具柄。花序基生，近直立，长 3~4 cm，具 1 花；侧萼片基部合生约 8 mm，先端具长约 2 cm 的尾。花期：冬季；哥伦比亚；1800~2200 m。

Epiphytic plants. Stems short, covered by sheaths, 1-leafed at apex. Leaf narrowly obovate-oblong, 6–12 cm long, petioled. Inflorescence basal, suberect, 3–4 cm long, 1-flowered; lateral sepals connate for basal ca. 8 mm, with apical tails ca. 2 cm long. Fl. winter; Colombia; 1800–2200 m.

1127 ***Masdevallia pallida***
(Photo.: Kohji Karasawa)

1127 *Masdevallia pallida* (Woolward) Luer 苍白尾萼兰

附生植物。茎长 1~2 cm，包藏于鞘内，顶端具 1 叶。叶近椭圆形，长 3~8 cm，具柄。花序基生，近直立，长 4~8 cm，具 1 花；萼片先端具长达 5 cm 的尾。花期：2~3 月；哥伦比亚、厄瓜多尔；1500~2200 m。

Epiphytic plants. Stems 1–2 cm long, covered by sheaths, 1-leafed at apex. Leaf subelliptic, 3–8 cm long, petioled. Inflorescence basal, suberect, 4–8 cm long, 1-flowered; sepals with apical tails to 5 cm long. Fl. Feb.–Mar.; Colombia, Ecuador; 1500–2200 m.

1128 *Masdevallia pulcherrima* Luer & Andreetta 美花尾萼兰

附生植物。茎长 2~4 cm，包藏于鞘内，顶端具 1 叶。叶线状倒披针形，长 10~18 cm，具柄。花序基生，外弯，长 15~20 cm，通常具 6 朵或更多花；花小；萼片先端具长约 1.2 cm 的尾。花期：冬季；厄瓜多尔；约 2000 m。

Epiphytic plants. Stems 2–4 cm long, covered by sheaths, 1-leafed at apex. Leaf linear-oblanceolate, 10–18 cm long, petioled. Inflorescence basal, decumbent, 15–20 cm long, often with 6 or more flowers; flowers small; sepals with apical tails ca. 1.2 cm long. Fl. winter; Ecuador; ca. 2000 m.

1126 ***Masdevallia odontocera*** (Photo.: Kohji Karasawa)

1128 ***Masdevallia pulcherrima*** (Photo.: Kohji Karasawa)

1129 ***Masdevallia sororcula***
(Photo.: Karlheinz Senghas)

1130 ***Masdevallia veitchiana***
(Photo.: Kohji Karasawa)

1131 ***Masdevallia xanthina***
(Photo.: Kohji Karasawa)

1129 *Masdevallia sororcula* Rchb. f. (*Masdevallia mooreana* Rchb.f.) 高地尾萼兰

附生植物。茎长 3~6 cm，包藏于鞘内，顶端具 1 叶。叶近矩圆形，长 15~20 cm，具柄。花序基生，近直立，长 4~8 cm，具 1 花；萼片基部合生长度为 1~1.5 cm，先端具长 3~5 cm 的尾。花期：春季；哥伦比亚；2600~2800 m。

Epiphytic plants. Stems 3–6 cm long, covered by sheaths, 1-leafed at apex. Leaf suboblong, 15–20 cm long, petioled. Inflorescence basal, suberect, 4–8 cm long, 1-flowered; sepals connate for basal 1–1.5 cm, with apical tails 3–5 cm long. Fl. spring; Colombia; 2600–2800 m.

1130 *Masdevallia veitchiana* Rchb. f. 魏氏尾萼兰

石上附生植物，常形成大丛。茎长 3~9 cm，包藏于鞘内，顶端具 1 叶。叶矩圆状倒披针形，长 15~25 cm。花序基生，直立，长 30~50 cm，具 1 花；萼片基部合生长度达 3 cm；侧萼片先端具长约 1.2 cm 的尾。花期：冬季至春季；秘鲁；2200~4300 m。

Lithophytic plants, often forming large clumps. Stems 3–9 cm long, covered by sheaths, 1-leafed at apex. Leaf oblong-oblanceolate, 15–25 cm long. Inflorescence basal, erect, 30–50 cm long, 1-flowered; sepals connate for basal 3 cm; lateral sepals with apical tails ca. 1.2 cm long. Fl. winter–spring; Peru; 2200–4300 m.

1131 *Masdevallia xanthina* Rchb. f. 尾萼兰

附生植物。茎长 1~2.5 cm，包藏于鞘内，顶端具 1 叶。叶椭圆形，长 3~8 cm，具柄。花序基生，直立，长 4~8 cm，具 1 花；侧萼片下半部合生，先端具长 3~4 cm 的尾。花期：冬季；哥伦比亚、厄瓜多尔；1600~2600 m。

Epiphytic plants. Stems 1–2.5 cm long, covered by sheaths, 1-leafed at apex. Leaf elliptic, 3–8 cm long, petioled. Inflorescence basal, erect, 4–8 cm long, 1-flowered; lateral sepals connate below middle, with apical tails 3–4 cm long. Fl. winter; Colombia, Ecuador; 1600–2600 m.

1132 *Maxillaria alba* (Hook.) Lindl. 白花颚唇兰

附生植物。假鳞茎卵形，长 2.5~6 cm，顶端具 1 叶。叶宽线形，长 20~40 cm。花序基生，1 至数个，长 2~3 cm，具 1 花；花直径 3.5~4 cm。花期：全年不定；危地马拉至南美热带地区以及古巴和牙买加；200~1200 m。

Epiphytic plants. Pseudobulbs ovoid, 2.5–6 cm long, 1-leafed at apex. Leaf broadly linear, 20–40 cm long. Inflorescences basal, 1 to several, 2–3 cm long, 1-flowered; flower 3.5–4 cm across. Fl. throughout the year; Guatemala to tropical South America and also Cuba and Jamaica; 200–1200 m.

1132 ***Maxillaria alba*** (Photo.: Guy Chiron)

1133 ***Maxillaria cucullata***
(Photo.: Kohji Karasawa)

1134 ***Maxillaria fletcheriana***
(Photo.: Kohji Karasawa)

1135 ***Maxillaria fractiflexa***
(Photo.: Kohji Karasawa)

1133 *Maxillaria cucullata* Lindl. 秋花颚唇兰

地生或附生植物。假鳞茎簇生，卵状矩圆形，压扁，长 2.5~9.5 cm，顶端具 1 叶。叶线形至矩圆形，长 10~40 cm。花序数个，发自鞘的腋部，长 4~20 cm，具 1 花；花直径约 4 cm。花期：秋季；墨西哥至巴拿马；1500~3300 m。

Terrestrial or epiphytic plants. Pseudobulbs clustered, ovoid-oblong, compressed, 2.5–9.5 cm long, 1-leafed at apex. Leaf linear to oblong, 10–40 cm long. Inflorescences several, borne in axils of sheaths, 4–20 cm long, 1-flowered; flower ca. 4 cm across. Fl. autumn; Mexico to Panama; 1500–3300 m.

1136 ***Maxillaria grandiflora***
(Photo.: Kohji Karasawa)

1134 *Maxillaria fletcheriana* Rolfe 福勒颚唇兰

附生植物。假鳞茎矩圆状卵形，稍压扁，长 3~5 cm，顶端具 1 叶。叶近矩圆形或椭圆形，长 15~24 cm。花序基生，直立，长 25~35 cm，通常包藏于鞘之中，具 1 花；花直径 8~9 cm。花期：全年不定；玻利维亚、厄瓜多尔、秘鲁；700~2800 m。

Epiphytic plants. Pseudobulbs oblong-ovoid, slightly compressed, 3–5 cm long, 1-leafed at apex. Leaf suboblong or elliptic, 15–24 cm long. Inflorescences basal, erect, 25–35 cm long, often covered by sheaths, 1-flowered; flower 8–9 cm across. Fl. throughout the year; Bolivia, Ecuador, Peru; 700–2800 m.

1135 *Maxillaria fractiflexa* Rchb. f. 颚唇兰

附生植物。假鳞茎簇生，狭卵状椭圆形，压扁，长 5~7 cm，顶端具 1 叶。叶狭矩圆形，长 25~35 cm。花序基生，直立，短于叶，具 1 花；萼片长 7~9 cm。花期：全年不定；厄瓜多尔；100~2000 m。

Epiphytic plants. Pseudobulbs clustered, narrowly ovoid-ellipsoid, compressed, 5–7 cm long, 1-leafed at apex. Leaf narrowly oblong, 25–35 cm long. Inflorescences basal, erect, shorter than leaf, 1-flowered, sepals 7–9 cm long. Fl. throughout the year; Ecuador; 100–2000 m.

1136 *Maxillaria grandiflora* (H. B. K.) Lindl. 大花颚唇兰

附生植物。假鳞茎簇生，卵形，压扁，长约 5 cm，顶端具 1 叶。叶狭矩圆状舌形，长 30~45 cm。花序基生，1~2 个，长 15~25 cm，具 1 花；花直径约 10 cm，有香气。花期：晚春至夏季；玻利维亚、哥伦比亚、厄瓜多尔、圭亚那、秘鲁、委内瑞拉；800~3000 m。

Epiphytic plants. Pseudobulbs clustered, ovoid, compressed, ca. 5 cm long, 1-leafed at apex. Leaf narrowly oblong-ligulate, 30–45 cm long. Inflorescences basal, 1–2, 15–25 cm long, 1-flowered; flower ca. 10 cm across, scented. Fl. late spring–summer; Bolivia, Colombia, Ecuador, Guyana, Peru, Venezuela; 800–3000 m.

1137 ***Maxillaria huebschii*** (Photo.: Kohji Karasawa)

1139 ***Maxillaria sanderiana*** (Photo.: Kohji Karasawa)

1140 ***Mediocalcar bifolium*** (Photo.: Kohji Karasawa)

1137 *Maxillaria huebschii* Rchb. f. 霍氏颚唇兰

附生植物。假鳞茎簇生，卵状矩圆形，压扁，具肋，长 4~8 cm，顶端具 1 叶。叶披针形，长 30~45 cm。花序基生，直立，长约 15 cm，具 1 花；花直径 6~7 cm。花期：春季至夏季；哥伦比亚、厄瓜多尔；1800~3000 m。

Epiphytic plants. Pseudobulbs clustered, ovoid-oblong, compressed, ribbed, 4–8 cm long, 1-leafed at apex. Leaf lanceolate, 30–45 cm long. Inflorescences basal, erect, ca. 15 cm long, 1-flowered, flower 6–7 cm across. Fl. spring–summer; Colombia, Ecuador; 1800–3000 m.

1138 *Maxillaria pulchra* (Schltr.) L. O. Williams ex Corr. 美花颚唇兰

附生植物。假鳞茎卵形，压扁，长约 6.5 cm，顶端具 1~2 叶。叶线形或线状披针形，长约 35 cm。花序基生，长约 4 cm，具 1 花；花直径 5~6 cm。花期：4 月；危地马拉、洪都拉斯、墨西哥；低海拔地。

Epiphytic plants. Pseudobulbs ovoid, compressed, ca. 6.5 cm long, 1- or 2-leaved at apex. Leaves linear or linear-lanceolate, ca. 35 cm long. Inflorescences basal, ca. 4 cm long, 1-flowered, flower 5–6 cm across. Fl. Apr.; Guatemala, Honduras, Mexico; at low altitudes.

1138 ***Maxillaria pulchra*** (Photo.: Kohji Karasawa)

1139 *Maxillaria sanderiana* Rchb. f. 散氏颚唇兰

附生植物。假鳞茎簇生，卵形，压扁，长约 5 cm，顶端具 1 叶。叶近矩圆形，长 20~40 cm。花序基生，近直立，长 5~12 cm，具 1 花；花质地厚，直径 12~15 cm，有香气。花期：春季至初夏；厄瓜多尔、秘鲁；约 1200 m。

Epiphytic plants. Pseudobulbs clustered, ovoid, compressed, ca. 5 cm long, 1-leafed at apex. Leaf suboblong, 20–40 cm long. Inflorescences basal, suberect, 5–12 cm long, 1-flowered, flower thick-textured, 12–15 cm across, scented. Fl. spring–early summer; Ecuador, Peru; ca. 1200 m.

1140 *Mediocalcar bifolium* J. J. Sm. 石榴兰

地生植物，具匍匐、分枝的根状茎。假鳞茎在根状茎上相隔 1~1.5 cm，圆筒形，长 1~2 cm，顶生 2 叶。叶线状矩圆形，长 1.5~3.5 cm，革质。花序顶生，弧曲，短，具单花；花梗和子房长达 1~2 cm；花俯垂，长 8~9 mm。花期：春季至秋季；巴布亚新几内亚；2400~3600 m。

Terrestrial plants, with a creeping and branching rhizome. Pseudobulbs 1–1.5 cm apart on the rhizome, cylindric, 1–2 cm long, 2-leaved at apex. Leaves linear-oblong, 1.5–3.5 cm long, coriaceous. Inflorescence terminal, arching, short, 1-flowered; pedicel and ovary to 1–2 cm long; flower nutans, 8–9 mm long. Fl. spring–autumn; Papua New Guinea; 2400–3600 m.

1141 ***Megastylis gigas***
(Photo.: Kohji Karasawa)

1141 *Megastylis gigas* (Rchb. f.) Schltr. 巨柱兰

地生植物，高 50~120 cm。茎纤细，具叶。叶 4~10 枚，线状披针形，叶柄不明显。花序顶生，通常具 15~25 花；花直径 4~6 cm，有香气。花期：全年不定；新喀里多尼亚、瓦努阿图；500~1400 m。

Terrestrial plants, 50–120 cm tall. Stems slender, leafy. Leaves 4–10, linear-lanceolate, indistinctly petioled. Inflorescence terminal, often 15- to 25-flowered; flowers 4–6 cm across, fragrant. Fl. throughout the year; New Caledonia, Vanuatu; 500–1400 m.

1142 *Meiracyllium trinasutum* Rchb. f. 伏兰

附生植物。根状茎粗约 3mm。茎甚短，在根状茎上相距约 2 cm，具 1 叶。叶卵形，长 3~5 cm，暗绿色，略有紫色边缘。花序顶生，长约 1 cm，密生数花；花直径约 2 cm。花期：春季；危地马拉、墨西哥；约 1300 m。

Epiphytic plants. Rhizomes ca. 3mm thick. Stems very short, ca. 2 cm apart on rhizome, 1-leafed. Leaf ovate, 3–5cm long , dark green, slightly purple-margined. Inflorescence terminal, ca. 1 cm long, densely several-flowered; flowers ca. 2 cm across. Fl. spring; Guatemala, Mexico; ca. 1300 m.

1143 *Mesospinidium incantans* Rchb. f. 翼足兰

附生植物。假鳞茎簇生，卵形，压扁，长 2~2.5 cm，包藏在 2 枚叶鞘中，顶端具 1 叶。叶狭椭圆形，长 10~15 cm。花序基生，下弯，长 25~30 cm，疏生多数花；花直径 1.5~2 cm。花期：春季；哥伦比亚、哥斯达黎加。

Epiphytic plants. Pseudobulbs clustered, ovoid, compressed, 2–2.5 cm long, enclosed by 2 sheaths, 1-leafed at apex. Leaf narrowly elliptic, 10–15 cm long. Inflorescence basal, curved downward, 25–30 cm long, sparsely many-flowered; flowers ca. 1.5–2 cm across. Fl. spring; Columbia, Costa Rica.

1144 ***Mexipedium xerophyticum***
(Photo.: Kohji Karasawa)

1144 *Mexipedium xerophyticum* (Soto Arenas, Salazar & Hágsater) V. A. Albert & M. W. Chase 墨国兜兰

地生或石上附生植物，具匍匐根状茎。叶基生，数枚，矩圆状舌形，对摺，长 3~8 cm。花葶直立，长约 10 cm；花序具 3~7 花；花依次逐个开放；苞片小；花直径 2~2.5 cm。花期：夏季至秋季；墨西哥；约 350 m。

Terrestrial or lithophytic plants, with a creeping rhizome. Leaves basal, several, oblong-ligulate, conduplicate, 3–8 cm long. Scape erect, ca. 10 cm long; inflorescence with 3–7 flowers opening successively; bracts small; flowers 2–2.5 cm across. Fl. summer–autumn; Mexico; ca. 350 m.

1142 ***Meiracyllium trinasutum*** (Photo.: Kohji Karasawa)

1143 ***Mesospinidium incantans*** (Photo.: Kohji Karasawa)

1145 ***Micropera rostrata***
(Photo.: Kohji Karasawa)

1146 ***Miltonia candida***
(Photo.: Kohji Karasawa)

1147 ***Miltonia clowesii***
(Photo.: Kohji Karasawa)

1145 *Micropera rostrata* (Roxb.) N. P. Balakr. 浅紫小囊兰

附生植物。茎攀援，长 20~90 cm，密生多叶。叶线形，革质，长 7~15 cm。总状花序腋生或与叶对生，长 15~20 cm，密生多花；花直径约 2 cm。花期：春季；孟加拉国、印度北部、泰国；约 1300 m。

Epiphytic plants. Stems clambering, 20–90 cm long, densely many-leaved. Leaves linear, leathery, 7–15 cm long. Inflorescence racemose, auxillary or born opposite leaves, 15–20 cm long, densely many-flowered; flowers ca. 2 cm across. Fl. spring; Bangladesh, N India, Thailand; ca. 1300 m.

1146 *Miltonia candida* Lindl. 白唇密尔顿兰

附生植物。假鳞茎狭卵形，压扁，长 7~10 cm，顶端具 2 叶。叶线状倒披针形，长 20~38 cm。花序基生，长 30~50 cm，具 3~7 花；花直径约 7 cm。花期：夏季至秋季；巴西；500~800 m。

Epiphytic plants. Pseudobulbs narrowly ovoid, compressed, 7–10 cm long, 2-leaved at apex. Leaves linear-oblanceolate, 20–38 cm long. Inflorescence basal, 30–50 cm long, 3- to 7-flowered; flowers ca. 7 cm across. Fl. summer–autumn; Brazil; 500–800 m.

1147 *Miltonia clowesii* Lindl. 克劳密尔顿兰

附生植物。假鳞茎狭卵形，压扁，稍具二棱，长 7~10 cm，顶端具 2 叶。叶线状舌形，长 30~45 cm。花序基生，长 30~45 cm，具 7~10 花；花直径 5~7 cm。花期：秋季；巴西；约 800 m。

Epiphytic plants. Pseudobulbs narrowly ovoid, compressed, slightly ancipital, 7–10 cm long, 2-leaved at apex. Leaves linear-ligulate, 30–45 cm long. Inflorescence basal, 30–45 cm long, 7- to 10-flowered; flowers 5–7 cm across. Fl. autumn; Brazil; ca. 800 m.

1148 *Miltonia cuneata* Lindl. 楔唇密尔顿兰

附生植物。假鳞茎狭卵状椭圆形，压扁，稍具二棱，长 6~10 cm，顶端具 2 叶。叶线形，长 20~35 cm。花序基生，直立，长可达 60 cm，具 5~8 花；花直径 6~7 cm。花期：春季；巴西；800~1000 m。

Epiphytic plants. Pseudobulbs narrowly ovoid-ellipsoid, compressed, slightly ancipital, 6–10 cm long, 2-leaved at apex. Leaves linear, 20–35 cm long. Inflorescence basal, erect, up to 60 cm long, 5- to 8-flowered; flowers 6–7 cm across. Fl. spring; Brazil; 800–1000 m.

1148 ***Miltonia cuneata***
(Photo.: Kohji Karasawa)

1149 ***Miltonia flavescens*** (Photo.: Kohji Karasawa)

1150 ***Miltonia phymatochila*** (Photo.: Kohji Karasawa)

1149 *Miltonia flavescens* Lindl. 浅黄密尔顿兰

附生植物。假鳞茎卵状椭圆形，压扁，稍具二棱，长 5~12 cm，顶端具 2 叶。叶线状舌形，长 30~35 cm。花序基生，长 30~50 cm，具 5~10 花；花直径 6~8 cm，有香气。花期：夏季至秋季；巴西；约 800 m。

Epiphytic plants. Pseudobulbs ovoid-oblong, compressed, slightly ancipital, 5–12 cm long, 2-leaved at apex. Leaves linear-ligulate, 30–35 cm long. Inflorescence basal, 30–50 cm long, 5- to 10-flowered; flowers 6–8 cm across, scented. Fl. summer–autumn; Brazil; ca. 800 m.

1151 ***Miltonia regnellii***
(Photo.: Kohji Karasawa)

1150 *Miltonia phymatochila* (Lindl.) N. H. Williams & M. W. Chase (*Oncidium phymatochilum* Lindl.) 厚唇密尔顿兰

附生植物。假鳞茎纺锤形，稍压扁，长 6~13 cm，顶端具 1 叶。叶矩圆形或椭圆状倒披针形，长 25~35 cm。花序基生，长 50~150 cm，有分枝，具多花；萼片长 1.8~3.5 cm。花期：春季至夏季；巴西、危地马拉、墨西哥；约 1300 m。

Epiphytic plants. Pseudobulbs fusiform, slightly compressed, 6–13 cm long, 1-leafed at apex. Leaf oblong or elliptic-oblanceolate, 25–35 cm long. Inflorescence basal, 50–150 cm long, branched, many-flowered; sepals 1.8–3.5 cm long. Fl. spring–summer; Brazil, Guatemala, Mexico; ca. 1300 m.

1151 *Miltonia regnellii* Rchb. f. 雷氏密尔顿兰

附生植物。假鳞茎卵状矩圆形，压扁，长 5~10 cm，顶端具 2 叶。叶线状舌形，长 20~30 cm。花序基生，长 30~50 cm，具 3~7 花；花直径 5~7.5 cm。花期：冬季至春季；巴西东部；300~800 m。

Epiphytic plants. Pseudobulbs ovoid-oblong, compressed, 5–10 cm long, 2-leaved at apex. Leaves linear-ligulate, 20–30 cm long. Inflorescence basal, 30–50 cm long, 3- to 7-flowered; flowers 5–7.5 cm across. Fl. winter–spring; E Brazil; 300–800 m.

1152 ***Miltonia russelliana***
(Photo.: Kohji Karasawa)

1152 *Miltonia russelliana* Lindl. 茹氏密尔顿兰

附生植物。假鳞茎卵状梨形，压扁，长 5~7 cm，顶端具 2 叶。叶舌状披针形，长 15~22 cm。花序基生，长 30~50 cm，向下弯，具 2~6 花；唇瓣长 2.2~2.4 cm。花期：秋季至冬季；巴西。

Epiphytic plants. Pseudobulbs ovoid-pyriform, compressed, 5–7 cm long, 2-leaved at apex. Leaves ligulate-lanceolate, 15–22 cm long. Inflorescence basal, 30–50 cm long, curved downward, 2- to 6-flowered; lip 2.2–2.4 cm long. Fl. autumn–winter; Brazil.

1153 ***Miltonia spectabilis***
(Photo.: Kohji Karasawa)

1154 ***Miltonia spectabilis*** var. ***moreliana*** (Photo.: Kohji Karasawa)

1156 ***Miltoniopsis phalaenopsis***
(Photo.: Kohji Karasawa)

1153 *Miltonia spectabilis* Lindl. 密尔顿兰

附生植物。假鳞茎疏离，卵状矩圆形，压扁，稍具二棱，长 7~10 cm，顶端具 2 叶。叶线状舌形，长 10~15 cm。花序基生，近直立，长 20~25 cm，具 1 花；花直径 6.5~7.5 cm。花期：夏季；巴西、委内瑞拉；约 800 m。

Epiphytic plants. Pseudobulbs well spaced, ovoid-oblong, compressed, slightly ancipital, 7–10 cm long, 2-leaved at apex. Leaves linear-ligulate, 10–15 cm long. Inflorescence basal, suberect, 20–25 cm long, 1-flowered; flower 6.5–7.5 cm across. Fl. summer; Brazil, Venezuela; ca. 800 m.

1154 *Miltonia spectabilis* Lindl. var. *moreliana* Henfr. 莫氏密尔顿兰（变种）

本变种与密尔顿兰（原变种）*Miltonia spectabilis*（var. *spectabilis*）的区别在于具近紫色的花和较宽阔的唇瓣。

This variety differs from *Miltonia spectabilis* (var. *spectabilis*) in having purplish flowers and broader lip.

1155 *Miltonia warscewiczii* Rchb. f. 瓦氏密尔顿兰

附生植物。假鳞茎椭圆形，压扁，稍具二棱，长 10~12 cm，顶端具 1 叶。叶线状矩圆形，长 15~30 cm。花序基生，直立，长 60 cm 或过之，密生多花；花直径 4~5 cm。花期：春季；哥伦比亚、哥斯达黎加、秘鲁。

Epiphytic plants. Pseudobulbs ellipsoid, compressed, slightly ancipital, 10–12 cm long, 1-leafed at apex. Leaf linear-oblong, 15–30 cm long. Inflorescence basal, erect, 60 cm or more long, densely many-flowered; flowers 4–5 cm across. Fl. spring; Colombia, Costa Rica, Peru.

1155 ***Miltonia warscewiczii*** (Photo.: Kohji Karasawa)

1156 *Miltoniopsis phalaenopsis* (Linden & Rchb. f.) Garay & Dunsterv. 蝶花拟堇兰

附生植物。假鳞茎簇生，卵形，压扁，长 2.5~3.8 cm，为数枚具叶的鞘所包围，顶端具 1 叶。叶线形，长 10~20 cm。花序基生，短于叶，具 3~5 花；花直径 5~6 cm；花期：冬季；哥伦比亚；1200~1500 m。

Epiphytic plants. Pseudobulbs clustered, ovoid, compressed, 2.5–3.8 cm long, subtended by several leaf-bearing sheaths, 1-leafed at apex. Leaves linear, 10–20 cm long. Inflorescence basal, shorter than leaves, 3- to 5-flowered; flowers 5–6 cm across. Fl. winter; Colombia; 1200–1500 m.

1157 ***Miltoniopsis roezlii*** (Photo.: Kohji Karasawa)

1159 ***Miltoniopsis vexillaria*** (Photo.: Kohji Karasawa)

1158 ***Miltoniopsis santanae*** (Photo.: Kohji Karasawa)

1157 *Miltoniopsis roezlii* (Rchb. f.) Godefroy-Ledeuf 罗氏拟堇兰

附生植物。假鳞茎簇生，卵状矩圆形，压扁，长 5~6.5 cm，为数枚具叶的鞘所包围，顶端具 1 叶。叶线形，长 20~30 cm。花序基生，长 20~30 cm，具 2~5 花；花直径 8~10 cm。花期：秋季；哥伦比亚；300~700 m。

Epiphytic plants. Pseudobulbs clustered, ovoid-oblong, compressed, 5–6.5 cm long, subtended by several leaf-bearing sheaths, 1-leafed at apex. Leaves linear, 20–30 cm long. Inflorescence basal, 20–30 cm long, 2- to 5-flowered; flowers 8–10 cm across. Fl. autumn; Colombia; 300–700 m.

1158 *Miltoniopsis santanae* Garay & Dunsterv. 散氏拟堇兰

附生植物。假鳞茎卵形，压扁，长约 3 cm，为数枚具叶的鞘所包围，顶端具 1 叶。叶线状披针形，长约 20 cm。花序基生，长 5~10 cm，具 1~3 花；花直径 3~4 cm。花期：春季；哥伦比亚、厄瓜多尔、委内瑞拉；约 600 m。

Epiphytic plants. Pseudobulbs ovoid, compressed, ca. 3 cm long, subtended by several leaf-bearing sheaths, 1-leafed at apex. Leaves linear-lanceolate, ca. 20 cm long. Inflorescence basal, 5–10 cm long, 1- to 3-flowered; flowers 3–4 cm across. Fl. spring; Colombia, Ecuador, Venezuela; ca. 600 m.

1159 *Miltoniopsis vexillaria* (Rchb. f.) Godefroy-Ledeuf 拟堇兰

附生植物。假鳞茎卵状圆锥形，强烈压扁，长约 4 cm，为 3~6 枚叶所包围，顶端具 1 叶。叶线状舌形，长 15~25 cm。花序基生，长 30~50 cm，具 4~8 花；花直径 7~10 cm。花期：春季至初夏；哥伦比亚、厄瓜多尔北部；1300~2150 m。

Epiphytic plants. Pseudobulbs ovoid-conical, strongly compressed, ca. 4 cm long, subtended by 3–6 leaves, 1-leafed at apex. Leaves linear-ligulate, 15–25 cm long. Inflorescence basal, 30–50 cm long, 4- to 8-flowered; flowers 7–10 cm across. Fl. spring–early summer; Colombia, N Ecuador; 1300–2150 m.

1160 *Miltoniopsis warscewiczii* (Rchb. f.) Garay & Dunsterv. 瓦氏拟堇兰

附生植物。假鳞茎卵状矩圆形，压扁，长 3~5 cm，顶端具 1 叶。叶线状披针形，长 20~30 cm。花序基生，长 15~30 cm，具 2~5 花；唇瓣长 3~3.5 cm。花期：春季；哥斯达黎加、巴拿马；1000~2000 m。

Epiphytic plants. Pseudobulbs ovoid-oblong, compressed, 3–5 cm long, 1-leafed at apex. Leaf linear-lanceolate, 20–30 cm long. Inflorescence basal, 15–30 cm long, 2- to 5-flowered; lip 3–3.5 cm long. Fl. spring; Costa Rica, Panama; 1000–2000 m.

1160 ***Miltoniopsis warscewiczii*** (Photo.: Kohji Karasawa)

1161 ***Mormodes buccinator*** **Lindl. 旋柱兰**

附生植物。假鳞茎簇生，纺锤形，长约 15 cm，具数枚叶。叶摺扇状，倒披针形，长约 30 cm，脱落。花序近基生，弧曲，长约 35 cm，具数花至多花；花宽约 5 cm。花期：冬季；巴西、哥伦比亚、苏里南、委内瑞拉；450~1500 m。

Epiphytic plants. Pseudobulbs clustered, fusiform, ca. 15 cm long, several-leaved. Leaves plicate, oblanceolate, ca. 30 cm long, deciduous. Inflorescences nearly basal, arching, ca. 35 cm long, several- to many-flowered; flowers ca. 5 cm wide. Fl. winter; Brazil, Colombia, Surinam, Venezuela; 450–1500 m.

1161 ***Mormodes buccinator***
(Photo.: Kohji Karasawa)

1162 ***Mormodes dasilvae*** **Salazar 褐斑旋柱兰**

附生植物。假鳞茎簇生，纺锤形，长 3~9 cm，具数枚叶。叶二列，长约 18 cm，脱落。花序通常 2 个，近基生，长约 28 cm，密生 10~18 花；花直径 2~3 cm，有香气。花期：8~10 月；巴西；低海拔地。

Epiphytic plants. Pseudobulbs clustered, fusiform, 3–9 cm long, several-leaved. Leaves distichous, ca. 18 cm long, deciduous. Inflorescences often 2, nearly basal, ca. 28 cm long, densely 10- to 18-flowered; flowers 2–3 cm across, scented. Fl. Aug.–Oct.; Brazil; at low altitudes.

1164 ***Mormolyca ringens***
(Photo.: Kohji Karasawa)

1163 ***Mormodes maculata*** **(Klotz.) L. O. Williams var. *unicolor* (Hook.) L. O. Williams 黄花旋柱兰（变种）**

附生植物。假鳞茎簇生，纺锤形，长 10~20 cm，具数枚叶。叶线状披针形，长 30~45 cm。花序弧曲，长 30~40 cm 或过之，具多朵偏向一侧的花；花有香气；萼片与花瓣长约 3 cm。花期：秋季至初冬；墨西哥。

Epiphytic plants. Pseudobulbs clustered, fusiform, 10–20 cm long, several-leaved. Leaves linear-lanceolate, 30–45 cm long. Inflorescences arching, 30–40 cm or more long, many-flowered, secund; flowers fragrant; sepals and petals ca. 3 cm long. Fl. autumn–early winter; Mexico.

1164 ***Mormolyca ringens*** **(Lindl.) Schltr. 怪花兰**

附生植物。假鳞茎生于纤细的根状茎上，椭圆形，长 2~4 cm，顶端具 1 叶。叶线状舌形，长 10~35 cm。花序基生，直立，近等长于叶，具 1 花；花长 3~4 cm。花期：春季至夏季；哥斯达黎加至墨西哥；0~1000 m。

Epiphytic plants. Pseudobulbs arising from a slender rhizome, ellipsoid, 2–4 cm long, 1-leafed at apex. Leaf linear-ligulate, 10–35 cm long. Inflorescences basal, erect, nearly as long as leaf, 1-flowered; flower 3–4 cm long. Fl. spring–summer; Costa Rica to Mexico; 0–1000 m.

1162 ***Mormodes dasilvae*** (Photo.: Kohji Karasawa)

1163 ***Mormodes maculata*** var. ***unicolor***
(Photo.: Kohji Karasawa)

1165 ***Mycaranthes pannea***
(Photos.: Zhanhuo Tsi)

1166 ***Myoxanthus affinis***
(Photo.: Kohji Karasawa)

1168 ***Myrmecophila brysiana***
(Photo.: Kohji Karasawa)

1165 *Mycaranthes pannea* (Lindl.) S. C. Chen & J. J. Wood (*Eria pannea* Lindl.) 指叶拟毛兰

附生植物，幼小时密被白色绒毛。茎圆柱形，长 1~2 cm，近顶端具 3~4 叶。叶圆柱形，稍压扁，腹面有槽，长 4~20 cm，肉质。花序顶生，长 3~5 cm，具 1~5 花；萼片长约 6 mm，背面被密毛。花期：4 月；中国（海南至西藏），向南至印度尼西亚，向西北到达不丹；800~2200 m。

Epiphytic plants, densely white-tomentose when young. Stems terete, 1–2 cm long, 3- or 4-leaved near apex. Leaves terete, slightly compressed, channeled ventrally, 4–20 cm long, fleshy. Inflorescence terminal, 3–5 cm long, 1- to 5-flowered; sepals ca. 6 mm long, densely hairy dorsally. Fl. Apr.; China (Hainan to Xizang), south to Indonesia and northwest to Bhutan; 800–2200 m.

1166 *Myoxanthus affinis* (Lindl.) Luer 鼠花兰

地生或附生植物。茎簇生，直立，长 10~15 cm，顶生 1 叶。叶狭卵形，长 10~30 cm，厚革质。花序数个，顶生，具 1 花；中萼片与花瓣长 0.6~1.4 cm。花期：2~3 月；哥伦比亚、秘鲁、委内瑞拉；400~2400 m。

Terrestrial or epiphytic plants. Stems tufted, erect, 10–15 cm long, 1-leafed at apex. Leaf narrowly ovate, 10–30 cm long, thickly coriaceous. Inflorescences several, terminal, 1-flowered; dorsal sepal and petals 0.6–1.4 cm long. Fl. Feb. –Mar.; Colombia, Peru, Venezuela; 400–2400 m.

1167 ***Myoxanthus reymondii*** (Photo.: Kohji Karasawa)

1167 *Myoxanthus reymondii* (H. Karst. & L. O. Williams) Luer 瑞氏鼠花兰

附生植物。茎簇生，直立，长 10~30 cm，顶生 1 叶。叶线状披针形，长 10~25 cm，厚革质。花序数个，顶生，短，具 1 花；花梗长约 0.5 cm；中萼片长约 0.8 cm。花期：3~5 月；厄瓜多尔至委内瑞拉；1200~2500 m 。

Epiphytic plants. Stems tufted, erect, 10–30 cm long, 1- leafed at apex. Leaf linear-lanceolate, 10–25 cm long, thickly coriaceous. Inflorescences several, terminal, short, 1-flowered; pedicel ca. 0.5 cm long; dorsal sepal ca. 0.8 cm long. Fl. Mar. –May; Ecuador to Venezuela; 1200–2500 m.

1168 *Myrmecophila brysiana* (Lem.) Kennedy 蚁兰

附生植物。假鳞茎纺锤状圆锥形，中空，长 20~25 cm，顶端具 2 叶或罕有 3 叶。叶卵状椭圆形，长 8~15 cm，硬革质。花序顶生，长 50~100 cm，通常具 10 花；花直径约 6 cm。花期：夏季；伯利兹、危地马拉、洪都拉斯、尼加拉瓜、西印度群岛；0~200 m。

Epiphytic plants. Pseudobulbs fusiform-conical, hollow, 20–25 cm long, 2- or rarely 3-leaved at apex. Leaves ovate-elliptic, 8–15 cm long, very coriaceous. Inflorescence terminal, 50–100 cm long, often 10-flowered; flowers ca. 6 cm across. Fl. summer; Belize, Guatemala, Honduras, Nicaragua, West Indies; 0–200 m.

1169 ***Myrmecophila tibicinis***
(Photo.: Kohji Karasawa)

1171 ***Nabaluia angustifolia***
(Photo.: Peter O' Byrne)

1172 ***Nageliella purpurea***
(Photo.: Kohji Karasawa)

1169 *Myrmecophila tibicinis* (Bateman ex Lindl.) Rolfe 长茎蚁兰

附生植物。假鳞茎密集，纺锤状圆锥形，长 30~60 cm，顶端具 3~4 叶。叶卵状椭圆形，长 20~45 cm。花序顶生，通常有分枝，长可达 1 m，具多花；花直径 5~7.5 cm。花期：春季；墨西哥至哥斯达黎加；低海拔地。

Epiphytic plants. Pseudobulbs close together, fusiform-conical, 30–60 cm long, 3- or 4-leaved at apex. Leaves ovate-elliptic, 20–45 cm long. Inflorescence terminal, often branched, up to 1 m long, many-flowered; flowers 5–7.5 cm across. Fl. spring; Mexico to Costa Rica; at low altitudes..

1170 *Mystacidium capense* (L. f.) Schltr. 触须兰

附生植物。茎长 1~2 cm，包藏于具鞘的叶基之中，具 3~5 叶。叶倒卵形至倒披针形，长 4~13 cm，基部扭转而使之处于同一平面上。花序 1 个至数个，长 10~15 cm，具 6~20 花；花直径约 2 cm，有香气。花期：夏季；南非；0~500 m。

Epiphytic plants. Stems 1–2 cm long, covered by sheathing leaf bases, 3- to 5-leaved. Leaves obovate to oblanceolate, 4–13 cm long, twisted at base to lie in one plane. Inflorescences 1 to several, 10–15 cm long, 6- to 20-flowered; flowers ca. 2 cm across, fragrant. Fl. summer; South Africa; 0–500 m.

1170 ***Mystacidium capense*** (Photo.: Kohji Karasawa)

1171 *Nabaluia angustifolia* de Vogel 纳巴卢兰

附生植物。假鳞茎密集，圆筒形，长 4.5~12 cm，顶端具 2 叶。叶线形，长 15~30 cm，具长柄。花序长 30~40 cm，具多数二列花；花长约 3 cm。花期：春季至夏季；马来西亚（沙巴）；1400~2700 m。

Epiphytic plants. Pseudobulbs close together, cylindric, 4.5–12 cm long, 2-leaved at apex. Leaves linear, 15–30 cm long, long-petioled. Inflorescence 30–40 cm long, with many distichous flowers; flowers ca. 3 cm long. Fl. spring–summer; Malaysia (Sabah); 1400–2700 m.

1172 *Nageliella purpurea* (Lindl.) L. O. Williams 纳格兰

附生植物。茎簇生，长 2~8 cm，顶生 1 叶。叶近矩圆状披针形，长 3~12 cm ，质地厚，稍具紫点。花序顶生，纤细，长 20~50 cm，常弓曲，偶见分枝，近顶端密生数花；花直径约 1 cm。花期：夏季；墨西哥经中美洲至委内瑞拉；可达 1500 m。

Epiphytic plants. Stems tufted, 2–8 cm long, 1-leafed at apex. Leaf suboblong-lanceolate, 3–12 cm long, thick-textured, slightly purplish-spotted. Inflorescence terminal, slender, 20–50 cm long, often arching, occasionally branching, densely several-flowered toward apex; flowers ca. 1 cm across. Fl. summer; Mexico through Central America to Venezuela; up to 1500 m.

1173 ***Neobathiea perrieri***
(Photo.: Kohji Karasawa)

1174 ***Neobenthamia gracilis***
(Photo.: Kohji Karasawa)

1175 ***Neocogniauxia hexaptera***
(Photo.: Kohji Karasawa)

1173 *Neobathiea perrieri* (Schltr.) Schltr. 马岛兰

附生植物。茎长 2~4 cm。叶 4~10 枚，二列，近矩圆状匙形或椭圆形，长 3~7 cm，革质。花序腋生，弓曲，长 6~12 cm，具 1~2 花；唇瓣长约 2 cm；距长 7~12 cm。花期：秋季至冬季；马达加斯加北部至西北部；0~350 m。

Epiphytic plants. Stems 2–4 cm long. Leaves 4–10, distichous, suboblong-spatulate or elliptic, 3–7 cm long, coriaceous. Inflorescence axillary, arching, 6–12 cm long, 1- or 2-flowered; lip ca. 2 cm long; spur 7–12 cm long. Fl. autumn–winter; N to NW Madagascar; 0–350 m.

1174 *Neobenthamia gracilis* Rolfe 纽本兰

地生或石上附生植物。茎直立，长 80~200 cm，有时具分枝，包藏于叶鞘中，上部生叶。叶多枚，二列，线状披针形，长 12~28 cm。花序顶生，长约 10 cm，近球形，密生多花；花有香气；萼片长 1~1.2 cm。花期：通常冬季至春季；坦桑尼亚；450~1800 m。

Terrestrial or lithophytic plants. Stems erect, 80–200 cm long, sometimes branching, covered by sheaths, leafy above. Leaves many, distichous, linear-lanceolate, 12–28 cm long. Inflorescence terminal, ca. 10 cm long, subglobose, densely many-flowered; flowers scented; sepals 1–1.2 cm long. Fl. usually winter–spring; Tanzania; 450–1800 m.

1176 ***Neofinetia falcata***
(Photo.: Junwen Zhai)

1175 *Neocogniauxia hexaptera* (Cogn.) Schltr. 小唇兰

附生植物。茎纤细，长 2~3 cm，包藏于鞘中，顶生 1~2 叶。叶直立，线状矩圆形，长 3~4 cm，革质。花序顶生，长 1.5~2 cm，弓曲，具 1 花；花直径 2.5~3 cm。花期：夏季；西印度群岛（伊斯帕尼奥拉）；1000~1300 m。

Epiphytic plants. Stems slender, 2–3 cm long, covered by sheaths, 1- or 2-leaved at apex. Leaves erect, linear-oblong, 3–4 cm long, coriaceous. Inflorescence terminal, 1.5–2 cm long, arching, 1-flowered; flower 2.5–3 cm across. Fl. summer; West Indies (Hispaniola) ; 1000–1300 m.

1176 *Neofinetia falcata* (Thunb.) H. H. Hu [*Vanda falcata* (Thunb.) L. M. Gardiner] 风兰

附生植物。茎长 1~6 cm，包藏于叶鞘之中，具多叶。叶狭矩圆状镰刀形，长 5~12 cm，厚革质，对摺。花序腋生，长 3~10 cm，通常具 2~5 花；花芬香；距弧曲，长达 3.5~5 cm。花期：4 月；中国（浙江至四川）、日本、朝鲜半岛；1600 m 以下。

Epiphytic plants. Stems 1–6 cm long, enclosed in leaf sheaths, many-leaved. Leaves narrowly oblong-falcate, 5–12 cm long, thickly coriaceous, conduplicate. Inflorescence axillary, 3–10 cm long, often 2- to 5-flowered; flowers fragrant, with an arcuate spur 3.5–5 cm long. Fl. Apr.; China (Zhejiang to Sichuan), Japan, Korea; below 1600 m.

1177 ***Neofinetia richardsiana*** (Photo.: Sicong Lu)

1178 ***Neofinetia xichangensis*** (Photos.: Junwen Zhai)

1177 *Neofinetia richardsiana* Christenson [*Vanda richardsiana* (Christenson) L. M. Gardiner] 短距风兰

附生植物。茎长约 1.5 cm，包藏于叶鞘之中，具多叶。叶线状矩圆形，长约 6.5 cm，对摺。花序腋生，长 5~6 cm，密生少数花；距长约 1.1 cm，伸直，下垂。花期：4~5 月；中国（重庆、湖北）；1300~1400 m。

Epiphytic plants. Stems ca. 1.5 cm long, enclosed in leaf sheaths, many-leaved. Leaves linear-oblong, ca. 6.5 cm long, conduplicate. Inflorescence axillary, 5–6 cm long, densely few-flowered; spur ca. 1.1 cm long, straight, pendulous. Fl. Apr.–May; China (Chongqing, Hubei); 1300–1400 m.

1178 *Neofinetia xichangensis* Z. J. Liu & S. C. Chen [*Vanda xichangensis* (Z. J. Liu & S. C. Chen) L. M. Gardiner] 西昌风兰

附生植物。茎长约 2 cm，包藏于叶鞘之中，具 6~7 叶。叶线形，长 4~6 cm，坚硬，对摺。花序腋生，长 4~5 cm，具 2~4 花；距长 1.5~1.6 cm，弯曲，近水平伸展。花期：4~5 月；中国（四川西南部）；1400~1500 m 。

Epiphytic plants. Stems ca. 2 cm long, enclosed in leaf sheaths, 6- or 7-leaved. Leaves linear, 4–6 cm long, rigid, conduplicate. Inflorescence axillary, 4–5 cm long, 2- to 4-flowered; spur 1.5–1.6 cm long, curved, almost spreading horizontally. Fl. Apr.–May; China (SW Sichuan); 1400–1500 m.

1179 ***Neogardneria murrayana*** (Photo.: Kohji Karasawa)

1179 *Neogardneria murrayana* (Gardner & Hk.) Garay 新嘉兰

附生植物。假鳞茎密生，卵形，压扁，长 3~6 cm ，顶生 2 叶。叶线状披针形，长约 30 cm，稍呈革质。花序发自假鳞茎基部，直立，短于叶，具 3~6 花；花直径约 5 cm。花期：秋季；巴西东部；约 1450 m。

Epiphytic plants. Pseudobulbs closely spaced, ovoid, compressed, 3–6 cm long, 2-leaved at apex. Leaves linear-lanceolate, ca. 30 cm long, slightly coriaceous. Inflorescence arising from base of pseudobulb, erect, shorter than leaves, 3- to 6-flowered; flowers ca. 5 cm across. Fl. autumn; E Brazil; ca.1450 m .

1180 ***Neogyne gardneriana*** (Photos.: Xiaohua Jin(left); Zhanhuo Tsi(right))

1180 *Neogyna gardneriana* (Lindl.) Rchb. f. 新型兰

附生植物。假鳞茎狭卵形至近圆筒形，长 9~15 cm，顶端具 2 叶。叶椭圆状倒披针形，长 30~44 cm。花序基生，长 17~33 cm，下垂，具数花至 10 花；花序柄在花期常为苞片所覆盖；萼片长 4~4.5 cm。花期：11~1 月；不丹、中国（西藏、云南）、印度、老挝、缅甸、尼泊尔、泰国、越南；600~2200 m。

Epiphytic plants. Pseudobulbs narrowly ovoid to subcylindric, 9–15 cm long, 2-leaved at apex. Leaves elliptic-oblanceolate, 30–44 cm long. Inflorescence basal, 17–33 cm long, pendulous, several- to 10-flowered; peduncle often covered by sheaths at anthesis; sepals 4–4.5 cm long. Fl. Nov.–Jan.; Bhutan, China (Xizang, Yunnan), India, Laos, Myanmar, Nepal, Thailand, Vietnam; 600–2200 m.

1181 ***Neolauchea pulchella***
(Photo.: Kohji Karasawa)

1182 ***Neomoorea wallisii***
(Photo.: Kohji Karasawa)

1183 ***Neotinea tridentata***
(Photo.: Kohji Karasawa)

1181 *Neolauchea pulchella* Krzl. 纽劳兰

附生植物。假鳞茎在根状茎上相距 0.5~1 cm，卵形，长 1.5~3 cm，顶生 1 叶。叶狭线形，长 6~12 cm，革质。花序顶生，长 1~3 cm，具 1 花；花直径约 2 cm 。花期：冬季；巴西南部。

Epiphytic plants. Pseudobulbs 0.5–1 cm apart on rhizome, ovoid, 1.5–3 cm long, 1-leafed at apex. Leaf narrowly linear, 6–12 cm long, coriaceous. Inflorescence terminal, 1–3 cm long, 1-flowered; flower ca. 2 cm across. Fl. winter; S Brazil.

1182 *Neomoorea wallisii* (Rchb. f.) Schltr. 新牧儿兰

附生植物。假鳞茎密集，卵形，压扁，长 4~11 cm，具 2 叶或罕有 1 或 3 叶。叶椭圆状披针形，长 45~75（~100）cm。花序基生，直立，长 15~50 m，具 5~12 花；花直径约 6 cm。花期：春季；哥伦比亚、巴拿马。

Epiphytic plants. Pseudobulbs close together, ovoid, compressed, 4–11 cm long, with 2 or rarely 1 or 3 leaves at apex. Leaves elliptic-lanceolate, 45–75 (–100) cm long. Inflorescence basal, erect, 15–50 cm long, 5- to 12-flowered; flowers ca. 6 cm across. Fl. spring; Colombia, Panama.

1184 ***Neottianthe calcicola***
(Photo.: Yibo Luo)

1183 *Neotinea tridentata* (Scop.) R. M. Bateman, Pridgeon & M. W. Chase (*Orchis tridentata* Scop.) 三齿新蒂兰

地生植物，高 15~45 cm，具近矩圆形块茎。叶近基生，3~4 枚，矩圆状披针形，长 3~6 cm。花序密生多花；花直径 1~1.5 cm，有香气。花期：4~6 月；欧洲中部至南部，向西到达土耳其和黎巴嫩。

Terrestrial plants, 15–45 cm tall, with suboblong tubers. Leaves nearly basal, 3–4, oblong-lanceolate, 3–6 cm long. Inflorescence densely many-flowered; flowers 1–1.5 cm across, scented. Fl. Apr.–June; C to S Europe, west to Turkey and Lebanon.

1184 *Neottianthe calcicola* (W. W. Sm.) Schltr. 密花兜被兰

地生植物，高 5.5~18 cm，具地下块茎。叶 2 枚，长 4.5~9 cm，宽 0.5~1（~2.2）cm。花序具 6~20 花；花序柄不具或具 1 枚不育苞片；萼片与花瓣靠合成兜；唇瓣长 5~9 mm；距伸直或稍向前弯。花期：7~10 月；不丹、中国（甘肃至西藏）、印度（锡金）、尼泊尔；2100~4500 m。

Terrestrial plants, 5.5–18 cm tall, with subterranean tubers. Leaves 2, 4.5–9 cm long, 0.5–1 (–2.2) cm wide. Inflorescence 6- to 20-flowered; peduncle without or with a sterile bract; sepals and petals connivent and forming a hood; lip 5–9 mm long; spur straight or slightly curved forward. Fl. July–Oct.; Bhutan, China (Gansu to Xizang), India (Sikkim), Nepal; 2100–4500 m.

1185 ***Neottianthe cucullata***
(Photos.: Yao Zhou)

1186 ***Nephelaphyllum pulchrum***
(Photo.: Kohji Karasawa)

1187 ***Neuwiedia singapureana***
(Photo.: Sicong Lu)

1185 *Neottianthe cucullata* (L.) Schltr. 二叶兜被兰

地生植物，高 4~24 cm，具地下块茎。叶 1~2 枚，长 4~6 cm，宽（0.5~）1~3 cm。花序具 4~22 花；花序柄具 1~4 枚不育苞片；萼片与花瓣靠合成兜；唇瓣长 7~9 mm；距通常强烈向前弯曲，呈 U 形。花期：8~9 月；不丹、中国（黑龙江至浙江和西藏）、印度、日本、朝鲜半岛、蒙古、尼泊尔、俄罗斯、东欧国家；400~4100 m。

Terrestrial plants, 4–24 cm tall, with subterranean tubers. Leaves 1–2, 4–6 cm long, (0.5–) 1–3 cm wide. Inflorescence 4- to 22-flowered; peduncle with 1–4 sterile bracts; sepals and petals connivent and forming a hood; lip 7–9 mm long; spur often strongly curved forward and U-shaped. Fl. Aug.–Sep.; Bhutan, China (Heilongjiang to Zhejiang and Xizang), India, Japan, Korea, Mongolia, Nepal, Russia, E European countries; 400–4100 m.

1186 *Nephelaphyllum pulchrum* Blume (*Nephelaphyllum latilabre* Ridl.) 美花云叶兰

地生植物。假鳞茎圆筒形，长 1~2 cm，顶端具 1 叶。叶卵状三角形，长 6~10 cm，上面有深浅绿色斑。花序侧生，长 10~15 cm，密生 7~15 花；花长约 2.5 cm。花期：春季至夏季；东南亚，向北到达中国（海南）和喜马拉雅地区；500~2000 m。

Terrestrial plants. Pseudobulbs cylindric, 1–2 cm long, 1-leafed at apex. Leaf ovate-triangular, 6–10 cm long, mottled dark and light green above. Inflorescence lateral, 10–15 cm long, densely 7- to 15-flowered; flowers ca. 2.5 cm long. Fl. spring–summer; Southeast Asia, north to China (Hainan) and the Himalayas; 500–2000 m.

1187 *Neuwiedia singapureana* Wall. ex Baker 三蕊兰

地生植物，高 40~50 cm。叶茎生，多枚，矩圆状披针形，长 25~40 cm。花序顶生，长 6~8 cm，具 10~75 花；萼片长 1.5~1.8 cm。花期：5~6 月；中国（海南、香港、云南）、印度尼西亚、马来西亚、新加坡、泰国、越南；500~600 m。

Terrestrial plants, 40–50 cm tall. Leaves cauline, many, oblong-lanceolate, 25–40 cm long. Inflorescence terminal, 6–8 cm long, 10- to 75-flowered; sepals 1.5–1.8 cm long. Fl. May–June; China (Hainan, Hongkong, Yunnan), Indonesia, Malaysia, Singapore, Thailand, Vietnam; 500–600 m.

1188 *Nidema boothii* (Lindl.) Schltr. 尼德兰

附生植物，具匍匐根状茎。假鳞茎卵形至纺锤形，压扁，长 2.5~6 cm，顶端具 2 叶。叶线形，长 15~25 cm。花序顶生，长 5~15 cm，具 2~4 花；花直径 2~2.5 cm。花期：10 月；墨西哥至巴拿马，也见于古巴和苏里南；0~1500 m。

Epiphytic plants, with a creeping rhizome. Pseudobulbs ovoid to fusiform, compressed, 2.5–6 cm long, 2-leaved at apex. Leaves linear, 15–25 cm long. Inflorescence terminal, 5–15 cm long, 2- to 4-flowered; flowers 2–2.5 cm across. Fl. Oct.; Mexico to Panama, also Cuba and Surinam; 0–1500 m.

1188 ***Nidema boothii***
(Photo.: Kohji Karasawa)

1189 ***Nohawilliamsia pirarensis***
(Photo.: Kohji Karasawa)

1190 ***Notylia albida***
(Photo.: Kohji Karasawa)

1191 ***Notylia bungerothii***
(Photo.: SCO)

1189 *Nohawilliamsia pirarensis* (Rchb. f.) M. W. Chase & Whitten (*Oncidium pirarense* Rchb. f.) **舞衣兰**

地生或附生植物。假鳞茎卵形，压扁，长 5~8 cm，顶端具 2~3 叶。叶狭线状披针形，长 30~60 cm。花序基生，长于叶，多分枝，具多花；花直径约 2 cm。花期：夏季；巴西、圭亚那；100~150 m。

Terrestrial or epiphytic plants. Pseudobulbs ovoid, compressed, 5–8 cm long, 2- or 3-leaved at apex. Leaves narrowly linear-lanceolate, 30–60 cm long. Inflorescence basal, longer than leaves, much-branched, many-flowered; flowers ca. 2 cm across. Fl. summer; Brazil, Guyana; 100–150 m.

1190 *Notylia albida* Kl. 驼背兰

附生植物。假鳞茎密生，近矩圆形，压扁，长约 2 cm，顶生 1 叶。叶近矩圆状披针形，长约 15 cm，革质。花序发自假鳞茎基部，下垂，长达 20 cm，密生多花；萼片长约 0.7 cm。花期：春季；哥伦比亚、哥斯达黎加、巴拿马；低海拔地。

Epiphytic plants. Pseudobulbs closely spaced, suboblong, compressed, ca. 2 cm long, 1-leafed at apex. Leaf suboblong-lanceolate, ca. 15 cm long, coriaceous. Inflorescence arising from base of pseudobulb, pendent, to 20 cm long, densely many-flowered; sepals ca. 0.7 cm long. Fl. spring; Columbia, Costa Rica, Panama; at low altitudes.

1192 ***Octomeria grandiflora***
(Photo.: Kohji Karasawa)

1191 *Notylia bungerothii* Rchb. f. 本氏驼背兰

附生植物。假鳞茎密生，卵形，稍压扁，长约 3 cm，顶生 1 叶。叶椭圆形，长约 10 cm，革质。花序发自假鳞茎基部，下垂，长达 45 cm，密生多花；中萼片长约 0.8 cm。花期：9~1 月；哥伦比亚、厄瓜多尔、委内瑞拉；450~1100 m。

Epiphytic plants. Pseudobulbs closely spaced, ovoid, slightly compressed, ca. 3 cm long, 1-leafed at apex. Leaf elliptic, ca. 10 cm long, coriaceous. Inflorescence arising from base of pseudobulb, pendent, to 45 cm long, densely many-flowered; dorsal sepal ca. 0.8 cm long. Fl. Sep.–Jan.; Columbia, Ecuador, Venezuela; 450–1100 m.

1192 *Octomeria grandiflora* Lindl. 八团兰

附生植物。茎纤细，有 3~4 节，长 10~20 cm，顶端具 1 叶。叶线状披针形，长 15~20 cm，坚硬，肉质。花序腋生，常成簇，短，具数花；花直径 1.5~2 cm。花期：秋季至春季；玻利维亚、巴西、巴拉圭、苏里南、特立尼达；1200~1300 m。

Epiphytic plants. Stems slender, 3- to 4-noded, 10–20 cm long, 1-leafed at apex. Leaf linear-lanceolate, 15–20 cm long, rigid, fleshy. Inflorescences axillary, often fasciculate, short, several-flowered; flowers 1.5–2 cm across. Fl. autumn–spring; Bolivia, Brazil, Paraguay, Surinam, Trinidad; 1200–1300 m.

1193 ***Odontochilus lanceolatus***
(Photos.: Xiaohua Jin)

1193 ***Odontochilus lanceolatus*** **(Lindl.) Blume (*Anoectochilus lanceolatus* Lindl.) 齿唇兰**

地生植物，高 15~30 cm。叶 4~5 枚，茎生，卵状披针形至椭圆形，长 1.5~8 cm，上面暗绿色且在中脉与 2 侧脉上具白色条纹。花序具 3~10 花；唇瓣长 1.2~1.8 cm。花期：6~9 月；不丹、中国（台湾至云南）、印度、缅甸、尼泊尔、泰国、越南；800~2200 m。

Terrestrial plants, 15–30 cm tall. Leaves 4–5, cauline, ovate-lanceolate to elliptic, 1.5–8 cm long, upper surface dark green with whitish stripes along midvein and 2 lateral veins. Inflorescence 3- to 10-flowered; lip 1.2–1.8 cm long. Fl. June–Sep.; Bhutan, China (Taiwan to Yunnan), India, Myanmar, Nepal, Thailand, Vietnam; 800–2200 m.

1194 ***Oeceoclades saundersiana*** **(Rchb. f.) Garay & P. Taylor 节茎兰**

地生植物。假鳞茎狭纺锤形，长 8~15 cm，顶端具 2~3 叶。叶椭圆形或椭圆状披针形，长 10~27 cm，具长柄。花序基生，长可达 90 cm，具多花；花直径约 2.5 cm。花期：春季至夏季；广布于非洲热带地区；1200~1300 m。

Terrestrial plants. Pseudobulbs narrowly fusiform, 8–15 cm long, 2- or 3-leaved at apex. Leaves elliptic or elliptic-lanceolate, 10–27 cm long, long-petioled. Inflorescence basal, up to 90 cm long, many-flowered; flowers ca. 2.5 cm across. Fl. spring–summer; widespread in tropical Africa; 1200–1300 m.

1195 ***Oeonia volucris*** **(Thou.) Dur. & Schinz 鸟花兰**

附生植物。茎伸长，有分枝，下垂。叶多枚，卵状矩圆形或椭圆形，长约 2.5 cm。花序侧生，长 30~35 cm，具多花；花直径 1.5~2 cm。花期：3~7 月；马达加斯加；0~1200 m。

Epiphytic plants. Stems elongated, branched, pendulous. Leaves many, ovate-oblong or elliptic, ca. 2.5 cm long. Inflorescence lateral, 30–35 cm long, many-flowered; flowers 1.5–2 cm across. Fl. Mar.–July; Madagascar; 0–1200 m.

1196 ***Oeoniella polystachys*** **(Thou.) Schltr. 拟鸟花兰**

附生植物。茎长 7~50 cm，具叶。叶二列，矩圆形或狭矩圆形，带肉质的革质，长 3~10 cm。花序 1~2 个，侧生，长约 15 cm，具 7~15 花；花直径 3.5~4 cm。花期：冬季；马达加斯加及邻近岛屿。

Epiphytic plants. Stems 7–50 cm long, leafy. Leaves distichous, oblong or narrowly oblong, fleshy-coriaceous, 3–10 cm long. Inflorescences 1–2, lateral, ca. 15 cm long, 7- to 15-flowered; flowers 3.5–4 cm across. Fl. winter; Madagascar and adjacent islands.

1194 ***Oeceoclades saundersiana***
(Photo.: Kohji Karasawa)

1195 ***Oeonia volucris***
(Photos.: Kohji Karasawa)

1196 ***Oeoniella polystachys***
(Photo.: Kohji Karasawa)

1197 ***Oncidium alexandrae*** (Photo.: Kohji Karasawa)

1198 ***Oncidium altissimum*** (Photo.: Kohji Karasawa)

1197 ***Oncidium alexandrae*** **(Bateman) M. A. Chase& N. H. Williams** (*Oncidium crispum* Lodd., *Odontoglossum crispum* Lindl.) **亚历山大文心兰**

附生植物。假鳞茎宽卵形，具二棱，长 6~10 cm，为 2~3 枚具叶的鞘所包围，顶端具 2 叶。叶线状披针形，长 30~42 cm。花序基生，长 50~100 cm，有时有分枝，具多花；花直径 6~8 cm。花期：秋季至冬季；哥伦比亚；2250~3000 m。

Epiphytic plants. Pseudobulbs broadly ovoid, ancipital, 6–10 cm long, subtended by 2–3 leaf-bearing sheaths, 2-leaved at apex. Leaves linear-lanceolate, 30–42 cm long. Inflorescence basal, 50–100 cm long, sometimes branched, many-flowered; flowers 6–8 cm across. Fl. autumn–winter; Colombia; 2250–3000 m.

1199 ***Oncidium ansiferum***
(Photo.: Kohji Karasawa)

1198 ***Oncidium altissimum*** **(Jacq.) Sw. 高大文心兰**

附生植物。假鳞茎卵形至圆的卵形，压扁，长达 10 cm，宽 7 cm，通常顶端具 1 叶。叶椭圆状披针形，长达 20 cm。花序基生，长可达 1~3 m，有分枝，具多花；花直径 2.5~3.5 cm。花期：春季至秋季；小安的列斯群岛（马提尼克岛、圣文森特岛）；0~1400 m。

Epiphytic plants. Pseudobulbs ovoid to rounded-ovoid, compressed, to 10 cm long, 7 cm broad, often 1-leafed at apex. Leaf elliptic-lanceolate, to 20 cm long. Inflorescence basal, up to 1–3 m long, branched, many-flowered; flowers 2.5–3.5 cm across. Fl. spring–autumn; Lesser Antilles (Martinique Island, St. Vincent Island); 0–1400 m.

1199 ***Oncidium ansiferum*** **Rchb. f. 鹅花文心兰**

附生植物。假鳞茎簇生，椭圆状矩圆形，强烈压扁，长 5~14 cm，宽 3.5~7 cm，顶端具 1~2 叶。叶矩圆状倒披针形，长 15~45 cm。花序基生，长可达 1 m，有分枝，具多花；花直径约 2.5 cm。花期：秋季至冬季；哥斯达黎加、危地马拉、巴拿马；可达 2500 m。

Epiphytic plants. Pseudobulbs clustered, ellipsoid-oblong, strongly compressed, 5–14 cm long, 3.5–7 cm broad, 1- or 2-leaved at apex. Leaves oblong-oblanceolate, 15–45 cm long. Inflorescence basal, up to 1 m long, branched, many-flowered; flowers ca. 2.5 cm across. Fl. autumn–winter; Costa Rica, Guatemala, Panama; up to 2500 m.

1200 ***Oncidium anthocrene***
(Photo.: Kohji Karasawa)

1200 ***Oncidium anthocrene*** **Rchb. f. 齿花文心兰**

附生或有时为地生植物。假鳞茎矩圆状卵形，压扁，具二棱，长 10~15 cm，顶端具 1 叶。叶矩圆状披针形，长 20~30 cm。花序基生，长可达 1 m，有分枝，具多花；花直径 3~6 cm。花期：冬季；哥伦比亚、巴拿马；0~800 m。

Epiphytic or sometimes terrestrial plants. Pseudobulbs oblong-ovoid, compressed, ancipital, 10–15 cm long, 1-leafed at apex. Leaf oblong-lanceolate, 20–30 cm long. Inflorescence basal, up to 1 m long, branched, many-flowered; flowers 3–6 cm across. Fl. winter; Colombia, Panama; 0–800 m.

1201 ***Oncidium armatum***
(Photo.: Karlheinz Senghas)

1202 ***Oncidium aspidorhinum***
(Photo.: SCO)

1204 ***Oncidium aureum***
(Photo.: Kohji Karasawa)

1201 ***Oncidium armatum*** **(Rchb. f.) M. W. Chase & N. H. Williams** (*Odontoglossum armatum* Rchb. f.) **尾尖文心兰**

附生植物。假鳞茎卵状梨形，压扁，长约 2.5 cm，为 2 枚具叶的鞘所包围，顶端具 1 叶。叶线状倒披针形，长约 12 cm。花序基生，长 22~25 cm，具 1~4 花；花直径 4~5 cm。花期：9~10 月；哥伦比亚、厄瓜多尔；2000~2700 m。

Epiphytic plants. Pseudobulbs ovoid-pyriform, compressed, ca. 2.5 cm long, subtended by 2 leaf-bearing sheaths, 1-leafed at apex. Leaves linear-oblanceolate, ca. 12 cm long. Inflorescence basal, 22–25 cm long, 1- to 4-flowered; flowers 4–5 cm across. Fl. Sep.–Oct.; Colombia, Ecuador; 2000–2700 m.

1202 ***Oncidium aspidorhinum*** **(F. Lehm.) M. W. Chase & N. H. Williams** (Odontoglossum aspidorhinum F. Lehm.) **白唇文心兰**

附生植物。假鳞茎密集，卵形，压扁，长约 4 cm，为 3~4 枚具叶的鞘所包围，顶端具 2 叶。叶线形，长达 18 cm。花序基生，长 15 cm 或过之，通常具 10 花；花直径 4~5 cm。花期：不详；哥伦比亚；2000~2500 m。

Epiphytic plants. Pseudobulbs close together, ovoid, compressed, ca. 4 cm long, subtended by 3–4 leaf-bearing sheaths, 2-leaved at apex. Leaves linear, to 18 cm long. Inflorescence basal, 15 cm or more long, often 10-flowered; flowers 4–5 cm across. Fl. unknown; Colombia; 2000–2500 m.

1203 ***Oncidium aurarium*** **Rchb. f.** [*Oncidium trilobum* (Schltr.) Garay & Stacy] **金色文心兰**

假鳞茎卵形，压扁，长 8~12 cm，顶端具 2 叶。叶线状矩圆形，长 25~40 cm。花序基生，长达 2 m 以上，有分枝，具多花；花直径 4~5 cm。花期：冬季至春季；秘鲁；600~1700 m。

Pseudobulbs ovoid, compressed, 8–12 cm long, 2-leaved at apex. Leaves linear-oblong, 25–40 cm long. Inflorescence basal, over 2 m long, branched, many-flowered; flowers 4–5 cm across. Fl. winter–spring; Peru; 600–1700 m.

1203 ***Oncidium aurarium*** (Photo.: Kohji Karasawa)

1204 ***Oncidium aureum*** **Lindl. 黄唇文心兰**

附生植物。假鳞茎簇生，卵状梨形，长 2~5 cm，顶端具 1~2 叶。叶狭矩圆形，长 10~40 cm。花序基生，长约 60 cm，具少数至多数花；花长约 3 cm。花期：初夏；玻利维亚、厄瓜多尔、秘鲁；2200~3500 m。

Epiphytic plants. Pseudobulbs clustered, ovoid-pyriform, 2–5 cm long, 1- or 2-leaved at apex. Leaves narrowly oblong, 10–40 cm long. Inflorescence basal, ca. 60 cm long, few- to many-flowered; flowers ca. 3 cm long. Fl. early summer; Bolivia, Ecuador, Peru; 2200–3500 m.

1205 ***Oncidium batemanianum***
(Photo.: Kohji Karasawa)

1205 ***Oncidium batemanianum* Parm. ex Knowl. & Westc. 贝氏文心兰**

地生植物。假鳞茎簇生，狭卵形，压扁，长 6~10 cm，顶端具 2~3 叶。叶线状舌形，长 15~35 cm。花序基生，长 80~130 cm，具多花；花序轴左右曲折；花直径 2~2.5 cm。花期：夏季至秋季；巴西、秘鲁；1000~2600 m。

Terrestrial plants. Pseudobulbs clustered, narrowly ovoid, compressed, 6–10 cm long, 2- or 3-leaved at apex. Leaves linear-ligulate, 15–35 cm long. Inflorescence basal, 80–130 cm long, many-flowered; rachis flexuose; flowers 2–2.5 cm across. Fl. summer–autumn; Brazil, Peru; 1000–2600 m.

1206 ***Oncidium baueri* Lindl. 包氏文心兰**

附生植物。假鳞茎簇生，圆筒形至卵形，强烈压扁，长 5~15 cm，顶端具 2 叶。叶线状矩圆形，长 20~80 cm。花序基生，长可达 1~3 m，有分枝，具多花；花直径 2~3 cm。花期：春季；玻利维亚、巴西、厄瓜多尔、秘鲁；0~1200 m。

Epiphytic plants. Pseudobulbs clustered, cylindric to ovoid, strongly compressed, 5–15 cm long, 2-leaved at apex. Leaves linear-oblong, 20–80 cm long. Inflorescence basal, up to 1–3 m long, branched, many-flowered; flowers 2–3 cm across. Fl. spring; Bolivia, Brazil, Ecuador, Peru; 0–1200 m.

1206 ***Oncidium baueri***
(Photo.: Kohji Karasawa)

1207 ***Oncidium blandum* (Rchb. f.) M. W. Chase & N. H. Williams (*Odontoglossum blandum* Rchb. f.) 喜气文心兰**

附生植物。假鳞茎椭圆形，压扁，长 2.5~3 cm，为数枚具叶的鞘所包围，顶端具 1 叶。叶线状披针形，长 15~25 cm。花序基生，长 12~25 cm，具数花至 8 花；花直径 4~4.5 cm。花期：6~7 月；哥伦比亚、厄瓜多尔、秘鲁；1700~2800 m。

Epiphytic plants. Pseudobulbs ellipsoid, compressed, 2.5–3 cm long, subtended by several leaf-bearing sheaths, 1-leafed at apex. Leaves linear-lanceolate, 15–25 cm long. Inflorescence basal, 12–25 cm long, several- to 8-flowered; flowers 4–4.5 cm across. Fl. June–July; Colombia, Ecuador, Peru; 1700–2800 m.

1208 ***Oncidium brachyandrum* Lindl. 短药文心兰**

附生植物。假鳞茎卵形至宽卵形，压扁，长 2~3 cm，有紫褐色斑点，通常顶端具 2 叶。叶狭椭圆形，长 6.5~15 cm。花序基生，长 11~34 cm，具 2~5 花；唇瓣宽 2~3 cm。花期：3~5 月；墨西哥；1700~2500 m。

Epiphytic plants. Pseudobulbs ovoid to broadly ovoid, compressed, 2–3 cm long, spotted with purple-brown, often 2-leaved at apex. Leaves narrowly elliptic, 6.5–15 cm long. Inflorescence basal, 11–34 cm long, with 2–5 flowers; lip 2–3 cm broad. Fl. Mar.–May; Mexico; 1700–2500 m.

1207 ***Oncidium blandum*** (Photo.: Karlheinz Senghas)

1208 ***Oncidium brachyandrum*** (Photo.: Kohji Karasawa)

1209 ***Oncidium cajamarcae***
(Photo.: Kohji Karasawa)

1210 ***Oncidium cariniferum***
(Photo.: Kohji Karasawa)

1212 ***Oncidium cinnamomeum***
(Photo.: Karlheinz Senghas)

1209 *Oncidium cajamarcae* Schltr. 秘鲁文心兰

地生植物。假鳞茎簇生，卵形，压扁，长约 6.5 cm，顶端具 1 叶。叶宽舌形，长 20~40 cm。花序基生，长约 120 cm，有分枝，具多花；花直径 3~3.5 cm。花期：夏季；秘鲁；约 2600 m。

Terrestrial plants. Pseudobulbs clustered, ovoid, compressed, ca. 6.5 cm long, 1-leafed at apex. Leaf broadly ligulate, 20–40 cm long. Inflorescence basal, ca. 120 cm long, branched, many-flowered; flowers 3–3.5 cm across. Fl. summer; Peru; ca. 2600 m.

1210 *Oncidium cariniferum* (Rchb. f.) Beer 龙骨文心兰

附生植物。假鳞茎卵形至椭圆形，长 7~13 cm，顶端具 2 叶。叶椭圆状披针形，长 25~43 cm。花序基生，长 75~100 cm，有分枝，具多花；花直径 4~5 cm。花期：10~12 月；哥伦比亚、哥斯达黎加、巴拿马、委内瑞拉；1500~2000 m。

Epiphytic plants. Pseudobulbs ovoid to ellipsoid, 7–13 cm long, 2-leaved at apex. Leaves elliptic-lanceolate, 25–43 cm long. Inflorescence basal, 75–100 cm long, branched, many-flowered; flowers 4–5 cm across. Fl. Oct.–Dec.; Colombia, Costa Rica, Panama, Venezuela; 1500–2000 m.

1211 *Oncidium cheirophorum* Rchb. f. 指状文心兰

附生植物。假鳞茎簇生，卵形至矩圆状圆锥形，稍压扁，长 2~2.5 cm，顶端具 1 叶。叶倒披针形，长 10~15 cm。花序基生，长 15~25 cm，有分枝，密生多花；花直径约 1.5 cm，有香气。花期：冬季；哥伦比亚、巴拿马；500~2500 m。

Epiphytic plants. Pseudobulbs clustered, ovoid to oblong-conical, slightly compressed, 2–2.5 cm long, 1-leafed at apex. Leaf oblanceolate, 10–15 cm long. Inflorescence basal, 15–25 cm long, branched, densely many-flowered; flowers ca. 1.5 cm across, fragrant. Fl. winter; Colombia, Panama; 500–2500 m.

1211 ***Oncidium cheirophorum*** (Photo.: Kohji Karasawa)

1212 *Oncidium cinnamomeum* (R. Warner & B. S. Williams) M. W. Chase & N. H. Williams (*Odontoglossum schillerianum* Rchb. f.) 斑瓣文心兰

附生植物。假鳞茎卵形，压扁，长约 7 cm，为 2~3 枚具叶的鞘所包围，顶端具 2 叶。叶披针形，长 13~23 cm。花序基生，长 15~35 cm，稍有分枝，具多达 15 花；花直径约 5 cm。花期：冬季至春季；委内瑞拉；2000~2700 m。

Epiphytic plants. Pseudobulbs ovoid, compressed, ca. 7 cm long, subtended by 2–3 leaf-bearing sheaths, 2-leaved at apex. Leaves lanceolate, 13–23 cm long. Inflorescence basal, 15–35 cm long, weakly branching, up to 15-flowered; flowers ca. 5 cm across. Fl. winter–spring; Venezuela; 2000–2700 m.

1213 ***Oncidium cirrhosum*** (Photo.: Kohji Karasawa)

1216 ***Oncidium cristatellum*** (Photo.: Kohji Karasawa)

1213 *Oncidium cirrhosum* (Lindl.) Beer (*Odontoglossum cirrhosum* Lindl.) **卷瓣文心兰**

附生植物。假鳞茎矩圆状卵形，压扁，长 3~8 cm，为 5~6 枚具叶的鞘所包围，顶端具 1 叶。叶线状矩圆形，长 10~30 cm。花序基生，长 50~60 cm，具多花；花直径 8~10 cm。花期：春季；哥伦比亚、厄瓜多尔、秘鲁；1500~2600 m。

Epiphytic plants. Pseudobulbs oblong-ovoid, compressed, 3–8 cm long, subtended by 5–6 leaf-bearing sheaths, 1-leafed at apex. Leaves linear-oblong, 10–30 cm long. Inflorescence basal, 50–60 cm long, many-flowered; flowers 8–10 cm across. Fl. spring; Colombia, Ecuador, Peru; 1500–2600 m.

1214 ***Oncidium constrictum*** (Photo.: Kohji Karasawa)

1214 *Oncidium constrictum* (Lindl.) Beer (*Odontoglossum constrictum* Lindl.) **疏花文心兰**

附生植物。假鳞茎卵形，压扁，长 5~7.5 cm，为 4~5 枚具叶的鞘所包围，顶端具 2 叶。叶线状披针形，长 15~45 cm。花序基生，长可达 65 cm，有分枝，具多花；花直径 3~4 cm，有香气。花期：秋季至冬季；哥伦比亚、厄瓜多尔、委内瑞拉；2000~3000 m。

Epiphytic plants. Pseudobulbs ovoid, compressed, 5–7.5 cm long, subtended by 4–5 leaf-bearing sheaths, 2-leaved at apex. Leaves linear-lanceolate, 15–45 cm long. Inflorescence basal, up to 65 cm long, branched, many-flowered; flowers 3–4 cm across, scented. Fl. autumn–winter; Colombia, Ecuador, Venezuela; 2000–3000 m.

1215 ***Oncidium crescentilabium*** (Photo.: Kohji Karasawa)

1215 *Oncidium crescentilabium* (C. Schweinf.) M. W. Chase & N. H. Williams (*Sigmatostalix crescentilabia* C. Schweinf.) **月牙文心兰**

附生植物。假鳞茎密接，卵形，压扁，具二棱，长 3~4 cm，为少数具叶的鞘所包，顶端具 1 叶。叶线状矩圆形，长 5~15 cm，革质。花序基生，外弯，长 15~25 cm，具 5~10 花；花长 1.5~2 cm。花期：秋季至冬季；秘鲁；1200~1600 m。

Epiphytic plants. Pseudobulbs approximate, ovoid, compressed, ancipital, 3–4 cm long, subtended by a few leaf-bearing sheaths, 1-leafed at apex. Leaves linear-oblong, 5–15 cm long, coriaceous. Inflorescence basal, arching, 15–25 cm long, 5- to 10-flowered; flowers 1.5–2 cm long. Fl. autumn–winter; Peru; 1200–1600 m.

1216 *Oncidium cristatellum* (Rchb. f.) Garay (*Odontoglossum cristatellum* Rchb. f.) **白冠文心兰**

附生植物。假鳞茎卵形，压扁，长约 8 cm，为 2~3 枚具叶的鞘所包围，顶端具 2 叶。叶狭椭圆形。花序基生，弓曲，具 7~9 花；花直径 4~5 cm。花期：全年不定；哥伦比亚、厄瓜多尔；2400~3200 m。

Epiphytic plants. Pseudobulbs ovoid, compressed, ca. 8 cm long, subtended by 2–3 leaf-bearing sheaths, 2-leaved at apex. Leaves narrowly elliptic. Inflorescence basal, arching, 7- to 9-flowered; flowers 4–5 cm across. Fl. throughout the year; Colombia, Ecuador ; 2400–3200 m.

1217 ***Oncidium cristatum***
(Photo.: Kohji Karasawa)

1218 ***Oncidium crocidipterum***
(Photo.: Kohji Karasawa)

1219 ***Oncidium cruentoides***
(Photo.: Kohji Karasawa)

1217 *Oncidium cristatum* (Lindl.) Beer (*Odontoglossum cristatum* Lindl.) **鸡冠文心兰**

附生植物。假鳞茎圆筒状卵形，压扁，长 3~8 cm，为 2 枚具叶的鞘所包围，顶端具 1~2 叶。叶线状披针形，长 15~25 cm。花序基生，长约 30 cm，具数花至多花；花直径 5~6 cm。花期：夏季至秋季；厄瓜多尔、秘鲁。

Epiphytic plants. Pseudobulbs cylindric-ovoid, compressed, 3–8 cm long, subtended by 2 leaf-bearing sheaths, 1- or 2-leaved at apex. Leaves linear-lanceolate, 15–25 cm long. Inflorescence basal, ca. 30 cm long, several- to many-flowered; flowers 5–6 cm across. Fl. summer–autumn; Ecuador, Peru.

1218 *Oncidium crocidipterum* (Rchb. f.) M. W. Chase & N. H. Williams (*Odontoglossum crocidipterum* Rchb. f.) **长尖文心兰**

附生植物。假鳞茎椭圆形，长 6~8 cm，基部有数枚至多枚具叶的鞘，顶端具 1~3 叶。叶线状披针形，长 20~30 cm。花序基生，短于叶，具 6~10 花；花直径 3~4 cm。花期：春季；哥伦比亚、委内瑞拉；约 1400 m。

Epiphytic plants. Pseudobulbs ellipsoid, 6–8 cm long, base with several to many leaf-bearing sheaths, 1- to 3-leaved at apex. Leaves linear-lanceolate, 20–30 cm long. Inflorescence basal, shorter than leaves, 6- to 10-flowered; flowers 3–4 cm across. Fl. spring; Colombia, Venezuela; ca. 1400 m.

1219 *Oncidium cruentoides* M. W. Chase & N. H. William (*Odontoglossum cruentum* Rchb. f.) **深斑文心兰**

附生植物。假鳞茎椭圆形至卵状梨形，长 2.5~7 cm，为 2~3 枚具叶的鞘所包围，顶端具 2 叶。叶矩圆状倒披针形，长 18~22 cm。花序基生，长 15~18（~45）cm，不分枝或稍分枝，通常具 6~8 花；花直径 4~5 cm。花期：3~4 月；厄瓜多尔，秘鲁；2000~2400 m。

Epiphytic plants. Pseudobulbs ellipsoid or ovoid-pyriform, 2.5–7 cm long, subtended by 2–3 leaf-bearing sheaths, 2-leaved at apex. Leaves oblong-oblanceolate, 18–22 cm long. Inflorescence basal, 15–18 (–45) cm long, not or weakly branching, often 6- to 8-flowered; flowers 4–5 cm across. Fl. Mar.–Apr.; Ecuador, Peru; 2000–2400 m.

1220 *Oncidium dichromaticum* Rchb.f. (*Oncidium cabagrae* Schltr.) **褐斑文心兰**

假鳞茎簇生，卵形，压扁，长 6~11 cm，顶端具 2 叶。叶舌形，长 15~20 cm。花序基生，长达 80 cm，有分枝，具多花；花直径约 2.5 cm。花期：春季；哥伦比亚、哥斯达黎加；1000~1700 m。

Pseudobulbs clustered, ovoid, compressed, 6–11 cm long, 2-leaved at apex. Leaves ligulate, 15–20 cm long. Inflorescence basal, to 80 cm long, branched, many-flowered; flowers ca. 2.5 cm across. Fl. spring; Colombia, Costa Rica; 1000–1700 m.

1220 ***Oncidium dichromaticum***
(Photo.: Kohji Karasawa)

1221 ***Oncidium dipterum***
(Photo.: SCO)

1222 ***Oncidium ensatum***
(Photo.: Kohji Karasawa)

1223 ***Oncidium epidendroides***
(Photo.: Kohji Karasawa)

1221 *Oncidium dipterum* (Lindl.) Beer (*Odontoglossum dipterum* Lindl.) **二翼文心兰**

附生植物。假鳞茎狭卵形，长约 5 cm，为 2~4 枚具叶的鞘所包围，顶端具 1~2 叶。叶狭披针形，长约 16 cm。花序基生，长 30 cm 或过之，有分枝，具多花；花直径约 3 cm。花期：春季；哥伦比亚；2600~3400 m。

Epiphytic plants. Pseudobulbs narrowly ovoid, ca. 5 cm long, subtended by 2–4 leaf-bearing sheaths, 1- or 2-leaved at apex. Leaves narrowly lanceolate, ca. 16 cm long. Inflorescence basal, 30 cm or more long, branched, many-flowered; flowers ca. 3 cm across. Fl. spring; Colombia; 2600–3400 m.

1222 *Oncidium ensatum* Lindl. (*Oncidium floridanum* Ames) **佛州文心兰**

地生或附生植物。假鳞茎矩圆状卵形，压扁，长 10~15 cm，顶端具 2~3 叶。叶线形，长约 1.5 cm。花序基生，长可达 2.5 m，有分枝，具多花；花直径 2~3 cm。花期：全年不定；巴哈马群岛、美国（佛罗里达南部）。

Terrestrial or epiphytic plants. Pseudobulbs oblong-ovoid, compressed, 10–15 cm long, 2- or 3-leaved at apex. Leaves linear, ca. 1.5 cm long. Inflorescence basal, up to 2.5 m long, branched, many-flowered; flowers 2–3 cm across. Fl. throughout the year; Bahama Islands, U. S. A. (S Florida).

1224 ***Oncidium fuscatum***
(Photo.: Karlheinz Senghas)

1223 *Oncidium epidendroides* Beer (*Odontoglossum lacerum* Lindl.) **裂缘文心兰**

附生植物。假鳞茎密集，矩圆状卵形，压扁，长约 6 cm，为 2~3 枚具叶的鞘所包围，顶端具 2 叶。叶披针形，长 20~25 cm。花序基生，长 20 cm 或过之，具 5~8 花；花直径约 7 cm。花期：不详；厄瓜多尔、秘鲁；1800~3000 m。

Epiphytic plants. Pseudobulbs close together, oblong-ovoid, compressed, ca. 6 cm long, subtended by 2–3 leaf-bearing sheaths, 2-leaved at apex. Leaves lanceolate, 20–25 cm long. Inflorescence basal, 20 cm or more long, 5- to 8-flowered; flowers ca. 7 cm across. Fl. unknown; Ecuador, Peru; 1800–3000 m.

1224 *Oncidium fuscatum* Rchb.f. [*Mexicoa ghiesbreghtiana* (A. Rich. & Gal.) Garay] **褐萼文心兰**

附生植物。假鳞茎簇生，狭卵形至梨形，稍压扁，长 2~5 cm，顶端具 2 叶。叶线状披针形，长 8~14 cm。花序与新苗同时出现，长 15~20 cm，疏生 3~10 花；花直径 1.5~2.5 cm。花期：春季至初夏；墨西哥；约 2000 m。

Epiphytic plants. Pseudobulbs clustered, narrowly ovoid to pyriform, slightly compressed, 2–5 cm long, 2-leaved at apex. Leaves linear-lanceolate, 8–14 cm long. Inflorescence emerging with the new growth, 15–20 cm long, laxly 3- to 10-flowered; flowers 1.5–2.5 cm across. Fl. spring–early summer; Mexico; ca. 2000 m.

1225 ***Oncidium gloriosum***
(Photo.: Kohji Karasawa)

1226 ***Oncidium graminifolium***
(Photo.: Kohji Karasawa)

1227 ***Oncidium hallii***
(Photo.: Kohji Karasawa)

1225 ***Oncidium gloriosum*** **(Linden & Rchb. f.) M. W. Chase & N. H. Williams** (*Odontoglossum gloriosum* Linden & Rchb. f.) **华丽文心兰**

附生植物。假鳞茎卵形，长约 7 cm，为 2~3 枚具叶的鞘所包围，顶端具 2 叶。叶披针形，长约 25 cm。花序基生，长于叶，具多达 35 花；花直径约 7 cm，有浓香。花期：春季；哥伦比亚；2000~3000 m。

Epiphytic plants. Pseudobulbs ovoid, ca. 7 cm long, subtended by 2–3 leaf-bearing sheaths, 2-leaved at apex. Leaves lanceolate, ca. 25 cm long. Inflorescence basal, longer than leaves, up to 35-flowered; flowers ca. 7 cm across, strongly fragrant. Fl. spring.; Colombia; 2000–3000 m.

1226 ***Oncidium graminifolium*** **(Lindl.) Lindl. 禾叶文心兰**

地生植物。假鳞茎簇生，卵形，长约 2.5 cm，包藏于鞘中，顶端具 2 叶。叶矩圆形或椭圆形，长 20~25 cm。花序基生，长达 60 cm，有分枝，具少花至多花；花直径 2~2.5 cm。花期：冬季；哥斯达黎加至墨西哥；1100~3000 m。

Terrestrial plants. Pseudobulbs clustered, ovoid, ca. 2.5 cm long, covered by sheaths, 2-leaved at apex. Leaves oblong or elliptic, 20–25 cm long. Inflorescence basal, to 60 cm long, branched, few- to many-flowered; flowers 2–2.5 cm across. Fl. winter; Costa Rica to Mexico; 1100–3000 m.

1227 ***Oncidium hallii*** **(Lindl.) Beer** (*Odontoglossum hallii* Lindl.) **赫氏文心兰**

附生植物。假鳞茎卵形，强烈压扁，长 5~10 cm，为 2~3 枚具叶的鞘所包围，顶端具 1~2 叶。叶矩圆状披针形，长 13~30 cm。花序基生，长 30~90 cm，具 4~20 花；花直径 8~10 cm。花期：春季至夏季；厄瓜多尔、秘鲁；2000~4000 m。

Epiphytic plants. Pseudobulbs ovoid, strongly compressed, 5–10 cm long, subtended by 2–3 leaf-bearing sheaths, 1- or 2-leaved at apex. Leaves oblong-lanceolate, 13–30 cm long. Inflorescence basal, 30–90 cm long, 4- to 20-flowered; flowers 8–10 cm across. Fl. spring–summer; Ecuador, Peru; 2000–4000 m.

1228 ***Oncidium harryanum*** **(Rchb. f.) M. W. Chase & N. H. Williams** (*Odontoglossum harryanum* Rchb. f.) **哈氏文心兰**

附生植物。假鳞茎密集，矩圆状卵形，长 6~8 cm，为 1~2 枚具叶的鞘所包围，顶端具 2 叶。叶矩圆形，长 20~44 cm。花序基生，长 40~50（~100）cm，具 4~8 花；花直径 8~10 cm。花期：夏季至秋季；哥伦比亚、秘鲁；1800~2300 m。

Epiphytic plants. Pseudobulbs close together, oblong-ovoid, 6–8 cm long, subtended by 1–2 leaf-bearing sheaths, 2-leaved at apex. Leaves oblong, 20–44 cm long. Inflorescence basal, 40–50 (–100) cm long, 4- to 8-flowered; flowers 8–10 cm across. Fl. summer–autumn; Colombia, Peru; 1800–2300 m.

1228 ***Oncidium harryanum***
(Photo.: Jurg Rustchmann)

1229 ***Oncidium hastilabium*** (Photo.: Kohji Karasawa)

1232 ***Oncidium incurvum*** (Photo.: Kohji Karasawa)

1229 *Oncidium hastilabium* (Lindl.) Beer 戟唇文心兰

附生植物。假鳞茎卵形，压扁，具二棱，长 6~12 cm，为数枚具叶的鞘所包，顶端具 1~2 叶。叶倒披针形，长 20~45 cm。花序基生，长达 1 m，有分枝，具多花；花直径 6~8 cm，有香气。花期：春季至夏季；哥伦比亚、秘鲁、委内瑞拉；750~1900 m。

Epiphytic plants. Pseudobulbs ovoid, compressed, ancipital, 6–12 cm long, subtended by several leaf-bearing sheaths, 1- or 2-leaved at apex. Leaves oblanceolate, 20–45 cm long. Inflorescence basal, to 1 m long, branched, many-flowered; flowers 6–8 cm across, fragrant. Fl. spring–summer; Colombia, Peru, Venezuela; 750–1900 m.

1230 ***Oncidium heteranthum***
(Photo.: Kohji Karasawa)

1230 *Oncidium heteranthum* Poepp. & Endl. 异花文心兰

附生植物。假鳞茎簇生，卵形，压扁，长 3~5 cm，顶端具 2 叶。叶倒披针形，长 5~18 cm。花序基生，长达 70 cm 或过之，具分枝；分枝仅近顶端的 1~3 花为正常花，下部的败育；花直径约 1 cm。花期：夏季；哥斯达黎加至玻利维亚；1500~2300 m。

Epiphytic plants. Pseudobulbs clustered, ovoid, compressed, 3–5 cm long, 2-leaved at apex. Leaves oblanceolate, 5–18 cm long. Inflorescence basal, to 70 cm or more long, branched; branches with 1–3 fertile flowers toward apex only, lower flowers abortive; flowers ca. 1 cm across. Fl. summer; Costa Rica to Bolivia; 1500–2300 m.

1231 *Oncidium hyphaematicum* Rchb. f. 海法文心兰

附生植物。假鳞茎簇生，矩圆形，压扁，长 7~10 cm，顶端具 1 叶。叶舌状披针形，长约 30 cm。花序基生，长达 1~1.5 m，有分枝，具多花；花直径 3~3.5 cm。花期：冬季；厄瓜多尔；300~2000 m。

Epiphytic plants. Pseudobulbs clustered, oblong, compressed, 7–10 cm long, 1-leafed at apex. Leaf ligulate-lanceolate, ca. 30 cm long. Inflorescence basal, to 1–1.5 m long, branched, many-flowered; flowers 3–3.5 cm across. Fl. winter; Ecuador; 300–2000 m.

1232 *Oncidium incurvum* Barker ex Lindl. 蓝紫文心兰

附生植物。假鳞茎簇生，卵形，压扁，长 7.5~10 cm，顶端具 2~3 叶。叶线形，长 30~85 cm。花序基生，长达 1 m 或过之，有分枝，具多花；花直径约 2.5 cm。花期：秋季至冬季；墨西哥；1200~1500 m。

Epiphytic plants. Pseudobulbs clustered, ovoid, compressed, 7.5–10 cm long, 2- or 3-leaved at apex. Leaves linear, 30–85 cm long. Inflorescence basal, to 1 m or more long, branched, many-flowered; flowers ca. 2.5 cm across. Fl. autumn–winter; Mexico; 1200–1500 m.

1231 ***Oncidium hyphaematicum***
(Photo.: Kohji Karasawa)

1233 ***Oncidium isthmi* Schltr. 伊氏文心兰**

假鳞茎簇生，狭圆锥形，压扁，长约 10 cm，顶端具 2 叶。叶线状披针形，长 25~45 cm。花序基生，长达 1 m 以上，有分枝，具多花；唇瓣宽约 1.6 cm。花期：通常秋季；哥斯达黎加、巴拿马；0~200 m。

Pseudobulbs clustered, narrowly conical, compressed, ca. 10 cm long, 2-leaved at apex. Leaves linear-lanceolate, 25–45 cm long. Inflorescence basal, over 1 m long, branched, many-flowered; lip ca. 1.6 cm broad. Fl. often autumn; Costa Rica, Panama; 0–200 m.

1233 ***Oncidium isthmi***
(Photo.: Kohji Karasawa)

1234 ***Oncidium kegeljanii* (E. Morren) M. W. Chase & N. H. Williams**
(*Odontoglossum kegeljanii* E. Morren) **克氏文心兰**

附生植物。假鳞茎密集，卵形，压扁，长约 8 cm，为 1~2 枚具叶的鞘所包围，顶端具 2 叶。叶披针形，长约 22 cm。花序基生，长约 15 cm，可具 12 花；花直径约 7.5 cm。花期：春季；秘鲁至委内瑞拉；2200~2400 m。

Epiphytic plants. Pseudobulbs close together, ovoid, compressed, ca. 8 cm long, subtended by 1–2 leaf-bearing sheaths, 2-leaved at apex. Leaves lanceolate, ca. 22 cm long. Inflorescence basal, ca. 15 cm long, to 12-flowered; flowers ca. 7.5 cm across. Fl. spring; Peru to Venezuela; 2200–2400 m.

1236 ***Oncidium laeve* var. *auratum***
(Photo.: Kohji Karasawa)

1235 ***Oncidium laeve* (Lindl.) Beer 平滑文心兰**

附生植物。假鳞茎簇生，卵形，压扁，长 7~10 cm，顶端具 2 叶。叶矩圆状披针形，长 20~40 cm。花序基生，长 30~100 cm，有分枝，具数花至多花；花直径 5~5.5 cm，有香气。花期：5~7 月；危地马拉、墨西哥；1700~2400 m。

Epiphytic plants. Pseudobulbs clustered, ovoid, compressed, 7–10 cm long, 2-leaved at apex. Leaves oblong-lanceolate, 20–40 cm long. Inflorescence basal, 30–100 cm long, branched, several- to many-flowered; flowers 5–5.5 cm across, fragrant. Fl. May–July; Guatemala, Mexico; 1700–2400 m.

1236 ***Oncidium laeve* (Lindl.) Beer var. *auratum* (Rchb. f.) Karas. 金光文心兰（变种）**

本变种与平滑文心兰（原变种）*Oncidium laeve*（var. *laeve*）的区别点在于本变种花序通常不分枝，具较少的花；花较小，且色泽较浅，其萼片长约 2 cm（非 3 cm），唇瓣长约 1.7 cm（非 2.5 cm）。花期：春季；哥斯达黎加至墨西哥；1400~2000 m。

This variety differs from *Oncidium laeve* (var. *laeve*) by its inflorescence often unbranched, with fewer flowers, and flowers smaller and paler in color, with sepals ca. 2 cm (not 3 cm) long and lip ca. 1.7 cm (not 2.5 cm) long. Fl. spring; Costa Rica to Mexico; 1400–2000 m.

1234 ***Oncidium kegeljanii*** (Photo.: Kohji Karasawa)

1235 ***Oncidium laeve*** (Photo.: Kohji Karasawa)

1237 ***Oncidium leucochilum***
(Photo.: Kohji Karasawa)

1238 ***Oncidium lindleyoides***
(Photo.: Kohji Karasawa)

1239 ***Oncidium lineoligerum***
(Photo.: Kohji Karasawa)

1237 *Oncidium leucochilum* Lindl. 白唇文心兰

附生植物。假鳞茎簇生，卵形，压扁，具明显的2~3棱，长5~13 cm，顶端具1~2叶。叶舌形，长20~60 cm。花序基生，长可达3 m，有分枝，具多花；花直径约3.5 cm。花期：冬季至春季；危地马拉、洪都拉斯、墨西哥；可达2000 m。

Epiphytic plants. Pseudobulbs clustered, ovoid, compressed, prominently 2- or 3-ribbed, 5–13 cm long, 1- or 2-leaved at apex. Leaves ligulate, 20–60 cm long. Inflorescence basal, up to 3 m long, branched, many-flowered; flowers ca. 3.5 cm across. Fl. winter–spring; Guatemala, Honduras, Mexico; up to 2000 m.

1238 *Oncidium lindleyoides* M. W. Chase & N. H. Williams (*Odontoglossum lindleyanum* Rchb. f. & Warsz.) 林氏文心兰

附生植物。假鳞茎卵形，压扁，稍具二棱，长约7.5 cm，为2~3枚具叶的鞘所包围，顶端具2叶。叶线状披针形，长约30 cm。花序基生，长达50 cm或过之，有分枝，具多花；花直径5~7.5 cm。花期：春季至夏季；哥伦比亚、厄瓜多尔、委内瑞拉；1500~3300 m。

Epiphytic plants. Pseudobulbs ovoid, compressed, slightly ancipital, ca. 7.5 cm long, subtended by 2–3 leaf-bearing sheaths, 2-leaved at apex. Leaves linear-lanceolate, ca. 30 cm long. Inflorescence basal, to 50 cm or more long, branched, many-flowered; flowers 5–7.5 cm across. Fl. spring–summer; Colombia, Ecuador, Venezuela; 1500–3300 m.

1240 ***Oncidium lucianianum***
(Photo.: Kohji Karasawa)

1239 *Oncidium lineoligerum* Rchb. f. ex Warsz. (*Oncidium stenotis* Rchb. f.) 窄瓣文心兰

附生或有时为地生植物。假鳞茎簇生，狭椭圆形，压扁，长7~14 cm，顶端具1叶。叶线状矩圆形，长15~60 cm。花序基生，长达1.5 m，有分枝，具多花；花直径约3 cm。花期：冬季；哥伦比亚、哥斯达黎加、厄瓜多尔、巴拿马；0~2000 m。

Epiphytic or sometimes terrestrial plants. Pseudobulbs clustered, narrowly ellipsoid, compressed, 7–14 cm long, 1-leafed at apex. Leaf linear-oblong, 15–60 cm long. Inflorescence basal, to 1.5 m long, branched, many-flowered; flowers ca. 3 cm across. Fl. winter; Colombia, Costa Rica, Ecuador, Panama; 0–2000 m.

1240 *Oncidium lucianianum* (Rchb. f.) M. W. Chase & N. H. Williams (*Odontoglossum lucianianum* Rchb. f.) 卢氏文心兰

附生植物。假鳞茎卵形，长约7 cm，为数枚具叶的鞘所包围，顶端具2叶。叶披针形，长达35 cm。花序基生，长20 cm或过之，具10~35花；花直径约7 cm。花期：春季至夏季；委内瑞拉；2000~2700 m。

Epiphytic plants. Pseudobulbs ovoid, ca. 7 cm long, subtended by several leaf-bearing sheaths, 2-leaved at apex. Leaves lanceolate, up to 35 cm long. Inflorescence basal, 20 cm or more long, 10- to 35-flowered; flowers ca. 7 cm across. Fl. spring–summer; Venezuela; 2000–2700 m.

1241 ***Oncidium luteopurpureum***
(Photo.: Kohji Karasawa)

1242 ***Oncidium maculatum***
(Photo.: Kohji Karasawa)

1243 ***Oncidium maizifolium***
(Photo.: Kohji Karasawa)

1241 *Oncidium luteopurpureum* (Lindl.) Beer (*Odontoglossum luteopurpureum* Lindl.) **黄紫文心兰**

附生植物。假鳞茎卵形，压扁，长 5~10 cm，为 2~3 枚具叶的鞘所包围，顶端具 2 叶。叶线状披针形，长 23~60 cm。花序基生，长 50~100 cm，可具 12 花；花直径 6~9 cm。花期：夏季至冬季；哥伦比亚；2300~2900 m。

Epiphytic plants. Pseudobulbs ovoid, compressed, 5–10 cm long, subtended by 2–3 leaf-bearing sheaths, 2-leaved at apex. Leaves linear-lanceolate, 23–60 cm long. Inflorescence basal, 50–100 cm long, to 12-flowered; flowers 6–9 cm across. Fl. summer–winter; Colombia; 2300–2900 m.

1242 *Oncidium maculatum* Lindl. 斑点文心兰

附生植物。假鳞茎簇生，卵形，压扁，长 7~10 cm，顶端具 2 叶。叶线状舌形，长 15~25 cm。花序基生，通常长在 50 cm 以上，有分枝；具多花；花直径约 5 cm。花期：冬季至初夏；危地马拉、墨西哥；1100~2300 m。

Epiphytic plants. Pseudobulbs clustered, ovoid, compressed, 7–10 cm long, 2-leaved at apex. Leaves linear-ligulate, 15–25 cm long. Inflorescence basal, often over 50 cm long, branched, many-flowered; flowers ca. 5 cm across. Fl. winter–early summer; Guatemala, Mexico; 1100–2300 m.

1243 *Oncidium maizifolium* Lindl. (*Oncidium volvox* Rchb. f.) **纤轴文心兰**

假鳞茎簇生，卵形，压扁，长 5~10 cm，顶端具 2 叶。叶狭舌形，长 20~30 cm。花序基生，长 90~150 cm，极纤细，有时缠绕，有分枝，疏生多花；花直径约 2.5 cm。花期：秋季；委内瑞拉；约 950 m。

Pseudobulbs clustered, ovoid, compressed, 5–10 cm long, 2-leaved at apex. Leaves narrowly ligulate, 20–30 cm long. Inflorescence basal, 90–150 cm long, very slender, sometimes twining, branched, laxly many-flowered; flowers ca. 2.5 cm across. Fl. autumn; Venezuela; ca. 950 m.

1244 *Oncidium micropogon* Rchb. f. 棱茎文心兰

附生植物。假鳞茎簇生，宽卵形，压扁，在扁平的面上具 2~3 棱，长 5~6.5 cm，顶端具 1~2 叶。叶线状矩圆形，长 10~12 cm。花序基生，长 30~45 cm，具 3~10 花；花直径 3.5~4 cm。花期：夏季至秋季；巴西；100~300 m。

Epiphytic plants. Pseudobulbs clustered, broadly ovoid, compressed, 2- to 3-ribbed on flattened surfaces, 5–6.5 cm long, 1- or 2-leaved at apex. Leaves linear-oblong, 10–12 cm long. Inflorescence basal, 30–45 cm long, 3- to 10-flowered; flowers 3.5–4 cm across. Fl. summer–autumn; Brazil; 100–300 m.

1244 ***Oncidium micropogon*** (Photo.: Kohji Karasawa)

1245 ***Oncidium mirandum***
(Photo.: Karlheinz Senghas)

1247 ***Oncidium noezlianum***
(Photo.: Kohji Karasawa)

1248 ***Oncidium oblongatum***
(Photo.: Kohji Karasawa)

1245 *Oncidium mirandum* (Rchb. f.) M. W. Chase & N. H. Williams (*Odontoglossum mirandum* Rchb. f.) **奇唇文心兰**

附生植物。假鳞茎密集，卵形，压扁，长约 6 cm，为 3~4 枚具叶的鞘所包围，顶端具 2 叶。叶披针形，长约 28 cm。花序基生，长 15 cm 或过之，具多达 15 花；花直径约 5 cm。花期：冬季至春季；哥伦比亚；1600~3000 m。

Epiphytic plants. Pseudobulbs close together, ovoid, compressed, ca. 6 cm long, subtended by 3–4 leaf-bearing sheaths, 2-leaved at apex. Leaves lanceolate, ca. 28 cm long. Inflorescence basal, 15 cm or more long, up to 15-flowered; flowers ca. 5 cm across. Fl. winter–spring; Colombia; 1600–3000 m.

1246 ***Oncidium nobile*** (Photo.: Kohji Karasawa)

1246 *Oncidium nobile* (Rchb. f.) M. W. Chase & N. H. Williams (*Odontoglossum nobile* Rchb. f., *Odontoglossum pescatorei* Linden ex Lindl.) **玉白文心兰**

附生植物。假鳞茎卵形，压扁，长 5~10 cm，为 1~2 枚具叶的鞘所包围，顶端具 2 叶。叶舌形，长 20~40 cm。花序基生，长 40~60 cm，具多花；花直径 4~6 cm。花期：冬季至春季；哥伦比亚；2000~3000 m。

Epiphytic plants. Pseudobulbs ovoid, compressed, 5–10 cm long, subtended by 1–2 leaf-bearing sheaths, 2-leaved at apex. Leaves ligulate, 20–40 cm long. Inflorescence basal, 40–60 cm long, many-flowered; flowers 4–6 cm across. Fl. winter–spring; Colombia; 2000–3000 m.

1247 *Oncidium noezlianum* (Mast.) M. W. Chase & N. H. Williams [*Cochlioda noezliana* (Mast.) Rolfe; *Cochlioda beyrodtiana* Schltr.] **诺氏文心兰**

附生植物。假鳞茎簇生，近卵形，稍扁，长 3~5 cm，绿紫色，顶端具 1~2 叶。叶线状椭圆形，长 8~25 cm。花序基生，弓曲，长 30~40 cm，具多花；花直径约 3.5 cm。花期：秋季；玻利维亚、秘鲁；1800~2600 m。

Epiphytic plants. Pseudobulbs clustered, subovoid, slightly compressed, 3–5 cm long, green-purple, 1- or 2-leaved at apex. Leaves linear-elliptic, 8–25 cm long. Inflorescence basal, arching, 30–40 cm long, many-flowered; flowers ca. 3.5 cm across. Fl. autumn; Bolivia, Peru; 1800–2600 m.

1248 *Oncidium oblongatum* Lindl. 矩圆文心兰

附生植物。假鳞茎簇生，卵形，压扁，长 6~10 cm，顶端具 2 叶。叶线状矩圆形，长 20~45 cm。花序基生，长 60~140 cm，有分枝，具多花；花直径约 3 cm。花期：秋季；危地马拉、墨西哥；2100~2700 m。

Epiphytic plants. Pseudobulbs clustered, ovoid, compressed, 6–10 cm long, 2-leaved at apex. Leaves linear-oblong, 20–45 cm long. Inflorescence basal, 60–140 cm long, branched, many-flowered; flowers ca. 3 cm across. Fl. autumn; Guatemala, Mexico; 2100–2700 m.

1249 ***Oncidium obryzatum***
(Photo.: Kohji Karasawa)

1250 ***Oncidium odoratum***
(Photo.: Kohji Karasawa)

1251 ***Oncidium ornithorhynchum***
(Photo.: Kohji Karasawa)

1249 ***Oncidium obryzatum*** **Rchb. f. 曲轴文心兰**

附生植物。假鳞茎卵状圆锥形，压扁，略有二棱，长 5~10 cm，顶端具 1 叶。叶矩圆状舌形，长 10~35 cm。花序基生，长 50~100 cm，有分枝，具多花；花直径 2~2.5 cm。花期：春季；哥伦比亚、哥斯达黎加、厄瓜多尔、秘鲁、委内瑞拉；400~1600 m。

Epiphytic plants. Pseudobulbs ovoid-conical, compressed, slightly ancipital, 5–10 cm long, 1-leafed at apex. Leaf oblong-ligulate, 10–35 cm long. Inflorescence basal, 50–100 cm long, branched, many-flowered; flowers 2–2.5 cm across. Fl. spring; Colombia, Costa Rica, Ecuador, Peru, Venezuela; 400–1600 m.

1250 ***Oncidium odoratum*** **(Lindl.) Beer** (*Odontoglossum odoratum* Lindl.) **香花文心兰**

附生植物。假鳞茎宽卵形，压扁，具二棱，长 4~9 cm，为 1~2 枚具叶的鞘所包围，顶端具 2 叶。叶线形，长 15~30 cm。花序基生，有分枝，长 50~75 cm，具多花；花直径 3.5~5 cm，稍有香气。花期：春季；哥伦比亚、委内瑞拉；1500~2500 m。

Epiphytic plants. Pseudobulbs broadly ovoid, compressed, ancipital, 4–9 cm long, subtended by 1–2 leaf-bearing sheaths, 2-leaved at apex. Leaves linear, 15–30 cm long. Inflorescence basal, branched, 50–75 cm long, many-flowered; flowers 3.5–5 cm across, slightly scented. Fl. spring; Colombia, Venezuela; 1500–2500 m.

1251 ***Oncidium ornithorhynchum*** **H. B. K. 鸟喙文心兰**

附生植物。假鳞茎椭圆状圆锥形，压扁，长 4~6（~13）cm，顶端具 2 叶。叶线状披针形，长 20~25 cm。花序基生，长 30 cm 或过之，有分枝，具多花；花直径 2~2.5 cm。花期：秋季至冬季；哥斯达黎加、危地马拉、墨西哥、萨尔瓦多；0~1500 m。

Epiphytic plants. Pseudobulbs ellipsoid-conical, compressed, 4–6 (–13) cm long, 2-leaved at apex. Leaves linear-lanceolate, 20–25 cm long. Inflorescence basal, 30 cm or more long, branched, many-flowered; flowers 2–2.5 cm across. Fl. autumn–winter; Costa Rica, Guatemala, Mexico, El Salvador; 0–1500 m.

1252 ***Oncidium planilabre*** (Photo.: Kohji Karasawa)

1252 ***Oncidium planilabre*** **Lindl.** (*Oncidium pardothyrsus* Rchb. f. & Warsz.) **平唇文心兰**

附生植物。假鳞茎大，卵状椭圆形，压扁，稍具槽，为 2 枚具叶的鞘所包围，顶端具 2 叶。叶带形。花序基生，长 90 cm 或过之，有分枝，具 2~8 花；花直径 1.5~2 cm。花期：冬季；厄瓜多尔、秘鲁；500~1500 m。

Epiphytic plants. Pseudobulbs large, ovoid-ellipsoid, compressed, slightly sulcate, subtended by a pair of leaf-bearing sheaths, 2-leaved at apex. Leaves lorate. Inflorescence basal, to 90 cm or more long, branched, 2- to 8-flowered; flowers 1.5–2 cm across. Fl. winter; Ecuador, Peru; 500–1500 m.

1253 ***Oncidium portmannii*** (Photo.: Kohji Karasawa)

1255 ***Oncidium praestanoides*** (Photo.: SCO)

1253 ***Oncidium portmannii*** **(Bockemühl) M. W. Chase & N. H. Williams** (*Odontoglossum portmannii* Bockemühl)
朴氏文心兰

附生植物。假鳞茎密集，卵形，压扁，长约 7.5 cm，为 2 枚具叶的鞘所包围，顶端具 2 叶。叶狭披针形，长达 30 cm。花序基生，长达 30 cm，具 5~15 花；花直径约 5.5 cm。花期：7 月；哥伦比亚、秘鲁、委内瑞拉；1800~2300 m。

Epiphytic plants. Pseudobulbs close together, ovoid, compressed, ca. 7.5 cm long, subtended by 2 leaf-bearing sheaths, 2-leaved at apex. Leaves narrowly lanceolate, to 30 cm long. Inflorescence basal, to 30 cm long, 5- to 15-flowered; flowers ca. 5.5 cm across. Fl. July; Colombia, Peru, Venezuela; 1800–2300 m.

1254 ***Oncidium praenitens***
(Photo.: Karlheinz Senghas)

1254 ***Oncidium praenitens*** **(Rchb. f.) M. W. Chase & N. H. Williams** (*Odontoglossum praenitens* Rchb. f.) **亮丽文心兰**

附生植物。假鳞茎卵形，压扁，长约 5 cm，为 2~3 枚具叶的鞘所包围，顶端具 2 叶。叶矩圆形，长约 15 cm。花序基生，长于叶，具 15~25 花；花直径 3.5~4.5 cm。花期：2~3 月；哥伦比亚、厄瓜多尔；1800~2000 m。

Epiphytic plants. Pseudobulbs ovoid, compressed, ca. 5 cm long, subtended by 2–3 leaf-bearing sheaths, 2-leaved at apex. Leaves oblong, ca. 15 cm long. Inflorescence basal, longer than leaves, 15- to 25-flowered; flowers 3.5–4.5 cm across. Fl. Feb.–Mar.; Colombia, Ecuador; 1800–2000 m.

1255 ***Oncidium praestanoides*** **M. W. Chase & N. H. Williams** (*Odontoglossum praestans* Rchb. f. & Warsz.) **奇妙文心兰**

附生植物。假鳞茎卵形，压扁，具纵皱纹，长 5.5~6 cm，为 2~3 枚具叶的鞘所包围，顶端具 2 叶。叶矩圆形，长 16~18 cm。花序基生，长 18~25 cm，具 6~9 花；花直径 7~8 cm。花期：4~5 月；厄瓜多尔、秘鲁；约 1600 m。

Epiphytic plants. Pseudobulbs ovoid, compressed, longitudinally wrinkled, 5.5–6 cm long, subtended by 2–3 leaf-bearing sheaths, 2-leaved at apex. Leaves oblong, 16–18 cm long. Inflorescence basal, 18–25 cm long, 6- to 9-flowered; flowers 7–8 cm across. Fl. Apr.–May; Ecuador, Peru; ca. 1600 m.

1256 ***Oncidium reflexum***
(Photo.: Kohji Karasawa)

1256 ***Oncidium reflexum*** **Lindl. 曲瓣文心兰**

附生植物。假鳞茎卵形，压扁，长 3~8 cm，顶端具 2 叶。叶线状披针形，长 15~35 cm。花序基生，长 60~100 cm，有分枝，疏生多花；花长约 2.5 cm。花期：冬季；危地马拉、墨西哥；约 1500 m。

Epiphytic plants. Pseudobulbs ovoid, compressed, 3–8 cm long, 2-leaved at apex. Leaves linear-lanceolate, 15–35 cm long. Inflorescence basal, 60–100 cm long, branched, laxly many-flowered; flowers ca. 2.5 cm long. Fl. winter; Guatemala, Mexico; ca. 1500 m.

1257 ***Oncidium rhynchanthum*** (Photo.: Kohji Karasawa)

1259 ***Oncidium sceptrum*** (Photo.: Kohji Karasawa)

1257 *Oncidium rhynchanthum* (Rchb. f.) M. W. Chase & N. H. Williams (*Odontoglossum rhynchanthum* Rchb. f.)
尖花文心兰

附生植物。假鳞茎密集，卵形，压扁，长约 5 cm，为 3~4 枚具叶的鞘所包围，顶端具 2 叶。叶线形，长约 25 cm。花序基生，长约 15 cm，通常具 7 花；花直径约 4.5 cm。花期：2 月；哥伦比亚；2000~2500 m。

Epiphytic plants. Pseudobulbs close together, ovoid, compressed, ca. 5 cm long, subtended by 3–4 leaf-bearing sheaths, 2-leaved at apex. Leaves linear, ca. 25 cm long. Inflorescence basal, ca. 15 cm long, often 7-flowered; flowers ca. 4.5 cm across. Fl. Feb.; Colombia; 2000–2500 m.

1258 ***Oncidium roseum***
(Photo.: Kohji Karasawa)

1258 *Oncidium roseum* (Lindl.) Beer [*Cochlioda rosea* (Lindl.) Benth.]
玫瑰文心兰

附生植物。假鳞茎簇生，卵形，压扁，长 3~5 cm，为两对鞘所包围，顶端具 1~2 叶。叶线状矩圆形，长 6~20 cm，具柄。花序基生，近直立，长 15~40 cm，具 5~20 花；花直径 3.5~4 cm。花期：春季至夏季；厄瓜多尔、秘鲁；约 1800 m。

Epiphytic plants. Pseudobulbs clustered, ovoid, compressed, 3–5 cm long, subtended by 2 pairs of sheaths, 1- or 2-leaved at apex. Leaves linear-oblong, 6–20 cm long, petioled. Inflorescence basal, suberect, 15–40 cm long, 5- to 20-flowered; flowers 3.5–4 cm across. Fl. spring–summer; Ecuador, Peru; ca. 1800 m.

1259 *Oncidium sceptrum* (Rchb. f. & Warsz.) M. W. Chase & N. H. Williams (*Odontoglossum sceptrum* Rchb. f. & Warsz.) **哥国文心兰**

附生植物。假鳞茎密集，卵形，压扁，长约 7 cm，为 4 枚具叶的鞘所包围，顶端具 2 叶。叶宽披针形，长达 30 cm。花序基生，长 18 cm 或过之，可具 16 花；花直径约 7.5 cm，有微香。花期：冬季至早春；哥伦比亚；2400~2800 m。

Epiphytic plants. Pseudobulbs close together, ovoid, compressed, ca. 7 cm long, subtended by 4 leaf-bearing sheaths, 2-leaved at apex. Leaves broadly lanceolate, to 30 cm long. Inflorescence basal, 18 cm or more long, to 16-flowered; flowers ca. 7.5 cm across, slightly fragrant. Fl. winter–early spring; Colombia; 2400–2800 m.

1260 ***Oncidium spectatissimum*** (Photo.: Kohji Karasawa)

1260 *Oncidium spectatissimum* (Lindl.) M. W. Chase & N. H. Williams (*Odontoglossum spectatissimum* Lindl.) **美花文心兰**

附生植物。假鳞茎卵形，压扁，长 7~10 cm，为 2 枚具叶的鞘所包围，顶端具 2 叶。叶线形，长 30~45 cm。花序基生，罕有分枝，长 40~90 cm，具多花；花直径 7~8 cm。花期：春季至夏季；哥伦比亚、委内瑞拉；1500~3200 m。

Epiphytic plants. Pseudobulbs ovoid, compressed, 7–10 cm long, subtended by 2 leaf-bearing sheaths, 2-leaved at apex. Leaves linear, 30–45 cm long. Inflorescence basal, rarely branching, 40–90 cm long, many-flowered; flowers 7–8 cm across. Fl. spring–summer; Colombia, Venezuela; 1500–3200 m.

1261 ***Oncidium sphacelatum*** (Photo.: Kohji Karasawa)

1261 *Oncidium sphacelatum* Lindl. 枯斑文心兰

附生植物。假鳞茎密集，近矩圆形，压扁，长 10~15 cm，顶端具 2~3 叶。叶线状舌形，长 35~60 cm。花序基生，长达 1~1.8 m，多分枝，具多花；花直径 2.5~3 cm。花期：冬季至春季；墨西哥至萨尔瓦多；1000 m 以下。

Epiphytic plants. Pseudobulbs close together, suboblong, compressed, 10–15 cm long, 2- or 3-leaved at apex. Leaves linear-ligulate, 35–60 cm long. Inflorescence basal, to 1–1.8 m long, much-branched, many-flowered; flowers 2.5–3 cm across. Fl. winter–spring; Mexico to El Salvador; below 1000 m.

1262 *Oncidium strictum* (Cogn.) M. W. Chase & N. H. Williams [*Symphyglossum sanguineum* (Rchb. f.) Schltr.] 垂花文心兰

附生植物。假鳞茎簇生，卵形，压扁，长 3~7 cm，包藏于数枚鞘中，顶端具 2 叶。叶线形，长 7~20 cm，稍革质。花序顶生，弓曲下垂，长 30~50 cm，偶见分枝，具多花；花不完全开放，长 2~2.5 cm。花期：春季至初夏；厄瓜多尔、秘鲁；900~2450 m。

Epiphytic plants. Pseudobulbs clustered, ovoid, compressed, 3–7 cm long, enclosed by several sheaths, 2-leaved at apex. Leaves linear, 7–20 cm long, slightly coriaceous. Inflorescence terminal, arching-pendulous, 30–50 cm long, occasionally branching, many-flowered; flowers not opening widely, 2–2.5 cm long. Fl. spring to early summer; Ecuador, Peru; 900–2450 m.

1263 *Oncidium tenuoides* M. W. Chase & N. H. Williams (*Odontoglossum tenue* Cogn.) 纤瓣文心兰

附生植物。假鳞茎密集，卵形，压扁，长约 3 cm，为 1~2 枚具叶的鞘所包围，顶端具 1~2 叶。叶狭披针形，长约 14 cm。花序基生，长约 15 cm，具 6~7 花；花直径约 4.5 cm。花期：夏季；哥伦比亚、秘鲁、委内瑞拉；2000~3000 m。

Epiphytic plants. Pseudobulbs close together, ovoid, compressed, ca. 3 cm long, subtended by 1–2 leaf-bearing sheaths, 1- or 2-leaved at apex. Leaves narrowly lanceolate, ca. 14 cm long. Inflorescence basal, ca. 15 cm long, with 6–7 flowers; flowers ca. 4.5 cm across. Fl. summer; Colombia, Peru, Venezuela; 2000–3000 m.

1264 *Oncidium tigrinum* La Llave & Lex. 虎斑文心兰

附生植物。假鳞茎卵形至近球形，压扁，长 7~10 cm，顶端具 2~3 叶。叶线状矩圆形，长 24~45 cm。花序基生，长 50~90 cm，有疏分枝，具多花；花长约 7.5 cm，有香气。花期：秋季至冬季；墨西哥；2000~2500 m。

Epiphytic plants. Pseudobulbs ovoid to subglobose, compressed, 7–10 cm long, 2- or 3-leaved at apex. Leaves linear-oblong, 24–45 cm long. Inflorescence basal, 50–90 cm long, laxly branched, many-flowered; flowers ca. 7.5 cm long, fragrant. Fl. autumn–winter; Mexico; 2000–2500 m.

1262 ***Oncidium strictum***
(Photo.: Kohji Karasawa)

1263 ***Oncidium tenuoides***
(Photo.: Karlheinz Senghas)

1264 ***Oncidium tigrinum***
(Photo.: Kohji Karasawa)

1265 ***Oncidium tripudians*** (Photo.: Kohji Karasawa)

1268 ***Oncidium vulcanicum*** (Photo.: Kohji Karasawa)

1265 *Oncidium tripudians* (Rchb. f. & Warsz.) M. W. Chase & N. H. Williams (*Odontoglossum tripudians* Rchb. f. & Warsz.) **褐瓣文心兰**

附生植物。假鳞茎密集，卵形，压扁，长约 10 cm，为 2~3 枚具叶的鞘所包围，顶端具 2 叶。叶披针形，长约 20 cm。花序基生，长约 20 cm，具 8~10 花；花直径约 6 cm。花期：春季；哥伦比亚、秘鲁；2000~2800 m。

Epiphytic plants. Pseudobulbs close together, ovoid, compressed, ca. 10 cm long, subtended by 2–3 leaf-bearing sheaths, 2-leaved at apex. Leaves lanceolate, ca. 20 cm long. Inflorescence basal, ca. 20 cm long, 8- to 10-flowered; flowers ca. 6 cm across. Fl. spring; Colombia, Peru; 2000–2800 m.

1266 *Oncidium unguiculatum* Lindl. [*Oncidium tigrinum* La Llave & Lex. var. *unguiculatum* (Lindl.) Lindl.] **长爪文心兰**

本种与虎斑文心兰 *Oncidium tigrinum* 的区别在于萼片与花瓣近绿色，具黑褐色斑纹；唇瓣中裂片有长爪。

This species differs from *Oncidium tigrinum* by its greenish sepals and petals marked with blackish brown and lip with a long-clawed mid-lobe.

1266 ***Oncidium unguiculatum***
(Photo.: Kohji Karasawa)

1267 *Oncidium velleum* (Rchb. f.) M. W. Chase & N. H. Williams (*Odontoglossum velleum* Rchb. f.) **毛唇文心兰**

附生植物。假鳞茎卵形，长约 3 cm，顶端具 1 叶。叶矩圆形或狭矩圆形，长约 15 cm。花序基生，直立，长约 15 cm，具 1~2 花；唇瓣长约 2 cm。花期：3 月；厄瓜多尔、秘鲁；1400~1500 m。

Epiphytic plants. Pseudobulbs ovoid, ca. 3 cm long, 1-leafed at apex. Leaf oblong or narrowly oblong, ca. 15 cm long. Inflorescence basal, erect, ca. 15 cm long, 1- or 2-flowered; lip ca. 2 cm long. Fl. Mar.; Ecuador, Peru; 1400–1500 m.

1268 *Oncidium vulcanicum* (Rchb. f.) M. W. Chase & N. H. Williams [*Cochlioda vulcanica* (Rchb. f.) Benth. ex H. J. Veitch] **火山文心兰**

附生植物。假鳞茎簇生，狭卵状椭圆形，强烈压扁，长约 4.5 cm，为 1~2 枚具叶片的鞘所包围，顶端具 1~2 叶。叶矩圆形，长约 12 cm。花序基生，近直立，长约 30 cm，具 5~15 花；花直径 3.5~4 cm。花期：8~9 月；厄瓜多尔、秘鲁；2000~3200 m。

Epiphytic plants. Pseudobulbs clustered, narrowly ovoid-ellipsoid, strongly compressed, ca. 4.5 cm long, subtended by 1–2 leaf-bearing sheaths, 1- or 2-leaved at apex. Leaves oblong, ca. 12 cm long. Inflorescence basal, suberect, ca. 30 cm long, 5- to 15-flowered; flowers 3.5–4 cm across. Fl. Aug.–Sep.; Ecuador, Peru; 2000–3200 m.

1267 ***Oncidium velleum***
(Photo.: Karlheinz Senghas)

1269 ***Oncidium wallisii***
(Photo.: Kohji Karasawa)

1270 ***Oncidium wentworthianum***
(Photo.: Kohji Karasawa)

1272 ***Ophrys apifera***
(Photo.: Phillip J. Cribb)

1269 *Oncidium wallisii* (Linden & Rchb. f.) M. W. Chase & N. H. Williams (*Odontoglossum wallisii* Linden & Rchb. f.) **窝氏文心兰**

附生植物。假鳞茎卵形，压扁，具二棱，长 4~7 cm，为 4~5 枚具叶的鞘所包围，顶端具 2 叶。叶线形，长 25~35 cm。花序基生，直立，长 30~45 cm，具 5~15 花；花直径约 5 cm。花期：秋季至冬季；哥伦比亚、委内瑞拉；1800~2500 m。

Epiphytic plants. Pseudobulbs ovoid, compressed, ancipital, 4–7 cm long, subtended by 4–5 leaf-bearing sheaths, 2-leaved at apex. Leaves linear, 25–35 cm long. Inflorescence basal, erect, 30–45 cm long, 5- to 15-flowered; flowers ca. 5 cm across. Fl. autumn–winter; Colombia, Venezuela; 1800–2500 m.

1270 *Oncidium wentworthianum* Bateman ex Lindl. 温氏文心兰

附生植物。假鳞茎卵形，压扁，长 7~10 cm，顶端具 2 叶。叶线状舌形，长 15~35 cm。花序基生，长可达 100 cm 或过之，有分枝，具多花；花直径 2.5~3 cm。花期：夏季至秋季；危地马拉、墨西哥；可达 1500 m。

Epiphytic plants. Pseudobulbs ovoid, compressed, 7–10 cm long, 2-leaved at apex. Leaves linear-ligulate, 13–35 cm long. Inflorescence basal, up to 100 cm or more long, branched, many-flowered; flowers 2.5–3 cm across. Fl. summer–autumn; Guatemala, Mexico; up to 1500 m.

1271 ***Oncidium wyattianum*** (Photo.: Kohji Karasawa)

1271 *Oncidium wyattianum* (A. G. Wilson) M. W. Chase & N. H. Williams (*Odontoglossum wyattianum* A. G. Wilson) **魏氏文心兰**

附生植物。假鳞茎密集，狭梨形，压扁，长约 10 cm，顶端具 1~2 叶。叶披针形，长达 30 cm。花序基生，长达 25 cm，通常具 8 花；花直径约 8 cm。花期：冬季至春季；哥伦比亚、秘鲁、委内瑞拉；1600~2200 m。

Epiphytic plants. Pseudobulbs close together, narrowly pyriform, compressed, ca. 10 cm long, 1- or 2-leaved at apex. Leaves lanceolate, to 30 cm long. Inflorescence basal, to 25 cm long, often 8-flowered; flowers ca. 8 cm across. Fl. winter–spring; Colombia, Peru, Venezuela; 1600–2200 m.

1272 *Ophrys apifera* Hudson 蜜蜂眉兰

地生植物，高 15~50 cm，地下具块茎。叶基生，数枚，矩圆形，长 3~8 cm。花序具 3~7 花；花直径 2~3 cm；唇瓣长 1~1.5 cm。花期：4~7 月；英国到非洲北部；0~1800 m。

Terrestrial plants, 15–50 cm tall, with subterranean tubers. Leaves basal, several, oblong, 3–8 cm long. Inflorescence 3- to 7-flowered; flowers 2–3 cm across; lip 1–1.5 cm long. Fl. Apr.–July; Britain to N Africa; 0–1800 m.

1273 ***Ophrys arachnitiformis***
(Photo.: Kohji Karasawa)

1274 ***Ophrys bertolonii***
(Photo.: Emil Buhler)

1275 ***Ophrys bombyliflora***
(Photo.: Kohji Karasawa)

1273 *Ophrys arachnitiformis* Gren. & Phillippe 蜘蛛眉兰

地生植物，高 15~40 cm，地下具块茎。叶基生，数枚，卵状矩圆形，长 3~6 cm。花序具 3~10 花；花直径 2~3 cm；唇瓣长约 1.5 cm。花期：3~5 月；欧洲、北非和中东的地中海沿岸；低海拔地。

Terrestrial plants, 15–40 cm tall, with subterranean tubers. Leaves basal, several, ovate-oblong, 3–6 cm long. Inflorescence 3- to 10-flowered; flowers 2–3 cm across; lip ca. 1.5 cm long. Fl. Mar.–May; Mediterranean coasts of Europe, N Africa and the Middle East; at low altitudes.

1274 *Ophrys bertolonii* Moretti 伯氏眉兰

地生植物，高 15~35 cm，地下具块茎。叶基生，5~7 枚，披针形至宽披针形。花序具 4~8 花；花直径 2.5~3 cm；唇瓣长约 1.5 cm。花期：3~4 月；欧洲南部；低海拔地。

Terrestrial plants, 15–35 cm tall, with subterranean tubers. Leaves basal, 5–7, lanceolate to broadly lanceolate. Inflorescence 4- to 8-flowered; flowers 2.5–3 cm across; lip ca. 1.5 cm long. Fl. Mar.–Apr.; S Europe; at low altitude.

1275 *Ophrys bombyliflora* Link 黄蜂眉兰

地生植物，高 7~25 cm，地下具块茎。叶基生，4~6 枚，矩圆形或披针形。花序具 1~5 花；花直径约 2 cm；唇瓣长 1.2~1.5 cm。花期：3~4 月；南欧和北非的地中海沿岸，以及邻近岛屿；0~900 m。

Terrestrial plants, 7–25 cm tall, with subterranean tubers. Leaves basal, 4–6, oblong or lanceolate. Inflorescence 1- to 5-flowered; flowers ca. 2 cm across; lip 1.2–1.5 cm long. Fl. Mar.–Apr.; Mediterranean coasts of S Europe and N Africa, and adjacent islands; 0–900 m.

1276 *Ophrys fuciflora* (F. W. Schmidt) Moench 晚蛛眉兰

地生植物，高 25~45 cm，地下具块茎。叶基生，4~7 枚，线状矩圆形。花序具 3~8 花；花直径 2~2.5 cm；唇瓣长约 1.5 cm。花期：3~6 月；欧洲中部至南部、以色列、黎巴嫩、土耳其；0–1500 m。

Terrestrial plants, 25–45 cm tall, with subterranean tubers. Leaves basal, 4–7, linear-oblong. Inflorescence 3- to 8-flowered; flowers 2–2.5 cm across; lip ca. 1.5 cm long. Fl. Mar.–June; C to S Europe, Israel, Lebanon, Turkey; 0–1500 m.

1276 ***Ophrys fuciflora***
(Photo.: Kohji Karasawa)

1277 ***Ophrys fusca***
(Photo.: Kohji Karasawa)

1278 ***Ophrys lutea***
(Photo.: Phillip J. Cribb)

1279 ***Ophrys scolopax***
(Photo.: Kohji Karasawa)

1277 *Ophrys fusca* Link 暗花眉兰

地生植物，高 10~40 cm，地下具块茎。叶基生，4~6 枚，宽披针形。花序具 2~8 花；花直径 2~2.5 cm；唇瓣长 1~1.5 cm。花期：2~4 月；广布于整个地中海地区；0~1500 m。

Terrestrial plants, 10–40 cm tall, with subterranean tubers. Leaves basal, 4–6, broadly lanceolate. Inflorescence 2- to 8-flowered; flowers 2–2.5 cm across; lip 1–1.5 cm long. Fl. Feb.–Apr.; throughout the Mediterranean regions; 0–1500 m.

1278 *Ophrys lutea* (Gouan) Cav. 黄唇眉兰

地生植物，高 10~30 cm，地下具块茎。叶基生，4~5 枚，宽披针形至卵状矩圆形，长 4~8 cm。花序具 2~7 花；花直径 1.5~2 cm；唇瓣长约 1 cm。花期：3~4 月；欧洲、北非和中东的地中海沿岸；0~1500 m。

Terrestrial plants, 10–30 cm tall, with subterranean tubers. Leaves basal, 4–5, broadly lanceolate to ovate-oblong, 4–8 cm long. Inflorescence 2- to 7-flowered; flowers 1.5–2 cm across; lip ca. 1 cm long. Fl. Mar.–Apr.; Mediterranean coasts of Europe, N Africa and the Middle East; 0–1500 m.

1280 ***Ophrys sphegodes***
(Photo.: Kohji Karasawa)

1279 *Ophrys scolopax* Cav. 南欧眉兰

地生植物，高 20~45 cm，地下具块茎。叶基生，5~6 枚，宽披针形至矩圆形。花序具 3~8 花；花直径约 2.5 cm；唇瓣长 0.8~1.2 cm。花期：3~4 月；欧洲南部（法国、希腊、意大利、西班牙）。

Terrestrial plants, 20–45 cm tall, with subterranean tubers. Leaves basal, 5–6, broadly lanceolate to oblong. Inflorescence 3- to 8-flowered; flowers ca. 2.5 cm across; lip 0.8–1.2 cm long. Fl. Mar.–Apr.; S Europe (France, Greece, Italy, Spain).

1280 *Ophrys sphegodes* Mill. 早蛛眉兰

地生植物，高 10~45 cm，地下具块茎。叶基生，5~9 枚，宽披针形至矩圆形。花序具 2~10 花；花直径约 2.5 cm；唇瓣长 1~1.2 cm。花期：3~6 月；英国和法国至意大利以及巴尔干半岛至希腊。

Terrestrial plants, 10–45 cm tall, with subterranean tubers. Leaves basal, 5–9, broadly lanceolate to oblong. Inflorescence 2- to 10-flowered; flowers ca. 2.5 cm across; lip 1–1.2 cm long. Fl. Mar.–June; Britain and France to Italy and the Balkans to Greece.

1281 ***Ophrys tenthredinifera***
(Photo.: Kohji Karasawa)

1282 ***Ophrys vernixia***
(Photo.: Kohji Karasawa)

1283 ***Orchis anatolica***
(Photo.: Rudolf Peter)

1281 *Ophrys tenthredinifera* Willd. 锯蝇眉兰

地生植物，高 10~45 cm，地下具块茎。叶基生，6~9 枚，宽披针形至矩圆形。花序具 2~8 花；花直径 2~2.5 cm；唇瓣长 1.4~1.7 cm。花期：3~5 月；希腊、意大利、葡萄牙、西班牙、土耳其；0~1200 m。

Terrestrial plants, 10–45 cm tall, with subterranean tubers. Leaves basal, 6–9, broadly lanceolate to oblong. Inflorescence 2- to 8-flowered; flowers 2–2.5 cm across; lip 1.4–1.7 cm long. Fl. Mar.–May; Greece, Italy, Portugal, Spain, Turkey; 0–1200 m.

1282 *Ophrys vernixia* Brot. 亮眉兰

地生植物，高 10~50 cm，地下具块茎。叶基生和茎生，5~7 枚，矩圆形至披针形。花序具 2~12 花；花直径约 1.5 cm；唇瓣长 1.3~1.5 cm。花期：3~4 月；意大利、希腊、西班牙、黎巴嫩、土耳其以及非洲北部国家的地中海沿岸；低海拔地。

Terrestrial plants, 10–50 cm tall, with subterranean tubers. Leaves basal and cauline, 5–7, oblong to lanceolate. Inflorescence 2- to 12-flowered; flowers ca. 1.5 cm across; lip 1.3–1.5 cm long. Fl. Mar.–Apr.; Mediterranean coasts of Italy, Greece, Spain, Lebanon, Turkey and northern African countries; at low altitudes.

1283 *Orchis anatolica* Boiss. 安纳红门兰

地生植物，高 15~40 cm，具近球形或椭圆形块茎。叶基生，2~5 枚，披针形至矩圆状舌形，绿色，具紫褐色斑点。花序具数花至多花；唇瓣长约 1.4 cm。花期：3~4 月；塞浦路斯、伊朗、黎巴嫩、土耳其；700~2400 m。

Terrestrial plants, 15–40 cm tall, with subglobose or ellipsoid tubers. Leaves basal, 2–5, lanceolate to oblong-ligulate, green spotted with purple-brown. Inflorescence several- to many-flowered; lip ca. 1.4 cm long. Fl. Mar.–Apr.; Cyprus, Iran, Lebanon, Turkey; 700–2400 m.

1284 *Orchis militaris* L. 四裂红门兰

地生植物，高 25~65 cm，具近椭圆形块茎。叶近基生，3~5 枚，宽披针形，长 3~19 cm。花序具 2 至 42 花；花有香气；唇瓣长 1.2~1.8 cm。花期：4~6 月；阿富汗、中国（新疆）、蒙古国、俄罗斯至亚洲西南部和欧洲西部；0~1800 m。

Terrestrial plants, 25–65 cm tall, with subellipsoid tubers. Leaves nearly basal, 3–5, broadly lanceolate, 3–19 cm long. Inflorescence 2- to 42-flowered; flowers scented; lip 1.2–1.8 cm long. Fl. Apr.–June; Afghanistan, China (Xinjiang), Mongolia, Russia, to SW Asia and W Europe; 0–1800 m.

1284 ***Orchis militaris***
(Photo.: Kohji Karasawa)

1285 ***Orchis quadripunctata***
(Photo.: Kohji Karasawa)

1286 ***Orchis simia***
(Photo.: Kohji Karasawa)

1287 ***Oreorchis erythrochrysea***
(Photos.: Phillips J. Cribb)

1285 *Orchis quadripunctata* Cyrillo ex Ten. 四点红门兰

地生植物，高 15~35 cm，具近矩圆形块茎。叶基生，2~5 枚，披针形至矩圆状披针形，长 2.5~7.5 cm。花序具 8~30 花；花直径约 1 cm。花期：4~5 月；从塞尔维亚至意大利、希腊、塞浦路斯、土耳其和黎巴嫩；0~1500 m。

Terrestrial plants, 15–35 cm tall, with suboblong tubers. Leaves basal, 2–5, lanceolate or oblong-lanceolate, 2.5–7.5 cm long. Inflorescence 8- to 30-flowered; flowers ca. 1 cm across. Fl. Apr.–May; Serbia to Italy, Greece, Cyprus, Turkey and Lebanon; 0–1500 m.

1286 *Orchis simia* Lam. 猴唇红门兰

地生植物，高 20~45 cm，具近矩圆形块茎。叶近基生，3~5 枚，披针形或宽披针形，长 5~10 cm。花序密生多花；花自顶端向下开放；唇瓣长约 2 cm。花期：3~6 月；欧洲中部与南部，经土耳其至高加索山脉和非洲北部；0~1500 m。

Terrestrial plants, 20–45 cm tall, with suboblong tubers. Leaves nearly basal, 3–5, lanceolate or broadly lanceolate, 5–10 cm long. Inflorescence densely many-flowered; flowers opening from top to bottom; lip ca. 2 cm long. Fl. Mar.–June; C & S Europe through Turkey to the Caucasus Mountains and N Africa; 0–1500 m.

1288 ***Oreorchis fargesii***
(Photos.: Jun Liu(left); Yibo Luo(right))

1287 *Oreorchis erythrochrysea* Hand.-Mazz. 短梗山兰

地生植物。假鳞茎位于地下，卵形或近矩圆形，长 1~2 cm，有时彼此以短根状茎相连接。叶 1 枚，顶生，摺扇状，长 7~14 cm，有银灰色条纹。花序近顶生，长 12~35 cm，具 8~25 花；唇瓣长约 5 mm。花期：5~7 月；中国（四川、西藏、云南）；2200~3700 m。

Terrestrial plants. Pseudobulbs subterranean, ovoid to suboblong, 1–2 cm long, sometimes connected with each other by short rhizomes. Leaf solitary, terminal, plicate, 7–14 cm long, silvery-striped. Inflorescence subterminal, 12–35 cm long, 8- to 25-flowered; lip ca. 5 mm long. Fl. May–July; China (Sichuan, Xizang, Yunnan); 2200–3700 m.

1288 *Oreorchis fargesii* Finet 长叶山兰

地生植物。假鳞茎位于地下，椭圆形至近球形，长 1~2.5 cm，有时彼此以短根状茎相连接。叶 1 枚，顶生，摺扇状，长 15~28 cm；叶柄常包藏于鞘中，形成假茎。花序长 18~30 cm，密生数花至多花；唇瓣长 7.5~9 mm。花期:5~6 月；中国(从甘肃至台湾和云南)；700~2600 m。

Terrestrial plants. Pseudobulbs subterranean, ellipsoid to subglobose, 1–2.5 cm long, sometimes connected with each other by short rhizomes. Leaf solitary, terminal, plicate, 15–28 cm long; petiole usually enclosed in tubular sheaths and forming a pseudostem. Inflorescence 18–30 cm long, densely several- to many-flowered; lip 7.5–9 mm long. Fl. May–June; China (Gansu to Taiwan and Yunnan); 700–2600 m.

1289 ***Oreorchis foliosa*** var. ***indica***
(Photos.: Yibo Luo)

1290 ***Oreorchis nana*** (Photos.: Yibo Luo)

1291 ***Oreorchis oligantha***
(Photos.: Phillip J. Cribb)

1289 ***Oreorchis foliosa*** **Lindl.** var. ***indica*** **(Lindl.) N. Pearce & P. J. Cribb 囊唇山兰（变种）**

地生植物。假鳞茎位于地下，卵形或近椭圆形，长 0.7~1.2 cm，有时彼此以短根状茎相连接。叶 1 枚，顶生，摺扇状，长 10~15 cm。花序长 18~36 cm，疏生 4~10 花；唇瓣长 6~8 mm。花期：9 月；不丹、中国（四川、台湾、西藏、云南）、印度北部、尼泊尔；2500~3400 m。

Terrestrial plants. Pseudobulbs subterranean, ovoid to subellipsoid, 0.7–1.2 cm long, sometimes connected with each other by short rhizomes. Leaf solitary, terminal, plicate, 10–15 cm long. Inflorescence 18–36 cm long, laxly 4- to 10-flowered; lip 6–8 mm long. Fl. Sep.; Bhutan, China (Sichuan, Taiwan, Xizang, Yunnan), N India, Nepal; 2500–3400 m.

1290 ***Oreorchis nana*** **Schltr. 硬叶山兰**

地生植物。假鳞茎位于地下，彼此以短根状茎相连接，球茎状，近矩圆形或近卵状球形，直径 5~6 mm，具 2~3 节。叶 1 枚，顶生，摺扇状，卵形至狭椭圆形，长 2~4 cm；叶柄长 1~3 cm。花序侧生，长 10~20 cm，近直立，具数花或更多花；唇瓣长 5~7 mm。花期：6~7 月；中国（湖北，四川，云南）；2500~4000 m。

Terrestrial plants. Pseudobulbs subterranean, connected with each other by short rhizomes, corm-like, suboblong or subovoid-globose, 5–6 mm in diam., 2- or 3-noded. Leaf solitary, terminal, plicate, ovate to narrowly elliptic, 2–4 cm long; petiole 1–3 cm long. Inflorescence lateral, 10–20 cm long, suberect, with several or more flowers; lip 5–7 mm long. Fl. June–July; China (Hubei, Sichuan, Yunnan); 2500–4000 m.

1292 ***Oreorchis patens***
(Photos.: Yao Zhou)

1291 ***Oreorchis oligantha*** **Schltr. 少花山兰**

地生植物。假鳞茎位于地下，圆筒状或卵形，长 0.6~1 cm，有时彼此以短根状茎相连接。叶 1 枚，顶生，摺扇状，狭椭圆形，长 1.8~4 cm。花序长 8~18 cm，疏生 1~4 花；唇瓣长 8~10 mm。花期：6~7 月；中国（甘肃、四川、西藏、云南）；3000~4000 m。

Terrestrial plants. Pseudobulbs subterranean, cylindric or ovoid, 0.6–1 cm long, sometimes connected with each other by short rhizomes. Leaf solitary, terminal, plicate narrowly elliptic, 1.8–4 cm long. Inflorescence 8–18 cm long, laxly 1- to 4-flowered; lip 8–10 mm long. Fl. June–July; China (Gansu, Sichuan, Xizang, Yunnan); 3000–4000 m.

1292 ***Oreorchis patens*** **(Lindl.) Lindl. 山兰**

地生植物。假鳞茎位于地下，卵形至近椭圆形，长 1~2 cm，有时彼此以短根状茎相连接。叶 1 枚或罕有 2 枚，顶生，摺扇状，长 13~30 cm。花序长 25~67 cm，具少数或多枚花；唇瓣长 6.5~8.5 mm。花期：6~7 月；中国（黑龙江至云南和台湾）、日本、朝鲜半岛、俄罗斯（远东）；1000~3000 m。

Terrestrial plants. Pseudobulbs subterranean, ovoid to subellipsoid, 1–2 cm long, sometimes connected with each other by short rhizomes. Leaves 1 or rarely 2, terminal, plicate, 13–30 cm long. Inflorescence 25–67 cm long, few- to many-flowered; lip 6.5–8.5 mm long. Fl. June–July; China (Heilongjiang to Yunnan and Taiwan), Japan, Korea, Russia (Far East); 1000–3000 m.

1293 ***Ornithocephalus gladiatus*** (Photo.: Kohji Karasawa)

1296 ***Otochilus porrectus*** (Photos.: Zhanhuo Tsi)

1293 *Ornithocephalus gladiatus* Hook. 鸟首兰

附生植物。茎极短。叶 12~16 枚，二列，两侧压扁，线形，长 4~8 cm。花序数个，腋生，直立，长 5~15 cm，疏生多花；花直径约 0.5 cm。花期：春季；墨西哥经中美洲至巴西、秘鲁和玻利维亚；约 1100 m。

Epiphytic plants. Stems very short. Leaves 12–16, distichous, laterally flattened, linear, 4–8 cm long. Inflorescences several, axillary, erect, 5–15 cm long, laxly many-flowered; flowers ca. 0.5 cm across. Fl. spring; Mexico through Central America to Brazil, Peru and Bolivia; ca. 1100m.

1294 ***Otochilus fuscus***
(Photos.: Yibo Luo(left); Junwen Zhai(right))

1294 *Otochilus fuscus* Lindl. 狭叶耳唇兰

附生植物。假鳞茎下垂，近圆筒形，彼此以近顶端相连接而呈茎状，每个长 2.5~10 cm 且在顶端具 2 叶。叶长 10~20 cm，宽 0.7~1.1 cm。花序长 18~25 cm，具多花；花直径约 1.5 cm，有香气。花期：3~4 月；不丹、柬埔寨、中国（云南）、印度、缅甸、尼泊尔、泰国、越南；1200~2100 m。

Epiphytic plants. Pseudobulbs pendulous, subcylindric, connected to each other near both ends and stemlike, each 2.5–10 cm long and 2-leaved at apex. Leaves 10–20 cm long, 0.7–1.1 cm wide. Inflorescence 18–25 cm long, many-flowered; flowers ca. 1.5 cm across, fragrant. Fl. Mar.–Apr.; Bhutan, Cambodia, China (Yunnan), India, Myanmar, Nepal, Thailand, Vietnam; 1200–2100 m.

1295 *Otochilus lancilabius* Seidenf. 宽叶耳唇兰

附生植物。假鳞茎通常近圆筒形，彼此以近顶端相连接而呈茎状，每个长 4~10 cm 且在顶端具 2 叶。叶长 12~19 cm，宽 2.5~4.2 cm。花序短于叶，具数花；萼片长 1.3~1.5 cm。花期：10~11 月；不丹、中国（西藏、云南）、印度、老挝、尼泊尔、越南；1500~2800 m。

Epiphytic plants. Pseudobulbs often subcylindric, connected to each other near both ends and stemlike, each 4–10 cm long and 2-leaved at apex. Leaves 12–19 cm long, 2.5–4.2 cm wide. Inflorescence shorter than leaves, several-flowered; sepals 1.3–1.5 cm long. Fl. Oct.–Nov.; Bhutan, China (Xizang, Yunnan), India, Laos, Nepal, Vietnam; 1500–2800 m.

1295 ***Otochilus lancilabius***
(Photos.: Zhanhuo Tsi)

1296 *Otochilus porrectus* Lindl. 耳唇兰

附生植物。假鳞茎圆筒形至圆筒状纺锤形，彼此以近顶端相连接并呈茎状，每个长 2.5~11 cm 且在顶端具 2 叶。叶长 7~20 cm，宽 2.1~5.7 cm。花序长 22~30 cm，具数花；萼片长 1.1~1.3 cm。花期：10~12 月；中国（云南）、印度东北部、缅甸、尼泊尔、泰国、越南；1000~2100 m。

Epiphytic plants. Pseudobulbs cylindric to cylindric-fusiform, connected to each other near both ends and stemlike, each 2.5–11 cm long and 2-leaved at apex. Leaves 7–20 cm long, 2.1–5.7 cm wide. Inflorescence 22–30 cm long, several-flowered; sepals 1.1–1.3 cm long. Fl. Oct.–Dec.; China (Yunnan), NE India, Myanmar, Nepal, Thailand, Vietnam; 1000–2100 m.

1297 ***Otoglossum arminii***
(Photo.: Kohji Karasawa)

1298 ***Otoglossum chiriquense***
(Photo.: Rudolf Jenny)

1300 ***Otoglossum globuliferum***
(Photo.: Karlheinz Senghas)

1297 *Otoglossum arminii* (Rchb. f.) Garay & Dunsterv. 阿氏耳舌兰

附生或地生植物，具匍匐根状茎。假鳞茎疏离，卵形，压扁，长约 3.5 cm，顶端具 1 叶。叶椭圆形，长约 12 cm。花序侧生，长约 25 cm，具 5~10 花；花直径 3.5~4.5 cm。花期：7~8 月；巴西、哥伦比亚、委内瑞拉；2000~2400 m。

Epiphytic or terrestrial plants, with a creeping rhizome. Pseudobulbs well spaced, ovoid, compressed, ca. 3.5 cm long, 1-leafed at apex. Leaf elliptic, ca. 12 cm long. Inflorescence lateral, ca. 25 cm long, 5- to 10-flowered; flowers 3.5–4.5 cm across. Fl. July–Aug.; Brazil, Colombia, Venezuela; 2000–2400 m.

1298 *Otoglossum chiriquense* (Rchb. f.) Garay & Dunsterv. 奇里耳舌兰

附生植物，具匍匐根状茎。假鳞茎疏离，矩圆状卵形，长 5~8 cm，顶端具 1~2 叶。叶椭圆状卵形，长 10~17 cm。花序基生，直立，长 30~45 cm，具 5~8 花；花直径 5~6 cm。花期：6~9 月；哥斯达黎加、巴拿马；1200~1800 m。

Epiphytic plants, with a creeping rhizome. Pseudobulbs well spaced, oblong-ovoid, 5–8 cm long, 1- or 2-leaved at apex. Leaves elliptic-ovate, 10–17 cm long. Inflorescence lateral, erect, 30–45 cm long, 5- to 8-flowered; flowers 5–6 cm across. Fl. June–Sep.; Costa Rica, Panama; 1200–1800 m.

1299 *Otoglossum coronarium* (Lindl.) Garay & Dunsterv. 冠花耳舌兰

附生植物，具匍匐根状茎。假鳞茎疏离，卵形，压扁，顶端具 1 叶。叶狭矩圆形，长约 30 cm。花序侧生，长达 50 cm，具 7~13 花；花直径 7.5~8 cm。花期：6~8 月；哥伦比亚、厄瓜多尔；1500~1600 m。

Epiphytic plants, with a creeping rhizome. Pseudobulbs well spaced, ovoid, compressed, 1-leafed at apex. Leaf narrowly oblong, ca. 30 cm long. Inflorescence lateral, to 50 cm long, 7- to 13-flowered; flowers 7.5–8 cm across. Fl. June–Aug.; Colombia, Ecuador; 1500–1600 m.

1299 ***Otoglossum coronarium*** (Photo.: SCO)

1300 *Otoglossum globuliferum* (Kunth) N. H. Williams & M. W. Chase (*Oncidium globuliferum* Kunth) 单花耳舌兰

附生植物。根状茎匍匐。假鳞茎疏离，近椭圆状矩圆形，压扁，长约 2.5 cm，顶端具 1 叶。叶矩圆形，长约 6.5 cm。花序基生，长约 9 cm，具单花；花直径约 3.5 cm。花期：全年不定；哥伦比亚、哥斯达黎加、巴拿马、秘鲁、委内瑞拉；1000~2000 m。

Epiphytic plants. Rhizome creeping. Pseudobulbs well spaced, subellipsoid-oblong, compressed, ca. 2.5 cm long, 1-leafed at apex. Leaf oblong, ca. 6.5 cm long. Inflorescence basal, ca. 9 cm long, 1-flowered; flower ca. 3.5 cm across. Fl. throughout the year; Colombia, Costa Rica, Panama, Peru, Venezuela; 1000–2000 m.

1301 ***Oxystophyllum changjiangense***
(Photo.: Xiaohua Jin)

1301 ***Oxystophyllum changjiangense*** **(S. J. Cheng & C. Z. Tang) M. A. Clements** (*Dendrobium changjiangense* S. J. Cheng & C. Z. Tang) **拟石斛**

附生植物。茎长 6~9 cm，直径 2~4 mm，有时具分枝。叶 3~6 枚，紧密的二列，两侧压扁，剑形，长 3~5 cm，厚肉质。花序近顶生，长约 1 cm，具数花；花同一时间仅 1 朵开放；唇瓣长 6~7 mm。花期：5~6 月；中国（海南）；约 1000 m。

Epiphytic plants. Stems 6–9 cm long, 2–4 mm in diam., sometimes branched. Leaves 3–6, closely distichous, laterally compressed, sword-shaped, 3–5 cm long, thickly fleshy. Inflorescence subterminal, ca. 1 cm long, several-flowered; flowers opening one at a time; lip 6–7 mm long. Fl. May–June; China (Hainan); ca. 1000 m.

1302 ***Pabstia jugosa*** **(Lindl.) Garay 白萼帕勃兰**

附生植物。假鳞茎簇生，狭卵形或卵状矩圆形，压扁，具二棱，长 5~7 cm，顶端生 2 叶。叶线状披针形，长 15~25 cm。花序基生，直立，长 10~20 cm，具 2~4 花；花直径 5~6 cm。花期：通常夏季；巴西南部；约 700 m。

Epiphytic plants. Pseudobulbs clustered, narrowly ovoid or ovoid-oblong, compressed, ancipital, 5–7 cm long, 2-leaved at apex. Leaves linear-lanceolate, 15–25 cm long. Inflorescence basal, erect, 10–20 cm long, 2- to 4-flowered; flowers 5–6 cm across. Fl. often summer; S Brazil; ca. 700 m.

1303 ***Pabstia viridis*** **(Lindl.) Garay 帕勃兰**

附生植物。假鳞茎簇生，狭卵形，压扁，具 4 棱，长 6~10 cm，顶端生 2 叶。叶线状矩圆形，长 15~30 cm。花序基生，直立，长 5~7 cm，具 1~3 花；花直径 3.5~5 cm。花期：春季至夏季；巴西东南部；200~1500 m。

Epiphytic plants. Pseudobulbs clustered, narrowly ovoid, compressed, 4-angled, 6–10 cm long, 2-leaved at apex. Leaves linear-oblong, 15–30 cm long. Inflorescence basal, erect, 5–7 cm long, 1- to 3-flowered; flowers 3.5–5 cm across. Fl. spring–summer; SE Brazil; 200–1500 m.

1304 ***Pachystoma pubescens*** **Blume 粉口兰**

地生植物，具牛轭状的根状茎。叶 1~2 枚，在花后出现，禾叶状，长 10~50 cm。花葶纤细，长 40~60 cm 或过之；花序具 10 朵或更多花；萼片长约 1.1 cm，背面被密毛。花期：3~9 月；广布于东南亚，向北至不丹和中国（台湾至云南），向东南到达新几内亚和澳大利亚；400~1900 m。

Terrestrial plants, with an oxbow-like rhizome. Leaves 1 or 2, appearing after anthesis, grass-like, 10–50 cm long. Scape slender, 40–60 cm or more long; inflorescence with 10 or more flowers; sepals ca. 1.1 cm long, densely hairy dorsally. Fl. Mar.–Sep.; widespread in Southeast Asia, north to Bhutan and China (Taiwan to Yunnan) and southeast to New Guinea and Australia; 400–1900 m.

1302 ***Pabstia jugosa***
(Photo.: Kohji Karasawa)

1303 ***Pabstia viridis***
(Photo.: Kohji Karasawa)

1304 ***Pachystoma pubescens***
(Photos.: Zhanhuo Tsi)

1305 ***Palumbina candida*** (Photo.: Kohji Karasawa)

1306 ***Panisea cavaleriei*** (Photo.: Yibo Luo)

1305 *Palumbina candida* (Lindl.) Rchb. f. 洁兰

附生植物。假鳞茎矩圆状椭圆形，压扁，长 4~5 cm，顶端具 1 叶。叶线状披针形，长 10~30 cm。花序基生，长 20~30 cm，具少数花；花肉质，直径约 2 cm，有香气；唇瓣长约 1.5 cm。花期：春季；危地马拉；1600~2100 m。

Epiphytic plants. Pseudobulbs oblong-ellipsoid, compressed, 4–5 cm long, 1-leafed at apex. Leaf linear-lanceolate, 10–30 cm long. Inflorescence basal, 20–30 cm long, few-flowered; flowers fleshy, ca. 2 cm across, scented; lip ca. 1.5 cm long. Fl. spring; Guatemala; 1600–2100 m.

1306 *Panisea cavaleriei* Schltr. 平卧曲唇兰

附生植物。假鳞茎下半部卧地，上部向上弯，卵状矩圆形，长 1~2 cm，彼此分别以短根状茎相连接。叶 1 枚，顶生，狭椭圆形，长 2.6~5 cm。花序基生，长 1.5~2.5 cm，具 1 花；唇瓣长 1.6~2.2 cm。花期：12~4 月；中国（广西、贵州、云南）；1700~2100 m。

Epiphytic plants. Pseudobulbs prostrate below middle, upper part curved upward, ovoid-oblong, 1–2 cm long, connected to one another by short rhizomes. Leaf solitary, terminal, narrowly elliptic, 2.6–5 cm long. Inflorescence basal, 1.5–2.5 cm long, 1-flowered; lip 1.6–2.2 cm long. Fl. Dec.–Apr.; China (Guangxi, Guizhou, Yunnan); 1700–2100 m.

1307 *Panisea tricallosa* Rolfe 曲唇兰

附生植物。假鳞茎较密集地生于根状茎上，狭卵形至近椭圆形，长 0.7~2 cm。叶 1~2 枚，顶生，狭椭圆形，长 3~6 cm。花序基生，长 2~3 cm，具 1 花；唇瓣长 1~2 cm。花期：12 月；不丹、中国（海南、云南）、印度、老挝、尼泊尔、泰国、越南；2100 m 以下。

Epiphytic plants. Pseudobulbs rather dense on rhizome, narrowly ovoid or subellipsoid, 0.7–2 cm long. Leaves 1 or 2, terminal, narrowly elliptic, 3–6 cm long. Inflorescence basal, 2–3 cm long, 1-flowered; lip 1–2 cm long. Fl. Dec.; Bhutan, China (Hainan, Yunnan), India, Laos, Nepal, Thailand, Vietnam; below 2100 m.

1307 ***Panisea tricallosa*** (Photo.: Kurt Keller)

1308 ***Panisea uniflora*** (Photos.: Junwen Zhai)

1308 *Panisea uniflora* (Lindl.) Lindl. 单花曲唇兰

附生植物。假鳞茎在根状茎上相距 5~15 mm，常多少贴伏于其上，狭卵形，长 1.5~4 cm，顶端具 2 叶。叶狭矩圆形，长 5~21.5 cm。花序基生，长 2~4 cm，具 1 花；唇瓣长 1.8~2.2 cm。花期：10~3 月；不丹、柬埔寨、中国（云南）、印度、老挝、缅甸、泰国、越南；550~2400 m。

Epiphytic plants. Pseudobulbs 5–15 mm apart on rhizome, often more or less appressed to it, narrowly ovoid, 1.5–4 cm long. 2-leaved at apex. Leaves narrowly oblong, 5–21.5 cm long. Inflorescence basal, 2–4 cm long, 1-flowered; lip 1.8–2.2 cm long. Fl. Oct.–Mar.; Bhutan, Cambodia, China (Yunnan), India, Laos, Myanmar, Thailand, Vietnam; 550–2400 m.

1309 ***Panisea yunnanensis*** (Photo.: Zhanhuo Tsi)

1311 ***Paphinia grandiflora*** (Photo.: Kohji Karasawa)

1309 *Panisea yunnanensis* S. C. Chen & Z. H. Tsi 云南曲唇兰

附生植物。假鳞茎簇生，狭卵形至卵形，长 1.2~2 cm，基部明显收狭，顶端具 2 叶。叶矩圆状披针形，长 25~45 cm。花序基生，长 2~3 cm，具 1~2 花；唇瓣长 1.1~1.4 cm。花期：11~12 月；中国（云南东南部）、越南北部；1200~1800 m。

Epiphytic plants. Pseudobulbs clustered, narrowly ovoid or ovoid, 1.2–2 cm long, base conspicuously contracted, 2-leaved at apex. Leaves oblong-lanceolate, 25–45 cm long. Inflorescence basal, 2–3 cm long, 1- or 2-flowered; lip 1.1–1.4 cm long. Fl. Nov.–Dec.; China (SE Yunnan), N Vietnam; 1200–1800 m.

1310 ***Paphinia cristata***
(Photo.: Kohji Karasawa)

1310 *Paphinia cristata* (Lindl.) Lindl. 帕氏兰

附生植物。假鳞茎簇生，狭卵形，略压扁，长 3~5 cm，顶端具 2 叶。叶披针形，长 15~25 cm。花序基生，下垂，长 5~10 cm，具 1~3 花；花直径 7~10 cm。花期：秋季至冬季；哥伦比亚、法属圭亚那、圭亚那、苏里南、特立尼达、委内瑞拉；200~1000 m。

Epiphytic plants. Pseudobulbs clustered, narrowly ovoid, slightly compressed, 3–5 cm long, 2-leaved at apex. Leaves lanceolate, 15–25 cm long. Inflorescence basal, pendent, 5–10 cm long, 1- to 3-flowered; flowers 7–10 cm across. Fl. autumn–winter; Colombia, French Guiana, Guyana, Surinam, Trinidad, Venezuela; 200–1000 m.

1311 *Paphinia grandiflora* Barb. Rodr. 大花帕氏兰

附生植物。假鳞茎簇生，卵形，长 2.5~5.5 cm，顶端具 2 叶。叶椭圆状披针形，长达 25 cm。花序基生，短，下垂，具 1~3 花；花直径达 14 cm。花期：秋季至初冬；巴西。

Epiphytic plants. Pseudobulbs clustered, ovoid, 2.5–5.5 cm long, 2-leaved at apex. Leaves elliptic-lanceolate, to 25 cm long. Inflorescence basal, short, pendent, 1- to 3-flowered; flowers to 14 cm across. Fl. autumn–early winter; Brazil.

1312 *Paphinia lindeniana* Rchb. f. 林登帕氏兰

附生植物。假鳞茎簇生，狭卵形，长约 6.5 cm，顶端具 2 叶。叶矩圆形，长约 25 cm；叶柄纤细。花序基生，下垂，长约 10 cm，具 5~7 花；萼片与花瓣长 4~5 cm。花期：春季；巴西、圭亚那、委内瑞拉；100~600 m。

Epiphytic plants. Pseudobulbs clustered, narrowly-ovoid, ca. 6.5 cm long, 2-leaved at apex. Leaves oblong, ca. 25 cm long; petiole slender. Inflorescence basal, pendent, ca. 10 cm long, 5- to 7-flowered; sepals and petals 4–5 cm long. Fl. spring; Brazil, Guyana, Venezuela; 100–600 m.

1312 ***Paphinia lindeniana***
(Photo.: Kohji Karasawa)

1313 ***Paphinia neudeckeri***
(Photo.: Karlheinz Senghas)

1315 ***Paphinia rugosa***
(Photo.: Kohji Karasawa)

1316 ***Paphiopedilum acmodontum***
(Photo.: Kohji Karasawa)

1313 *Paphinia neudeckeri* Jenny 纽氏帕氏兰

附生植物。假鳞茎簇生，矩圆形，长约 4.5 cm，顶端具 2 叶。叶倒披针形，长达 18 cm。花序基生，下垂，短，具 2~3 花；花有臭味；萼片和花瓣长 3.5~4 cm。花期：7~8 月；哥伦比亚、厄瓜多尔、秘鲁；约 1200 m。

Epiphytic plants. Pseudobulbs clustered, oblong, ca. 4.5 cm long, 2-leaved at apex. Leaves oblanceolate, to 18 cm long. Inflorescence basal, pendent, short, 2- or 3-flowered; flowers smelly; sepals and petals 3.5–4 cm long. Fl. July–Aug.; Colombia, Ecuador, Peru; ca. 1200 m.

1314 *Paphinia posadarum* Dodson & Escobar 朴氏帕氏兰

附生植物。假鳞茎簇生，卵形，略压扁，基部为少数叶状鞘所包，顶端具 2~3 叶。叶狭卵形至倒卵形，长 10~15 cm。花序基生，长约 10 cm，具 1~3 花；萼片与花瓣长 7~8 cm。花期：夏季；哥伦比亚；1200~1700 m。

Epiphytic plants. Pseudobulbs clustered, ovoid, slightly compressed, base subtended by a few foliaceous sheaths, 2- or 3-leaved at apex. Leaves narrowly ovate to obovate, 10–15 cm long. Inflorescence basal, ca. 10 cm long, 1- to 3-flowered; sepals and petals 7–8 cm long. Fl. summer; Colombia; 1200–1700 m.

1314 ***Paphinia posadarum*** (Photo.: Kohji Karasawa)

1315 *Paphinia rugosa* Rchb. f. 皱斑帕氏兰

附生植物。假鳞茎簇生，狭卵形至近圆锥状卵形，长 2.5~4 cm，顶端具 2 叶。叶线状披针形，长 10~15 cm。花序基生，短于叶，通常具 1 花；花直径 5~7 cm。花期：秋季；哥伦比亚。

Epiphytic plants. Pseudobulbs clustered, narrowly ovoid to subconical-ovoid, 2.5–4 cm long, 2-leaved at apex. Leaves linear-lanceolate, 10–15 cm long. Inflorescence basal, shorter than leaves, often 1-flowered; flower 5–7 cm across. Fl. autumn; Colombia.

1316 *Paphiopedilum acmodontum* Schoser ex M. W. Wood 尖齿兜兰

地生植物。叶 4~5 枚，二列，长 12~18 cm，宽约 4 cm，上面有深浅绿色相间的网格斑。花葶长 20~34 cm，被疏毛；花 1 朵；中萼片长 3.5~4 cm。花期：2~4 月；菲律宾中部（内格罗斯）。

Terrestrial plants. Leaves 4–5, distichous, 12–18 cm long, ca. 4 cm wide, tessellated with dark and light green above. Scape 20–34 cm long, sparsely hairy; flower solitary; dorsal sepal 3.5–4 cm long. Fl. Feb.–Apr.; C Philippines (Negros).

1317 ***Paphiopedilum adductum***
(Photo.: Kohji Karasawa)

1318 ***Paphiopedilum appletonianum***
(Photo.: Zhanhuo Tsi)

1319 ***Paphiopedilum argus***
(Photo.: Kohji Karasawa)

1317 *Paphiopedilum adductum* Asher 棉岛兜兰

地生植物。叶 5~6 枚，二列，长 20~30 cm，宽 3.7~4.5 cm，上面深绿色。花葶长 30~40 cm，被短柔毛；花序具 1~2 花；中萼片长 4.5~7 cm；花瓣长 8~15 cm。花期：晚春至夏季；菲律宾南部（棉兰老）；1250~1350 m；

Terrestrial plants. Leaves 5–6, distichous, 20–30 cm long, 3.7–4.5 cm wide, dark green above. Scape 30–40 cm long, pubescent; inflorescence 1- or 2-flowered; dorsal sepal 4.5–7 cm long; petals 8–15 cm long. Fl. late spring–summer; S Philippines (Mindanao); 1250–1350 m.

1318 *Paphiopedilum appletonianum* (Gower) Rolfe 卷萼兜兰

地生或石上附生植物。叶 4~8 枚，二列，长 9~25 cm，宽 2~4 cm，上面有明显的或罕见为模糊的深浅绿色相间的网格斑，背面近基部常有紫斑。花葶长 17~60 cm；花 1 朵或罕有 2 朵，直径 6~10 cm。花期：1~5 月；柬埔寨、中国（广西、海南、云南）、老挝、泰国、越南；300~1200 m。

Terrestrial or lithophytic plants. Leaves 4–8, distichous, 9–25 cm long, 2–4 cm wide, distinctly or rarely obscurely tessellated with dark and light green above, often purple-marked toward base beneath. Scape 17–60 cm long; flowers 1 or rarely 2, 6–10 cm across. Fl. Jan.–May; Cambodia, China (Guangxi, Hainan, Yunnan), Laos, Thailand, Vietnam; 300–1200 m.

1319 *Paphiopedilum argus* (Rchb. f.) Stein 斑瓣兜兰

地生植物。叶 3~5 枚，二列，长 9~24 cm，宽 2~4.5 cm，上面有深浅绿色相间的网格斑，背面基部稍有紫斑。花葶长 30~45 cm，被短毛；花 1 朵，直径 6~8 cm。花期：3~4 月；菲律宾北部（吕宋）；700~2700 m。

Terrestrial plants. Leaves 3–5, distichous, 9–24 cm long, 2–4.5 cm wide, tessellated with dark and light green above, slightly purple-marked at base beneath. Scape 30–45 cm long, shortly hairy; flower solitary, 6–8 cm across. Fl. Mar.–Apr.; N Philippines (Luzon); 700–2700 m.

1320 ***Paphiopedilum armeniacum*** (Photo.: Junwen Zhai)

1320 *Paphiopedilum armeniacum* S. C. Chen & F. Y. Liu 杏黄兜兰

地生植物，常具数条长达 10 cm 以上的匍匐根状茎。叶 4~7 枚，二列，长 5~18 cm，宽 1.5~3.5 cm，上表面有深浅绿色相间的网格斑，背面密生紫色斑点。花葶长 10~28 cm；花 1 朵，直径 6~11 cm。花期：3~5 月；中国（云南西部）；1400~2250 m。

Terrestrial plants, often with several creeping rhizomes over 10 cm long. Leaves 4–7, distichous, 5–18 cm long, 1.5–3.5 cm wide, tessellated with dark and light green above, densely purple-spotted below. Scape 10–28 cm long; flower solitary, 6–11 cm across. Fl. Mar.–May; China (W Yunnan); 1400–2250 m.

1321 ***Paphiopedilum barbatum*** **(Lindl.) Pfitz. 髯毛兜兰**

地生或石上附生植物。叶 5~8 枚，二列，长 10~20 cm，宽 3~4.1 cm，上表面有深浅绿色相间的网格斑。花葶长 25~40 cm，密被微柔毛；花 1 朵或罕有 2 朵，直径 8~9 cm。花期：6~7 月、12~1 月；印度尼西亚（苏门答腊）、马来西亚（马来半岛）、泰国；200~1300 m。

Terrestrial or lithophytic plants. Leaves 5–8, distichous, 10–20 cm long, 3–4.1 cm wide, tessellated with dark and light green above. Scape 25–40 cm long, densely puberulous; flowers solitary or rarely 2, 8–9 cm across. Fl. June–July, Dec.–Jan.; Indonesia (Sumatra), Malaysia (Malay Peninsula), Thailand; 200–1300 m.

1321 ***Paphiopedilum barbatum***
(Photo.: Kohji Karasawa)

1322 ***Paphiopedilum barbigerum*** **T. Tang & F. T. Wang 小叶兜兰**

地生或石上附生植物。叶 4~6 枚，二列，长 8~16 cm，宽 1.1~1.5 cm，绿色。花葶长 8~16 cm，密被紫褐色毛；花 1 朵，直径 6~7 cm。花期：9~12 月；中国（广东、广西、贵州、云南）、泰国、越南北部；800~1500 m。

Terrestrial or lithophytic plants. Leaves 4–6, distichous, 8–16 cm long, 1.1–1.5 cm wide, green. Scape 8–16 cm long, densely covered with purple-brown hairs; flower solitary, 6–7 cm across. Fl. Sep.–Dec.; China (Guangdong, Guangxi, Guizhou, Yunnan), Thailand, N Vietnam; 800–1500 m.

1323 ***Paphiopedilum bellatulum*** **(Rchb. f.) Stein 巨瓣兜兰**

地生植物。叶 4~5 枚，二列，长 10~18 cm，宽 3.5~6 cm，上面有深浅绿色相间的网格斑或有时为略带白色的绿色斑，背面密布紫色斑点。花葶长 3~7 cm，被白色长柔毛；花 1 朵或罕有 2 朵，直径 5~8 cm。花期:4~6 月；中国（广西、云南）、缅甸、泰国；300~1800 m。

Terrestrial plants. Leaves 4–5, distichous, 10–18 cm long, 3.5–6 cm wide, tessellated with dark and light green or sometimes slightly mottled with whitish-green above, heavily purple-spotted below. Scape 3–7 cm long, white-villose; flowers solitary or rarely two, 5–8 cm across. Fl. Apr.–June; China (Guangxi, Yunnan), Myanmar, Thailand; 300–1800 m.

1324 ***Paphiopedilum bougainvilleanum***
(Photo.: Kohji Karasawa)

1324 ***Paphiopedilum bougainvilleanum*** **Fowlie 布干岛兜兰**

地生植物。叶 5~7 枚，二列，长 14~25 cm，宽 2.5~4.2 cm，上面略有深浅绿色相间的网格斑。花葶长 10~25 cm，被紫毛；花 1 朵，直径约 5 cm。花期：晚春至晚秋；巴布亚新几内亚（布干维尔）；900~1850 m。

Terrestrial plants. Leaves 5–7, distichous, 14–25 cm long, 2.5–4.2 cm wide, slightly tessellated with dark and light green above. Scape 10–25 cm long, purple-hairy; flower solitary; ca. 5 cm across. Fl. late spring–late autumn; Papua New Guinea (Bougainville); 900–1850 m.

1322 ***Paphiopedilum barbigerum*** (Photo.: Zhanhuo Tsi)

1323 ***Paphiopedilum bellatulum*** (Photo.: Yibo Luo)

1325 ***Paphiopedilum bullenianum*** (Photo.: Kohji Karasawa)

1326 ***Paphiopedilum callosum*** (Photo.: Kohji Karasawa)

1325 *Paphiopedilum bullenianum* (Rchb. f.) Pfitz. 布玲兜兰

地生植物。叶 4~8 枚，二列，长 7~15 cm，宽 2.5~4 cm，上面有深浅绿色相间的网格斑，背面有时有模糊的浅紫褐色斑。花葶长可达 55 cm，被短柔毛；花通常 1 朵，直径约 9.5 cm。花期：春季至夏季；印度尼西亚（加里曼丹、苏门答腊）、马来西亚（马来半岛、沙捞越）；0~1850 m。

Terrestrial plants. Leaves 4–8, distichous, 7–15 cm long, 2.5–4 cm wide, tessellated with dark and light green above, sometimes obscurely mottled with pale purple-brown below. Scape up to 55 cm long, pubescent; flower often solitary, ca. 9.5 cm across. Fl. spring–summer; Indonesia (Kalemantan, Sumatra), Malaysia (Malay Peninsula, Sarawak); 0–1850 m.

1327 ***Paphiopedilum charlesworthii***
(Photo.: Sicong Lu)

1326 *Paphiopedilum callosum* (Rchb. f.) Stein 胼胝兜兰

地生植物。叶 3~5 枚，二列，长 10~25 cm，宽 3~5 cm，上面有深浅绿色相间的网格斑，背面有时在基部有紫斑。花葶长 20~40 cm，被短柔毛；花 1 朵或罕有 2 朵，直径 8~11 cm。花期：夏季；柬埔寨、老挝、马来西亚、缅甸、泰国、越南；300~1300 m。

Terrestrial plants. Leaves 3–5, distichous, 10–25 cm long, 3–5 cm wide, tessellated with dark and light green above, sometimes purple-mottled at base beneath. Scape 20–40 cm long, pubescent; flowers solitary or rarely two, 8–11 cm across. Fl. summer; Cambodia, Laos, Malaysia, Myanmar, Thailand, Vietnam; 300–1300 m.

1327 *Paphiopedilum charlesworthii* (Rolfe) Pfitz. 红旗兜兰

地生植物。叶 3~5 枚，二列，长 8~20 cm，宽 1.7~2.5 cm，上面深绿色，背面近基部有紫褐色斑点。花葶长 8~16 cm，被微柔毛；花 1 朵，直径 6~8 cm。花期：9~10 月；中国（云南西部）、印度、缅甸、泰国；1200~1600 m。

Terrestrial plants. Leaves 3–5, distichous, 8–20 cm long, 1.7–2.5 cm wide, deep green above, spotted with purple-brown toward base beneath. Scape 8–16 cm long, puberulous; flower solitary, 6–8 cm across. Fl. Sep.–Oct.; China (W Yunnan), India, Myanmar, Thailand; 1200–1600 m.

1328 ***Paphiopedilum ciliolare***
(Photo.: Kohji Karasawa)

1328 *Paphiopedilum ciliolare* (Rchb. f.) Stein 缘毛兜兰

地生植物。叶 4~6 枚，二列，长 10~20 cm，宽 2.6~5 cm，上面有深浅绿色相间的网格斑，背面近基部有紫晕。花葶长 28~40 cm，具短毛；花 1 朵，直径 7~10 cm。花期：4~6 月；菲律宾北部至南部；300~1850 m。

Terrestrial plants. Leaves 4–6, distichous, 10–20 cm long, 2.6–5 cm wide, tessellated with dark and light green above, flushed with purple toward base beneath. Scape 28–40 cm long, shortly hairy; flower solitary; 7–10 cm across. Fl. Apr.–June; N to S Philippines; 300–1850 m.

1329 ***Paphiopedilum concolor*** (Photos.: Singchi Chen)

1331 ***Paphiopedilum delenatii*** (Photo.: Xiaohua Jin)

1329 *Paphiopedilum concolor* (Lindl. ex Bateman) Pfitz. 同色兜兰

地生或石上附生植物。叶 4~7 枚，二列，长 8~16 cm，宽 3~5.2 cm，上面具深浅绿色与乳白或浅绿色相间的网格斑，背面具密集的紫点或几乎完全紫色。花葶长 7~10 cm；花 1~2（~3）朵，直径 5~7 cm。花期:5~8 月；柬埔寨、中国（广西、贵州、云南）、老挝、缅甸、泰国、越南；0~1400 m。

Terrestrial or lithophytic plants. Leaves 4–7, distichous, 8–16 cm long, 3–5.2 cm wide, tessellated with dark green and whitish or light green above, densely spotted with purple or almost entirely purple below. Scape 7–10 cm long; flowers 1–2 (–3), 5–7 cm across. Fl. May–Aug.; Cambodia, China (Guangxi, Guizhou, Yunnan), Laos, Myanmar, Thailand, Vietnam; 0–1400 m.

1330 ***Paphiopedilum dayanum*** (Photo.: Kohji Karasawa)

1330 *Paphiopedilum dayanum* (Lindl.) Stein 沙巴兜兰

地生植物。叶 4~6 枚，二列，长 18~21 cm，宽 4~5 cm，上面有深绿色与浅绿色或绿黄色相间的网格斑。花葶长 20~34 cm，密被短柔毛；花 1 朵，直径 13~15 cm。花期：3~5 月；婆罗洲（文莱、加里曼丹、沙巴）；300~1450 m。

Terrestrial plants. Leaves 4–6, distichous, 18–21 cm long, 4–5 cm wide, tessellated with deep green and light green or pale green-yellow above. Scape 20–34 cm long, densely pubescent; flower solitary, 13–15 cm across. Fl. Mar.–May.; Borneo (Brunei, Kalimantan, Sabah); 300–1450 m.

1332 ***Paphiopedilum dianthum*** (Photo.: Singchi Chen)

1331 *Paphiopedilum delenatii* Guill. 德氏兜兰

地生植物。叶 4~6，二列，长 8~12 cm，宽 3.5~4.2 cm，上面有深浅绿色相间的网格斑，背面具密集的紫点。花葶长 21~30 cm；花 1~2 朵，直径 6~8 cm。花期：3~4 月（中国）或 12~1 月（越南南部）；中国（广西、云南）、越南；750~1500 m。

Terrestrial plants. Leaves 4–6, distichous, 8–12 cm long, 3.5–4.2 cm wide, tessellated with dark and light green above, heavily purple-spotted below. Scape 21–30 cm long; flowers 1–2, 6–8 cm across. Fl. Mar.–Apr. (China) or Dec.–Jan. (S Vietnam); China (Guangxi, Yunnan), Vietnam; 750–1500 m.

1332 *Paphiopedilum dianthum* T. Tang & F. T. Wang 长瓣兜兰

石上附生植物。叶 4~6 枚，二列，长 15~30（~50）cm，宽 3~5 cm，绿色。花葶长 30~80 cm，无毛或具极疏的短柔毛；花通常 2~5 朵；子房无毛；花被在果期仍宿存；花瓣长 7~12 cm。花期：7~10 月；中国（广西、贵州、云南）、越南北部；550~2250 m。

Lithophytic plants. Leaves 4–6, distichous, 15–30 (–50) cm long, 3–5 cm wide, green. Scape 30–80 cm long, glabrous or very sparsely pubescent; flowers often 2–5; ovary glabrous; perianth persistent until fruiting; petals 7–12 cm long. Fl. July–Oct.; China (Guangxi, Guizhou, Yunnan), N Vietnam; 550–2250 m.

1333 ***Paphiopedilum druryi***
(Photo.: Kohji Karasawa)

1335 ***Paphiopedilum exul***
(Photo.: Kohji Karasawa)

1336 ***Paphiopedilum fairrieanum***
(Photo.: Sicong Lu)

1333 ***Paphiopedilum druryi* (Bedd.) Stein 南印兜兰**

地生植物，具长达 150 cm 的匍匐根状茎。叶 5~7 枚，二列，长 12~30 cm，宽 2.5~4 cm，上面浅绿色并具深绿色脉纹。花葶长约 30 cm；花 1 朵，直径 6~6.5 cm。花期：1~4 月；印度南部；1400~1700 m。

Terrestrial plants, with a creeping rhizome to 150 cm long. Leaves 5–7, distichous, 12–30 cm long, 2.5–4 cm wide, upper surface light green with dark green venation. Scape ca. 30 cm long; flower solitary, 6–6.5 cm across. Fl. Jan.–Apr.; S India; 1400–1700 m.

1334 ***Paphiopedilum emersonii*** (Photo.: Zhanhuo Tsi)

1334 ***Paphiopedilum emersonii* Koop. & P. J. Cribb 白花兜兰**

地生或石上附生植物。叶 4~6 枚，二列，长 8~21 cm，宽 2.5~5 cm，上面暗绿色或有时有极淡的深浅绿色相间的网格斑。花葶长 7~17 cm，被疏柔毛；花 1 朵，直径 8~10 cm，稍有香气。花期：4~6 月；中国（广西、贵州）、越南北部；550~800 m。

Terrestrial or lithophytic plants. Leaves 4–6, distichous, 8–21 cm long, 2.5–5 cm wide, dark green or sometimes very obscurely tessellated with deep and light green above. Scape 7–17 cm long, pilose; flower solitary, 8–10 cm across, slightly fragrant. Fl. Apr.–June; China (Guangxi, Guizhou), N Vietnam; 550–800 m.

1335 ***Paphiopedilum exul* (Ridl.) Kerchove 边远兜兰**

地生或石上附生植物。叶 4~5 枚，二列，长 18~35 cm，宽 1.8~3.8 cm，上面浅绿色或浅黄绿色。花葶长 13~30 cm，被紫色短柔毛；花 1 朵，直径长 6~6.5 cm。花期：5~6 月；泰国南部（东海岸与西海岸）；0~50 m。

Terrestrial or lithophytic plants. Leaves 4–5, distichous, 18–35 cm long, 1.8–3.8 cm wide, pale green or pale yellow-green above. Scape 13–30 cm long, purple-pubescent; flower solitary, 6–6.5 cm across. Fl. May–June; S Thailand (eastern and western coasts); 0–50 m.

1336 ***Paphiopedilum fairrieanum* (Lindl.) Stein 费氏兜兰**

地生植物。叶 4~8 枚，二列，长 7.5~28 cm，宽 2~3 cm，上面绿色或有时有模糊的斑。花葶长 10~20（~45）cm，被紫毛；花 1 朵或罕有 2 朵；中萼片长 3.4~8 cm，宽 2.5~7 cm。花期：10~1 月；不丹、印度；1400~2200 m。

Terrestrial plants. Leaves 4–8, distichous, 7.5–28 cm long, 2–3 cm wide, green or sometimes faintly mottled above. Scape 10–20 (–45) cm long, purple-hairy; flowers solitary or rarely two; dorsal sepal 3.4–8 cm long, 2.5–7 cm wide. Fl. Oct.–Jan.; Bhutan, India; 1400–2200 m.

1337 ***Paphiopedilum fowliei*** **Birk 佛氏兜兰**

地生植物。叶 4~6 枚，二列，长 10~14 cm，宽 2~3.5 cm，上面有深绿色与灰绿色相间的网格斑。花葶长 20~28 cm；花 1 朵，直径 7~9 cm。花期：3~6 月；菲律宾（巴拉望）；600~950 m。

Terrestrial plants. Leaves 4–6, distichous, 10–14 cm long, 2–3.5 cm wide, tessellated with green and gray-green above. Scape 20–28 cm long; flower solitary, 7–9 cm across. Fl. Mar.–June.; Philippines (Palawan); 600–950 m.

1337 ***Paphiopedilum fowliei***
(Photo.: Kohji Karasawa)

1338 ***Paphiopedilum gigantifolium*** **Braem, M. L. Baker & C. O. Baker 巨叶兜兰**

石上附生或地生植物。叶数枚，带形，长可达 60 cm，宽 8~12 cm，绿色。花葶长达 70 cm，被红褐色毛；花 3~5 朵；中萼片长 4~4.8 cm；花瓣长 7~10 cm。花期：4~6 月；印度尼西亚（苏拉威西）；700~1000 m。

Lithophytic or terrestrial plants. Leaves several, lorate, up to 60 cm long, 8–12 cm wide, green. Scape to 70 cm long, covered with red-brown hairs; flowers 3–5; dorsal sepal 4–4.8 cm long; petals 7–10 cm long. Fl. Apr.–June; Indonesia (Sulawesi); 700–1000 m.

1339 ***Paphiopedilum glanduliferum*** **(Blume) Stein 疣点兜兰**

地生或罕为石上附生植物。叶 4~6 枚，二列，长 40~60 cm，宽 3~5.5 cm，绿色。花葶长达 50 cm，被短毛；花 2~5 朵；中萼片长 5~5.5 cm；花瓣长 9~13 cm。花期：5~6 月；印度尼西亚（新几内亚西部及邻近岛屿）；0~200 m。

Terrestrial or rarely lithophytic plants. Leaves 4–6, distichous, 40–60 cm long, 3–5.5 cm wide, green. Scape to 50 cm long, shortly hairy; flowers 2–5; dorsal sepal 5–5.5 cm long; petals 9–13 cm long. Fl. May–June; Indonesia (W New Guinea and adjacent islands); 0–200 m.

1340 ***Paphiopedilum glaucophyllum***
(Photo.: Zhongjian Liu)

1340 ***Paphiopedilum glaucophyllum*** **J. J. Sm. 苍叶兜兰**

石上附生植物。叶 4~6 枚，二列，长 20~29 cm，宽 4.5~5.5 cm，上面浅蓝绿色或苍绿色。花葶长 20~25（~40）cm；花多朵，依次开放，同一时间仅有 1 花或至多 2 花，直径 8~9 cm；中萼片长 2.8~3.3 cm，宽约 3 cm。花期：3~7 月；印度尼西亚（爪哇）；200~700 m。

Lithophytic plants. Leaves 4–6, distichous, 20–29 cm long, 4.5–5.5 cm wide, bluish-green or glaucous above. Scape 20–25 (–40) cm long; flowers many, opening successively, with one or at most two at a time, 8–9 cm across; dorsal sepal 2.8–3.3 cm long, ca. 3 cm wide. Fl. Mar.–July; Indonesia (Java); 200–700 m.

1338 ***Paphiopedilum gigantifolium***
(Photo.: Phillip J. Cribb)

1339 ***Paphiopedilum glanduliferum***
(Photo.: Kohji Karasawa)

1341 ***Paphiopedilum glaucophyllum*** var.***moquetteanum*** (Photo.: Sicong Lu)

1342 ***Paphiopedilum godefloyae*** (Photo.: Sicong Lu)

1341 *Paphiopedilum glaucophyllum* J. J. Sm. var. ***moquetteanum* J. J. Sm. 莫氏兜兰（变种）**

此变种与苍叶兜兰（原变种）*Paphiopedilum glaucophyllum* (var. *glaucophyllum*) 的区别在于叶较大，长达 55 cm，宽 10 cm；花也较大，其具细紫点的中萼片长达 3.8 cm，宽 4.2 cm。印度尼西亚（爪哇西南部）；150~350 m。

This variety differs from *Paphiopedilum glaucophyllum* (var. *glaucophyllum*) by its larger leaves up to 55 cm long and 10 cm wide, and larger flowers with finely purple-spotted dorsal sepal to 3.8 cm long and 4.2 cm wide. Indonesia (SW Java); 150–350 m.

1342 *Paphiopedilum godefroyae* (God-Leb.) Stein [*Paphiopedilum leucochilum* (Rolfe) Fowlie] **古德兜兰**

地生或石上附生植物。叶 4~6 枚，二列，长 14~19 cm，宽 2~4 cm，上面有深浅绿色相间的网格斑，背面具密集的深紫色斑点。花葶长 20~25 cm，被短柔毛；花 1~2 朵，直径 6~7 cm。花期：春季至夏季；泰国南部；0~100 m。

Terrestrial or lithophytic plants. Leaves 4–6, distichous, 14–19 cm long, 2–4 cm wide, tessellated with dark and pale green above, densely spotted with deep purple below. Scape 20–25 cm long, pubescent; flowers 1–2, 6–7 cm across. Fl. spring–summer; S Thailand; 0–100 m.

1343 ***Paphiopedilum gratrixianum*** (Photo.: Xiaohua Jin)

1343 *Paphiopedilum gratrixianum* Rolfe 格力兜兰

地生或石上附生植物。叶 4~8 枚，二列，长 28~40 cm，宽 2.6~3.4 cm，上面深绿色，背面近基部具紫色斑点。花葶长 17~32 cm，被紫色短柔毛；花 1 朵，直径 7~8 cm。花期：9~12 月；中国（云南东南部）、老挝、越南北部；1800~1900 m。

Terrestrial or lithophytic plants. Leaves 4–8, distichous, 28–40 cm long, 2.6–3.4 cm wide, deep green above, spotted with purple toward base beneath. Scape 17–32 cm long, purple-pubescent; flower solitary, 7–8 cm across. Fl. Sep.–Dec.; China (SE Yunnan), Laos, N Vietnam; 1800–1900 m.

1344 *Paphiopedilum hangianum* Perner & Gruss 汉氏兜兰

石上附生植物。叶 4~6 枚，二列，长 12~28 cm，宽 3.5~5.9 cm，上面深绿色并有光泽。花葶长 12~23 cm，被白色短柔毛；花 1 朵，直径 11~14 cm。花期：4~5 月；中国（广西西南部、云南东南部）、越南北部；450~750 m。

Lithophytic plants. Leaves 4–6, distichous, 12–28 cm long, 3.5–5.9 cm wide, deep green and glossy above. Scape 13–23 cm long, white-pubescent; flower solitary, 11–14 cm across. Fl. Apr.–May; China (SW Guangxi, SE Yunnan), N Vietnam; 450–750 m.

1344 ***Paphiopedilum hangianum*** (Photo.: Sicong Lu)

1345 ***Paphiopedilum haynaldianum*** (Photo.: Sicong Lu)

1346 ***Paphiopedilum helenae*** (Photo.: Yunfeng Huang)

1345 *Paphiopedilum haynaldianum* (Rchb. f.) Stein 黑氏兜兰

地生至附生植物。叶 6~7 枚，二列，长 20~45 cm，宽 4.5~5 cm，绿色。花葶长 35~75 cm，被白色长柔毛；花 3~6（~12）朵；中萼片长 3.5~6.2 cm；花瓣长 6~9 cm。花期：1~3 月；菲律宾北部至南部；0~1400 m。

Terrestrial to epiphytic plants. Leaves 6–7, distichous, 20–45 cm long, 4.5–5 cm wide, green. Scape 35–75 cm long, white-villose; flowers 3–6 (–12); dorsal sepal 3.5–6.2 cm long; petals 6–9 cm long. Fl. Jan.–Mar.; N to S Philippines; 0–1400 m.

1346 *Paphiopedilum helenae* Aver. 巧花兜兰

石上附生植物。叶 2~4 枚，二列，长 8~12.5 cm，宽 0.8~1.6 cm，通常肉革质，上面暗绿色，背面近基部具紫色细斑点。花葶长约 10 cm，被黑紫色毛；花 1 朵，直径 3~4 cm。花期：9~11 月；中国（广西西南部）、越南北部；300~1100 m。

Lithophytic plants. Leaves 2–4, distichous, 8–12.5 cm long, 0.8–1.6 cm wide, often fleshy-coriaceous, dark green above, finely purple-spotted toward base beneath. Scape ca. 10 cm long, covered with black-purple hairs; flower solitary, 3–4 cm across. Fl. Sep.–Nov.; China (SW Guangxi), N Vietnam; 300–1100 m.

1347 ***Paphiopedilum hennisianum*** (Photo.: Kohji Karasawa)

1347 *Paphiopedilum hennisianum* (M. W. Wood) Fowlie 恒氏兜兰

地生植物。叶 4~6 枚，二列，长 14~18 cm，宽 3~4 cm，上面有深浅绿色相间的网格斑。花葶长 22~32 cm，被紫褐色毛；花单朵，直径 7.5~8.5 cm。花期：3~6 月；菲律宾中部；650~1050 m。

Terrestrial plants. Leaves 4–6, distichous, 14–18 cm long, 3–4 cm wide, tessellated with dark and light green above. Scape 22–32 cm long, covered with purple-brown hairs; flower solitary; 7.5–8.5 cm across. Fl. Mar.–June.; C Philippines; 650–1050 m.

1348 ***Paphiopedilum henryanum*** (Photo.: Zhanhuo Tsi)

1348 *Paphiopedilum henryanum* Braem 亨利兜兰

地生或石上附生植物。叶 3~6 枚，二列，长 12~23 cm，宽 1.1~1.8 cm，背面在最基部有紫褐色斑。花葶长 14~17 cm，被紫褐色短柔毛；花 1 朵，直径 6~7 cm。花期：9~11 月；中国（广西西南部、云南东南部）、越南北部；700~1300 m。

Terrestrial or lithophytic plants. Leaves 3–6, distichous, 12–23 cm long, 1.1–1.8 cm wide, under surface sometimes with purple-brown markings at the very base. Scape 14–17 cm long, purple-brown-pubescent; flower solitary, 6–7 cm across. Fl. Sep.–Nov.; China (SW Guangxi, SE Yunnan), N Vietnam; 700–1300 m.

1349 ***Paphiopedilum hirsutissimum***
(Photo.: Xiaohua Jin)

1350 ***Paphiopedilum hookerae***
(Photo.: Kohji Karasawa)

1352 ***Paphiopedilum intaniae***
(Photo.: Yuanzhang Wen)

1349 *Paphiopedilum hirsutissimum* (Lindl. ex Hook.) Stein 带叶兜兰

地生或石上附生植物。叶 4~6 枚，二列，长 23~44 cm，宽 1.4~2.4 cm，背面基部偶见紫色斑点。花葶长 20~30 cm，被紫色长毛；花 1 朵，直径 9~13 cm。花期：4~5 月；中国（广西、贵州、云南）、印度、老挝、缅甸、泰国北部、越南北部；200~1800 m。

Terrestrial or lithophytic plants. Leaves 4–6, distichous, 23–44 cm long, 1.4–2.4 cm wide, under surface occasionally spotted with purple at base. Scape 20–30 cm long, with purple long hairs; flower solitary, 9–13 cm across. Fl. Apr.–May; China (Guangxi, Guizhou, Yunnan), India, Laos, Myanmar, N Thailand, N Vietnam; 200–1800 m.

1350 *Paphiopedilum hookerae* (Rchb. f. ex Hook. f.) Stein 虎克兜兰

地生植物。叶 5~6 枚，长 7~23 cm，宽 2.7~5 cm，上面有明显的深浅绿色相间的网格斑。花葶长达 50 cm，具白色毛；花 1 朵，直径 8~10 cm。花期:3~4 月；婆罗洲（文莱、加里曼丹、沙捞越）；150~800 m。

Terrestrial plants. Leaves 5–6, 7–23 cm long, 2.7–5 cm wide, conspicuously tessellated with dark and light green above. Scape to 50 cm long, white-hairy; flower solitary, 8–10 cm across. Fl. Mar.–Apr.; Borneo (Brunei, Kalimantan, Sarawak); 150–800 m.

1351 ***Paphiopedilum insigne***
(Photo.: Zhanhuo Tsi)

1351 *Paphiopedilum insigne* (Wall. ex Lindl.) Pfitz. 波瓣兜兰

地生植物。叶 3~6 枚，二列，长 18~30 cm，宽 2.5~3.5 cm，背面近基部有紫褐色斑点。花葶长 25~35 cm，密被紫色短柔毛；花 1 朵，直径 7~10 cm。花期:10~12 月；孟加拉国、中国（云南西南部）、印度东北部；1000~1600 m。

Terrestrial plants. Leaves 3–6, distichous, 18–30 cm long, 2.5–3.5 cm wide, lower surface spotted with purple-brown toward base. Scape 25–35 cm long, densely purple-pubescent; flower solitary, 7–10 cm across. Fl. Oct.–Dec.; Bangladesh, China (SW Yunnan), NE India; 1000–1600 m.

1352 *Paphiopedilum intaniae* Cavestro 苏岛兜兰

石上附生植物。叶 4~7 枚，二列，长 25~40 cm，宽 4.5~6 cm，绿色。花葶长 35~50 cm，被褐色毛；花 3~8 朵，几乎同时开放，直径 10~12 cm；花瓣长 6.5~7 cm。花期：4 月；印度尼西亚（苏拉威西）。

Lithophytic plants. Leaves 4–7, distichous, 25–40 cm long, 4.5–6 cm wide, green. Scape 35–50 cm long, brown-hairy; flowers 3–8, almost opening simultaneously, 10–12 cm across; petals 6.5–7 cm long. Fl. Apr.; Indonesia (Sulawesi).

1353 ***Paphiopedilum javanicum***
(Photo.: Kohji Karasawa)

1354 ***Paphiopedilum kolopakingii***
(Photo.: Kohji Karasawa)

1355 ***Paphiopedilum lawrenceanum***
(Photo.: Kohji Karasawa)

1353 *Paphiopedilum javanicum* (Reinw. ex Lindl.) Pfitz. 爪哇兜兰

地生植物。叶 4~5 枚，二列，长 10~23 cm，宽 3.4~5 cm，上面有深浅绿色相间的网格斑。花葶长 16~36 cm，被短毛；花 1 朵或极罕 2 朵，直径 8~9 cm。花期：11~12 月、4~8 月；印度尼西亚（巴厘、弗洛勒斯、爪哇、苏门答腊）；750~2100 m。

Terrestrial plants. Leaves 4–5, distichous, 10–23 cm long, 3.4–5 cm wide, tessellated with dark and light green above. Scape 16–36 cm long, shortly hairy; flowers solitary or very rarely two, 8–9 cm across. Fl. Nov.–Dec., Apr.–Aug.; Indonesia (Bali, Flores, Java, Sumatra); 750–2100 m.

1354 *Paphiopedilum kolopakingii* Fowlie 柯氏兜兰

地生或石上附生植物。叶 8~12 枚，二列，长 48~80 cm，宽 5~12 cm，绿色。花葶长 40~95 cm，无毛；花 5~19 朵，几乎同时开放；中萼片长 5~6.5 cm；花瓣长 5~7（~11）cm。花期：7~9 月；印度尼西亚（加里曼丹）；600~1100 m。

Terrestrial or lithophytic plants. Leaves 8–12, distichous, 48–80 cm long, 5–12 cm wide, green. Scape 40–95 cm long, glabrous; flowers 5–19, almost opening simultaneously; dorsal sepal 5–6.5 cm long; petals 5–7 (–11) cm long. Fl. July–Sep.; Indonesia (Kalimantan); 600–1100 m.

1355 *Paphiopedilum lawrenceanum* (Rchb. f.) Pfitz. 劳氏兜兰

地生植物。叶 5~6 枚，二列，长 19~27 cm，宽 4~6.5 cm，上面有深浅绿色相间的网格斑。花葶长 31~40 cm，被短柔毛；花 1 朵，直径 11~12 cm。花期:3~5 月；马来西亚（沙捞越）；300~450 m。

Terrestrial plants. Leaves 5–6, distichous, 19–27 cm long, 4–6.5 cm wide, tessellated with dark and light green above. Scape 31–40 cm long, pubescent; flower solitary, 11–12 cm across. Fl. Mar.–May; Malaysia (Sarawak); 300–450 m.

1356 *Paphiopedilum liemianum* (Fowlie) Karas. & Saito 李氏兜兰

石上附生植物。叶 4~7 枚，二列，长 10~24 cm，宽 3~5 cm，上面绿色而有绿黄色晕，背面有由紫点排成的横带。花葶长 15~25 cm，被微柔毛；花多朵，依次展现，同一时间仅 1 朵开放；花瓣长 4~5 cm。花期：3~6 月；印度尼西亚（苏门答腊）；600~1000 m。

Lithophytic plants. Leaves 4–7, distichous, 10–24 cm long, 3–5 cm wide, green flushed with greenish-yellow above, purple-spotted in transverse bands below. Scape 15–25 cm long, puberulous; flowers many, produced successively, only one opening at a time; petals 4–5 cm long. Fl. Mar.–June; Indonesia (Sumatra); 600–1000 m.

1356 ***Paphiopedilum liemianum***
(Photo.: Sicong Lu)

1357 ***Paphiopedilum lowii*** (Photo.: Sicong Lu)

1359 ***Paphiopedilum malipoense*** var. ***angustatum*** (Photo.: Zhongjian Liu)

1357 *Paphiopedilum lowii* (Lindl.) Stein 楼氏兜兰

附生植物。叶 4~6 枚，二列，长 25~40 cm，宽 3~6 cm，绿色。花葶长 50~100 cm，被短毛；花 3~7 朵，同时开放，直径 11~16 cm。花期：4~6 月；印度尼西亚（爪哇、加里曼丹、苏门答腊）、马来西亚（马来半岛、沙捞越）；250~1600 m。

Epiphytic plants. Leaves 4–6, distichous, 25–40 cm long, 3–6 cm wide, green. Scape 50–100 cm long, shortly hairy; flowers 3–7, opening simultaneously, 11–16 cm across. Fl. Apr.–June; Indonesia (Java, Kalimantan, Sumatra), Malaysia (Malay Peninsula, Sarawak); 250–1600 m.

1358 ***Paphiopedilum malipoense*** (Photo.: Junwen Zhai)

1358 *Paphiopedilum malipoense* S. C. Chen & Z. H. Tsi 麻栗坡兜兰

地生植物，具短的根状茎。叶 4~8 枚，二列，长 7~18（~23）cm，宽 2.5~7 cm，上面有深浅绿色相间的网格斑，背面布满紫色斑点。花葶长 30~65 cm，具白色长柔毛；花通常 1 朵，直径 7~11 cm。花期：1~4 月；中国（重庆、广西、贵州、云南）、越南北部；450~1600 m。

Terrestrial plants, with a short rhizome. Leaves 4–8, distichous, 7–18 (–23) cm long, 2.5–7 cm wide, tessellated with dark and light green above, heavily purple-spotted below. Scape 30–65 cm long, white-villose; flower often solitary, 7–11 cm across. Fl. Jan.–Apr.; China (Chongqing, Guangxi, Guizhou, Yunnan), N Vietnam; 450–1600 m.

1359 *Paphiopedilum malipoense* S. C. Chen & Z. H. Tsi var. *angustatum* (Z. J. Liu & S. C. Chen) Z. J. Liu & S. C. Chen 窄瓣兜兰（变种）

此变种与麻栗坡兜兰（原变种）*Paphiopedilum malipoense* (var. *malipoense*) 的区别在于叶背面仅稍具紫斑；花明显较小，其花瓣宽 6~7 mm，唇瓣宽约 1 cm；退化雄蕊浅绿色至近白色，上半部具紫红色细脉纹。花期：2~3 月；中国（云南东南部）。

This variety differs from *Paphiopedilum malipoense* (var. *malipoense*) by its leaves weakly purple-marked beneath, much smaller flowers with petals 6–7 mm wide and lip ca. 1 cm wide, and staminode pale green to whitish and finely veined with purple-red in apical half. Fl. Feb.–Mar.; China (NE Yunnan).

1360 *Paphiopedilum malipoense* S. C. Chen & Z. H. Tsi var. *hiepii* (Aver.) P. J. Cribb 钩唇兜兰（变种）

此变种与麻栗坡兜兰（原变种）*Paphiopedilum malipoense* (var. *malipoense*) 的区别在于根密被短柔毛；叶背面仅稍具紫斑；花较小，其花瓣宽 1.5~2.5 cm，唇瓣宽 1.5~2.5 cm 并在顶端呈钩状；退化雄蕊上半部具紫红色细脉纹。花期：3~4 月；中国（云南东南部）、越南北部；500~1500 m。

This variety differs from *Paphiopedilum malipoense* (var. *malipoense*) by its densely pubescent roots, leaves weekly purple-marked beneath, smaller flower with petals 1.5–2.5 cm wide, lip 1.5–2.5 cm wide and hooked at apex, and staminode finely veined with purple-red in apical half. Fl. Mar.–Apr.; China (SE Yunnan), N Vietnam; 500–1500 m.

1360 ***Paphiopedilum malipoense*** var. ***hiepii*** (Photo.: Zhongjian Liu)

1361 ***Paphiopedilum malipoense*** var. ***jackii***
(Photo.: Junwen Zhai)

1363 ***Paphiopedilum micranthum*** (Photo.: Junwen Zhai)

1361 ***Paphiopedilum malipoense*** **S. C. Chen & Z. H. Tsi var.** ***jackii*** **(S. Hua Hu) Aver. 浅斑兜兰（变种）**

此变种与麻栗坡兜兰（原变种）*Paphiopedilum malipoense* (var. *malipoense*) 的区别在于叶背面不具或疏被紫红色斑或斑点；退化雄蕊上半部具紫红色条纹或脉纹。花期：2~3 月；中国（云南东南部）、越南北部；600~2000 m。

This variety differs from *Paphiopedilum malipoense* (var. *malipoense*) by its leaves not or sparsely marked or spotted with purple beneath, and staminode finely striped or veined with purple-red in apical half. Fl. Feb.–Mar.; China (SE Yunnan), N Vietnam; 600–2000 m.

1362 ***Paphiopedilum mastersianum***
(Photo.: Kohji Karasawa)

1362 ***Paphiopedilum mastersianum*** **(Rchb. f.) Stein 马氏兜兰**

地生植物。叶 4~6 枚，二列，长 18~30 cm，宽 3.5~4.5 cm，上面有深浅绿色相间的方格斑。花葶长 15~40 cm，被长硬毛；花 1 朵，直径 9~12 cm。花期：7~9 月或 1~3 月；印度尼西亚（摩鹿加群岛）；900~2000 m。

Terrestrial plants. Leaves 4–6, distichous, 18–30 cm long, 3.5–4.5 cm wide, tessellated with dark and light green above. Scape 15–40 cm long, hirsute; flower solitary, 9–12 cm across. Fl. July–Sep. or Jan.–Mar.; Indonesia (Moluccas); 900–2000 m.

1363 ***Paphiopedilum micranthum*** **T. Tang & F. T. Wang 硬叶兜兰**

地生植物。通常具数条长达 10 cm 的匍匐根状茎。叶 3~5 枚，二列，长 6~14 cm，宽 1.5~3 cm，上面有深浅绿色相间的网格斑，背面有密集的紫色斑点。花葶长 10~30 cm，具白色长柔毛；花 1 朵；花瓣长 5~10 cm；唇瓣长 5~10 cm。花期：3~5 月；中国（湖南至云南）、越南北部；400~1700 m。

Terrestrial plants, often with several creeping rhizomes to 10 cm long. Leaves 3–5, distichous, 6–14 cm long, 1.5–3 cm wide, tessellated with dark and light green above, densely purple-spotted below. Scape 10–30 cm long, white-villose; flower solitary; petals 5–10 cm long; lip 5–10 cm long. Fl. Mar.–May; China (Hunan to Yunnan), N Vietnam; 400–1700 m.

1364 ***Paphiopedilum niveum***
(Photo.: Sicong Lu)

1364 ***Paphiopedilum niveum*** **(Rchb. f.) Stein 雪白兜兰**

地生或石上附生。叶 4~6 枚，二列，长 4.5~15 cm，宽 2~3.5 cm，上面有深绿色和浅灰绿色相间的网格斑，背面具浓密的紫色斑点。花葶长 20~25 cm，密被白色短柔毛；花 1~2 朵，直径 6~8 cm。花期：6~7 月；马来西亚（马来半岛）、新加坡、泰国南部；0~200 m。

Terrestrial or lithophytic plants. Leaves 4–6, distichous, 4.5–15 cm long, 2–3.5 cm wide, tessellated with dark and grayish green above, heavily spotted with purple below. Scape 20–25 cm long, densely white-pubescent; flowers 1–2, 6–8 cm across. Fl. June–July; Malaysia (Malay Peninsula), Singapore, S Thailand; 0–200 m.

1365 ***Paphiopedilum ooii***
(Photo.: Yuanzhang Wen)

1367 ***Paphiopedilum parishii*** (Photo.: Xiaohua Jin)

1365 *Paphiopedilum ooii* Koop. 皱瓣兜兰

地生或石上附生植物。叶通常 6 枚，二列，长 54~71 cm，宽 6~7 cm，绿色。花葶长可达 200 cm；花序柄粗 1.5 cm，疏被短毛；花 4~12 朵，几乎同时开放；花瓣长达 6.2 cm。花期：1 月（栽培）；马来西亚（沙巴）；1050~1600 m。

Terrestrial or lithophytic plants. Leaves often 6, distichous, 54–71 cm long, 6–7 cm wide, green. Scape up to 200 cm long; peduncle to 1.5 cm thick, sparsely short-hairy; flowers 4–12, almost opening simultaneously; petals to 6.2 cm long. Fl. Jan. (in cultivation); Malaysia (Sabah); 1050–1600 m.

1366 ***Paphiopedilum papuanum***
(Photo.: Kohji Karasawa)

1366 *Paphiopedilum papuanum* (Ridl. ex Rendle) L. O. Williams 巴布亚兜兰

地生植物。叶 4~6 枚，二列，长 7~22 cm，宽 2~4.2 cm，上面有深浅绿色相间的网格斑。花葶长 20~30 cm，被短柔毛；花 1 朵，直径 6~9 cm。花期：3~4 月；新几内亚；800~1700 m。

Terrestrial plants. Leaves 4–6, distichous, 7–22 cm long, 2–4.2 cm wide, tessellated with dark and light green above. Scape 20–30 cm long, pubescent; flower solitary, 6–9 cm across. Fl. Mar.–Apr.; New Guinea; 800–1700 m.

1367 *Paphiopedilum parishii* (Rchb. f.) Stein 飘带兜兰

附生植物。叶 5~8 枚，二列，长 15~40 cm，宽 2.5~5 cm，绿色。花葶长 23~60 cm，密被白色短柔毛；花 3~8 朵；子房被长柔毛；花被在受粉后脱落；花瓣长 8~10 cm。花期：5~6 月；中国（云南）、缅甸、泰国；1000~2200 m。

Epiphytic plants. Leaves 5–8, distichous, 15–40 cm long, 2.5–5 cm wide, green. Scape 23–60 cm long, densely white-pubescent; flowers 3–8; ovary villose; perianth falling off on pollination; petals 8–10 cm long. Fl. May–June; China (Yunnan), Myanmar, Thailand; 1000–2200 m.

1368 *Paphiopedilum parnatanum* Cavestro 帕氏兜兰

地生植物。叶 3~4 枚，二列，长 8~20 cm，宽 1.8~3.5 cm，上面有深浅绿色相间的网格斑。花葶长 18~20 cm；花 1 朵，直径 7.5~8 cm。花期：12 月（栽培）；菲律宾北部；约 700 m。

Terrestrial plants. Leaves 3–4, distichous, 8–20 cm long, 1.8–3.5 cm wide, tessellated with dark and light green above. Scape 18–20 cm long; flower solitary, 7.5–8 cm across. Fl. Dec. (in cultivation); N Philippines; ca. 700 m.

1368 ***Paphiopedilum parnatanum***
(Photo.: Yuanzhang Wen)

1369 ***Paphiopedilum philippinense***
(Photo.: Sicong Lu)

1370 ***Paphiopedilum potentianum***
(Photo.: Phillip J. Cribb)

1371 ***Paphiopedilum primulinum***
(Photo.: Sicong Lu)

1369 *Paphiopedilum philippinense* (Rchb. f.) Stein 菲律宾兜兰

地生或石上附生植物。叶 5~9 枚，二列，长 15~25（~50）cm，宽 2.5~5.5 cm，质厚，绿色。花葶长 25~50 cm，被短柔毛；花 2~6 朵，几乎同时开放，直径约 8 cm。花期：3~7 月；马来西亚（沙巴）、菲律宾；0~500 m。

Terrestrial or lithophytic plants. Leaves 5–9, distichous, 15–25 (–50) cm long, 2.5–5.5 cm wide, thick-textured, green. Scape 25–50 cm long, pubescent; flowers 2–6, almost opening simultaneously, ca. 8 cm across. Fl. Mar.–July; Malaysia (Sabah), Philippines; 0–500 m.

1370 *Paphiopedilum potentianum* Gruss & Roeth 朴氏兜兰

叶数枚，二列，狭椭圆形，长约 15 cm，宽 4 cm，上表面有深浅绿色相间的网格斑。花葶长约 25 cm，被浅褐紫色毛；花 1 朵，直径约 10 cm。花期：春季；泰国。

Leaves several, distichous, narrowly elliptic, ca. 15 cm long, 4 cm wide, tessellated with dark and light green above. Scape ca. 25 cm long, covered with brown-violet hairs; flower solitary, ca. 10 cm across. Fl. spring; Thailand.

1371 *Paphiopedilum primulinum* M. W. Wood & P. Taylor 报春兜兰

石上附生植物。叶 4~7 枚，二列，长达 17 cm，宽 2.5~3.8 cm，绿色。花葶长 25~30 cm，被短柔毛；花多朵，依次展现，通常同一时间仅 1 花开放，直径 6.5~7 cm。花期：3~6 月；印度尼西亚（苏门答腊）；0~500 m。

Lithophytic plants. Leaves 4–7, distichous, to 17 cm long, 2.5–3.8 cm wide, green. Scape 25–30 cm long, pubescent; flowers many, produced successively, commonly one opening at a time, 6.5–7 cm across. Fl. Mar.–June; Indonesia (Sumatra); 0–500 m.

1372 *Paphiopedilum primulinum* M. W. Wood & P. Taylor var. ***purpurascens* (M. W. Wood) P. J. Cribb 浅紫兜兰（变种）**

此变种与报春兜兰（原变种）*Paphiopedilum primulinum* (var. *primulinum*) 的区别在于花瓣有深紫色斑点以及唇瓣有紫晕和深色细斑点。花期：不定；印度尼西亚（苏门答腊）。

This variety differs from *Paphiopedilum primulinum* (var. *primulinum*) by its dark purple-spotted petals and purplish-flushed lip finely spotted with deep purple. Fl. various; Indonesia (Sumatra).

1372 ***Paphiopedilum primulinum*** var. ***purpurascens*** (Photo.: Kohji Karasawa)

1373 ***Paphiopedilum purpuratum***
(Photo.: Yunfeng Huang)

1373 *Paphiopedilum purpuratum* (Lindl.) Stein 紫纹兜兰

地生植物。叶 4~8 枚，二列，长 9~17 cm，宽 2.5~4 cm，上面具明显或模糊的深浅绿色相间的网格斑。花葶长 14~22 cm，具白色短柔毛；花 1 朵，直径 8~10 cm。花期：6~9 月（广西、云南）或 10~1 月（广东）；中国（云南至福建）、越南北部；100~1500 m。

Terrestrial plants. Leaves 4–8, distichous, 9–17 cm long, 2.5–4 cm wide, distinctly or obscurely tessellated with dark and light green above. Scape 14–22 cm long, white-pubescent; flower solitary, 8–10 cm across. Fl. June–Sep. (Guangxi, Yunnan) or Oct.–Jan. (Guangdong); China (Yunnan to Fujian), N Vietnam; 100–1500 m.

1374 *Paphiopedilum randsii* Fowlie 然氏兜兰

地生植物。叶 6~9 枚，二列，长 20~38 cm，宽 5~6 cm，绿色。花葶长 20~45 cm，被毛；花 2~6 朵，几乎同时开放，直径 5~7 cm。花期：3~5 月；菲律宾南部（棉兰老）；约 400 m。

Terrestrial plants. Leaves 6–9, distichous, 20–38 cm long, 5–6 cm wide, green. Scape 20–45 cm long, hairy; flowers 2–6, almost opening simultaneously, 5–7 cm across. Fl. Mar.–May; S Philippines (Mindanao); ca. 400 m.

1375 *Paphiopedilum rothschildianum* (Rchb. f.) Stein 若氏兜兰

地生或石上附生植物。叶 6~8 枚，二列，长 20~30（~60）cm，宽 4~5 cm，绿色。花葶长 40~60 cm，具短毛；花 2~5 朵，几乎同时开放；中萼片长 5.4~6.8 cm；花瓣长 10~14 cm。花期：4~6 月；马来西亚（沙巴）；600~1200 m。

Terrestrial or lithophytic plants. Leaves 6–8, distichous, 20–30 (–60) cm long, 4–5 cm wide, green. Scape 40–60 cm long, shortly hairy; flowers 2–5, almost opening simultaneously; dorsal sepal 5.4–6.8 cm long; petals 10–14 cm long. Fl. Apr.–June; Malaysia (Sabah); 600–1200 m.

1376 *Paphiopedilum sanderianum* (Rchb. f.) Stein 长须兜兰

石上附生植物。叶 4~6 枚，二列，长 30~45 cm，宽 4.5~5.3 cm，绿色。花葶长达 60 cm，被短毛；花 2~5 朵，几乎同时开放；中萼片长 4.2~6.5 cm；花瓣下垂，长 30~60 cm。花期：7~12 月；婆罗洲（加里曼丹、沙捞越）；0~900 m。

Lithophytic plants. Leaves 4–6, distichous, 30–45 cm long, 4.5–5.3 cm wide, green. Scape to 60 cm long, shortly hairy; flowers 2–5, almost opening simultaneously; dorsal sepal 4.2–6.5 cm long; petals pendulous, 30–60 cm long. Fl. July–Dec.; Borneo (Kalimantan, Sarawak); 0–900 m.

1374 ***Paphiopedilum randsii***
(Photo.: Kohji Karasawa)

1375 ***Paphiopedilum rothschildianum***
(Photo.: Phillip J. Cribb)

1376 ***Paphiopedilum sanderianum***
(Photo.: Kohji Karasawa)

1377 ***Paphiopedilum sangii***
(Photo.: Kohji Karasawa)

1378 ***Paphiopedilum schoseri***
(Photo.: Kohji Karasawa)

1379 ***Paphiopedilum spicerianum***
(Photo.: Xiaohua Jin)

1377 *Paphiopedilum sangii* Braem 桑氏兜兰

地生植物。叶 4~5 枚，二列，长达 28 cm，宽约 2.5 cm，上面有深绿色和浅灰绿色相间的网格斑。花葶长达 30 cm，被毛；花 1 朵；花瓣长 4.3~6.1 cm。花期：通常初夏；印度尼西亚（苏拉威西）。

Terrestrial plants. Leaves 4–5, distichous, to 28 cm long, ca. 2.5 cm wide, tessellated with dark green and grayish green above. Scape to 30 cm long, hairy; flower solitary; petals 4.3–6.1 cm long. Fl. often early summer; Indonesia (Sulawesi).

1378 *Paphiopedilum schoseri* Braem & Mohr 休氏兜兰

地生或石上附生植物。叶 2~5 枚，二列，长 10~23 cm，宽 1.9~4.5 cm，上面有模糊的深浅绿色相间的网格斑。花葶长 15~20 cm，被毛；花 1 朵或罕有 2 朵，直径 5~7 cm。花期：12 月；印度尼西亚（摩鹿加群岛）；1100~1300 m。

Terrestrial or lithophytic plants. Leaves 2–5, distichous, 10–23 cm long, 1.9–4.5 cm wide, obscurely tessellated with dark and light green above. Scape 15–20 cm long, hairy; flowers solitary or rarely two, 5–7 cm across. Fl. Dec.; Indonesia (Moluccas); 1100–1300 m.

1379 *Paphiopedilum spicerianum* (Rchb. f.) Pfitz. 白旗兜兰

地生或石上附生植物。叶 3~5 枚，二列，长 14~30 cm，宽 1.8~2.5（~6）cm，绿色。花葶长 12~22（~30）cm，上部疏被短柔毛；花 1 朵或极罕 2 朵，直径 5~7（~8）cm。花期：9~11 月；中国（云南）、印度东北部、缅甸；300~1400 m。

Terrestrial or lithophytic plants. Leaves 3–5, distichous, 14–30 cm long, 1.8–2.5 (–6) cm wide, green. Scape 12–22 (–30) cm long, sparsely pubescent above; flowers solitary or very rarely two, 5–7 (–8) cm across. Fl. Sep.–Nov.; China (Yunnan), NE India, Myanmar; 300–1400 m.

1380 *Paphiopedilum stonei* (Hook.) Stein 斯通兜兰

石上附生植物。叶 5~6 枚，二列，长 25~70 cm，宽 3~5（~8.5）cm，绿色。花葶长 35~60 cm，无毛；花 2~5 朵，几乎同时开放，直径 10~12 cm；花瓣长 12~15 cm。花期：5~7 月；婆罗洲（文莱、加里曼丹、沙捞越）；0~700 m。

Lithophytic plants. Leaves 5–6, distichous, 25–70 cm long, 3–5 (–8.5) cm wide, green. Scape 35–60 cm long, glabrous; flowers 2–5, almost opening simultaneously, 10–12 cm across; petals 12–15 cm long. Fl. May–July; Borneo (Brunei, Kalimantan, Sarawak); 0–700 m.

1380 ***Paphiopedilum stonei*** (Photo.: Kohji Karasawa)

1381 ***Paphiopedilum sugiyamanum***
(Photo.: Yuanzhang Wen)

1382 ***Paphiopedilum sukhakulii***
(Photo.: Kohji Karasawa)

1383 ***Paphiopedilum supardii***
(Photo.: Kohji Karasawa)

1381 *Paphiopedilum sugiyamanum* Cavestro 苏吉兜兰

叶 3~5 枚，二列，长 11~14 cm，宽 3.1~3.4 cm，上面有深绿色与灰绿色相间的网格斑。花葶长 30~35 cm，被紫色短柔毛；花 1 朵，直径 8~9 cm。花期：3 月；马来西亚（沙巴）；900~2450 m。

Leaves 3–5, distichous, 11–14 cm long, 3.1–3.4 cm wide, tessellated with deep green and grayish green above. Scape 30–35 cm long, purple-pubescent; flower solitary, 8–9 cm across. Fl. Mar.; Malaysia (Sabah); 900–2450 m.

1382 *Paphiopedilum sukhakulii* Schoser & Senghas 苏氏兜兰

地生植物。叶 3~8 枚，二列，长 10~25 cm，宽 3~5 cm，上面有深绿色与浅黄绿色相间的网格斑。花葶长 15~25 cm，被白色短毛；花 1 朵，直径 11~15 cm。花期：1~4 月；缅甸、泰国东北部；250~1000 m。

Terrestrial plants. Leaves 3–8, distichous, 10–25 cm long, 3–5 cm wide, tessellated with dark green and pale yellow-green above. Scape 15–25 cm long, shortly white-hairy; flower solitary, 11–15 cm across. Fl. Jan.–Apr.; Myanmar, NE Thailand; 250–1000 m.

1384 ***Paphiopedilum superbiens***
(Photo.: Kohji Karasawa)

1383 *Paphiopedilum supardii* Braem & Loeb 曲蕊兜兰

石上附生植物。叶 7~9 枚，排成扇形，长 35~60 cm，宽约 5.5 cm，绿色。花葶长 50~60 cm，无毛；花 3~7 朵，几乎同时开放；中萼片长 3.5~5.5 cm；花瓣长 8~9 cm；退化雄蕊中部屈膝状，两侧有红褐色毛。花期：5~6 月；印度尼西亚(加里曼丹)；600~1000 m。

Lithophytic plants. Leaves 7–9, arranged in a fan, 35–60 cm long, ca. 5.5 cm wide, green. Scape 50–60 cm long, glabrous; flowers 3–7, almost opening simultaneously; dorsal sepal 3.5–5.5 cm long; petals 8–9 cm long; staminode geniculate in the middle, with red-brown hairs on both sides. Fl. May–June; Indonesia (Kalimantan); 600–1000 m.

1384 *Paphiopedilum superbiens* (Rchb. f.) Stein 华丽兜兰

地生植物。叶 4~6 枚，二列，长 15~24 cm，宽 4~6.5（~8）cm，上面有深浅绿色相间的网格斑。花葶长 20~30 cm，被短柔毛；花 1 朵，直径 7~8 cm。花期：夏季；印度尼西亚（苏门答腊）；900~2200 m。

Terrestrial plants. Leaves 4–6, distichous, 15–24 cm long, 4–6.5 (–8) cm wide, tessellated with dark and light green above. Scape 20–30 cm long, pubescent; flower solitary, 7–8 cm across. Fl. summer; Indonesia (Sumatra); 900–2200 m.

1385 ***Paphiopedilum tigrinum*** (Photo.: Singchi Chen)

1388 ***Paphiopedilum tranlieninaum*** (Photo.: Sicong Lu)

1385 *Paphiopedilum tigrinum* Koop. & H. Haseg. (*Paphiopedilum markianum* Fowlie) 虎斑兜兰

附生或地生植物。叶 3~5 枚，二列，长 13~27 cm，宽 2.1~2.8 cm，绿色。花葶长 18~36 cm，密被紫色短柔毛；花 1 朵，直径 9~12 cm。花期：5~8 月；中国（云南东南部和西部）、缅甸；1200~2200 m。

Epiphytic or terrestrial plants. Leaves 3–5, distichous, 13–27 cm long, 2.1–2.8 cm wide, green. Scape 18–36 cm long, densely purple-pubescent; flower solitary, 9–12 cm across. Fl. May–Aug.; China (SE & W Yunnan), Myanmar; 1200–2200 m.

1386 ***Paphiopedilum tonsum*** (Photo.: Kohji Karasawa)

1386 *Paphiopedilum tonsum* (Rchb. f.) Stein 洁净兜兰

地生植物。叶 5~7 枚，二列，长 15~25 cm，宽 4.5~5 cm，上面有深浅绿色相间的网格斑，背面布满紫褐色斑。花葶长 35~40 cm，被短毛；花 1 朵，直径 10~14 cm。花期：3~6 月；印度尼西亚（苏门答腊）；1000~1800 m。

Terrestrial plants. Leaves 5–7, distichous, 15–25 cm long, 4.5–5 cm wide, tessellated with dark and light green above, heavily mottled with pale purple-brown beneath. Scape 35–40 cm long, shortly hairy; flower solitary, 10–14 cm across. Fl. Mar.–June; Indonesia (Sumatra); 1000–1800 m.

1387 ***Paphiopedilum tonsum*** var. ***braemii*** (Photo.: Kohji Karasawa)

1387 *Paphiopedilum tonsum* (Rchb. f.) Stein var. *braemii* (H. Mohr) Gruss (*Paphiopedilum braemii* H. Mohr) 勃雷兜兰（变种）

此变种与洁净兜兰（原变种）*Paphiopedilum tonsum* (var. *tonsum*) 的区别在于具近绿色花，在花瓣上有较多的黑色疣点。花期：夏季；印度尼西亚（苏门答腊）；800~1500 m。

This variety differs from *Paphiopedilum tonsum* (var. *tonsum*) by its greenish flowers with more black warts on petals. Fl. summer; Indonesia (Sumatra); 800–1500 m.

1388 *Paphiopedilum tranlienianum* Gruss & Perner 天伦兜兰

地生或石上附生植物。叶 4~6 枚，二列，长 10~24 cm，宽 1.6~2.7 cm，绿色。花葶长 10~15 cm，密被紫红色短毛；花 1 朵，直径 6~6.5 cm。花期：9 月；中国（云南东南部）、越南北部；1000~2200 m。

Terrestrial or lithophytic plants. Leaves 4–6, distichous, 10–24 cm long, 1.6–2.7 cm wide, green. Scape 10–15 cm long, densely covered with short purple-red hairs; flower solitary, 6–6.5 cm across. Fl. Sep.; China (SE Yunnan), N Vietnam; 1000–2200 m.

1389 ***Paphiopedilum urbanianum***
(Photo.: Kohji Karasawa)

1391 ***Paphiopedilum victoria-mariae***
(Photo.: Kohji Karasawa)

1392 ***Paphiopedilum victoria-regina***
(Photo.: Kohji Karasawa)

1389 *Paphiopedilum urbanianum* Fowlie 民岛兜兰

地生植物。叶 4~6 枚，二列，长 12~20 cm，宽 3~4 cm，上面有深浅绿色相间的网格斑。花葶长 20~30 cm，密被短柔毛；花 1~2 朵，直径 10~12 cm。花期：12~4 月；菲律宾（民都洛）；400~1500 m。

Terrestrial plants. Leaves 4–6, distichous, 12–20 cm long, 3–4 cm wide, tessellated with dark and light green above. Scape 20–30 cm long, densely pubescent; flowers 1–2, 10–12 cm across. Fl. Dec.–Apr.; Philippines (Mindoro); 400–1500 m.

1390 ***Paphiopedilum venustum*** (Photo.: Yechun Xu)

1390 *Paphiopedilum venustum* (Wall. ex Sims) Pfitz. 秀丽兜兰

地生植物。叶 4~5 枚，二列，长 10~22 cm，宽 2.5~5.7 cm，上面有深绿色与灰绿色或褐绿色相间的网格斑，背面密布紫色斑点。花葶长 12~23 cm，被短硬毛；花 1 朵或罕有 2 朵，直径 7~8 cm。花期：1~3 月；孟加拉国、不丹、中国（西藏）、印度、尼泊尔；0~1600 m。

Terrestrial plants. Leaves 4–5, distichous, 10–22 cm long, 2.5–5.7 cm wide, tessellated with dark green and gray- or brown-green above, densely purple-spotted below. Scape 12–23 cm long, shortly hirsute; flowers solitary or rarely two, 7–8 cm across. Fl. Jan.–Mar.; Bangladesh, Bhutan, China (Xizang), India, Nepal; 0–1600 m.

1391 *Paphiopedilum victoria-mariae* (Sander ex Masters) Rolfe 玛丽兜兰

石上附生植物。叶 6~8 枚，二列，长 20~40 cm，宽约 6.5 cm，上面有深浅绿色相间的网格斑。花葶长达 100 cm 或过之，被短柔毛；花多朵，依次展现，同一时间仅 1 花或至多 2 花开放，直径 8~9 cm。花期：3~5 月；印度尼西亚（苏门答腊）；1500~2000 m。

Lithophytic plants. Leaves 6–8, distichous, 20–40 cm long, ca. 6.5 cm wide, tessellated with dark and light green above. Scape to 100 cm or more long, pubescent; flowers many, appearing successively, only one or at most two opening at a time, 8–9 cm across. Fl. Mar.–May; Indonesia (Sumatra); 1500–2000 m.

1392 *Paphiopedilum victoria-regina* (Sander) M. W. Wood 多花兜兰

石上附生植物。叶 4~8 枚，二列，长 30~40 cm，宽 6~9.8 cm，绿色。花葶长 25~60 cm，被白色短柔毛；花多朵，有时可达 32 朵，依次展现，同一时间仅 1~2 花开放，直径 8~10 cm。花期：3~7 月；印度尼西亚（苏门答腊）；800~1600 m。

Lithophytic plants. Leaves 4–8, distichous, 30–40 cm long, 6–9.8 cm wide, green. Scape 25–60 cm long, white-pubescent; flowers many, sometimes up to 32, produced successively, only one or two opening at a time, 8–10 cm across. Fl. Mar.–July; Indonesia (Sumatra); 800–1600 m.

1393 ***Paphiopedilum vietnamense*** (Photo.: Phillip J. Cribb)

1394 ***Paphiopedilum villosum*** (Photo.: Zhongjian Liu)

1395 ***Paphiopedilum villosum*** var. ***annamense*** (Photo.: Kohji Karasawa)

1393 *Paphiopedilum vietnamense* Gruss & Perner 越南兜兰

石上附生或罕为地生植物。叶 3~5 枚，二列，长 9~15（~25）cm，宽 2.8~4（~7）cm，上面有深绿色和灰绿色相间的网格斑，背面具紫色斑点或有紫色晕。花葶长 15~26 cm，被毛；花 1 朵或有时 2 朵，直径 9~12 cm。花期：3 月；越南北部；350~450 m。

Lithophytic or rarely terrestrial plants. Leaves 3–5, distichous, 9–15 (–25) cm long, 2.8–4 (–7) cm wide, tessellated with dark green and grayish green above, spotted or flushed with purple below. Scape 15–26 cm long, hairy; flowers solitary or sometimes two, 9–12 cm across. Fl. Mar.; N Vietnam; 350–450 m.

1394 *Paphiopedilum villosum* (Lindl.) Stein 紫毛兜兰

附生植物。叶 4~6 枚，二列，长 20~40 cm，宽 2.2~4 cm，绿色。花葶长 12~27 cm，被紫色长柔毛；花 1 朵，直径 10~13 cm。花期：11~3 月；中国（广西、云南）、印度东北部、老挝、缅甸、泰国；1100~2200 m。

Epiphytic plants. Leaves 4–6, distichous, 20–40 cm long, 2.2–4 cm wide, green. Scape 12–27 cm long, purple-villose; flower solitary, 10–13 cm across. Fl. Nov.–Mar.; China (Guangxi, Yunnan), NE India, Laos, Myanmar, Thailand; 1100–2200 m.

1395 *Paphiopedilum villosum* (Lindl.) Stein var. *annamense* Rolfe 安南兜兰（变种）

此变种与紫毛兜兰（原变种）*Paphiopedilum villosum* (var. *villosum*) 的区别在于中萼片有宽阔的白色边缘，特别是上半部。花期：4~7 月；中国（云南东南部）、老挝、越南；1800~2200 m。

This variety differs from *Paphiopedilum villosum* (var. *villosum*) by its dorsal sepal having a broad white margin particularly in its apical half. Fl. Apr.–July; China (SE Yunnan), Laos, Vietnam; 1800–2200 m.

1396 *Paphiopedilum villosum* (Lindl.) Stein var. *boxallii* (Rchb. f.) Pfitz. 包氏兜兰（变种）

此变种与紫毛兜兰（原变种）*Paphiopedilum villosum* (var. *villosum*) 的区别在于中萼片具黑栗色粗斑点。花期：12 月；中国（云南西南部）、老挝、越南北部；1400~2000 m。

This variety differs from *Paphiopedilum villosum* (var. *villosum*) by its dorsal sepal boldly spotted with black-maroon. Fl. Dec. China (SW Yunnan), Laos, N Vietnam; 1400–2000 m.

1396 ***Paphiopedilum villosum*** var. ***boxallii*** (Photo.: Xiaohua Jin)

1397 ***Paphiopedilum villosum*** var. ***densissimum*** (Photo.: Zhongjian Liu)

1398 ***Paphiopedilum violasecens*** (Photo.: Kohji Karasawa)

1399 ***Paphiopedilum wardii*** (Photo.: Junwen Zhai)

1397 *Paphiopedilum villosum* (Lindl.) Stein var. ***densissimum* (Z. J. Liu & S. C. Chen) Z. J. Liu & S. C. Chen**
密毛兜兰（变种）

此变种与紫毛兜兰（原变种）*Paphiopedilum villosum* (var. *villosum*) 的区别在于花序柄和子房被极密的、长 2~3 mm 的白色毛，以及具很狭窄的、宽不到 3 cm 的中萼片。花期：9~11 月；中国（云南南部和西南部）；800~900 m。

This variety differs from *Paphiopedilum villosum* (var. *villosum*) by its peduncle and ovary very densely covered with white hairs 2–3 mm long and very narrow dorsal sepal less than 3 cm wide. Fl. Sep.–Nov.; China (S to SW Yunnan); 800–900 m.

1398 *Paphiopedilum violascens* Schltr. 青紫兜兰

地生或罕为附生植物。叶 4~6 枚，二列，长 8~22 cm，宽 2.3~4 cm，上面有深浅绿色相间的网格斑。花葶长 20~30 cm，被毛；花 1 朵或罕有 2 朵，直径 6~7 cm。花期：5~6 月、10~12 月；新几内亚及北面近岸岛屿；200~1200 m。

Terrestrial or rarely epiphytic plants. Leaves 4–6, distichous, 8–22 cm long, 2.3–4 cm wide, tessellated with dark and light green above. Scape 20–30 cm long, hairy; flowers solitary or rarely two, 6–7 cm across. Fl. May–June, Oct.–Dec.; New Guinea and adjacent islands near northern coast; 200–1200 m.

1399 *Paphiopedilum wardii* Summerh. 彩云兜兰

地生植物。叶 3~6（~10）枚，二列，长 10~17（~23）cm，宽 2.5~4.7 cm，上面有深浅蓝绿色相间的网格斑，背面有较密集的紫斑。花葶长 15~35（~45）cm，被短柔毛；花 1 朵，直径 7~10 cm。花期：12~3 月；中国（云南西部）、缅甸北部；1200~2500 m。

Terrestrial plants. Leaves 3–6 (–10), distichous, 10–17 (–23) cm long, 2.5–4.7 cm wide, tessellated with dark and light bluish green above, subdensely mottled with purple below. Scape 15–35 (–45) cm long, pubescent; flower solitary, 7–10 cm across. Fl. Dec.–Mar.; China (W Yunnan), N Myanmar; 1200–2500 m.

1400 ***Paphiopedilum wenshanense*** (Photo.: Junwen Zhai)

1400 *Paphiopedilum wenshanense* Z. J. Liu & J. Y. Zhang 文山兜兰

地生植物。叶 4~5 枚，二列，长 5~10 cm，宽 3.5~4.5 cm，上面有深浅绿色相间的网格斑，背面有浓密紫斑。花葶长 7~10 cm，被短柔毛；花 1~3 朵，直径 5~7 cm。花期：5 月；中国（云南东南部）；1000~1200 m。

Terrestrial plants. Leaves 4–5, distichous, 5–10 cm long, 3.5–4.5 cm wide, tessellated with dark and light green above, heavily purple-mottled below. Scape 7–10 cm long, pubescent; flowers 1–3, 5–7 cm across. Fl. May; China (SE Yunnan); 1000–1200 m.

1401 ***Paphiopedilum wentworthianum***
(Photo.: Kohji Karasawa)

1404 ***Papilionanthe hookeriana*** (Photo.: Kohji Karcsawa)

1401 *Paphiopedilum wentworthianum* Schoser & Fowlie 所罗门兜兰

地生植物。叶 4~6 枚，二列，长 12~26 cm，宽 3.5~4.5 cm，上面有深浅绿色相间的网格斑。花葶长 10~35 cm，被短柔毛；花 1 朵，直径 8~8.5 cm。花期：夏季；巴布亚新几内亚（布干维尔）、所罗门群岛（瓜达尔卡纳尔岛）；900~1800 m。

Terrestrial plants. Leaves 4–6, distichous, 12–26 cm long, 3.5–4.5 cm wide, tessellated with dark and light green above. Scape 10–35 cm long, pubescent; flower solitary, 8–8.5 cm across. Fl. summer; Papua New Guinea (Bougainville), Solomon Islands (Guadalcanal Island); 900–1800 m.

1402 ***Paphiopedilum wilhelminae***
(Photo.: Kohji Karasawa)

1402 *Paphiopedilum wilhelminae* L. O. Williams 威后兜兰

地生植物。叶 4~6 枚，二列，长 10~27 cm，宽 2~3.5 cm，绿色。花葶长 30~50 cm，被短柔毛；花 1~3 朵，直径 12~16 cm。花期：夏季；新几内亚东部与西部；1700~1800 m。

Terrestrial plants. Leaves 4–6, distichous, 10–27 cm long, 2–3.5 cm wide, green. Scape 30–50 cm long, pubescent; flowers 1–3, 12–16 cm across. Fl. summer; E & W New Guinea; 1700–1800 m.

1403 ***Papilionanthe biswasiana***
(Photo.: Junwen Zhai)

1403 *Papilionanthe biswasiana* (Ghose & Mukerjee) Garay 白花凤蝶兰

附生植物。茎直立或下垂，长达 50 cm 或过之，通常不分枝，疏生多叶。叶圆柱形，长 13~16 cm，粗 3~4 mm。花序腋生，长 10~15 cm，具 1~3 花；花直径 3.5~4 cm。花期：4 月；中国（云南南部）、缅甸、泰国；1700~1900 m。

Epiphytic plants. Stems erect or pendulous, to 50 cm or more long, often unbranched, laxly many-leaved. Leaves terete, 13–16 cm long, 3–4 mm thick, Inflorescences axillary, 10–15 cm long, 1- to 3-flowered; flowers 3.5–4 cm across. Fl. Apr.; China (S Yunnan), Myanmar, Thailand; 1700–1900 m.

1404 *Papilionanthe hookeriana* (Rchb. f.) Schltr. 虎克凤蝶兰

地生植物。茎纤细，攀援，长可达 2 m 或过之，疏生多叶。叶圆柱形，长 7~10 cm，粗约 3 mm，顶端下方约 2 cm 处缢缩。花序腋生，长 20~30 cm，具 2~12 花；花直径约 5 cm。花期：夏季至秋季；印度尼西亚（加里曼丹、苏门答腊）、马来西亚（马来半岛、沙巴、沙捞越）、泰国、越南；0~700 m。

Terrestrial plants. Stems slender, scrambling, up to 2 m or more long, laxly many-leaved. Leaves terete, 7–10 cm long, ca. 3 mm thick, constricted about 2 cm below the apex. Inflorescences axillary, 20–30 cm long, 2- to 12-flowered; flowers ca. 5 cm across. Fl. summer–autumn; Indonesia (Kalimantan, Sumatra), Malaysia (Malay Peninsula, Sabah, Sarawak), Thailand, Vietnam; 0–700 m.

1405 ***Papilionanthe pedunculata***
(Photo.: Kohji Karasawa)

1407 ***Papilionanthe tricuspidata***
(Photo.: Kohji Karasawa)

1408 ***Papilionanthe vandarum***
(Photo.: Kohji Karasawa)

1405 *Papilionanthe pedunculata* (Kerr) Garay 流苏凤蝶兰

附生植物。茎直立，纤细，长可达 2 m 或过之，疏生多叶。叶圆柱形，长 8~18 cm。花序腋生，长 20~30 cm，具数花或多花；花直径 5~6 cm。花期：春季；柬埔寨、越南；1200~1300 m。

1406 ***Papilionanthe teres*** (Photo.: Yibo Luo)

Epiphytic plants. Stems erect, slender, up to 2 m or more long, laxly many-leaved, Leaves terete, 8–18 cm long. Inflorescences axillary, 20–30 cm long, several- to many-flowered; flowers 5–6 cm across. Fl. spring; Cambodia, Vietnam; 1200–1300 m.

1406 *Papilionanthe teres* (Roxb.) Schltr. 凤蝶兰

附生植物。茎攀援，通常长达 1 m，粗壮，有分枝，疏生多叶。叶圆柱形，长 8~18 cm，粗 4~5 mm。花序腋生，长 10~25 cm，具 2~6 花；花直径 5~6 cm。花期：5~6 月；孟加拉国、不丹、中国（云南南部）、印度、老挝、缅甸、尼泊尔、泰国、越南；200~900 m。

Epiphytic plants. Stems scrambling, usually to 1 m long, stout, branching, laxly many-leaved. Leaves terete, 8–18 cm long, 4–5 mm thick. Inflorescences axillary, 10–25 cm long, 2- to 6-flowered; flowers 5–6 cm across. Fl. May–June; Bangladesh, Bhutan, China (S Yunnan), India, Laos, Myanmar, Nepal, Thailand, Vietnam; 200–900 m.

1407 *Papilionanthe tricuspidata* (J. J. Sm.) Garay 三尾凤蝶兰

附生植物。茎攀援，长 60~200 cm，疏生多叶。叶圆柱形，长 7~16 cm，粗 4~5 mm，具槽。花序腋生，长 25~34 cm，具数花或更多花；花直径 4.5~6 cm。花期：夏季至秋季；印度尼西亚（阿洛岛）；0~1000 m。

Epiphytic plants. Stems scrambling, 60–200 cm long, laxly many leaved. Leaves terete 7–16 cm long, 4–5 mm thick, grooved. Inflorescences axillary, suberect, 25–34 cm long, with several or more flowers; flowers 4.5–6 cm across. Fl. summer–autumn; Indonesia (Pulau Alor); 0–1000 m.

1408 *Papilionanthe vandarum* (Rchb. f.) Garay 万代凤蝶兰

附生植物。茎下垂，长达 60 cm 或过之，左右曲折，有分枝，疏生多叶。叶圆柱形，长 9~25 cm，粗约 3 mm。花序与叶对生，短，具 1~4 花；花直径 4~5 cm。花期：冬季至春季；不丹、中国南部、印度、缅甸；1200~2100 m。

Epiphytic plants. Stems pendulous to 60 cm or more long, flexuous, branching, laxly many-leaved. Leaves terete, 9–25 cm long, ca. 3 mm thick. Inflorescences leaf-opposed, short, 1- to 4-flowered; flowers 4–5 cm across. Fl. winter–spring; Bhutan, S China, India, Myanmar; 1200–2100 m.

1409 ***Paradisanthus micranthus*** **(Barb. Rodr.) Schltr. 天堂兰**

地生植物。假鳞茎簇生，卵形，长 1.5~2.5 cm，为数枚具叶的鞘所包围，顶端具 2 叶。叶矩圆状披针形，长 15~20 cm，具长柄。花序基生，直立，长 15~30 cm，具多花；花直径 1.5~2 cm。花期：通常秋季；巴西。

Terrestrial plants. Pseudobulbs clustered, ovoid, 1.5–2.5 cm long, subtended by several leaf-bearing sheaths, 2-leaved at apex. Leaves oblong-lanceolate, 15–20 cm long, long-petioled. Inflorescence basal, erect, 15–30 cm long, many-flowered; flowers 1.5–2 cm across. Fl. often autumn; Brazil.

1409 ***Paradisanthus micranthus***
(Photo.: Kohji Karasawa)

1410 ***Paraphalaenopsis denevei*** **(J. J. Sm.) A. D. Hawkes 筒叶蝶兰**

附生植物，具短的肉质根。茎短，具 3~6 叶。叶圆柱形，长达 75 cm。花序腋生，长约 30 cm，具 3~15 花；花直径约 5 cm，稍有香气。花期：3~7 月；印度尼西亚（加里曼丹）；低海拔地。

Epiphytic plants, with short fleshy roots. Stems short, 3- to 6-leaved. Leaves terete, to 75 cm long. Inflorescence axillary, ca. 30 cm long, 3- to 15-flowered; flowers ca. 5 cm across, slightly scented, Fl. Mar.–July; Indonesia (Kalimantan); at low altitudes.

1410 ***Paraphalaenopsis denevei***
(Photo.: Kohji Karasawa)

1411 ***Paraphalaenopsis labukensis*** **Shim, A. Lamb & C. L. Clan 沙巴筒叶蝶兰**

附生植物。茎长约 3 cm，具 3~5 叶。叶圆柱形，下垂，长可达 120~180 cm。花序侧生，长达 6~7 cm，具 5~6 花或罕有达 15 花；花直径约 6 cm，有肉桂的气味。花期：春季；马来西亚（沙巴）；500~1000 m。

Epiphytic plants. Stems ca. 3 cm long, 3- to 5-leaved. Leaves terete, pendulous, up to 120–180 cm long. Inflorescence lateral, to 6–7 cm long, with 5–6 or rarely 15 flowers; flowers ca. 6 cm across, with a cinnamon scent. Fl. spring; Malaysia (Sabah); 500–1000 m.

1412 ***Paraphalaenopsis laycockii*** **(M. R. Henderson) A. D. Hawkes 雷氏筒叶蝶兰**

附生植物。茎长约 2 cm，具 3~5 叶。叶圆柱形，下垂，长可达 100 cm。花序侧生，长 5~10 cm，具 2~12 花；花肉质，直径 6~7 cm。花期：夏季；印度尼西亚（加里曼丹）；低海拔地。

Epiphytic plants. Stems ca. 2 cm long, 3- to 5-leaved. Leaves terete, pendulous, up to 100 cm long. Inflorescence lateral, 5–10 cm long, 2- to 12-flowered; flowers fleshy, 6–7 cm across. Fl. summer; Indonesia (Kalimantan); at low altitudes.

1411 ***Paraphalaenopsis labukensis*** (Photo.: Kohji Karasawa)

1412 ***Paraphalaenopsis laycockii*** (Photo.: Kohji Karasawa)

1413 ***Paraphalaenopsis serpentilingua***
(Photo.: Kohji Karasawa)

1413 ***Paraphalaenopsis serpentilingua*** **(J. J. Sm.) A. D. Hawkes 蛇舌筒叶蝶兰**

附生植物。茎长 1~3 cm，具数枚叶。叶圆柱形，近直立，长约 30 cm。花序长达 35 cm，具数花；花直径约 3 cm。花期：春季；印度尼西亚（加里曼丹）；低海拔地。

Epiphytic plants. Stems 1–3 cm long, several-leaved. Leaves terete, suberect, ca. 30 cm long. Inflorescence to 35 cm long, several-flowered; flowers ca. 3 cm across. Fl. spring; Indonesia (Kalimantan); at low altitudes.

1414 ***Pecteilis hawkesiana*** **(King & Pautl.) C. S. Kumar** (*Pecteilis sagarikii* Seidenf.) **泰缅白蝶花**

地生植物，高 10~30 cm，具椭圆形的块茎。叶（1~）2~6 枚，近基生，肉质，平铺，卵状椭圆形至宽披针形，长 3.2~15 cm。花序稍密生 2 至多花；萼片长 1.5~2.4 cm；距长 3.6~4.4 cm。花期：早秋；缅甸、泰国；120~800 m。

Terrestrial plants, 10–30 cm tall, with ovoid tubers. Leaves (1–) 2–6, nearly basal, fleshy, prostrate, ovate-elliptic to broadly lanceolate, 3.2–15 cm long. Inflorescence subdensely 2- to many-flowered; sepals 1.5–2.4 cm long; spur 3.6–4.4 cm long. Fl. early autumn; Myanmar, Thailand; 120–800 m.

1415 ***Pecteilis radiata*** **(Thunb.) Rafin.** **[*Habenaria radiata* (Thunb.) Spreng.] 狭叶白蝶兰**

地生植物，高 15~40 cm，具卵形或近球形块茎。茎纤细，具 3~5 叶。叶互生，疏离，线状披针形，长 4~10 cm。花序具 1~4 花；唇瓣宽 1.5~3 cm；距长 2.5~4 cm。花期：7~8 月；中国（河南）、日本；1500 m 以下。

Terrestrial plants, 15–40 cm tall, with ovoid or subglobose tubers. Stems slender, with 3–5 leaves. Leaves alternate, well spaced, linear-lanceolate, 4–10 cm long. Inflorescence 1- to 4-flowered; lip 1.5–3 cm wide; spur 2.5–4 cm long. Fl. July–Aug.; China (Henan), Japan; below 1500 m.

1416 ***Pecteilis susannae*** **(L.) Rafin. 龙头兰**

地生植物，高 45~120 cm，具卵状圆筒形块茎。茎粗壮，具数枚至多枚叶。叶互生，卵形至披针形，长 6~15 cm。花序具 2~5 花；花芬香；萼片长 2.5~4 cm。花期：7~9 月；柬埔寨、中国（福建至云南）、印度、印度尼西亚、老挝、马来西亚、缅甸、尼泊尔、泰国、越南；500~2500 m。

Terrestrial plants, 45–120 cm tall, with ovoid-cylindric tubers. Stems stout, with several to many leaves. Leaves alternate, ovate to lanceolate, 6–15 cm long. Inflorescence 2- to 5-flowered; flowers fragrant; sepals 2.5–4 cm long. Fl. July–Sep.; Cambodia, China (Fujian to Yunnan), India, Indonesia, Laos, Malaysia, Myanmar, Nepal, Thailand, Vietnam; 500–2500 m.

1414 ***Pecteilis hawkesiana***
(Photo.: Kohji Karasawa)

1415 ***Pecteilis radiata***
(Photo.: Kohji Karasawa)

1416 ***Pecteilis susannae***
(Photo.: Sicong Lu)

1417 ***Pelatantheria scolopendrifolia***
(Photo.: Kohji Karasawa)

1418 ***Pelexia bonariensis***
(Photo.: Kohji Karasawa)

1419 ***Peristeria elata***
(Photo.: Kohji Karasawa)

1417 *Pelatantheria scolopendrifolia* (Makino) Aver. [*Cleisostoma scolopendrifolium* (Makino) Garay] **蜈蚣兰**

石上附生植物。茎纤细，匍匐，有分枝，粗约 1.5 mm。叶二列，近圆筒形，长 5~8 mm，粗约 1.5 mm。花序侧生，短，具 1~2 花；花直径 5~6 mm。花期：4 月；中国（福建至四川和山东）、日本、朝鲜半岛；100~1000 m。

Lithophytic plants. Stems slender, creeping, branched, ca. 1.5 mm thick. Leaves distichous, subcylindric, 5–8 mm long, ca. 1.5 mm thick. Inflorescences lateral, short, 1- or 2-flowered; flowers 5–6 mm across. Fl. Apr.; China (Fujian to Sichuan and Shandong), Japan, Korea; 100–1000 m.

1418 *Pelexia bonariensis* (Lindl.) Schltr. 南美肥根兰

地生植物，高 50~60 cm，具肉质根。叶数枚，形成基生的莲座丛，狭矩圆形，长 25~35 cm。花序顶生，直立，总状，密生多花，花序轴和子房被腺毛；花长约 2 cm。花期：秋季至冬季；阿根廷、玻利维亚、巴西、巴拉圭、乌拉圭。

Terrestrial plants. Stems 50–60 cm tall, with flesly roots. Leaves several forming a basal rosette, suberect, narrowly oblong, 25–35 cm long, shiny green above. Inflorescences terminal, erect, racemose, densely many flowered; rachis and ovary grandular-hairy; flowers ca. 2 cm long. Fl. autumn – winter; Argentina, Bolivia, Brazil, Paraguay and Uruguay.

1420 ***Peristeria pendula***
(Photo.: Kohji Karasawa)

1419 *Peristeria elata* Hook. 鸽兰

地生或石上附生植物。假鳞茎簇生，卵形或圆锥形，长 4~15 cm，顶端具 3~5 叶。叶摺扇状，矩圆状披针形，长 30~120 cm。花序基生，长 80~170 cm，具 10~15 花；花直径 4~5 cm。花期：夏季；哥伦比亚、哥斯达黎加、巴拿马、委内瑞拉；0~700 m。

Terrestrial or lithophytic plants. Pseudobulbs clustered, ovoid or conical, 4–15 cm long, 3- to 5-leaved at apex. Leaves plicate, oblong-lanceolate, 30–120 cm long. Inflorescence basal, 80–170 cm long, 10- to 15-flowered; flowers 4–5 cm across. Fl. summer; Colombia, Costa Rica, Panama, Venezuela; 0–700 m.

1420 *Peristeria pendula* Hook. 垂序鸽兰

附生植物。假鳞茎簇生，卵状圆锥形，长 8~15 cm，顶端具 3~4 叶。叶矩圆状披针形，长 48~80 cm，具细柄。花序基生，下垂，长达 18 cm，具 4~8 花；花直径约 5 cm。花期：冬季至春季；圭亚那、秘鲁、苏里南、委内瑞拉；1200~1600 m。

Epiphytic plants. Pseudobulbs clustered, ovoid-conical, 8–15 cm long, 3- or 4-leaved at apex. Leaves oblong-lanceolate, 40–80 cm long, slender-petioled. Inflorescence basal, pendent, to 18 cm long, 4- to 8-flowered; flowers ca. 5 cm across. Fl. winter–spring; Guyana, Peru, Surinam, Venezuela; 1200–1600 m.

1421 ***Pescatoria cerina* (Lindl.) Rchb. f. 帕卡兰**

附生植物，不具假鳞茎。叶数枚，矩圆状披针形，长 15~60 cm，二列排成扇形，具对摺的叶柄。花序腋生，直立，长 3.5~10 cm，具 1 花；花直径 6~7 cm，有香气。花期：秋季；哥斯达黎加、巴拿马；1000~2600 m。

1421 ***Pescatoria cerina*** (Photo.: Kohji Karasawa)

Epiphytic plants, lacking pseudobulbs. Leaves several, oblong-lanceolate, 15–60 cm long, distichously arranged like a fan, conduplicate-petioled. Inflorescence axillary, erect, 3.5–10 cm long, 1-flowered; flower 6–7 cm across, scented. Fl. autumn; Costa Rica, Panama, 1000–2600 m.

1422 ***Pescatoria coronaria* Rchb. f. 红瓣帕卡兰**

附生植物，不具假鳞茎。叶通常 6 枚，矩圆状披针形，长 25~40 cm，二列排成扇形，具对摺的叶柄。花序腋生，长约 7 cm，具 1 花；花直径 5~6 cm，质地厚。花期：冬季；哥伦比亚。

Epiphytic plants, lacking pseudobulbs. Leaves often 6, oblong-lanceolate, 25–40 cm long, distichously arranged like a fan, conduplicate-petioled. Inflorescence axillary, ca. 7 cm long, 1-flowered; flower 5–6 cm across, thick-textured. Fl. winter; Colombia.

1423 ***Pescatoria dayana* Rchb. f. 红唇帕卡兰**

附生植物，不具假鳞茎。叶 6~8 枚，矩圆状倒披针形，长 20~60 cm，二列排成扇形，具对摺的叶柄。花序腋生，长 10~11 cm，具 1 花；花直径 6~8 cm，有香气。花期：冬季至春季；哥伦比亚；300~1500 m。

Epiphytic plants, lacking pseudobulbs. Leaves 6–8, oblong-oblanceolate, 20–60 cm long, distichously arranged like a fan, conduplicate-petioled. Inflorescence axillary, 10–11 cm long, 1-flowered; flower 6–8 cm across, scented. Fl. winter–spring; Colombia; 300–1500 m.

1424 ***Pescatoria lamellosa* Rchb. f. 黄绿帕卡兰**

附生植物，不具假鳞茎。叶数枚，狭披针形，长 25~30 cm，二列排成扇形，具对摺的叶柄。花序腋生，长 7~8 cm，具 1 花；花直径 5~7 cm。花期：夏季；哥伦比亚；1000~2000 m。

Epiphytic plants, lacking pseudobulbs. Leaves several, narrowly lanceolate, 25–30 cm long, distichously arranged like a fan, conduplicate-petioled. Inflorescence axillary, 7–8 cm long, 1-flowered; flower 5–7 cm across. Fl. summer; Colombia; 1000–2000 m.

1422 ***Pescatoria coronaria***
(Photo.: Kohji Karasawa)

1423 ***Pescatoria dayana***
(Photo.: Kohji Karasawa)

1424 ***Pescatoria lamellosa***
(Photo.: Karlheinz Senghas)

1425 ***Pescatoria lehmannii***
(Photo.: Kohji Karasawa)

1426 ***Pescatoria wallisii***
(Photo.: Kohji Karasawa)

1427 ***Phaius callosus***
(Photo.: James Boughtwood Comber)

1425 *Pescatoria lehmannii* Rchb. f. 勒氏帕卡兰

附生植物，不具假鳞茎。叶数枚，倒披针形，长 30~40 cm，二列排成扇形，具对摺的叶柄。花序腋生，直立，长 10~15 cm，具 1 花；直径 6~8 cm。花期：春季至秋季；哥伦比亚、厄瓜多尔；1200~1500 m。

Epiphytic plants, lacking pseudobulbs. Leaves several, oblanceolate, 30–40 cm long, distichously arranged like a fan, conduplicate-petioled. Inflorescence axillary, erect, 10–15 cm long, 1-flowered; flower 6–8 cm across. Fl. spring–autumn; Colombia, Ecuador; 1200–1500 m.

1426 *Pescatoria wallisii* Rchb. f. 瓦氏帕卡兰

附生植物，不具假鳞茎。叶 6~8 枚，倒披针形，长 25~50 cm，二列排成扇形，具对摺的叶柄。花序腋生，长 12~17 cm，具 1 花；花直径 7~8 cm。花期：全年不定；厄瓜多尔；0~1300 m。

Epiphytic plants, lacking pseudobulbs. Leaves 6–8, oblanceolate, 25–50 cm long, distichously arranged like a fan, conduplicate-petioled. Inflorescence axillary, 12–17 cm long, 1-flowered; flower 7–8 cm across. Fl. throughout the year; Ecuador; 0–1300 m.

1427 *Phaius callosus* (Blume) Lindl. 长叶鹤顶兰

地生植物。假鳞茎通常近圆锥形，长 6~12 cm，上部具数枚叶。叶矩圆状披针形，长可达 110 cm；叶柄长达 40 cm。花序侧生，通常短于叶，直立，具 10~20 花；花直径约 10 cm。花期：4 月；印度尼西亚（苏门答腊至苏拉威西）、马来西亚（马来半岛、沙捞越）；1200~1800 m。

Terrestrial plants. Pseudobulbs often subconical, 6–12 cm long, with several leaves above. Leaves oblong-lanceolate, up to 110 cm long; petiole to 40 cm long. Inflorescences lateral, usually shorter than leaves, erect, 10- to 20-flowered; flowers ca. 10 cm across. Fl. Apr.; Indonesia (Sumatra to Sulawesi), Malaysia (Malay Peninsula, Sarawak); 1200–1800 m.

1428 *Phaius columnaris* C. Z. Tang & S. J. Cheng 仙笔鹤顶兰

地生植物。假鳞茎圆筒形，近似健壮的茎，具节，长 15~40 cm，上部具 6~7 叶。叶椭圆形，长 30~70 cm。花序发自假鳞茎的基部节上，长达 20 cm，约有 12 花；花不完全开放；萼片长 3.5~4.5 cm。花期：6 月；中国（广东、贵州、云南）；200~1700 m。

Terrestrial plants. Pseudobulbs cylindric, resembling robust stems, noded, 15–40 cm long, with 6–7 leaves above. Leaves elliptic, 30–70 cm long. Inflorescence arising from basal node of pseudobulb, to 20 cm long, ca. 12-flowered; flowers not widely opening; sepals 3.5–4.5 cm long. Fl. June; China (Guangdong, Guizhou, Yunnan); 200–1700 m.

1428 ***Phaius columnaris***
(Photos.: Zhanhuo Tsi)

1429 ***Phaius flavus*** (Photo.: Donghui Peng)

1432 ***Phaius robertsii*** (Photo.: Peter O' Byrne)

1429 *Phaius flavus* (Blume) Lindl. 黄花鹤顶兰

地生植物。假鳞茎卵状圆锥形，长 5~10 cm，具 4~8 叶。叶狭椭圆形，长 20~60 cm，通常绿色而有黄色或白色斑点。花序发自假鳞茎基部或下部的节上，长 50~90 cm，具 8~25 花；花直径 5~6 cm，有香气。花期：4~10 月；广布于亚洲热带地区，到达中国（台湾至西藏）、日本和新几内亚；300~2000 m。

Terrestrial plants. Pseudobulbs ovoid-conical, 5–10 cm long, with 4–8 leaves. Leaves narrowly elliptic, 20–60 cm long, normally green with yellow or white spots. Inflorescences arising from basal or lower nodes of pseudobulbs, 50–90 cm long, 8- to 25-flowered; flowers 5–6 cm across, scented. Fl. Apr.–Oct.; widespread in tropical Asia, extending to China (Taiwan to Xizang), Japan and New Guinea; 300–2000 m.

1430 ***Phaius mishmensis***
(Photos.: Junwen Zhai)

1430 *Phaius mishmensis* (Lindl. & Paxt.) Rchb. f. 紫花鹤顶兰

地生植物。假鳞茎呈茎状，长 30~80 cm，具 4~8 叶。叶椭圆形至倒卵状披针形，长 15~30 cm。花序发自中部节上或上部叶腋，长 30~45 cm，具 2~10 花；花通常不完全开放，直径 5~6 cm。花期：10~1 月；不丹、中国（台湾至西藏）、印度、日本、老挝、缅甸、菲律宾、泰国、越南；800~1400 m。

Terrestrial plants. Pseudobulbs stemlike, 30–80 cm long, with 4–8 leaves. Leaves elliptic to obovate-lanceolate, 15–30 cm long. Inflorescences arising from middle nodes or axils of upper leaves, 30–45 cm long, 2- to 10-flowered; flowers often not widely opening, 5–6 cm across. Fl. Oct.–Jan.; Bhutan, China (Taiwan to Xizang), India, Japan, Laos, Myanmar, Philippines, Thailand, Vietnam; 800–1400 m.

1431 *Phaius reflexipetalus* J. J. Wood & Shim 卷瓣鹤顶兰

地生植物。假鳞茎呈茎状，直立，肉质，长 20~30 cm，具 3~4 叶。叶椭圆形，具长柄。花序发自假鳞茎下部的节上，长约 25 cm，具数花至 12 花；花直径约 5 cm。花期：5~6 月、11~12 月；马来西亚（沙巴）；700~1100 m。

Terrestrial plants. Pseudobulbs stemlike, erect, fleshy, 20–30 cm long, 3- or 4-leaved. Leaves elliptic, long-petioled. Inflorescences arising from lower nodes of pseudobulb, ca. 25 cm long, several- to 12-flowered; flowers ca. 5 cm across. Fl. May–June, Nov.–Dec.; Malaysia (Sabah); 700–1100 m.

1432 *Phaius robertsii* F. Muell. 罗氏鹤顶兰

地生植物。假鳞茎呈茎状，长达 30 cm，具 4~6 叶。叶椭圆状披针形，长 9~30 cm，具短柄。花序侧生，直立，长约 30 cm，具少数花；花直径 5~6 cm。花期：不详；班克斯列岛、新喀里多尼亚；0~550 m。

Terrestrial plants. Pseudobulbs stemlike, to 30 cm long, 4- to 6-leaved. Leaves oblong-lanceolate, 9–30 cm long, shortly petioled. Inflorescences lateral, erect, ca. 30 cm long, few-flowered; flowers 5–6 cm across. Fl. unknown; Banks Islands, New Caledonia; 0–550 m.

1431 ***Phaius reflexipetalus***
(Photo.: James Boughtwood Comber)

1433 ***Phaius tankervilleae***
(Photos.: Junwen Zhai)

1434 ***Phaius wallichii***
(Photos.: Junwen Zhai)

1435 ***Phalaenopsis amabilis***
(Photo.: Kohji Karasawa)

1433 *Phaius tankervilleae* (Banks) Blume 鹤顶兰

地生植物。假鳞茎圆锥形、卵形或近球形，长（2.5~）6~8 cm，具 2~6 叶。叶椭圆状披针形，长 30~100 cm。花序发自假鳞茎基部或叶腋，长 50~200 cm，具 10~25 花；花直径 9~12 cm。花期：3~6 月；广布于亚洲和大洋洲热带地区，向北到达中国南部和日本南部；1800 m 以下。

Terrestrial plants. Pseudobulbs conical, ovoid or subglobose, (2.5–) 6–8 cm long, 2- to 6-leaved. Leaves elliptic-lanceolate, 30–100 cm long. Inflorescences arising from base of pseudobulb or axils of leaves, 50–200 cm long, 10- to 25-flowered; flowers 9–12 cm across. Fl. Mar.–June; widely distributed in tropical Asia and Oceania, north to China (Taiwan to Xizang) and S Japan; below 1800 m.

1434 *Phaius wallichii* Lindl. ex Wall. 大花鹤顶兰

地生植物。假鳞茎纺锤形或圆筒状卵形，长 10~14 cm，通常具 4 叶。叶矩圆状椭圆形，长 49~70 cm。花序发自假鳞茎下部节上，长达 100 cm，具 10 朵或更多花；花直径达 14 cm。花期：5~6 月；不丹、中国（香港、西藏、云南）、印度东北部、越南；700~1000 m。

Terrestrial plants. Pseudobulbs fusiform or cylindric-ovoid, 10–14 cm long, often 4-leaved. Leaves oblong-elliptic, 49–70 cm long. Inflorescences arising from lower nodes of pseudobulb, to 100 cm long, with 10 or more flowers; flowers to 14 cm across. Fl. May–June; Bhutan, China (Hongkong, Xizang, Yunnan), NE India, Vietnam; 700–1000 m.

1435 *Phalaenopsis amabilis* (L.) Blume 美白蝴蝶兰

附生植物。茎下垂，短。叶 4~5 枚，椭圆状卵形，长 20~40 cm。花序长 50~100 cm，有时具分枝，疏生数花至多花；花直径 7~10 cm，芬香，延续时间长。花期：冬季至春季；澳大利亚、印度尼西亚、巴布亚新几内亚、菲律宾；低海拔地。

Epiphytic plants. Stems pendulous, short. Leaves 4–5, elliptic-ovate, 20–40 cm long. Inflorescence 50–100 cm long, sometimes branched, laxly several- to many-flowered; flowers 7–10 cm across, fragrant, long-lasting. Fl. winter–spring; Australia, Indonesia, Papua New Guinea, Philippines; at low altitudes.

1436 *Phalaenopsis amboinensis* J. J. Sm. 安汶蝴蝶兰

附生植物。茎短。叶 3~6 枚，倒卵形，长 10~25 cm，质地厚。花序 1 个至数个，长达 45 cm 以上，具少数花；花直径 4~5 cm。花期：通常夏季；印度尼西亚东部（摩鹿加及邻近岛屿）；低海拔地。

Epiphytic plants. Stems short. Leaves 3–6, obovate, 10–25 cm long, thick-textured. Inflorescences 1 to several, over 45 cm long, few-flowered; flowers 4–5 cm across. Fl. often summer; E Indonesia (Moluccas and adjacent islands); at low altitudes.

1436 ***Phalaenopsis amboinensis***
(Photo.: Kohji Karasawa)

1437 ***Phalaenopsis aphrodite***
(Photo.: Kohji Karasawa)

1437 *Phalaenopsis aphrodite* Rchb. f. 蝴蝶兰

附生植物。茎极短。叶3~4枚，椭圆形，长8~25 cm，绿色，背面常布满红色晕。花序长30~80 cm，有时有分枝，具多花；花直径5~6 cm。花期：冬季至早春；中国（台湾南部）、菲律宾；低海拔地。

Epiphytic plants. Stems very short. Leaves 3–4, elliptic, 8–25 cm long, green, often suffused with red beneath. Inflorescence 30–80 cm long, sometimes branched, many-flowered; flowers 5–6 cm across. Fl. winter–early spring; China (S Taiwan), Philippines; at low altitudes.

1438 *Phalaenopsis bellina* (Rchb. f.) E. A. Christenson 少花蝴蝶兰

附生植物。茎短。叶数枚，椭圆状倒卵形，长20~25 cm。花序总状，弧曲，长约10 cm，具少数花；花直径5~7 cm，肉质，有香气。花期：春季至夏季；印度尼西亚（加里曼丹）；低海拔地。

Epiphytic plants. Stems short. Leaves several, elliptic-obovate, 20–25 cm long. Inflorescence racemose, arching, ca. 10 cm long, few-flowered; flowers 5–7 cm across, fleshy, scented. Fl. spring – summer; Indonesia (Kalimantan); at low altitudes.

1438 ***Phalaenopsis bellina***
(Photo.: Kohji Karasawa)

1439 *Phalaenopsis braceana* (Hook. f.) Christenson [*Kingidium braceanum* (Hook. f.) Seidenf.] 尖囊蝴蝶兰

附生植物。根长，压扁，具疣状突起。茎很短。叶1~2枚，近矩圆形，长约2.4 cm，脱落或罕有存在。花序1~3个，基生，下垂或外弯，长12~26 cm，疏生多花；花直径2~2.5 cm。花期：5月；不丹、中国（云南南部至西南部）、越南北部；1100~2000 m。

Epiphytic plants. Roots long, flattened, verrucose. Stems very short. Leaves 1 or 2, suboblong, ca. 2.4 cm long, deciduous or rarely present. Inflorescences 1–3, basal, pendulous or arching, 12–26 cm long, laxly many-flowered; flowers 2–2.5 cm across. Fl. May; Bhutan, China (S to SW Yunnan), N Vietnam; 1100–2000 m.

1440 *Phalaenopsis celebensis* H. R. Sweet 灰斑蝴蝶兰

附生植物。茎短。叶数枚，倒卵状矩圆形，长约15 cm，上面暗绿色而具银灰色斑，背面带紫色。花序长35~45 cm，有分枝，具多花；花直径2~2.5 cm。花期：冬季至早春；印度尼西亚（苏拉威西）；低海拔地。

Epiphytic plants. Stems short. Leaves several, obovate-oblong, ca. 15 cm long, dark green mottled with silvery gray above, purplish below. Inflorescence 35–45 cm long, branched, many-flowered; flowers 2–2.5 cm across. Fl. winter–early spring; Indonesia (Sulawesi); at low altitudes.

1439 ***Phalaenopsis braceana*** (Photo.: Xiaohua Jin)

1440 ***Phalaenopsis celebensis*** (Photo.: Kohji Karasawa)

1441 ***Phalaenopsis chibae*** **T. Yukawa 千叶蝴蝶兰**

附生植物。茎短。叶数枚，矩圆形，长约 11 cm。花序较纤细，近直立，长约 11 cm，通常可具 13 花；花直径约 1.2 cm。花期：4~7 月；越南；600~800 m。

Epiphytic plants. Stems short. Leaves several, oblong, ca. 11 cm long. Inflorescence rather slender, suberect, ca. 11 cm long, often to 13-flowered; flowers ca. 1.2 cm across. Fl. Apr.–July; Vietnam; 600–800 m.

1441 ***Phalaenopsis chibae***
(Photo.: Phillip J. Cribb)

1442 ***Phalaenopsis cochlearis*** **Holttum 匙瓣蝴蝶兰**

附生植物。茎短。叶 2~4 枚，矩圆状倒卵形，长达 22 cm，上面中脉两侧各有 5 条脉。花序长达 50 cm，有短的分枝，具数花至多花；花黄色至白色，直径 3~4 cm。花期：夏季；马来西亚（马来半岛、沙捞越）；500~700 m。

Epiphytic plants. Stems short. Leaves 2–4, oblong-obovate, to 22 cm long, upper surface with five veins on either side of midrib. Inflorescence to 50 cm long, shortly branched, several- to many-flowered; flowers yellow to white, 3–4 cm across. Fl. summer; Malaysia (Malay Peninsula, Sarawak); 500–700 m.

1443 ***Phalaenopsis corningiana***
(Photo.: Kohji Karasawa)

1443 ***Phalaenopsis corningiana*** **Rchb. f. 科氏蝴蝶兰**

附生植物。茎短。叶 3~5 枚，倒卵形，长达 30 cm。花序短于叶，具少数花；花直径 4~5 cm。花期：夏季；马来西亚（沙捞越）；450~600 m。

Epiphytic plants. Stems short. Leaves 3–5, obovate, to 30 cm long. Inflorescence shorter than leaves, few-flowered; flowers 4–5 cm across. Fl. summer; Malaysia (Sarawak); 450–600 m.

1444 ***Phalaenopsis cornucervi*** **(Breda) Blume & Rchb. f. 鹿角蝴蝶兰**

附生植物。茎短。叶数枚，矩圆状舌形，长 10~28 cm。花序长 10~40 cm，具压扁的花序轴，生有多花；花肉质，数朵同时开放或同一时间开放 1~3 朵，直径 3~5 cm。花期：春季至秋季；印度、印度尼西亚（苏门答腊至加里曼丹）、老挝、马来西亚（马来半岛、沙捞越）、缅甸、泰国、越南；0~500 m。

Epiphytic plants. Stems short. Leaves several, oblong-ligulate, 10–28 cm long. Inflorescence 10–40 cm long, with flattened rachis, many-flowered; flowers fleshy, several opening simultaneously or one to three at a time, 3–5 cm across. Fl. spring–autumn; India, Indonesia (Sumatra to Kalimantan), Laos, Malaysia (Malay Peninsula, Sarawak), Myanmar, Thailand, Vietnam; 0–500 m.

1442 ***Phalaenopsis cochlearis*** (Photo.: Kohji Karasawa)

1444 ***Phalaenopsis cornucervi*** (Photo.: Kohji Karasawa)

1445 ***Phalaenopsis deliciosa*** (Photo.: Xiaohua Jin)

1445 ***Phalaenopsis deliciosa* Rchb. f.** [*Kingidium deliciosum* (Rchb. f.) H. R. Sweet] **大尖囊蝴蝶兰**

附生植物。茎长 1~1.5 cm。叶 3~4 枚，倒卵形至椭圆形，长 8~14.5 cm。花序常下垂，长 10~15 cm，上部有时有分枝，密生数花；花依次出现，经久不败，直径 1~1.5 cm。花期：7 月；广布于亚洲热带地区，向北到达中国（海南、云南）；300~1600 m。

Epiphytic plants. Stems 1–1.5 cm long. Leaves 3–4, obovate to elliptic, 8–14.5 cm long. Inflorescence often pendulous, 10–15 cm long, upper part sometimes branched, densely several-flowered; flowers produced continuously and sequentially over long periods, 1–1.5 cm across. Fl. July; widely distributed in tropical Asia, north to China (Hainan, Yunnan); 300–1600 m.

1446 ***Phalaenopsis difformis* (Wall. ex Lindl.) Kocyan & Schuit.** [*Ornithochilus difformis* (Wall. ex Lindl.) Schltr.] **羽唇蝴蝶兰**

附生植物。茎长 2~4 cm。叶 2~5 枚，近基生，矩圆状椭圆形至倒卵形，长 7~19 cm。花序腋生，圆锥状，长 20~35 cm，疏生多花；花直径约 1cm。花期：5~7 月；不丹、中国、印度、印度尼西亚、老挝、马来西亚、尼泊尔、泰国、越南；500~2100 m。

Epiphytic plants. Stems 2–4 cm long. Leaves 2–5, nearly basal, oblong-elliptic to obovate, 7–19 cm long. Inflorescences axillary, paniculate, 20–35 cm long, laxly many-flowered; flowers ca. 1 cm across. Fl. May–July; Bhutan, China, India, Indonesia, Laos, Malaysia, Nepal, Thailand, Vietnam; 500–2100 m.

1447 ***Phalaenopsis equestris* (Schauer) Rchb. f.** **小兰屿蝴蝶兰**

附生植物。茎甚短。叶 3~4 枚，狭矩圆形，长 10~24 cm。花序基生，长 20~30 cm，有时具分枝，疏生多花；花直径 2~2.5 mm。花期：4~5 月；中国（台湾南部）、菲律宾；0~300 m。

Epiphytic plants. Stems very short. Leaves 3–4, narrowly oblong, 10–24 cm long. Inflorescence basal. 20–30 cm long, sometimes branched, laxly many-flowered; flowers 2–2.5 cm across. Fl. Apr.–May; China (S Taiwan), Philippines; 0–300 m.

1448 ***Phalaenopsis fasciata* Rchb. f.** **带斑蝴蝶兰**

附生植物。茎短。叶 3~6 枚，椭圆状倒卵形，长 14~20 cm。花序长于叶，具数花；花直径 4~5 cm，开放时间延续 2~3 周。花期：主要在春季至夏季；菲律宾；低海拔地。

Epiphytic plants. Stems short. Leaves 3–6, elliptic-obovate, 14–20 cm long. Inflorescence longer than leaves, several-flowered; flowers 4–5 cm across, lasting for two or three weeks. Fl. mainly spring–summer; Philippines; at low altitudes.

1446 ***Phalaenopsis difformis***
(Photo.: Kohji Karasawa)

1447 ***Phalaenopsis equestris***
(Photo.: Kohji Karasawa)

1448 ***Phalaenopsis fasciata***
(Photo.: Kohji Karasawa)

1449 ***Phalaenopsis fimbriata***
(Photo.: Kohji Karasawa)

1450 ***Phalaenopsis fuscata***
(Photo.: Kohji Karasawa)

1451 ***Phalaenopsis gibbosa***
(Photo.: Kohji Karasawa)

1449 ***Phalaenopsis fimbriata*** **J. J. Sm. 流苏蝴蝶兰**

附生植物。茎短。叶 3~5 枚，倒卵形，长 14~23 cm。花序外弯，长 15~25 cm，具多花；花同时开放，直径约 2.5 cm。花期：通常夏季；印度尼西亚（爪哇、苏门答腊）、马来西亚（沙捞越）；低海拔地。

Epiphytic plants. Stems short. Leaves 3–5, obovate, 14–23 cm long. Inflorescence arching, 15–25 cm long, many-flowered; flowers opening simultaneously, ca. 2.5 cm across. Fl. often summer; Indonesia (Java, Sumatra), Malaysia (Sarawak); at low altitudes.

1450 ***Phalaenopsis fuscata*** **Rchb. f. 褐斑蝴蝶兰**

附生植物。茎短。叶 2~4 枚，倒披针形或倒卵形，长 15~30 cm。花序长达 40 cm，通常有分枝，粗壮，具少数花或偶见达 12 花；花直径 3~4 cm。花期：春季至初夏；印度尼西亚（加里曼丹）、马来西亚（马来半岛、沙巴）、菲律宾；0~1000 m。

Epiphytic plants. Stems short. Leaves 2–4, oblanceolate or obovate, 15–30 cm long. Inflorescence to 40 cm long, often branched, stout, few- or occasionally to 12-flowered; flowers 3–4 cm across. Fl. spring–early summer; Indonesia (Kalimantan), Malaysia (Malay Peninsula, Sabah), Philippines; 0–1000 m.

1451 ***Phalaenopsis gibbosa*** **Sweet 中南蝴蝶兰**

附生植物。茎极短。叶 3~4 枚，椭圆状倒卵形，长达 12 cm，深绿色。花序总状，直立或弧曲，长 7~15 cm，具数花；花直径约 1 cm。花期：3 月；老挝、越南。

Epiphytic plants. Stems very short. Leaves 3–4, elliptic-obovate, to 12 cm long, deep green. Inflorescence racemose, erect or arching, 7–15 cm long, several-flowered; flowers ca. 1 cm across. Fl. Mar.;Laos,Vietnam.

1452 ***Phalaenopsis gigantea*** **J. J. Sm. 大叶蝴蝶兰**

附生植物。茎短。叶 5~6 枚，长达 70 cm 以上，宽 20~25 cm，下垂。花序下垂，长 30~40 cm，密生多花；花直径约 5 cm，有甜的香味。花期：秋季；婆罗洲（加里曼丹、沙巴）；0~600 m。

Epiphytic plants. Stems short. Leaves 5–6, over 70 cm long, 20–25 cm wide, pendent. Inflorescence pendent, 30–40 cm long, densely many-flowered; flowers ca. 5 cm across, sweetly scented. Fl. autumn; Borneo (Kalimantan, Sabah); 0–600 m.

1452 ***Phalaenopsis gigantea***
(Photo.: Kohji Karasawa)

1453 ***Phalaenopsis hieroglyphica***
(Photo.: Kohji Karasawa)

1453 *Phalaenopsis hieroglyphica* (Rchb. f.) H. R. Sweet 象纹蝴蝶兰

附生植物。茎短。叶数枚，矩圆状舌形，长达 30 cm，革质。花序外弯或下垂，长约 30 cm，具多花；花直径 4~5 cm。花期：春季至初冬；菲律宾（巴拉望、波利略群岛）；约 500 m。

Epiphytic plants. Stems short. Leaves several, oblong-ligulate, to 30 cm long, coriaceous. Inflorescence arching or pendulous, ca. 30 cm long, many-flowered; flowers 4–5 cm across. Fl. spring–early winter; Philippines (Palawan, Polillo Islands); ca. 500 m.

1454 *Phalaenopsis inscriptiosinensis* Fowlie 碑文蝴蝶兰

附生植物。茎短。叶 3~5 枚，矩圆形，长 8~16 cm。花序下垂，长 7~11 cm，具 2~5 花；花直径约 3.5 cm。花期：春季至夏季；印度尼西亚（苏门答腊）；900 m 以下。

Epiphytic plants. Stems short. Leaves 3–5, oblong, 8–16 cm long. Inflorescence pendulous, 7–11 cm long, 2- to 5-flowered; flowers ca. 3.5 cm across. Fl. spring–summer; Indonesia (Sumatra); below 900 m.

1455 *Phalaenopsis javanica* J. J. Sm. 爪哇蝴蝶兰

附生植物。茎短。叶 2~4 枚，倒卵形或椭圆形，长 20~25 cm。花序长 7~25 cm，有时有分枝，具多花；花直径 2.5~3 cm。花期：冬季；印度尼西亚（爪哇）；700~1000 m。

Epiphytic plants. Stems short. Leaves 2–4, obovate or elliptic, 20–25 cm long. Inflorescence 7–25 cm long, sometimes branched, many-flowered; flowers 2.5–3 cm across. Fl. winter; Indonesia (Java); 700–1000 m.

1456 *Phalaenopsis kunstleri* Hook. f. 孔氏蝴蝶兰

附生植物。茎短。叶 2~4 枚，倒卵形，长 20~25 cm，下垂。花序近直立、外弯或下垂，长 25~35 cm，具 2~3 花；花直径约 4 cm。花期：初夏；马来西亚（马来半岛）、缅甸；低海拔地。

Epiphytic plants. Stems short. Leaves 2–4, obovate, 20–25 cm long, pendent. Inflorescence suberect, arching or pendulous, 25–35 cm long, 2- or 3-flowered; flowers ca. 4 cm across. Fl. early summer; Malaysia (Malay Peninsula), Myanmar; at low altitudes.

1454 ***Phalaenopsis inscriptiosinensis***
(Photo.: Kohji Karasawa)

1455 ***Phalaenopsis javanica***
(Photo.: Kohji Karasawa)

1456 ***Phalaenopsis kunstleri***
(Photo.: Kohji Karasawa)

1457 ***Phalaenopsis lindenii*** (Photo.: Kohji Karasawa)

1458 ***Phalaenopsis lobbii*** (Photo.: Sicong Lu)

1457 *Phalaenopsis lindenii* Loher 林氏蝴蝶兰

附生植物。茎短。叶 3~5 枚，矩圆状披针形，长 15~25 cm，上面暗绿色而有银灰色斑，背面略带紫色。花序近直立或外弯，长 20~40 cm，具多花；花直径 2.5~3.5 cm。花期：夏季至秋季；菲律宾（吕宋）；1000~1600 m。

Epiphytic plants. Stems short. Leaves 3–5, oblong-lanceolate, 15–25 cm long, dark green mottled with silvery-gray above, slightly purplish below. Inflorescence suberect or arching, 20–40 cm long, many-flowered; flowers 2.5–3.5 cm across. Fl. summer–autumn; Philippines (Luzon); 1000–1600 m.

1458 *Phalaenopsis lobbii* (Rchb. f.) H. R. Sweet 罗氏蝴蝶兰

附生植物，茎簇生，短，基部有分枝。叶 2~4 枚，宽椭圆形，长 5~8 cm。花序 1~3 个，直立，不分枝，长 5~10 cm，具 2~6 花；花直径约 1.5 cm。花期：3~5 月；不丹、中国（云南）、印度、缅甸、越南；600 m 以下。

Epiphytic plants. Stems tufted, short, branching basally. Leaves 2–4, broadly elliptic, 5–8 cm long. Inflorescences 1–3, erect, unbranched, 5–10 cm long, 2- to 6-flowered; flowers ca. 1.5 cm across. Fl. Mar.–May; Bhutan, China (Yunnan), India, Myanmar, Vietnam; below 600 m.

1459 ***Phalaenopsis lowii*** (Photo.: Kohji Karasawa)

1459 *Phalaenopsis lowii* Rchb. f. 楼氏蝴蝶兰

附生植物。茎短。叶 1~5 枚，矩圆状披针形，长 5~9 cm，背面有紫色斑点。花序外弯或下垂，不分枝或罕有分枝，长达 30 cm，疏生多花；花直径 3~4 cm。花期：夏季至秋季；缅甸南部（丹那沙林）、泰国西部；约 800 m。

Epiphytic plants. Stems short. Leaves 1–5, oblong-lanceolate, 5–9 cm long, spotted with purple beneath. Inflorescence arching to pendent, simple or rarely branched, to 30 cm long, laxly many-flowered; flowers 3–4 cm across. Fl. summer–autumn; S Myanmar (Tenasserim), W Thailand; ca. 800 m.

1460 ***Phalaenopsis lueddemanniana*** (Photo.: Kohji Karasawa)

1460 *Phalaenopsis lueddemanniana* Rchb. f. 吕氏蝴蝶兰

附生植物。茎短。叶数枚，倒卵形，长 20~30 cm。花序近直立、外弯或下垂，长于叶，常有分枝，具数花；花有香气，同一时间仅 1~3 花开放，直径 4~5 cm。花期：春季；菲律宾；低海拔地。

Epiphytic plants. Stems short. Leaves several, obovate, 20–30 cm long. Inflorescence suberect, arching or pendulous, longer than leaves, often branched, several-flowered; flowers fragrant, one to three opening at a time, 4–5 cm across. Fl. spring; Philippines; at low altitudes.

1461 ***Phalaenopsis maculata*** (Photo.: Kohji Karasawa)

1462 ***Phalaenopsis malipoensis*** (Photo.: Olaf Gruss)

1461 *Phalaenopsis maculata* Rchb. f. 斑花蝴蝶兰

附生植物。茎短。叶 2~3 枚，长 15~21 cm。花序外弯，与叶近等长，具少数花；花直径约 2.5 cm。花期：春季至夏季；印度尼西亚（加里曼丹）、马来西亚（以来半岛、沙巴、沙捞越）；0~1000 m。

Epiphytic plants. Stems short. Leaves 2–3, 15–21 cm long. Inflorescence arching, nearly as long as leaves, few-flowered; flowers ca. 2.5 cm across. Fl. spring–summer; Indonesia (Kalimantan), Malaysia (Malay Peninsula, Sabah. Sarawak); 0–1000 m.

1463 ***Phalaenopsis mannii***
(Photo.: Yechun Xu)

1462 *Phalaenopsis malipoensis* Z. J. Liu & S. C. Chen 麻栗坡蝴蝶兰

附生植物。茎短。叶 3~5 枚，矩圆形或椭圆形，长 4.5~7 cm，冬季落叶或存留 1~2 叶。花序 3~4 个，基生，不分枝，长 8~15 cm，疏生 3~4 花；花直径 1.2~1.6 cm。花期：4~5 月；中国（云南南部）；600~1300 m。

Epiphytic plants. Stems short. Leaves 3–5, oblong or elliptic, 4.5–7 cm long, deciduous or 1–2 persistent in winter. Inflorescences 3 or 4, basal, unbranched, 8–15 cm long, laxly 3- or 4-flowered; flowers 1.2–1.6 cm across. Fl. Apr.–May; China (S Yunnan); 600–1300 m.

1463 *Phalaenopsis mannii* Rchb. f. 版纳蝴蝶兰

附生植物。茎长 1.5~7 cm，节上生根。叶 4~5 枚，矩圆状倒披针形，长 15~30 cm。花序 1~2 个，上举或下垂，长 5.5~30 cm，有时有分枝，疏生少数至多数花；花蜡质，直径约 3.5 cm。花期：春季至秋季；不丹、中国（云南南部）印度、缅甸、尼泊尔、越南；500~1400 m。

Epiphytic plants. Stems 1.5–7 cm long, rooting from nodes. Leaves 4–5, oblong-oblanceolate, 15–30 cm long. Inflorescences 1–2, ascending to pendulous, 5.5–30 cm long, sometimes branched, laxly few- to many-flowered; flowers waxy, ca. 3.5 cm across. Fl. spring–autumn; Bhutan, China (S Yunnan), India, Myanmar, Nepal, Vietnam; 500–1400 m.

1464 ***Phalaenopsis mariae***
(Photo.: Kohji Karasawa)

1464 *Phalaenopsis mariae* Burb. ex Warner & B. S. Williams 马氏蝴蝶兰

附生植物。茎短。叶数枚，矩圆状舌形，长 15~25 cm。花序近直立或外弯，通常短于叶，有分枝，具少数或多数花；花直径 3~4 cm。花期：春季至夏季；印度尼西亚（加里曼丹）、菲律宾；约 700 m。

Epiphytic plants. Stems short. Leaves several, oblong-ligulate, 15–25 cm long. Inflorescence suberect or arching, often shorter than leaves, branched, few- to many-flowered; flowers 3–4 cm across. Fl. spring–summer; Indonesia (Kalimantan), Philippines; ca. 700 m.

1465 ***Phalaenopsis modesta***
(Photo.: Kohji Karasawa)

1466 ***Phalaenopsis pallens***
(Photo.: Kohji Karasawa)

1467 ***Phalaenopsis pantherina***
(Photo.: Kohji Karasawa)

1465 *Phalaenopsis modesta* J. J. Sm. 婆洲蝴蝶兰

附生植物。茎短。叶 2~4 枚，倒卵形或倒卵状椭圆形，长 10~15 cm。花序纤细，外弯，短于叶，具数花；花直径约 3 cm。花期：夏季；婆罗洲（加里曼丹、沙巴）；0~900 m。

Epiphytic plants. Stems short. Leaves 2–4, obovate or obovate-elliptic, 10–15 cm long. Inflorescence slender, arching, shorter than leaves, several-flowered; flowers ca. 3 cm across. Fl. summer; Borneo (Kalimantan, Sabah); 0–900 m.

1466 *Phalaenopsis pallens* (Lindl.) Rchb. f. 疏斑蝴蝶兰

附生植物。茎短。叶 3~6 枚，倒卵形，长 15~20 cm。花序外弯，长 15~20 cm，具单花至少数花；花直径 2~4 cm。花期：通常冬季；菲律宾；低海拔地。

Epiphytic plants. Stems short. Leaves 3–6, obovate, 15–20 cm long. Inflorescence arching, 15–20 cm long, 1- to few-flowered; flowers 2–4 cm across. Fl. often winter; Philippines; at low altitudes.

1467 *Phalaenopsis pantherina* Rchb. f. 豹斑蝴蝶兰

附生植物。茎短。叶数枚，矩圆形，长 15~20 cm。花序外弯或下垂，具粗厚的花序轴，生有数花；花直径 3~4 cm。花期：冬季和夏季；婆罗洲（加里曼丹、沙巴、沙捞越）；0~800 m。

Epiphytic plants. Stems short. Leaves several, oblong, 15–20 cm long. Inflorescence arching or pendulous, with thick rachis, several-flowered; flowers 3–4 cm across. Fl. winter and summer; Borneo (Kalimantan, Sabah, Sarawak); 0–800 m.

1468 *Phalaenopsis parishii* Rchb. f. 帕氏蝴蝶兰

附生植物。茎短。叶 1~4 枚，倒卵形或椭圆形，长 5~10 cm，通常脱落。花序与叶近等长，具数花；花直径约 1.5 cm。花期：春季；印度东北部、缅甸、泰国；0~500 m。

Epiphytic plants. Stems short. Leaves 1–4, obovate or elliptic, 5–10 cm long, often deciduous. Inflorescence almost as long as leaves, several-flowered; flowers ca. 1.5 cm across. Fl. spring; NE India, Myanmar, Thailand; 0–500 m.

1468 ***Phalaenopsis parishii*** (Photo.: Kohji Karasawa)

1469 ***Phalaenopsis philippinensis*** (Photo.: Alain Brochart)

1470 ***Phalaenopsis pulchra*** (Photo.: Kohji Karasawa)

1469 *Phalaenopsis philippinensis* Golamco ex Fowlie & C. Z. Tang 菲律宾蝴蝶兰

附生植物。茎短。叶 3~5 枚，矩圆形，长 25~35 cm，上面暗绿色而有银灰色斑，背面带紫色。花序外弯，有分枝，长达 120 cm，具多花；花直径达 7 cm。花期：冬季至春季；菲律宾；0~1200 m。

Epiphytic plants. Stems short. Leaves 3–5, oblong, 25–35 cm long, dark green mottled with silvery-gray above, purplish below. Inflorescence arching, branched, to 120 cm long, many-flowered; flowers to 7 cm across. Fl. winter–spring; Philippines; 0–1200 m.

1471 ***Phalaenopsis sanderiana***
(Photo.: Alain Brochart)

1470 *Phalaenopsis pulchra* (Rchb. f.) H. R. Sweet 美花蝴蝶兰

附生植物。茎短。叶 3~5 枚，矩圆形或狭倒卵形，长 10~15 cm。花序外弯，通常短于叶，具少数花；花直径 4~5 cm。花期：夏季；菲律宾；低海拔地。

Epiphytic plants. Stems short. Leaves 3–5, oblong or narrowly obovate, 10–15 cm long. Inflorescence arching, often shorter than leaves, few-flowered; flowers 4–5 cm across. Fl. summer; Philippines; at low altitudes.

1471 *Phalaenopsis sanderiana* Rchb. f. 散氏蝴蝶兰

附生植物。茎短。叶 3~5 枚，矩圆形，长约 25 cm，上面绿色而稍有紫色晕。花序外弯，有分枝，明显长于叶，具多花；花直径 5.5~6.5 cm。花期：冬季至春季；菲律宾。

Epiphytic plants. Stems short. Leaves 3–5, oblong, ca. 25 cm long, green slightly tinged with purple above. Inflorescence arching, branched, much longer than leaves, many-flowered; flowers 5.5–6.5 cm across. Fl. winter–spring; Philippines.

1472 ***Phalaenopsis schilleriana***
(Photo.: Kohji Karasawa)

1472 *Phalaenopsis schilleriana* Rchb. f. 席氏蝴蝶兰

附生植物。茎短。叶 3~5 枚，矩圆形或椭圆形，长 20~40 cm，上面暗绿色而有银灰色斑，背面带紫色。花序外弯，有分枝，长在 90 cm 以上，具多花；花直径 5~7 cm，有香气，经久不凋。花期：通常春季；菲律宾；0~450 m。

Epiphytic plants. Stems short. Leaves 3–5, oblong or elliptic, 20–40 cm long, dark green mottled with silvery-gray above, purplish below. Inflorescence arching, branched, over 90 cm long, many-flowered; flowers 5–7 cm across, fragrant, long-lasting. Fl. often spring; Philippines; 0–450 m.

1473 ***Phalaenopsis stobartiana***
(Photo.: Xiaohua Jin)

1474 ***Phalaenopsis stuartiana***
(Photo.: Kohji Karasawa)

1476 ***Phalaenopsis taenialis***
(Photo.: Phillip J. Cribb)

1473 *Phalaenopsis stobartiana* Rchb. f. 滇西蝴蝶兰

附生植物。茎甚短。叶通常 3~4 枚，矩圆状披针形，长 7~11 cm，干季常脱落，但花期有叶。花序 1~2 个，通常上举，长 7~37 cm，具 2~4 花；花直径 2~2.5 cm。花期：5~6 月；中国（云南西部）；1300~1400 m。

Epiphytic plants. Stems very short. Leaves usually 3–4, oblong-lanceolate, 7–11 cm long, often deciduous during dry season, but present at anthesis. Inflorescences 1 or 2, often ascending, 7–37 cm long, 2- to 4-flowered; flowers 2–2.5 cm across. Fl. May–June; China (W Yunnan); 1300–1400 m.

1474 *Phalaenopsis stuartiana* Rchb. f. 棉岛蝴蝶兰

附生植物。茎短。叶 3~5 枚，近矩圆形，长达 40 cm，上面暗绿色并具银灰色斑，背面带紫色。花序外弯，长达 60 cm，有时有分枝，疏生多花；花直径 4.5~6 cm，稍有香气，经久不凋。花期：冬季至春季；菲律宾（棉兰老）；低海拔地。

Epiphytic plants. Stems short. Leaves 3–5, suboblong, to 40 cm long, dark green mottled with silvery-gray above, purplish below. Inflorescence arching, to 60 cm long, sometimes branched, laxly many-flowered; flowers 4.5–6 cm across, slightly scented, long-lasting. Fl. winter–spring; Philippines (Mindanao); at low altitudes.

1475 *Phalaenopsis sumatrana* Korth. & Rchb. f. 苏岛蝴蝶兰

附生植物。茎短。叶 3~5 枚，倒卵形，肉质，长 15~30 cm。花序近直立或外弯，长 20~30 cm，不分枝或有少数分枝，具数花至多花；花直径 2.5~4.5 cm。花期：春季至夏季；印度尼西亚（爪哇、加里曼丹、苏门答腊）、马来西亚（马来半岛、沙巴、沙捞越）、缅甸、泰国；0~700 m。

Epiphytic plants. Stems short. Leaves 3–5, obovate, fleshy, 15–30 cm long, Inflorescence suberect or arching, 20–30 cm long, simple or with a few branches, several- to many-flowered; flowers 2.5–4.5 cm across. Fl. spring–summer; Indonesia (Java, Kalimantan, Sumatra), Malaysia (Malay Peninsula, Sabah, Sarawak), Myanmar, Thailand; 0–700 m.

1475 ***Phalaenopsis sumatrana*** (Photo.: Kohji Karasawa)

1476 *Phalaenopsis taenialis* (Lindl.) Christenson [*Kingidium taeniale* (Lindl.) P. F. Hunt] 小尖囊蝴蝶兰

附生植物，具压扁的、稍具疣状突起的根。茎不明显。叶少数，近矩圆形，长 1~3.5 cm，在花期常脱落，通常仅 1 叶宿存。花序基生，长 6.5~19 cm，具 1~2 花；花直径约 1.5 cm。花期：6 月；不丹、中国（西藏、云南）、印度东北部、缅甸、尼泊尔、泰国；1000~2200 m。

Epiphytic plants, with flattened, slightly verrucose roots. Stems inconspicuous. Leaves few, suboblong, 1–3.5 cm long, often deciduous at anthesis, usually only one leaf persistent. Inflorescence basal, 6.5–19 cm long, 1- or 2-flowered; flowers ca. 1.5 cm across. Fl. June; Bhutan, China (Xizang, Yunnan), NE India, Myanmar, Nepal, Thailand; 1000–2200 m.

1477 ***Phalaenopsis venosa***
(Photo.: Kohji Karasawa)

1478 ***Phalaenopsis violacea***
(Photo.: Kohji Karasawa)

1479 ***Phalaenopsis viridis***
(Photo.: Kohji Karasawa)

1477 *Phalaenopsis venosa* Shim & Fowlie 脉纹蝴蝶兰

附生植物。茎短。叶 3~5 枚，矩圆状舌形，长 10~22 cm。花序上举，长 12~18 cm，有时有分枝，密生多花；花依次开放，同一时间仅开 1~2 花；花直径 4~5 cm。花期：11 月；印度尼西亚（苏拉威西）；1500~2000 m。

Epiphytic plants. Stems short. Leaves 3–5, oblong-ligulate, 10–22 cm long. Inflorescence ascending, 12–18 cm long, sometimes branched, densely many-flowered; flowers opening successively, only 1 or 2 at a time, 4–5 cm across. Fl. Nov.; Indonesia (Sulawesi); 1500–2000 m.

1478 *Phalaenopsis violacea* Witte 紫心蝴蝶兰

附生植物。茎短。叶 2~5 枚，倒卵形，长 20~25 cm，质厚。花序外弯，长约 10 cm，具数花；花直径 5~7 cm，有香气。花期：春季至夏季；印度尼西亚（加里曼丹、苏门答腊及邻近岛屿）、马来西亚（马来半岛、沙捞越）；低海拔地。

Epiphytic plants. Stems short. Leaves 2–5, obovate, 20–25 cm long, thick-textured. Inflorescence arching, ca. 10 cm long, several-flowered; flowers 5–7 cm across, scented. Fl. spring–summer; Indonesia (Kalimantan, Sumatra and adjacent islands), Malaysia (Malay Peninsula, Sarawak); at low altitudes.

1479 *Phalaenopsis viridis* J. J. Sm. 绿背蝴蝶兰

附生植物。茎短。叶 3~4 枚，矩圆状倒卵形，长达 24 cm。花序近直立或平展，长约 40 cm，有短分枝，通常可具 7 花；花依次开放，直径约 3.5 cm。花期：秋季；印度尼西亚（苏门答腊）；可达 1000 m。

Epiphytic plants. Stems short. Leaves 3–4, oblong-obovate, to 24 cm long. Inflorescence suberect or spreading, ca. 40 cm long, shortly branched, often to 7-flowered; flowers opening in succession, ca. 3.5 cm across. Fl. autumn; Indonesia (Sumatra); up to 1000 m.

1480 ***Phalaenopsis wilsonii*** (Photo.: Yechun Xu)

1480 *Phalaenopsis wilsonii* Rolfe 华西蝴蝶兰

附生植物，具带绿色的、稍扁的、密生疣状突起的根。茎长约 1 cm。叶 4~5 枚，近椭圆形，长 6.5~8 cm，在花期脱落或留 1~2 枚。花序通常 1~2 个，近直立或外弯，长 4~8.5 cm，具 3~15 花；花同时开放，直径 2.5~3 cm。花期：4~7 月；中国（广西至西藏）、越南北部；800~2200 m。

Epiphytic plants, with greenish, slightly flattened, densely verrucose roots. Stems ca. 1 cm long. Leaves 4–5, subelliptic, 6.5–8 cm long, deciduous or 1–2 persistent at anthesis. Inflorescences often 1–2, suberect or arching, 4–8.5 cm long, 3- to 15-flowered; flowers opening simultaneously, 2.5–3 cm across. Fl. Apr.–July; China (Guangxi to Xizang), N Vietnam; 800–2200 m.

1481 ***Phalaenopsis zhejiangensis***
(Photos.: Zhanhuo Tsi)

1482 ***Pholidota articulata***
(Photo.: Kohji Karasawa)

1484 ***Pholidota longipes***
(Photo.: Zhanhuo Tsi)

1481 ***Phalaenopsis zhejiangensis*** **(Z. H. Tsi) Schuit** (*Nothodoritis zhejiangensis* Z. H. Tsi) **象鼻蝴蝶兰**

附生植物。茎甚短。叶 1~3 枚，基生，倒卵状矩圆形，长 2~6.8 cm，背面常具暗紫色细斑点。花序侧生，下垂，长 8~13 cm，具 8~19 花；花直径约 1 cm。花期：6 月；中国（浙江东部和北部）；300~900 m。

Epiphytic plants. Stems very short. Leaves 1–3, basal, obovate-oblong, 2–6.8 cm long, under surface often with fine dark purple spots. Inflorescence lateral, pendent, 8–13 cm long, 8- to 19-flowered; flowers ca. 1 cm across. Fl. June; China (E & N Zhejiang); 300–900 m.

1482 ***Pholidota articulata*** **Lindl. 节茎石仙桃**

附生植物。假鳞茎近圆筒形，长 4~12 cm，彼此以两端相连接而呈茎状。叶 2 枚，生于新假鳞茎顶端，近矩圆形，长 6~17.5 cm。花序生于新假鳞茎顶端，长 6~18 cm，密生 10 朵或更多花；花直径 1~1.5 cm。花期：6~8 月。中国西南部，南至印度尼西亚，西至喜马拉雅地区；400~2500 m。

Epiphytic plants. Pseudobulbs subcylindric, 4–12 cm long, connected to each other at both ends and stemlike. Leaves 2, at apex of new pseudobulb, suboblong, 6–17.5 cm long. Inflorescence at apex of new pseudobulb, 6–18 cm long, densely with 10 or more flowers; flowers 1–1.5 cm across. Fl. June–Aug.; SW China, south to Indonesia and west to the Himalayas; 400–2500 m.

1483 ***Pholidota chinensis*** **Lindl. 石仙桃**

附生植物。假鳞茎狭卵形，长 1.5~8 cm，基部具长 0.5~2 cm 的柄。叶 2 枚，干后变黑色，近矩圆形至倒披针状椭圆形，长 5~22 cm。花序连同幼嫩假鳞茎和叶发自上一个假鳞茎的基部，长 12~38 cm，具数花至 20 花；花直径约 1.5 cm。花期：9~1 月；中国（福建至西藏）、缅甸、越南；900~2100 m。

Epiphytic plants. Pseudobulbs narrowly ovoid, 1.5–8 cm long, with a basal stalk 0.5–2 cm long. Leaves 2, turning black when dried, suboblong to oblanceolate-elliptic, 5–22 cm long. Inflorescence arising with young pseudobulb and leaves from base of last pseudobulb, 12–38 cm long, several- to 20-flowered; flowers ca. 1.5 cm across. Fl. Sep.–Jan.; China (Fujian to Xizang), Myanmar, Vietnam; 900–2100 m.

1483 ***Pholidota chinensis*** (Photos.: Yibo Luo)

1484 ***Pholidota longipes*** **S. C. Chen & Z. H. Tsi 长足石仙桃**

附生植物。假鳞茎圆筒形，长 4~11.5 cm，粗 3~4 mm，顶端具 2 叶。叶狭椭圆状披针形，长 8~16 cm。花序与幼嫩的假鳞茎和叶发自上一个假鳞茎的基部，长 6~10 cm，具 7~9 花；花有香气，直径约 1.2 cm。花期：1 月；中国（云南东南部）；1000~1400 m。

Epiphytic plants. Pseudobulbs cylindric, 4–11.5 cm long, 3–4 mm thick, 2-leaved at apex. Leaves narrowly elliptic-lanceolate, 8–16 cm long. Inflorescence arising with young pseudobulb and leaves from base of last pseudobulb, 6–10 cm long, 7- to 9-flowered; flowers fragrant, ca. 1.2 cm across. Fl. Jan.; China (SE Yunnan); 1000–1400 m.

1485 ***Phragmipedium besseae***
(Photo.: Kohji Karasawa)

1486 ***Phragmipedium boissierianum***
(Photo.: Kohji Karasawa)

1487 ***Phragmipedium caudatum***
(Photo.: Kohji Karasawa)

1485 *Phragmipedium besseae* Dodson & J. A. Kuhn 伯氏美洲兜兰

石上附生或地生植物，具匍匐根状茎。茎短。叶 6~10 枚，线形至狭椭圆形，长 5~12（~22）cm。花葶长 15~20 cm；花 1~4 朵，依次逐个开放，直径 5.5~6.5 cm。花期：夏季；哥伦比亚、厄瓜多尔、秘鲁；1100~1500 m。

Lithophytic or terrestrial plants, with a creeping rhizome. Stems short. Leaves 6–10, linear to narrowly elliptic, 5–12 (–22) cm long. Scape 15–20 cm long; flowers 1–4, opening successively, 5.5–6.5 cm across. Fl. summer; Colombia, Ecuador, Peru; 1100–1500 m.

1488 ***Phragmipedium klotzschianum*** (Photo.: Kohji Karasawa)

1486 *Phragmipedium boissierianum* (Rchb. f.) Rolfe [*Phragmipedium reticulatum* (Rchb. f.) Schltr.] 波氏美洲兜兰

地生植物。茎短。叶 5~7 枚，线状舌形，长 50~90 cm。花葶长 50~90 cm；花 3~15 朵，依次开放，通常同一时间开 1~2 花，直径 12~15 cm。花期：冬季至春季；厄瓜多尔、秘鲁；400~1400 m。

Terrestrial plants. Stems short. Leaves 5–7, linear-ligulate, 50–90 cm long. Scape 50–90 cm long; flowers 3–15, opening successively, often 1 or 2 at a time, 12–15 cm across. Fl. winter–spring; Ecuador, Peru; 400–1400 m.

1487 *Phragmipedium caudatum* (Lindl.) Rolfe 美洲兜兰

附生植物。茎甚短。叶 4~5 枚，带形，长 40~50 cm。花葶长 40~60 cm；花 3~4 朵，同时开放；花瓣长 30~80 cm；唇瓣长 5~7 cm。花期：通常夏季；哥伦比亚、哥斯达黎加、厄瓜多尔、危地马拉、墨西哥、巴拿马、秘鲁、委内瑞拉；1600~3000 m。

Epiphytic plants. Stems very short. Leaves 4–5, lorate, 40–50 cm long. Scape 40–60 cm long; flowers 3–4, opening simultaneously; petals 30–80 cm long; lip 5–7 cm long. Fl. often summer; Colombia, Costa Rica, Ecuador, Guatemala, Mexico, Panama, Peru, Venezuela; 1600–3000 m.

1488 *Phragmipedium klotzschianum* (Rchb. f.) Rolfe 克洛美洲兜兰

地生植物。茎甚短。叶 5~7 枚，线形，长 15~25 cm。花葶长 20~30 cm；花 2~3 朵，同一时间仅 1 朵开放；花瓣下垂，长约 5 cm；唇瓣长约 2.7 cm。花期：春季；圭亚那、委内瑞拉；300~1000 m。

Terrestrial plants. Stems very short. Leaves 5–7, linear, 15–25 cm long. Scape 20–30 cm long; flowers 2–3, opening one at a time; petals pendent, ca. 5 cm long; lip ca. 2.7 cm long. Fl. spring; Guyana, Venezuela; 300–1000 m.

1489 ***Phragmipedium kovachii***
(Photo.: Kohji Karasawa)

1490 ***Phragmipedium lindenii***
(Photo.: Kohji Karasawa)

1491 ***Phragmipedium lindleyanum***
(Photo.: Kohji Karasawa)

1489 *Phragmipedium kovachii* J. T. Atwood, Dalstrom & Ric. Fernandez 柯氏美洲兜兰

地生植物。茎短，丛生。叶 3~7 枚，线状舌形，长 40~64 cm。花葶直立，长 23~25 cm，具红紫色短硬毛；顶端具单花；花直径 11~18 cm。花期：冬季至春季；秘鲁；1600~2100 m。

Terrestrial plants. Stems short, clustered. Leaves 3–7, linear-ligulate,40–64 cm long. Scape erect, 23–25 cm long, red-purple-hirsute, terminating in a solitary flower; flower 11–18 cm across. Fl. winter–spring; Peru; 1600–2100 m.

1490 *Phragmipedium lindenii* (Lindl.) Dressler & N. H. Williams 无囊美洲兜兰

附生植物。茎甚短。叶 4~7 枚，线状披针形，长 20~50 cm。花葶长 30~60 cm；花 3~4 朵，同时开放；中萼片长 10~12 cm；花瓣与唇瓣相似，下垂，长约 50 cm。花期：春季；哥伦比亚、厄瓜多尔、委内瑞拉；1600~2300 m。

Epiphytic plants. Stems very short. Leaves 4–7, linear-lanceolate, 20–50 cm long. Scape 30–60 cm long; flowers 3–4, opening simultaneously; dorsal sepal 10–12 cm long; petals and lip similar to each other, pendent, ca. 50 cm long. Fl. spring; Colombia, Ecuador, Venezuela; 1600–2300 m.

1491 *Phragmipedium lindleyanum* (Schomb. ex Lindl.) Rolfe 林氏美洲兜兰

地生植物。茎甚短。叶通常 5 枚，线状披针形，长 40~60 cm。花葶长可达 100 cm，有分枝；花 3~7 朵，逐个依次开放，直径 7~8 cm。花期：秋季至冬季；巴西、圭亚那、委内瑞拉；750~2000（~3000）m。

Terrestrial plants. Stems very short. Leaves often 5, linear-lanceolate, 40–60 cm long. Scape up to 100 cm long, branched; flowers 3–7, opening successively, 7–8 cm across. Fl. autumn–winter; Brazil, Guyana, Venezuela; 750–2000 (–3000) m.

1492 *Phragmipedium longifolium* (Warsc. & Rchb. f.) Rolfe 长叶美洲兜兰

地生植物。茎甚短。叶 5~7 枚，线状披针形，长 40~80 cm。花葶长 35~45 cm；花数朵，同一时间仅开 1 朵；萼片长 3~5 cm；花瓣长 8~10 cm。花期：夏季至秋季；哥伦比亚、哥斯达黎加、厄瓜多尔、巴拿马；约 1300 m。

Terrestrial plants. Stems very short. Leaves 5–7, linear-lanceolate, 40–80 cm long. Scape 35–45 cm long; flowers several, opening one at a time; sepals 3–5 cm long; petals 8–10 cm long. Fl. summer–autumn; Colombia, Costa Rica, Ecuador, Panama; ca. 1300 m.

1492 ***Phragmipedium longifolium***
(Photo.: Kohji Karasawa)

1493 ***Phragmipedium pearcei***
(Photo.: Kohji Karasawa)

1494 ***Phragmipedium sargentianum***
(Photo.: Kohji Karasawa)

1495 ***Phragmipedium schlimii***
(Photo.: Kohji Karasawa)

1493 *Phragmipedium pearcei* (Rchb. f.) Rauh & Sengh. (*Pragmipedium ecuadorense* Garay) **皮尔美洲兜兰**

地生植物。茎短。叶 5~7 枚，线状披针形，长 25~60 cm。花莛长 20~50 cm；花 1~6 朵，在同一时间仅开 1 朵；中萼片长约 4.5 cm；花瓣长 6~10 cm。花期：夏季至秋季；厄瓜多尔、秘鲁；低海拔地。

Terrestrial plants. Stems short. Leaves 5–7, linear-lanceolate, 25–60 cm long. Scape 20–50 cm long; flowers 1–6, opening one at a time; dorsal sepal ca. 4.5 cm long; petals 6–10 cm long. Fl. summer–autumn; Ecuador, Peru; at low altitudes.

1494 *Phragmipedium sargentianum* (Rolfe) Rolfe 沙氏美洲兜兰

地生或石上附生植物。茎甚短。叶 6~7 枚，披针形或矩圆状披针形，长 20~50 cm。花莛长 40~50 cm；花 2~5 朵，依次开放，同一时间仅开 1 朵，直径约 10 cm。花期：冬季；巴西东北部；600~1000 m。

Terrestrial or lithophytic plants. Stems very short. Leaves 6–7, lanceolate or oblong-lanceolate, 20–50 cm long. Scape 40–50 cm long; flowers 2–5, opening successively, only one at a time, to 10 cm across. Fl. winter; NE Brazil; 600–1000 m.

1495 *Phragmipedium schlimii* (Linden & Rchb. f.) Rolfe 红唇美洲兜兰

地生植物。茎甚短。叶 6~8 枚，线状披针形，长 20~35 cm。花莛长 25~40 cm；花 5~10 朵，在同一时间仅开 1 朵，直径 4~5 cm。花期：秋季至冬季；哥伦比亚；1300~1800 m。

Terrestrial plants. Stems very short. Leaves 6–8, linear-lanceolate, 20–35 cm long. Scape 25–40 cm long; flowers 5–10, opening one at a time, 4–5 cm across. Fl. autumn–winter; Colombia; 1300–1800 m.

1496 *Pinalia amica* (Rchb. f.) Kuntze (*Eria amica* Rchb. f.) **粗茎苹兰**

附生植物。假鳞茎纺锤形或圆筒形，长 3.5~14 cm，顶端具 1~3 叶。叶线形至卵状椭圆形，长 10~21 cm。花序 1~2 个或罕有更多，侧生，长 3~7 cm，具 6~10 花；花序轴和子房密被锈色毛；萼片长约 1 cm。花期:3~4 月；不丹、柬埔寨、中国（台湾、云南）、印度、老挝、缅甸、尼泊尔、泰国、越南；800~2200 m。

Epiphytic plants. Pseudobulbs fusiform or cylindric, 3.5–14 cm long, 1- to 3-leaved at apex. Leaves linear to ovate-elliptic, 10–21 cm long. Inflorescences 1–2 or rarely more, lateral, 3–7 cm long, 6- to 10-flowered; rachis and ovary densely rusty-hairy; sepals ca. 1 cm long. Fl. Mar.–Apr.; Bhutan, Cambodia, China (Taiwan, Yunnan), India, Laos, Myanmar, Nepal, Thailand, Vietnam; 800–2200 m.

1496 ***Pinalia amica*** (Photos.: Zhanhuo Tsi)

1497 ***Pinalia spicata*** **(D. Don) S. C. Chen & J. J. Wood** [*Eria spicata* (D. Don) Hand.-Mazz.] **密花苹兰**

附生植物。假鳞茎圆筒形或纺锤形，长 3~16 cm。叶 2~4 枚，近顶生，椭圆形或倒卵状披针形，长 5~22 cm。花序 1~3 个，生于假鳞茎近顶端处，长 3~5 cm，密生多花；花序轴和子房密生锈色微柔毛；花直径 8~10 mm。花期：7~10 月；不丹、中国（西藏、云南）、印度、缅甸、尼泊尔、泰国、越南；800~2800 m。

Epiphytic plants. Pseudobulbs cylindric or fusiform, 3–16 cm long. Leaves 2–4, subterminal, elliptic or obovate-lanceolate, 5–22 cm long. Inflorescences 1–3, arising from near apex of pseudobulb, 3–5 cm long, densely many-flowered; rachis and ovary densely rusty-puberulent; flowers 8–10 mm across. Fl. July–Oct.; Bhutan, China (Xizang, Yunnan), India, Myanmar, Nepal, Thailand, Vietnam; 800–2800 m.

1497 ***Pinalia spicata*** (Photos.: Yibo Luo)

1498 ***Platanthera chlorantha*** **Cust. ex Rchb. 二叶舌唇兰**

地生植物，高 30~50 cm。叶通常 2 枚，近基生，椭圆形至椭圆状倒披针形，长 10~20 cm。花序通常具 10 多朵花；花直径约 1.5 cm；距长 1~1.5 cm。花期：6~7 月；中国东北部至西南部、朝鲜半岛；2000~3500 m。

Terrestrial plants, 30–50 cm tall. Leaves often 2, subbasal, elliptic to elliptic-oblanceolate, 10–20 cm long. Inflorescence usually with over 10 flowers; flowers ca. 1.5 cm across; spur 1–1.5 cm long. Fl. June–July; NE to SW China, Korea; 2000–3500 m.

1499 ***Platanthera grandiflora*** **(Bigelow) Lindl. 大花舌唇兰**

地生植物，高达 120 cm。叶 2~6 枚，茎生，椭圆形至披针形，长 20~22 cm，基部具鞘。花序具 30~60 花；唇瓣长约 1.8 cm，3 深裂，具流苏边缘。花期：6~8 月；加拿大东南部、美国东北部；1800 m 以下。

Terrestrial plants, to 120 cm tall. Leaves 2–6, cauline, elliptic to lanceolate, 20–22 cm long, sheathing at base. Inflorescence 30- to 60-flowered; lip ca. 1.8 cm long, tripartite, fimbriate-margined. Fl. June–Aug.; SE Canada, northeastern U. S. A.; below 1800 m.

1500 ***Plectrelminthus caudatus*** **(Lindl.) Summerh. 蠕距兰**

附生植物。茎长达 15 cm，具粗壮的、有时直径达 1 cm 的根。叶 7~15 枚，二列，宽带形，长 10~30 cm。花序腋生，外弯或下垂，长 25~60 cm，具 4~10 花；花直径 7~8 cm；距长 15~25 cm。花期：夏季至秋季；西非，从几内亚至刚果（金沙萨）。

Epiphytic plants. Stems to 15 cm long, with stout roots sometimes to 1 cm thick. Leaves 7–15, distichous, broadly strap-shaped, 10–30 cm long. Inflorescences axillary, arching or pendent, 25–60 cm long, 4- to 10-flowered; flowers 7–8 cm across; spur 15–25 cm long. Fl. summer–autumn; W Africa from Guinea to Congo (Kinshasa).

1498 ***Platanthera chlorantha***
(Photo.: Yibo Luo)

1499 ***Platanthera grandiflora***
(Photo.: Karlheinz Senghas)

1500 ***Plectrelminthus caudatus***
(Photo.: Kohji Karasawa)

1501 ***Pleione albiflora*** (Photo.: Wei Zhang)

1503 ***Pleione bulbocodioides*** (Photo.: Huaming Zhou)

1501 *Pleione albiflora* P. J. Cribb & C. Z. Tang 白花独蒜兰

附生或石上附生植物。假鳞茎卵状圆锥形，长 3~4.5 cm，顶端具长颈。叶 1 枚，镰状披针形，在花期未长成。花序具 1 花；花有香气；唇瓣长 4.5~5.5 cm，上半部具 5 行乳突。花期：4~5 月；中国（云南西北部）、缅甸北部；2400~3300 m。

Epiphytic or lithophytic plants. Pseudobulbs ovoid-conical, 3–4.5 cm long, with a long neck apically. Leaf 1, falcate-lanceolate, immature at anthesis. Inflorescence 1-flowered; flower fragrant; lip 4.5–5.5 cm long, with 5 rows of papillae in apical half. Fl. Apr.–May; China (NW Yunnan), N Myanmar; 2400–3300 m.

1502 ***Pleione aurita***
(Photo.: Kohji Karasawa)

1502 *Pleione aurita* P. J. Cribb & H. Pfennig 艳花独蒜兰

附生植物。假鳞茎圆锥形，长 2~4 cm。叶 1 枚，直立，倒披针形，长 8~18 cm。花序具 1 花；苞片浅粉红色，具暗色脉；花浅粉红色至紫色；唇瓣宽扇形，长约 4 cm，具 5 行长的乳突从基部延伸至近顶端。花期：4~5 月；中国（云南西部）；1400~2800 m。

Epiphytic plants. Pseudobulbs conical, 2–4 cm long. Leaf 1, erect, oblanceolate, 8–18 cm long. Inflorescence 1-flowered; bract pale pink with darker veins; flower pale pink to purple; lip broadly flabellate, ca. 4 cm long, with 5 rows of long papillae extending from base to near apex. Fl. Apr.–May; China (W Yunnan); 1400–2800 m.

1503 *Pleione bulbocodioides* (Franch.) Rolfe 独蒜兰

地生或石上附生植物。假鳞茎卵形至卵状圆锥形，长 1~2.5 cm，顶端具明显的颈。叶 1 枚，狭椭圆状披针形或近倒披针形，花后长成，长 10~25 cm。花序具 1 花或罕有 2 花；唇瓣长 3.5~4.5 cm，唇盘上具 4~5 条啮蚀状的褶片。花期：4~6 月；中国（甘肃南部和陕西南部至福建北部和西藏东南部）；900~3600 m。

Terrestrial or lithophytic plants. Pseudobulbs ovoid to ovoid-conical, 1–2.5 cm long, with a conspicuous neck apically. Leaf 1, narrowly elliptic-lanceolate or suboblanceolate, developing after flowering, 10–25 cm long. Inflorescence 1- or rarely 2-flowered; lip 3.5–4.5 cm long, with 4 or 5 erose lamellae on disk. Fl. Apr.–June; China (S Gansu and S Shaanxi to N Fujian and SE Xizang), 900–3600 m.

1504 *Pleione chunii* C. L. Tso 陈氏独蒜兰

地生或石上附生植物。假鳞茎常簇生，梨形至圆锥形，长 2.5~4.5 cm，顶端具明显的颈。叶 1 枚，椭圆状披针形，长 6~20 cm。花序与嫩叶同时出现，具 1 花或罕有 2 花；唇瓣宽扇形，长 2~2.5 cm，唇盘上具 6 行长的乳突。花期:4~5 月；中国（广东、广西、贵州、湖北、云南）；1400~2800 m。

Terrestrial or lithophytic plants. Pseudobulbs usually clustered, pyriform to conical, 2.5–4.5 cm long, with a conspicuous neck apically. Leaf 1, elliptic-lanceolate, 6–20 cm long. Inflorescence appearing with young leaf, 1- or rarely 2-flowered; lip broadly flabellate, 2–2.5 cm long, with 6 rows of long papillae on disk. Fl. Apr.–May; China (Guangdong, Guangxi, Guizhou, Hubei, Yunnan); 1400–2800 m.

1504 ***Pleione chunii***
(Photo.: Phillip J. Cribb)

1505 ***Pleione formosana*** (Photo.: Jun Liu)

1506 ***Pleione forrestii*** (Photo.: Jun Liu)

1505 *Pleione formosana* Hayata 台湾独蒜兰

附生或地生植物。假鳞茎通常卵形，长 1.3~4 cm，顶端具明显的颈。叶 1 枚，椭圆形或披针形，长 10~30 cm，在花期尚未长成或在长成中。花序具 1 花或罕有 2 花；花稍有香气；唇瓣通常近圆形，长 4~5.5 cm，具 2~5 条全缘或啮蚀状褶片；褶片常断开。花期：3~4 月；中国（福建、江西东南部、台湾、浙江南部）；600~2500 m。

Epiphytic or terrestrial plants. Pseudobulbs often ovoid, 1.3–4 cm long, with a conspicuous neck apically. Leaf 1, elliptic or lanceolate, 10–30 cm long, immature or developing at anthesis. Inflorescence 1- or rarely 2-flowered; flowers slightly fragrant; lip often suborbicular, 4–5.5 cm long, with 2–5 entire or erose lamellae; lamellae often interrupted along their length. Fl. Mar.–Apr.; China (Fujian, SE Jiangxi, Taiwan, S Zhejiang); 600–2500 m.

1506 *Pleione forrestii* Schltr. 黄花独蒜兰

附生植物。假鳞茎通常卵形，长 1.5~3 cm，顶端具明显的颈。叶 1 枚，花后出现，近椭圆形或狭椭圆状披针形，长 10~15 cm。花序具 1 花；唇瓣通常宽倒卵状椭圆形，长 3.2~4 cm，唇盘上具 5~7 条全缘而略呈波状的褶片。花期：3~5 月；中国（云南北部至西北部）；2200~3200 m。

Epiphytic plants. Pseudobulbs often ovoid, 1.5–3 cm long, with a conspicuous neck apically. Leaf 1, appearing after flowering, subelliptic or narrowly elliptic-lanceolate, 10–15 cm long. Inflorescence 1-flowered; lip often broadly obovate-elliptic, 3.2–4 cm long, with 5–7 entire but often slightly undulate lamellae on disk. Fl. Mar.–May; China (N to NW Yunnan); 2200–3200 m.

1507 ***Pleione grandiflora*** (Photo.: Zhanhuo Tsi)

1507 *Pleione grandiflora* (Rolfe) Rolfe 大花独蒜兰

石上附生植物。假鳞茎近圆锥形，长 3~4.5 cm，包藏于基部鞘的纤维残留物之中。叶 1 枚，披针形，在花期远未长成。花序具 1 花；唇瓣宽卵状椭圆形至扇形，长 5~5.5 cm，基部具长约 1 cm 的爪，唇盘上有 4~5（~7）条呈不规则撕裂的褶片。花期：5 月；中国（云南东南部至西南部）、越南北部；2600~2900 m。

Lithophytic plants. Pseudobulbs subconical, 3–4.5 cm long, enclosed by fibrous remains of basal sheaths. Leaf 1, lanceolate, very immature at anthesis. Inflorescence 1-flowered; lip broadly ovate-elliptic to flabellate, 5–5.5 cm long, base with a claw ca. 1 cm long, disk with 4–5 (–7) irregularly lacerate lamellae. Fl. May; China (SE to SW Yunnan), N Vietnam; 2600–2900 m.

1508 ***Pleione hookeriana*** (Photos.: Yibo Luo(left); Xiaohua Jin(right))

1508 *Pleione hookeriana* (Lindl.) Rollisson 毛唇独蒜兰

附生植物。假鳞茎卵形至圆锥形，长 1~3 cm。叶 1 枚，椭圆状披针形，在花期未长成或未出现。花序具 1 花；唇瓣扁圆形或近心形，长 2.5~4 cm，沿中央的脉具 7 行乳突从近基部延伸至近顶端。花期：4~6 月；不丹、中国（广东至云南和西藏）、印度东北部、老挝、缅甸、尼泊尔、泰国；1600~4200 m。

Epiphytic plants. Pseudobulbs ovoid to conical, 1–3 cm long. Leaf 1, elliptic-lanceolate, immature or not developing at anthesis. Inflorescence 1-flowered; lip oblate or subcordate, 2.5–4 cm long, with 7 rows of papillae extending along central veins from near base almost to apex. Fl. Apr.–June; Bhutan, China (Guangdong to Yunnan and Xizang), NE India, Laos, Myanmar, Nepal, Thailand; 1600–4200 m.

1509 ***Pleione humilis***
(Photo.: Kohji Karasawa)

1509 *Pleione humilis* (Sm.) D. Don 矮小独蒜兰

附生植物。假鳞茎烧瓶状，长 2~6 cm，顶端具长颈。叶 1 枚，倒披针形，长 18~25 cm。花序具 1~2 花；唇瓣矩圆状椭圆形，长 3.4~4.4 cm，基部囊状，上半部边缘撕裂状，唇盘上具 5~7 条有髯毛的褶片。花期：秋季；不丹、中国（西藏东南部）、印度、缅甸、尼泊尔；1800~3200 m。

Epiphytic plants. Pseudobulbs flask-shaped, 2–6 cm long, with a long neck apically. Leaf 1, oblanceolate, 18–25 cm long. Inflorescence 1- or 2-flowered; lip oblong-elliptic, 3.4–4.4 cm long, base saccate, margin lacerate in apical half, with 5–7 barbate lamellae on disk. Fl. autumn; Bhutan, China (SE Xizang), India, Myanmar, Nepal; 1800–3200 m.

1510 *Pleione limprichtii* Schltr. 四川独蒜兰

地生或石上附生植物。假鳞茎圆锥状卵形，长 3~4 cm，顶端具长颈。叶 1 枚，披针形，在花期未长成。花序具 1 花或罕有 2 花；唇瓣近圆形，长 2.5~4 cm，先端边缘撕裂状，唇盘上有 4 条具不规则细齿或呈啮蚀状的褶片。花期：4~5 月；中国（四川西南部、云南）、缅甸北部；2000~2500 m。

Terrestrial or lithophytic plants. Pseudobulbs conical-ovoid, 3–4 cm long, with a long neck apically. Leaf 1, lanceolate, immature at anthesis. Inflorescence 1- or rarely 2-flowered; lip suborbicular, 2.5–4 cm long, lacerate-margined apically, with 4 irregularly denticulate or erose lamellae on disk. Fl. Apr.–May; China (SW Sichuan, Yunnan), N Myanmar; 2000–2500 m.

1511 *Pleione maculata* (Lindl.) Lindl. 秋花独蒜兰

附生植物。假鳞茎陀螺状至梨状，长 1~3 cm，通常顶端具不明显的颈。叶 2 枚，椭圆状披针形或倒披针形，长 10~20 cm。花序在叶脱落后长出，具 1 花；唇瓣卵状矩圆形，长 2.5~3.5 cm，边缘啮蚀状，唇盘上有 5~7 条具乳突齿的褶片。花期：10~11 月；不丹、中国（云南西部）、印度、缅甸、尼泊尔、泰国；600~1600 m。

Epiphytic plants. Pseudobulbs turbinate to pyriform, 1–3 cm long, often with an indistinct neck apically. Leaves 2, elliptic-lanceolate or oblanceolate, 10–20 cm long. Inflorescence appearing after leaves have fallen, 1-flowered; lip ovate-oblong, 2.5–3.5 cm long, erose-margined, with 5–7 papillate-toothed lamellae on disk. Fl. Oct.–Nov.; Bhutan, China (W Yunnan), India, Myanmar, Nepal, Thailand; 600–1600 m.

1512 *Pleione microphylla* S. C. Chen & Z. H. Tsi 小叶独蒜兰

附生植物。假鳞茎卵状圆筒形，长 0.7~1.5 cm，呈屈膝状弯曲，新假鳞茎直接发自老假鳞茎的中部。叶 1 枚，长 2~6 cm，宽 2~11 mm，在花期未完全长成。花序具 1 花；唇瓣圆的菱形，长约 3 cm，基部有爪，唇盘上有 2 条全缘的、通常中部断开的褶片。花期：4 月；中国（广东）；1600~1700 m。

Epiphytic plants. Pseudobulbs ovoid-cylindric, 0.7–1.5 cm long, geniculate-curved, new pseudobulb arising directly from middle of old one. Leaf 1, 2–6 cm long, 2–11 mm wide, not fully developed at anthesis. Inflorescence 1-flowered; lip orbicular-rhombic, ca. 3 cm long, clawed at base, disk with 2 entire lamellae often interrupted halfway. Fl. Apr.; China (Guangdong); 1600–1700 m.

1512 ***Pleione microphylla***
(Photo.: Guangda Tang)

1510 ***Pleione limprichtii*** (Photo.: Kohji Karasawa)

1511 ***Pleione maculata*** (Photo.: Xiaohua Jin)

1513 ***Pleione pleionoides*** **(Kraenzl.) Braem & H. Mohr** (*Pleione speciosa* Ames & Schltr.) **美丽独蒜兰**

地生或石上附生植物。假鳞茎圆锥形，长 2.5~3 cm，表面粗糙。叶 1 枚，椭圆状披针形，长 14~20 cm，在花期未长成。花序具 1 花或罕有 2 花；唇瓣近菱形至倒卵形，长 4.2~5.5 cm，唇盘上有 2~4 条具细齿的褶片。花期：6 月；中国（重庆、贵州、湖北）；1700~2300 m。

Terrestrial or lithophytic plants. Pseudobulbs conical, 2.5–3 cm long, rough on surface. Leaf 1, elliptic-lanceolate, 14–20 cm long, immature at anthesis. Inflorescence 1- or rarely 2-flowered; lip subrhombic to obovate, 4.2–5.5 cm long, with 2–4 denticulate lamellae on disk. Fl. June; China (Chongqing, Guizhou, Hubei); 1700–2300 m.

1513 ***Pleione pleionoides*** (Photo.: Wei Zhang)

1514 ***Pleione praecox*** **(Sm.) D. Don 疣鞘独蒜兰**

1514 ***Pleione praecox*** (Photo.: Zhanhuo Tsi)

附生植物。假鳞茎通常陀螺状，长 1.5~4 cm，有紫褐色斑，顶端具短颈，外层鞘具疣状突起。叶 2 枚或罕有 1 枚，椭圆状披针形，长 9~20 cm。花序在叶已脱落或凋萎后出现，具 1 花或罕有 2 花；唇瓣倒卵状椭圆形，长 4~5 cm，唇盘上具 3~5 行乳突。花期：9~10 月；孟加拉国、不丹、中国（西藏、云南）、印度、老挝、缅甸、尼泊尔、泰国、越南；1200~3400 m。

Epiphytic plants. Pseudobulbs often turbinate, 1.5–4 cm long, mottled with purplish-brown, with a short neck apically, outer sheaths warty. Leaves 2 or rarely 1, elliptic-lanceolate, 9–20 cm long. Inflorescence appearing after leaves have fallen or withered, 1- or rarely 2-flowered; lip obovate-elliptic, 4–5 cm long, with 3–5 rows of papillae on disk. Fl. Sep.–Oct.; Bangladesh, Bhutan, China (Xizang, Yunnan), India, Laos, Myanmar, Nepal, Thailand, Vietnam; 1200–3400 m.

1515 ***Pleione saxicola*** **T. Tang & F. T. Wang ex S. C. Chen 岩生独蒜兰**

附生或地生植物。假鳞茎陀螺状，腹背压扁，高 0.7~1.1 cm，宽 1~2 cm，顶端具短颈，外层鞘稍有疣状突起。叶 1 枚，近矩圆状披针形至倒披针形，长 10~18 cm。花序具 1 花；唇瓣宽椭圆形，长约 5.5 cm，基部具长约 1.3 cm 的爪，唇盘上有 3 条全缘的褶片。花期：9 月；中国（西藏东南部、云南西北部）；2400~2500 m。

Epiphytic or terrestrial plants. Pseudobulbs turbinate, dorsiventrally flattened, 0.7–1.1 cm tall, 1–2 cm wide, with a short neck apically, outer sheaths slightly warty. Leaf 1, suboblong-lanceolate to oblanceolate, 10–18 cm long. Inflorescence 1-flowered; lip broadly elliptic, ca. 5.5 cm long, base with a claw ca. 1.3 cm long, disk with 3 entire lamellae. Fl. Sep.; China (SE Xizang, NW Yunnan); 2400–2500 m.

1516 ***Pleione scopulorum*** **W. W. Sm. 二叶独蒜兰**

地生植物。假鳞茎卵形，长 1~2.5 cm，顶端具长颈。叶 2 枚，披针形或倒披针形，长 4~13 cm。花序具 1 花或罕有 2~3 花；唇瓣近扁圆形或横椭圆形，长 2~2.5 cm，宽 2.5~3 cm，唇盘上具 5~9 条呈撕裂状的褶片。花期：5~7 月；中国（西藏、云南）、印度东北部、缅甸；2800~4200 m。

Terrestrial plants. Pseudobulbs ovoid, 1–2.5 cm long, with a long neck apically. Leaves 2, lanceolate or oblanceolate, 4–13 cm long. Inflorescence with 1 or rarely 2–3 flowers; lip suboblate or transversely elliptic, 2–2.5 cm long, 2.5–3 cm wide, disk with 5–9 lacerate lamellae. Fl. May–July; China (Xizang, Yunnan), NE India, Myanmar; 2800–4200 m.

1515 ***Pleione saxicola*** (Photo.: Bing Liu)

1516 ***Pleione scopulorum*** (Photo.: Yousheng Chen)

1517 ***Pleione yunnanensis*** (Photo.: Zhanhuo Tsi)

1517 *Pleione yunnanensis* (Rolfe) Rolfe 云南独蒜兰

地生或石上附生植物。假鳞茎卵形至圆锥形，长 1~3 cm，顶端具明显的颈。叶 1 枚，狭椭圆状披针形，长 6.5~25 cm，在花期远未长成或未出现。花序具 1 花或罕有 2 花；唇瓣宽卵形，长 3~4 cm，唇盘上具 3~5 条全缘或稍呈啮蚀状的褶片。花期：4~5 月；中国（贵州、四川、西藏、云南）、缅甸北部；1100~3500 m。

Terrestrial or lithophytic plants. Pseudobulbs ovoid to conical, 1–3 cm long, with a conspicuous neck apically. Leaf 1, narrowly elliptic-lanceolate, 6.5–25 cm long, very immature or undeveloped at anthesis. Inflorescence 1- or rarely 2-flowered; lip broadly ovate, 3–4 cm long, with 3–5 entire or slightly erose lamellae on disk. Fl. Apr.–May; China (Guizhou, Sichuan, Xizang, Yunnan), N Myanmar; 1100–3500 m.

1518 *Pleurothallis ascera* Luer & Escobar 肋茎兰

附生植物，具匍匐根状茎。茎簇生，直立，长 20~47 cm。叶 1 枚，卵形，长 16~18 cm，基部心形。花序顶生，数个，成簇，短，逐个出现，每个花序具 1 花；萼片长 1.5~2 cm。花期：12 月；哥伦比亚；可达 1800 m。

Epiphytic plants, with a creeping rhizome. Stems tufted, erect, 20–47 cm long. Leaf 1, ovate, 16–18 cm long, cordate at base. Inflorescences terminal, several, fasciculate, short, produced successively, each with one flower; sepals 1.5–2 cm long. Fl. Dec.; Colombia; up to 1800 m.

1519 *Pleurothallis lunaris* Luer & Escobar 金黄肋茎兰

附生植物，具匍匐根状茎。茎簇生，直立，纤细，长 30~45 cm。叶 1 枚，狭卵形，长 12~21 cm，基部心形。花序顶生，数个，成簇，长约 2 cm，各具 1 花；中萼片长约 1.8 cm。花期：10 月；哥伦比亚；可达 2500 m。

Epiphytic plants, with a creeping rhizome. Stems tufted, erect, slender, 30–45 cm long. Leaf 1, narrowly ovate, 12–21 cm long, cordate at base. Inflorescences terminal, several, fasciculate, ca. 2 cm long, each with one flower; dorsal sepal ca. 1.8 cm long. Fl. Oct.; Colombia; up to 2500 m.

1520 *Plocoglottis acuminata* Blume 紧唇兰

地生植物，具匍匐根状茎。假鳞茎圆筒形，长 5~8 cm，具数节，顶端生 1 叶。叶狭椭圆形至卵形，长 20~40 cm，通常有浅黄色斑点；叶柄长 2~14 cm。花序近基生，直立，长 35~50 cm，具 10~15 朵花。花直径约 3 cm。花期：春季至夏季；印度尼西亚（爪哇岛、加里曼丹岛、苏门答腊岛）、菲律宾；0~1200 m。

Terrestrial plants, with a creeping rhizome. Pseudobulbs cylindric, 5–8 cm long, several-noded, 1-leafed at apex. Leaf narrowly elliptic to ovate, 20–40 cm long; usually yellowish-punctate; petiole 2–14 cm long. Inflorescence nearly basal, erect, 35–50 cm long, 10- to 15-flowered. Flowers ca. 3 cm across. Fl. spring–summer; Indonesia (Java, Kalimantan, Sumatra), Philippines; 0–1200 m.

1518 ***Pleurothallis ascera***
(Photo.: SCO)

1519 ***pleurothallis lunaris***
(Photo.: Kohji Karasawa)

1520 ***Plocoglottis acuminata***
(Photo.: Kohji Karasawa)

1521 ***Podangis dactyloceras***
(Photo.: Kohji Karasawa)

1523 ***Pogonia yunnanensis***
(Photo.: Phillip J. Cribb)

1524 ***Polycycnis barbata***
(Photo.: Kohji Karasawa)

1521 *Podangis dactyloceras* (Rchb.f.) Schltr. 裂距兰

附生植物。茎长 1~8 cm，近顶端生叶。叶 4~8 枚，两侧压扁，排成扇形，线形，镰刀状，肉质，长 4~16 cm。花序腋生，短于叶，具 5~20 花；花不完全开放，半透明；萼片长 4~5 mm。花期：10~4 月；安哥拉、肯尼亚、马达加斯加、塞拉利昂、坦桑尼亚、乌干达；750~1600 m。

Epiphytic plants. Stems 1–8 cm long, leafy toward apex. Leaves 4–8, bilaterally flattened, arranged in a fan, linear, falcate, fleshy, 4–16 cm long. Inflorescences axillary, shorter than leaves, 5- to 20-flowered; flowers not opening widely, translecent; sepals 4–5 mm long. Fl. Oct. – Apr.; Angola, Kenya, Madagascar, Sierra Leone, Tanzania, Uganda;750–1600m.

1522 *Pogonia japonica* Rchb. f. 朱兰

地生植物，高 10~30 cm，具纤细的、长 10~20 cm 的根状茎。茎纤细，直立，具 1 叶。叶矩圆形至矩圆状披针形，长 3.5~6（~9）cm。花单朵，顶生，直立，不完全开放；苞片叶状，长 1.5~2.5 cm；萼片与花瓣长 1.4~2.2 cm。花期：5~7 月；中国（黑龙江至福建和云南）、日本、朝鲜半岛；1100~2300 m。

Terrestrial plants, 10–30 cm tall, with a slender rhizome 10–20 cm long. Stems slender, erect, 1-leafed. Leaf oblong to oblong-lanceolate, 3.5–6 (–9) cm long. Flower solitary, terminal, erect, not opening widely; bract foliaceous, 1.5–2.5 cm long; sepals and petals 1.4–2.2 cm long. Fl. May–July; China (Heilongjiang to Fujian and Yunnan), Japan, Korea; 1100–2300 m.

1522 ***Pogonia japonica*** (Photo.: Kohji Karasawa)

1523 *Pogonia yunnanensis* Finet 云南朱兰

地生植物，高 5~12 cm。茎直立，中部以上具 1 叶。叶稍肉质，近椭圆形，长 1~3（~4.5）cm。花单朵，顶生，直立，不完全开放；苞片叶状，长 0.5~2 cm；萼片与花瓣长 1.4~1.7 cm；唇瓣长 1.3~1.5 cm。花期：6~7 月；中国（四川，云南，西藏）；2300~3300 m。

Terrestrial plants, 5–12 cm tall. Stems erect, 1-leafed above middle. Leaf somewhat fleshy, subelliptic, 1–3 (–4.5) cm long. Flower solitary, terminal,erect, not opening widely; bract foliaceous, 0.5–2 cm long; sepals and petals 1.4–1.7 cm long; lip 1.3–1.5 cm long. Fl. June–July; China (Sichuan, Yunnan, Xizang); 2300–3300 m.

1524 *Polycycnis barbata* (Lindl.) Rchb. f. 鹅花兰

附生植物。假鳞茎卵形，有槽，长 2.5~4.5 cm，顶端具 1 叶。叶摺扇状，椭圆状披针形，长 20~40 cm。花序基生，外弯或下垂，长 28~32 cm，具多花；花通常较快凋谢；萼片和花瓣长 1.8~2.5 cm。花期：春季；巴西、哥伦比亚、哥斯达黎加、巴拿马、委内瑞拉；150~1500 m。

Epiphytic plants. Pseudobulbs ovoid, sulcate, 2.5–4.5 cm long, 1-leafed at apex. Leaf plicate, elliptic-lanceolate, 20–40 cm long. Inflorescence basal, arching to pendent, 28–32 cm long, many-flowered; flowers often rather short-lasting; sepals and petals 1.8–2.5 cm long. Fl. spring; Brazil, Colombia, Costa Rica, Panama, Venezuela; 150–1500 m.

1525 ***Polystachya vulcanica***
(Photo.: Kohji Karasawa)

1525 *Polystachya vulcanica* Kraenzl. 非洲多穗兰

附生植物。假鳞茎簇生，圆筒形，纤细，长 2~9 cm，顶端具 1 叶。叶直立，线形，长 5~10 cm。花序顶生，略长于叶，具数花；花直径约 1.5 cm。花期：春季；卢旺达、乌干达、刚果（布拉柴维尔）；1300~2600 m。

Epiphytic plants. Pseudobulbs tufted, cylindric, slender, 2–9 cm long, 1-leafed at apex. Leaf erect, linear, 5–10 cm long. Inflorescence terminal, slightly longer than leaf, several-flowered; flowers ca. 1.5 cm across. Fl. spring; Rwanda, Uganda, Congo (Brazzaville); 1300–2600 m.

1526 *Pomatocalpa spicatum* Breda 鹿角兰

附生植物。茎粗壮，直立，长 2~3 cm。叶 5~6 枚，二列，宽带形，长 20~31 cm。花序 2~3 个，侧生，下垂，长 3.5~15 cm，偶见具 1~2 个分枝，密生多花；花直径 6~8 mm。花期：春季；广布于亚洲热带地区，向北到达中国（海南）和不丹；200~1600 m。

Epiphytic plants. Stems stout, erect, 2–3 cm long. Leaves 5–6, distichous, broadly lorate, 20–31 cm long. Inflorescences 2–3, lateral, pendulous, 3.5–15 cm long, occasionally with 1 or 2 branches, densely many-flowered; flowers 6–8 mm across. Fl. spring; widely distributed in tropical Asia, north to China (Hainan) and Bhutan; 200–1600 m.

1527 *Ponerorchis brevicalcarata* (Finet) Soó [*Orchis brevicalcarata* (Finet) Schltr.] 短距小红门兰

地生植物，高 5~18 cm，具椭圆形或卵形块茎。叶 1 枚，基生，心形至宽卵形，长 1~3 cm，上面沿 5~7 条主脉具灰白色线并在白线之间具暗紫色斑点。花序疏生 1~3 花；唇瓣长与宽各 1~1.1 cm。花期：6~7 月；中国（四川、云南）；1500~3400 m。

Terrestrial plants, 5–18 cm tall, with ellipsoid or ovoid tubers. Leaf 1, basal, cordate to broadly ovate, 1–3 cm long, upper surface with off-white lines along 5–7 principal veins and dark purple spots between them. Inflorescence laxly 1- to 3-flowered; lip 1–1.1 cm long and wide. Fl. June–July; China (Sichuan, Yunnan); 1500–3400 m.

1527 ***Ponerorchis brevicalcarata***
(Photos.: Yibo Luo)

1528 *Ponerorchis chusua* (D. Don) Soó (*Orchis chusua* D. Don) 广布小红门兰

地生植物，高 8~45 cm，具矩圆形或球形块茎。叶 2~5 枚，茎生，线形至椭圆形，长 3~15 cm。花序具 1~20 花；唇瓣宽矩圆形至倒卵形，长 0.7~1.5 cm，宽 0.7~1.7 cm。花期：6~8 月；不丹、中国（黑龙江至西藏）、印度、朝鲜半岛、缅甸、尼泊尔、俄罗斯（西伯利亚）；500~4500 m。

Terrestrial plants, 8–45 cm tall, with oblong or globose tubers. Leaves 2–5, cauline, linear to elliptic, 3–15 cm long. Inflorescence 1- to 20-flowered; lip broadly oblong to obovate, 0.7–1.5 cm long, 0.7–1.7 cm wide. Fl. June–Aug.; Bhutan, China (Heilongjiang to Xizang), India, Korea, Myanmar, Nepal, Russia (Siberia); 500–4500 m.

1526 ***Pomatocalpa spicatum*** (Photo.: Yibo Luo)

1528 ***Ponerorchis chusua*** (Photos.: Yibo Luo)

1529 ***Ponerorchis gracile*** **(Blume) X. H. Jin, Schuit. & W. T. Jin** [*Amitostigma gracile* (Blume) Schltr.] **无柱小红门兰**

地生植物，高 7~25 cm。块茎卵形至椭圆形，长 8~15 mm。叶 1 枚，通常基生，长 3~12 cm，宽 0.8~3 cm。花序具 5~15 或更多的花，花常偏向一侧；唇瓣长 3.5~7 mm。花期：6~7 月；中国（辽宁至台湾、四川、贵州）、日本、朝鲜半岛；200~3000 m。

Terrestrial plants, 7–25 cm tall. Tubers ovoid to ellipsoid, 8–15 mm long. Leaf 1, often basal, 3–12 cm long, 0.8–3 cm wide. Inflorescence with 5–15 or more flowers, often secund; lip 3.5–7 mm long. Fl. June–July; China (Liaoning to Taiwan, Sichuan and Guizhou), Japan, Korea; 200–3000 m.

1529 ***Ponerorchis gracile*** (Photo.: Kohji Karasawa)

1530 ***Ponerorchis graminifolia*** **Rchb. f. 禾叶小红门兰**

石上附生植物，具长 1~3cm 的椭圆形块茎。茎长 10~20 cm，具叶。叶 2~4 枚，互生，宽线形，长 7~15 cm，上表面具浅紫色脉。花序总状，具 2~15 朵花；花直径约 1.3 cm。花期：夏季；日本（本州、九州、四国）、朝鲜半岛南部；低海拔地。

Lithophytic plants, with ellipsoid tubers 1–3 cm long. Stems 10–20 cm long, leafy. Leaves 2–4, alternate, broadly linear, 7–15 cm long, upper surface purplish-nerved. Inflorescence racemose, 2- to 15-flowered; flowers ca. 1.3 cm across. Fl. summer; Japan (Honshu, Kyushu, Shikoku), S Korean Peninsula; at low altitudes.

1530 ***Ponerorchis graminifolia*** (Photo.: Kohji Karasawa)

1531 ***Ponerorchis keiskei*** **(Finet) X. H. Jin, Schuit. & W. T. Jin** [*Amitostigma keiskei* (Maxim.) Schltr.] **凯氏小红门兰**

地生植物，高 5~15 cm。块茎近纺锤形。叶 1 枚，基生，狭椭圆形，长 3~7 cm。花序具数花；唇瓣长约 1 cm。花期：夏季；日本（本州、四国）；约 500 m。

Terrestrial plants, 5–15 cm tall. Tubers subfusiform. Leaf 1, basal, narrowly elliptic, 3–7 cm long. Inflorescence with several flowers; lip ca. 1 cm long. Fl. summer; Japan (Honsyu, Shikoku); ca 500 m.

1532 ***Ponerorchis lepida*** **(Rchb. f.) X. H. Jin, Schuit. & W. T. Jin** [*Amitostigma lepidum* (Rchb. f.) Schltr.] **日本小红门兰**

地生植物，高 10~15 cm。块茎椭圆形。叶 2~4 枚，近基生，狭椭圆形，长 4~8 cm。花序具数花；唇瓣长约 1 cm。花期：春季；日本（九州、琉球群岛）；低海拔地。

Terrestrial plants, 10–15 cm tall. Tubers ellipsoid. Leaves 2–4, nearly basal, narrowly elliptic, 4–8 cm long. Inflorescence several-flowered; lip ca. 1 cm long. Fl. spring; Japan (Kyusyu, Ryukyu Islands); at low altitudes.

1531 ***Ponerorchis keiskei*** (Photo.: Kohji Karasawa)

1532 ***Ponerorchis lepida*** (Photos.: Kohji Karasawa)

1533 ***Ponerorchis limprichtii***
(Photos.: Yuqi Li)

1534 ***Ponerorchis monantha***
(Photos.: Yibo Luo)

1536 ***Ponerorchis physoceras***
(Photo.: Gundolf Meyer)

1533 ***Ponerorchis limprichtii*** **(Schltr.) Soó (*Orchis limprichtii* Schltr.) 华西小红门兰**

地生植物，高 4.5~23 cm，具矩圆形或卵形块茎。叶 1 枚，基生，心形至椭圆形，长 2.8~6.5 cm，上面常有紫色斑点。花序疏生 2~14 花；唇瓣宽矩圆状卵形，长 1~1.1 cm，宽 0.8~0.9 cm。花期：5~6 月；中国（甘肃、河南、陕西、四川、云南）；1400~4000 m。

Terrestrial plants, 4.5–23 cm tall, with oblong or ovoid tubers. Leaf 1, basal, cordate to elliptic, 2.8–6.5 cm long, upper surface often marked with purple spots. Inflorescence laxly 2- to 14-flowered; lip broadly oblong-ovate, 1–1.1 cm long, 0.8–0.9 cm wide. Fl. May–June; China (Gansu, Henan, Shaanxi, Sichuan, Yunnan); 1400–4000 m.

1534 ***Ponerorchis monantha*** **(Finet) X. H. Jin, Schuit. & W. T. Jin** [*Amitostigma monanthum* (Finet) Schltr.] **单花小红门兰**

地生植物，高 6~10 cm。块茎卵形至近球形，直径约 5 mm。叶 1 枚，基生，长 2~3 cm，宽 0.6~1 cm，花单朵；唇瓣长、宽各 8~10 mm。花期：7~8 月；中国（甘肃、陕西、四川、西藏、云南）；2800~4100 m。

Terrestrial plants, 6–10 cm tall. Tubers ovoid to subglobose, ca. 5 mm in diam. Leaf 1, basal, 2–3 cm long, 0.6–1 cm wide. Flower single; lip 8–10 mm long and wide. Fl. July–Aug.; China (Gansu, Shaanxi, Sichuan, Xizang, Yunnan); 2800–4100 m.

1535 ***Ponerorchis papilionacea*** **(T. Tang, F. T. Wang & K. Y. Lang) X. H. Jin, Schuit. & W. T. Jin** (*Amitostigma papilionaceum* T. Tang, F. T. Wang & K. Y. Lang) **蝶花小红门兰**

1535 ***Ponerorchis papilionacea*** (Photos.: Yibo Luo)

地生植物，高 2~3.5 cm。块茎矩圆形，长 6~10 mm。叶 2 枚，基生，近对生，长 3~7 mm，宽 1.5~6 mm。花单朵；唇瓣长 7~9 mm，宽 5~8 mm。花期：7 月；中国（四川西北部）；约 2500 m。

Terrestrial plants, 2–3.5 cm tall. Tubers oblong, 6–10 mm long. Leaves 2, basal, subopposite, 3–7 mm long, 1.5–6 mm wide. Flower single; lip 7–9 mm long, 5–8 mm wide. Fl. July; China (NW Sichuan); ca. 2500 m.

1536 ***Ponerorchis physoceras*** **(Schltr.) X. H. Jin, Schuit. & W. T. Jin** (*Amitostigma physoceras* Schltr.) **球距小红门兰**

地生植物，高 6~11 cm。块茎近球形，直径约 1 cm。叶 2 枚，基生，近对生，平铺于地面，长 1~2 cm，宽 0.7~1.4 cm。花序具 3~10 花；唇瓣长约 9 mm，宽 7~8 mm。花期：7~8 月；中国（四川）；2000~2700 m。

Terrestrial plants, 6–11 cm tall. Tubers subglobose, ca. 1 cm in diam. Leaves 2, basal, subopposite, prostrate on substrate, 1–2 cm long, 0.7–1.4 cm wide. Inflorescence 3- to 10-flowered; lip ca. 9 mm long, 7–8 mm wide. Fl. July–Aug.; China (Sichuan); 2000–2700 m.

1537 ***Ponerorchis simplex*** **(T. Tang & F. T. Wang) X. H. Jin, Schuit. & W. T. Jin** (*Amitostigma simplex* T. Tang & F. T. Wang) **黄花小红门兰**

地生植物，高 5~14 cm。块茎卵形至近球形，直径 4~5 mm。叶 1 枚，基生，长 1.5~4 cm，宽 0.3~0.6 cm。花单朵；唇瓣长 0.7~1.5 cm，宽 0.6~1.3 cm。花期：7~8 月；中国（四川西部、云南西北部）；2300~4400 m。

Terrestrial plants, 5–14 cm tall. Tubers ovoid to subglobose, 4–5 mm in diam. Leaf 1, basal, 1.5–4 cm long, 0.3–0.6 cm wide. Flower single; lip 0.7–1.5 cm long, 0.6–1.3 cm wide. Fl. July–Aug.; China (W Sichuan, NW Yunnan); 2300–4400 m.

1537 ***Ponerorchis simplex***
(Photo.: Xiaohua Jin)

1538 ***Ponerorchis taiwanensis*** **(Fukuy.) Ohwi 台湾小红门兰**

地生植物，高 9~25（~40）cm，具椭圆形或近球形块茎。叶 2~5 枚，茎生，常为线状披针形，长 4~9（~15）cm。花序具 5~20 花；唇瓣卵状圆形，长 0.9~1.5 cm，宽 0.8~1.2 cm。花期：7~8 月；台湾（花莲至台东）；1500~3400 m。

Terrestrial plants, 9–25 (–40) cm tall, with ellipsoid or subglobose tubers. Leaves 2–5, cauline, often linear-lanceolate, 4–9 (–15) cm long. Inflorescence 5- to 20-flowered; lip ovate-orbicular, 0.9–1.5 cm long, 0.8–1.2 cm wide. Fl. July–Aug.; Taiwan (Hualian to Taidong); 1500–3400 m.

1539 ***Ponerorchis tetraloba***
(Photos.: Yibo Luo)

1539 ***Ponerorchis tetraloba*** **(Finet) X. H. Jin, Schuit. & W. T. Jin** [*Amitostigma tetralobum* (Finet) Schltr.] **滇蜀小红门兰**

地生植物，高 7~26 cm。块茎近球形至矩圆形，长 1~1.5 cm。叶 1 枚，茎生，长 2~8 cm，宽 0.3~0.8 cm。花序具 3~10 朵或更多的花；唇瓣长 4.5~8 mm，宽 3.5~4 mm。花期：6~8 月；中国（四川西南部、云南西部）；1500~2700 m。

Terrestrial plants, 7–26 cm tall. Tubers subglobose to oblong, 1–1.5 cm long. Leaf 1, cauline, 2–8 cm long, 0.3–0.8 cm wide. Inflorescence with 3–10 or more flowers; lip 4.5–8 mm long, 3.5–4 mm wide. Fl. June–Aug.; China (SW Sichuan, W Yunnan); 1500–2700 m.

1540 ***Ponerorchis tibetica*** **(Schltr.) X. H. Jin, Schuit. & W. T. Jin** (*Amitostigma tibeticum* Schltr.) **西藏小红门兰**

地生植物，高 6~8 cm。块茎椭圆形或近球形，直径约 5 mm。叶 1 枚，近基生，直立，紫色，长 2.5~3 cm，宽 0.5~0.6 cm。花单朵；唇瓣长 8~9 mm，宽约 6 mm。花期：8 月；中国（西藏东南部、云南西北部）；3600~4400 m。

Terrestrial plants, 6–8 cm tall. Tubers ellipsoid or subglobose, ca. 5 mm in diam. Leaf 1, nearly basal, erect, purple, 2.5–3 cm long, 0.5–0.6 cm wide. Flower single; lip 8–9 mm long, ca. 6 mm wide. Fl. Aug.; China (SE Xizang, NW Yunnan); 3600–4400 m.

1538 ***Ponerorchis taiwanensis*** (Photo.: Zhenrong Xie)

1540 ***Ponerorchis tibetica*** (Photo.: Xiaohua Jin)

1541 ***Ponthieva maculata***
(Photo.: Kohji Karasawa)

1542 ***Ponthieva racemosa***
(Photo.: Kohji Karasawa)

1544 ***Porroglossum echidna***
(Photo.: Kohji Karasawa)

1541 *Ponthieva maculata* Lindl. 斑萼蓬兰

地生或附生植物，高达 30 cm，具数枚基生叶。茎被腺毛。叶卵状披针形至倒披针形，长 7~28 cm。花序顶生，疏生数花至多花；萼片长 0.9~1.4 cm。花期：11 月；墨西哥经中美洲至厄瓜多尔；600~2500 m。

Terrestrial or epiphytic plants, to 30 cm tall, with several basal leaves. Stems glandular-hairy. Leaves ovate-lanceolate to oblanceolate, 7–28 cm long. Inflorescence terminal, laxly several- to many-flowered; sepals 0.9–1.4 cm long. Fl. Nov.; Mexico through Central America to Ecuador; 600–2500 m.

1542 *Ponthieva racemosa* Schltr. 蓬兰

地生植物，具数枚基生叶。叶近矩圆形，长达 12 cm。花序顶生，直立，长约 25 cm，具 20~30 朵或更多花。花直径约 1.3 cm。花期：不详；西印度群岛、墨西哥至玻利维亚；有时可达 3000 m。

Terrestrial plants, with several basal leaves. Leaves suboblong, to 12 cm long. Inflorescence terminal, erect, ca. 25 cm long, with 20–30 or more flowers. Flowers ca. 1.3 cm across. Fl. unknown; West Indies, Mexico to Bolivia; sometimes up to 3000 m.

1543 ***Porpax ustulata*** (Photo.: Kurt Keller)

1543 *Porpax ustulata* (Parish & Rchb. f.) Rolfe 盾柄兰

附生植物。假鳞茎上下压扁的球形，直径 4~5 mm，包藏于具明显网脉的鞘中。叶 2 枚，顶生，在花期已长成，倒卵形至近矩圆形，长 1.5~2.5 cm。花序甚短，具 1~2 花；侧萼片长 6~7 mm，合生至其长度的 1/2 至 2/3。花期：6 月；中国（云南南部）、缅甸、泰国；600~1500 m。

Epiphytic plants. Pseudobulbs depressed-globose, 4–5 mm in diam., covered with strongly reticulate-veined sheaths. Leaves 2, terminal, developing at anthesis, obovate to suboblong, 1.5–2.5 cm long. Inflorescence very short, 1- or 2-flowered; lateral sepals 6–7 mm long, fused with each other at 1/2–2/3 their length. Fl. June; China (S Yunnan), Myanmar, Thailand; 600–1500 m.

1544 *Porroglossum echidna* (Rchb. f.) Garay 伸唇兰

附生植物。茎簇生，长 1.5~7 cm，具 1 叶。叶椭圆状矩圆形，直立，长 5~14 cm，多少有紫色晕。花序基生，直立，长 10~20 cm，具数花；萼片顶端各具 1 个长 2~2.5 cm 的尾。花期：11 月；哥伦比亚；2500~3300 m。

Epiphytic plants. Stems tufted, 1.5–7 cm long, 1-leafed. Leaf elliptic-oblong, erect, 5–14 cm long, more or less tinged with purple. Inflorescence basal, erect, 10–20 cm long, several-flowered; sepals each with an apical tail 2–2.5 cm long. Fl. Nov.; Colombia; 2500–3300 m.

1545 ***Promenaea paranaensis***
(Photo.: Kohji Karasawa)

1546 ***Promenaea stapelioides***
(Photo.: Kohji Karasawa)

1547 ***Promenaea xanthina***
(Photo.: Kohji Karasawa)

1545 *Promenaea paranaensis* Schltr. 黄瓣普兰

附生植物。假鳞茎常簇生，宽卵形，稍压扁，长 1.5~2 cm，顶端具 1~2 叶。叶灰绿色，矩圆状倒披针形，长 5~10 cm。花序基生，短，外弯，具 1~3 花；花直径 4~5 cm。花期：春季至夏季；巴西。

Epiphytic plants. Pseudobulbs often clustered, broadly ovoid, slightly compressed, 1.5–2 cm long, 1- or 2-leaved at apex. Leaves gray-green, oblong-oblanceolate, 5–10 cm long. Inflorescence basal, short, arching, 1- to 3-flowered; flowers 4–5 cm across. Fl. spring–summer; Brazil.

1546 *Promenaea stapelioides* (Link & Otto) Lindl. 紫斑普兰

附生植物。假鳞茎卵形，稍压扁，具 4 棱，长 1.5~2 cm，顶端具 2 叶。叶线状矩圆形，长 5~10 cm。花序基生，外弯，长 3~8 cm，具 1~2 花；花直径 4~5 cm。花期：夏季至秋季；巴西；约 1000 m。

Epiphytic plants. Pseudobulbs ovoid, slightly compressed, 4-angled, 1.5–2 cm long, 2-leaved at apex. Leaves linear-oblong, 5–10 cm long. Inflorescence basal, arching, 3–8 cm long, 1- or 2-flowered; flowers 4–5 cm across. Fl. summer–autumn; Brazil; ca. 1000 m.

1547 *Promenaea xanthina* (Lindl.) Lindl. 普兰

附生植物。假鳞茎簇生，宽卵形，压扁，具 4 棱，长 1.5~2 cm，顶端具 2 叶。叶倒披针形，长 5~7 cm。花序基生，外弯，长达 10 cm，具 1~2 花；花直径 3~4 cm。花期：春季至夏季；巴西；约 1700 m。

Epiphytic plants. Pseudobulbs clustered, broadly ovoid, compressed, 4-angled, 1.5–2 cm long, 2-leaved at apex. Leaves oblanceolate, 5–7 cm long. Inflorescence basal, arching, to 10 cm long, 1- or 2-flowered; flowers 3–4 cm across. Fl. spring–summer; Brazil; ca. 1700 m.

1548 *Prosthechea allemanii* (Barb. Rodr.) W. E. Higgins [*Encyclia allemanii* (Barb. Rodr.) Pabst] 阿氏附柱兰

附生植物。假鳞茎狭卵形，长 5~7 cm，稍压扁，粗 2.5~3 cm。叶 2 枚，顶生，狭矩圆形，长 15~20 cm。花序顶生，长 15~20 cm，直立，具多花；花不倒置，直径约 4 cm。花期：冬季；巴西；1100~1400 m。

Epiphytic plants. Pseudobulbs narrowly ovoid, 5–7 cm long, slightly compressed, 2.5–3 cm thick. Leaves 2, terminal, narrowly oblong, 15–20 cm long. Inflorescence terminal, 15–20 cm long, erect, many-flowered; flowers not resupinate, ca. 4 cm across. Fl. winter; Brazil; 1100–1400 m.

1548 ***Prosthechea allemanii***
(Photo.: Kohji Karasawa)

1549 ***Prosthechea baculus***
(Photo.: Kohji Karasawa)

1551 ***Prosthechea bulbosa***
(Photo.: Kohji Karasawa)

1552 ***Prosthechea calamaria***
(Photo.: Kohji Karasawa)

1549 *Prosthechea baculus* (Rchb. f.) W. E. Higgins [*Encyclia baculus* (Rchb. f.) Dressler & G. E. Pollard] **少花附柱兰**

附生植物。假鳞茎疏生，近纺锤形，稍压扁，长 15~35 cm。叶 2~3 枚，顶生，披针形，长 15~30 cm。花序顶生，长 2.5~5.5 cm，通常具 2 花；花不倒置，直径 7~8 cm。花期：夏季；墨西哥至哥伦比亚；400~1700 m。

Epiphytic plants. Pseudobulbs well spaced, nearly fusiform, slightly compressed, 15–35 cm long. Leaves 2–3, terminal, lanceolate, 15–30 cm long. Inflorescence terminal, 2.5–5.5 cm long, often 2-flowered; flowers not resupinate, 7–8 cm across. Fl. summer; Mexico to Colombia; 400–1700 m.

1550 ***Prosthechea brassavolae***
(Photo.: Kohji Karasawa)

1550 *Prosthechea brassavolae* (Rchb. f.) W. E. Higgins [*Encyclia brassavolae* (Rchb. f.) Dressler] **柏拉附柱兰**

附生植物。假鳞茎疏生，卵形至纺锤形，稍压扁，长 9~18 cm。叶 2~3 枚，顶生，近矩圆形，长 15~30 cm。花序顶生，长 15~45 cm，具 3~15 花；花直径 9~10 cm。花期：夏季至秋季；墨西哥至巴拿马；1200~2500 m。

Epiphytic plants. Pseudobulbs well spaced, ovoid to fusiform, slightly compressed, 9–18 cm long. Leaves 2–3, terminal, suboblong, 15–30 cm long. Inflorescence terminal, 15–45 cm long, 3- to 15-flowered; flowers 9–10 cm across. Fl. summer–autumn; Mexico to Panama; 1200–2500 m.

1551 *Prosthechea bulbosa* (Vell.) W. E. Higgins [*Encyclia bulbosa* (Vell.) Pabst] **南美附柱兰**

附生植物。假鳞茎疏离，纺锤形，稍压扁，长 4~10 cm。叶 2 枚，顶生，宽线形，长 12~20 cm。花序顶生，长 10~15 cm，具 4~10 花；花不倒置，直径 3.5~4 cm。花期：秋季；巴西、巴拉圭；1000~1300 m。

Epiphytic plants. Pseudobulbs well spaced, fusiform, slightly compressed, 4–10 cm long. Leaves 2, terminal, broadly linear, 12–20 cm long. Inflorescence terminal, 10–15 cm long, 4- to 10-flowered; flowers not resupinate, 3.5–4 cm across. Fl. autumn; Brazil, Paraguay; 1000–1300 m.

1552 *Prosthechea calamaria* (Lindl.) W. E. Higgins [*Encyclia calamaria* (Lindl.) Pabst] **苇茎附柱兰**

附生植物。假鳞茎纺锤形，长 2~5 cm。叶 2~3 枚，顶生，狭倒披针形，长 4~11 cm。花序顶生，直立，长 5~6 cm，具 4~7 花；花不倒置，直径约 3 cm。花期：秋季；巴西；200~1400 m。

Epiphytic plants. Pseudobulbs fusiform, 2–5 cm long. Leaves 2–3, terminal, narrowly oblanceolate, 4–11 cm long. Inflorescence terminal, erect, 5–6 cm long, 4- to 7-flowered; flowers not resupinate, ca. 3 cm across. Fl. autumn; Brazil; 200–1400 m.

1553 ***Prosthechea campylostalix***
(Photo.: Kohji Karasawa)

1554 ***Prosthechea chacaoensis***
(Photo.: Kohji Karasawa)

1555 ***Prosthechea citrina***
(Photo.: Kohji Karasawa)

1553 *Prosthechea campylostalix* (Rchb. f.) W. E. Higgins [*Encyclia campylostalix* (Rchb. f.) Schltr.] **白唇附柱兰**

附生植物。假鳞茎簇生，卵形，稍压扁，长 5~10 cm。叶 1 枚，顶生，狭矩圆形，长 10~30 cm。花序顶生，直立，长 20~26 cm，有分枝，具多花；萼片长约 2 cm。花期：春季；哥斯达黎加、巴拿马；1200~2000 m。

Epiphytic plants. Pseudobulbs clustered, ovoid, slightly compressed, 5–10 cm long. Leaf solitary, terminal, narrowly oblong, 10–30 cm long. Inflorescence terminal, erect, 20–26 cm long, branched, many-flowered; sepals ca. 2 cm long. Fl. spring; Costa Rica, Panama; 1200–2000 m.

1554 *Prosthechea chacaoensis* (Rchb. f.) W. E. Higgins [*Encyclia chacaoensis* (Rchb. f.) Dressler & G. E. Pollard] **察口附柱兰**

附生植物。假鳞茎簇生，狭椭圆形或卵形，稍压扁，长 4~11 cm。叶 2 枚，顶生，宽线形，长 15~20 cm。花序顶生，直立，长 5~10 cm，具 2~7 花；花不倒置，直径 4~4.5 cm。花期：春季；墨西哥至哥伦比亚和委内瑞拉；750~1100 m。

Epiphytic plants. Pseudobulbs clustered, narrowly ellipsoid or ovoid, slightly compressed, 4–11 cm long. Leaves 2, terminal, broadly linear, 15–20 cm long. Inflorescence terminal, erect, 5–10 cm long, 2- to 7-flowered; flowers not resupinate, 4–4.5 cm across. Fl. spring; Mexico to Colombia and Venezuela; 750–1100 m.

1555 *Prosthechea citrina* (La Llave & Lex.) W. E. Higgins [*Encyclia citrina* (La Llave & Lex.) Dressler] **黄花附柱兰**

附生植物。假鳞茎簇生，卵状纺锤形，长 4~6 cm。叶 2~4 枚，顶生，狭椭圆形，长 15~26 cm。花序顶生，下垂，长 6~10 cm，具 1~2 花；花长约 6 cm，有香甜气味。花期：夏季至秋季；墨西哥；1300~2200 m。

Epiphytic plants. Pseudobulbs clustered, ovoid to fusiform, 4–6 cm long. Leaves 2–4, terminal, narrowly elliptic, 15–26 cm long. Inflorescence terminal, pendent, 6–10 cm long, 1- or 2-flowered; flowers ca. 6 cm long, sweetly scented. Fl. summer–autumn; Mexico; 1300–2200 m.

1556 *Prosthechea cochleata* (L.) W. E. Higgins [*Encyclia cochleata* (L.) Lemée] **旋瓣附柱兰**

附生植物。假鳞茎疏簇生，狭卵形，稍压扁，长 10~26 cm。叶 2~3 枚，顶生，椭圆状披针形，长 20~30 cm。花序顶生，直立，长 30~50 cm，具多花；花依次展现，不倒置，直径 7~8 cm。花期：夏季至秋季；美国（佛罗里达）、西印度群岛、墨西哥，向南至哥伦比亚和委内瑞拉；100~2000 m。

Epiphytic plants. Pseudobulbs loosely clustered, narrowly ovoid, slightly compressed, 10–26 cm long. Leaves 2–3, terminal, elliptic-lanceolate, 20–30 cm long. Inflorescence terminal, erect, 30–50 cm long, many-flowered; flowers produced in succession, not resupinate, 7–8 cm across. Fl. summer–autumn; U.S.A. (Florida), West Indies, Mexico, south to Colombia and Venezuela; 100–2000 m.

1556 ***Prosthechea cochleata***
(Photo.: Kohji Karasawa)

1557 ***Prosthechea fragrans***
(Photo.: Kohji Karasawa)

1558 ***Prosthechea garciana***
(Photo.: Kohji Karasawa)

1559 ***Prosthechea glumacea***
(Photo.: Kohji Karasawa)

1557 ***Prosthechea fragrans*** **(Sw.) W. E. Higgins** [*Encyclia fragrans* (Sw.) Lemée] **芳香附柱兰**

附生植物。假鳞茎疏生，狭卵形或纺锤形，稍压扁，长 5~11 cm。叶 1 枚，顶生，椭圆状披针形，长 10~15 cm。花序顶生，长 5~15 cm，具 2~8 花；花直径约 3.5 cm，有香气。花期：春季；墨西哥、西印度群岛至南美洲北部；0~1500 m。

Epiphytic plants. Pseudobulbs well spaced, narrowly ovoid or fusiform, slightly compressed, 5–11 cm long. Leaf solitary, terminal, elliptic-lanceolate, 10–15 cm long. Inflorescence terminal, 5–15 cm long, 2- to 8-flowered; flowers ca. 3.5 cm across, fragrant. Fl. spring; Mexico, West Indies, south to N South America; 0–1500 m.

1558 ***Prosthechea garciana*** **(Garay & Dunst.) W. E. Higgins** [*Encyclia garciana* (Garay & Dunst.) Carnevali & I. Ramírez] **单花附柱兰**

附生植物。假鳞茎疏生，卵形至纺锤形，稍压扁，长约 4 cm。叶 1 枚，顶生，矩圆状披针形，长 5~9 cm。花序顶生，长约 4 cm，具 1 花；花直径 3.5~4.5 cm，唇瓣位于上方。花期：6~7 月；委内瑞拉；约 1200 m。

Epiphytic plants. Pseudobulbs well spaced, ovoid to fusiform, slightly compressed, ca. 4 cm long. Leaf solitary, terminal, oblong-lanceolate, 5–9 cm long. Inflorescence terminal, ca. 4 cm long, 1-flowered; flower 3.5–4.5 cm across, with lip uppermost. Fl. June–July; Venezuela; ca. 1200 m.

1560 ***Prosthechea kautzkii***
(Photo.: Kohji Karasawa)

1559 ***Prosthechea glumacea*** **(Lindl.) W. E. Higgins** [*Encyclia glumacea* (Lindl.) Pabst] **卷尾附柱兰**

附生植物。假鳞茎簇生，卵形，长约 6 cm。叶 2 枚，顶生，狭矩圆形，长约 10 cm。花序顶生，直立，长约 15 cm，具 4~10 花；花不倒置，直径约 5 cm。花期：夏季至秋季；巴西；低海拔地。

Epiphytic plants. Pseudobulbs clustered, ovoid, ca. 6 cm long. Leaves 2, terminal, narrowly oblong, ca. 10 cm long. Inflorescence terminal, erect, ca. 15 cm long, 4- to 10-flowered; flowers not resupinate, ca. 5 cm across. Fl. summer–autumn; Brazil; at low altitudes.

1560 ***Prosthechea kautzkii*** **(Pabst) W. E. Higgins** (*Encyclia kautzkii* Pabst) **考氏附柱兰**

附生植物。假鳞茎疏离，卵形，稍压扁，长约 3 cm。叶 2 枚，顶生，矩圆状披针形，长约 2 cm。花序顶生，直立，长 2~4 cm，具 2~6 花；花不倒置，直径 1~1.5 cm。花期：不详；巴西；约 1200 m。

Epiphytic plants. Pseudobulbs well spaced, ovoid, slightly compressed, ca. 3 cm long. Leaves 2, terminal, oblong-lanceolate, ca. 2 cm long. Inflorescence terminal, erect, 2–4 cm long, 2- to 6-flowered; flowers not resupinate, 1–1.5 cm across. Fl. unknown; Brazil; ca. 1200 m.

1561 ***Prosthechea livida***
(Photo.: Kohji Karasawa)

1562 ***Prosthechea mariae***
(Photo.: Kohji Karasawa)

1563 ***Prosthechea ochracea***
(Photo.: Kohji Karasawa)

1561 ***Prosthechea livida* (Lindl.) W. E. Higgins** [*Encyclia livida* (Lindl.) Dressler] **浅蓝附柱兰**

附生植物。假鳞茎疏离，纺锤形，稍压扁，长 4~8 cm。叶 2 枚，顶生，宽线形，长 10~20 cm。花序顶生，长 10~20 cm，具 3~7 花；花直径 1.5~2 cm。花期：初夏；哥伦比亚、委内瑞拉；0~1100 m。

Epiphytic plants. Pseudobulbs well spaced, fusiform, slightly compressed, 4–8 cm long. Leaves 2, terminal, broadly linear, 10–20 cm long. Inflorescence terminal, 10–20 cm long, 3- to 7-flowered; flowers 1.5–2 cm across. Fl. early summer; Colombia, Venezuela; 0–1100 m.

1562 ***Prosthechea mariae* (Ames) W. E. Higgins** [*Encyclia mariae* (Ames) Hoehne] **玛利附柱兰**

附生植物。假鳞茎簇生，卵形，长 2~4 cm。叶 2 枚，顶生，狭矩圆形，长 9~18 cm。花序顶生，长 5~27 cm，具 2~4 花；花直径 4~6 cm。花期：夏季；墨西哥；1000~1200 m。

Epiphytic plants. Pseudobulbs clustered, ovoid, 2–4 cm long. Leaves 2, terminal, narrowly oblong, 9–18 cm long. Inflorescence terminal, 5–27 cm long, 2- to 4-flowered; flowers 4–6 cm across. Fl. summer; Mexico; 1000–1200 m.

1563 ***Prosthechea ochracea* (Lindl.) W. E. Higgins** [*Encyclia ochracea* (Lindl.) Dressler] **赭黄附柱兰**

附生植物。假鳞茎疏离，卵状纺锤形，长 3.5~8 cm。叶 2~3 枚，顶生，狭舌形，长 6~23 cm。花序顶生，直立，长 4~15 cm，具 6~12 花；花不倒置，直径约 1 cm。花期：春季至夏季；墨西哥至哥斯达黎加；800~3000 m。

Epiphytic plants. Pseudobulbs well spaced, ovoid-fusiform, 3.5–8 cm long. Leaves 2–3, terminal, narrowly ligulate, 6–23 cm long. Inflorescence terminal, erect, 4–15 cm long, 6- to 12-flowered; flowers not resupinate, ca. 1 cm across. Fl. spring–summer; Mexico to Costa Rica; 800–3000 m.

1564 ***Prosthechea pringlei* (Rolfe) W. E. Higgins** [*Encyclia pringlei* (Rolfe) Schltr.] **普林附柱兰**

附生植物。假鳞茎簇生，卵形或梨状卵形，长 1.5~3.5 cm。叶 1~2 枚，顶生，椭圆状舌形，长 4.5~9.5 cm。花序顶生，长 7~16 cm，具 1~4 花；花直径 1.5~2 cm。花期：3~4 月；墨西哥；1800~2500 m。

Epiphytic plants. Pseudobulbs clustered, ovoid or pyriform-ovoid, 1.5–3.5 cm long. Leaves 1–2, terminal, elliptic-ligulate, 4.5–9.5 cm long. Inflorescence terminal, 7–16 cm long, 1- to 4-flowered; flowers 1.5–2 cm across. Fl. Mar.–Apr.; Mexico; 1800–2500 m.

1564 ***Prosthechea pringlei***
(Photo.: Kohji Karasawa)

1565 ***Prosthechea prismatocarpa***
(Photo.: Kohji Karasawa)

1566 ***Prosthechea radiata***
(Photo.: Kohji Karasawa)

1567 ***Prosthechea tripunctata***
(Photo.: Kohji Karasawa)

1565 *Prosthechea prismatocarpa* (Rchb. f.) W. E. Higgins [*Encyclia prismatocarpa* (Rchb. f.) Dressler] **角果附柱兰**

附生植物。假鳞茎簇生，狭卵形，长 10~15 cm。叶 2~3 枚，顶生，狭舌形，长 30~40 cm。花序顶生，长 30~40 cm，具多花；花直径 4~5 cm。花期：夏季；哥斯达黎加、巴拿马；1200~3300 m。

Epiphytic plants. Pseudobulbs clustered, narrowly ovoid, 10–15 cm long. Leaves 2–3, terminal, narrowly ligulate, 30–40 cm long. Inflorescence terminal, 30–40 cm long, many-flowered; flowers 4–5 cm across. Fl. summer; Costa Rica, Panama; 1200–3300 m.

1566 *Prosthechea radiata* (Lindl.) W. E. Higgins [*Encyclia radiata* (Lindl.) Dressler] **纹唇附柱兰**

附生植物。假鳞茎簇生，卵形，稍压扁，长 2~2.5 cm。叶 2~4 枚，顶生，狭矩圆形，长 15~30 cm。花序顶生，长 7~20 cm，具 4~12 花；花直径约 2.5 cm。花期：春季至夏季；危地马拉、洪都拉斯、墨西哥；150~2000 m。

Epiphytic plants. Pseudobulbs clustered, ovoid, slightly compressed, 2–2.5 cm long. Leaves 2–4, terminal, narrowly oblong, 15–30 cm long. Inflorescence terminal, 7–20 cm long, 4- to 12-flowered; flowers ca. 2.5 cm across. Fl. spring–summer; Guatemala, Honduras, Mexico; 150–2000 m.

1567 *Prosthechea tripunctata* (Lindl.) W. E. Higgins [*Encyclia tripunctata* (Lindl.) Dressler] **三点附柱兰**

附生植物。假鳞茎椭圆形至椭圆状卵形，稍压扁，长 2~4 cm。叶 2~3 枚，顶生，椭圆状舌形，长 8~20 cm。花序顶生，长 3~10 cm，具 1~5 花；花直径 2~2.5 cm。花期：3~6 月；墨西哥；1200~2000 m。

Epiphytic plants. Pseudobulbs ellipsoid to ellipsoid-ovoid, slightly compressed, 2–4 cm long. Leaves 2–3, terminal, elliptic-ligulate, 8–20 cm long. Inflorescence terminal, 3–10 cm long, 1- to 5-flowered; flowers 2–2.5 cm across. Fl. Mar.–June; Mexico; 1200–2000 m.

1568 *Prosthechea vespa* (Vell.) W. E. Higgins [*Encyclia vespa* (Vell.) Dressler] **胡蜂附柱兰**

附生植物。假鳞茎近圆形至纺锤形，压扁，长 6~20 cm。叶 2 枚，顶生，矩圆状舌形，长约 25 cm。花序顶生，长约 30 cm，具多花；花直径 1.5~2.5 cm。花期：春季；广布于美洲热带地区；500~1300 m。

Epiphytic plants. Pseudobulbs suborbicular to fusiform, compressed, 6–20 cm long. Leaves 2, terminal, oblong-ligulate, ca. 25 cm long. Inflorescence terminal, ca. 30 cm long, many-flowered; flowers 1.5–2.5 cm across. Fl. spring; widespread in tropical Americas; 500–1300 m.

1568 ***Prosthechea vespa***
(Photo.: Kohji Karasawa)

1569 ***Prosthechea vitellina***
(Photo.: Kohji Karasawa)

1570 ***Psychopsiella limminghei***
(Photo.: Kohji Karasawa)

1571 ***Psychopsis krameriana***
(Photo.: Kohji Karasawa)

1569 *Prosthechea vitellina* (Lindl.) W. E. Higgins [*Encyclia vitellina* (Lindl.) Dressler] **黄唇附柱兰**

附生植物。假鳞茎簇生，狭卵形，长 2.5~5 cm。叶 2~3 枚，顶生，线状披针形至近椭圆形，长 7~22 cm。花序顶生，长 12~30 cm，不分枝或有少数分枝，通常具 10 花；花直径 3~4 cm。花期：秋季至冬季；危地马拉、墨西哥；1500~2000 m。

Epiphytic plants. Pseudobulbs clustered, narrowly ovoid, 2.5–5 cm long. Leaves 2–3, terminal, linear-lanceolate to subelliptic, 7–22 cm long. Inflorescence terminal, 12–30 cm long, un- or few-branched, often 10-flowered; flowers 3–4 cm across. Fl. autumn–winter; Guatemala, Mexico; 1500–2000 m.

1570 *Psychopsiella limminghei* (E. Morr. ex Lindl.) Lückel & Braem 赛蝶唇兰

附生植物。假鳞茎在根状茎上相距 1~2 cm，倒卵形，压扁，长约 2 cm，平卧，顶端具 1 叶。叶椭圆形，长 2~3.5 cm，暗绿色而有红色斑。花序基生，长 8~10 cm，具 2~3 花；萼片与花瓣长 1.5~2 cm。花期：夏季；巴西、委内瑞拉。

Epiphytic plants. Pseudobulbs 1–2 cm apart on rhizome, obovoid, compressed, ca. 2 cm long, prostrate, 1-leafed at apex. Leaf elliptic, 2–3.5 cm long, dull green mottled with red. Inflorescence basal, 8–10 cm long, 2- or 3-flowered; sepals and petals 1.5–2 cm long. Fl. summer; Brazil, Venezuela.

1571 *Psychopsis krameriana* (Rchb. f.) H. G. Jones 克拉拟蝶唇兰

附生植物。假鳞茎簇生，近球形，压扁，直径 1.5~2 cm，暗绿色而有紫色斑，顶端具 1 叶。叶矩圆形，长 10~30 cm，背面有紫色斑点。花序基生，长可达 75 cm，具数花，在同一时间仅 1 花开放；唇瓣长 3~4.5 cm。花期：通常秋季至冬季；哥斯达黎加、厄瓜多尔、巴拿马、秘鲁；200~1000 m。

Epiphytic plants. Pseudobulbs clustered, subglobose, compressed, 1.5–2 cm in diam., dark green mottled with purple, 1-leafed at apex. Leaf oblong, 10–30 cm long, purple-spotted beneath. Inflorescence basal, up to 75 cm long, several-flowered; flowers opening one at a time; lip 3–4.5 cm long. Fl. usually autumn–winter; Costa Rica, Ecuador, Panama, Peru; 200–1000 m.

1572 ***Psychopsis papilio***
(Photo.: Kohji Karasawa)

1572 *Psychopsis papilio* (Lindl.) H. G. Jones 拟蝶唇兰

附生植物。假鳞茎簇生，球形，压扁，直径 3~5 cm，带褐色，有皱纹，顶端具 1 叶。叶矩圆形，长 15~25 cm，暗绿色而有红紫色斑。花序基生，长可达 100 cm，具数花，在同一时间仅 1 花开放；唇瓣长约 4 cm。花期：全年不定；哥伦比亚、厄瓜多尔、圭亚那、秘鲁、特立尼达、委内瑞拉；500~600 m。

Epiphytic plants. Pseudobulbs clustered, globose, compressed, 3–5 cm in diam., brownish, wrinkled, 1-leafed at apex. Leaf oblong, 15–25 cm long, dark green mottled with red-purple. Inflorescence basal, up to 100 cm long, several-flowered; flowers opening one at a time; lip ca. 4 cm long. Fl. throughout the year; Colombia, Ecuador, Guyana, Peru, Trinidad, Venezuela; 500–600 m.

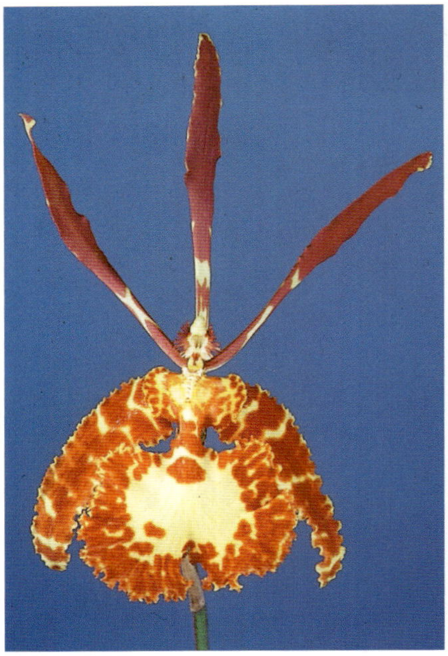

1573 ***Psychopsis versteegiana***
(Photo.: SCO)

1574 ***Pterostylis barbata***
(Photo.: Kohji Karasawa)

1576 ***Pterostylis decurva***
(Photo.: Kohji Karasawa)

1573 *Psychopsis versteegiana* (Pulle) Lückel & Braem 委氏拟蝶唇兰

附生植物。假鳞茎簇生，宽卵形或近球形，压扁，长 4~5 cm，稍带红紫色晕，顶端具 1 叶。叶椭圆形或矩圆形，长 15~30 cm，有红紫色斑。花序基生，长 65~110 cm，直立，具 3~5 花，在同一时间仅 1 花开放；唇瓣长约 3.5 cm。花期：全年不定；玻利维亚、厄瓜多尔、秘鲁、苏里南；300~1200 m。

Epiphytic plants. Pseudobulbs clustered, broadly ovoid or subglobose, compressed, 4–5 cm long, slightly tinged with red-purple, 1-leafed at apex. Leaf elliptic or oblong, 15–30 cm long, mottled with red-purple. Inflorescence basal, 65–110 cm long, erect, 3- to 5-flowered; flowers opening one at a time; lip ca. 3.5 cm long. Fl. throughout the year; Bolivia, Ecuador, Peru, Suriname; 300–1200 m.

1574 *Pterostylis barbata* Lindl. 须唇翅柱兰

地生植物，高达 40 cm，具直径达 1.2cm 的球形块茎。叶多枚，形成基生的莲座丛，卵状披针形，长 2~2.5 cm。花序顶生，具 1 花；花略呈筒状，长 4~5 cm。花期：7~10 月；澳大利亚西南部。

Terrestrial plants, to 40 cm tall, with globose tubers ca. 1.2 cm in diam. Leaves many, forming a basal rosette, ovate-lanceolate, 2–2.5 cm long. Inflorescence terminal, 1-flowered; flower somewhat tubular, 4–5 cm long. Fl. July–Oct.; SW Australia.

1575 ***Pterostylis coccina***
(Photo.: Kohji Karasawa)

1575 *Pterostylis coccina* Fitzg. 翅柱兰

地生植物，高 12~22 cm，地下具块茎。叶数枚，基生与茎生，卵形至披针形，长 3~4 cm。花序顶生，具 1 花；花略呈筒状，直立，长约 4.5 cm。花期：1~4 月；澳大利亚东南部；低海拔地。

Terrestrial plants, 12–22 cm tall, with subterranean tubers. Leaves several, basal and cauline, ovate to lanceolate, 3–4 cm long. Inflorescence terminal, 1-flowered; flower somewhat tubular, erect, ca. 4.5 cm long. Fl. Jan.–Apr.; SE Australia; at low altitudes.

1576 *Pterostylis decurva* R. S. Rog. 绿花翅柱兰

地生植物，高 10~30 cm，具直径 1~2cm 的球形块茎。叶数枚至多枚，基生与茎生，椭圆形至卵状披针形，长 3~4cm。花序顶生，具 1 花；花圆筒状，大小变化较大，通常长 6 cm。花期：10~2 月；澳大利亚东南部（维多利亚至塔斯曼尼亚）；低海拔地。

Terrestrial plants, 10–30 cm tall, with globose tubers 1–2 cm in diam. Leaves several to many, basal and cauline, elliptic to ovate-lanceolate, 3–4 cm long. Inflorescence terminal, 1-flowered; flower tubular, variable in size, often 6 cm long. Fl. Oct. –Feb.; SE Australia (Victoria to Tasmania); at low altitudes.

1577 ***Rangaeris amaniensis***
(Photo.: Kohji Karasawa)

1578 ***Renanthera bella***
(Photo.: Kohji Karasawa)

1579 ***Renanthera caloglossa***
(Photo.: Kohji Karasawa)

1577 *Rangaeris amaniensis* (Kraenzl.) Summerh. 郎加兰

附生植物。茎长达 45 cm，有时有分枝。叶多数，二列，狭矩圆形，长 4~12 cm。花序腋生，外弯，具 5~13 花；花有香气；萼片长 1~2.5 cm；距长 7.5~16 cm。花期：8 月；厄立特里亚、埃塞俄比亚、肯尼亚、坦桑尼亚、乌干达、赞比亚、津巴布韦；1000~2600 m。

Epiphytic plants. Stems to 45 cm long, sometimes branched. Leaves many, distichous, narrowly oblong, 4–12 cm long. Inflorescence axillary, arching, 5- to 13-flowered; flowers scented; sepals 1–2.5 cm long; spur 7.5–16 cm long. Fl. Aug.; Eritrea, Ethiopia, Kenya, Tanzania, Uganda, Zambia, Zimbabwe; 1000–2600 m.

1578 *Renanthera bella* J. J. Wood 美丽火焰兰

附生植物。茎长 20~50 cm。叶多枚，二列，舌形，长约 13 cm，厚革质。花序腋生，外弯或下垂，长 30~50 cm，通常有 1~2 个分枝，具 13~25 花；萼片长约 3 cm。花期：2~3 月和 7~10 月；马来西亚（沙巴）；800~1100 m。

Epiphytic plants. Stems 20–50 cm long. Leaves many, distichous, ligulate, ca. 13 cm long, thickly leathery. Inflorescence axillary, arching or pendent, 30–50 cm long, often with 1–2 branches, 13- to 25-flowered; sepals ca. 3 cm long. Fl. Feb.–Mar. and July–Oct.; Malaysia (Sabah); 800–1100 m.

1579 *Renanthera caloglossa* (Rchb. f.) Kocyan & Schuit. [*Ascoglossum calopterum* (Rchb. f.) Schltr.] 美唇火焰兰

附生植物。茎长 30~60 cm，具多叶。叶二列，线形，长 15~25 cm。花序侧生，长 30~60 cm，有分枝，具多花；花直径 2~2.5 cm。花期：春季；印度尼西亚东部、巴布亚新几内亚、菲律宾、所罗门群岛；0~600 m。

Epiphytic plants. Stems 30–60 cm long, many-leaved. Leaves distichous, linear, 15–25 cm long. Inflorescences lateral, 30–60 cm long, branched, many-flowered; flowers 2–2.5 cm across. Fl. spring; E Indonesia, Papua New Guinea, Philippines, Solomon Islands; 0–600 m.

1580 *Renanthera citrina* Aver. 中华火焰兰

附生植物。茎近直立或稍攀援，长 20~40（~80）cm。叶多枚，二列，狭矩圆形，长 7~10 cm，厚革质。花序腋生，不分枝，长 12~26 cm，具 5~10 花；侧萼片长 2.6~3.1 cm，稍扭转。花期：4~5 月；中国（云南东南部）、越南；500~800 m。

Epiphytic plants. Stems suberect or somewhat climbing, 20–40 (–80) cm long. Leaves many, distichous, narrowly oblong, 7–10 cm long, thickly leathery. Inflorescence axillary, unbranched, 12–26 cm long, 5- to 10-flowered; lateral sepals 2.6–3.1 cm long, slightly twisted. Fl. Apr.–May; China (SE Yunnan), Vietnam; 500–800 m.

1580 ***Renanthera citrina*** (Photo.: Sicong Lu)

1581 ***Renanthera coccinea*** (Photos.: Yunfeng Huang)

1582 ***Renanthera histrionica*** (Photo.: Kohji Karasawa)

1581 *Renanthera coccinea* Lour. 火焰兰

附生植物。茎攀援，长于 1 m，通常不分枝。叶多枚，二列，矩圆形，长 7~8 cm，厚革质。花序通常 3~4 个，与叶对生，长达 1 m，有分枝，具多花；侧萼片长 2.5~3.5 cm。花期：4~6 月；中国（广西、海南、云南）、老挝、缅甸、泰国、越南；200~1400 m。

Epiphytic plants. Stems climbing, over 1 m long, usually unbranched. Leaves many, distichous, oblong, 7–8 cm long, thickly leathery. Inflorescences often 3–4, opposite to leaves, to 1 m long, branched, many-flowered; lateral sepals 2.5–3.5 cm long. Fl. Apr.–June; China (Guangxi, Hainan, Yunnan), Laos, Myanmar, Thailand, Vietnam; 200–1400 m.

1582 *Renanthera histrionica* (Rchb. f.) [*Renantherella histrionica* (Rchb. f.) Ridl.] 绿花火焰兰

附生植物。茎近直立至下垂，长 15~50 cm，偶见有分枝。叶多数，二列，肉质，线形，长 6~11 cm，宽 4~7 mm。花序侧生，平展，长 5~12 cm，疏生 3~10 花；花不倒置；侧萼片与花瓣长约 1 cm。花期：夏季；马来西亚（马来半岛）、泰国；约 300 m。

Epiphytic plants. Stems suberect to pendent, 15–50 cm long, occasionally branching. Leaves many, distichous, fleshy, linear, 6–11 cm long, 4–7 mm wide. Inflorescences lateral, horizontal, 5–12 cm long, laxly 3- to 10-flowered; flowers not resupinate; lateral sepals and petals ca. 1 cm long. Fl. summer; Malaysia (Malay Peninsula), Thailand; ca. 300 m.

1583 ***Renanthera imschootiana*** (Photos.: Yechun Xu)

1583 *Renanthera imschootiana* Rolfe 云南火焰兰

附生植物。茎攀援，长达 1 m。叶多枚，二列，矩圆形，长 6~8 cm，革质。花序腋生，长达 1 m，通常有分枝，具多花；侧萼片长约 3 cm。花期:5 月；中国（云南南部）、印度东北部、缅甸、越南;500 m 以下。

Epiphytic plants. Stems climbing, to 1 m long. Leaves many, distichous, oblong, 6–8 cm long, leathery. Inflorescence axillary, to 1 m long, usually branched, many-flowered; lateral sepals ca. 3 cm long. Fl. May; China (S Yunnan), NE India, Myanmar, Vietnam; below 500 m.

1584 *Renanthera matutina* (Blume) Lindl. 早花火焰兰

附生植物。茎攀援，长 30~90 cm，粗壮。叶多枚，二列，矩圆形，长 5~20 cm，肉革质。花序侧生，直立，长 60~90 cm，疏生多花；萼片和花瓣长 1.5~2.5 cm。花期：秋季；印度尼西亚（爪哇、苏门答腊）、马来西亚（马来半岛、沙巴）、菲律宾；100~600 m。

Epiphytic plants. Stems climbing, 30–90 cm long, stout. Leaves many, distichous, oblong, 5–20 cm long, fleshy-leathery. Inflorescence lateral, erect, 60–90 cm long, laxly many-flowered; sepals and petals 1.5–2.5 cm long. Fl. autumn; Indonesia (Java, Sumatra), Malaysia (Malay Peninsula, Sabah), Philippines; 100–600 m.

1584 ***Renanthera matutina*** (Photo.: Kohji Karasawa)

1585 ***Renanthera monachica*** (Photo.: Kohji Karasawa)

1586 ***Renanthera philippinensis*** (Photo.: Kohji Karasawa)

1585 *Renanthera monachica* Ames 豹斑火焰兰

附生植物。茎直立或攀援，长达 50 cm 或过之。叶二列，线状舌形，长 6~15 cm，厚而坚挺，有紫色晕。花序腋生，近直立或外弯，长 20~40 cm，常有分枝，具多花；侧萼片长约 3 cm。花期：晚冬至春季；菲律宾（吕宋、棉兰老）；0~500 m。

Epiphytic plants. Stems erect or climbing, to 50 cm or more long. Leaves distichous, linear-ligulate, 6–15 cm long, thick and stiff, tinged with purple. Inflorescence axillary, suberect or arching, 20–40 cm long, often branched, many-flowered; lateral sepals ca. 3 cm long. Fl. late winter–spring; Philippines (Luzon, Mindanao); 0–500 m.

1586 *Renanthera philippinensis* (Ames & Quisumb.) L. O. Williams 菲律宾火焰兰

附生植物。茎近直立，长 40~80 cm，密生多叶。叶二列，矩圆形，长 4.5~9.5 cm，厚革质。花序侧生，平展，长 30~50 cm，有分枝，具多花；侧萼片长 1.3~2 cm。花期：夏季；菲律宾；低海拔地。

Epiphytic plants. Stems suberect, 40–80 cm long, densely many-leaved. Leaves distichous, oblong, 4.5–9.5 cm long, thickly leathery. Inflorescence lateral, spreading, 30–50 cm long, branched, many-flowered; lateral sepals 1.3–2 cm long. Fl. summer; Philippines; at low altitudes.

1587 *Renanthera storiei* Rchb. f. 波萼火焰兰

附生植物。茎上举，粗壮，长可达 2~4 m。叶多枚，二列，矩圆形，长 10~20 cm，革质。花序与叶对生，平展，长达 1 m，有分枝，具多花；侧萼片长约 3 cm。花期：夏季；菲律宾北部至南部；0~1000 m。

Epiphytic plants. Stems ascending, stout, up to 2–4 m long. Leaves many, distichous, oblong, 10–20 cm long, leathery. Inflorescences opposite to leaves, horizontal, to 1 m long, branched, many-flowered; lateral sepals ca. 3 cm long. Fl. summer; N to S Philippines; 0–1000 m.

1587 ***Renanthera storiei*** (Photo.: Kohji Karasawa)

1588 ***Restrepia antennifera*** (Photo.: Kohji Karasawa)

1588 *Restrepia antennifera* H. B. K. 雷氏兰

附生植物。茎簇生，长 8~20 cm，包藏于具紫色斑点的鞘之中，顶端具 1 叶。叶卵形或椭圆形，长 4~10 cm，常有紫红色晕。花序顶生，位于叶的背面，具 1 花；花序柄长 4~9 cm；侧萼片合生，长 2.5~5 cm。花期：春季；哥伦比亚、厄瓜多尔、委内瑞拉；1700~3500 m。

Epiphytic plants. Stems tufted, 8–20 cm long, covered by purple-spotted sheaths, 1-leafed at apex. Leaf ovate or elliptic, 4–10 cm long, often tinged with purple-red. Inflorescence terminal, on the reverse side of the leaf, 1-flowered; peduncle 4–9 cm long; lateral sepals united, 2.5–5 cm long. Fl. spring; Colombia, Ecuador, Venezuela; 1700–3500 m.

1589 ***Restrepia contorta***
(Photo.: Kohji Karasawa)

1590 ***Restrepia elegans***
(Photo.: Kohji Karasawa)

1591 ***Restrepiella ophiocephala***
(Photo.: Kohji Karasawa)

1589 *Restrepia contorta* (Rutz & Pavon) Luer 斑萼雷氏兰

附生植物。茎簇生，长 4~16 cm，包藏于鞘之中，顶端具 1 叶。叶椭圆状卵形，长 3.5~7 cm，背面带紫色晕。花序顶生，位于叶的背面，具 1 花；花序柄长 4~8 cm；侧萼片合生，长 2.5~3.5 cm。花期：夏季至秋季；哥伦比亚、厄瓜多尔、秘鲁、委内瑞拉；1100~3300 m。

Epiphytic plants. Stems tufted, 4–16 cm long, covered by sheaths, 1-leafed at apex. Leaf elliptic-ovate, 3.5–7 cm long, tinged with purplish beneath. Inflorescence terminal, on the reserve side of the leaf, 1-flowered; peduncle 4–8 cm long; lateral sepals united, 2.5–3.5 cm long. Fl. summer–autumn; Colombia, Ecuador, Peru, Venezuela; 1100–3300 m.

1590 *Restrepia elegans* H. Karst. 秀丽雷氏兰

附生植物。茎簇生，长 2~8 cm，包藏于筒状鞘之中，顶端具 1 叶。叶卵形，长 3~6 cm，背面具紫红色晕。花序顶生，位于叶的背面，具 1 花；花序柄长 3~5 cm；侧萼片合生，长约 1.5 cm。花期：春季至夏季；委内瑞拉；1700~2300 m。

Epiphytic plants. Stems tufted, 2–8 cm long, covered by tubular sheaths, 1-leafed at apex. Leaf ovate, 3–6 cm long, tinged with purple-red beneath. Inflorescence terminal, on the reserve side of the leaf, 1-flowered; peduncle 3–5 cm long; lateral sepals united, ca. 1.5 cm long. Fl. spring–summer; Venezuela; 1700–2300 m.

1592 ***Restrepiopsis striata***
(Photo.: SCO)

1591 *Restrepiella ophiocephala* (Lindl.) Garay & Dunst. 拟雷氏兰

附生植物。茎簇生，直立，长 10~25 cm，顶生 1 叶。叶直立，矩圆状披针形，革质，长 10~20 cm。花序腋生，长 1~2 cm，从总苞内接连生出单花；花长约 3 cm。花期：冬季至春季；哥斯达黎加、危地马拉、洪都拉斯、墨西哥、尼加拉瓜；600~1200 m。

Epiphytic plants. Stems tufted, erect, 10–25 cm long, 1-leafed at apex. Leaf erect, oblong-lanceolate, coriaceous, 10–20 cm long. Inflorescence axillary, 1–2 cm long, successively solitary-flowered from within a spathe; flower ca. 3 cm long. Fl. winter–spring; Costa, Rica, Guatemala, Honduras, Mexico, Nicaragua; 600–1200 m.

1592 *Restrepiopsis striata* Luer & Escobar. 赛雷氏兰

附生植物。茎簇生，直立，长 3~7 cm，顶生 1 叶。叶直立，线状矩圆形，长 4~7.5 cm，厚革质。花序近顶生，具 1 花。花直径约 2 cm。花期：不详。哥伦比亚、委内瑞拉；2300~2750 m。

Epiphytic plants. Stems clustered, erect, 3–7 cm long, 1-leafed at apex. Leaf erect, linear-oblong, 4–7.5 cm long, thickly coriaceous. Inflorescence subterminal, 1-flowered; flower ca. 2 cm across. Fl. unknown; Colombia, Venezuela; 2300–2750 m.

1593 ***Rhyncholaelia digbyana***
(Photo.: Kohji Karasawa)

1594 ***Rhyncholaelia glauca***
(Photo.: Kohji Karasawa)

1596 ***Rhynchostele bictoniensis***
(Photo.: Kohji Karasawa)

1593 *Rhyncholaelia digbyana* (Lindl.) Schltr. 流苏喙果兰

附生植物，常形成大群体。假鳞茎棍棒状，压扁，长 15~20 cm，顶端具 1 叶。叶近直立，矩圆形，长达 20 cm，肉革质。花序顶生，短，具 1 花；花有浓香，直径 12~15 cm。花期：春季至夏季；伯利兹、洪都拉斯、墨西哥；0~1500 m。

Epiphytic plants, often forming large colonies. Pseudobulbs clavate, compressed, 15–20 cm long, 1-leafed at apex. Leaf suberect, oblong, to 20 cm long, fleshy-coriaceous. Inflorescence terminal, short, 1-flowered; flower very fragrant, 12–15 cm across. Fl. spring–summer; Belize, Honduras, Mexico; 0–1500 m.

1594 *Rhyncholaelia glauca* (Lindl.) Schltr. 喙果兰

附生或地生植物。假鳞茎矩圆状纺锤形，稍压扁，长 4~10 cm，顶端具 1 叶。叶直立，矩圆形，长 5~10 cm，肉革质。花序顶生，短，具 1 花；花芬香，直径 10~12 cm。花期：冬季至春季；危地马拉、洪都拉斯、墨西哥；600~1500 m。

Epiphytic or terrestrial plants. Pseudobulbs oblong-fusiform, slightly compressed, 4–10 cm long, 1-leafed at apex. Leaf erect, oblong, 5–10 cm long, fleshy-coriaceous. Inflorescence terminal, short, 1-flowered; flower fragrant, 10–12 cm across. Fl. winter–spring; Guatemala, Honduras, Mexico; 600–1500 m.

1595 *Rhynchostele aptera* (La Llave & Lex.) Soto Arenas & Salazar [*Lemboglossum apterum* (La Llave & Lex.) Halbinger] 无翅舟舌兰

附生植物。假鳞茎卵形，压扁，具二棱，长 6~10 cm，顶端具 2 叶。叶宽披针形，长 15~30 cm。花序基生，长 25~30 cm，具 5~7 花；花直径 5~7 cm。花期：春季；墨西哥；1900~3000 m。

Epiphytic plants. Pseudobulbs ovoid, compressed, ancipital, 6–10 cm long, 2-leaved at apex. Leaves broadly lanceolate, 15–30 cm long. Inflorescence basal, 25–30 cm long, 5- to 7-flowered; flowers 5–7 cm across. Fl. spring; Mexico; 1900–3000 m.

1595 ***Rhynchostele aptera*** (Photo.: Kohji Karasawa)

1596 *Rhynchostele bictoniensis* (Bateman) Soto Arenas & Salazar [*Lemboglossum bictoniense* (Bateman) Halbinger ex Christenson] 毕通舟舌兰

附生植物。假鳞茎卵形至椭圆形，压扁，长 4~6（~18）cm，顶端具 1~3 叶。叶披针形，长 11~45 cm。花序基生，长 40~80 cm 或过之，有时有少数分枝，具多花；花直径 3.5~4.5 cm。花期：冬季至春季；危地马拉、墨西哥、萨尔瓦多；1600~3200 m。

Epiphytic plants. Pseudobulbs ovoid to ellipsoid, compressed, 4–6 (–18) cm long, 1- to 3-leaved at apex. Leaves lanceolate, 11–45 cm long. Inflorescence basal, 40–80 cm or more long, sometimes few-branched, many-flowered; flowers 3.5–4.5 cm across. Fl. winter–spring; Guatemala, Mexico, El Salvador; 1600–3200 m.

1597 ***Rhynchostele cervantesii***
(Photo.: Kohji Karasawa)

1597 *Rhynchostele cervantesii* (La Llave & Lex.) Soto Arenas & Salazar [*Lemboglossum cervantesii* (La Llave & Lex.) Halbinger] **舍氏舟舌兰**

附生植物。假鳞茎卵形，稍压扁，具二棱，长 2~7 cm，顶端具 1 叶。叶近矩圆形，长 10~21 cm。花序基生，长 10~30 cm，具 3~6 花；花直径 3.5~5 cm。花期：秋季至春季；危地马拉、墨西哥；1400~3000 m。

Epiphytic plants. Pseudobulbs ovoid, slightly compressed, ancipital, 2–7 cm long, 1-leafed at apex. Leaf suboblong, 10–21 cm long. Inflorescence basal, 10–30 cm long, 3- to 6-flowered; flowers 3.5–5 cm across. Fl. autumn–spring; Guatemala, Mexico; 1400–3000 m.

1598 *Rhynchostele cordata* (Lindl.) Soto Arenas & Salazar [*Lemboglossum cordatum* (Lindl.) Halbinger] **心唇舟舌兰**

附生植物。假鳞茎椭圆状卵形，压扁，具二棱，长 4~9 cm，顶端具 1 叶。叶椭圆状披针形，长 14~30 cm。花序基生，长 30~60 cm，疏生 5~12 花；花直径 5~7 cm。花期：夏季至秋季；墨西哥至哥斯达黎加，也见于委内瑞拉；1900~3000 m。

Epiphytic plants. Pseudobulbs ellipsoid-ovoid, compressed, ancipital, 4–9 cm long, 1-leafed at apex. Leaf elliptic-lanceolate, 14–30 cm long. Inflorescence basal, 30–60 cm long, laxly 5- to 12-flowered; flowers 5–7 cm across. Fl. summer–autumn; Mexico to Costa Rica, also Venezuela; 1900–3000 m.

1600 ***Rhynchostele majalis***
(Photo.: Kohji Karasawa)

1599 *Rhynchostele madrensis* (Rchb. f.) Soto Arenas & Salazar [*Lemboglossum madrense* (Rchb. f.) Halbinger] 墨西哥舟舌兰

附生植物。假鳞茎近矩圆形，压扁，具二棱，长 5~10 cm，顶端具 2 叶。叶狭矩圆形，长 15~25 cm。花序基生，长 25~40 cm，具 6~8 花；花直径 5~6 cm。花期：冬季；墨西哥；2000~2700 m。

Epiphytic plants. Pseudobulbs suboblong, compressed, ancipital, 5–10 cm long, 2-leaved at apex. Leaves narrowly oblong, 15–25 cm long. Inflorescence basal, 25–40 cm long, 6- to 8-flowered; flowers 5–6 cm across. Fl. winter; Mexico; 2000–2700 m.

1600 *Rhynchostele majalis* (Rchb. f.) Soto Arenas & Salazar [*Lemboglossum majale* (Rchb. f.) Halbinger] **春花舟舌兰**

附生植物。假鳞茎卵形，压扁，长 2~2.5 cm，包藏于鞘内，顶端具 1 叶。叶线状舌形，长 10~30 cm。花序基生，长 10~14 cm，具 2~4 花；花直径 3.5~4.5 cm。花期：春季；危地马拉；约 2600 m。

Epiphytic plants. Pseudobulbs ovoid, compressed, 2–2.5 cm long, enclosed by sheaths, 1-leafed at apex. Leaf linear-ligulate, 10–30 cm long. Inflorescence basal, 10–14 cm long, 2- to 4-flowered; flowers 3.5–4.5 cm across. Fl. spring; Guatemala; ca. 2600 m.

1598 ***Rhynchostele cordata*** (Photo.: Kohji Karasawa)

1599 ***Rhynchostele madrensis*** (Photo.: Kohji Karasawa)

1601 ***Rhynchostele rossii*** **(Lindl.) Soto Arenas & Salazar** [*Lemboglossum rossii* (Lindl.) Halbinger] **罗氏舟舌兰**

附生植物。假鳞茎卵形至近球形，稍压扁，长 3~6 cm，顶端具 1 叶。叶椭圆状披针形，长 5~20 cm。花序基生，长 6~20 cm，具 2~4 花；花直径 5~7 cm。花期：春季；危地马拉、洪都拉斯、墨西哥、尼加拉瓜；2000~3000 m。

Epiphytic plants. Pseudobulbs ovoid to subglobose, slightly compressed, 3–6 cm long, 1-leafed at apex. Leaf elliptic-lanceolate, 5–20 cm long. Inflorescence basal, 6–20 cm long, with 2–4 flowers; flowers 5–7 cm across. Fl. spring; Guatemala, Honduras, Mexico, Nicaragua; 2000–3000 m.

1601 ***Rhynchostele rossii***
(Photo.: Kohji Karasawa)

1602 ***Rhynchostele stellata*** **(Lindl.) Soto Arenas & Salazar** [*Lemboglossum stellatum* (Lindl.) Halbinger] **毛柱舟舌兰**

附生植物。假鳞茎簇生，狭卵状椭圆形，压扁，长 2~6 cm，顶端具 1 叶。叶狭椭圆形至倒披针形，长 6.5~15 cm。花序基生，长 2~8.5 cm，具 1~2 花；花直径 3.5~4.5 cm；蕊柱被毛。花期：春季；危地马拉、墨西哥；约 3000 m。

Epiphytic plants. Pseudobulbs clustered, narrowly ovoid-ellipsoid, compressed, 2–6 cm long, 1-leafed at apex. Leaf narrowly elliptic to oblanceolate, 6.5–15 cm long. Inflorescence basal, 2–8.5 cm long, with 1–2 flowers; flowers 3.5–4.5 cm across; column hairy. Fl. spring; Guatemala, Mexico; ca. 3000 m.

1604 ***Rhynchostylis coelestis***
(Photo.: Kohji Karasawa)

1603 ***Rhynchostele uroskinneri*** **(Lindl.) Soto Arenas & Salazar** [*Lemboglossum uroskinneri* (Lindl.) Halbinger] **优洛舟舌兰**

附生植物。假鳞茎卵形，压扁，具二棱，长 9~10 cm，顶端具 1~3 叶。叶披针形，长 10~30 cm。花序基生，长可达 1 m，有时有分枝，具 7~25 花；花直径 4~6 cm。花期：夏季至秋季；危地马拉、洪都拉斯、墨西哥南部；1800~2200 m。

Epiphytic plants. Pseudobulbs ovoid, compressed, ancipital, 9–10 cm long, 1- to 3-leaved at apex. Leaves lanceolate, 10–30 cm long. Inflorescence basal, up to 1 m long, sometimes branched, 7- to 25-flowered; flowers 4–6 cm across. Fl. summer–autumn; Guatemala, Honduras, S Mexico; 1800–2200 m.

1604 ***Rhynchostylis coelestis*** **Rchb. f. 天蓝钻喙兰**

附生植物。茎粗壮，长 5~20 cm，密生 10 叶或更多叶。叶带形，长 10~20 cm，肉革质。花序侧生，直立，与叶近等长，具多花；花直径约 1.5 cm，有香气。花期：夏季至秋季；柬埔寨、老挝、泰国、越南；350~1200 m。

Epiphytic plants. Stems stout, 5–20 cm long, densely with 10 or more leaves. Leaves lorate, 10–20 cm long, fleshy-coriaceous. Inflorescences lateral, erect, nearly as long as leaves, many-flowered; flowers ca. 1.5 cm across, scented. Fl. summer–autumn; Cambodia, Laos, Thailand, Vietnam; 350–1200 m.

1602 ***Rhynchostele stellata*** (Photo.: Karlheinz Senghas)

1603 ***Rhynchostele uroskinneri*** (Photo : Kohji Karasawa)

1605 ***Rhynchostylis gigantea***
(Photos.: Singchi Chen)

1606 ***Rhynchostylis retusa***
(Photos.: Zhanhuo Tsi)

1607 ***Rodriguezia batemanii***
(Photo.: Kohji Karasawa)

1605 *Rhynchostylis gigantea* (Lindl.) Ridl. 海南钻喙兰

附生植物，茎粗壮，上举，长 4~20 cm，直径约 2 cm。叶多枚，宽带形，长 15~40 cm，肉革质。花序 2~4 个，侧生，外弯或下垂，长 14~35 cm，密生多花；花直径 2.5~3 cm。花期：1~4 月；柬埔寨、中国（海南）、印度尼西亚、老挝、马来西亚、缅甸、新加坡、泰国、越南；0~1000 m。

Epiphytic plants. Stems stout, ascending, 4–20 cm long, ca. 2 cm in diam. Leaves many, broadly lorate, 15–40 cm long, fleshy-coriaceous. Inflorescences 2–4, lateral, arching or pendent, 14–35 cm long, densely many-flowered; flowers 2.5–3 cm across. Fl. Jan.–Apr.; Cambodia, China (Hainan), Indonesia, Laos, Malaysia, Myanmar, Singapore, Thailand, Vietnam; 0–1000 m.

1606 *Rhynchostylis retusa* (L.) Blume 钻喙兰

附生植物。茎粗壮，上举，长 3~10 cm，直径 1~2 cm。叶多枚，宽带形，长 20~40 cm，肉革质。花序侧生，下垂，长 30~45 cm，密生多花；花直径约 1.5 cm。花期：5~6 月；广布于亚洲热带地区，向北到达喜马拉雅地区和中国（贵州、云南）；300~1500 m。

Epiphytic plants. Stems stout, ascending, 3–10 cm long, 1–2 cm in diam. Leaves many, broadly lorate, 20–40 cm long, fleshy-coriaceous. Inflorescences lateral, pendent, 30–45 cm long, densely many-flowered; flowers ca. 1.5 cm across. Fl. May–June; widespread in tropical Asia, north to the Himalayas and China (Guizhou, Yunnan); 300–1500 m.

1608 ***Rodriguezia decora***
(Photo.: Kohji Karasawa)

1607 *Rodriguezia batemanii* Poepp. & Endl. 贝氏凹萼兰

附生植物，具匍匐根状茎。假鳞茎疏离，圆筒形至狭椭圆形，压扁，长 3~5 cm，基部有少数具叶的鞘，顶端具 1 叶。叶线形，长 7~15 cm，厚革质。花序基生，短于叶，外弯，具少数至多数花；花直径通常 3~4 cm。花期：春季至夏季；秘鲁；100~1500 m。

Epiphytic plants, with a creeping rhizome. Pseudobulbs well spaced, cylindric or narrowly ellipsoid, compressed, 3–5 cm long, with a few leaf-bearing sheaths at base, 1-leafed at apex. Leaves linear, 7–15 cm long, thickly coriaceous. Inflorescences basal, shorter than leaves, arching, few- to many-flowered; flowers often 3–4 cm across. Fl. spring–summer; Peru; 100–1500 m.

1608 *Rodriguezia decora* (Lemaire) Rchb. f. 叉唇凹萼兰

附生植物，具匍匐根状茎。假鳞茎甚疏离，卵形，压扁，长约 2.5 cm，基部有 1~2 枚具叶的鞘，顶端具 1 叶。叶矩圆形，长 6~15 cm。花序基生，近直立或外弯，长 30~40 cm，具 5~15 花；唇瓣 2 裂，宽 1.1~1.4 cm。花期：秋季至冬季；巴西。

Epiphytic plants, with a creeping rhizome. Pseudobulbs well spaced, ovoid, compressed, ca. 2.5 cm long, with 1–2 leaf-bearing sheaths at base, 1-leafed at apex. Leaves oblong, 6–15 cm long. Inflorescences basal, suberect to arching, 30–40 cm long, 5- to 15-flowered; lip bilobed, 1.1–1.4 cm wide. Fl. autumn–winter; Brazil.

1609 ***Rodriguezia lanceolata***
(Photo.: Kohji Karasawa)

1610 ***Rodriguezia lehmannii***
(Photo.: Andreas Kay)

1611 ***Rodriguezia venusta***
(Photo.: Kohji Karasawa)

1609 ***Rodriguezia lanceolata*** **Ruiz & Pavon 凹萼兰**

附生植物，具匍匐根状茎。假鳞茎疏离，矩圆形，压扁，长 2~3 cm，基部几乎包藏于叶鞘中，顶端具 1 叶。叶线状矩圆形，长 7~25 cm。花序 1~6 个，基生，外弯，长 15~40 cm，具多花；唇瓣长 1.2~1.5 cm。花期：全年不定；巴西、哥伦比亚、厄瓜多尔、圭亚那、巴拿马、秘鲁、苏里南、特立尼达、委内瑞拉；650~1500 m。

Epiphytic plants, with a creeping rhizome. Pseudobulbs well spaced, oblong, compressed, 2–3 cm long, almost covered by leaf sheaths at base, 1-leafed at apex. Leaf linear-oblong, 7–25 cm long. Inflorescences 1–6, basal, arching, 15–40 cm long, many-flowered; lip 1.2–1.5 cm long. Fl. throughout the year; Brazil, Colombia, Ecuador, Guyana, Panama, Peru, Surinam, Trinidad, Venezuela; 650–1500 m.

1610 ***Rodriguezia lehmannii*** **Rchb. f. 乐氏凹萼兰**

附生植物，具匍匐根状茎。假鳞茎矩圆形，压扁，长约 2.5 cm，顶端具 1 叶。叶矩圆形，长约 8 cm。花序基生，平展或外弯，长约 2 cm，具 3~5 花；萼片长 1.8~2 cm。花期：全年不定；哥伦比亚、厄瓜多尔；400~1400 m。

Epiphytic plants, with a creeping rhizome. Pseudobulbs oblong, compressed, ca. 2.5 cm long, 1-leafed at apex. Leaf oblong, ca. 8 cm long. Inflorescences basal, horizontal or arching, ca. 2 cm long, 3- to 5-flowered; sepals 1.8–2 cm long. Fl. throughout the year; Colombia, Ecuador; 400–1400 m.

1611 ***Rodriguezia venusta*** **(Lindl.) Rchb. f. 秀丽凹萼兰**

附生植物，具匍匐根状茎。假鳞茎疏离，椭圆形，压扁，长约 2.5 cm，顶端具 1 叶。叶线形，长 30~35 cm，革质。花序基生，下垂，长 15~20 cm，具 5~10 花；花直径 2~2.5 cm。花期：秋季；巴西；500~1800 m。

Epiphytic plants, with a creeping rhizome. Pseudobulbs well spaced, ellipsoid, compressed, ca. 2.5 cm long, 1-leafed at apex. Leaf linear, 30–35 cm long, coriaceous. Inflorescences basal, pendent, 15–20 cm long, 5- to 10-flowered; flowers 2–2.5 cm across. Fl. autumn; Brazil; 500–1800 m.

1612 ***Rodrigueziella gomezoides*** **(B. R.) O. Ktze. 拟凹萼兰**

附生植物。假鳞茎密生，卵形，稍扁，长 3~5 cm，顶生 2 叶。叶线状披针形，长 7~15 cm。花序生于假鳞茎基部，长 8~15 cm，具多花；花不完全开放，长约 2 cm。花期：夏季至秋季；巴西。

Epiphytic plants. Pseudobulbs closely spaced, ovoid, slightly compressed, 3–5 cm long, 2-leaved at apex. Leaves linear-lanceolate, 7–15 cm long. Inflorescence born from base of pscudobulb, 8–15 cm long, many-flowered; flowers not opening widely, ca. 2 cm long. Fl. summer and autumn; Brazil.

1612 ***Rodrigueziella gomezoides***
(Photo.: Kohji Karasawa)

1613 ***Rossioglossum ampliatum***
(Photo.: Kohji Karasawa)

1613 *Rossioglossum ampliatum* (Lindl.) M. W. Chase & N. H. Williams (*Oncidium ampliatum* Lindl.) 广布罗斯兰

附生植物。假鳞茎簇生，圆形，强烈压扁，长达 10 cm，宽 8 cm，顶端具 1~2 叶。叶线状椭圆形，长 6~25 cm。花序基生，长 50~100 cm，常有分枝，具多花；花直径 2~2.5 cm。花期：春季；危地马拉至秘鲁、哥伦比亚、委内瑞拉和特立尼达；0~600 m。

Epiphytic plants. Pseudobulbs clustered, rounded, strongly compressed, to 10 cm long, 8 cm broad, 1- or 2-leaved at apex. Leaves linear-elliptic, 6–25 cm long. Inflorescence basal, 50–100 cm long, often branched, many-flowered; flowers 2–2.5 cm across. Fl. spring; Guatemala to Peru, Colombia, Venezuela, Trinidad; 0–600 m.

1614 *Rossioglossum grande* (Lindl.) Garay & Kennedy 大花罗斯兰

附生植物。假鳞茎簇生，卵形，压扁，具二棱，长 4~10 cm，顶端具 1~3 叶。叶矩圆形，长 10~40 cm，苍绿色。花序侧生，直立，长 25~35 cm，具 3~8 花；花直径 10~15 cm。花期：秋季至春季；危地马拉、墨西哥；可达 2700 m。

Epiphytic plants. Pseudobulbs clustered, ovoid, compressed, ancipital, 4–10 cm long, 1- to 3-leaved at apex. Leaves oblong, 10–40 cm long, glaucous. Inflorescence lateral, erect, 25–35 cm long, 3- to 8-flowered; flowers 10–15 cm across. Fl. autumn–spring; Guatemala, Mexico; up to 2700 m.

1615 *Rossioglossum insleayi* (Barker ex Lindl.) Garay & Kennedy 应氏罗斯兰

附生植物。假鳞茎卵形，长 7.5~10 cm，顶端具 2~3 叶。叶矩圆形，长 10~15 cm。花序侧生，直立，长 30~40 cm，具 5~10 花；花直径 7~8 cm。花期：秋季；墨西哥；约 2500 m。

Epiphytic plants. Pseudobulbs ovoid, 7.5–10 cm long, 2- or 3-leaved at apex. Leaves oblong, 10–15 cm long. Inflorescence lateral, erect, 30–40 cm long, 5- to 10-flowered; flowers 7–8 cm across. Fl. autumn; Mexico; ca. 2500 m.

1616 *Rossioglossum schlieperianum* (Rchb. f.) Garay & Kennedy 许氏罗斯兰

附生植物。假鳞茎簇生，卵形，压扁，长 7.5~10 cm，顶端具 2~5 叶。叶矩圆形，长 10~12.5 cm。花序侧生，直立，长 20~25 cm，具 2~8 花；花直径 7~8 cm。花期：秋季至春季；哥斯达黎加、巴拿马；1200~1900 m。

Epiphytic plants. Pseudobulbs clustered, ovoid, compressed, 7.5–10 cm long, 2- to 5-leaved at apex. Leaves oblong, 10–12.5 cm long. Inflorescence lateral, erect, 20–25 cm long, 2- to 8-flowered; flowers 7–8 cm across. Fl. autumn–spring; Costa Rica, Panama; 1200–1900 m.

1616 ***Rossioglossum schlieperianum***
(Photo.: Kohji Karasawa)

1614 ***Rossioglossum grande*** (Photo.: Kohji Karasawa)

1615 ***Rossioglossum insleayi*** (Photo.: Kohji Karasawa)

1617 ***Rossioglossum williamsianum***
(Photo.: Kohji Karasawa)

1618 ***Rudolfiella aurantiaca***
(Photo.: Kohji Karasawa)

1619 ***Rudolfiella bicornaria***
(Photo.: Kohji Karasawa)

1617 *Rossioglossum williamsianum* (Rchb. f.) Garay & Kennedy 威廉罗斯兰

附生植物。假鳞茎簇生，卵形，压扁，具二棱，长 4~10 cm，顶端具 1~3 叶。叶椭圆形，长 30~40 cm。花序侧生，直立，长 40~60 cm，具 6~8 花；花直径 7~10 cm。花期：春季；哥斯达黎加、危地马拉、洪都拉斯；1000 m 以上。

Epiphytic plants. Pseudobulbs clustered, ovoid, compressed, ancipital, 4–10 cm long, 1- to 3-leaved at apex. Leaves elliptic, 30–40 cm long. Inflorescence lateral, erect, 40–60 cm long, 6- to 8-flowered; flowers 7–10 cm across. Fl. spring; Costa Rica, Guatemala, Honduras; above 1000 m.

1618 *Rudolfiella aurantiaca* (Lindl.) Hoehne 鲁道兰

附生植物。假鳞茎簇生，卵状球形，压扁，模糊的 4 棱，长约 5 cm，顶端具 1 叶。叶矩圆状楔形，长 10~20 cm。花序近基生，长达 30 cm，可有 15 花；萼片长 1.2~1.3 cm。花期：10 月；圭亚那、特立尼达、委内瑞拉；100~600 m。

Epiphytic plants. Pseudobulbs clustered, ovoid-globose, compressed, obscurely 4-angled, ca. 5 cm long, 1-leafed at apex. Leaf oblong-cuneate, 10–20 cm long. Inflorescence nearly basal, to 30 cm long, up to 15-flowered; sepals 1.2–1.3 cm long. Fl. Oct.; Guyana, Trinidad, Venezuela; 100–600 m.

1619 *Rudolfiella bicornaria* (Rchb. f.) Hoehne 褐花鲁道兰

附生植物。假鳞茎卵状球形，压扁，稍具 4 棱，长 2~5 cm，顶端具 1 叶。叶矩圆形，长 20~45 cm。花序近基生，外弯，长 30~40 cm，具数花至多花；花直径约 2.5 cm。花期：春季至夏季；巴西、哥伦比亚。

Epiphytic plants. Pseudobulbs ovoid-globose, compressed, slightly 4-angled, 2–5 cm long, 1-leafed at apex. Leaf oblong, 20–45 cm long. Inflorescence nearly basal, arching, 30–40 cm long, several- to many-flowered; flowers ca. 2.5 cm across. Fl. spring–summer; Brazil, Colombia.

1620 *Rudolfiella picta* (Schltr.) Hoehne 深色鲁道兰

附生植物。假鳞茎卵状矩圆形，具 4 棱，长约 5 cm，顶端具 1 叶。叶矩圆形，长约 25 cm。花序基生，长约 30 cm，具多花；萼片长约 1.3 cm。花期：夏季；哥伦比亚；200~500 m。

Epiphytic plants. Pseudobulbs ovoid-oblong, 4-angled, ca. 5 cm long, 1-leafed at apex. Leaf oblong, ca. 25 cm long. Inflorescence basal, ca. 30 cm long, many-flowered; sepals ca. 1.3 cm long. Fl. summer; Colombia; 200–500 m.

1620 ***Rudolfiella picta*** (Photo.: Kohji Karasawa)

1621 ***Sarcochilus falcatus*** (Photo.: Kohji Karasawa)

1621 *Sarcochilus falcatus* R. Br. 狭唇兰

附生植物。茎长 1~8 cm，具 3~8 叶。叶二列，下垂，狭椭圆形，长 5~16 cm。花序腋生，外弯或俯垂，与叶近等长，具 3~12 花；花直径 2~3 cm，有香气。花期：春季；澳大利亚东部；200~1200 m。

Epiphytic plants. Stems 1–8 cm long, 3- to 8-leaved. Leaves distichous, drooping, narrowly elliptic, 5–16 cm long. Inflorescences axillary, arching or nodding, nearly as long as leaves, 3- to 12-flowered; flowers 2–3 cm across, scented. Fl. spring; E Australia; 200–1200 m.

1622 *Sarcochilus fitzgeraldii* F. Muell. 菲兹狭唇兰

附生植物。茎下垂，有分枝，长 50~100 cm 或过之，顶端具多枚叶。叶下垂，狭矩圆形至舌形，长 6~20 cm。花序腋生，平展、下垂或近直立，长 10~22 cm，通常具 4~10 花；花直径 2.5~3.5 cm，有香气。花期：春季；澳大利亚（昆士兰、新南威尔士）；0~700 m。

Epiphytic plants. Stems pendent, branched, 50–100 cm or more long, bearing many leaves at apex. Leaves drooping, narrowly oblong to ligulate, 6–20 cm long. Inflorescences axillary, horizontal, pendent or suberect, 10–20 cm long, often 4- to 10-flowered; flowers 2.5–3.5 cm across, fragrant. Fl. spring; Australia (Queensland, New South Wales); 0–700 m.

1623 *Sarcochilus hartmannii* F. Muell. 哈氏狭唇兰

附生植物。茎簇生，有分枝，长 5~10 cm，具 4~10 叶。叶线形或矩圆状披针形，镰曲，长 10~18 cm，质厚。花序直立或外弯，长 6~25 cm，具 5~25 花；花直径 1.5~3 cm。花期：春季；澳大利亚东部；200~1000 m。

Epiphytic plants. Stems tufted, branched, 5–10 cm long, 4- to 10-leaved. Leaves linear or oblong-lanceolate, falcate, 10–18 cm long, thick-textured. Inflorescences erect or arching, 6–25 cm long, 5- to 25-flowered; flowers 1.5–3 cm across. Fl. spring; E Australia; 200–1000 m.

1624 *Satyrium ciliatum* Lindl. 缘毛鸟足兰

地生植物，高 12~35 cm，具块茎。茎直生，具 1~2 叶。叶基生，通常披针状矩圆形，长 4~15 cm。花序密生多花；花两性或罕有雄蕊退化或不存在，不倒置；萼片与花瓣长 5~6 mm。花期:8~10 月；不丹、中国（湖南至西藏）、印度（锡金）、尼泊尔；1200~4000 m。

Terrestrial plants, 12–35 cm tall, with tubers. Stems erect, 1- or 2-leaved. Leaves basal, often lanceolate-oblong, 4–15 cm long. Inflorescence densely many-flowered; flowers bisexual or rarely with stamen abortive or absent, not resupinate; sepals and petals 5–6 mm long. Fl. Aug.–Oct.; Bhutan, China (Hunan to Xizang), India (Sikkim), Nepal; 1200–4000 m.

1622 ***Sarcochilus fitzgeraldii***
(Photo.: Kohji Karasawa)

1623 ***Sarcochilus hartmannii***
(Photo.: Kohji Karasawa)

1624 ***Satyrium ciliatum***
(Photo.: Yanlan Xing)

1625 *Satyrium yunnanense* Rolfe 云南鸟足兰

地生植物，高 11~35 cm，具块茎。茎基部具 1~2 枚鞘。叶 1~2 枚，茎生或基生，通常近椭圆形，长 3.5~11 cm。花序具 10~20 朵或更多花；花不倒置；萼片长 4~6 mm。花期：7~9 月；中国（四川、云南）；2000~3700 m。

Terrestrial plants, 11–35 cm tall, with tubers. Stems with 1–2 sheaths at base. Leaves 1 or 2, cauline or basal, often subelliptic, 3.5–11 cm long. Inflorescence with 10–20 or more flowers; flowers not resupinate; sepals 4–6 mm long. Fl. July–Sep.; China (Sichuan, Yunnan); 2000–3700 m.

1625 ***Satyrium yunnanense*** (Photos.: Singchi Chen)

1626 *Scaphosepalum tiaratum* Luer 碗萼兰

地生或石上附生植物。茎簇生，包藏于 2~3 枚鞘中，顶生 1 叶。叶狭椭圆形，长 8~13 cm；叶柄长 4~7 cm。花葶基生，直立，长达 30 cm 或过之；总状花序具数花；中萼片长约 1.3 cm。花期：不详；哥伦比亚；1700~2000 m。

Terrestril or lithophytic plants. Stems tufted, enclosed by 2–3 sheaths, 1-leafed at apex. Leaf narrowly elliptic, 8–13 cm long; petiole 4–7 cm long. Scape basal, erect, to 30 cm or more long; raceme with several flowers; dorsal sepal ca. 1.3 cm long. Fl. unknown; Colombia; 1700–2000 m.

1627 *Scaphyglottis punctulata* (Rchb. f.) C. Schweinf. 碗唇兰

附生植物。茎簇生，上举，长 30~50 cm，上部稍膨大，互生多叶。叶线状披针形，长约 10 cm。花序顶生，短，具 1~3 花；花不完全开放；萼片长约 1.2 cm。花期：春季；哥伦比亚、厄瓜多尔、秘鲁；1000~1700 m。

Epiphytic plants. Stems tufted, ascending, 30–50 cm long, upper part slightly swollen, alternately many-leaved. Leaves linear-lanceolate, ca. 10 cm long. Inflorescence terminal, short, 1- to 3-flowered; flowers not fully opening; sepals ca. 1.2 cm long. Fl. spring; Colombia, Ecuador, Peru; 1000–1700 m.

1628 *Scelochilus latipetalus* C. Schweinf. 角唇兰

附生植物。假鳞茎簇生，狭椭圆形，稍压扁，长 2.5~4 cm，顶端具 1 叶。叶矩圆状椭圆形，长 12~16 cm。花序近基生，外弯或下垂，长达 35 cm，有 1~3 个分枝，具多花；花不完全开放，长约 2 cm。花期：11~1 月；秘鲁；950~1800 m。

Epiphytic plants. Pseudobulbs clustered, narrowly ellipsoid, slightly compressed, 2.5–4 cm long, 1-leafed at apex. Leaf oblong-elliptic, 12–16 cm long. Inflorescence nearly basal, arching or pendent, to 35 cm long, with 1–3 branches, many-flowered; flowers not fully opening, ca. 2 cm long. Fl. Nov.–Jan.; Peru; 950–1800 m.

1626 ***Scaphosepalum tiaratum***
(Photo.: SCO)

1627 ***Scaphyglottis punctulata***
(Photo.: Kohji Karasawa)

1628 ***Scelochilus latipetalus***
(Photo.: Kohji Karasawa)

1629 ***Schizodium flexuosum*** (Photo.: Peter Linder)

1629 *Schizodium flexuosum* (L.) Lindl. [*Disa flexuosa* (L.) Sw.] **裂柱兰**

地生植物，高 15~35 cm，地下具块茎。茎直立，具数枚基生叶和茎生叶。叶倒披针形，长 1~2 cm。花序通常具 3 花；萼片长 7~10 mm。花期：9~10 月；南非；达 1000 m。

Terrestrial plants, 15–35 cm tall, with subterranean tubers. Stems erect, with several basal and cauline leaves. Leaves oblanceolate, 1–2 cm long. Inflorescence often 3-flowered; sepals 7–10 mm long. Fl. Sep.–Oct.; South Africa; to 1000 m.

1630 *Schlimia alpina* Rchb. f. & Warsc. 许林兰

地生植物。假鳞茎簇生，圆筒状卵形，长 2~5 cm，顶端具 1 叶。叶直立，椭圆形，长 20~30 cm。花序基生，下垂，长达 15 cm 或过之，具 3~5 花；花有香气；萼片长 2~2.5 cm。花期：初夏；哥伦比亚、厄瓜多尔、委内瑞拉；1300~3000 m。

Epiphytic plants. Pseudobulbs clustered, cylindric-ovoid, 2–5 cm long, 1-leafed at apex. Leaf erect, elliptic, 20–30 cm long. Inflorescence basal, pendent, to 15 cm or more long, 3- to 5-flowered; flowers scented; sepals 2–2.5 cm long. Fl. early summer; Colombia, Ecuador, Venezuela; 1300–3000 m.

1630 ***Schlimia alpina*** (Photo.: Kohji Karasawa)

1631 *Schoenorchis fragrans* (Parish & Rchb. f.) Seidenf. & Smitinand 香花匙唇兰

附生植物。茎长约 2 cm，密生多枚叶。叶近矩圆形，长 2~2.5 cm，质地厚。花序腋生，弓曲，长约 2 cm，密生多花；花不完全开放，长约 0.5 cm。花期：夏季；印度东北部、缅甸、泰国；750~1000 m。

Epiphytic plants. Stems ca. 2 cm long, densely many-leaved. Leaves suboblong, 2–2.5 cm long, thickly textured. Inflorescences axillary, arching, ca. 2 cm long, densely many-flowered; flowers not opening widely, ca. 0.5 cm long. Fl. summer; NE India, Myanmar, Thailand; 750–1000 m.

1632 *Schoenorchis gemmata* (Lindl.) J. J. Sm. 匙唇兰

附生植物。茎常下垂，长 5~30 cm。叶多枚，茎生，线状圆柱形，长 4~13 cm，宽 5~13 mm。花序腋生，通常发自茎近顶端处，长 8~15 cm，有分枝，具多花；花长 3~4 mm。花期：3~6 月；不丹、柬埔寨、中国（福建至西藏）、印度东北部、老挝、缅甸、尼泊尔、泰国、越南；200~2000 m。

Epiphytic plants. Stems usually pendulous, 5–30 cm long. Leaves many, cauline, linear-terete, 4–13 cm long, 5–13 mm wide. Inflorescences axillary, often arising from near apex of stem, 8–15 cm long, branched, many-flowered; flowers 3–4 mm long. Fl. Mar.–June; Bhutan, Cambodia, China (Fujian to Xizang), NE India, Laos, Myanmar, Nepal, Thailand, Vietnam; 200–2000 m.

1631 ***Schoenorchis fragrans*** (Photo.: Kohji Karasawa)

1632 ***Schoenorchis gemmata*** (Photos.: Zhanhuo Tsi)

1633 ***Scuticaria hadwenii***
(Photo.: Kohji Karasawa)

1634 ***Scuticaria kautskyi***
(Photo.: Kohji Karasawa)

1635 ***Scuticaria salesiana***
(Photo.: Karlheinz Senghas)

1633 *Scuticaria hadwenii* (Lindl.) Hook. 哈氏鞭兰

附生植物。茎甚短，基部膨大，顶端具 1 叶。叶与茎连成一体，圆筒形，腹面有槽，长 20~50 cm。花序侧生，通常上举，长 4~20 cm，具 1 花；花有香气，俯垂，直径 6~7.5 cm。花期：秋季；巴西、圭亚那。

Epiphytic plants. Stems very short, swollen at base, 1-leafed at apex. Leaf contiguous with the stem, cylindric, channeled ventrally, 20–50 cm long. Inflorescence lateral, often ascending, 4–20 cm long, 1-flowered; flower scented, nodding, 6–7.5 cm across. Fl. autumn; Brazil, Guyana.

1634 *Scuticaria kautskyi* Pabst 考氏鞭兰

附生植物。假鳞茎短，包藏于灰色的鞘中，顶端具 1 叶。叶与茎连成一体，圆柱形，腹面有槽，长 15~20 cm，肉质。花序侧生，短，直立，具 1~2 花；花直径 5~6 cm。花期：冬季；巴西。

Epiphytic plants. Pseudobulbs short, covered by grayish sheaths, 1-leafed at apex. Leaf contiguous with the stem, terete, channeled ventrally, 15–20 cm long, fleshy. Inflorescence lateral, short, erect, 1- or 2-flowered; flowers 5–6 cm across. Fl. winter; Brazil.

1635 *Scuticaria salesiana* Dressler 宽唇鞭兰

附生植物。假鳞茎甚短或不明显，顶端具 1 叶。叶与茎连成一体，难以区分，圆柱形，下垂，长达 100 cm。花序基生，短，具 1 花；唇瓣长、宽各约 4.5 cm。花期：全年不定；厄瓜多尔；900~1300 m。

Epiphytic plants. Pseudobulbs very short or indistinct, 1-leafed at apex. Leaf contiguous with and indistinguishable from the stem, terete, pendent, up to 100 cm long. Inflorescence basal, short, 1-flowered; lip ca. 4.5 cm long and wide. Fl. throughout the year; Ecuador; 900–1300 m.

1636 *Scuticaria steelii* (Hook.) Lindl. 鞭兰

附生植物。假鳞茎纺锤状梨形，长 2~3 cm，有数节，顶端具 1 叶。叶与茎连成一体，圆柱形，纤细，下垂，腹面有槽，长达 100 cm 以上。花序基生，短，具 1~3 花；花有香气，直径 6~7 cm。花期：秋季至冬季；巴西、法属圭亚那、圭亚那、苏里南、委内瑞拉；约 850 m。

Epiphytic plants. Pseudobulbs fusiform-pyriform, 2–3 cm long, several-noded, 1-leafed at apex. Leaf contiguous with the stem, terete, slender, pendent, channeled ventrally, over 100 cm long. Inflorescence basal, short, 1- to 3-flowered; flowers scented, 6–7 cm across. Fl. autumn–winter; Brazil, French Guiana, Guyana, Surinam, Venezuela; ca. 850 m.

1636 ***Scuticaria steelii***
(Photo.: Kohji Karasawa)

1637 ***Sedirea japonica*** (Photo.: Sicong Lu)

1638 ***Seidenfadenia mitrata*** (Photo.: Kohji Karasawa)

1637 *Sedirea japonica* (Rchb. f.) Garay & H. R. Sweet 萼脊兰

附生植物。茎短。叶3~8枚，近基生，矩圆形或倒卵状披针形，长10~15 cm。花序1至数个，腋生，下垂，长10~25 cm，疏生数花至12花；花有柑桔香味，直径约3 cm。花期：夏季；中国（云南、浙江）、日本南部、朝鲜半岛；600~1400 m。

Epiphytic plants. Stems short. Leaves 3–8, nearly basal, oblong or obovate-lanceolate, 10–15 cm long. Inflorescences 1 to several, axillary, pendulous, 10–25 cm long, laxly several- to 12-flowered; flowers orange-scented, ca. 3 cm across. Fl. summer; China (Yunnan, Zhejiang), S Japan, Korea; 600–1400 m.

1639 ***Selenipedium aequinoctiale***
(Photo.: Phillip J. Cribb)

1638 *Seidenfadenia mitrata* (Rchb. f.) Garay 塞氏兰

附生植物。茎下垂，长达12.5 cm，具3~5叶。叶半圆柱形，腹面有槽，下垂，长12~45（~90）cm，宽2~5 mm。花序腋生，近直立或斜出，长6~25 cm，具多花；中萼片和唇瓣长8~9 mm。花期：春季；缅甸、泰国；100~1750 m。

Epiphytic plants. Stems pendent, to 12.5 cm long, 3- to 5-leaved. Leaves semiterete, channeled ventrally, pendent, 12–45 (–90) cm long, 2–5 mm wide. Inflorescence axillary, suberect or horizontal-ascending, 6–25 cm long, many-flowered; dorsal sepal and lip 8–9 mm long. Fl. spring; Myanmar, Thailand; 100–1750 m.

1639 *Selenipedium aequinoctiale* Garay 厄国碗兰

地生植物，高2~4 m。茎直立，密被短柔毛，全长具叶。叶多枚，折扇状，披针形，长15~20 cm。花序顶生，总状；花序轴长5~6 cm，密生数花；花在同一时间仅1朵开放；唇瓣直径约5 cm。花期：7~8月；厄瓜多尔；可达600 m。

Terrestrial plants, 2–4 m tall. Stems erect, densely pubescent, leafy throughout. Leaves many, plicate, lanceolate, 15–20 cm long. Inflorescence terminal, racemose; rachis 5–6 cm long, densely several-flowered; flowers opening one at a time; lip ca. 5 cm in diam. Fl. July–Aug.; Ecuador; up to 600 m.

1640 *Serapias cordigera* L. 心花长药兰

地生植物，高15~45 cm，地下具块根。茎直立，具5~8枚披针形叶和数枚基部鞘；鞘通常有深紫红色斑点。花序顶生，具4~10花；唇瓣通常长2~2.5 cm。花期：春季；欧洲南部；0~600 m。

Terrestrial plants, 15–45 cm tall, with subterranean tuberoids. Stems erect, with 5–8 lanceolate leaves and several basal sheaths; sheaths usually spotted with deep purple-red. Inflorescence terminal, 4- to 10-flowered; lip often 2–2.5 cm long. Fl. spring; S Europe; 0–600 m

1640 ***Serapias cordigera***
(Photo.: Kohji Karasawa)

1641 ***Sertifera colombiana*** **Schltr. 环花兰**

地生植物，高 25~40 cm，具短的根状茎。茎簇生，直立，纤细。叶互生，二列，折扇状，椭圆状披针形，长 4.5~5.5 cm。花序腋生，弓曲下垂，长于叶，具 6~12 花；花长约 0.5 cm。花期：不详；哥伦比亚。

Terrestrial plants, 25–40 cm tall, with a short rhizome. Stems tufted, erect, slender. Leaves alternate, distichous, plicate, elliptic-lanceolate, 4.5–5.5 cm long. Inflorescences axillary, arching-pendent, longer than leaves, 6- to 12-flowered; flowers ca. 0.5 cm long. Fl. unknown; Colombia.

1641 ***Sertifera colombiana*** (Photo.: Kohji Karasawa)

1642 ***Sievekingia butcheri*** **Dressler 伯氏西京兰**

附生植物。假鳞茎簇生，宽卵形，长约 3 cm，顶端具 1 叶。叶摺扇状，椭圆形，长 17~22 cm，具柄。花序基生，俯垂，长 2.5~7 cm，密生少数花；花直径 3.5~4 cm。花期：秋季、春季；巴拿马；低海拔地。

Epiphytic plants. Pseudobulbs clustered, broadly ovoid, ca. 3 cm long, 1-leafed at apex. Leaf plicate, elliptic, 17–22 cm long, petiolate. Inflorescence basal, nodding, 2.5–7 cm long, densely few-flowered; flowers 3.5–4 cm across. Fl. autumn, spring; Panama; at low altitudes.

1642 ***Sievekingia butcheri***
(Photo.: Rudolf Jenny)

1643 ***Sievekingia colombiana*** **Garay 哥国西京兰**

附生植物。假鳞茎簇生，卵形，长约 4 cm，顶端具 1 叶。叶摺扇状，椭圆形或矩圆形，长 15~25 cm，有柄。花序基生，俯垂，长 5~6 cm，密生少数花；萼片长约 3 cm。花期：7 月；哥伦比亚；达 900 m。

Epiphytic plants. Pseudobulbs clustered, ovoid, ca. 4 cm long, 1-leafed at apex. Leaf plicate, elliptic or oblong, 15–25 cm long, petiolate. Inflorescence basal, nodding, 5–6 cm long, densely few-flowered; sepals ca. 3 cm long. Fl. July; Colombia; to 900 m.

1644 ***Sievekingia fimbriata*** **Rchb. f. 西京兰**

附生植物。假鳞茎簇生，梨形，长 3~3.5 cm，顶端具 1 叶。叶摺扇状，椭圆状披针形，长 10~25 cm。花序基生，下垂，长 6~8 cm，具 8~10 花；萼片与花瓣长 1.8~2 cm。花期：5~6 月；哥斯达黎加、巴拿马；800~1200 m。

Epiphytic plants. Pseudobulbs clustered, pyriform, 3–3.5 cm long, 1-leafed at apex. Leaf plicate, elliptic-lanceolate, 10–25 cm long. Inflorescence basal, pendent, 6–8 cm long, 8- to 10-flowered; sepals and petals 1.8–2 cm long. Fl. May–June; Costa Rica, Panama; 800–1200 m.

1643 ***Sievekingia colombiana*** (Photo.: Karlheinz Senghas)

1644 ***Sievekingia fimbriata*** (Photo.: Jany Renz)

1645 ***Sievekingia peruviana***
(Photo.: Kohji Karasawa)

1646 ***Sievekingia reichenbachiana***
(Photo.: Kohji Karasawa)

1647 ***Smitinandia micrantha***
(Photo.: Kohji Karasawa)

1645 *Sievekingia peruviana* Rolfe ex C. Schweinf. 秘鲁西京兰

附生植物。假鳞茎簇生，卵形，稍有棱，长 3~4 cm，顶端具 1 叶。叶褶扇状，椭圆形，长 12~20 cm，具长柄。花序基生，下垂，长 2~4.5 cm，具数花；萼片长 2~2.5 cm。花期：冬季；秘鲁；1200~1500 m。

Epiphytic plants. Pseudobulbs clustered, ovoid, slightly angled, 3–4 cm long, 1-leafed at apex. Leaf plicate, elliptic, 12–20 cm long, long-petioled. Inflorescence basal, pendent, 2–4.5 cm long, several-flowered; sepals 2–2.5 cm long. Fl. winter; Peru; 1200–1500 m.

1646 *Sievekingia reichenbachiana* Lehmann ex Rolfe 赖氏西京兰

附生植物。假鳞茎簇生，近卵形，长 2~3.5 cm，包藏于二列的鞘中，顶端具 1 叶。叶褶扇状，矩圆形，长 20~25 cm，具长柄。花序基生，下垂，长 5~10 cm，具 3~9 花；花不倒置，直径约 4.5 cm。花期：6~8 月；哥伦比亚、厄瓜多尔；200~900 m。

Epiphytic plants. Pseudobulbs clustered, subovoid, 2–3.5 cm long, covered by distichous sheaths, 1-leafed at apex. Leaf plicate, oblong, 20–25 cm long, long-petioled. Inflorescence basal, pendent, 5–10 cm long, 3- to 9-flowered; flowers not resupinate, ca. 4.5 cm across. Fl. June–Aug.; Colombia, Ecuador; 200–900 m.

1647 *Smitinandia micrantha* (Lindl.) Holttum 盖喉兰

附生植物。茎近直立，长 4~20 cm。叶通常 5~8 枚，狭矩圆形，长 6~11 cm。花序 1~2 个，侧生，外弯，长 7~17 cm，密生多花；花呈螺旋状排列，直径 3~4 mm。花期：4 月；从尼泊尔经印度东北部、中国西南部和中南半岛至印度尼西亚（加里曼丹）；海拔 600~1300 m。

Epiphytic plants. Stem suberect, 4–20 cm long. Leaves often 5–8, narrowly oblong, 6–11 cm long. Inflorescences 1–2, lateral, arching, 7–17 cm long, densely many-flowered; flowers spirally arranged, 3–4 mm across. Fl. Apr.; Nepal through NE India, SW China and Indochina to Indonesia (Kalimantan); 600–1300 m.

1648 ***Sobennikoffia robusta*** (Photo.: Kohji Karasawa)

1648 *Sobennikoffia robusta* (Schltr.) Schltr. 苏本兰

地生或罕为附生植物。茎短，粗达 1.5 cm，具多叶。叶二列，线形，长 25~38 cm，革质。花序侧生，平展，与叶等长或长于叶，具 12~17 花；萼片和唇瓣长 2.5~4.5 cm。花期：1 月；马达加斯加西部；1500~2000 m。

Terrestrial or rarely epiphytic plants. Stems short, ca. 1.5 cm thick, many-leaved. Leaves distichous, linear, 25–38 cm long, coriaceous. Inflorescence lateral, horizontal, as long as or longer than the leaves, 12- to 17-flowered; sepals and lip 2.5–4.5 cm long. Fl. Jan.; W Madagascar; 1500–2000 m.

1649 ***Sobralia bimaculata*** **Garay 双斑折叶兰**

地生或石上附生植物。茎簇生，直立，纤细，长 20~40 cm，包藏于筒状叶鞘之中，具 3~7 叶。叶卵状披针形，长 6~15 cm。花序顶生，短，具数花；花依次开放，在同一时间仅开 1 朵；萼片长约 2.5 cm；花期：春季至秋季；哥伦比亚。

Terrestrial or lithophytic plants. Stems tufted, erect, slender, 20–40 cm long, covered by tubular leaf sheaths, 3- to 7-leaved. Leaves ovate-lanceolate, 6–15 cm long. Inflorescence terminal, short, several-flowered; flowers opening successively, only one at a time; sepals ca. 2.5 cm long. Fl. spring–autumn; Colombia.

1649 ***Sobralia bimaculata***
(Photo.: Kohji Karasawa)

1650 ***Sobralia callosa*** **L. O. Williams 浅红折叶兰**

地生或附生植物。茎簇生，纤细，直立，长约 45 cm，包藏于筒状叶鞘之中，具数枚叶。叶矩圆形或线状披针形，长约 10 cm。花序顶生，短，通常具 1 花；花直径约 5 cm。花期：夏季；巴拿马；650~800 m。

Terrestrial or epiphytic plants. Stems tufted, slender, erect, ca. 45 cm long, covered by tubular leaf sheaths, several-leaved. Leaves oblong or linear-lanceolate, ca. 10 cm long. Inflorescence terminal, short, usually 1-flowered; flower ca. 5 cm across. Fl. summer; Panama; 650–800 m.

1651 ***Sobralia cattleya***
(Photo.: Kohji Karasawa)

1651 ***Sobralia cattleya*** **Rchb. f. 卡特折叶兰**

地生植物。茎簇生，直立，长达 1~2 m 或过之，包藏于筒状鞘之中，具多枚叶。叶矩圆状披针形，长达 30 cm。花序通常 3~4 个，发自最上面的叶腋，有短分枝，具 5~10 花；花有香气，直径约 8 cm。花期：8 月；哥伦比亚、委内瑞拉；1500~1800 m。

Terrestrial plants. Stems tufted, erect, to 1–2 m or more long, covered by tubular leaf sheaths, many-leaved. Leaves oblong-lanceolate, to 30 cm long. Inflorescences often 3–4, from axils of the uppermost leaves, shortly branched, 5- to 10-flowered; flowers fragrant, ca. 8 cm across. Fl. Aug.; Colombia, Venezuela; 1500–1800 m.

1652 ***Sobralia decora*** **Bateman 美花折叶兰**

地生植物。茎簇生，直立，长 30~200 cm，包藏于筒状的鞘之中，具数叶。叶椭圆状披针形，长约 18 cm，被微柔毛。花序顶生，短，具 1 花；萼片长 5.5~6 cm。花期：一年数次；墨西哥至尼加拉瓜；0~500 m。

Terrestrial plants. Stems tufted, erect, 30–200 cm long, covered by tubular leaf sheaths, several-leaved. Leaves elliptic-lanceolate, ca. 18 cm long, puberulous. Inflorescence terminal, short, 1-flowered; sepals 5.5–6 cm long. Fl. several times a year; Mexico to Nicaragua; 0–500 m.

1650 ***Sobralia callosa*** (Photo.: Kohji Karasawa)

1652 ***Sobralia decora*** (Photo.: Kohji Karasawa)

1653 ***Sobralia dichotoma*** (Photo.: Jany Renz)

1653 ***Sobralia dichotoma*** **Ruiz & Pavon 折叶兰**

地生植物。茎簇生，粗壮，长可达 6 m，包藏于筒状叶鞘之中。叶茎生，披针形或卵状披针形，长 25~35 cm，坚挺。花序侧生，外弯或平展，疏生少数花或多花；花有香气，直径 10~12 cm。花期：夏季至秋季；玻利维亚、哥伦比亚、秘鲁；750~2800 m。

Terrestrial plants. Stems tufted, stout, up to 6 m long, covered by tubular leaf sheaths. Leaves cauline, lanceolate or ovate-lanceolate, 25–35 cm long, rigid. Inflorescences lateral, arching or horizontal, laxly few- to many-flowered; flowers fragrant, 10–12 cm across. Fl. summer–autumn; Bolivia, Colombia, Peru; 750–2800 m.

1654 ***Sobralia fragrans*** **Lindl. 香花折叶兰**

附生植物。茎直立或外弯，稍压扁，长达 45 cm，包藏于筒状的叶鞘之中，具 1~3 叶。叶矩圆状披针形，长 20~25 cm，先端具 3 齿。花序顶生，短，通常具 1 花；萼片长约 3 cm。花期：2~5 月；危地马拉至委内瑞拉和厄瓜多尔；约 100 m。

Epiphytic plants. Stems erect or arching, slightly compressed, to 45 cm long, covered by tubular leaf sheaths, 1- to 3-leaved. Leaves oblong-lanceolate, 20–25 cm long, tridentate at apex. Inflorescence terminal, short, often 1-flowered; sepals ca. 3 cm long. Fl. Feb.–May; Guatemala to Venezuela and Ecuador; ca. 100 m.

1655 ***Sobralia gloriosa*** **Rchb. f. 华丽折叶兰**

地生植物。茎长可达 2~3 m，包藏于筒状的叶鞘之中。叶茎生，矩圆形，长 20~30 cm。花序顶生，长 20~30 cm，具多花；花在同一时间仅开 1 朵，直径 7~8 cm。花期：1~8 月；哥伦比亚、秘鲁；500~2800 m。

Terrestrial plants. Stems up to 2–3 m long, covered by tubular leaf sheaths. Leaves cauline, oblong, 20–30 cm long. Inflorescence terminal, 20–30 cm long, many-flowered; flowers opening one at a time, 7–8 cm across. Fl. Jan.–Aug.; Colombia, Peru; 500–2800 m.

1656 ***Sobralia leucoxantha*** **Rchb. f. 黄斑折叶兰**

地生植物。茎簇生，长可达 150 cm，包藏于通常具黑色斑点的筒状叶鞘之中，全长均具叶。叶椭圆形至披针形，长 8~22 cm。花序顶生，短，具 1 花；花有香气，直径 10~16 cm。花期：夏季至初秋；哥伦比亚、哥斯达黎加、巴拿马；400~600 m。

Terrestrial plants. Stems tufted, up to 150 cm long, covered by tubular, often black-spotted leaf sheaths, leafy throughout. Leaves elliptic to lanceolate, 8–22 cm long. Inflorescence terminal, short, 1-flowered; flower fragrant, 10–16 cm across. Fl. summer–early autumn; Colombia, Costa Rica, Panama; 400–600 m.

1654 ***Sobralia fragrans***
(Photo.: Andreas Kay)

1655 ***Sobralia gloriosa***
(Photo.: Andreas Kay)

1656 ***Sobralia leucoxantha***
(Photo.: Kohji Karasawa)

1657 ***Sobralia macra***
(Photo.: Kohji Karasawa)

1658 ***Sobralia macrantha***
(Photo.: Kohji Karasawa)

1659 ***Sobralia rosea*** (Photo.: SCO)

1657 *Sobralia macra* Schltr. 细茎折叶兰

附生植物。茎纤细，下垂，长 40~60 cm，包藏于筒状叶鞘之中，具少数叶。叶披针形，长 10~15 cm。花序顶生，短，具 1 花；花不完全开放；萼片长约 4.5 cm。花期：春季；哥斯达黎加；1300~1500 m。

Epiphytic plants. Stems slender, pendulous, 40–60 cm long, covered by tubular leaf sheaths, few-leaved. Leaves lanceolate, 10–15 cm long. Inflorescence terminal, short, 1-flowered; flower not fully opening; sepals ca. 4.5 cm long. Fl. spring; Costa Rica; 1300–1500 m.

1658 *Sobralia macrantha* Lindl. 大花折叶兰

地生或极罕为附生植物。茎簇生，长可达 2 m 或过之，包藏于筒状叶鞘之中，全长均具叶。叶披针形，长 15~30 cm，坚挺。花序顶生，短，具数花，外有 1 枚大的苞片；花在同一时间仅开 1 朵，有香气，直径 11~15 cm。花期：全年不定；墨西哥至哥斯达黎加；2000~3400 m。

Terrestrial or very rarely epiphytic plants. Stems tufted, up to 2 m or more long, covered by tubular leaf sheaths, leafy throughout. Leaves lanceolate, 15–30 cm long, rigid. Inflorescence terminal, short, several-flowered, subtended by a large bract; flowers opening one at a time, scented, 11–15 cm across. Fl. throughout the year; Mexico to Costa Rica; 2000–3400 m.

1659 *Sobralia rosea* Poepp. & Endl. 斑唇折叶兰

地生植物。茎簇生，直立，通常长可达 120 cm，包藏于筒状叶鞘之中，具多叶。叶狭披针形，长约 19 cm。花序顶生，长 4~6 cm，具少数花；花易凋，同一时间仅 1 朵开放；萼片长 7~8 cm。花期：2~5 月；哥伦比亚、厄瓜多尔、秘鲁；200~3300 m。

Terrestrial plants. Stems tufted, erect, usually up to 120 cm long, covered by tubular leaf sheaths, many-leaved. Leaves narrowly lanceolate, ca. 19 cm long. Inflorescence terminal, 4–6 cm long, few-flowered; flowers short-lived, opening one at a time; sepals 7–8 cm long. Fl. Feb.–May; Colombia, Ecuador, Peru; 200–3300 m.

1660 *Sobralia violacea* Linden ex Lindl. 堇色折叶兰

地生或附生植物。茎纤细，长可达 120 cm，包藏于具小突起和微柔毛的叶鞘之中，上部具叶。叶二列，卵状披针形，长约 20 cm，革质。花序顶生，短，具 1 花；花有香气，直径 10~12 cm。花期：夏季；玻利维亚、哥伦比亚、秘鲁、委内瑞拉；100~3300 m。

Terrestrial or epiphytic plants. Stems slender, up to 120 cm long, covered by muricate and puberulous leaf sheaths, leafy above. Leaves distichous, ovate-lanceolate, ca. 20 cm long, coriaceous. Inflorescence terminal, short, 1-flowered; flower fragrant, 10–12 cm across. Fl. summer; Bolivia, Colombia, Peru, Venezuela; 100–3300 m.

1660 ***Sobralia violacea***
(Photo.: Kohji Karasawa)

1661 ***Sobralia virginalis***
(Photo.: Kohji Karasawa)

1661 *Sobralia virginalis* Peeters & Cogn. 洁白折叶兰

地生植物。茎直立或外弯，长可达 120 cm，包藏于筒状叶鞘之中，全长均具叶。叶二列，卵状披针形，长 15~30 cm。花序顶生，短，具少数花；花在同一时间仅开 1 朵，直径 12~15 cm。花期：夏季；哥伦比亚；低海拔地。

Terrestrial plants. Stems erect or arching, up to 120 cm long, covered by tubular leaf sheaths, leafy throughout. Leaves distichous, ovate-lanceolate, 15–30 cm long. Inflorescence terminal, short, few-flowered; flowers opening one at a time, 12–15 cm across. Fl. summer; Colombia; at low altitudes.

1662 *Sobralia xantholeuca* B. S. Williams 黄白折叶兰

附生植物。茎纤细，长可达 150~180 cm，包藏于具红棕色斑点的叶鞘中，全长均具叶。叶矩圆状披针形，长 15~30 cm。花序顶生，短，具 1 花；花有香气；直径 15~20 cm，早凋。花期：夏季；危地马拉、墨西哥；可达 1550 m。

Epiphytic plants. Stems slender, up to 150–180 cm long, covered by red-brown-spotted leaf sheaths, leafy throughout. Leaves oblong-lanceolate, 15–30 cm long. Inflorescence terminal, short, 1-flowered; flower fragrant, 15–20 cm across, short-lived. Fl. summer; Guatemala, Mexico; up to 1550 m.

1663 *Sobralia yauaperyensis* Barb. Rodr. 蓝紫折叶兰

地生植物。茎簇生，长可达 1 m，下部包藏于灰色的叶鞘之中，上部具 4~5 枚叶。叶披针形，长 15~20 cm，薄革质。花序顶生，短，具数花；花在同一时间仅开 1 朵，直径约 10 cm。花期：夏季；巴西、委内瑞拉；约 700 m。

Terrestrial plants. Stems tufted, up to 1 m long, covered by gray leaf sheaths below, 4- or 5-leaved above. Leaves lanceolate, 15–20 cm long, thin-coriaceous. Inflorescence terminal, short, several-flowered; flowers opening one at a time, ca. 10 cm across. Fl. summer; Brazil, Venezuela; ca. 700 m.

1664 *Solenidium lunatum* (Lindl.) Kraenzl. 管爪兰

附生植物。假鳞茎簇生，椭圆形，压扁，长 1.3~2 cm，顶端具 1 叶。叶矩圆形，长 4.5~9.5 cm。花序侧生，发自未成熟的假鳞茎，近直立，长 5~10 cm，具 4~6 朵或更多花；花直径 1.5~2 cm。花期：1~2 月；南美洲热带地区；200~700 m。

Epiphytic plants. Pseudobulbs clustered, ellipsoid, compressed, 1.3–2 cm long, 1-leafed at apex. Leaf oblong, 4.5–9.5 cm long. Inflorescence lateral, arising from immature pseudobulb, suberect, 5–10 cm long, with 4–6 or more flowers; flowers 1.5–2 cm across. Fl. Jan.–Feb.; tropical South America; 200–700 m.

1662 ***Sobralia xantholeuca***
(Photo.: Kohji Karasawa)

1663 ***Sobralia yauaperyensis***
(Photo.: Kohji Karasawa)

1664 ***Solenidium lunatum***
(Photo.: Karlheinz Senghas)

1665 ***Spathoglottis affinis***
(Photo.: Kohji Karasawa)

1666 ***Spathoglottis altigena***
(Photo.: Kohji Karasawa)

1667 ***Spathoglottis confusa***
(Photo.: Kohji Karasawa)

1665 *Spathoglottis affinis* de Vriese 叉唇苞舌兰

地生植物。假鳞茎上下压扁，形状不规则，宽 2~4 cm，具 4 叶。叶摺扇状，线状披针形，长 25~50 cm，具长柄，在花期无叶。花葶基生，长 40~75 cm；花多朵，直径约 3 cm。花期：秋季；柬埔寨、印度尼西亚（爪哇）、老挝、马来西亚（马来半岛）、缅甸、泰国、越南；600~1600 m。

Terrestrial plants. Pseudobulbs depressed, irregular-shaped, 2–4 cm wide, 4-leaved. Leaves plicate, linear-lanceolate, 25–50 cm long, long-petiolate, not present at anthesis. Scape basal, 40–75 cm long; flowers many, ca. 3 cm across. Fl. autumn; Cambodia, Indonesia (Java), Laos, Malaysia (Malay Peninsula), Myanmar, Thailand, Vietnam; 600–1600 m.

1666 *Spathoglottis altigena* Schltr. 多花苞舌兰

地生植物。假鳞茎小，具 2~4 叶。叶摺扇状，线状披针形，长 50~70 cm，具长柄。花葶发自假鳞茎基部，长 60~80 cm；花多朵，直径约 3 cm。花期：夏季；新几内亚；约 1300 m。

Terrestrial plants. Pseudobulbs small, 2- to 4-leaved. Leaves plicate, linear-lanceolate, 50–70 cm long, long-petiolate. Scape arising from base of pseudobulb, 60–80 cm long; flowers many, ca. 3 cm across. Fl. summer; New Guinea; ca. 1300 m.

1667 *Spathoglottis confusa* J. J. Sm. 婆洲苞舌兰

地生植物。假鳞茎具少数叶。叶狭窄，长达 70 cm，稍对摺，具长达 30 cm 的柄。花葶发自假鳞茎基部，直立，纤细而较长；花数朵，直径约 7 cm。花期：5 月；婆罗洲（加里曼丹、沙巴、沙捞越）；100~1800 m。

Terrestrial plants. Pseudobulbs with a few leaves. Leaves narrow, to 70 cm long, slightly conduplicate, with a petiole to 30 cm long. Scape arising from base of pseudobulb, erect, slender, rather long; flowers several, ca. 7 cm across. Fl. May; Borneo (Kalimantan, Sabah, Sarawak); 100–1800 m.

1668 *Spathoglottis eburnea* Gagnep. 白花苞舌兰

地生植物。假鳞茎圆锥形，压扁，直径约 3 cm，通常具 2 叶。叶线形，长 25~35 cm。花葶发自假鳞茎基部，长 30~40 cm；花通常 10 朵，顺次开放，在同一时间常有 3~4 花，直径约 3.5 cm。花期：秋季；柬埔寨、老挝、泰国、越南；达 800 m。

Terrestrial plants. Pseudobulbs conical, compressed, ca. 3 cm in diam., often 2-leaved. Leaves linear, 25–35 cm long. Scape arising from base of pseudobulb, 30–40 cm long; flowers often 10, opening successively, usually 3–4 at a time, ca. 3.5 cm across. Fl. autumn; Cambodia, Laos, Thailand, Vietnam; to 800 m.

1668 ***Spathoglottis eburnea***
(Photo.: Kohji Karasawa)

1669 ***Spathoglottis microchilina*** (Photo.: Peter O' Byrne)

1672 ***Spathoglottis pubescens*** (Photos.: Zhanhuo Tsi(left); Xiaohua Jin(right))

1669 *Spathoglottis microchilina* Kraenzl. (*Spathoglottis aurea* Lindl.) 小唇苞舌兰

地生植物。假鳞茎卵形，长 1~2 cm，通常具 2 叶。叶摺扇状，线状披针形，长 28~50 cm，具柄。花葶发自假鳞茎基部，长可达 90 cm；花数朵至 45 朵，在同一时间开放 1~2 朵，直径 3~4 cm。花期：全年不定；文莱、印度尼西亚（加里曼丹、苏门答腊）、马来西亚（马来半岛、沙巴、沙捞越）；900~1700 m。

Terrestrial plants. Pseudobulbs ovoid, 1–2 cm long, often 2-leaved. Leaves plicate, linear-lanceolate, 28–50 cm long, petioled. Scape arising from base of pseudobulb, up to 90 cm long; flowers several to 45, opening 1–2 at a time, 3–4 cm across. Fl. throughout the year; Brunei, Indonesia (Kalimantan, Sumatra), Malaysia (Malay Peninsula, Sabah, Sarawak); 900–1700 m.

1670 ***Spathoglottis petri***
(Photo.: Kohji Karasawa)

1670 *Spathoglottis petri* Rchb. f. 彼得苞舌兰

地生植物。假鳞茎簇生，卵形至卵状球形，长 3~7 cm，具 3~5 叶。叶摺扇状，线状披针形，长 30~80 cm。花葶发自假鳞茎基部，长 60~80 cm；花多朵，直径 3.5~4 cm。花期：春季至夏季；新喀里多尼亚、瓦努阿图；0~800 m。

Terrestrial plants. Pseudobulbs clustered, ovoid to ovoid-globose, 3–7 cm long, 3- to 5-leaved. Leaves plicate, linear-lanceolate, 30–80 cm long. Scape arising from base of pseudobulb, 60–80 cm long; flowers many, 3.5–4 cm across. Fl. spring–summer; New Caledonia, Vanuatu; 0–800 m.

1671 *Spathoglottis plicata* Blume 紫花苞舌兰

地生植物。假鳞茎卵形至卵状圆锥形，长 2~6 cm，具 3~5 叶。叶线状披针形，长 30~80 cm；叶柄长 10~20 cm。花葶侧生，长 50~100 cm；花 9~16 朵，依次开放，直径 2.5~3 cm。花期：全年不定；广布于亚洲热带地区，向北到达中国（台湾）和日本南部，向东南到达澳大利亚和太平洋岛屿；0~1400 m。

Terrestrial plants. Pseudobulbs ovoid to ovoid-conical, 2–6 cm long, 3- to 5-leaved. Leaves linear-lanceolate, 30–80 cm long; petiole 10–20 cm long. Scape lateral, 50–100 cm long; flowers 9–16, opening successively, 2.5–3 cm across. Fl. throughout the year; widely distributed in tropical Asia, north to China (Taiwan) and S Japan and southeast to Australia and the Pacific islands; 0–1400 m.

1671 ***Spathoglottis plicata***
(Photo.: Kohji Karasawa)

1672 *Spathoglottis pubescens* Lindl. 苞舌兰

地生植物。假鳞茎近球形，腹背压扁，直径 1~2.5 cm，具 1~3 叶。叶摺扇状，线状披针形，长达 40~43 cm。花葶侧生，长 20~50 cm；花 2~8 朵，直径 2.5~3 cm。花期：7~11 月；柬埔寨、中国（浙江至云南）、印度、老挝、缅甸、泰国、越南。0~1400 m。

Terrestrial plants. Pseudobulbs subglobose, depressed, 1–2.5 cm in diam., 1- to 3-leaved. Leaves plicate, linear-lanceolate, to 40–43 cm long. Scape lateral, 20–50 cm long; flowers 2–8, 2.5–3 cm across. Fl. July–Nov.; Cambodia, China (Zhejiang to Yunnan), India, Laos, Myanmar, Thailand, Vietnam; 0–1400 m.

1673 ***Spathoglottis unguiculata***
(Photo.: Kohji Karasawa)

1674 ***Sphyrarhynchus schliebenii***
(Photo.: Kohji Karasawa)

1675 ***Sphyrastylis escobariana***
(Photo.: Kohji Karasawa)

1673 *Spathoglottis unguiculata* (Labill.) Rchb. f. 爪唇苞舌兰

地生植物。假鳞茎卵形，长约 3 cm，具 4~5 叶。叶摺扇状，狭矩圆形，长 30~40 cm。花葶侧生，长 30~60 cm；花多朵，依次开放，直径 2~2.5 cm。花期：夏季至秋季；新喀里多尼亚；低海拔地。

Terrestrial plants. Pseudobulbs ovoid, ca. 3 cm long, 4- or 5-leaved. Leaves plicate, narrowly oblong, 30–40 cm long. Scape lateral, 30–60 cm long; flowers many, opening successively, 2–2.5 cm across. Fl. summer–autumn; New Caledonia; at low altitudes.

1674 *Sphyrarhynchus schliebenii* Mansf. 锤喙兰

附生植物。茎短，具多条稍压扁的根。叶 3~5 枚，二列，矩圆形，长 2~3.5 cm，近肉质。花序腋生，长约 3 cm 或过之，具 2~7 花；花直径约 2 cm。花期：春季；坦桑尼亚；900~2000 m。

Epiphytic plants. Stems short, with many slightly flattened roots. Leaves 3–5, distichous, oblong, 2–3.5 cm long, rather fleshy. Inflorescence axillary, ca. 3 cm or more long, often with 2–7 flowers; flowers ca. 2 cm across. Fl. spring; Tanzania; 900–2000 m.

1675 *Sphyrastylis escobariana* Garay 锤杆兰

附生植物。茎极短。叶数枚，二列，两侧压扁，狭披针形，镰刀状，排成扇形，肉质，长 4~7 cm。花序腋生，长 6~8 cm，上举，被硬毛，具多花；花二列，不完全开放，长约 0.8 cm。花期：夏季至秋季；哥伦比亚。

Epiphytic plants. Stems very short. Leaves several, distichous, laterally flattened, narrowly lanceolate, falcate, arranged in a fan, fleshy, 4–7 cm long. Inflorescence axillary, 6–8 cm long, ascending, hirsute, many-flowered; flowers distichous, not opening widely, ca. 0.8 cm long; Fl. summer–autumn; Colombia.

1676 *Stanhopea graveolens* Lindl. 异味马车兰

附生植物。假鳞茎卵状圆锥形，稍压扁，有槽，长 5~7 cm，顶端具 1 叶。叶摺扇状，椭圆状披针形，长 20~50 cm。花序侧生，下垂，短，具 1~6 花；花直径 9~12 cm，有难闻的气味。花期：春季至初夏；危地马拉、洪都拉斯、墨西哥；可达 2700 m。

Epiphytic plants. Pseudobulbs ovoid-conical, somewhat compressed, sulcate, 5–7 cm long, 1-leafed at apex. Leaf plicate, elliptic-lanceolate, 20–50 cm long. Inflorescence lateral, pendent, short, 1- to 6-flowered; flowers 9–12 cm across, unpleasantly scented. Fl. spring–early summer; Guatemala, Honduras, Mexico; up to 2700 m.

1676 ***Stanhopea graveolens***
(Photo.: Kohji Karasawa)

1677 ***Stanhopea hernandezii***
(Photo.: Karlheinz Senghas)

1677 ***Stanhopea hernandezii*** **(Kunth) Schltr. 赫氏马车兰**

附生植物。假鳞茎斜卵状圆锥形，长约 6 cm，顶端具 1 叶。叶摺扇状，矩圆形或椭圆状披针形，长 20~30 cm，具长柄。花序侧生，下垂，短，具 2~3 花；花有香气，直径 8~10 cm。花期：春季至夏季；危地马拉、墨西哥；1700~2250 m。

Epiphytic plants. Pseudobulbs obliquely ovoid-conical, ca. 6 cm long, 1-leafed at apex. Leaf plicate, oblong or elliptic-lanceolate, 20–30 cm long, long-petioled. Inflorescence lateral, pendent, short, 2- or 3-flowered; flowers fragrant, 8–10 cm across. Fl. spring–summer; Guatemala, Mexico; 1700–2250 m.

1678 ***Stanhopea insignis*** **Frost ex Hook. 大花马车兰**

附生植物。假鳞茎卵形，有槽，长 3~7 cm，顶端具 1 叶。叶摺扇状，矩圆形，长 30~50 cm，具长柄。花序侧生，下垂，长 5~25 cm，具 2~3 花；花直径 13~14 cm。花期：夏季；巴西、厄瓜多尔、秘鲁；0~1500 m。

Epiphytic plants. Pseudobulbs ovoid, sulcate, 3–7 cm long, 1-leafed at apex. Leaf plicate, oblong, 30–50 cm long, long-petioled. Inflorescence lateral, pendent, 5–25 cm long, 2- or 3-flowered; flowers 13–14 cm across. Fl. summer; Brazil, Ecuador, Peru; 0–1500 m.

1679 ***Stanhopea lietzei*** **(Regel) Schltr. 李氏马车兰**

附生植物。假鳞茎卵形，有棱，长约 4 cm，顶端具 1 叶。叶椭圆形，有 3 脉，长 30~45 cm，具长柄。花序侧生，下垂，长约 20 cm，具少数花；花直径约 11 cm。花期：夏季；巴西；中等海拔地。

Epiphytic plants. Pseudobulbs ovoid, ribbed, ca. 4 cm long, 1-leafed at apex. Leaf elliptic, 3-veined, 30–45 cm long, long-petioled. Inflorescence lateral, pendent, ca. 20 cm long, few-flowered; flowers ca. 11 cm across. Fl. summer; Brazil; at moderate altitudes.

1680 ***Stanhopea oculata*** **(Lodd.) Lindl. 细斑马车兰**

附生或地生植物。假鳞茎斜卵形，长 3.5~6.5 cm，顶端具 1 叶。叶宽披针形，长 30~45 cm，具长柄。花序侧生，下垂，长 25~30 cm，具 5~8 花；花有香荚兰香味，直径 10~13 cm。花期：夏季至秋季；墨西哥至哥伦比亚、委内瑞拉和巴西；700~1500 m。

Epiphytic or terrestrial plants. Pseudobulbs obliquely ovoid, 3.5–6.5 cm long, 1-leafed at apex. Leaf broadly lanceolate, 30–45 cm long, long-petioled. Inflorescence lateral, pendent, 25–30 cm long, 5- to 8-flowered; flowers vanilla-scented, 10–13 cm across. Fl. summer–autumn; Mexico to Colombia, Venezuela and Brazil; 700–1500 m.

1678 ***Stanhopea insignis***
(Photo.: Kohji Karasawa)

1679 ***Stanhopea lietzei***
(Photo.: Kohji Karasawa)

1680 ***Stanhopea oculata***
(Photo.: Kohji Karasawa)

1681 ***Stanhopea platyceras***
(Photo.: SCO)

1682 ***Stanhopea tigrina***
(Photo.: Kohji Karasawa)

1683 ***Stanhopea wardii***
(Photo.: Kohji Karasawa)

1681 *Stanhopea platyceras* Rchb. f. 钝角马车兰

附生植物。假鳞茎卵状梨形，长达 6.5 cm，顶端具 1 叶。叶椭圆形，长 25~40 cm，具长柄。花序侧生，下垂，短，具 2 花；萼片和花瓣长 7.5~8.5 cm。花期：秋季；哥伦比亚；1000~1500 m。

Epiphytic plants. Pseudobulbs ovoid-pyriform, to 6.5 cm long, 1-leafed at apex. Leaf elliptic, 25–40 cm long, long-petioled. Inflorescence lateral, pendent, short, 2-flowered; sepals and petals 7.5–8.5 cm long. Fl. autumn; Colombia; 1000–1500 m.

1682 *Stanhopea tigrina* Bateman ex Lindl. 虎斑马车兰

附生植物。假鳞茎簇生，卵形，有槽，长 4~6 cm，顶端具 1 叶。叶矩圆形，长 20~35 cm，具长柄。花序侧生，下弯或下垂，长 6~15 cm，具 2~4 花；花有香气，直径达 20 cm。花期：夏季至秋季；墨西哥；600~1700 m。

Epiphytic plants. Pseudobulbs clustered, ovoid, sulcate, 4–6 cm long, 1-leafed at apex. Leaf oblong, 20–35 cm long, long-petioled. Inflorescence lateral, deflexed or pendent, 6–15 cm long, 2- to 4-flowered; flowers fragrant, to 20 cm across. Fl. summer–autumn; Mexico; 600–1700 m

1683 *Stanhopea wardii* Lodd. ex Lindl. 瓦氏马车兰

附生植物。假鳞茎卵形，略压扁，长 5~7 cm，顶端具 1 叶。叶椭圆形，长 30~40 cm。花序侧生，下垂，长约 10 cm，具 8~10 花；花有浓香，直径约 12 cm。花期：夏季至秋季；哥伦比亚、哥斯达黎加、尼加拉瓜、巴拿马、秘鲁、委内瑞拉；800~2700 m。

Epiphytic plants. Pseudobulbs ovoid, somewhat compressed, 5–7 cm long, 1-leafed at apex. Leaf elliptic, 30–40 cm long. Inflorescence lateral, pendent, ca. 10 cm long, 8- to 10-flowered; flowers strongly scented, ca. 12 cm across. Fl. summer–autumn; Colombia, Costa Rica, Nicaragua, Panama, Peru, Venezuela; 800–2700 m.

1684 *Staurochilus dawsonianus* (Rchb. f.) Schltr. 掌唇兰

附生植物。茎长 30~60 cm，坚挺，有时有分枝。叶多枚，二列，近线形，长 10~20 cm。花序与叶对生，近直立，长 40~50 cm，不分枝或有少数分枝，疏生多花；花肉质，直径约 3 cm。花期:5~7 月；中国（云南南部）、老挝、缅甸、泰国、越南；300~1000 m。

Epiphytic plants. Stems 30–60 cm long, rigid, sometimes branching. Leaves many, distichous, sublinear, 10–20 cm long. Inflorescence opposite to leaf, suberect, 40–50 cm long, simple or few-branched, laxly many-flowered; flowers fleshy, ca. 3 cm across. Fl. May–July; China (S Yunnan), Laos, Myanmar, Thailand, Vietnam; 300–1000 m.

1684 ***Staurochilus dawsonianus*** (Photo.: Yibo Luo)

1685 ***Staurochilus loheriana***
(Photo.: Kohji Karasawa)

1687 ***Staurochilus luzonensis***
(Photo.: Kohji Karasawa)

1688 ***Stelis argentata***
(Photo.: Kohji Karasawa)

1685 *Staurochilus loheriana* (Kraenzl.) Karas. 罗氏掌唇兰

附生植物。茎直立，长 20~50 cm，坚挺。叶多枚，二列，舌形，长 15~35 cm。花序侧生，上举，长 30~50 cm，具 10~15 花；花直径 2.5~3 cm。花期：春季至夏季；菲律宾；0~900 m。

Epiphytic plants. Stems erect, 20–50 cm long, stiff. Leaves many, distichous, ligulate, 15–35 cm long. Inflorescence lateral, ascending, 30–50 cm long, 10- to 15-flowered; flowers 2.5–3 cm across. Fl. spring–summer; Philippines; 0–900 m.

1686 ***Staurochilus luchuensis*** (Photo.: Kohji Karasawa)

1686 *Staurochilus luchuensis* (Rolfe) Fukuy. 豹纹掌唇兰

附生植物。茎坚挺，长达 100 cm，直径约 1.5 cm。叶多枚，二列，线形，长 10~25 cm。花序数个，侧生，上举，长 20~40 cm，常有分枝，具多花；花直径 2.5~3.5 cm。花期：3~5 月；中国（台湾）、日本南部、菲律宾；300~1300 m。

Epiphytic plants. Stems stiff, to 100 cm long, ca. 1.5 cm in diam. Leaves many, distichous, linear, 10–25 cm long. Inflorescences several, lateral, ascending, 20–40 cm long, often branching, many-flowered; flowers 2.5–3.5 cm across. Fl. Mar.–May; China (Taiwan), S Japan, Philippines; 300–1300 m.

1687 *Staurochilus luzonensis* (Ames) Ames 吕宋掌唇兰

附生植物。茎上举，粗壮，稍呈木质，长 10~45 cm。叶多枚，二列，带形，长 15~20 cm。花序侧生，直立，长 30~80 cm，有分枝，具多花；花直径 3~3.5 cm，质地厚。花期：春季至夏季；菲律宾；0~400 m。

Epiphytic plants. Stems ascending, stout, slightly lignose, 10–45 cm long. Leaves many, distichous, lorate, 15–20 cm long. Inflorescence lateral, erect, 30–80 cm long, branched, many-flowered; flowers 3–3.5 cm across, thick-textured. Fl. spring–summer; Philippines; 0–400 m.

1688 *Stelis argentata* Lindl. 微柱兰

附生植物，具匍匐根状茎。茎直立，长 2~5 cm，顶端具 1 叶。叶倒披针形，长 6~10 cm，具短柄。花序腋生，近直立，长 10~20 cm，具多花；花直径约 8 mm。花期：秋季；墨西哥至巴西。

Epiphytic plants, with a creeping rhizome. Stems erect, 2–5 cm long, 1-leafed at apex. Leaf oblanceolate, 6–10 cm long, shortly petioled. Inflorescence axillary, suberect, 10–20 cm long, many-flowered; flowers ca. 8 mm long. Fl. autumn; Mexico to Brazil.

1689 ***Stelis villosa***
(Photo.: Kohji Karasawa)

1690 ***Stenia calceolaris***
(Photo.: Karlheinz Senghas)

1691 ***Stenia guttata***
(Photo.: Kohji Karasawa)

1689 *Stelis villosa* (Knowles & Westc.) Pridgeon & M. W. Chase (*Pleurothallis schiedii* Rchb. f.) 柔毛微柱兰

附生植物，具匍匐根状茎。茎簇生，直立，纤细，长约 2 cm。叶 1 枚，矩圆形，长 3~5 cm，背面具褐色斑点。花序顶生，丝状，长 5~8 cm，具数花；花直径 6~8 mm。花期：全年不定；危地马拉、墨西哥、萨尔瓦多；2000~2500 m。

Epiphytic plants, with a creeping rhizome. Stems tufted, erect, slender, ca. 2 cm long. Leaf 1, oblong, 3–5 cm long, spotted with brown beneath. Inflorescence terminal, filiform, 5–8 cm long, several-flowered; flowers 6–8 mm across. Fl. throughout the year; Guatemala, Mexico, El Salvador; 2000–2500 m.

1690 *Stenia calceolaris* (Garay) Dodson & D. E. Benn. 兜唇狭团兰

附生植物。假鳞茎簇生，小，具 1~3 叶。叶倒披针形，长 6~7 cm。花序侧生，下弯，甚短，具 1 花；花直径 2~3 cm。花期：11~2 月；厄瓜多尔、秘鲁；可达 2000 m。

Epiphytic plants. Pseudobulbs clustered, small, 1- to 3-leaved. Leaves oblanceolate, 6–7 cm long. Inflorescence lateral, recurved, very short, 1-flowered; flower 2–3 cm across. Fl. Nov.–Feb.; Ecuador, Peru; up to 2000 m.

1691 *Stenia guttata* Rchb. f. 秘鲁狭团兰

附生植物。假鳞茎簇生，小，具 1~3 叶。叶倒卵形至椭圆形，长 12~13 cm。花序侧生，甚短，下弯，具 1 花；花直径 4~5 cm。花期：冬季；秘鲁；800~2100 m。

Epiphytic plants. Pseudobulbs clustered, small, 1- to 3-leaved. Leaves obovate to elliptic, 12–13 cm long. Inflorescence lateral, very short, recurved, 1-flowered; flower 4–5 cm across. Fl. winter; Peru; 800–2100 m.

1692 ***Stenia pallida*** (Photo.: Kohji Karasawa)

1692 *Stenia pallida* Lindl. 浅色狭团兰

附生植物。假鳞茎簇生，小，具 2~3 叶。叶狭椭圆形，长 13~15 cm。花序基生，短，下弯，具 1 花；花直径 3.5~4 cm。花期：4~6 月；巴西、圭亚那、秘鲁、特立尼达、委内瑞拉；400~1800 m。

Epiphytic plants. Pseudobulbs clustered, small, 2- or 3-leaved. Leaves narrowly elliptic, 13–15 cm long. Inflorescence basal, short, recurved, 1-flowered; flower 3.5–4 cm across. Fl. Apr.–June; Brazil, Guyana, Peru, Trinidad, Venezuela; 400–1800 m.

1693 ***Stenia vasquezii*** (Photo.: Karlheinz Senghas)

1693 *Stenia vasquezii* Dodson 瓦氏狭团兰

附生植物。假鳞茎簇生，小，具2~3叶。叶狭椭圆形，长约10 cm。花序侧生，短，下弯，具1花；花直径3~3.5 cm。花期：12~1月；玻利维亚；可达2000 m。

Epiphytic plants. Pseudobulbs clustered, small, 2- or 3-leaved. Leaves narrowly elliptic, ca. 10 cm long. Inflorescence lateral, short, recurved, 1-flowered; flower 3–3.5 cm across. Fl. Dec.–Jan.; Bolivia; up to 2000 m.

1694 *Stenoglottis longifolia* Hook. f. 长叶狭舌兰

地生或附生植物，具肉质根。茎短。叶甚多，排成基生的莲座丛，宽线形，长7.5~25 cm。花葶直立，长25~50（~100）cm；花序具多花；唇瓣长1~1.2（~1.6）cm。花期：3~5月；南非；300~1300 m。

Terrestrial or epiphytic plants, with fleshy roots. Stems short. Leaves numerous, in a basal rosette, broadly linear, 7.5–25 cm long. Scape erect, 25–50 (–100) cm long; inflorescence many-flowered; lip 1–1.2 (–1.6) cm long. Fl. Mar.–May; South Africa; 300–1300 m.

1695 *Stenorhynchos speciosa* (Jacq.) LO. C. Rich. 狭喙兰

地生植物，高40~60 cm。根数条，厚肉质，略呈棍棒状。叶数枚，基生，近矩圆形，长15~25 cm，质地厚。花序顶生，密生多花；花筒状，长约2 cm。花期：通常秋季至春季；西印度群岛、墨西哥经中美洲至哥伦比亚、委内瑞拉、秘鲁；1700~2000 m。

Terrestrial plants, 40–60 cm tall. Roots several, thickly fleshy, somewhat clavate. Leaves several, basal, suboblong, 15–25 cm long, thickly textured. Inflorescence terminal, densely many-flowered; flowers tubular, ca. 2 cm long. Fl. usually autumn to spring; West Indies, Mexico through Central America to Colombia, Venezuela, Peru; 1700–2000 m.

1696 *Stenotyla lendyana* (Rchb. f.) Dressler (*Chondrorhyncha lendyana* Rchb. f.) 冷氏狭头兰

附生植物。茎貌似根状茎，簇生，短，具数叶。叶二列，线状披针形，长8~30 cm。花序生于短茎上，长5~15 cm，具1花；唇瓣长2~2.5 cm。花期：晚春；墨西哥至巴拿马；900~1700 m。

Epiphytic plants. Stems rhizome-like, tufted, short, several-leaved. Leaves distichous, linear-lanceolate, 8–30 cm long. Inflorescences borne on the short stem, 5–15 cm long, 1-flowered; lip 2–2.5 cm long. Fl. late spring; Mexico to Panama; 900–1700 m.

1694 ***Stenoglottis longifolia***
(Photo.: Kohji Karasawa)

1695 ***Stenorhynchos speciosa***
(Photo.: Kohji Karasawa)

1696 ***Stenotyla lendyana***
(Photo.: Kohji Karasawa)

1697 ***Stenotyla picta***
(Photo.: Kohji Karasawa)

1698 ***Tainia angustifolia***
(Photo.: Zhanhuo Tsi)

1699 ***Tainia cordifolia***
(Photo.: Kohji Karasawa)

1697 *Stenotyla picta* (Rchb. f.) Dressler [*Cochleanthes picta* (Rchb. f.) Garay] 狭头兰

附生植物。茎短，簇生，具数枚叶。叶二列，排成扇形，线状倒披针形，长达 30 cm。花序腋生，长 8.5~10 cm，具 1 花；花直径 4~5 cm。花期：12~3 月；哥斯达黎加、巴拿马；1400–1700 m。

Epiphytic plants. Stems short, tufted, several-leaved. Leaves distichous, arranged in a fan, linear-oblanceolate, to 30 cm long. Inflorescence axillary, 8.5–10 cm long, 1-flowered; flower 4–5 cm across. Fl. Dec.–Mar.; Costa Rica, Panama; 1400–1700 m.

1698 *Tainia angustifolia* (Lindl.) Benth. & Hook. f. 狭叶带唇兰

地生植物。假鳞茎卵形，直径达 2 cm，顶端具 1 叶。叶狭椭圆形，长约 30 cm；叶柄长 20~30 cm。花序直立，长 52~60 cm，疏生数花至多花；花不完全开放，长 1.5~1.7 cm。花期：9~10 月；中国（贵州、云南）、缅甸、泰国、越南；500~1200 m。

Terrestrial plants. Pseudobulbs ovoid, to 2 cm in diam., 1-leafed at apex. Leaf narrowly elliptic, ca. 30 cm long; petiole 20–30 cm long. Inflorescence erect, 52–60 cm long, laxly several- to many-flowered; flowers not opening widely, 1.5–1.7 cm long. Fl. Sep.–Oct.; China (Guizhou, Yunnan), Myanmar, Thailand, Vietnam; 500–1200 m.

1699 *Tainia cordifolia* Hook. f. [*Mischobulbum cordifolium* (Hook. f.) Schltr.] 心叶带唇兰

地生植物。假鳞茎叶柄状，长约 8 cm，粗 3~4 mm，顶生 1 叶。叶卵状心形，长 7~15 cm，上面有灰白色条纹。总状花序侧生于假鳞茎基部，长 25~30 cm，通常具数花；花直径 4~4.5 cm。花期：5~7 月；中国（台湾至云南）；越南；500~1000 m。

Terrestrial plants. Pseudobulbs petiole-like, ca. 8 cm long, 3–4 mm thick, 1-leafed at apex. Leaf ovate-cordate, 7–15 cm long, with grayish white stripes above. Raceme lateral from base of pseudobulb, 25–30 cm long, often several-flowered; flowers 4–4.5 cm across. Fl. May–July; China (Taiwan to Yunnan), Vietnam; 500–1000 m.

1700 *Tainia dunnii* Rolfe 带唇兰

地生植物。假鳞茎圆筒形或狭卵形，长 1~7 cm，带紫色，顶端具 1 叶。叶狭矩圆形至椭圆状披针形，长 30~40 cm，具长柄。花序直立，长 40~80 cm，疏生多花；花直径 2~3 cm。花期：3~4 月；中国（从湖南至台湾、海南和四川）；600~1900 m。

Terrestrial plants. Pseudobulbs cylindric or narrowly ovoid, 1–7 cm long, purplish, 1-leafed at apex. Leaf narrowly oblong or elliptic-lanceolate, 30–40 cm long, long-petioled. Inflorescence erect, 40–80 cm long, laxly many-flowered; flowers 2–3 cm across. Fl. Mar.–Apr.; China (Hunan to Taiwan, Hainan and Sichuan); 600–1900 m.

1700 ***Tainia dunnii***
(Photo.: Kohji Karasawa)

1701 ***Tainia hookeriana*** (Photo.: Kohji Karasawa)

1702 ***Tainia speciosa*** (Photo.: James Boughtwood Comber)

1704 ***Telipogon ampliflorus*** (Photo.: Eberhard Kaes)

1701 *Tainia hookeriana* Hook. f 绿花带唇兰

地生植物。假鳞茎密集，卵形，长 4~7 cm，直径约 3 cm，顶端具 1 叶。叶矩圆形至披针形，长 30~60 cm；叶柄长 27~32 cm。花序直立，长 75~80 cm，疏生少数或多数花；花直径 3~3.5 cm。花期：2~3 月；中国（海南、台湾）、印度、马来西亚、泰国、越南；300~1000 m。

Terrestrial plants. Pseudobulbs close together, ovoid, 4–7 cm long, ca. 3 cm in diam., 1-leafed at apex. Leaf oblong to lanceolate, 30–60 cm long; petiole 27–32 cm long. Inflorescence erect, 75–80 cm long, laxly few- to many-flowered; flowers 3–3.5 cm across. Fl. Feb.–Mar.; China (Hainan, Taiwan), India, Malaysia, Thailand, Vietnam; 300–1000 m.

1702 *Tainia speciosa* Blume 美丽带唇兰

地生植物。假鳞茎圆筒形，长 4~8 cm，顶端具 1 叶。叶卵状椭圆形，长 8~19.5 cm；叶柄长 15~30 cm。花序直立，长 17.5~63.5 cm，具 4~10 花；萼片长 4.5~6.8 cm。花期：4~8 月；印度尼西亚（爪哇）、马来西亚（马来半岛、沙巴、沙捞越）、泰国；400~1700 m。

Terrestrial plants. Pseudobulbs cylindric, 4–8 cm long, 1-leafed at apex. Leaf ovate-elliptic, 8–19.5 cm long; petiole 15–30 cm long. Inflorescence erect, 17.5–63.5 cm long, 4- to 10-flowered; sepals 4.5–6.8 cm long. Fl. Apr.–Aug.; Indonesia (Java), Malaysia (Malay Peninsula, Sabah, Sarawak), Thailand; 400–1700 m.

1703 ***Teagueia rex*** (Photo.: Kohji Karasawa)

1703 *Teagueia rex* (Luer & Escobar) Luer 特圭兰

附生植物，具匍匐根状茎。茎长 2.5~3 cm，包藏于叶鞘之中，顶端具 1 叶。叶椭圆形，长 6~9.5 cm，革质，具长柄。花序顶生，长约 10 cm，具数花；萼片长约 2 cm。花期：8 月；哥伦比亚；可达 2200 m。

Epiphytic plants, with a creeping rhizome. Stems 2.5–3 cm long, covered by sheaths, 1-leafed at apex. Leaf elliptic, 6–9.5 cm long, coriaceous, long-petioled. Inflorescence terminal, ca. 10 cm long, several-flowered; sepals ca. 2 cm long. Fl. Aug.; Colombia; up to 2200 m.

1704 *Telipogon ampliflorus* C. Schweinf. 大花毛顶兰

附生植物。茎簇生，长约 1 cm，具数叶。叶二列，狭倒卵形，长约 5 cm。花序顶生，直立，具 1~3 花；花直径约 7 cm。花期：7 月；哥斯达黎加；2000~3050 m。

Epiphytic plants. Stems tufted, ca. 1 cm long, several-leaved. Leaves distichous, narrowly obovate, ca. 5 cm long. Inflorescence terminal, erect, 1- to 3-flowered; flowers ca. 7 cm across. Fl. July; Costa Rica; 2000–3050 m.

1705 ***Telipogon andinus*** (Photo.: SCO)

1706 ***Telipogon ariasii***
(Photo.: Martin Mendelin)

1707 ***Telipogon berthae*** (Photo.: SCO)

1705 *Telipogon andinus* Dodson 安第斯毛顶兰

附生植物。茎较短，匍匐，具数叶。叶二列，狭倒卵形，长约 6 cm，革质。花序顶生，长约 8 cm，具 3~6 花；花序柄有翅；花直径约 2.5 cm。花期：8 月；哥伦比亚、厄瓜多尔、委内瑞拉；2500~3000 m。

Epiphytic plants. Stems rather short, creeping, several-leaved. Leaves distichous, narrowly obovate, ca. 6 cm long, coriaceous. Inflorescence terminal, ca. 8 cm long, 3- to 6-flowered; peduncle winged; flowers ca. 2.5 cm across. Fl. Aug.; Colombia, Ecuador, Venezuela; 2500–3000 m.

1706 *Telipogon ariasii* Dodson & D. E. Benn. 阿氏毛顶兰

附生植物。茎短，常在基部有分枝，具数叶。叶二列，通常椭圆状披针形，长约 6.5 cm。花序顶生，外弯，长约 11 cm，具少数花；花序柄有翅；花直径 5~6 cm。花期：春季；秘鲁；可达 2800 m。

Epiphytic plants. Stems short, often branching at base, several-leaved. Leaves distichous, often elliptic-lanceolate, ca. 6.5 cm long. Inflorescence terminal, arching, ca. 11 cm long, few-flowered; peduncle winged; flowers 5–6 cm across. Fl. spring; Peru; up to 2800 m.

1707 *Telipogon berthae* P. Ortiz 伯氏毛顶兰

附生植物。茎簇生，长约 2 cm，具数叶。叶二列，狭椭圆形，长约 10 cm。花序顶生，具少数花；花直径 2.5~3 cm。花期：7~8 月；哥伦比亚；可达 2500 m。

Epiphytic plants. Stems tufted, ca. 2 cm long, several-leaved. Leaves distichous, narrowly elliptic, ca. 10 cm long. Inflorescence terminal, few-flowered; flowers 2.5–3 cm across. Fl. July–Aug.; Colombia; up to 2500 m.

1708 ***Telipogon biolleyi***
(Photo.: Rudolf Jenny)

1708 *Telipogon biolleyi* Schltr. 三翅毛顶兰

附生植物。茎长约 0.5 cm，具 2~4 叶。叶二列，狭椭圆状倒卵形，长 3~6 cm。花序顶生，长约 8 cm，具少数花；花序柄有 3 翅；花直径约 3.5 cm。花期：春季；哥斯达黎加、尼加拉瓜、巴拿马；1500~1700 m。

Epiphytic plants. Stems ca. 0.5 cm long, 2- to 4-leaved. Leaves distichous, narrowly elliptic-obovate, 3–6 cm long. Inflorescence terminal, ca. 8 cm long, few-flowered; peduncle 3-winged; flowers ca. 3.5 cm across. Fl. spring; Costa Rica, Nicaragua, Panama; 1500–1700 m.

1709 ***Telipogon bruchmuelleri***
(Photo.: Kohji Karasawa)

1709 *Telipogon bruchmuelleri* Rchb. f. 布鲁毛顶兰

附生植物。茎甚短，具数叶。叶二列，矩圆形或狭椭圆形，长约 6 cm。花序顶生，直立，长 10~15 cm，具 1~2 花；花序柄具翅；花直径 3~4 cm。花期：10~4 月；哥伦比亚、厄瓜多尔、委内瑞拉；2000~2800 m。

Epiphytic plants. Stems very short, several-leaved. Leaves distichous, oblong or narrowly elliptic, ca. 6 cm long. Inflorescence terminal, erect, 10–15 cm long, 1- or 2-flowered; peduncle winged; flowers 3–4 cm across. Fl. Oct.–Apr.; Colombia, Ecuador, Venezuela; 2000–2800 m.

1710 ***Telipogon croesus*** (Photo.: SCO)

1713 ***Telipogon monticola*** (Photo.: Kohji Karasawa)

1710 *Telipogon croesus* Rchb. f. 宽唇毛顶兰

附生或地生植物。茎短，常在基部有分枝，具数叶。叶二列，狭椭圆形，长 2~7.5 cm。花序顶生，直立，长约 4.4 cm，具 1~3 花；花序柄有 3 翅；花直径 3~4 cm。花期：不详；哥伦比亚、厄瓜多尔、委内瑞拉；2300~3000 m。

Epiphytic or terrestrial plants. Stems short, often branching at base, several-leaved. Leaves distichous, narrowly elliptic, 2–7.5 cm long. Inflorescence terminal, erect, ca. 4.4 cm long, 1- to 3-flowered; peduncle 3-winged; flowers 3–4 cm across. Fl. unknown; Colombia, Ecuador, Venezuela; 2300–3000 m.

1711 ***Telipogon elcimeyae***
(Photo.: Rudolf Jenny)

1711 *Telipogon elcimeyae* Braas & Horich 丛生毛顶兰

小型、丛生植物。茎长约 1 cm，具数叶。叶二列，近椭圆形，长约 1 cm。花序顶生，直立，长约 3 cm，具 3~4 花；花直径约 2 cm。花期：5~10 月；哥斯达黎加；1500~1600 m。

Small colony-forming plants. Stems ca. 1 cm long, several-leaved. Leaves distichous, subelliptic, ca. 1 cm long. Inflorescence terminal, erect, ca. 3 cm long, 3- or 4-flowered; flowers ca. 2 cm across. Fl. May–Oct.; Costa Rica; 1500–1600 m.

1712 *Telipogon leila-alexandrae* Braas 雷拉毛顶兰

茎长约 2.5 cm，具数叶。叶二列，狭卵形，长约 4 cm。花序顶生，长约 13 cm，常有分枝，具 3~4 花；花直径约 4 cm。花期：3 月和 10 月；哥斯达黎加；2450~3000 m。

Stems ca. 2.5 cm long, several-leaved. Leaves distichous, narrowly ovate, ca. 4 cm long. Inflorescence terminal, ca. 13 cm long, often branching, 3- or 4-flowered; flowers ca. 4 cm across. Fl. Mar. and Oct.; Costa Rica; 2450–3000 m.

1713 *Telipogon monticola* L. O. Williams 山地毛顶兰

茎长可达 70 cm，有分枝，具多叶。叶二列，通常狭椭圆形，长约 4.5 cm。花序顶生，长达 40 cm，有时有分枝，具 3~9 花；花直径约 4 cm。花期：5 月；哥斯达黎加；可达 3100 m。

Stems up to 70 cm long, branching, many-leaved. Leaves distichous, often narrowly elliptic, ca. 4.5 cm long. Inflorescence terminal, to 40 cm long, sometimes branched, 3- to 9-flowered; flowers ca. 4 cm across. Fl. May; Costa Rica; up to 3100 m.

1712 ***Telipogon leila-alexandrae***
(Photo.: Kohji Karasawa)

1722 ***Thelymitra aristata***
(Photo.: Kohji Karasawa)

1723 ***Thelymitra benthamiana***
(Photos .: Karlheinz Senghas)

1724 ***Thelymitra campanulata***
(Photo.: Kohji Karasawa)

1722 *Thelymitra aristata* Lindl. 芒尖始花兰

地生植物，高 20~100 cm。叶 1 枚，基生，披针形，长 15~25 cm，质地厚。花序具数花至多花；花直径 2~4 cm。花期：8~11 月；澳大利亚、新西兰；0~300 m。

Terrestrial plants, 20–100 cm tall. Leaf solitary, basal, lanceolate, 15–25 cm long, thick-textured. Inflorescence several- to many-flowered; flowers 2–4 cm across. Fl. Aug.–Nov.; Australia, New Zealand; 0–300 m.

1723 *Thelymitra benthamiana* Rchb. f. 本氏始花兰

地生植物，高达 45 cm。叶 1 枚，基生，卵形，长 5~15 cm，质地厚。花序具 2~10 花；花直径约 4 cm。花期：9~11 月；澳大利亚（西澳、维多利亚）；0~350 m。

Terrestrial plants, to 45 cm tall. Leaf solitary, basal, ovate, 5–15 cm long, thick-textured. Inflorescence 2- to 10-flowered; flowers ca. 4 cm across. Fl. Sep.–Nov.; Australia (Western Australia, Victoria); 0–350 m.

1724 *Thelymitra campanulata* Lindl. 蓝条始花兰

地生植物，高 20~50 cm。叶 1 枚，基生，线状披针形，长 10~25 cm。花序顶生，总状，具 3~12 花；花直径约 2 cm。花期：9~10 月；澳大利亚西南部；低海拔地。

Terrestrial plants, 20–50 cm tall. Leaf solitary, basal, linear-lanceolate, 10–25 cm long. Inflorescence terminal, racemose, 3- to 12-flowered; flowers ca. 2 cm across. Fl. Sep.-Oct.; SW Australia; at low altitudes.

1725 *Thelymitra luteocilium* Fitzg. 黄缘毛始花兰

地生植物，高 15~35 cm。叶 1 枚，基生，线形，直立，长 10~15 cm。花序具 2~5 花；花直径约 1.5 cm。花期：8~11 月；澳大利亚（新南威尔士至塔斯曼尼亚）；低海拔地。

Terrestrial plants, 15–35 cm tall. Leaf solitary, basal, linear, erect, 10–15 cm long. Inflorescence 2- to 5-flowered; flowers ca. 1.5 cm across. Fl. Aug.–Nov.; Australia (New South Wales to Tasmania); at low altitudes.

1725 ***Thelymitra luteocilium***
(Photo.: Kohji Karasawa)

1726 ***Thelymitra macrophylla***
(Photo.: Kohji Karasawa)

1727 ***Thelymitra pauciflora***
(Photo.: Kohji Karasawa)

1728 ***Thelymitra rubra***
(Photo.: Kohji Karasawa)

1726 *Thelymitra macrophylla* Lindl. 大叶始花兰

地生植物，高 30~50 cm。叶 1 枚，基生，卵状披针形，长 10~25 cm，质地厚，常在基部带红色。花序具 2~15 花；花直径 2.5~3.5 cm。花期：10~11 月；澳大利亚西南部。

Terrestrial plants, 30–50 cm tall. Leaf solitary, basal, ovate-lanceolate, 10–25 cm long, thick-textured, often reddish at base. Inflorescence 2- to 15-flowered; flowers 2.5–3.5 cm across. Fl. Oct.–Nov.; SW Australia.

1729 ***Thelymitra spiralis***
(Photo.: Gundolf Meyer)

1727 *Thelymitra pauciflora* R. Br. 少花始花兰

地生植物，高 15~45 cm。叶 1 枚，基生，直立，线形，长 15~25 cm，质地厚。花序通常具数花；花直径 1~2 cm，一般在阳光充足之日开花。花期：8~1 月；澳大利亚（新南威尔士至塔斯曼尼亚）、新西兰；0~1000 m。

Terrestrial plants, 15–45 cm tall. Leaf solitary, basal, erect, linear, 15–25 cm long, thick-textured. Inflorescence often several-flowered; flowers 1–2 cm across, commonly opening in sunny days. Fl. Aug.–Jan.; Australia (New South Wales to Tasmania), New Zealand; 0–1000 m.

1728 *Thelymitra rubra* Fitzg. 长鞘始花兰

地生植物，高 15~25 cm。叶 1 枚，基生，线状披针形，长 10~20 cm，紫绿色。花葶具 2~3 枚鞘；下面的鞘长达 7 cm；花序具 1~4 花；花直径约 1.5 cm。花期：9~12 月；澳大利亚东南部；0~800 m。

Terrestrial plants, 15–25 cm tall. Leaf solitary, basal, linear-lanceolate, 10–20 cm long, purplish green. Scape with 2–3 sheaths, the lower one up to 7 cm long; inflorescence 1- to 4-flowered; flowers ca. 1.5 cm across. Fl. Sep.–Dec.; SE Australia; 0–800 m.

1729 *Thelymitra spiralis* (Lindl.) F. Muell. 红花始花兰

地生植物，高达 45 cm。叶 1 枚，基生，线形，长 5~12 cm。花序具 1~3 花；花直径 2~3 cm。花期：7~9 月；澳大利亚西南部；0~400 m。

Terrestrial plants, to 45 cm tall. Leaf solitary, basal, linear, 5–12 cm long. Inflorescence 1- to 3-flowered; flowers 2–3 cm across. Fl. July–Sep.; SW Australia; 0–400 m.

1730 ***Thrixspermum formosanum* (Hayata) Schltr. 台湾白点兰**

附生植物。茎长 1~2 cm，具数叶或多叶。叶线状披针形或线形，长 3~6 cm。花序侧生，常近直立，长 4~6 cm；花密集，依次开放，通常同一时间仅开 1~2 朵，芳香，半日即谢；萼片与花瓣长 5~7 mm。花期：2~3 月；中国（台湾）、越南北部；500~1500 m。

Epiphytic plants. Stems 1–2 cm long, several- to many-leaved. Leaves linear-lanceolate or linear, 3–6 cm long. Inflorescences lateral, often suberect, 4–6 cm long; flowers closely spaced, opening successively, often 1 or 2 at a time, fragrant, lasting half a day; sepals and petals 5–7 mm long. Fl. Feb.–Mar.; China (Taiwan), N Vietnam; 500–1500 m.

1730 ***Thrixspermum formosanum***
(Photo.: Kohji Karasawa)

1731 ***Thrixspermum japonicum* Rchb. f. 小叶白点兰**

附生植物。茎下垂，长 2~13 cm，纤细，密生多叶。叶倒披针形至狭矩圆形，长 2~4 cm。花序通常 2 个或更多，侧生，长 2~5 cm，疏生少数花；花直径约 1.5 cm。花期：3~5 月（日本）或 9~10 月（中国）；中国（台湾北部至四川）、日本；900~1000 m。

Epiphytic plants. Stems pendulous, 2–13 cm long, slender, densely many-leaved. Leaves oblanceolate or narrowly oblong, 2–4 cm long. Inflorescences often 2 or more, lateral, 2–5 cm long, laxly few-flowered; flowers ca. 1.5 cm across. Fl. Mar.–May (Japan) or Sep.–Oct. (China); China (N Taiwan to Sichuan), Japan; 900–1000 m.

1731 ***Thrixspermum japonicum***
(Photo.: Kohji Karasawa)

1732 ***Thunia alba* (Lindl.) Rchb. f. (*Thunia marshalliana* Rchb. f.) 笋兰**

地生或附生植物。茎簇生，直立，长 30~100 cm。叶多枚，狭椭圆状披针形，长 10~25 cm，草质。花序顶生，长 4~10 cm，俯垂，具 2~7 花；萼片长 4~5 cm。花期：6 月；不丹、中国（四川、西藏、云南）、印度、印度尼西亚、马来西亚、缅甸、尼泊尔、泰国、越南；1200~2300 m。

Terrestrial or epiphytic plants. Stems tufted, erect, 30–100 cm long. Leaves many, narrowly elliptic-lanceolate, 10–25 cm long, herbaceous. Inflorescence terminal, 4–10 cm long, nodding, 2- to 7-flowered; sepals 4–5 cm long. Fl. June; Bhutan, China (Sichuan, Xizang, Yunnan), India, Indonesia, Malaysia, Myanmar, Nepal, Thailand, Vietnam; 1200–2300 m.

1733 ***Thunia bensoniae* Hook. f. 本氏笋兰**

地生或附生植物。茎簇生，直立，下部被鞘，上部生叶，长 30~70 cm。叶多枚，近矩圆状披针形，长 8~20 cm，草质。花序顶生，具 1~3 花；萼片长 6~7 cm。花期：5 月；印度东北部、泰国。

Terrestrial or epiphytic plants. Stems tufted, erect, sheathed below and leaf above, 30–70 cm long. Leaves many, suboblong-lanceolate, 8–20 cm long, herbaceous. Inflorescence terminal, 1- to 3-flowered; sepals 6–7 cm long. Fl. May; NE India, Thailand.

1732 ***Thunia alba*** (Photos.: Xibeiyang Li(left); Ding Song(right))

1733 ***Thunia bensoniae*** (Photo.: Kohji Karasawa)

1734 ***Ticoglossum krameri***
(Photo.: Kohji Karasawa)

1735 ***Tolumnia bahamensis***
(Photo.: Kohji Karasawa)

1736 ***Tolumnia calochila***
(Photo.: Kohji Karasawa)

1734 *Ticoglossum krameri* (Rchb. f.) Lucas Rodr. ex Halbinger 第果兰

附生植物。假鳞茎密生，圆形，压扁，二棱，直径 4~5 cm，顶端具 1 叶。叶矩圆状披针形，长 15~25 cm。花序基生，直立，长 10~21 cm，具 2~3 花；花直径 4~5 cm。花期：6~12 月；哥斯达黎加；600~1400 m。

Epiphytic plants. Pseudobulbs close together, round, compressed, ancipital, 4–5 cm across, 1-leafed at apex. Leaf oblong-lanceolate, 15–25 cm long. Inflorescence basal, erect, 10–21 cm long, 2- or 3-flowered; flowers 4–5 cm across. Fl. June–Dec.; Costa Rica; 600–1400 m.

1735 *Tolumnia bahamensis* (Nash ex Britton & Millsp.) Braem 巴哈马托伦兰

附生植物。假鳞茎甚小，疏离，具数叶。叶二列，两侧压扁，披针形，长 3~10 cm，肉革质。花序侧生，直立，长 30~50 cm，具多花；唇瓣宽 1.1~1.3 cm。花期：春季至初夏；巴哈马群岛、美国（佛罗里达）；低海拔地。

Epiphytic plants. Pseudobulbs very small, well spaced, several-leaved. Leaves distichous, bilaterally compressed, lanceolate, 3–10 cm long, fleshy-coriaceous. Inflorescence lateral, erect, 30–50 cm long, many-flowered; lip 1.1–1.3 cm wide. Fl. spring–early summer; Bahama Islands, U.S.A. (Florida); at low altitudes.

1736 *Tolumnia calochila* (Cogn.) Braem 美唇托伦兰

附生植物。茎甚短，直立，具 1~4 叶。叶二列，两侧压扁，线状披针形，长 3~7 cm。花序侧生，平展，长 3~8 cm，具 1~2 花；唇瓣宽约 1.5 cm。花期：春季；开曼群岛、伊斯帕尼奥拉；可达 1500 m。

Epiphytic plants. Stems very short, erect, 1- to 4-leaved. Leaves distichous, bilaterally compressed, linear-lanceolate, 3–7 cm long. Inflorescence lateral, spreading, 3–8 cm long, 1- or 2-flowered; lip ca. 1.5 cm wide. Fl. spring; Cayman Islands, Hispaniola; up to 1500 m.

1737 *Tolumnia compressicaulis* (Withner) Braem 扁茎托伦兰

附生植物。假鳞茎卵形，压扁，长 1~1.5 cm，具 2~3 叶。叶二列，两侧压扁，镰状披针形，长 6~12 cm。花序外弯，压扁，纤细，长 30~60 cm，常有分枝，具多花；唇瓣宽约 2 cm。花期：春季；伊斯帕尼奥拉；500~2000 m。

Epiphytic plants. Pseudobulbs ovoid, compressed, 1–1.5 cm long, 2- or 3-leaved. Leaves distichous, bilaterally compressed, falcate-lanceolate, 6–12 cm long. Inflorescence arching, compressed, slender, 30–60 cm long, often branching, many-flowered; lip ca. 2 cm wide. Fl. spring; Hispaniola; 500–2000 m.

1737 ***Tolumnia compressicaulis***
(Photo.: Kohji Karasawa)

1738 ***Tolumnia guianensis***
(Photo.: Kohji Karasawa)

1739 ***Tolumnia henekenii***
(Photo.: Kohji Karasawa)

1740 ***Tolumnia lucayana***
(Photo.: Kohji Karasawa)

1738 *Tolumnia guianensis* (Aubl.) Braem 圭安托伦兰

附生植物。茎甚短，具数叶。叶二列，两侧压扁，镰状披针形，长 5~10 cm，铜绿色。花序侧生，斜立，长 15~40 cm，有分枝，具 10~15 花；唇瓣宽 2~2.5 cm。花期：主要夏季；伊斯帕尼奥拉；0~700 m。。

Epiphytic plants. Stems very short, several-leaved. Leaves distichous, bilaterally compressed, falcate-lanceolate, 5–10 cm long, bronze-green. Inflorescence lateral, spreading-ascendent, 15–40 cm long, branching, 10- to 15-flowered; lip 2–2.5 cm wide. Fl. mainly summer; Hispaniola; 0–700 m.

1739 *Tolumnia henekenii* (R. H. Schomb. ex Lindl.) M. A. Nir 亨氏托伦兰

附生植物。假鳞茎甚小，具数叶。叶二列，两侧压扁，肉质，镰状，长 2~8 cm，红绿色。花序侧生，逐渐伸长，外弯，具 10~15 花；花同一时间仅开 1~2 朵；唇瓣宽约 1.2 cm。花期：春季至夏季；伊斯帕尼奥拉；低海拔地。

Epiphytic plants. Pseudobulbs very small, several-leaved. Leaves distichous, bilaterally compressed, fleshy, falcate, 2–8 cm long, red-green. Inflorescence lateral, gradually increasing in length, arching, 10- to 15-flowered; flowers opening 1 or 2 at a time; lip ca. 1.2 cm wide. Fl. spring–summer; Hispaniola; at low altitudes..

1741 ***Tolumnia prionochila***
(Photo.: Kohji Karasawa)

1740 *Tolumnia lucayana* (Nash) Braem 卢氏托伦兰

附生植物。茎甚短，具数叶。叶二列，两侧压扁，镰状披针形，长 2~7 cm，暗绿色，有时有紫褐色细斑点。花序侧生，长 15~45 cm，具 6~12 花；花直径 1~2 cm，色泽多变。花期：夏季；巴哈马群岛；低海拔地。

Epiphytic plants. Stems very short, several-leaved. Leaves distichous, bilaterally compressed, falcate-lanceolate, 2–7 cm long, dark green, sometimes finely spotted with purple-brown. Inflorescence lateral, 15–45 cm long, 6- to 12-flowered; flowers 1–2 cm across, variable in color. Fl. summer; Bahama Islands; at low altitudes.

1741 *Tolumnia prionochila* (Kraenzl.) Braem 齿唇托伦兰

附生植物。假鳞茎疏离，甚小，具数叶。叶二列，两侧压扁，镰状披针形，长 3~7 cm，紫绿色。花序侧生，纤细，长可达 200 cm，具数花；唇瓣宽 1.5~2 cm。花期：夏季；维尔京群岛；0~200 m。

Epiphytic plants. Pseudobulbs well spaced, very small, several-leaved. Leaves distichous, bilaterally compressed, falcate-lanceolate, 3–7 cm long, purplish-green. Inflorescence lateral, slender, up to 200 cm long, several-flowered; lip 1.5–2 cm wide. Fl. summer; Virgin Islands; 0–200 m.

1742 ***Tolumnia pulchella***
(Photo.: Kohji Karasawa)

1743 ***Tolumnia sasseri***
(Photo.: Kohji Karasawa)

1744 ***Tolumnia tetrapetala***
(Photo.: Kohji Karasawa)

1742 *Tolumnia pulchella* (Hook.) Raf. 美花托伦兰

附生植物。假鳞茎密生，卵形，扁平，甚小，长约 0.5 cm，具 3~5 叶。叶二列，两侧压扁，肉质，线状披针形，长 4~12 cm。花序侧生，长 30~50 cm，常有分枝，密生多花；唇瓣宽约 2.5 cm。花期：春季至夏季；伊斯帕尼奥拉、牙买加；600~1000 m。

Epiphytic plants. Pseudobulbs clustered, ovoid, compressed, very small, ca. 0.5 cm long, 3- to 5-leaved. Leaves distichous, bilaterally compressed, fleshy, linear-lanceolate, 4–12 cm long. Inflorescence lateral, 30–50 cm long, often branched, densely many-flowered; lip ca. 2.5 cm wide. Fl. spring–summer; Hispaniola, Jamaica; 600–1000 m.

1743 *Tolumnia sasseri* (Moir) Braem 沙氏托伦兰

附生植物。假鳞茎密集，倒卵形，压扁，长 0.5~0.8 cm，顶端具 1 叶。叶两侧压扁，镰状披针形，长 1.5~6 cm，质地厚。花序侧生，长达 25 cm，具 3~20 花；唇瓣宽约 1 cm。花期：初夏；巴哈马群岛（安德罗斯岛、大阿巴科岛）；低海拔地。

Epiphytic plants. Pseudobulbs close together, obovoid, compressed, 0.5–0.8 cm long, 1-leafed at apex. Leaf bilaterally compressed, falcate-lanceolate, 1.5–6 cm long, thick-textured. Inflorescence lateral, to 25 cm long, 3- to 20-flowered; lip ca. 1 cm wide. Fl. early summer; Bahama Islands (Andros Island, Great Abaco Island); at low altitudes.

1744 *Tolumnia tetrapetala* (Jacq.) Braem 四瓣托伦兰

附生植物。假鳞茎不明显。叶数枚，几乎直接生于根状茎上，二列，两侧压扁，肉质，线形，长 7~15 cm。花序直立，长 40~60 cm，常有分枝，具多花；唇瓣宽 1~1.5 cm。花期：夏季至秋季；牙买加；低海拔地。

Epiphytic plants. Pseudobulbs inconspicuous. Leaves several, almost directly arising from rhizome, distichous, bilaterally compressed, fleshy, linear, 7–15 cm long. Inflorescence erect, 40–60 cm long, often branched, many-flowered; lip 1–1.5 cm wide. Fl. summer–autumn; Jamaica; at low altitudes.

1745 ***Tolumnia triquetra*** (Photo.: Kohji Karasawa)

1745 *Tolumnia triquetra* (Sw.) M. A. Nir 三角托伦兰

附生植物。假鳞茎不明显。叶 3~5 枚，几乎直接生于根状茎上，二列簇生，两侧压扁，肉质，镰状线形，长 5~12 cm，紫绿色。花序直立，长 10~17 cm，有分枝，具 10~15 花；唇瓣宽 1~1.5 cm。花期：夏季至秋季；牙买加；150~300 m。

Epiphytic plants. Pseudobulbs inconspicuous. Leaves 3–5, almost directly arising from rhizome, distichous-clustered, bilaterally compressed, fleshy, falcate-linear, 5–12 cm long, purplish-green. Inflorescence erect, 10–17 cm long, branched, 10 to 15 flowered; lip 1–1.5 cm wide. Fl. summer–autumn; Jamaica; 150–300 m.

1746 ***Tolumnia variegata***
(Photo.: Kohji Karasawas)

1747 ***Trevoria chloris*** (Photo.: SCO)

1748 ***Trevoria lehmannii***
(Photo.: SCO)

1746 *Tolumnia variegata* (Sw.) Braem 变色托伦兰

附生植物。假鳞茎不明显。叶 4~10 枚，几乎直接生于根状茎上，二列，两侧压扁，镰状线形，长 4~14 cm。花序长 30~80 cm，有时有分枝，密生多花；唇瓣宽 1.3~2 cm。花期：冬季至初夏；古巴、伊斯帕尼奥拉、波多黎各；0~700。

Epiphytic plants. Pseudobulbs inconspicuous. Leaves 4–10, almost directly arising from rhizome, distichous, bilaterally compressed, falcate-linear, 4–14 cm long. Inflorescence 30–80 cm long, sometimes branched, densely many-flowered; lip 1.3–2 cm wide. Fl. winter–early summer; Cuba, Hispaniola, Puerto Rico; 0–700 m.

1747 *Trevoria chloris* Lehm. 特丽兰

附生植物。假鳞茎密丛生，卵形至梨形，长约 9 cm，顶端具 1 叶。叶近矩圆形，长 25~40 cm，具短柄。花序侧生于假鳞茎基部，下垂，长达 20 cm，具 3~4 花；花直径约 10 cm。花期：不详；哥伦比亚；1000~1700 m。

Epiphytic plants. Pseudobulbs densely clustered, ovoid to pyriform, ca. 9 cm long, 1-leafed at apex. Leaf suboblong, 25–40 cm long, shortly petioled. Inflorescence lateral from base of pseudobulb, pendent, to 20 cm long, 3- or 4-flowered; flowers ca. 10 cm across. Fl. unknown; Colombia; 1000–1700 m.

1748 *Trevoria lehmannii* Rolfe 勒氏特丽兰

附生植物。假鳞茎密丛生，纺锤形，长约 3.5 cm，顶端具 2 叶。叶近矩圆形，长约 10 cm。花序侧生于假鳞茎基部，下垂，长约 12 cm，具 2~4 花；花直径约 2.5 cm。花期：不详；哥伦比亚、委内瑞拉；1150~1500 m。

Epiphytic plants. Pseudobulbs densely clustered, fusiform, ca. 3.5 cm long, 2-leaved at apex. Leaves suboblong, ca. 10 cm long. Inflorescence lateral from base of pseudobulb, pendent, ca. 12 cm long, 2- to 4-flowered; flowers ca. 2.5 cm across. Fl. unknown; Colombia, Venezuela; 1150–1500 m.

1749 *Trias intermedia* Seidenf. & Smitinand 泰国三角兰

附生植物。假鳞茎在根状茎上相距约 1 cm，近球形，直径 1~1.3 cm，顶端具 1 叶。叶矩圆状椭圆形，长 1~1.7 cm。花序基生，短于叶，具 1 花；花直径约 1 cm。花期：12 月；泰国。

Epiphytic plants. Pseudobulbs ca. 1 cm apart on rhizome, subglobose, 1–1.3 cm in diam., 1-leafed at apex. Leaf oblong-elliptic, 1–1.7 cm long. Inflorescence basal, shorter than leaf, 1-flowered; flower ca. 1 cm across. Fl. Dec.; Thailand.

1749 ***Trias intermedia***
(Photo.: Kohji Karasawa)

1750 ***Trichocentrum albococcineum***
(Photo.: Kohji Karasawa)

1751 ***Trichocentrum aurisasinorum***
(Photo.: Kohji Karasawa)

1752 ***Trichocentrum bicallosum***
(Photo.: Kohji Karasawa)

1750 *Trichocentrum albococcineum* Linden 白红毛距兰

附生植物。假鳞茎密集，小，顶端具 1 叶。叶矩圆形，长 5~10 cm，质地厚，常略带紫色晕。花序基生，下垂，长 5~7 cm，具 1~5 花；花通常在同一时间开放 1 朵；唇瓣长约 2.5 cm。花期：夏季至秋季；巴西、秘鲁；约 1200 m。

Epiphytic plants. Pseudobulbs close together, small, 1-leafed at apex. Leaf oblong, 5–10 cm long, thick-textured, often slightly tinged with purple. Inflorescence basal, pendent, 5–7 cm long, 1- to 5-flowered; flowers often opening one at a time; lip ca. 2.5 cm long. Fl. summer–autumn; Brazil, Peru; ca. 1200 m.

1751 *Trichocentrum aurisasinorum* (Standl. & L. O. Williams) M. W. Chase & N. H. Williams (*Oncidium aurisasinorum* Standl. & L. O. Williams) 驴耳毛距兰

附生植物。假鳞茎小，簇生，长约 5 mm，顶端具 1 叶。叶宽线形，长 8~15 cm，较厚。花序基生，长 8~15 cm，具数花；花直径约 2 cm。花期：冬季；洪都拉斯、尼加拉瓜、萨尔瓦多；1100~1500 m。

Epiphytic plants. Pseudobulbs small, clustered, ca. 5 mm long, 1-leafed at apex. Leaf broadly linear, 8–15 cm long, rather thick. Inflorescence basal, 8–15 cm long, several-flowered; flowers ca. 2 cm across. Fl. winter; Honduras, Nicaragua, El Salvador; 1100–1500 m.

1753 ***Trichocentrum brandtiae***
(Photo.: SCO)

1752 *Trichocentrum bicallosum* (Lindl.) M. W. Chase & N. H. Williams (*Oncidium bicallosum* Lindl.) 双胼毛距兰

附生植物。假鳞茎小，包藏于鞘内，长约 1.5 cm，顶端具 1 叶。叶椭圆形，长 14~33 cm。花序基生，长 20~80 cm，具多花；花直径 4~5 cm。花期：秋季；危地马拉、墨西哥、萨尔瓦多；可达 1500 m。

Epiphytic plants. Pseudobulbs small, covered by sheaths, ca. 1.5 cm long, 1-leafed at apex. Leaf elliptic, 14–33 cm long. Inflorescence basal, 20–80 cm long, many-flowered; flowers 4–5 cm across. Fl. autumn; Guatemala, Mexico, El Salvador; up to 1500 m.

1753 *Trichocentrum brandtiae* Kraenzl. 勃朗毛距兰

附生植物。假鳞茎密集，小，顶端具 1 叶。叶矩圆形，长 5~10 cm，革质。花序基生，短，具 1~2 花；花直径 3~4 cm。花期：夏季；哥伦比亚；100~1800 m。

Epiphytic plants. Pseudobulbs close together, small, 1-leafed at apex. Leaf oblong, 5–10 cm long, coriaceous. Inflorescence basal, short, 1- or 2-flowered; flowers 3–4 cm across. Fl. summer; Colombia; 100–1800 m.

1754 ***Trichocentrum capistratum***
(Photo.: Kohji Karasawa)

1755 ***Trichocentrum carthagenense***
(Photo.: Kohji Karasawa)

1756 ***Trichocentrum cavendishianum***
(Photo.: Kohji Karasawa)

1754 *Trichocentrum capistratum* Rchb. f. 浅花毛距兰

附生植物。假鳞茎小，顶端具 1 叶。叶椭圆状披针形，长 2.5~10 cm。花序基生，下垂，长 1~4 cm，同一时间仅有 1 花开放；花直径 2~2.5 cm。花期：秋季；哥伦比亚、哥斯达黎加、巴拿马、委内瑞拉；300~800 m。

Epiphytic plants. Pseudobulbs small, 1-leafed at apex. Leaf elliptic-lanceolate, 2.5–10 cm long. Inflorescence basal, pendent, 1–4 cm long, with one flower opening at a time; flowers 2–2.5 cm across. Fl. autumn; Colombia, Costa Rica, Panama, Venezuela; 300–800 m.

1755 *Trichocentrum carthagenense* (Jacq.) M. W. Chase & N. H. Williams [*Oncidium carthagenense* (Jacq.) Sw.] **斑花毛距兰**

附生植物。假鳞茎小，长达 2.5 cm，包藏于鞘之中，顶端具 1 叶。叶矩圆形或披针形，长 10~40 cm。花序基生，长可达 2~3 m，有分枝，具多花；花直径约 2.5 cm。花期：夏季；美国（佛罗里达）至中美洲、西印度群岛和南美北部；0~1500 m。

Epiphytic plants. Pseudobulbs small, to 2.5 cm long, concealed by sheaths, 1-leafed at apex. Leaf oblong or lanceolate, 10–40 cm long. Inflorescence basal, up to 2–3 m long, branched, many-flowered; flowers ca. 2.5 cm across. Fl. summer; U.S.A. (Florida) to Central America, West Indies and N South America; 0–1500 m.

1756 *Trichocentrum cavendishianum* (Bateman) M. W. Chase & N. H. Williams (*Oncidium cavendishianum* Bateman) **卡氏毛距兰**

附生植物。假鳞茎很小，包藏于二列的鞘内，顶端具 1 叶。叶矩圆形至宽披针形，长 15~45 cm。花序基生，长 60~150 cm，有分枝，具多花；花长 3~3.5 cm，有香气。花期：冬季至春季；危地马拉、洪都拉斯、墨西哥；约 2800 m。

Epiphytic plants. Pseudobulbs very small, concealed by distichous sheaths, 1-leafed at apex. Leaf oblong to broadly lanceolate, 15–45 cm long. Inflorescence basal, 60–150 cm long, branched, many-flowered; flowers 3–3.5 cm long, scented. Fl. winter–spring; Guatemala, Honduras, Mexico; ca. 2800 m.

1757 *Trichocentrum cebolleta* (Jacq.) M. W. Chase & N. H. Williams [*Oncidium cebolleta* (Jacq.) Sw.] **葱叶毛距兰**

附生植物。假鳞茎，圆锥形，长、宽各约 1.5 cm，顶端具 1 叶。叶近圆柱形，有槽，长 7~40 cm，肉质。花序基生，长 60~150 cm，偶见分枝，具多花；花直径 2~3.5 cm。花期：春季；广布于美洲热带地区；400~1700 m。

Epiphytic plants. Pseudobulbs, conical, ca. 1.5 cm long and broad, 1-leafed at apex. Leaf subterete, sulcate, 7–40 cm long, fleshy. Inflorescence basal, 60–150 cm long, occasionally branched, many-flowered; flowers 2–3.5 cm across. Fl. spring; widespread in tropical Americas; 400–1700 m.

1757 ***Trichocentrum cebolleta***
(Photo.: Kohji Karasawa)

1758 ***Trichocentrum cepula***
(Photo.: Kohji Karasawa)

1760 ***Trichocentrum jonesianum***
(Photo.: Kohji Karasawa)

1761 ***Trichocentrum lacerum***
(Photo.: Kohji Karasawa)

1758 *Trichocentrum cepula* (Hoffmanns.) J. M. H. Shaw (*Oncidium wittii* Oppenheim) 小葱毛距兰

附生植物。假鳞茎簇生，卵形，稍压扁，长 1~2 cm，顶端具 1 叶。叶圆柱形，下垂，稍肉质，长 25~70 cm。花序基生，长 30~50 cm，密生多花；花直径 6~7.5 cm。花期：秋季；玻利维亚；约 500 m。

Epiphytic plants. Pseudobulbs clustered, ovoid, slightly compressed, 1–2 cm long, 1-leafed at apex. Leaf terete, pendent, somewhat fleshy, 25–70 cm long. Inflorescence basal, 30–50 cm long, densely many-flowered; flowers 6–7.5 cm across. Fl. autumn; Bolivia; ca.500 m.

1759 *Trichocentrum dianthum* Pupulin & Mora-Retana 双花毛距兰

1759 ***Trichocentrum dianthum***
(Photo.: Kohji Karasawa)

附生植物。假鳞茎簇生，小，顶端具 1 叶。叶卵状矩圆形，长达 10 cm。花序基生，短，具分枝，每分枝通常生 2 花；花直径约 3 cm。花期：2~4 月；哥斯达黎加；1000~2000 m。

Epiphytic plants. Pseudobulbs clustered, small, 1-leafed at apex. Leaf ovate-oblong, to 10 cm long. Inflorescence basal, short, branching, each branch often with 2 flowers; flowers ca. 3 cm across. Fl. Feb.–Apr.; Costa Rica; 1000–2000 m.

1760 *Trichocentrum jonesianum* (Rchb. f.) M. W. Chase & N. H. Williams (*Oncidium jonesianum* Rchb. f.) 约翰毛距兰

附生或石上附生植物。假鳞茎宽卵形，长、宽各约 1 cm，顶端具 1 叶。叶圆柱形，肉质，有槽，长 20~40 cm，粗 0.5~1.5 cm。花序基生，长 30~50 cm，具 6~16 花；花直径约 5.5 cm。花期：秋季；阿根廷、玻利维亚、巴西、巴拉圭；600~800 m。

Epiphytic or lithophytic plants. Pseudobulbs broadly ovoid, ca. 1 cm long and broad, 1-leafed at apex. Leaf terete, fleshy, channeled, 20–40 cm long, 0.5–1.5 cm thick. Inflorescence basal, 30–50 cm long, 6- to 16-flowered; flowers ca. 5.5 cm across. Fl. autumn; Argentina, Bolivia, Brazil, Paraguay; 600–800 m.

1761 *Trichocentrum lacerum* (Lindl.) J. M. Shaw (*Oncidium stipitatum* Lindl.) 柱叶毛距兰

附生植物。假鳞茎宽圆筒状圆锥形，长 0.5~1 cm，顶端具 1 叶。叶圆柱形，具槽，长 24~70 cm，有近红褐色斑点。花序基生，长于或近等长于叶，具多花；花长约 2.5 cm。花期：不详；巴拿马；低海拔地。

Epiphytic plants. Pseudobulbs broadly cylindric-conical, 0.5–1 cm long, 1-leafed at apex. Leaf terete, channeled, 24–70 cm long, spotted with reddish brown. Inflorescence basal, longer than or nearly as long as leaf, many-flowered; flowers ca. 2.5 cm long. Fl. unknown; Panama; at low altitudes.

1762 ***Trichocentrum lanceanum***
(Photo.: Kohji Karasawa)

1763 ***Trichocentrum lindenii***
(Photo.: Kohji Karasawa)

1764 ***Trichocentrum microchilum***
(Photo.: Kohji Karasawa)

1762 *Trichocentrum lanceanum* (Lindl.) M. W. Chase & N. H. Williams (*Oncidium lanceanum* Lindl.) **郎氏毛距兰**

附生植物。假鳞茎不存在或很小且强烈压扁，顶端具 1 叶。叶矩圆状披针形，长 20~40 cm，具紫色斑点。花序基生，长 20~30 cm，有分枝，具多花；花直径 5~6 cm，有香气。花期：夏季；巴西、圭亚那、苏里南、特立尼达、委内瑞拉；300~500 m。

Epiphytic plants. Pseudobulbs lacking or very small and strongly compressed, 1-leafed at apex. Leaf oblong-lanceolate, 20–40 cm long, purple-spotted. Inflorescence basal, 20–30 cm long, branched, many-flowered; flowers 5–6 cm across, scented. Fl. summer; Brazil, Guyana, Surinam, Trinidad, Venezuela; 300–500 m.

1763 *Trichocentrum lindenii* (Brongn.) M. W. Chase & N. H. Williams (*Oncidium lindenii* Brongn.) **林登毛距兰**

附生植物。假鳞茎小，顶端具 1 叶。叶矩圆状披针形，长 20~25 cm，带紫的绿色。花序基生，偶尔长可达 2 m，有时有分枝，具数花至多花；花直径约 2 cm，花期：冬季；洪都拉斯、墨西哥；约 300 m。

Epiphytic plants. Pseudobulbs small, 1-leafed at apex. Leaf oblong-lanceolate, 20–25 cm long, purplish green. Inflorescence basal, occasionally up to 2 m long, sometimes branched, several- to many-flowered; flowers ca. 2 cm across. Fl. winter; Honduras, Mexico; ca. 300 m.

1764 *Trichocentrum microchilum* (Bateman ex Lindl.) M. W. Chase & N. H. Williams (*Oncidium microchilum* Bateman ex Lindl.) **细唇毛距兰**

地生或石上附生植物。假鳞茎簇生，近圆形，压扁，长 3~5 cm，顶端具 1 叶。叶矩圆形，长 15~30 cm。花序基生，长 100~140 cm，有分枝，具多花；花直径约 2.5 cm。花期：夏季；危地马拉；可达 2300 m。

Terrestrial or lithophytic plants. Pseudobulbs clustered, almost rounded, compressed, 3–5 cm long, 1-leafed at apex. Leaf oblong, 15–30 cm long. Inflorescence basal, 100–140 cm long, branched, many-flowered; flowers ca. 2.5 cm across. Fl. summer; Guatemala; up to 2300 m.

1765 *Trichocentrum morenoi* (Dodson & Luer) M. W. Chase & N. H. Williams (*Oncidium morenoi* Dodson & Luer) **摩氏毛距兰**

附生植物。假鳞茎卵状圆筒形，短，顶端具 1 叶。叶矩圆形，长约 8 cm。花序基生，长于叶，有 2~3 回分枝，具多花；花小，芳香。花期：12~2 月、6~8 月；玻利维亚、秘鲁；150~1000 m。

Epiphytic plants. Pseudobulbs ovoid-cylindric, short, 1-leafed at apex. Leaf oblong, ca. 8 cm long. Inflorescence basal, longer than leaf, biternate- or triternate-branching, many-flowered; flowers small, fragrant. Fl. Dec.–Feb., June–Aug.; Bolivia, Peru; 150–1000 m.

1765 ***Trichocentrum morenoi***
(Photo.: Kohji Karasawa)

1766 ***Trichocentrum nanum*** (Photo.: Kohji Karasawa)

1766 *Trichocentrum nanum* (Lindl.) M. W. Chase & N. H. Williams (*Oncidium nanum* Lindl.) 紫点毛距兰

附生植物。假鳞茎小，长 1~1.5 cm，顶端具 1 叶。叶近矩圆形，长 10~15 cm，有紫色晕和斑点。花序基生，下垂，长 10~25 cm，有分枝，具少数至多数花；花直径约 1.3 cm。花期：夏季，巴西、圭亚那、秘鲁、委内瑞拉；0~100 m。

Epiphytic plants. Pseudobulbs small, 1–1.5 cm long, 1-leafed at apex. Leaf suboblong, 10–15 cm long, flushed and spotted with purple. Inflorescence basal, pendent, 10–25 cm long, branched, few- to many-flowered; flowers ca. 1.3 cm across. Fl. summer; Brazil, Guyana, Peru, Venezuela; 0–100 m.

1767 *Trichocentrum pfavii* Rchb. f. 普法毛距兰

附生植物。假鳞茎密集，小，顶端具 1 叶。叶舌形，长 7~10 cm，质地厚。花序基生，外弯，通常短于叶，具 1~2 花；唇瓣长约 2 cm。花期：秋季至冬季；哥斯达黎加、巴拿马；600~1500 m。

Epiphytic plants. Pseudobulbs close together, small, 1-leafed at apex. Leaf ligulate, 7–10 cm long, thick-textured. Inflorescence basal, arching, often shorter than leaf, 1- or 2-flowered; lip ca. 2 cm long. Fl. autumn–winter; Costa Rica, Panama; 600–1500 m.

1768 *Trichocentrum pulchrum* Poepp. & Endl. 毛距兰

附生植物。假鳞茎密集，甚小，顶端具 1 叶。叶矩圆形，长 9~10 cm。花序基生，平展，通常稍长于叶，具 1 花；唇瓣长 1.5~2 cm；距长 4.5~5 cm。花期：夏季至秋季；哥伦比亚、厄瓜多尔、秘鲁、委内瑞拉；1000~1700 m。

Epiphytic plants. Pseudobulbs close together, very small, 1-leafed at apex. Leaf oblong, 9–10 cm long. Inflorescence basal, spreading, often slightly longer than leaf, 1-flowered; lip 1.5–2 cm long; spur 4.5–5 cm long. Fl. summer–autumn; Colombia, Ecuador, Peru, Venezuela; 1000–1700 m.

1769 *Trichocentrum pumilum* (Lindl.) M. W. Chase & N. H. Williams (*Oncidium pumilum* Lindl.) 小花毛距兰

附生植物。假鳞茎簇生，很小，长 3~5 mm，顶端具 1 叶。叶矩圆形或舌形，长 5~12 cm。花序基生，长 8~15 cm，有分枝，具多花；花直径约 6 mm。花期：春季至夏季；巴西；低海拔地。

Epiphytic plants. Pseudobulbs clustered, very small, 3–5 mm long, 1-leafed at apex. Leaf oblong or ligulate, 5–12 cm long. Inflorescence basal, 8–15 cm long, branched, many-flowered; flowers ca. 6 mm across. Fl. spring–summer; Brazil; at low altitudes.

1767 ***Trichocentrum pfavii***
(Photo.: Kohji Karasawa)

1768 ***Trichocentrum pulchrum***
(Photo.: Kohji Karasawa)

1769 ***Trichocentrum pumilum***
(Photo.: Kohji Karasawa)

1770 ***Trichocentrum splendidum***
(Photo.: Kohji Karasawa)

1771 ***Trichocentrum sprucei***
(Photo.: Kohji Karasawa)

1773 ***Trichocentrum tigrinum***
(Photo.: Kohji Karasawa)

1770 *Trichocentrum splendidum* (A. Rich. ex Duch.) M. W. Chase & N. H. Williams (*Oncidium splendidum* A. Rich. ex Duch.) **华彩毛距兰**

附生植物。假鳞茎簇生，近圆形，压扁，长 4~5 cm，顶端具 1 叶。叶矩圆形，长 15~30 cm。花序基生，长达 1 m 或过之，有分枝，具多数花；唇瓣宽约 4 cm。花期：春季；危地马拉、洪都拉斯；800~900 m。

Epiphytic plants. Pseudobulbs clustered, almost rounded, compressed, 4–5 cm long, 1-leafed at apex. Leaf oblong, 15–30 cm long. Inflorescence basal, to 1 m or more long, branched, many-flowered; lip ca. 4 cm broad. Fl. spring; Guatemala, Honduras; 800–900 m.

1771 *Trichocentrum sprucei* (Lindl.) M. W. Chase & N. H. Williams (*Oncidium sprucei* Lindl.) **低地毛距兰**

附生植物。假鳞茎簇生，包藏于 3~4 枚鞘中，顶端具 1 叶。叶圆柱形，具槽，长约 20 cm，稍带红晕。花序基生，与叶近等长或长于叶，多分枝，具多花；花长约 2.5 cm。花期：6~8 月；玻利维亚、巴西、秘鲁；约 400 m。

Epiphytic plants. Pseudobulbs clustered, enclosed by 3–4 sheaths, 1-leafed at apex. Leaf terete, channeled, ca. 20 cm long, slightly tinged with reddish. Inflorescence basal, nearly as long as or longer than leaf, much-branched, many-flowered; flowers ca. 2.5 cm long. Fl. June–Aug.; Bolivia, Brazil, Peru; ca. 400 m.

1772 ***Trichocentrum stramineum***
(Photo.: Kohji Karasawa)

1772 *Trichocentrum stramineum* (Bateman ex Lindl.) M. W. Chase & N. H. Williams (*Oncidium stramineum* Bateman ex Lindl.) **稻黄毛距兰**

附生植物。假鳞茎不明显，顶端具 1 叶。叶狭矩圆形，长 10~20 cm，质地粗厚。花序基生，长 15~20 cm，有短分枝，具多花；花直径约 2 cm。花期：春季至夏季；墨西哥；600~1000 m。

Epiphytic plants. Pseudobulbs obscure, 1-leafed at apex. Leaf narrowly oblong, 10–20 cm long, thick-textured. Inflorescence basal, 15–20 cm long, shortly branched, many-flowered; flowers ca. 2 cm across. Fl. spring–summer; Mexico; 600–1000 m.

1773 *Trichocentrum tigrinum* Linden & Rchb. f. 豹斑毛距兰

附生植物。假鳞茎密集，短，顶端具 1 叶。叶矩圆形，长 6~12 cm，质地厚，暗绿色而稍有紫褐色斑点。花序基生，下垂或外弯，长 3~15 cm，具 1~2 花；唇瓣长 4~4.5 cm。花期：春季至夏季；厄瓜多尔。

Epiphytic plants. Pseudobulbs close together, short, 1-leafed at apex. Leaf oblong, 6–12 cm long, thick-textured, dark green slightly spotted with purple-brown. Inflorescence basal, pendent or arching, 3–15 cm long, 1- or 2-flowered; lip 4–4.5 cm long. Fl. spring–summer; Ecuador.

1774 ***Trichoceros antennifer***
(Photo.: Kohji Karasawa)

1775 ***Trichoglottis brachiata***
(Photo.: Karlheinz Senghas)

1777 ***Trichoglottis fasciata***
(Photo.: Kohji Karasawa)

1774 *Trichoceros antennifer* (H. & B.) H. B. K. 毛角兰

地生或石上附生植物，具上举的根状茎。假鳞茎疏离，椭圆形，长 0.6~1.5 cm，为 2~5 枚叶所包围，顶端具 1 叶。叶矩圆状椭圆形，通常长 4~7 cm，绿紫色。花序 1~2 个，基生，直立，长 20~40 cm，具 3~18 花；花直径 2~3 cm。花期：春季至秋季；哥伦比亚至玻利维亚；1100~3000 m。

Terrestrial or lithophytic plants, with an ascending rhizome. Pseudobulbs well spaced, ellipsoid, 0.6–1.5 cm long, subtended by 2–5 leaves, 1-leafed at apex. Leaves oblong-elliptic, often 4–7 cm long, green-purple. Inflorescences 1 or 2, basal, erect, 20–40 cm long, 3- to 18-flowered; flowers 2–3 cm across. Fl. spring–autumn; Colombia to Bolivia; 1100–3000 m.

1775 *Trichoglottis brachiata* Ames (*Trichoglottis atropurpurea* Rchb. f.) **广歧毛舌兰**

附生植物。茎直立，常有分枝，较长，全长生叶。叶二列，卵状椭圆形，长 3~6 cm。花序通常 2 个或更多，腋生，短，具 1 花；花直径 3~4.5 cm。花期：夏季至秋季；菲律宾；0~300 m。

Epiphytic plants. Stems erect, often branching, rather long, leafy throughout. Leaves distichous, ovate-elliptic, 3–6 cm long. Inflorescences often 2 or more, axillary, short, 1-flowered; flower 3–4.5 cm across. Fl. summer–autumn; Philippines; 0–300 m.

1776 ***Trichoglottis collenetteae***
(Photo.: James Boughtwood Comber)

1776 *Trichoglottis collenetteae* J. J. Wood, C. L. Chan & A. Lamb 柯氏毛舌兰

附生植物。茎下垂或斜立，有时有分枝，长 15~30 cm。叶多枚，二列，舌形，长 11~16 cm。花序侧生，短，通常具 6 花；花直径 1.5~2 cm。花期:2 月；马来西亚（沙巴）；1100~1500 m。

Epiphytic plants. Stems pendent or spreading-ascendent, sometimes branching, 15–30 cm long. Leaves many, distichous, ligulate, 11–16 cm long. Inflorescences lateral, short, often 6-flowered; flowers 1.5–2 cm across. Fl. Feb.; Malaysia (Sabah); 1100–1500 m.

1777 *Trichoglottis fasciata* Rchb. f. [*Staurochilus fasciatus* (Rchb. f.) Ridl.] **带斑毛舌兰**

附生植物。茎长 30~60 cm。叶多枚，二列，狭矩圆状舌形，长 8~12 cm，革质。花序侧生，近直立，长 10~20 cm，具 2~6 花；花序轴稍左右曲折；花直径 4~5 cm。花期：春季；柬埔寨、老挝、印度尼西亚、马来西亚、菲律宾、泰国、越南；400~1000 m。

Epiphytic plants. Stems 30–60 cm long. Leaves many, distichous, narrowly oblong-ligulate, 8–12 cm long, leathery. Inflorescence lateral, suberect, 10–20 cm long, 2- to 6-flowered; rachis slightly zig-zag; flowers 4–5 cm across. Fl. spring; Cambodia, Laos, Indonesia, Malaysia, Philippines, Thailand, Vietnam; 400–1000 m.

1778 ***Trichoglottis geminata***
(Photo.: Kohji Karasawa)

1779 ***Trichoglottis latisepala***
(Photo.: Kohji Karasawa)

1780 ***Trichoglottis philippinensis***
(Photo.: Kohji Karasawa)

1778 *Trichoglottis geminata* (Teijsm. & Binn.) J. J. Sm. 双生毛舌兰

附生植物。茎近直立或下垂，长约 40 cm。叶多枚，二列，长约 12 cm，宽 2 cm。花序通常数个，腋生，短，具 1~2 花；花直径约 1.5 cm。花期：秋季至冬季；印度尼西亚、马来西亚（沙巴）、菲律宾；0~1100 m。

Epiphytic plants. Stems suberect or pendent, ca. 40 cm long. Leaves many, distichous, ca. 12 cm long, 2 cm wide. Inflorescences often several, axillary, short, 1- or 2-flowered; flowers ca. 1.5 cm across. Fl. autumn–winter; Indonesia, Malaysia (Sabah), Philippines; 0–1100 m.

1779 *Trichoglottis latisepala* Ames 宽萼毛舌兰

附生植物。茎下垂，长 30~50 cm，全长生叶。叶二列，线状披针形，长 7~15 cm，稍有紫色晕。花序通常有数个，侧生，短，具少数花；花直径约 1 cm。花期：冬季；菲律宾；0~100 m。

Epiphytic plants. Stems pendent, 30–50 cm long, leafy throughout. Leaves distichous, linear-lanceolate, 7–15 cm long, slightly tinged with purple. Inflorescences often several, lateral, short, few-flowered; flowers ca. 1 cm across. Fl. winter; Philippines; 0–100 m.

1780 *Trichoglottis philippinensis* Lindl. 菲律宾毛舌兰

附生植物。茎直立，粗壮，长 40~90 cm，全长生叶。叶二列，矩圆形或卵状矩圆形，长 3~6 cm。花序通常数个，腋生，短，具 1 花；花直径约 3 cm，肉质，芳香。花期：春季至夏季；菲律宾北部至南部；0~300 m。

Epiphytic plants. Stems erect, stout, 40–90 cm long, leafy throughout. Leaves distichous, oblong or ovate-oblong, 3–6 cm long. Inflorescences often several, axillary, short, 1-flowered; flower ca. 3 cm across, fleshy, fragrant. Fl. spring–summer.; N to S Philippines; 0–300 m.

1781 *Trichoglottis retusa* Blume 圆裂毛舌兰

附生植物。茎攀援，长达 100 cm，常有分枝。叶多枚，二列，矩圆状舌形，长 7~12 cm，先端 2 圆裂。花序侧生，1 个节上常有 1~3 个，各具 1 花；花直径 2~3 cm，稍有香气。花期：11 月；印度尼西亚（爪哇、苏门答腊）、老挝、马来西亚（马来半岛、沙巴、沙捞越）、泰国、越南；0~500 m。

Epiphytic plants. Stems climbing, to 100 cm long, often branching. Leaves many, distichous, oblong-ligulate, 7–12 cm long, rounded-bilobed at apex. Inflorescences lateral, often 1–3 at a node, each with a single flower; flower 2–3 cm across, slightly scented. Fl. Nov.; Indonesia (Java, Sumatra), Laos, Malaysia (Malay Peninsula, Sabah, Sarawak), Thailand, Vietnam; 0–500 m.

1781 ***Trichoglottis retusa***
(Photo.: James Boughtwood Comber)

1782 ***Trichoglottis rosea***
(Photo.: Kohji Karasawa)

1783 ***Trichoglottis tomentosa***
(Photo.: Kohji Karasawa)

1784 ***Trichoglottis uexkuelliana***
(Photo.: Kohji Karasawa)

1782 *Trichoglottis rosea* (Lindl.) Ames [*Trichoglottis breviracema* (Hayata) Schltr.] 短穗毛舌兰

附生植物。茎簇生，下垂，长达 50~60 cm。叶多枚，狭披针形，长 7~10 cm。花序通常数个，侧生，短，具 2~6 花；花直径约 1.5 cm。花期：4~5 月；中国（台湾南部）；低海拔地。

Epiphytic plants. Stems tufted, pendulous, to 50–60 cm long. Leaves many, narrowly lanceolate, 7–10 cm long. Inflorescences often several, lateral, short, 2- to 6-flowered; flowers ca. 1.5 cm across. Fl. Apr.–May; China (S Taiwan); at low altitudes.

1783 *Trichoglottis tomentosa* Seidenf. (*Trichoglottis seidenfadenii* Aver.) 绒毛毛舌兰

附生植物。茎近直立，稍压扁，长达 90~100 cm。叶多枚，二列，矩圆形，长 6~10 cm，先端 2 裂。花序数个或更多，侧生，短，具 1~2 花；花直径 1.5~2.5 cm。花期：7 月；泰国、越南。

Epiphytic plants. Stems suberect, slightly flattened, to 90–100 cm long. Leaves many, distichous, oblong, 6–10 cm long, bilobed at apex. Inflorescences several or more, lateral, short, 1- or 2-flowered; flowers 1.5–2.5 cm across. Fl. July; Thailand, Vietnam.

1785 ***Trichoglottis winkleri***
(Photo.: Kohji Karasawa)

1784 *Trichoglottis uexkuelliana* J. J. Sm. 尤氏毛舌兰

附生植物。茎稍压扁，长达 100 cm。叶多枚，二列，矩圆形，长约 12.5 cm，先端不等的 2 裂。花序侧生，短，具 1~2 花；花直径约 3 cm。花期：5~6 月；婆罗洲（加里曼丹、沙巴、沙捞越）；约 300 m。

Epiphytic plants. Stems slightly flattened, to 100 cm long. Leaves many, distichous, oblong, ca. 12.5 cm long, unequally bilobed at apex. Inflorescences lateral, short, 1- or 2-flowered; flowers ca. 3 cm across. Fl. May–June; Borneo (Kalimantan, Sabah, Sarawak); ca. 300 m.

1785 *Trichoglottis winkleri* J. J. Sm. 温氏毛舌兰

附生植物。茎下垂，长达 60 cm。叶多枚，二列，披针形，长约 2.5 cm，先端不等的 2 裂。花序侧生，1 个节上常有 1~3 个，各具 1 花；花直径约 1.5 cm。花期：1~3 月；印度尼西亚（爪哇、加里曼丹、苏门答腊）、马来西亚（马来半岛）；200~700 m。

Epiphytic plants. Stems pendulous, to 60 cm long. Leaves many, distichous, lanceolate, ca. 2.5 cm long, unequally bilobed at apex. Inflorescences lateral, often 1–3 at a node, each with a single flower; flower ca. 1.5 cm across. Fl. Jan.–Mar.; Indonesia (Java, Kalimantan, Sumatra), Malaysia (Malay Peninsula); 200–700 m.

1786 ***Trichopilia fragrans* (Lindl.) Rchb. f. 芳香毛床兰**

附生植物。假鳞茎簇生，矩圆形，略压扁，长 8~12 cm，顶端具 1 叶。叶矩圆形，长 15~25 cm。花序基生，下垂或外弯，长 20~30 cm，具 2~5 花；花芳香；唇瓣长 3~5 cm。花期：秋季至冬季；委内瑞拉和哥伦比亚至秘鲁和玻利维亚，也见于西印度群岛；1200~2500 m。

Epiphytic plants. Pseudobulbs clustered, oblong, slightly compressed, 8–12 cm long, 1-leafed at apex. Leaf oblong, 15–25 cm long. Inflorescence basal, pendent or arching, 20–30 cm long, 2- to 5-flowered, flowers fragrant; lip 3–5 cm long. Fl. autumn–winter; Venezuela and Colombia to Peru and Bolivia, also West Indies; 1200–2500 m.

1786 ***Trichopilia fragrans*** (Photo.: Kohji Karasawa)

1787 ***Trichopilia juninensis* C. Schweinf. 秘鲁毛床兰**

附生植物。假鳞茎簇生，狭卵形，压扁，略具二棱，长 6~8 cm，顶端具 1 叶。叶线状矩圆形，长 12~17 cm。花序基生，斜上，长 10~15 cm，具 2~3 花；唇瓣长 3~5 cm。花期：春季；秘鲁；约 1500 m。

Epiphytic plants. Pseudobulbs clustered, narrowly ovoid, compressed, somewhat ancipital, 6–8 cm long, 1-leafed at apex. Leaf linear-oblong, 12–17 cm long. Inflorescence basal, spreading-ascendent, 10–15 cm long, 2- or 3-flowered; lip 3–5 cm long. Fl. spring; Peru; ca. 1500 m.

1788 ***Trichopilia laxa* (Lindl.) Rchb. f. 疏花毛床兰**

附生植物。假鳞茎簇生，狭卵形或卵形，压扁，略具二棱，长 4~8 cm，顶端具 1 叶。叶矩圆形，长 15~30 cm。花序基生，外弯或下垂，长达 26 cm，具 4~8 花；唇瓣长 1.6~2.6 cm。花期：秋季至初冬；巴西、哥伦比亚、秘鲁、委内瑞拉；1200~2000 m。

Epiphytic plants. Pseudobulbs clustered, narrowly ovoid or ovoid, compressed, somewhat ancipital, 4–8 cm long, 1-leafed at apex. Leaf oblong, 15–30 cm long. Inflorescence basal, arching or pendulous, to 26 cm long, 4- to 8-flowered; lip 1.6–2.6 cm long. Fl. autumn–early winter; Brazil, Colombia, Peru, Venezuela; 1200–2000 m.

1789 ***Trichopilia leucoxantha* L. O. Williams 白黄毛床兰**

附生植物。假鳞茎簇生，卵形，压扁，长 2.5~4.5 cm，顶端具 1 叶。叶椭圆形，长 15~22 cm。花序基生，外弯，长 5~7 cm，具 1~4 花；唇瓣长 3~3.5 cm。花期：夏季；秘鲁；600~1000 m。

Epiphytic plants. Pseudobulbs clustered, ovoid, compressed, 2.5–4.5 cm long, 1-leafed at apex. Leaf elliptic, 15–22 cm long. Inflorescence basal, arching, 5–7 cm long, 1- to 4-flowered; lip 3–3.5 cm long. Fl. summer; Peru; 600–1000 m.

1787 ***Trichopilia juninensis***
(Photo.: Kohji Karasawa)

1788 ***Trichopilia laxa***
(Photo.: Kohji Karasawa)

1789 ***Trichopilia leucoxantha***
(Photo.: Kohji Karasawa)

1790 ***Trichopilia marginata***
(Photo.: Kohji Karasawa)

1791 ***Trichopilia oicophyllax***
(Photo.: Kohji Karasawa)

1792 ***Trichopilia suavis***
(Photo.: Kohji Karasawa)

1790 *Trichopilia marginata* Henfr. 长唇毛床兰

附生植物。假鳞茎密集，略呈线形，强烈压扁，具二棱，长 6~14 cm，顶端具 1 叶。叶披针形，长 12~30 cm。花序基生，弧曲或下垂，短，具 2~3 花；唇瓣长 5~8 cm。花期：春季；危地马拉，向南分布至哥伦比亚；1000~1500 m。

Epiphytic plants. Pseudobulbs close together, somewhat linear, strongly compressed, ancipital, 6–14 cm long, 1-leafed at apex. Leaf lanceolate, 12–30 cm long. Inflorescence basal, arcuate or pendent, short, 2- or 3-flowered; lip 5–8 cm long. Fl. spring; Guatemala, south to Colombia; 1000–1500 m.

1791 *Trichopilia oicophyllax* Rchb. f. 屋顶毛床兰

附生植物。假鳞茎密集，线状卵形或狭卵形，压扁，略具二棱，长 6~10 cm，顶端具 1 叶。叶线状矩圆形，长 10~20 cm。花序基生，下垂，长 5~10 cm，通常具 2 花；唇瓣长约 5 cm。花期：春季；哥伦比亚、委内瑞拉。

Epiphytic plants. Pseudobulbs close together, linear-ovoid or narrowly ovoid, compressed, somewhat ancipital, 6–10 cm long, 1-leafed at apex. Leaf linear-oblong, 10–20 cm long. Inflorescence basal, pendent, 5–10 cm long, often 2-flowered; lip ca. 5 cm long. Fl. spring; Colombia, Venezuela.

1793 ***Trichopilia tortilis***
(Photo.: Kohji Karasawa)

1792 *Trichopilia suavis* Lindl. & Paxt. 斑唇毛床兰

附生植物。假鳞茎簇生，椭圆形至近球形，压扁，长 3~9 cm，灰绿色，顶端具 1 叶。叶椭圆状披针形，长 10~35 cm。花序基生，弧曲或下垂，长 2~4 cm，具 2~5 花；唇瓣长 4.5~6.5 cm。花期：通常春季；哥伦比亚、哥斯达黎加、巴拿马；1300~1700 m。

Epiphytic plants. Pseudobulbs clustered, ellipsoid to subglobose, compressed, 3–9 cm long, gray-green, 1-leafed at apex. Leaf elliptic-lanceolate, 10–35 cm long. Inflorescence basal, arcuate or pendulous, 2–4 cm long, 2- to 5-flowered; lip 4.5–6.5 cm long. Fl. often spring; Colombia, Costa Rica, Panama; 1300–1700 m.

1793 *Trichopilia tortilis* Lindl. 毛床兰

附生植物。假鳞茎簇生，狭卵形，稍压扁，长 4~12 cm，通常包藏于具褐色斑点的鞘中，顶端具 1 叶。叶椭圆状披针形，长 10~20 cm。花序基生，下垂或外弯，长 5~10 cm，具 1~2 花；唇瓣长 5~6.5 cm。花期：冬季；危地马拉、洪都拉斯、墨西哥、萨瓦尔多；达 1500 m。

Epiphytic plants. Pseudobulbs clustered, narrowly ovoid, slightly compressed, 4–12 cm long, often covered by brown-spotted sheaths, 1-leafed at apex. Leaf elliptic-lanceolate, 10–20 cm long. Inflorescence basal, pendent or arching, 5–10 cm long, 1- or 2-flowered; lip 5–6.5 cm long. Fl. winter; Guatemala, Honduras, Mexico, El Salvador; to 1500 m.

1794 ***Trichopilia turialvae***
(Photo.: Kohji Karasawa)

1795 ***Trigonidium acuminatum***
(Photo.: Kohji Karasawa)

1796 ***Trigonidium egertonianum***
(Photo.: Kohji Karasawa)

1794 *Trichopilia turialvae* Rchb. f. 图里毛床兰

附生植物。假鳞茎密集，卵形，稍压扁，长 5~10 cm，顶端具 1 叶。叶椭圆形，长 15~20 cm。花序基生，外弯或下垂，长约 10 cm，具 1~3 花；唇瓣长 3.5~4 cm。花期：夏季；哥斯达黎加、巴拿马；约 600 m。

Epiphytic plants. Pseudobulbs close together, ovoid, slightly compressed, 5–10 cm long, 1-leafed at apex. Leaf elliptic, 15–20 cm long. Inflorescence basal, arching or pendulous, ca. 10 cm long, 1- to 3-flowered; lip 3.5–4 cm long. Fl. summer; Costa Rica, Panama; ca. 600 m.

1795 *Trigonidium acuminatum* Bateman ex Lindl. 美洲三角兰

附生植物。假鳞茎在根状茎上相距 2~4 cm，卵形，稍压扁，长 1.5~4 cm，顶端具 1 叶。叶线形，长 15~25 cm。花序 1 个或多于 1 个，基生，短于叶，具 1 花；萼片长约 2.5 cm。花期：夏季；巴西、哥伦比亚、秘鲁、委内瑞拉；100~1800 m。

Epiphytic plants. Pseudobulbs 2–4 cm apart on rhizome, ovoid, slightly compressed, 1.5–4 cm long, 1-leafed at apex. Leaf linear, 15–25 cm long. Inflorescences 1 or more, basal, shorter than leaf, 1-flowered; sepals ca. 2.5 cm long. Fl. summer; Brazil, Colombia, Peru, Venezuela; 100–1800 m.

1796 *Trigonidium egertonianum* Bateman ex Lindl. 厄氏美洲三角兰

附生植物。假鳞茎簇生，卵形或椭圆形，压扁，长 4~9 cm，顶端具 2 叶。叶线形，长 20~60 cm。花序基生，直立，长 20~40 cm，纤细，具 1 花；萼片长 2.7~4.2 cm。花期：春季；墨西哥至巴拿马和哥伦比亚；0~1000 m。

Epiphytic plants. Pseudobulbs clustered, ovoid or ellipsoid, compressed, 4–9 cm long, 2-leaved at apex. Leaves linear, 20–60 cm long. Inflorescence basal, erect, 20–40 cm long, slender, 1-flowered; sepals 2.7–4.2 cm long. Fl. spring; Mexico to Panama and Colombia; 0–1000 m.

1797 *Trigonidium insigne* Rchb. f. ex Benth. 华丽美洲三角兰

附生植物。假鳞茎疏离，卵形，压扁，长约 6 cm，灰绿色，顶端具 2~4 叶。叶倒披针形，长 10~15 cm。花序基生，长约 10 cm，具 1 花；萼片长约 6 cm。花期：2 月；玻利维亚、哥伦比亚、厄瓜多尔、秘鲁；约 1100 m。

Epiphytic plants. Pseudobulbs well spaced, ovoid, compressed, ca. 6 cm long, gray-green, 2- to 4-leaved at apex. Leaves oblanceolate, 10–15 cm long. Inflorescence basal, ca. 10 cm long, 1-flowered; sepals ca. 6 cm long. Fl. Feb.; Bolivia, Colombia, Ecuador, Peru; ca. 1100 m.

1797 ***Trigonidium insigne***
(Photo.: Kohji Karasawa)

1798 ***Triphora trianthophora***
(Photo.: Carlyle Luer)

1799 ***Trisetella triglochin***
(Photo.: Kohji Karasawa)

1800 ***Tropidia angulosa***
(Photo.: Kohji Karasawa)

1798 *Triphora trianthophora* (Sw.) Rydb. 三冠兰

地生植物，高 8~30 cm。茎通常带栗色，具 2~4 叶。叶宽卵形，长 1~2 cm，通常有栗色的晕和脉。花序具 1~6 花；萼片长约 1.5 cm。花期：7~11 月；加拿大、美国；700~3000 m。

Terrestrial plants, 8–30 cm tall. Stems often tinged with maroon, 2- to 4-leaved. Leaves broadly ovate, 1–2 cm long, often tinged and veined with maroon. Inflorescence 1- to 6-flowered; sepals ca. 1.5 cm long. Fl. July–Nov.; Canada, U. S. A.; 700–3000 m.

1799 *Trisetella triglochin* (Rchb. f.) Luer 三尾兰

附生植物。茎簇生，长 0.2~0.6 cm，具 1 叶。叶近直立，线形，长 2~7 cm，革质。花序侧生，长 2~9 cm，具少数花；花逐个依次开放；合萼片长 1~2 cm，具 2 条长 0.3~1.2 cm 的尾。花期：春季至秋季；哥斯达黎加至巴西和玻利维亚；250~1900 m。

Epiphytic plants. Stems tufted, 0.2–0.6 cm long, 1-leafed. Leaf suberect, linear, 2–7 cm long, coriaceous. Inflorescence lateral, 2–9 cm long, with few flowers opening in succession; synsepal 1–2 cm long, with two tails 0.3–1.2 cm long. Fl. spring–autumn; Costa Rica to Brazil and Bolivia; 250–1900 m.

1800 *Tropidia angulosa* (Lindl.) Blume 阔叶竹茎兰

地生植物，高 16~45 cm。茎直立，偶见具 1 个分枝。叶通常 2 枚，顶生，近对生，椭圆形，长 6~17 cm。花序长 5~8 cm，具 10~20 花；花不倒置；萼片与花瓣长 8~10 mm。花期：8~9 月；不丹、中国（台湾至西藏）、印度尼西亚、马来西亚、缅甸、泰国、越南；100~1800 m。

Terrestrial plants, 16–45 cm tall. Stems erect, occasionally 1-branched. Leaves often 2, apical, subopposite, elliptic, 6–17 cm long. Inflorescence 5–8 cm long, 10- to 20-flowered; flowers not resupinate; sepals and petals 8–10 mm long. Fl. Aug.–Sep.; Bhutan, China (Taiwan to Xizang), Indonesia, Malaysia, Myanmar, Thailand, Vietnam; 100–1800 m.

1801 ***Tuberolabium kotoense***
(Photos.: Sicong Lu(left); Zhanhuo Tsi(right))

1801 *Tuberolabium kotoense* Yamamoto 管唇兰

附生植物。茎甚短。叶 2~7 枚，矩圆形，长 6.5~16 cm，肉革质。花序侧生，下垂，长 6~15 cm，密生多花；花直径约 0.8 cm。花期：12~2 月；中国（台湾南部）；0~300 m。

Epiphytic plants. Stems very short. Leaves 2–7, oblong, 6.5–16 cm long, fleshy-coriaceous. Inflorescences lateral, pendulous, 6–15 cm long, densely many-flowered; flowers ca. 0.8 cm across. Fl. Dec.–Feb.; China (S Taiwan); 0–300 m.

1802 ***Tuberolabium odoratissimum* (J. J. Sm.) Garay 芳香管唇兰**

附生植物。茎长约 15 cm。叶数枚，通常下垂，线形，长约 20 cm，稍对摺。花序常成对着生，长约 15 cm，具 20 花；花有浓香，直径约 1.3 cm。花期：4 月；印度尼西亚（爪哇、苏门答腊）；500~1400 m。

Epiphytic plants. Stems ca. 15 cm long. Leaves several, often pendent, linear, ca. 20 cm long, slightly conduplicate. Inflorescences often binate, ca. 15 cm long, to 20-flowered; flowers very fragrant, ca. 1.3 cm across. Fl. Apr.; Indonesia (Java, Sumatra); 500–1400 m.

1802 ***Tuberolabium odoratissimum***
(Photo.: Kohji Karasawa)

1803 ***Vanda alpina* (Lindl.) Lindl. [*Trudelia alpina* (Lindl.) Garay]**
垂头万代兰

附生植物。茎长 5~18 cm。叶多枚，二列，线形，长 5~16 cm，先端不等的 2 裂。花序 2~3 个，腋生，长 1.5~2.5 cm，具 1~3 花；花质地厚，芳香，不完全开放，直径约 2.5 cm。花期：春季至夏季；不丹、中国（云南南部）、印度、尼泊尔、越南北部；1000~1600 m。

Epiphytic plants. Stems 5–18 cm long. Leaves many, distichous, linear, 5–16 cm long, unequally bilobed at apex. Inflorescences 2 or 3, axillary, 1.5–2.5 cm long, 1- to 3-flowered; flowers thickly textured, fragrant, not widely opening, ca. 2.5 cm across. Fl. spring–summer; Bhutan, China (S Yunnan), India, Nepal, N Vietnam; 1000–1600 m.

1804 ***Vanda ampullacea* (Roxb.) L. M. Gardiner [*Ascocentrum ampullaceum* (Roxb.) Schltr.] 乌舌万代兰**

附生植物。茎直立，长 1~4 cm，粗壮。叶通常 3~4 枚，二列，线形，长 5~20 cm，上面具近紫红色斑点。花序腋生，通常 2~4 个，直立，长 5~7 cm，具多花；花直径约 1.5 cm。花期：4~5 月；不丹、中国（云南）、印度、老挝、缅甸、泰国、越南；300~1500 m。

Epiphytic plants. Stems erect, 1–4 cm long, stout. Leaves often 3 or 4, distichous, linear, 5–20 cm long, spotted with purplish red above. Inflorescences axillary, often 2–4, erect, 5–7 cm long, many-flowered; flowers ca. 1.5 cm across. Fl. Apr.–May; Bhutan, China (Yunnan), India, Laos, Myanmar, Thailand, Vietnam; 300–1500 m.

1805 ***Vanda bensonii***
(Photo.: Kohji Karasawa)

1805 ***Vanda bensonii* Bateman 本氏万代兰**

附生植物。茎上举，长 20~40 cm。叶多枚，二列，线形，长 10~30 cm，先端不等的 2 裂。花序腋生，通常近直立，长于叶，具 5~15 花；花有香气，直径 3.5~5 cm。花期：夏季；缅甸、泰国；约 1000 m。

Epiphytic plants. Stems ascending, 20–40 cm long. Leaves many, distichous, linear, 10–30 cm long, unequally bilobed at apex. Inflorescences axillary, often suberect, longer than leaves, 5- to 15-flowered; flowers scented, 3.5–5 cm across. Fl. summer; Myanmar, Thailand; ca. 1000 m.

1803 ***Vanda alpina*** (Photo.: Zhanhuo Tsi)

1804 ***Vanda ampullacea*** (Photos.: Xiaohua Jin)

1806 ***Vanda brunnea*** (Photos.: Kexue Xu)

1809 ***Vanda coerulea*** (Photos.: Xiaohua Jin)

1806 *Vanda brunnea* Rchb. f. 白桂万代兰

附生植物。茎长 15~20（~40）cm。叶二列，宽线形，长 15~30 cm，先端不等的 2 裂。花序 1~3 个，腋生，长 10~25 cm，疏生 3~5 花；花质地厚，直径 3.5~4 cm。花期：春季至夏季；中国（云南南部）、缅甸、泰国、越南；800~2000 m。

Epiphytic plants. Stems 15–20 (–40) cm long. Leaves distichous, broadly linear, 15–30 cm long, unequally bilobed at apex. Inflorescences 1–3, axillary, 10–25 cm long, sparsely 3- to 5-flowered; flowers thickly textured, 3.5–4 cm across. Fl. spring–summer; China (S Yunnan), Myanmar, Thailand, Vietnam; 800–2000 m.

1807 ***Vanda celebica***
(Photo.: Kohji Karasawa)

1807 *Vanda celebica* Rolfe 印尼万代兰

附生植物。茎上举，密生多叶。叶二列，线状舌形，长约 30 cm，先端不等的 2 裂。花序腋生，长约 10 cm，具 5~7 花；花直径约 4 cm。花期：夏季；印度尼西亚（苏拉威西）；低海拔地。

Epiphytic plants. Stems ascending, densely many-leaved. Leaves distichous, linear-ligulate, ca. 30 cm long, unequally bilobed at apex. Inflorescences axillary, ca. 10 cm long, 5- to 7-flowered; flowers ca. 4 cm across. Fl. summer; Indonesia (Sulawesi); at low altitudes.

1808 *Vanda christensoniana* (Haager) L. M. Gardiner (*Ascocentrum christensonianum* Haager) 克列万代兰

附生植物。茎长 10~40 cm。叶多枚，二列，线形，长 10~16 cm，先端 3 齿。花序腋生，通常 2~4 个，直立，长约 6 cm，密生多花；花直径约 1.5 cm。花期：春季；越南；100~150 m。

Epiphytic plants. Stems 10–40 cm long. Leaves many, distichous, linear, 10–16 cm long, tridentate at apex. Inflorescences axillary, often 2–4, erect, ca. 6 cm long, densely many-flowered; flowers ca. 1.5 cm across. Fl. spring; Vietnam; 100–150 m.

1808 ***Vanda christensoniana***
(Photo.: Kohji Karasawa)

1809 *Vanda coerulea* Griff. ex Lindl. 大花万代兰

附生植物。茎粗壮，通常长 50~150 cm。叶二列，狭矩圆形，长 7~25 cm，先端斜截形并具齿。花序 1~3 个，腋生，近直立，长 20~60 cm，具 6~15 花；花直径 7~10 cm，质地薄。花期：10~11 月；中国（云南南部）、印度、缅甸、泰国；800~1700 m。

Epiphytic plants. Stems stout, often 50–150 cm long. Leaves distichous, narrowly oblong, 7–25 cm long, obliquely truncate and toothed at apex. Inflorescences 1–3, axillary, suberect, 20–60 cm long, 6- to 15-flowered; flowers 7–10 cm across, thinly textured. Fl. Oct.–Nov.; China (S Yunnan), India, Myanmar, Thailand; 800–1700 m.

1810 ***Vanda coerulescens*** (Photos.: Zhanhuo Tsi(left); Sicong Lu(right))

1810 *Vanda coerulescens* Griff. 小蓝万代兰

附生植物。茎长 2~10（~15）cm。叶二列，狭矩圆形，长 7~20 cm，先端啮蚀状。花序 1~2 个，腋生，长 14~50 cm 或过之，疏生 10~16 花；花直径 2~3 cm，质地薄。花期：春季至初夏；中国（云南）、印度东北部、缅甸、泰国；300~1600 m。

Epiphytic plants. Stems 2–10 (–15) cm long. Leaves distichous, narrowly oblong, 7–20 cm long, praemorse at apex. Inflorescences 1 or 2, axillary, 14–50 cm or more long, sparsely 10- to 16-flowered; flowers 2–3 cm across, thinly textured. Fl. spring–early summer; China (Yunnan), NE India, Myanmar, Thailand; 300–1600 m.

1811 ***Vanda cristata***
(Photos.: Yibo Luo)

1811 *Vanda cristata* Lindl. [*Trudelia cristata* (Lindl.) Sengh.] 叉唇万代兰

附生植物。茎长 6~20 cm，密生多叶。叶二列，宽线形，长 7.5~15 cm，先端啮蚀状。花序 2~3 个，腋生，长 3.3~4.5 cm，具 1~4 朵或罕有更多的花；花有香气，直径 3.5~5 cm，质地厚。花期：5 月；不丹、中国（西藏、云南）、印度东北部、尼泊尔、泰国；600~2100 m。

Epiphytic plants. Stems 6–20 cm long, densely many-leaved. Leaves distichous, broadly linear, 7.5–15 cm long, praemorse at apex. Inflorescences 2–3, axillary, 3.3–4.5 cm long, with 1–4 or rarely more flowers; flowers scented, 3.5–5 cm across, thickly textured. Fl. May; Bhutan, China (Xizang, Yunnan), NE India, Nepal, Thailand; 600–2100 m.

1812 ***Vanda curvifolia***
(Photo.: Kohji Karasawa)

1812 *Vanda curvifolia* (Lindl.) L. M. Gardiner [*Ascocentrum curvifolium* (Lindl.) Schltr.] 曲叶万代兰

附生植物。茎长约 25 cm，粗壮，下部木质化。叶二列，狭线形，强烈下弯，长 10~30 cm，宽 1~1.6 cm。花序腋生，直立，长 15~25 cm，密生多花；花直径约 2 cm。花期：初夏；印度、老挝、缅甸、尼泊尔、泰国；0~700 m。

Epiphytic plants. Stems ca. 25 cm long, stout, lignified below. Leaves distichous, narrowly linear, strongly decurved, 10–30 cm long, 1–1.6 cm wide. Inflorescences axillary, erect, 15–25 cm long, densely many-flowered; flowers ca. 2 cm across. Fl. early summer; India, Laos, Myanmar, Nepal, Thailand; 0–700 m.

1813 ***Vanda dearei***
(Photo.: Kohji Karasawa)

1814 ***Vanda denisoniana***
(Photo.: Kohji Karasawa)

1816 ***Vanda garayi***
(Photo.: Kohji Karasawa)

1813 *Vanda dearei* Rchb. f. 狄氏万代兰

附生植物。茎长可达 200 cm 或过之，密生多叶。叶二列，宽舌形，长 30~50 cm。花序腋生，长在 10 cm 以下，具数花，花直径约 5 cm，质地厚。花期：常为夏季；婆罗洲（加里曼丹、沙巴、沙捞越）；0~300 m。

Epiphytic plants. Stems up to 200 cm or more long, densely many-leaved. Leaves distichous, broadly ligulate, 30–50 cm long. Inflorescences axillary, less than 10 cm long, several-flowered; flowers ca. 5 cm across, thickly textured. Fl. often summer; Borneo (Kalimantan, Sabah, Sarawak); 0–300 m.

1814 *Vanda denisoniana* Benson & Rchb. f. 邓氏万代兰

附生植物。茎长 10 cm 或过之，密生多叶。叶二列，线形，长 25~40 cm，先端斜截形并稍 2 裂。花序腋生，长 15~20 cm，具 5~8 花；花直径 4~5 cm，有香气。花期：多在春季；缅甸、泰国；750~850 m。

Epiphytic plants. Stems 10 cm or more long, densely many-leaved. Leaves distichous, linear, 25–40 cm long, obliquely truncate and slightly bilobed at apex. Inflorescences axillary, 15–20 cm long, 5- to 8-flowered; flowers 4–5 cm across, fragrant. Fl. mostly spring; Myanmar, Thailand; 750–850 m.

1815 ***Vanda flabellata*** (Photo.: Xiaohua Jin)

1815 *Vanda flabellata* (Rolfe ex Downie) Christenson (*Aerides flabellata* Rolfe ex Downie) **扇唇万代兰**

附生植物。茎粗壮，长 10~30 cm，通常具 6~13 叶。叶狭矩圆形或带形，长 10~20 cm。花序腋生，1~2 个，弯曲，疏生数花至 10 花；花直径约 2 cm。花期：5 月；中国（云南）、老挝、缅甸、泰国；600~1700 m。

Epiphytic plants. Stems stout, 10–30 cm long, often 6- to 13-leaved. Leaves narrowly oblong or lorate, 10–20 cm long. Inflorescences axillary, 1–2, arching, sparsely several- to 10-flowered; flowers ca. 2 cm across. Fl. May; China (Yunnan), Laos, Myanmar, Thailand; 600–1700 m.

1816 *Vanda garayi* (Christenson) L. M. Gardiner (*Ascocentrum garayi* Christenson) **格氏万代兰**

附生植物。茎长约 15 cm，粗壮。叶数枚，二列，舌形，下弯，长约 11 cm。花序腋生，直立，长 10~20 cm，密生多花；花直径约 1 cm。花期：春季至初夏；泰国；约 300 m。

Epiphytic plants. Stems ca. 15 cm long, stout. Leaves several, distichous, ligulate, decurved, ca. 11 cm long. Inflorescences axillary, erect, 10–20 cm long, densely many-flowered; flowers ca. 1 cm across. Fl. spring–early summer; Thailand; ca. 300 m.

1817 ***Vanda hastifera*** **Rchb. f. 戟瓣万代兰**

附生植物。茎上举，长达 100 cm，具多叶。叶二列，狭舌形，长 15~25 cm。花序腋生，长 7~8 cm，具数花；花直径 4~5 cm。花期：夏季；婆罗洲（加里曼丹、沙巴、沙捞越）；低海拔地。

Epiphytic plants. Stems ascending, to 100 cm long, many-leaved. Leaves distichous, narrowly ligulate, 15–25 cm long. Inflorescences axillary, 7–8 cm long, several-flowered; flowers 4–5 cm across. Fl. summer; Borneo (Kalimantan, Sabah, Sarawak); at low altitudes.

1817 ***Vanda hastifera***
(Photo.: Kohji Karasawa)

1818 ***Vanda hastifera*** **Rchb. f.** var. ***gibbsiae*** **(Rolfe) P. J. Cribb**
吉氏万代兰（变种）

本变种与戟瓣万代兰（原变种）*Vanda hastifera* (var. *hastifera*) 的区别在于花直径 5~6 cm，有香气，色泽较深。花期：夏季；马来西亚（沙巴）；800~1300 m.

This variety differs from *Vanda hastifera* (var. *hastifera*) by its flowers 5–6 cm across, fragrant and deeper in color. Fl. summer; Malaysia (Sabah); 800–1300 m.

1818 ***Vanda hastifera*** var. ***gibbsiae***
(Photo.: Kohji Karasawa)

1819 ***Vanda helvola*** **Blume 蜡花万代兰**

附生植物。茎粗壮，长 40~50 cm，密生多叶。叶二列，弯曲，舌形，长 15~25 cm，先端 2~3 裂。花序数个，腋生，长 10~11 cm，具 3~5 花；花直径 4~5 cm，有微香。花期：夏季；印度尼西亚（爪哇、苏门答腊）、马来西亚（马来半岛、沙巴）；200~1500 m。

Epiphytic plants. Stems stout, 40–50 cm long, densely many-leaved. Leaves distichous, curved, ligulate, 15–25 cm long, 2- or 3-lobed at apex. Inflorescences several, axillary, 10–11 cm long, 3- to 5-flowered; flowers 4–5 cm across, slightly scented. Fl. summer; Indonesia (Java, Sumatra), Malaysia (Malay Peninsula, Sabah); 200–1500 m.

1820 ***Vanda javierae*** **D. Tiu ex Fessel & Lückel 贾氏万代兰**

附生植物。茎上举，长约 40 cm，具多叶。叶二列，线形，长约 30 cm。花序腋生，长 25~30 cm，通常具 5~6 花；花直径 5~6 cm。花期：春季至夏季；菲律宾（吕宋）；1200~1600 m。

Epiphytic plants. Stems ascending, ca. 40 cm long, many-leaved. Leaves distichous, linear, ca. 30 cm long. Inflorescences axillary, 25–30 cm long, often with 5–6 flowers; flowers 5–6 cm across. Fl. spring–summer; Philippines (Luzon); 1200–1600 m.

1819 ***Vanda helvola*** (Photo.: Kohji Karasawa)

1820 ***Vanda javierae*** (Photo.: Robert Brugger)

1821 ***Vanda lamellata*** (Photo.: Kohji Karasawa)

1823 ***Vanda limbata*** (Photo.: Kohji Karasawa)

1821 *Vanda lamellata* Lindl. 雅美万代兰

附生植物。茎长 7~40 cm。叶二列，线形，长 12~30 cm，先端不等的 2 裂。花序 1~2 个，长 20~30 cm，具 5~15 花；花质地厚，直径 2.5~3 cm。花期：冬季至春季；婆罗洲（沙巴）、中国（台湾）、日本（琉球群岛）、菲律宾；低海拔地。

Epiphytic plants. Stems 7–40 cm long. Leaves distichous, linear, 12–30 cm long, unequally bilobed at apex. Inflorescences 1 or 2, 20–30 cm long, 5- to 15-flowered; flowers thickly textured, 2.5–3 cm across. Fl. winter–spring; Borneo (Sabah), China (Taiwan), Japan (Ryukyu Islands), Philippines; at low altitudes.

1822 ***Vanda lilacina***
(Photo.: Kohji Karasawa)

1822 *Vanda lilacina* Teijsm. & Binn. 丁香万代兰

附生植物。茎长 10~12 cm。叶二列，线状舌形，通常长 8~10 cm，先端近截形并有不等的 2 裂。花序通常 2 个，侧生，稍长于叶，具 6~8 朵或更多花；花直径约 2 cm。花期：春季；柬埔寨、老挝、缅甸、泰国、越南；0~1000 m。

Epiphytic plants. Stems 10–12 cm long. Leaves distichous, linear-ligulate, often 8–10 cm long, subtruncate and unequally bilobed at apex. Inflorescences often 2, lateral, slightly longer than leaves, with 6–8 or more flowers; flowers ca. 2 cm across. Fl. spring; Cambodia, Laos, Myanmar, Thailand, Vietnam; 0–1000 m.

1823 *Vanda limbata* Blume 爪哇万代兰

附生植物。茎长 15~40 cm。叶二列，线形，长 15~35 cm，弯曲，先端不等的 2 裂。花序腋生，长约 25 cm，具 6~15 花；花直径 4~5 cm。花期：通常夏季；印度尼西亚（爪哇）；约 700 m。

Epiphytic plants. Stems 15–40 cm long. Leaves distichous, linear, 15–35 cm long, curved, unequally bilobed at apex. Inflorescences axillary, ca. 25 cm long, 6- to 15-flowered; flowers 4–5 cm across. Fl. often summer; Indonesia (Java); ca. 700 m.

1824 *Vanda liouvillei* Finet 鱼尾万代兰

附生植物。茎长 20~40 cm。叶二列，线形，长 15~20 cm。花序腋生，长 30~50 cm，具 10~15 花；花直径 2.5~3.5 cm。花期：通常冬季至春季；老挝、缅甸、泰国。

Epiphytic plants. Stems 20–40 cm long. Leaves distichous, linear, 15–20 cm long. Inflorescences axillary, 30–50 cm long, 10- to 15-flowered; flowers 2.5–3.5 cm across. Fl. often winter–spring; Laos, Myanmar, Thailand.

1824 ***Vanda liouvillei***
(Photo.: Kohji Karasawa)

1825 ***Vanda luzonica*** **Loher ex Rolfe 吕宋万代兰**

附生植物。茎长达 100~150 cm，具分枝。叶二列，宽线形，长 25~40 cm，先端不等的 2 裂。花序腋生，长达 40 cm，具 10~25 花；花直径 4~6 cm，通常有香气，开放延续约 2 周。花期：全年不定，但常为春季；菲律宾（吕宋）；约 500 m。

Epiphytic plants. Stems to 100–150 cm long, branching. Leaves distichous, broadly linear, 25–40 cm long, unequally bilobed at apex. Inflorescences axillary, to 40 cm long, 10- to 25-flowered; flowers 4–6 cm across, often scented, lasting about two weeks. Fl. throughout the year, but often spring; Philippines (Luzon); ca. 500 m.

1825 ***Vanda luzonica***
(Photo.: Kohji Karasawa)

1826 ***Vanda merrillii*** **Ames & Quisumb. 梅氏万代兰**

附生植物。茎长达 150 cm，具分枝。叶二列，线状矩圆形，长 20~30 cm。花序腋生，长约 25 cm，具 10~15 花；花的色泽多变，直径 3~3.5 cm，有强烈的刺激性香气。花期：全年不定，但主要为春季；菲律宾（吕宋、内格罗斯）；约 500 m。

Epiphytic plants. Stems to 150 cm long, branching. Leaves distichous, linear-oblong, 20–30 cm long. Inflorescences axillary, ca. 25 cm long, 10- to 15-flowered; flowers varying in color, 3–3.5 cm across, strongly spicy-scented. Fl. throughout the year, but often spring; Philippines (Luzon, Negros); ca. 500 m.

1827 ***Vanda miniata***
(Photo.: Kohji Karasawa)

1827 ***Vanda miniata*** **(Lindl.) L. M. Gardiner [*Ascocentrum miniatum* (Lindl.) Schltr.] 红心万代兰**

附生植物。茎长 6~20 cm，粗壮。叶数枚，二列，舌形，长 5~25 cm，先端具齿。花序腋生，直立，长 10~24 cm，密生多花；花直径约 1 cm。花期：春季至初夏；印度尼西亚（爪哇）、老挝、马来西亚（马来半岛）、菲律宾、泰国、越南；0~1200 m。

Epiphytic plants. Stems 6–20 cm long, stout. Leaves several, distichous, ligulate, 5–25 cm long, toothed at apex. Inflorescences axillary, erect, 10–24 cm long, densely many-flowered; flowers ca. 1 cm across. Fl. spring–early summer; Indonesia (Java), Laos, Malaysia (Malay Peninsula), Philippines, Thailand, Vietnam; 0–1200 m.

1828 ***Vanda pumila*** **Hook. f. [*Trudelia pumila* (Hook. f.) Sengh.] 矮万代兰**

附生植物。茎长 5~23 cm。叶二列，宽线形，长 6~24 cm，先端具不等的 2~3 齿。花序 1~2 个，腋生，长 2~7 cm，具 1~4 花；花直径 4~6 cm。花期：3~5 月；不丹、中国（海南至云南）、印度、老挝、缅甸、尼泊尔、泰国、越南；500~1800 m。

Epiphytic plants. Stems 5–23 cm long. Leaves distichous, broadly linear, 6–24 cm long, unequally 2- or 3-dentate at apex. Inflorescences 1 or 2, axillary, 2–7 cm long, 1- to 4-flowered; flowers 4–6 cm across. Fl. Mar.–May; Bhutan, China (Hainan to Yunnan), India, Laos, Myanmar, Nepal, Thailand, Vietnam; 500–1800 m.

1826 ***Vanda merrillii*** (Photo.: Kohji Karasawa)

1828 ***Vanda pumila*** (Photo.: Xiaohua Jin)

1829 ***Vanda roeblingiana*** (Photo.: Kohji Karasawa)

1829 *Vanda roeblingiana* Rolfe 柔氏万代兰

附生植物。茎长 50~70 cm 或过之。叶二列，线形，长 20~30 cm，先端不等的 2 裂。花序腋生，长 15~30 cm，具 8~15 花；花直径约 5 cm，有香气。花期：通常秋季；菲律宾（吕宋）；1300~1700 m。

Epiphytic plants. Stems 50–70 cm or more long. Leaves distichous, linear, 20–30 cm long, unequally bilobed at apex. Inflorescences axillary, 15–30 cm long, 8- to 15-flowered; flowers ca. 5 cm across, scented. Fl. often autumn; Philippines (Luzon); 1300–1700 m.

1830 *Vanda sanderiana* Rchb. f. 散氏万代兰

附生植物。茎长 50~100 cm。叶二列，舌形，长 25~40 cm，先端不等的 2 裂。花序腋生，长约 30 cm，具 5~10 花；花直径 7~10 cm，有香气。花期：秋季；菲律宾（棉兰老）；低海拔地。

Epiphytic plants. Stems 50–100 cm long. Leaves distichous, ligulate, 25–40 cm long, unequally bilobed at apex. Inflorescences axillary, ca. 30 cm long, 5- to 10-flowered; flowers 7–10 cm across, scented. Fl. autumn; Philippines (Mindanao); at low altitudes.

1831 *Vanda scandens* Holttum 攀援万代兰

附生植物。茎攀援，较长。叶二列，线形，长约 50 cm，先端不等的 2 裂。花序腋生，长约 10 cm，具数花；花直径 3.5~4 cm。花期：夏季；马来西亚（沙巴、沙捞越）、菲律宾；0~1000 m。

Epiphytic plants. Stems scandent, rather long. Leaves distichous, linear, ca. 50 cm long, unequally bilobed at apex. Inflorescences axillary, ca. 10 cm long, several-flowered; flowers 3.5–4 cm long. Fl. summer; Malaysia (Sabah, Sarawak), Philippines; 0–1000 m.

1832 *Vanda stangeana* Rchb. f. 褐瓣万代兰

附生植物。茎长 15~45 cm。叶二列，舌形，长 15~20 cm，先端不等的 2 裂。花序腋生，与叶近等长，具 5~8 花；花直径 4~5 cm。花期：春季至夏季；印度（阿萨姆）、尼泊尔；1200~1500 m 或更高。

Epiphytic plants. Stems 15–45 cm long. Leaves distichous, ligulate, 15–20 cm long, unequally bilobed at apex. Inflorescences axillary, nearly as long as leaves, 5- to 8-flowered; flowers 4–5 cm across. Fl. spring–summer; India (Assam), Nepal; 1200–1500 m or above.

1830 ***Vanda sanderiana*** (Photo.: Kohji Karasawa)

1831 ***Vanda scandens*** (Photo.: Kohji Karasawa)

1832 ***Vanda stangeana*** (Photo.: Kohji Karasawa)

1833 ***Vanda subconcolor*** (Photo.: Jing Wu)

1836 ***Vanda tricolor*** (Photo.: Kohji Karasawa)

1833 *Vanda subconcolor* T. Tang & F. T. Wang 纯色万代兰

附生植物。茎长 15~18 cm。叶多枚，线形，长 14~26 cm，稍肉质，先端不等的 2 裂，并具深凹缺。花序 1~2 个，腋生，长 12~17 cm，疏生 3~6 花；花质地厚，直径 3~4 cm。花期：2~3 月；中国（海南、云南）；600~1000 m。

Epiphytic plants. Stems 15–18 cm long. Leaves many, linear, 14–26 cm long, slightly fleshy, unequally bilobed and with deep sinus at apex. Inflorescences 1 or 2, axillary, 12–17 cm long, sparsely 3- to 6-flowered; flowers thickly textured, 3–4 cm across. Fl. Feb.–Mar.; China (Hainan, Yunnan); 600–1000 m.

1834 ***Vanda tessellata***
(Photo.: Kohji Karasawa)

1834 *Vanda tessellata* (Roxb.) Lodd. ex G. Don 网格万代兰

附生植物。茎攀援，长 30~60 cm。叶线形，长 15~20 cm，先端具 3 齿。花序腋生，长 15~25 cm，具 6~10 花；花直径 3.5~5 cm，有香气。花期：秋季至初冬；印度、马来西亚（马来半岛）、缅甸、斯里兰卡；约 1500 m。

Epiphytic plants. Stems climbing, 30–60 cm long. Leaves linear, 15–20 cm long, tridentate at apex. Inflorescences axillary, 15–25 cm long, 6- to 10-flowered; flowers 3.5–5 cm across, scented. Fl. autumn–early winter; India, Malaysia (Malay Peninsula), Myanmar, Sri Lanka; ca. 1500 m.

1835 ***Vanda testacea***
(Photo.: Kohji Karasawa)

1835 *Vanda testacea* (Lindl.) Rchb. f. 砖红万代兰

附生植物。茎通常长在 15 cm 以下，具 8~10 叶。叶线状舌形，长 10~20 cm，先端不等的 2 裂并在中央具 1 小齿。花序腋生，长 10~20 cm，具 5~12 花；花直径 1.5~2.5 cm。花期：春季；不丹、印度、缅甸、斯里兰卡、泰国；100~1200 m。

Epiphytic plants. Stems often less than 15 cm long, 8- to 10-leaved. Leaves linear-ligulate, 10–20 cm long, apex unequally bilobed and often with a small tooth centrally. Inflorescences axillary, 10–20 cm long, 5- to 12-flowered; flowers 1.5–2.5 cm across. Fl. spring; Bhutan, India, Myanmar, Sri Lanka, Thailand; 100–1200 m.

1836 *Vanda tricolor* Lindl. 三色万代兰

附生植物。茎长 50~100 cm。叶多枚，舌形，长 35~45 cm，先端不等的 2 裂。花序腋生，短于叶，具 7~12 花；花色泽多变，直径 5~7.5 cm，芳香。花期：秋季至冬季；印度尼西亚（爪哇）；700~1600 m。

Epiphytic plants. Stems 50–100 cm long. Leaves many, ligulate, 35–45 cm long, unequally bilobed at apex. Inflorescences axillary, shorter than leaves, 7- to 12-flowered; flowers varying in color, 5–7.5 cm across, fragrant. Fl. autumn–winter; Indonesia (Java); 700–1600 m.

1837 ***Vanda vietnamica*** (Photos.: Sicong Lu)

1837 *Vanda vietnamica* (J. R. Haager) L. M. Gardiner
(*Christensonia vietnamica* J. R. Haager) 越南万代兰

附生植物。茎直立，长 7~30 cm，密生多叶。叶互生，革质，线状舌形，长约 6 cm。花序腋生，长约 8 cm，具 3~5 花；花直径约 3 cm。花期：7 月；越南；约 100 m。

Epiphytic plants. Stems erect, 7–30 cm long, densely many-leaved. Leaves alternate, coriaceous, linear-ligulate, ca. 6 cm long. Inflorescences axillary, ca. 8 cm long, 3- to 5-flowered; flowers ca. 3 cm across. Fl. July; Vietnam; ca. 100 m.

1838 *Vandopsis gigantea* (Lindl.) Pfitz. 拟万代兰

附生植物。茎长 30 cm 或过之。叶宽带形，长 30~60 cm，肉质，先端 2 不等的裂。花序通常 1~2 个，下垂，长 30~45 cm，具多花；花直径 6~7 cm，肉质。花期：春季至夏季；中国（广西、云南）、老挝、马来西亚（马来半岛）、缅甸、泰国、越南；800~1700 m。

Epiphytic plants. Stems 30 cm or more long. Leaves broadly lorate, 30–60 cm long, fleshy, unequally bilobed at apex. Inflorescences often 1 or 2, pendulous, 30–45 cm long, many-flowered; flowers 6–7 cm across, fleshy. Fl. spring–summer; China (Guangxi, Yunnan), Laos, Malaysia (Malay Peninsula), Myanmar, Thailand, Vietnam; 800–1700 m.

1839 ***Vandopsis lissochiloides*** (Photo.: Kohji Karasawa)

1839 *Vandopsis lissochiloides* (Gaud.) Pfitz. 长茎拟万代兰

附生或地生植物。茎长可达 100~200 cm。叶宽带形，长 30~43 cm，先端 2 裂。花序侧生，长可达 200~250 cm，具 12~30 花；花依次开放，直径 5~7 cm。花期：大多在夏季；印度尼西亚、老挝、菲律宾、泰国；低海拔地。

Epiphytic or terrestrial plants. Stems up to 100–200 cm long. Leaves broadly lorate, 30–43 cm long, bilobed at apex. Inflorescences lateral, up to 200–250 cm long, 12- to 30-flowered; flowers opening in succession, 5–7 cm across. Fl. mostly summer; Indonesia, Laos, Philippines, Thailand; at low altitudes.

1838 ***Vandopsis gigantea*** (Photos.: Zhanhuo Tsi)

1840 ***Vandopsis undulata***
(Photos.: Yibo Luo)

1841 ***Vanilla planifolia***
(Photo.: Kohji Karasawa)

1842 ***Vanilla siamensis***
(Photos.: Yibo Luo(left); Weiliang Ma(right))

1840 *Vandopsis undulata* (Lindl.) J. J. Sm. 白花拟万代兰

附生植物。茎长达 100 cm，有分枝。叶多枚，狭矩圆形，长 7~12 cm，先端不等的 2 裂。花序长达 50 cm，有少数分枝，疏生数花；花直径 3~4 cm，有香气。花期：4~6 月；不丹、中国（西藏、云南）、印度、尼泊尔；1500~2300 m。

Epiphytic plants. Stems to 100 cm long, branching. Leaves many, narrowly oblong, 7–12 cm long, unequally bilobed at apex. Inflorescences to 50 cm long, few-branched, laxly several-flowered; flowers 3–4 cm across, fragrant. Fl. Apr.–June; Bhutan, China (Xizang, Yunnan), India, Nepal; 1500–2300 m.

1841 *Vanilla planifolia* G. Jackson 香荚兰

攀援植物。茎长可达 18 m 或过之。叶矩圆形或卵状椭圆形，肉质，长 10~20 cm。花序腋生，长 5~7 cm，具数花；花依次展现，有香气；萼片与花瓣长约 6 cm。花期：全年不定；中美洲和西印度群岛，向北到达美国（佛罗里达），现全世界热带广泛栽培；低海拔地。

Scandent plants. Stems up to 18 m or more long. Leaves oblong or ovate-elliptic, succulent, 10–20 cm long. Inflorescences axillary, 5–7 cm long, several-flowered; flowers produced in succession, scented; sepals and petals ca. 6 cm long. Fl. throughout the year; Central America and West Indies, north to U. S. A. (Forida), now widely cultivated throughout the tropics; at low altitudes.

1842 *Vanilla siamensis* Rolfe ex Downie 大香荚兰

攀援植物。茎长达数米，每个节上具 1 条根和 1 枚叶。叶椭圆形，长 14~25 cm。花序 1 至数个，腋生，长 7~14 cm，具多花；花开放期短暂；萼片长 3.8~4.5 cm。花期：8 月；中国（云南南部）、泰国；800~2100 m。

Scandent plants. Stems to several m long, with a root and a leaf at each node. Leaves elliptic, 14–25 cm long. Inflorescences 1 to several, axillary, 7–14 cm long, many–flowered; flowers opening ephemerally; sepals 3.8–4.5 cm long. Fl. Aug.; China (S Yunnan), Thailand; 800–1200 m.

1843 *Vitekorchis aurifera* (Rchb. f.) J. M. H. Shaw (*Oncidium armillare* Lindl.) 威克兰

假鳞茎簇生，卵形，压扁，长 3~5 cm，顶端具 1 叶。叶线形，长 10~25 cm。花序基生，长 30~50 cm，有分枝，具多花；唇瓣长约 1 cm。花期：夏季；哥伦比亚、厄瓜多尔、秘鲁；1600~2300 m。

Pseudobulbs clustered, ovoid, compressed, 3–5 cm long, 1-leafed at apex. Leaf linear, 10–25 cm long. Inflorescence basal, 30–50 cm long, branched, many-flowered; lip ca. 1 cm long. Fl. summer; Colombia, Ecuador, Peru; 1600–2300 m.

1843 ***Vitekorchis aurifera***
(Photo.: Kohji Karasawa)

1844 ***Vitekorchis excavata***
(Photo.: Kohji Karasawa)

1845 ***Warmingia eugenii***
(Photo.: Kohji Karasawa)

1846 ***Warrea warreana***
(Photo.: Kohji Karasawa)

1844 *Vitekorchis excavata* (Lindl.) Romowicz & Szlach. (*Oncidium excavatum* Lindl.) **深凹威克兰**

地生植物。假鳞茎簇生，卵形或矩圆状卵形，稍压扁，长 7~18 cm，顶端具 1~2 叶。叶线形或线状舌形，长 30~60 cm。花序基生，长 60~150 cm，有分枝，具多花；花直径约 3.5 cm。花期：夏季至秋季；厄瓜多尔、秘鲁；2000~2800 m。

Terrestrial plants. Pseudobulbs clustered, ovoid or oblong-ovoid, slightly compressed, 7–18 cm long, 1- or 2-leaved at apex. Leaves linear or linear-ligulate, 30–60 cm long. Inflorescence basal, 60–150 cm long, branched, many-flowered; flowers ca. 3.5 cm across. Fl. summer–autumn; Ecuador, Peru; 2000–2800 m.

1845 *Warmingia eugenii* Rchb. f. 瓦明兰

附生植物。假鳞茎簇生，圆锥状卵形，长约 3 cm，顶端具 1 叶。叶线状矩圆形，长 7~15 cm，近革质。花序基生，下垂，长 10~12 cm，密生多花；花半透明，直径 1.5~2 cm。花期：初夏；玻利维亚、巴西东部；约 800 m。

Epiphytic plants. Pseudobulbs clustered, conical-ovoid, ca. 3 cm long, 1-leafed at apex. Leaf linear-oblong, 7–15 cm long, somewhat coriaceous. Inflorescence basal, pendulous, 10–12 cm long, densely many-flowered; flowers translucent, 1.5–2 cm across. Fl. early summer; Bolivia, E Brazil; ca. 800 m.

1846 *Warrea warreana* (Lodd. ex Lindl.) C. Schweinf. 瓦利兰

地生植物。假鳞茎圆筒状椭圆形，长 4~12 cm，包藏于叶鞘之中。叶 3~5 枚，椭圆状披针形，长 30~60 cm。花序腋生，直立，长达 100 cm 或过之，具 6~19 花；花肉质，直径约 3.5 cm。花期：夏季；巴西、哥伦比亚、秘鲁、委内瑞拉；200~1000 m。

Terrestrial plants. Pseudobulbs cylindric-ellipsoid, 4–12 cm long, enclosed by leaf sheaths. Leaves 3–5, elliptic-lanceolate, 30–60 cm long. Inflorescence axillary, erect, up to 100 cm or more long, 6- to 19-flowered; flowers fleshy, ca. 3.5 cm across. Fl. summer; Brazil, Colombia, Peru, Venezuela; 200–1000 m.

1847 ***Warreella cyanea*** (Photo.: Karlheinz Senghas)

1847 *Warreella cyanea* (Lindl.) Schltr. 拟瓦利兰

地生植物。假鳞茎椭圆形，长 4~5 cm，具数节，包藏于叶基之中。叶 5~9 枚，披针形或椭圆状披针形，摺扇状，长 22~45 cm。花序腋生，长达 50 cm 或过之，疏生 5~9 花；花直径约 1.5 cm。花期：晚夏至早秋；哥伦比亚、委内瑞拉；1600~2200 m。

Terrestrial plants. Pseudobulbs ellipsoid, 4–5 cm long, several-noded, covered by leaf bases. Leaves 5–9, lanceolate or elliptic-lanceolate, plicate, 22–45 cm long. Inflorescence axillary, to 50 cm or more long, laxly 5- to 9-flowered; flowers ca. 1.5 cm across. Fl. late summer–early autumn; Colombia, Venezuela; 1600–2200 m.

1848 ***Warscewiczella amazonica***
(Photo.: Kohji Karasawa)

1849 ***Warscewiczella candida***
(Photo.: Kohji Karasawa)

1850 ***Warscewiczella discolor***
(Photo.: Kohji Karasawa)

1848 ***Warscewiczella amazonica* Rchb. f. & Warsz.** [*Cochleanthes amazonica* (Rchb. f. & Warsz.) R. E. Schultes & Garay] **亚马逊瓦修兰**

附生植物。茎短,具数枚叶。叶二列,椭圆状倒披针形,长 20~30 cm。花序腋生,长 8~12 cm,具 1 花;花直径 5~6 cm。花期:夏季;巴西、哥伦比亚、厄瓜多尔、秘鲁、苏里南;150~1000 m。

Epiphytic plants. Stems short, several-leaved. Leaves distichous, elliptic-oblanceolate, 20–30 cm long. Inflorescence axillary, 8–12 cm long, 1-flowered; flower 5–6 cm across. Fl. summer; Brazil, Colombia, Ecuador, Peru, Surinam; 150–1000 m.

1849 ***Warscewiczella candida* (Lindl.) Rchb. f.** [*Cochleanthes candida* (Lindl.) R. E. Schultes & Garay] **白花瓦修兰**

附生植物。茎短,具 2~4 叶。叶二列,卵状披针形,长 15~30 cm。花序腋生,直立,长 7~12 cm,具 1 花;花直径约 3.5 cm。花期:夏季至秋季;巴西;约 200 m。

Epiphytic plants. Stems short, 2- to 4-leaved. Leaves distichous, ovate-lanceolate, 15–30 cm long. Inflorescence axillary, erect, 7–12 cm long, 1-flowered; flower ca. 3.5 cm across. Fl. summer–autumn; Brazil; ca. 200 m.

1850 ***Warscewiczella discolor* (Lindl.) Rchb. f.** [*Cochleanthes discolor* (Lindl.) R. E. Schultes & Garay] **异色瓦修兰**

附生植物。茎短,具 4~5 叶。叶二列,舌状倒披针形,长 15~25 cm。花序腋生,长约 10 cm,具 1 花;花直径 5~6 cm,质地厚。花期:晚春至秋季;哥斯达黎加、古巴、洪都拉斯、巴拿马、委内瑞拉;700~1850 m。

Epiphytic plants. Stems short, 4- to 5-leaved. Leaves distichous, ligulate-oblanceolate, 15–25 cm long. Inflorescence axillary, ca. 10 cm long, 1-flowered; flower 5–6 cm across, thick-textured. Fl. late spring–autumn; Costa Rica, Cuba, Honduras, Panama, Venezuela; 700–1850 m.

1851 ***Warscewiczella ionoleuca* (Rchb. f.) Schltr.** [*Cochleanthes ionoleuca* (Rchb. f.) R. E. Schultes & Garay] **蓝白瓦修兰**

附生植物。茎短,具数枚叶。叶二列,椭圆状倒披针形,长 10~30 cm。花序腋生,直立,长约 10 cm,具 1 花;花直径 4~5 cm。花期:春季至秋季;哥伦比亚、厄瓜多尔;0~1300 m。

Epiphytic plants. Stems short, several-leaved. Leaves distichous, elliptic-oblanceolate, 10–30 cm long. Inflorescence axillary, erect, ca. 10 cm long, 1-flowered; flower 4–5 cm across. Fl. spring–autumn; Colombia, Ecuador; 0–1300 m.

1851 ***Warscewiczella ionoleuca***
(Photo.: Kohji Karasawa)

1852 ***Warscewiczella marginata***
(Photo.: Kohji Karasawa)

1853 ***Warscewiczella wailesiana***
(Photo.: Kohji Karasawa)

1854 ***Xylobium variegatum***
(Photo.: Kohji Karasawa)

1852 *Warscewiczella marginata* Rchb. f. [*Cochleanthes marginata* (Rchb. f.) R. E. Schultes & Garay] 瓦修兰

附生植物。茎短，具 5~7 叶。叶二列，排成扇形，椭圆状倒披针形，长 10~30 cm。花序腋生，外弯，长约 10 cm，具 1 花；花直径 4~5 cm，有香气。花期：夏季至秋季；哥伦比亚、厄瓜多尔、巴拿马、委内瑞拉；低海拔地。

Epiphytic plants. Stems short, 5- to 7-leaved. Leaves distichous, borne in a fan, elliptic-oblanceolate, 10–30 cm long. Inflorescence axillary, arching, ca. 10 cm long, 1-flowered; flower 4–5 cm across, scented. Fl. summer–autumn; Colombia, Ecuador, Panama, Venezuela; at low altitudes.

1853 *Warscewiczella wailesiana* (Lindl.) E. Morren [*Cochleanthes wailesiana* (Lindl.) R. E. Schultes & Garay] 红唇瓦修兰

附生植物。茎短，具 3~4 叶。叶二列，狭倒卵形，长 15~30 cm。花序腋生，直立，长 7~10 cm，具 1 花；花直径约 5.5 cm。花期：夏季至秋季；巴西。

Epiphytic plants. Stems short, 3- to 4-leaved. Leaves distichous, narrowly obovate, 15–30 cm long. Inflorescence axillary, erect, 7–10 cm long, 1-flowered; flower ca. 5.5 cm across. Fl. summer–autumn; Brazil.

1854 *Xylobium variegatum* (Ruiz & Pavon) Garay & Dunsterv. 长寿兰

附生植物。假鳞茎卵形，长 5~8 cm，顶端具 2 叶或罕有 3 叶。叶矩圆形，长 50~60 cm，革质。花序基生，直立，长约 20 cm，密生多花；花直径 3~3.5 cm。花期：秋季；玻利维亚、巴西、哥伦比亚、哥斯达黎加、委内瑞拉；600~2300 m。

Epiphytic plants. Pseudobulbs ovoid, 5–8 cm long, 2- or rarely 3-leaved at apex. Leaves oblong, 50–60 cm long, coriaceous. Inflorescence basal, erect, ca. 20 cm long, densely many-flowered; flowers 3–3.5 cm across. Fl. autumn; Bolivia, Brazil, Colombia, Costa Rica, Venezuela; 600–2300 m.

1855 *Zelenkoa onusta* (Lindl.) M. W. Chase & N. H. Williams (*Oncidium onustum* Lindl.) 泽棱兰

附生植物。假鳞茎卵形，压扁，长 2~4 cm，顶端具 1~2 叶。叶线状矩圆形，长 5~13 cm。花序基生，长 40~60 cm，具多花；花直径 2.5~3 cm。花期：秋季；哥伦比亚、厄瓜多尔、巴拿马、秘鲁；700 m 以上。

Epiphytic plants. Pseudobulbs ovoid, compressed, 2–4 cm long, 1- or 2-leaved at apex. Leaves linear-oblong, 5–13 cm long. Inflorescence basal, 40–60 cm long, many-flowered; flowers 2.5–3 cm across. Fl. autumn; Colombia, Ecuador, Panama, Peru; above 700 m.

1855 ***Zelenkoa onusta***
(Photo.: Kohji Karasawa)

Scart, Nova Friburgo.

Motes, M. R. 1997. *Vandas: their botany, history, and culture*. Timber Press, Portland, Oregon.

Murillo, A.& Pupulin, F. 2011.*Vanishing beauty: native Costa Rican orchids.* Volume 1, Acianthera-Kegeliella. San José, Costa Rica : Sistema Editorial y de Difusión Cientifica de la Investigación, Universidad de Costa Rica, 2005.

Pabst, G.F.J. & Dungs, F. 1975, 1977. *Orchidaceae Brasilienses*. Hildesheim: Brücke-VerlagSchmersow.

Pearce, N. R. & Cribb, P. J. 2002. *The orchids of Bhutan*. Royal Botanic Garden, Edinburgh.

Pridgeon, A.M., Cribb, P.J., Chase, M.W. & Rasmussen, F.N. 1999–2014. *Genera Orchidacearum* 1–6. Oxford Univ. Press.

Pupulin, F. 2012. The Orchidaceae of Ruiz & Pavon's "*Flora Peruviana et Chilensis*". A taxonomic study. 1. *Anales del Jardín Botaníco de Madrid* 69, 1: 21–79 & 2: 143–186.

Rasmussen, F.N. 1982. The gynostemium of the neottioid orchids. *Opera Botanica* 65: 1–96.

Rasmussen, F.N. 1985. *Orchids*. In Dahlgren, R.M.L. et al. eds., *The Families of the Monocotyledons - Structure, Evolution and Taxonomy*: 247–274.

Russell, A., Samuel, R., Rupp, B., Barfuss, M. H. J., Šafran, M., Besendorfer, V. & Chase, M. W. 2010. Phylogenetics and cytology of a pantropical orchid genus *Polystachya* (Polystachyinae, Vandeae, Orchidaceae): evidence from plastid DNA sequence data. *Taxon* 59: 389–404.

Salazar, G. A., Cabrera, L. I., Madriñán, S. & Chase, M. W. 2009. Phylogenetic relationships of Cranichidinae and Prescottiinae (Orchidaceae, Cranichideae) inferred from plastid and nuclear DNA sequences. *Annals of Botany* 104: 403–416.

Salazar, G. A., Chase, M. W., Soto, M. A. & Ingrouille, M. 2003. Phylogenetics of Cranichideae with emphasis on Spiranthinae (Orchidaceae, Orchidoideae): evidence from plastid and nuclear DNA sequences. *American Journal of Botany* 90: 777–795.

Schultes, R. E. & Pease, A. S. 1963. *Generic names of orchids: their origin and meaning*. Academic Press, New York.

Seidenfaden, G. 1988. Orchid genera in Thailand I–XIV. *Opera Botanica* 95: 1–398.

Sprunger, S. & Cribb, P.J. eds. *Renziana* vol. 1–5. 2011–2017. Swiss Orchid Foundation, Basel, Switzerland. [accounts of *Paphiopedilum*, *Phalaenopsis*, *Vanda*, *Cattleya* and *Coryanthes*].

Summerhayes, V.S.S. 1968. *Orchidaceae* I. In Milne-Redhead, E. ed., *Flora of Tropical East Africa*. Royal Botanic Gardens, Kew.

Tsi, Z. H. 1996. A preliminary revision of *Gastrochilus* (Orchidaceae). *Guihaia* 16 (2): 123–154.

vander Pijl, L. & Dodson, C. H. 1966. *Orchid flowers: their pollination and evolution*. University of Miami Press, Coral Gables, Florida.

Van den Berg, C. 2000. Molecular phylogenetics of tribe Epidendreae with emphasis on subtribe Laeliinae (Orchidaceae). Ph.D. Thesis, Reading Univ.

Wood, J. J., Beaman, T. E., Lamb, A., Lun, C. C. & Beaman, J. H. 2011. *The orchids of Mount Kinabalu*. Natural History Publications (Borneo), Kota Kinabalu, in association with Royal Botanic Gardens, Kew.

中文索引 Index of Chinese Names

C

H